高速公路边坡防护的
水土保持机理研究

高照良　李永红　韩凤朋　张　展等　编著

科学出版社

北　京

内 容 简 介

本书根据陕北高原、关中平原、秦巴山地三个地貌区特点,结合高速公路边坡植被调查,详细介绍高速公路边坡防护机理、防护技术研究成果及其应用成效。本书从国内外高速公路生态护坡研究成果入手,论述高速公路的发展历程及影响,高速公路边坡土壤侵蚀演变过程、土壤侵蚀机理、土壤侵蚀加剧的危害及原因,高速公路边坡防护机理、工程防护机理、生态防护机理,高速公路边坡植被调查及防护模式、边坡人工植被恢复初期土壤及群落特征变化、路域边坡植被生态恢复及影响等。就现有的生态护坡技术及其水土保持作用机理,提出了重要建议。

本书可供从事水土保持科研、规划等工作的专业人员参考使用,也可供土木工程专业方向的高年级本科生、研究生以及公路工程勘察、设计与施工的研究人员学习参考。

图书在版编目(CIP)数据

高速公路边坡防护的水土保持机理研究 / 高照良等编著. —北京:科学出版社,2023.5
ISBN 978-7-03-075619-0

Ⅰ. ①高… Ⅱ. ①高… Ⅲ. ①高速公路-边坡-公路养护-水土保持-研究 Ⅳ. ① U418.5 ② S157.4

中国国家版本馆CIP数据核字(2023)第092008号

责任编辑:朱 丽 郭允允 / 责任校对:郝甜甜
责任印制:吴兆东 / 封面设计:蓝正设计

科学出版社 出版
北京东黄城根北街16号
邮政编码:100717
http://www.sciencep.com

北京建宏印刷有限公司 印刷
科学出版社发行 各地新华书店经销
*
2023年5月第 一 版 开本:787×1092 1/16
2023年5月第一次印刷 印张:29 1/2
字数:700 000
定价:388.00元
(如有印装质量问题,我社负责调换)

作 者 简 介

高照良

　　博士、研究员、博士生导师。现任水利部水土保持生态工程技术研究中心（杨凌）主任。自1998年在中国科学院水利部水土保持研究所参加工作以来，一直从事水土保持与生态建设方面的基础理论和工程技术研究工作。2004年起，专注于生产建设项目的人为土壤侵蚀机理揭示和技术研发工作，先后主持和参加了国家自然科学基金项目、"十一五"国家科技攻关计划、"十二五"国家科技支撑计划、"十三五"国家重点研发计划、中国科学院知识创新工程重大项目等科研项目。通过研究，深化了对生产建设项目土壤侵蚀规律及综合防控技术的认识，结合前人的研究成果，一定程度上提升了生产建设项目土壤侵蚀预测模型的精度、完善了综合防控技术体系，推动了生产建设项目人为土壤侵蚀实时监测、机理揭示、预测预报和综合防控等方面研究的进一步深化。对人为土壤侵蚀研究和防治工作进行了较深入的研究，积累了大量的调查资料，在生产建设项目土壤侵蚀方面积累了丰富的经验。获省（部）级科技成果奖4项，并荣获中国水土保持学会优秀设计奖一等奖。出版专著4部，其撰写的《西部地区生态修复与退耕还林还草研究》荣获陕西省第八次哲学社会科学优秀成果奖二等奖。

　　先后在 Hydrology and Earth System Sciences、Soil & Tillage Research、Catena、Journal of Hydrology、Hydrology Processes、Soil and Plant、Natural Hazards、《农业工程学报》《生态学报》《应用生态学报》《土壤学报》《水科学进展》《泥沙研究》《水土保持学报》等期刊上发表论文100多篇。

李永红

博士，西北农林科技大学水土保持研究所高级工程师。长期从事生产建设项目土壤侵蚀规律及水土保持工程技术方面的理论研究与实践工作。曾主持和参加了农业农村部"948"计划重大国际合作项目、"十三五"国家重点研发计划项目、陕西高速集团科技计划项目、新疆维吾尔自治区水利厅科研项目等。先后在《农业工程学报》《农业机械学报》《灌溉排水学报》《岩石力学与工程学报》《水科学进展》《泥沙研究》《水土保持学报》等期刊发表论文30多篇，并获得实用新型专利两项，并荣获中国水土保持学会优秀设计奖一等奖。

韩凤朋

博士，西北农林科技大学水土保持研究所副研究员，博士生导师，水利部水土保持生态工程技术研究中心（杨凌）副主任，陕西省土壤学会副秘书长、陕西省生态学会理事。主要从事退化土地植被恢复和植被恢复环境效应方面研究。先后主持国家自然科学基金面上项目、国家重点研发计划项目、西部之光"西部青年学者"项目、中国科学院STS课题等。在 *Geoderma*、*Journal of Environmental Management*、*Catena*、《农业工程学报》《生态学报》《草地学报》等期刊发表论文30余篇，获得实用新型发明专利4项，并荣获中国水土保持学会优秀设计奖一等奖。

张 展

硕士，黄河水文水资源科学研究院高级工程师，长期从事水资源和水土保持理论研究与实践工作。曾主持和参加了"十二五"国家科技支撑计划项目，黄河流域水土保持科研基金项目，2016年水资源管理、节约与保护项目等。先后在《水土保持学报》《人民黄河》《中国水土保持》《陕西林业科技》等期刊发表论文10多篇，并获得实用新型专利两项。

《高速公路边坡防护的水土保持机理研究》作者名单

主 笔 人　高照良

副主笔人　李永红　韩凤朋　张　展

成　　员　（按姓氏汉语拼音排序）

郭　文　娄永才　骆　汉　牛耀彬　彭珂珊

苏　媛　孙贯芳　唐　林　田红卫　王　东

王　冬　王　辉　肖　蓉　徐　佳　姚永锋

于　玺　张　鉴　张乐涛　赵　晶　甄　庆

前　言

　　改革开放以来，经过几代人的共同努力，中国公路建设突飞猛进。高速公路从无到有，道路等级逐步提高，路网功能逐渐完善，成为服务经济社会发展、改善民生的加速器，为推动中国现代化建设做出了巨大贡献。截至2020年底，全国高速公路里程已达16.10万km，位居世界第一。在可预见的未来，一条条高速公路将继续延伸，中国发展之路将更加畅通。

　　在高速公路建设的过程中，施工单位将路基分为多个路段，并采用高填深挖方式进行高速公路路基的修建。高速公路建设初期，由于大量边坡的开挖和填方，形成了面积巨大的裸露边坡。伴随着高速公路的高速发展，工程规模巨大的高边坡大量出现。由于边坡设计不合理或防护措施不力，边坡开挖后容易诱发重力侵蚀，导致工期延误，增加整治费用，甚至造成已有工程的破坏。剧烈的人为扰动同时对区域环境内的原有动植物群落造成严重破坏，生物多样性降低，极易诱发土壤侵蚀；而与之相伴的坡面侵蚀、山体坍塌、滑坡、河流阻塞、水污染等灾害，不仅影响高速公路安全和水土资源保护，而且危及周边地区环境及公共设施安全。此外，在长期的使用与运行过程中，高速公路的路基边坡会因为各种因素的影响出现破损问题，而路基边坡一旦破损，就会严重影响路基边坡的稳定，进而对高速公路的行车安全产生恶劣影响。

　　边坡综合防护是高速公路建设的重要内容之一，需根据沿线公路等级、气象、水文、地貌、地质、地形、土质、植被、生物多样性等情况进行综合考虑，合理布局，因地制宜地选择实用、合理、经济、美观的边坡综合防护技术，选用合理的防护措施（如工程措施与生态措施等）和合适的防护模式，确保高速公路的高稳定性与安全性，并达到边坡综合防护措施与周围环境的协调，保持生态环境的相对平衡，美化公路的效果。与此同时，加强对高速公路路基边坡质量通病的管理力度，应用先进的防护技术对高速公路路基边坡施工的全过程进行有效监督，将防护工作贯穿到高速公路路基边坡施工的全过程，从而对高速公路形成有效保护，以保证高速公路路基边坡的修筑质量，提升路基边坡的整体稳定性，保障高速公路的使用质量与行车安全。随着人们环境保护意识的提高和交通安全观念的转变，公路边坡生态防护技术与施工方式日益引起广大科技工作者的重视和公众的关注，也在高速公路建设中得到越来越广泛的运用。为实现公路边坡的安全稳定、提升并维护生态环境，筛选适宜该地区气候类型的边坡防护植物的路域生态系统一直是科研单位和公路建设部门及管理部门关心的问题。如何实现适地适植物构建，使其既能发挥生态防护功能，又能与公路的景观廊道构成和谐的生态系统，并兼顾植物多样性问题是公路植被恢复的关键，其核心问题就是科学的植物选择和防护模式选择。因此，关于公路边坡生态防护模式和技术的综合研究已成为当前高速公路建设过程中所面临的重大课题。

作者团队围绕国家公路建设新需求，紧密结合国内外工程案例，以现有生态防护理论及应用的相关资料研究为基础，以固土、护坡和恢复生态为目的，以快绿速效为目标，以筛选适应性好、抗逆性强、景观效果佳的植物为宗旨，采用定位试验、野外调查和室内分析相结合的方法，开展重点高速公路路段资料的搜集，对高速公路边坡防护的水土保持机理相关问题进行了长达二十多年的研究，做了大量工作，取得了一系列科学研究成果。一是在国家自然科学基金项目（2009～2020年）、"十一五"国家科技攻关计划、"十二五"科技支撑计划和"十三五"国家重点研发计划、中国科学院知识创新工程重大项目等科研项目及陕西省科技厅、交通运输厅、水利厅等相关部门的支持下，依托陕西境内的陕北黄土区铜川—黄陵—延安高速公路，陕南土石山区高速公路（十堰—天水高速公路、陕豫界—丹凤高速公路、汉中东—勉县段高速公路、勉县—宁强段高速公路、西乡—镇巴段高速公路、蓝田—商州高速公路、毛坝—陕川界高速公路），关中秦岭山区宝鸡—牛背高速公路等，与公路建设工程同步，采用现场试验、建立试验示范样板、定位观测和实地调研相结合的手段和方法，结合多年高速公路边坡实践经验，从路基和路堑边坡的防护功能出发，用生态防护形式取代传统工程防护，治理裸露土质和岩石边坡，基本形成了一套较完整的边坡治理技术。二是立足高速公路扰动土壤植被恢复重建的实际需求，针对陕南、关中和陕北公路建设项目，分析高速公路扰动土壤理化性质的差异及其对植被重建与演替的影响，明确植被恢复对土壤环境的要求。在此基础上，筛选不同区域高速公路植被恢复的适宜物种及其配置方式，探讨高速公路边坡植被恢复的途径及土壤肥力提升对策，提出高速公路植被恢复的典型设计和恢复模式。三是通过对已建和在建高速公路路域边坡土壤的分析与植被的野外调查，分析路域边坡土壤理化性质的时空差异、不同恢复年限和不同恢复方式下边坡植物群落的种类组成、结构特征、物种多样性组成、自然植被入侵状况、植被的土壤改良效应以及土壤种子库现状及其与地上植被的关系等，探索边坡植被恢复问题的成套解决方案，凝练植被恢复技术规范，为不同地区高速公路植被恢复重建与管护奠定理论基础，并提供技术参考。

本书编写分工如下：第1章，高照良、骆汉、王冬执笔；第2章，于玺、韩凤朋、唐林、彭珂珊、徐佳、张展执笔；第3章，高照良、姚永锋、张展、王东、苏媛、娄永才执笔；第4章，韩凤朋、李永红、张乐涛、姚永锋、田红卫、张展执笔；第5章，高照良、徐佳、王辉、孙贯芳、张鉴执笔；第6章，牛耀彬、徐佳、李永红、王冬、张展执笔；第7章，李永红、甄庆、韩凤朋、肖蓉执笔；第8章，肖蓉执笔；第9章，赵晶、张展执笔；第10章，郭文执笔。李永红、王冬绘图，高照良、李永红、韩凤朋设计内容结构，彭珂珊统稿，高照良定稿，王冬、甄庆、牛耀彬、徐佳、张乐涛、张展、于玺、彭珂珊核校。

毫无疑问，本书是集体智慧的产物。从构思、组织写作、成稿，再到正式出版，不知不觉间跨越了14个年头（2009~2023年），各位作者在此期间付出了大量的努力和心血。在本书资料收集过程中，先后得到了相关省（区、市）交通运输部门、水土保持科研部门、高校领导和同事有益的帮助，在此一并致谢！在完成撰写过程中，参阅了大量参考文献，吸收了诸多有益观点，有关同行从本书的完善等方面，提出了许多建设性意见，对他们的无私帮助表示衷心感谢！最后，感谢科学出版社编辑们对本书的大力支持。

由于本书内容所涉学科知识交叉复杂，富有挑战性，加之作者的能力和阅历水平有限，本书难免存在不足和疏漏之处，尚需学界同仁和政府主管部门的领导和同志大力斧正。恳切期望所有关心高速公路发展的专家不吝指正。希望致力于国家交通领域工作的各方后起之秀继往开来，赓续前行，为中国交通运输事业的可持续发展开创更加辉煌的未来。

2023年1月

目 录

第1章
高速公路的发展历程及影响

高速公路是经济社会快速发展的必然产物，它作为公路交通现代化的主要标志，已经成为国民经济和社会发展，以及人们生活中的重要基础设施。高速公路具有扩散效应，对就业、招商引资、产业结构优化、改善人们的生活等方面有重大的推动作用，高速公路的产生适应了社会的发展。第一，高速公路适应工业化和城镇化的发展。城市是产业与人口的聚集地，其汽车的增长远比乡村快得多，因此高速公路的建设多从城市的环路、辐射路和交通繁忙路段开始，逐步成为以高速公路为骨干的城市交通。第二，汽车技术的发展对高速公路建设提出客观要求。汽车的轻型化和载重化是两大发展趋势，前者要求速度保障，后者要求承载力，而高速公路恰能使二者有机结合（白国华，2007）。

我国地域面积广阔，人口数量众多，为了推动和促进国民经济的发展，有必要积极发展交通事业。在经济建设过程中，高速公路是一项非常重要的内容，是国民经济发展的大动脉，能够提高地域之间沟通的便利程度，完成材料和产品集散，使城乡之间的资源互换成为可能，是联系生产者和消费者的重要渠道。改革开放40多年来，我国高速公路的发展突飞猛进，建设了一批具有划时代意义的精品工程项目（交通运输部，2019）。

1.1　高速公路的概念

高速公路是指能适应年平均昼夜小客车交通量为25000辆以上、专供汽车分道高速行驶、并全部控制出入的公路（图1-1）。高速公路应该符合下列4个条件：①只供汽车高速行驶；②设有多车道、中央分隔带，将往返交通完全隔开；③设有立体交叉口；④全线封闭，出入口控制，只准汽车在规定的一些立体交叉口进出公路。

1.2　高速公路类别划分

高速公路为专供汽车分向、分车道行驶并全部控制出入的干线公路。高速公路按其功能可分为城市内部高速公路和城市间高速公路；按其距离长短可分为近程高速公路（500km以内）、中程高速公路（500~1000km）和远程高速公路（1000km以上）；

图1-1　西乡至镇巴高速公路（摄影/宋晓伟）

按其布局形式可分为平面立体交叉高速公路、路堤式高速公路、路堑式高速公路、高架高速公路和隧道高速公路；按其规模可分为双向四车道、双向六车道和双向八车道；按管理和战略意义可分为国家高速公路、省级高速公路。

1.3　高速公路的主要指标

根据地形特征，我国高速公路的技术指标见表1-1。

表1-1　高速公路主要技术指标一览

分类	技术指标
设计速度	80km/h、100km/h、120km/h、60km/h（特殊路段）
道路规模	双向四车道以上、单向两车道以上
车道宽度	3.75m、3.5m（应急车道）
曲线半径	400m、700m、1000m（设计速度80km/h、100km/h、120km/h下的一般值）
最大纵坡	3%～6%通行能力为日均15000辆次小客车以上（双向四车道）
载荷等级	公路Ⅰ级
使用年限	15年以上

1.4　高速公路的发展

1.4.1　公路与高速公路的建设背景

中华人民共和国成立七十多年来，我国公路发展大体分为建设起步阶段（1949～

1977年）、加快发展阶段（1978～2002年）、快速发展阶段（2003～2013年）和高质量发展阶段（2014年至今）。中华人民共和国成立之初，全国能通车的公路仅为8.08万km，1950～1952年，我国新建公路3846km，改建公路1.89万km，加上恢复通车的公路，全国公路通车总里程近13万km。1953年，举世闻名的川藏公路北线、青藏公路于1954年底建成通车。20世纪70年代中期我国开始对青藏公路进行技术改造，80年代全面完成，建成了世界上海拔最高的沥青路面公路。

为改善公路交通紧张状况，打破公路交通发展的瓶颈，从"六五"开始，公路交通部门重点对干线公路进行加宽改造。尽管有些路段加宽到15m，甚至20m以上，但收效甚微。为了寻求缓解我国公路交通瓶颈制约的有效途径，公路交通部门开始深入研究发达国家解决交通问题的经验，并对我国主要干线公路的交通情况进行调查研究。研究结果显示，我国公路交通存在着三个突出问题：①运输工具种类繁多，汽车、拖拉机、自行车、畜力车、行人混行，车辆行驶纵向干扰大；②人口稠密、公路沿线穿越城镇较多，横向干扰大；③公路平交道口多，通过能力低，交通事故严重。以上三个问题严重影响了公路交通功能的发挥。根据发达国家的实践经验，建设高速公路是解决主要干线公路交通紧张的有效途径。

20世纪80年代，正值发达国家考虑建设跨区域、跨国的高速公路网络时，有关领导和专家力排众议，在经济较发达地区先行建设高速公路（刘清泉，2005）。

一是高速公路适应经济的发展。通过盘活高速公路沿线闲置资源，建立与周边经济发展战略、资源优势和产业结构相适应、相协调的路域经济体系，主动提升对周边经济的辐射带动力，为高速公路与区域经济耦合发展增加了一个新的中间路径。

二是汽车技术发展对高速公路建设提出客观要求。汽车已成为人类社会重要的交通工具，高速公路等基础设施能配合汽车轻型化和重载化两大发展趋势，同时满足客运汽车高速度以及货运汽车大载重的需求。

三是汽车工业的飞速发展和城镇化推进给高速公路带来了发展机遇。在铁路、水运、民航运输能力紧张、进出通道不畅的地区，高速公路发挥着重要的运输作用（图1-2）。

到2020年末，全国公路总里程519.81万km，公路密度54.15km/100km²（图1-3）。其中，高速公路里程16.10万km，高速公路车道里程72.31万km，国家高速公路里程11.30万km。公路养护里程514.40万km，占公路总里程99.00%（图1-4）。

1.4.2　高速公路的发展阶段

我国高速公路建设酝酿于20世纪70年代，起步于80年代，发展于90年代，腾飞于21世纪，起步时间较西方发达国家晚了近半个世纪，但起点高，发展速度快（齐琳等，2016）。中华人民共和国成立初期，全国没有一条高速公路。从零起步到高速公路通车1万km，我国用了12年时间；从1万km到6万km，我国用了9年时间；从6万km到16万km，我国用了13年时间。这样的"中国速度"让世界为之震惊。迅猛发展的高速公路已成为古老的东方大国快速走向现代化、走向民族复兴的标志性丰碑（胡希

图1-2 西乡至镇巴高速公路带来发展机遇（摄影/宋晓伟）

图1-3 2016~2020年全国公路总里程与公路密度

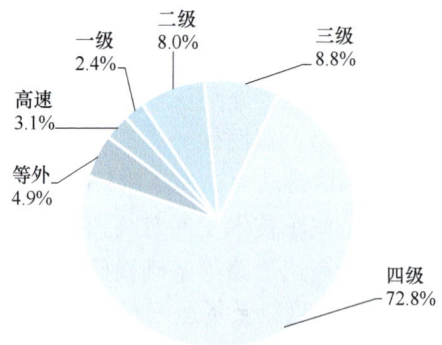

图1-4 2020年全国公路里程分技术等级构成

捷和赵旭峰，2018）。中国最早兴建高速公路的是台湾地区。1970年，北起基隆、南至高雄的南北高速公路开始兴建，于1978年10月竣工，历时9年，全长373km。内地兴建高速公路起步相对较晚，整体发展较快。我国高速公路建设大致经历了四个发展阶段。1970~1988年的酝酿阶段：高速公路被提上议事日程；1988~1992年的起步建设阶段：高速公路年均通车里程在50~250km；1992~1997年的发展高潮阶段：发展速度相对较快，年通车里程保持在450~1400km；1997年至今的大发展阶段，在国家积极财政政策的推动下，高速公路发展迅速。

中国高速公路的发展创造了世界瞩目的中国速度（图1-5）（葛运博，2003；胡希捷和赵旭峰，2018）。如今，高速公路的速度和便利已经走进了平常百姓的生活，改变了人们的时空观念，改善了人们的生活方式。在高速公路建设取得喜人进展的同时，位于高速公路上的大型桥梁和长大隧道建设也取得了突破性进展。全线控制性工程——全长12km的西乡泾洋河特大桥，其采用的钢板混凝土组合梁可以充分发挥混凝土的抗压性能和钢结构的抗拉性能，承载力和使用寿命均比普通的混凝土桥梁提高10%左右，而且重量轻，节省钢材，具有低碳、环保等特点（图1-6）。

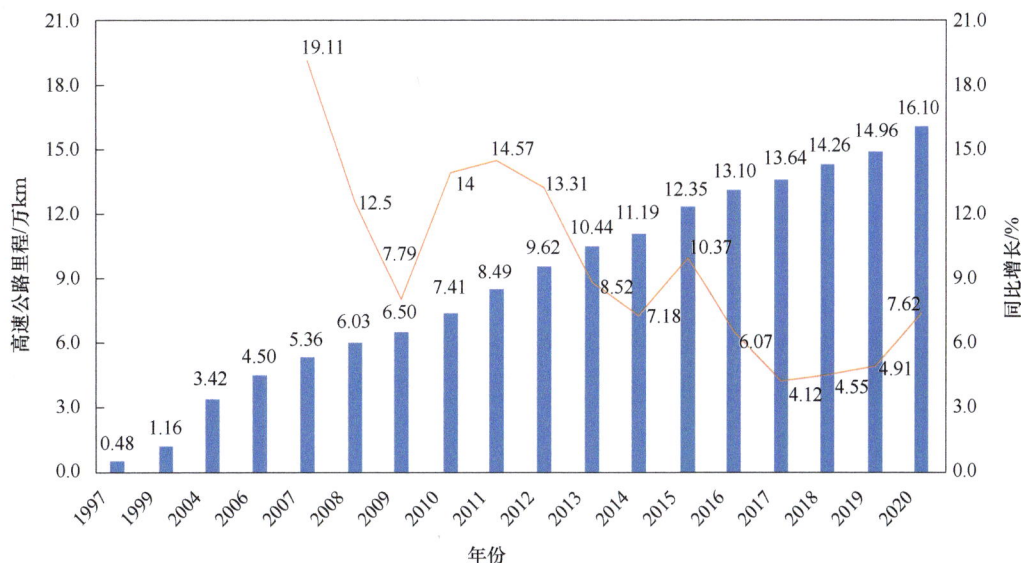

图 1-5　1997～2020年全国高速公路通车里程和同比增长

图 1-6　西乡至镇巴高速公路西乡泾洋河特大桥（摄影/宋晓伟）

1.5　高速公路的发展对环境的影响

近年来，由于高速公路建设发展非常快，在发展过程中不可避免地要产生一些环境问题。因此，高速公路设计时的选址及路线确定、建设前的环境影响评价及分析、建设期的环境保护及使用等问题必须认真研究、加以重视、统筹安排，才能让高速公路发展促进经济和谐发展，并得到合理利用。

1.5.1 对社会环境的影响

高速公路在建设过程中对社会环境的影响主要表现在对沿线居民生活质量的影响、对区域经济发展的影响以及对资源开发利用的影响。

1. 对沿线居民生活质量的影响

高速公路项目的建设和营运导致本地的资金、人流、物流增加，交通的顺畅、运输距离的缩小有利于当地企业减少成本，增加收益，加快城市化进程，从而增加沿线居民的生活收入（朱海彪和王猛，2015）。同时，高速公路沿线的卫生文化设施也将随着城镇化水平的提高而同步发展，当地人民的生活质量也会随之提高。

2. 对区域经济发展的影响

公路建设可以改变区域路网结构，促进该地区产业升级，促进经济发展；带动沿线城镇的建设与发展，加快城市化进程；利于区域发展循环经济、建设节约型和友好型社会，有利于实现区域经济、社会、资源及环境的和谐统一，推动交通运输业的持续快速健康发展，是构建资源节约型和环境友好型社会、实现可持续发展的不二之选。有助于区域物资交流、施行区域交通路网和谐发展；工程的建设为当地经济发展、商业繁荣提供了必要的条件，也将提高沿线人民收入水平。但也出现了一些问题。长期以来，非自愿移民是征地和拆迁最直接的问题。移民的生活条件和生产方式改变，会导致移民失去土地、丧失家园、失业、食物没有保障、失去享有公共资源的权益等社会风险。为了规避这些移民社会风险，必须采用相应的政策、经济、社会措施进行有效规避（胡晋茹等，2006）。

3. 对资源开发利用的影响

高速公路建设过程中，占用林地和基本农田等土地资源是不可避免的（图1-7），永久占地使其丧失原有的功能，对公路沿线地区的土地资源开发利用产生一定影响。但交通条件的改善提高了当地旅游资源的开发潜能，可进一步促进该地区旅游资源的开发和旅游业的发展。

图1-7 神木至府谷高速公路占用林地（摄影/宋晓伟）

1.5.2　土壤侵蚀的影响

当前高速公路的建设规模和数量不断增多，因受多方面因素的影响，产生的土壤侵蚀等问题也受到广泛关注。高速公路土壤侵蚀所产生的主要危害有以下几点。

一是对高速公路的影响。在重力作用下开挖边坡与路基时，容易造成坍塌、滑坡，使高速公路安全受威胁。另外，如果未做好施工中弃土弃渣的防护，也容易加剧土壤侵蚀情况（图1-8）。

图 1-8　榆林至佳县高速公路土壤侵蚀严重（摄影/宋晓伟）

二是对周边水资源的危害。流失水土进入下游河道，使河流含沙量增加，引发破坏水循环系统，减少了地下水的补给，造成一定程度的水体污染。

三是对周边土地资源的危害。土壤侵蚀过程中的泥沙往往会流向农田，形成"沙压农田"。同时，泥沙中细小的部分会以"黄泥水"的形式进入农田，对农田产生进一步危害。

四是在高速公路建设过程中，由于采用机械施工，如爆破、采石、挖土、填筑、架桥、砌池、碾压等，高速公路周边的植被遭到了破坏，同时地表土壤结构也受到了影响，致使土体抗蚀能力下降，再加上开挖隧道，致使岩土表层脱离，从而导致更严重的土壤侵蚀。

1.5.3　对植被的影响

高速公路的建设不可避免地对周边自然环境和生态植被造成了一定程度的破坏和影响，尤其是公路的永久占地将造成征地范围内耕地数量下降、植被数量减少和覆盖率减小。刘杰等（2006）研究表明高速公路建设会对沿线各类植被（乔木、灌木和草本）的生物量造成不同类别的影响，乔木主要受负面影响，而灌木和草本主要受正面影响。屈越强等（2015）基于Landsat遥感数据源，利用遥感技术，结合归一化植被指数，研究发现公路建设对沿线植被的砍伐会对周边植被覆盖度产生显著影响。

高速公路建设占用林地会损害很大比例的植被。在道路施工过程中，道路在林中穿越，会导致对山体切削及对森林进行部分砍伐。另外，修建时的开挖、填埋、筑墙、临时用地等对植被的破坏是平原区的数倍，可见山体中的高速公路建设对森林植被破坏之大，影响之远。高速公路工程在两侧所设置的取土场、弃土堆、道路平整、桥梁工程、筑路料场、施工场地及便道等临时占地破坏了原来的植被。土石方的开挖也破坏了原地表土层，只留下坚硬的岩石，植被也将难以恢复。施工中产生的扬尘以及其他有害气体对高速公路两边的植被影响也不可忽视，尤其是沥青熬炼过程中对附近的植被可造成不少的伤害（姜德文，2017）。

1.5.4 对野生动物生存空间的影响

随着公路里程数的增加和公路基础设施的建设，野生动物的生长、繁殖及种群的生存等受到了不同程度的影响，外加人为干扰的不断加剧，致使公路建设与动物生存栖息地的矛盾愈加显著。高速公路建设对野生动物的影响主要包括生境破坏、污染作用、接近效应、阻隔作用等。公路建设导致动物数量的减少主要表现为公路施工区域内的动物死亡和交通致死。

高速公路建设会占用大量土地，在改变原有土地利用方式（如草地、湿地）的同时，使得自然生态系统的面积减少，并且在建设期施工开挖造成土壤侵蚀加剧，导致部分地表植被破坏变成裸地难以恢复，使野生动物栖息地受到直接损害（李国峰，2018）。

施工期间，高速公路建设会直接造成施工区内土壤动物、爬行动物以及鸟类的死亡，在建设中都会直接或间接使野生动物的生境破碎化，若是直接破坏动物的生境，就会迫使野生动物迁移或丧失。若是间接地破坏，使动物的活动范围受限，对其觅食、交配的影响也是很大的。例如，一些脊椎动物在自己领域内的迁移地点是相对固定的，而高速公路的建设会阻止这些动物的迁移。还会影响和干扰野生动物的栖息地，对于一些不会飞的无脊椎动物来说就是一个障碍，阻隔它们的出没，改变它们的行径。另外，施工期间人类活动范围的增大压缩了野生动物的活动范围，占用动物栖息地，这势必造成一些动物的非规律性迁徙，影响区域生态平衡（李洪远和鞠美庭，2004）。

高速公路施工中产生的弃渣和垃圾会影响动物的活动场所，在降雨、地下水的物理化学作用下进一步造成水资源污染。施工机械以及通行车辆产生的噪声、废气等同样会污染野生动物的生存环境，降低其生存环境质量，影响动物的繁衍生息（李太安等，2005）。施工时的噪声会给周边地区的野生动物带来烦躁不安的情绪，影响它们的生存和自由活动等。

1.5.5 对景观的影响

公路景观即展现在行车者视野中的公路线形、公路构筑物和周围环境组成的图景。行车者的视野会随着运行的车辆不断向前移动，所以公路景观是一种动景观。这种景观对行车的安全和乘员的舒适影响很大。高速公路的建设对周边地区的植被造成大量的破坏，如填挖路段、开山工程、筑堤工程、护坡工程等对原有地表的植被、景观造成损坏或变化，使景观要素也发生改变，区域景观的比例结构也随之变化。高速公路作为大型构筑物，把相连的景观区域分裂出来，使亮丽的风景、原有的风貌有一些瑕疵，增加了景观的碎裂度，产生了分裂效果（胡长顺和黄辉华，2003）。

　　综上所述，高速公路建设在促进我国国民经济发展的同时也造成了一系列环境问题，因为公路的建设属于生产建设性项目，人为破坏强度很大。从高速公路的选线、开工建设开始，直到建成后的运营期间，高速公路无时无刻不在影响着周围的环境。事实上，高速公路的建设及运营对植物、动物、土壤和水、大气、景观的影响并不是孤立存在的。它们相互影响，相互作用，互为前提，互为因果，是一个复杂的体系。高速公路对生态环境的影响见表1-2。

表1-2　高速公路对生态环境的影响

影响方面	表现形式
植物	道路施工清除了施工区的所有植物。高速公路建设会占用部分林地、荒地，工程土石方作业将占地范围内的植被完全铲除，对沿线野生植物造成一定影响。如果有国家受保护的珍稀树种、古树名木等，可以通过对珍稀树种的移栽、培育、繁殖等保护性抢救措施，减缓工程建设对野生植物的影响
	交通工具的用光、公路修建和使用中产生的尘土等对植物的生理过程造成影响或伤害
	交通工具带来外来种子，道路生境的改变给外来物种的入侵和发展创造了条件
动物	施工过程导致动物死亡。公路是连接城市与城市的通道，是人类相互联系的走廊，但却是动物的屏障。公路建设对野生动物栖息地的分割和阻断改变了野生动物的栖息、繁殖、迁徙场所，使得野生动物的生产空间被压缩，觅食、求偶、繁殖等变得更加困难，不同程度地威胁到它们的生存和繁殖
	动物被交通工具碰撞而出现伤亡
	改变动物的行为。体现在避难所范围、行动模式、繁殖成功率、逃生反应和生理状况5个方面的改变
土壤和水	土壤物理化学性质的改变。体现在土壤紧缩、含水量变低、重金属等化学污染等方面
	路面硬化，水蒸气运送量的减少使得土壤温度升高
	道路和桥改变海岸线、水渠、排洪沟及湿地走向，改变地表水流能量。营运期对水环境的影响主要来自公路沿线服务设施造成的污染。例如，停车场、汽车修理所、加油站、旅店、饭店、公共厕所等排放的生活污水和洗车废水，少量车辆维修、冲洗等含油污水，加油站成品油泄漏等
	重金属、盐类、有机物等污染水域。施工期生活污水的排放、施工材料的堆存以及施工机械油料泄漏等也会污染水环境。但以上这些影响都是暂时的，将随着施工期的结束而结束
	高速公路建设过程破坏、损毁了原有地貌、土体结构和植被，使其原有的水土保持功能受到了不同程度的破坏，在外力作用下，极易产生比较强烈的水土侵蚀。造成山体滑坡和土壤侵蚀
大气	公路修建和使用过程中产生大量粉尘污染空气。扬尘污染主要来自路基开挖及填筑、散体材料堆存及运输、运输车辆行驶过程产生的扬尘等，其中以散体材料堆存及运输、运输车辆行驶过程产生的扬尘污染影响较大
	交通工具给大气中带来大量NO_x、SO_x等。高速公路运营期的空气污染主要来源于汽车尾气。污染物对环境的影响随着公路运营期间交通车量的增加而增大
固体废弃物	高速公路施工期工程弃土、拆迁建筑垃圾以及施工人员产生的生活垃圾等固体废弃物，如不妥善处理将会破坏地表植被，抑制农作物生长，使周围生态环境遭到严重破坏
	运营期固体废弃物主要为服务管理设施的生活垃圾，应对其进行妥善处理，不要使其产生二次污染

续表

影响方面	表现形式
噪声	对于城市居民来说，噪声是主要污染物之一。高速公路工程施工中会使用多种大中型设备进行机械化施工作业，施工机械种类繁多，数量不定，噪声源特性不同，而且还会在某段时间内在一定的小范围内移动。虽然施工期噪声相对于营运期对环境的影响是短暂的，但由于其功率、声频、源强均较大，所以常使人感到刺耳，影响沿线居民的正常生活环境
	高速公路运营期，随着交通量的增大，噪声对沿线居民的影响非常严重。为保护沿线居民的居住环境，需对公路沿线设置隔声屏障、隔声墙、种植绿化带等设施，削减噪声的传播，降低噪声对居民的影响
景观	施工过程中山体破坏、大面积开挖等影响景观。区域内原有的自然景观和人文景观发生变化，而且还改造和建设了一些新景观，致使区域景观协调性发生变化
	坡面裸露或大面积喷射混凝土防护坡面使坡面和周围景观不协调
	用非乡土植物进行绿化，与周围生境形成不连续的植物分布格局
	高速公路建设占用土地，破坏植被，同时路基对沿线自然环境有割裂作用，使其空间连续性遭到破坏，同时地区内动植物数代生存的空间被分割，影响种群繁衍及生物多样性

1.6 高速公路路域生态环境影响分析与评价指标

近年来，交通事业取得了突飞猛进的发展，然而在增加运输能力、促进地区经济迅速发展的同时，也给环境尤其是道路沿线的自然、生态等造成了较大影响。如何在高速公路建设过程中最大限度地保持环境协调，实现可持续发展，就要求在道路建设过程中做好生态环境影响评价工作，准确地预估项目建设进入环境后的污染危害，并提出有效的对策措施。要客观评价高速公路建设对路域生态环境的影响，降低其对周围环境的不利影响，就必须建立一套可行的、科学的评价指标体系。下面就道路生态环境状况分析及影响评价指标体系的构建展开探讨。

1.6.1 生态环境影响评价指标

高速公路路域生态环境影响评价内容多、涉及面广，指标体系的筛选是一项复杂的系统工程，要求评价者对评价系统有充分和全面的知识。在筛选高速公路路域生态环境影响评价指标时，综合路域生态环境分析及路域生态环境调查情况，同时借鉴国内外生态环境评价研究、实际工作中的指标设置以及建设项目环评的指标体系（黄小军，2006），首先从原始数据中筛选出评价信息，然后通过初步筛选、理论分析初步确立路域生态环境影响评价指标。

高速公路路域生态环境影响评价指标所用来评价的内容应涵盖高速公路整个生命周期中对环境产生影响、涉及环境保护的全方面，主要是对建设前期、建设期和营运期与高速公路相关的人类活动、环境质量与影响。以《公路环境保护设计规范》（JTG B04—2010）为依据，对高速公路路域的自然生态环境、环境污染防治、景观与绿化等方面进行综合分析，确定生态环境影响评价指标，高速公路路域生态环境状况分为3大类：生态资源状况、环境质量状况与绿化景观状况。其中生态资源状况包括土地资源、水资源、生物资源；环境质量状况包括大气污染状况、噪声状况、污水处理状况和固体废弃物处理状况；绿化景观状况包括绿化状况和景观状况，见表1-3。

表1-3　高速公路路域生态资源状况评价指标

划分	生态资源状况评价指标
土地资源状况评价	土壤有机质：土壤有机质含量是衡量路域土壤肥力高低的重要指标，应对其有机质含量进行测定。研究表明，随着恢复年限的增加，高速公路路域土壤中有机物质和全氮的含量与恢复年限成正比。土壤肥力的标志性物质之一就是有机质，内含植物所需要的各种养分，具有调节土壤理化性质的作用
	土壤pH：在高速公路运营期间，汽车排放的各种化学物质（重金属、盐、有机物等）渗入土层后会改变土壤的理化性质。受到污染的土壤，会在一定程度上对动植物生存的环境质量产生影响，降低其生存环境质量，主要反映在土壤pH的变化
	土壤流失量：随着我国高速公路建设的发展，坡面开挖、路基填方、取土、堆渣、桥涵架设、施工机械碾压等诸多因素的影响，使得高速公路施工沿线的植被遭到干扰，破坏了原有自然植被状况，产生了新的人为土壤流失，采用土壤流失量来定量评价
	临时用地生态恢复率：反映工程竣工后土地综合治理情况，是设计人员考虑对取弃土场、施工便道、施工项目部等临时用地进行复垦以补偿自然生态资源的一项指标
水资源状况评价	用综合水污染指数法进行评水污染指数：交通运输产生的垃圾和废弃物会随着降水形成的地面径流流入到周边的水环境中。有害化学物质会造成水的使用价值降低或丧失，污染环境。在各种行业标准和规范中，大多是用综合指标来评定水环境的等级，包括水温、pH、溶解氧、氨氮、总磷等
	地表水径流变化：径流的形成是指流域内的降水沿地表径流汇集到各级河网，最后由流域出口断面流出的过程。高速公路是人工的线性构造物，必然会改变部分流域的地貌特征，桥梁、涵洞和排水沟渠都会对径流的形成产生影响。一些地形比较复杂的区域，因为高速公路的建设改变了地表径流的结构，从而引发泥石流等地质灾害，造成难以估量的损失
生物资源状况评价	生物多样性指数：指该地区植物、动物及微生物物种的丰富程度，是反映生物多样性高低的常用且重要的生态系指标，同样适用于高速公路路域植被调查，可以说明一定空间和时间内高速公路绿化演替的效果
	均匀度指数：反映了路域生物群落的均匀性和稳定性，是群落生态特征的重要指标
	生物生长状况：是指个体生物或群落的生长势，影响群落演替进展的速率
	外来种侵入情况：是反映路域生态系统安全的一项重要指标
大气污染状况	空气质量汽车排出的废气包括CO、SO_2、碳氢化合物、氮氧化合物等。其主要危害是碳氢化合物和氮氧化合物在阳光和空气的作用下生成光化学烟雾，对人体健康危害极大，同时会使树木枯死，农作物大量减产；降低大气的能见度，妨碍交通等。NO_2、CO、PM_{10}评价指数采取达标率进行评价
噪声状况	高速公路交通噪声分为建设期噪声和运营期噪声。运营期噪声主要是交通工具本身产生的噪声，如车轮滚动与地面接触、摩擦产生的噪声，随着高速公路使用年限的增加、路况变差而增大。指标获取方法依据《声环境质量标准》（GB 3096—2008）
污水处理状况	主要是指高速公路施工和运行阶段产生生活污水处理状况，采用污水处理率表示
固体废弃物处理状况	主要是施工垃圾，以及在高速公路运行期产生的生活垃圾处理状况，采用固体废弃物处理率表示

划分	生态资源状况评价指标
绿化状况	绿化结构和形式：是前期绿化规划设计的最终体现，其可以呈现多种不同植被的栽植形式和配置方式，还能够以此来寓意本地环境特点和文化特色，是景观特色体现的重要因子 本地绿化植物比例：强调不同生态区划绿化植物在高速公路景观绿化中的重要性，是绿化物种选择的趋势，不仅能体现植被地域特色，还对本地物种多样性保护、构建生态功能区安全具有举足轻重的作用 边坡生态防护效果：是指绿化植被固土护坡、防止土壤侵蚀的效果，是重要的生态指标 绿化植被覆盖度：是验证绿化效果最常用、最直观的生态指标，反映路侧裸露情况 绿化植被生长状况：是指个体植被或群落的生长势，影响群落演替进展的速率 绿化的诱导和防眩效果：是指植被在夜间能够有效阻隔反方向行车车灯光线对驾驶人员眼睛的直射，保证夜间行车安全，并诱导驾驶人员安全行驶
景观状况	根据人类活动对景观的影响程度，可以把景观分为自然景观、经营景观、人工景观3大类，不同的景观有不同的空间格局，如自然景观具有原始性和多样性的特点；经营景观常与道路、防护网、边坡、中央隔离带、自然的或人工的河道、水体、残存的森林等构成景观格局；人工景观表现为人工建筑物取代原有的地表形态和自然景观，人类系统大型桥梁、绿化带、服务区等成为景观的主要生态组合。景观状况评价采用景观破碎度、景观多样性及与周围环境的融合程度3项指标 景观破碎度：高速公路的线形结构特点造成了沿线各类景观生态系统的破碎化和斑块化，也可以理解为景观结构在空间上的非连续性。高速公路穿越山岭平原、森林灌丛，跨越河流，使原本连成一片的生境支离破碎。部分地段施工需要开凿隧道、架桥、削坡，完全破坏了原有植被景观的完整性，增加了自然景观的破碎度和异质性。桥梁和隧道等工程构筑物虽然起到了减少植被破坏、提供生物廊道的作用，但完全打破了和谐的自然景观格局；"面广、线长、点多"的高速公路和河道之间形成多个"生态孤岛"，加大了自然景观的破碎程度 景观多样性指标的选取基于色彩与人心理感受关系的理论研究基础，不同景观色彩及其组合能够给予人多种心理感受，以满足不同高速公路路段的景观功能需求 与周边环境的融合程度是指景观与周围环境的过渡和融合情况，是景观适宜性的重要指标

1.6.2　生态环境影响评价指标体系建立

该体系的建立是进行预测和评价研究的前提和基础，其是将抽象的研究对象或者评价对象按照其本质属性的特征某一方面的标志分解成为具有行为化和可操作化的结构，并对每个构成元素（指标）赋予相应权重的过程，目的是描述某事物的状态或者发展趋势，加深对客观事物的认识。

总而言之，现代高速公路建设不仅要肩负着交通运输的职责，还需要兼顾与生态环境的协调发展。通过对高速公路路域的自然生态环境、环境污染防治、景观与绿化等方面进行综合分析，确定了高速公路路域生态环境影响评价指标，构建了生态环境影响评价指标体系，具有重要的参考意义。但由于指标选取过程难免具有一定的主观性，且指标难以量化以及受调查条件的限制。因此，道路的建设和营运对生态环境的影响评价还需在实际工作中逐步完善。

参 考 文 献

白国华. 2007. 高速公路边坡防护. 科学之友，（2）：31-33.

陈毕伍. 2010. 中国公路交通可持续发展研究. 西安：长安大学.

陈红，梁立杰，杨彩霞，等．2004．可持续发展的公路建设生态观．长安大学学报：自然科学版，1（1）：69-71，103．

葛运溥．2003．中国高速公路建设大事记．中国交通报．2003-11-30．

胡晋茹，杨建英，赵强．2006．公路建设的生态影响与生态公路的建设．中国水土保持科学，4（12）：144-147．

胡希捷，赵旭峰．2018．中国交通40年．中国公路，（15）：52-61．

胡长顺，黄辉华．2003．高等级公路对环境的影响．北京：人民交通出版社．

黄小军．2006．生态公路建设的理念与实践．公路，7（7）：209-211．

姜德文．2017．保护水土资源改善生态环境，推进生态文明建设．中国水土保持，（11）：3-9．

交通运输部．2019．新中国成立七十周年公路交通发展成就综述．中国交通报．2019-10-8．

交通运输部公路局，中交第一公路勘察设计研究院有限公司．2015．公路工程技术标准（JTG B01—2014）．北京：人民交通出版社．

李国峰．2018．高速公路水土保持措施分析建议．智能城市，4（14）：110-111．

李洪远，鞠美庭．2004．生态恢复的原理与实践．北京：化学工业出版社．

李太安，张勃，郝建秀．2005．天宝生态公路对沿线生态景观格局可能的影响．甘肃科技纵横，34（1）：117．

刘杰，崔保山，杨志峰，等．2006．纵向岭谷区高速公路建设对沿线植物生物量的影响．生态学报，6（1）：83-90．

刘清泉．2005．中国高速公路的现状与发展．轮胎工业，（6）：190-191．

马战胜．2018．中国高速公路的发展历程．商情，（9）：92．

齐慧．2021．"奋斗百年路　启航新征程"高速公路促腾飞．经济日报．2021-06-08．

齐琳，魏斌，陈立春．2016．高速公路建设对环境的影响．绿色科技，（20）：141-142．

屈越强，陈爱侠，王丹．2015．基于RS/GIS的黄土地区高速公路沿线植被覆盖度变化分析——以铜黄高速为例．四川环境，（1）：30-33．

孙书存，包维楷．2004．恢复生态学．北京：化学工业出版社．

朱海彪，王猛．2015．浅谈高速公路边坡防护的综合运用．城市建设理论研究（电子版），（18）：8355-8357．

第2章
土壤侵蚀的危害过程及防治方法

土壤侵蚀是对全人类赖以生存的土壤、土地和水资源的严重威胁。其危害主要包括以下几个方面：破坏土地、吞食农田，降低土壤肥力、加剧干旱发展，淤积抬高河床、加剧洪涝灾害，淤塞水库湖泊、影响开发利用。每年，全世界土壤侵蚀导致250亿～400亿t表土流失；如果不采取行动减少侵蚀，预计到2050年全世界粮食损失将达2.53亿t，相当于减少了150万km^2的作物生产面积或者是印度全部的耕地。Pimentel等（1995）估计全球土壤侵蚀每年的经济损失相当于4000亿美元，每年人均损失约70美元。由于人类的出现，正常侵蚀的自然过程受到人为活动的干扰，使其转化为加速侵蚀状态。气候、地形、土壤、植被和地质等因素是产生土壤侵蚀的基础和潜在因素，而人为不合理的生产活动是造成土壤加速侵蚀的主导因素。防止土壤侵蚀，主要应从改变地形条件、改良土壤性状、改善植被状况等方面入手，通过因地制宜地合理利用土地，因害设防地综合配置防治措施，以建立完整的土壤侵蚀控制体系。土壤侵蚀问题已引起了世界各国的普遍关注，联合国也将土壤侵蚀列为全球三大环境问题之一。

2.1 土壤侵蚀对生存环境的危害过程

2.1.1 土地资源遭到破坏

土地资源是指已经被人类所利用和可预见的未来能被人类利用的土地。土地资源既包括自然范畴，即土地的自然属性，又包括经济范畴，即土地的社会属性，是人类的生产资料和劳动对象。土地资源是三大地质资源（矿产资源、水资源、土地资源）之一，是人类生产活动最基本的资源和劳动对象（傅伯杰等，1999）。人类对土地的利用程度反映了人类文明的发展，但同时也造成对土地资源的直接破坏，19世纪以来，全世界土壤资源受到严重破坏。土壤侵蚀、土壤盐渍化、沙漠化、贫瘠化、渍涝化以及自然生态失衡而引起的水旱灾害等，使耕地逐日退化而丧失生产能力。其中土壤侵蚀尤为严重，是当今世界面临的又一个严重危机。

土壤侵蚀对土地资源的破坏表现在外营力对土壤及其母质的分散、剥离以及搬运和沉积上（陈其兵等，2006）。雨滴击溅、雨水冲刷土壤，坡面被切割得支离破碎，沟壑纵横（陈世品和黎茂彪，2007）。在水力侵蚀严重地区，沟壑面积占土地面积的5%～15%，支毛沟数量多达30～50条/km²，沟壑密度为2～3km/km²。上游土壤经分散、剥离，砂砾颗粒残积在地表，小颗粒不断被水冲走，沿途沉积，下游遭受水冲砂压（高雪松等，2005）。如此反复，细土变少，砂砾变多，土壤荒漠化，肥力降低，质地变粗，土层变薄，土壤面积减少，裸岩面积增加，最终导致弃耕，成为"荒山荒坡"。同时，在内陆干旱、半干旱地区或滨海地区，由于土壤侵蚀，地下水得不到及时补给，在气候干旱、降水稀少、地表蒸发强烈时，土壤深层含有盐分（钾、钠、钙、镁的氯化物、硫酸盐、重碳酸盐等）的地下水就会由土壤毛管孔隙上升，在表层土壤积累时，逐步形成盐渍土（盐碱土），包括盐土、碱土和盐化土、碱化土。盐土进行着盐化过程，表层含有2%以上的易溶性盐。碱土进行着碱化过程，交换性钠离子占交换性阳离子总量的20%以上，结构性差，呈强碱性。盐渍土危害作物生长的主要原因是土壤渗透压过高，引起作物生理干旱和盐类含量过高从而导致对植物的毒害作用以及过量交换性钠离子的存在而引起的一系列不良的土壤性状。

　　因土壤侵蚀造成的退化、沙漠化、碱化草地100万km²，占我国草原总面积的26.04%（高照良和彭珂珊，2005）。形成这些问题的原因很复杂，主要是干旱缺水，还有过度开荒、过度放牧、破坏性使用，我国盐碱地大多分布于北温带半湿润大陆季风性气候区，降水量小，蒸发量大，溶解在水中的盐分容易在土壤表层积聚。例如，吉林省西部草原，在强烈的季风影响下，全年降水量为400～500mm，而年蒸发量高达1206mm，年蒸发量是降水量的3倍，而春季蒸发为降水量的8～9倍。在草场退化之前，由于地表植被的保护作用，干旱季节从浅层地下水和土壤深部上返的盐分与雨季淋洗下移的盐分达到动态平衡。由于草场植被遭到破坏和苏打盐渍土特有的土壤特性，这一平衡被打破，地面土壤蒸发迅速增加，地面水分入渗速率由原来的6mm/h左右下降到不足1mm/h，大量盐分从地下水或土壤深部的暗碱层中集聚到地表，产生次生盐碱化，最终形成碱斑。这一过程很难逆转，如果达到一定程度，则不可逆转，造成大面积土地废弃，大量聚集在地表的盐分在大风作用下迅速扩散，给周边地区土地造成严重危害，直接影响了当地畜牧业的发展。早在20世纪50年代，该地区有草地200多万公顷，大部分草场平均产草量达2000kg/hm²以上，部分优质草场可达3000kg//hm²，羊草比例占90%。然而，由于草场退化，单产迅速下降，平均下降50%～70%。在经济上，土地的退化和丧失导致农业生产条件恶化，影响了农业和农村经济的可持续发展。

　　东北黑土区粮食年产量约占全国的五分之一，是我国玉米、粳稻等商品粮的主要供应地，粮食商品量、调出量均居全国首位。数据显示，广义的东北黑土区总面积为103万km²，其中土壤侵蚀面积达27.59万km²，约占总面积的27%。东北黑土区现有大型侵蚀沟25万多条，黑土区每年因侵蚀沟吞噬耕地而损失的粮食高达40多亿公斤。根据第一次全国水利普查成果与《东北黑土区侵蚀沟治理专项规划（2016—2030年）》：东北黑土区现有侵蚀沟29.17万条，侵蚀沟总长度21.74万km，沟壑密度达0.20km/km²。鹤山农场处于小兴安岭向松嫩平原过渡的地带，坡长而缓，耕地坡度多在1°～4°，是典型黑土区。辽宁省每年有4万多公顷耕地因水冲沙压和侵蚀沟发展而消失（方精云等，

1996）。

由于土壤侵蚀，大量土壤资源被蚕食和破坏，沟壑日益加剧，土层变薄，大面积土地被切割得支离破碎，耕地面积不断缩小（蔡晓东，2002）。陕北高原的基本地貌类型是塬、梁、峁、沟（图2-1）。塬是黄土高原经过现代沟壑分割后留存下来的高原；梁、峁是黄土塬经沟壑分割破碎而形成的黄土丘陵，或是与黄土期前的古丘陵地形有继承关系；沟大多是流水集中进行线状侵蚀并伴以滑塌、泻溜的结果。《黄河流域水土保持公报（2021年）》表明：黄土高原总面积为64.87万km²，土壤侵蚀面积达23.13万km²，占总面积的35.66%。黄土高原地区属温带季风气候区的边缘，全年总雨量少，65%的雨水集中在夏季，但降雨的强度大，往往一次暴雨量就占全年雨量的30%，甚至更多，是造成黄土高原土壤侵蚀的原因之一。根据资料介绍，在山西、陕西、甘肃、宁夏等省（自治区），每平方千米有支、干沟50多条，沟道长度可达10km以上，沟谷面积可占流域面积的50%～60%。山西省地处黄土高原东端、黄河流域中游，15.6万km²土地总面积中80%以上为山地丘陵区。由于地形起伏大，降雨集中且时空分布不均，加之黄土土质疏松、极易侵蚀，因此，土壤侵蚀严重。

图2-1　陕北高原基本地貌（摄影/宋晓伟）

2.1.2　土地失去利用价值

土壤沙漠化是人类所面临的诸多的环境问题中最为严重的问题之一。土壤沙漠化让宝贵的土地资源失去利用价值。据推测，全世界每年有600万hm²土地发生沙漠化，其中有320万hm²是牧场，250万hm²是依靠降雨的耕地，12.5万hm²灌溉耕地。此外，还有35万hm²的土地受到沙漠化的影响。相当于世界人口的1/6的人口正在遭受沙漠化之苦。

第五次《中国荒漠化和沙化状况公报》数据显示，截至2014年底，全国沙漠化土地面积为172.12万km²，占国土面积的17.93%。我国的沙漠化主要发生在北方干旱、半干旱以及部分半湿润地区，属于生态环境脆弱区，该类型区的人类活动主要是农牧业经济活动。农户（包括牧户）是农牧业生产中最基本的决策单元，是农牧业经济活动的微观行为主体。因此，农户经济行为是沙漠化过程中最主要的人为因素。根据朱震达和刘恕（1981）对我国北方地区沙漠化成因的研究，94.5%的沙漠化面积是由不合理的人类活动造成的，其中93.8%的沙漠化面积就是不合理农户经济行为所导致的。而这些人类活动往往会受到当时主流政策的支配或者干扰。

土地沙漠化的危害表现为：①毁坏耕地，破坏农业生产；②使草场退化，畜牧质量、数量下降；③阻碍交通；④影响工程建设；⑤破坏生态环境。调查表明，土地沙漠化无论从危害程度还是危害范围来看，都比沙漠更严重更广泛。沙漠化的发展不但影响土地质量和农作物生长，随着地表形态发生改变，也迫使土地利用方向发生改变，而且直接危害到人类的经济活动和生活环境（陈一鄂和刘康，1990）。我国现已形成的沙漠化土地，主要成因是长期以来形成的不合理的耕作方式和过度的砍伐、垦殖、放牧以及破坏，导致了大面积的森林、草原、植被退化消失，再加上当地脆弱的生态环境——干旱、多风、土壤疏松等，都加速了沙漠化的形成。在我国北方万里风沙线上，每年8级以上的大风日就有30～100d，还时常出现沙暴。历史上曾是水美草鲜、羊肥马壮、自然环境良好的地方，如今已沦为沙地，部分地方人类甚至无法生存。

据动态观测，20世纪70年代，我国土地沙化扩展速度为每年1560km^2，80年代为每年2100km^2，90年代为每年2460km^2。21世纪初达到3436km^2，相当于每年损失一个中等县的土地面积。据有关部门统计，自50年代以来，由于土地沙漠化的加剧，我国已有超过10万km^{2}的土地，即相当于一个江苏省的土地面积完全沙漠化（图2-2）。

(a)　　　　　　　　　　　　　　　　　　(b)

图2-2　西北土地沙漠化令人触目惊心（陕西榆林市榆阳区、神木市）（摄影/甄庆，宋晓伟）

2.1.3　土壤的肥力和质量下降

土壤肥力是反映土壤肥沃性的一个重要指标，是衡量土壤能够提供作物生长所需的各种养分的能力，是土壤各种基本性质的综合表现，是土壤区别于成土母质和其他自然体的最本质的特征，也是土壤作为自然资源和农业生产资料的物质基础。我国的耕地资源极为贫乏，尤其是近些年来随着人口的不断增长，其数量在不断减少，土壤肥力下降影响着我国农业生态系统环境建设和生产的同时，也制约着农业经济发展。

从全国第二次土壤普查的部分资料看，由于长期用养失调，部分耕地的土壤肥力有所下降。由于农业过度开发，尤其是长期偏施单质化肥，没有适当给土壤有机质补充，造成土壤有机质下降和土壤微生物菌群多样性及功能减弱，导致土壤质地严重退化，影响农业生产，土壤有机质的含量与土壤肥力水平是密切相关的。虽然有机质仅占土壤总量的很小一部分，但其在土壤肥力上起的作用却是显著的。通常在其他条件相同或相近的情况下，在一定含量范围内，有机质的含量与土壤肥力水平呈正相关。肥沃的土壤能够不断供应和调节植物正常生长所需要的水分、养分（如腐殖质、氮、磷、钾等）、空气和热量。裸露坡地一经暴雨冲刷就会使含腐殖质多的表层土壤流失，造成土壤肥力下降。土壤侵蚀致使大片耕地被毁，使山丘区耕地质量整体下降。

土壤侵蚀使大量肥沃表土流失，土壤肥力和植物产量迅速降低（崔晓阳和方怀龙，2001；顾晓鲁，1993）。例如，吉林省黑土地区，每年流失的土层厚达0.5～3cm，肥沃的黑土层不断变薄，有的地方甚至全部侵蚀，使黄土或乱石遍露地表。四川盆地中部土石丘陵区，坡度为15°～20°的坡地每年被侵蚀的表土达2.5cm，黄土高原强烈侵蚀区，平均年侵蚀量在6000t/km²以上，最高可达2万t/km²以上。南方红黄壤地区以江西省兴国县为例，平均年流失量为5000～8000t/km²，最高达13500t/km²，裸露的花岗岩风化壳坡面，夏季地表温度高达70℃，被喻为南方的"红色沙漠"。

黄土高原地区土壤多为黄绵土和黑垆土，土壤结构一般，土壤稳定入渗率最快为5～12mm/min，初渗率为40～60mm/min，入渗率最慢仅有0.5mm/min，初渗率为20mm/min，黄土结构疏松土壤稳定入渗率一般在0.5mm/min以上。林地开垦后，土壤腐殖质组成也发生一定的变化。表2-1的结果表明，土壤中的胡敏酸、富里酸含量都随开垦年限而下降，但胡敏酸在全碳中的比值较富里酸变化幅度大，故随开垦年限增长，胡敏酸和富里酸比值（胡富比）降低。林地的胡富比为1.02，开垦后，胡富比呈降低趋势；开垦20年后，胡富比降为0.41，反映出随侵蚀加重，土壤熟化度下降。另外，土壤胡敏酸与土壤结构关系密切，胡富比的下降反映出开垦后土壤结构状况的退化。

表 2-1　土壤腐殖质组成随开垦年限的变化

| 开垦年限/a | 有机质/（g/kg） | 总碳量/（g/kg） | 胡敏酸 | | 富里酸 | | 残渣碳/% | 胡富比 |
			含量/（g/kg）	占总碳量/%	含量/（g/kg）	占总碳量/%		
林地（对照）	27.15	15.75	3.85	24.4	3.75	23.9	51.7	1.02
2	24.86	14.42	3.44	23.9	3.26	22.6	53.5	1.05
4	21.50	12.47	2.69	21.6	2.82	22.6	55.8	0.95
6	17.62	10.22	2.11	20.6	2.2	21.6	57.8	0.96
10	12.27	7.12	1.26	17.8	1.59	22.3	60	0.79
15	8.74	5.07	0.71	13.9	0.98	19.3	66.8	0.72
20	5.45	3.16	0.22	7.0	0.54	17.1	75.9	0.41
30	5.78	3.35	0.33	9.9	0.58	17.3	72.8	0.58

　　通过土壤侵蚀的土壤，一般是较肥沃的土壤表层，造成大量土壤有机质和养分损失，土壤理化性质恶化，土壤板结，土质变坏，土壤通气透水性能降低，土壤肥力和质量迅速下降（国家环境保护总局环境工程评估中心，2005）。

2.1.4　干旱灾害频繁发展

　　生态环境恶化，致使灾害频繁，自然灾害与土壤侵蚀恶性循环，同步发展（图2-3）。我国是世界上土壤侵蚀最为严重的国家之一。土壤侵蚀给生态环境、社会经济发展和人类生存造成严重威胁（关君蔚，1996），因此防治土壤侵蚀、改善生态环境是实现人与自然协调和资源-环境-社会经济可持续发展的根本保障。

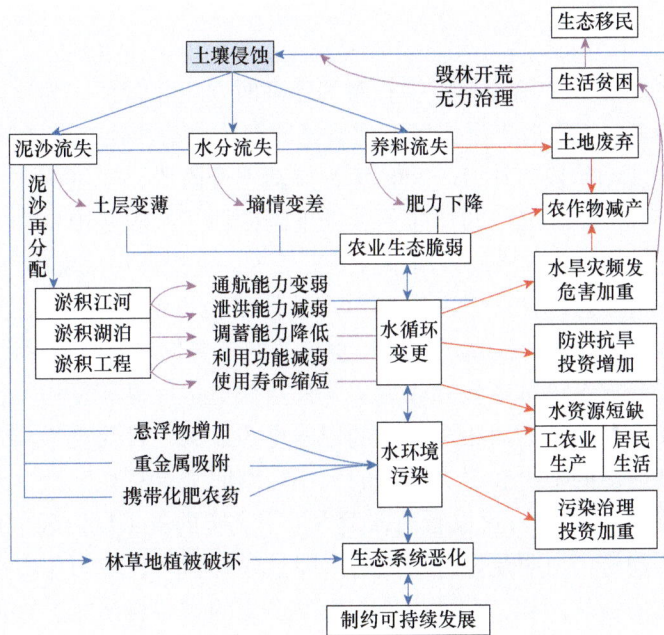

图2-3　土壤侵蚀的作用机制及其系统影响

　　土壤侵蚀是影响我国社会经济可持续发展的主要生态问题之一，对土壤侵蚀形成机制和综合治理的研究已引起许多学者的关注。干旱气候下形成的地貌类型是土壤侵蚀教学与科研中的重要研究内容。风力与河流作用是干旱区土壤侵蚀发生的主要外营力。

　　自然生态环境失调恶化，洪、涝、旱、冰雹等自然灾害接踵而来，特别是干旱的威胁日趋严重。土壤侵蚀一方面会造成地表土的流失，同时也会使地表植被遭到破坏，地表植被具有固水和防止土壤流失的双重作用，当植被遭到破坏时，气候也会被改变，生态环境会引发恶性循环，旱灾也是其中可能发生的灾害，土壤侵蚀不断增强，地表面土壤大量随水流失，植被难以生长，涵养水源能力下降，导致旱季缺水，则会形成严重的干旱灾害（图2-4）。

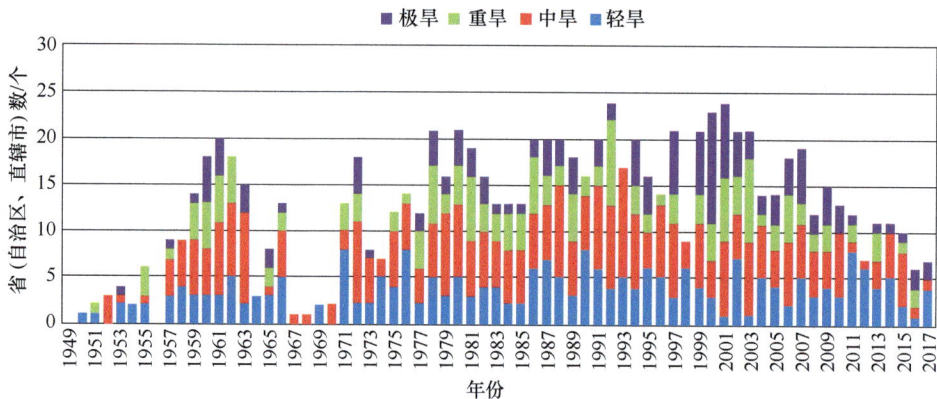

图2-4 全国历年发生不同等级干旱的省（自治区、直辖市）数

探究1949～2018年中国干旱灾害长时间序列时空变化特征，为我国农业干旱灾害预警体系提供参考。①农业干旱灾害呈现明显周期性波动，轻、重干旱灾情交替出现，1949～1970年为波动阶段，1971～2000年为波动上升阶段，发生特大干旱和严重干旱的年份所占比重较大，2001～2018年为波动下降阶段。②农业干旱在空间上呈"北重南轻、中东部重西部轻"的格局。山东省受灾最重，灾损高达208.2万hm²，西藏最轻，灾损为2163.53hm²。③粮食产量和粮食单产总体呈稳步增长态势，波动幅度较平缓，二者受旱灾影响程度较大，粮食产量和粮食单产的年变化率均与干旱受灾率、成灾率、灾害强度指数、受灾率异常指数和成灾率异常指数等指标显著负相关，其中以受灾率异常指数和成灾率异常指数对粮食生产的影响更为显著，且受灾率异常指数的影响最为显著。④粮食产量的多少和受灾面积的大小在空间上具有相关性，粮食单产与干旱受灾面积呈负相关。由图2-4可以看出，发生干旱灾害的省（自治区、直辖市）的个数有随时间增长的趋势，说明受旱范围随着时间推移在扩大，1980年以后干旱灾害严重程度较以前大大增强。同样，全国重旱和极旱发生的省（自治区、直辖市）数量也随时间有非常明显的增长趋势。1980年前发生重旱以上的省（自治区、直辖市）有10个，而1980年后发生重旱以上的范围扩大到了16个省（自治区、直辖市），增加了6个省（自治区、直辖市），重旱以上发生的范围有所增大。

土壤侵蚀致使可利用水资源无法集聚，不但白白浪费了水资源，还可能因此造成旱灾等自然灾害。由于南支槽活动和冷空气较弱，缺乏冷暖空气交汇的条件。2019年春季，中国南北小麦主产区风调雨顺，气候适宜，小麦亩产均超千斤[①]，小麦产量再创历史新高，小麦生产喜获特大丰收。5月下旬以来，华北多地干旱少雨，晴热难耐，持续时间较长。由于3个多月滴雨未见，特别是旱地农作物受害比较严重，部分树木和路旁观赏植物由于长时间得不到雨水滋润，以致旱死。云南省气候中心13日综合监测显示，13日全省110个站点出现气象干旱，其中43个站点为重旱，10个站点为特旱。滇西北大部、滇中及以南大部分地区达到气象干旱重旱等级，其中西双版纳、普洱、昆明、

---

① 1斤=0.5kg。

曲靖等地的部分地区出现特旱。14 日，云南省气象局启动重大气象灾害（干旱）IV 级应急响应。2019 年第二季度，受自然灾害影响，云南共有 742.02 万人受灾，因灾死亡 9 人。干旱灾情较重，有 16 个市州、95 个县（市、区）692.24 万人受灾，农作物受灾面积 135.042 万 hm^2，其中绝收 7.925 万 hm^2。

近些年来，西部地区因为旱灾造成的损失巨大。西部地区土壤侵蚀面积大而严重，影响了降雨和土壤含水能力，致使旱灾频繁。干旱是指久晴不雨或少雨、空气干燥、土壤中水分大量耗散、植物体内水分严重亏缺，导致植株生长发育不良，出现叶片萎蔫、蜷缩、凋萎或枯死，继而造成种植业减产，甚至绝收的一种灾害。严重时还可造成水库干涸、水断流、地下水位下降、人畜饮水困难，进而影响人类社会经济活动的各个方面。由于干旱，为解决用水矛盾，严重超采地下水，引起地下水位下降、漏斗范围不断扩大等次生灾害的发生。干旱问题已严重地威胁到西部地区的国民经济发展和人民生活质量的提高。西部地区每年都有不同程度的旱情。如果干旱灾难持续的时间更久，还会造成地方的水源枯竭，导致人类和动物的饮水困难，从而影响人类社会的发展。再者，人们为了能够继续生存，一旦水源开始枯竭，就会开始不断地开发地下水来维持生存。但是长时间的过度开采，会使得生态环境急速恶化，进而造成地区沙漠化现象，形成了一个更加严峻的恶性循环的局面。

2.1.5　蓄水保水能力降低

水土保持不仅是生态环境建设的主体，也是生态环境建设的基础。流域上游山丘区生态环境遭到严重破坏，降低了蓄水能力；同时缺乏拦蓄降雨和径流的蓄水保水措施，就会使降雨时地表径流增大，流速加快，大部分降雨以地表径流方式汇集河道，成为山洪流入江河湖海，土壤入渗量减少，地下水得不到及时补给，水位下降。暴雨时山洪暴发，暴雨过后又很快河流干枯、土壤干旱、人畜饮水困难（景元书和范永强，2007）。

1. 造成水资源污染，成为人类健康、经济和社会可持续发展的重大障碍

土壤和水分是工农业发展的必要条件，土壤侵蚀所引起的大量泥沙、乱石及其他土壤中存在的污染物质流入河流中，使可供使用的水资源遭到污染，降低了水资源的利用率，提高了工农业的生产成本，不利于经济的可持续发展。

土壤侵蚀导致化肥、农药等进入地表水体，引发江河湖泊面源污染。土壤侵蚀产生地表径流时，土壤表层的养分及化肥农药等在雨滴打击及径流冲刷作用下，向地表径流传递，并随地表径流和泥沙迁移。土壤侵蚀是面源污染发生的重要形式和运输载体。目前，面源污染已成为我国水库湖泊污染物的主要来源。据调查，我国近一半的湖泊处于严重的富营养化状态，水体中的氮磷污染物至少有 1/3 来源于面源污染。海洋近岸海区发生富营养化现象，使腰鞭毛藻类（如裸沟藻和夜光虫等）等大量繁殖、富集在一起，使海水呈粉红色或红褐色，称为赤潮，对渔业危害极大。

2. 人类活动对水资源的需求量急剧增加，致使水资源紧缺

土壤侵蚀使地表的土壤层变得越来越薄，蓄水能力越来越弱，降水往往无法供给地下水，而是成为地表径流蒸发或消失了，所以水资源可利用率越来越低，甚至面临枯竭，如云南省昭通市巧家县，山泉数量近年来一直减少，越来越多的居民面临饮水难的问题。全国699个城市中，有近400个城市缺水，其中约300个城市严重缺水（图2-5和图2-6）。在32个百万人口以上的特大城市中，有30个城市长期受缺水困扰。我国城市水资源存在极其匮乏且涉及面广的问题，全国城市每年缺水60亿 m^3，每年由缺水造成的经济损失约2000亿元[1][2][3]。在我国，城市水资源的需求几乎涉及国民经济的方方面面，如工业、农业、建筑业、居民生活等，严重的缺水问题导致我国城镇现代化建设进程、GDP的增长和居民生活水平的提高都受到了限制。

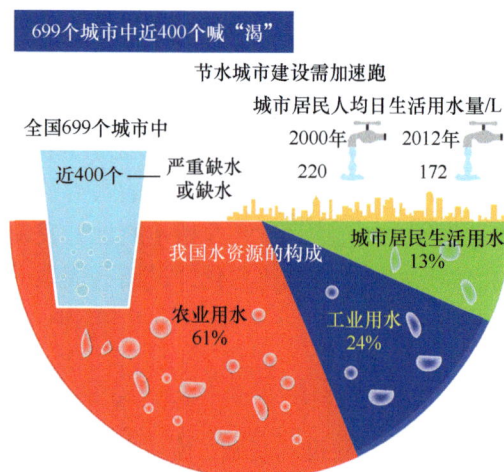

图2-5 中国城市严重缺水现状

数据来源：2001年、2004年、2021年中国水资源公报

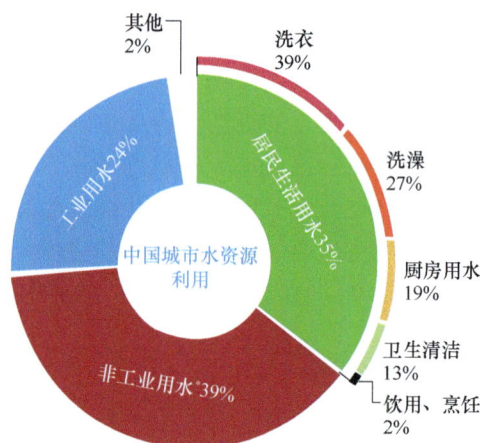

图2-6 中国城市水资源利用现状

*包括服务业、建筑业、农业和生态用水

水资源保护和饮用水安全之所以成为我国政府高度关注的问题，是因为水荒已经成为中国城市发展的顽疾之首，成为中国民生的一大急迫问题。水资源紧缺还会导致生态环境的恶化，致使人与自然的矛盾愈演愈烈。通常土壤侵蚀严重的地区，农业发展都会受到自然环境和社会环境的双重制约。

3. 土壤水分严重亏缺，伴随有土层的干燥

土壤水分是限制黄土高原地区植物生长和生存的关键因子，其含量高低影响着植物的生长发育、群落类型和分布特点。而植被又是影响土壤水分最活跃、最积极的因素，尤其是多年生人工林草植被，由于对土壤深层储水的过度消耗而长期得不到降水入渗补给，土壤水分循环出现负平衡，导致深层土壤干燥化。

土壤水分是制约半干旱黄土丘陵区植被恢复和生态建设的关键因子。缺乏科学指导

---

[1] 中华人民共和国水利部. 2001年中国水资源公报.

[2] 中华人民共和国水利部. 2004年中国水资源公报.

[3] 中华人民共和国水利部. 2021年中国水资源公报.

的人工植被恢复会加剧土壤水分耗竭，造成土壤水分亏缺，从而严重阻碍该区生态系统恢复和脆弱生境的有效改善。

根据西北农林科技大学水土保持研究所水土保持生态工程技术研究中心调查研究，黄土高原由于地下水埋藏很深，土壤水分主要以悬着水状态存在。因此，悬着水的蒸发成为区内土壤水量平衡的主要支出项，从而构成特殊的土壤水文状况类型——蒸发的自成型水文状况。在此种土壤水文状况下，通常都伴随有土层的干燥。在这类地区，土壤水分上行蒸发性能十分活跃，降水对土层水分的补给，水分在土层中持续很短时间就会消失，从而构成以水分负补偿为特征的土层低湿状态。土壤水分严重亏缺对植被的影响：此类林地土壤最为干燥，其含水量一般为4%~8%，个别层次有时低于4%，接近土壤最大吸湿水。土壤水分在剖面上分布均匀，水分曲线为一摆动垂线。雨季水分补偿明显，补偿深度一般不超过200cm。此种类型在黄土丘陵区较为常见，其林木多生长不良，形成低产林或"小老树"者居多（表2-2）。

表2-2　黄土丘陵区主要树种林地土壤水分类型和林木生长状况

树种	土壤水分类型	5m剖面土壤含水量/%	剖面平均含水量/%	树高范围/m	平均树高/m	胸径范围/cm	平均胸径/cm	胸高总断面积范围/m²	平均胸高断面积/m²	样地数
小叶杨	I	22.9~25.3	23.9	11.8~16.0	14.7	12.0~32.8	3.7	12.58~34.51	23.55	4
小叶杨	II	11.9~19.7	17.5	3.8~7.3	5.6	4.5~8.4	5.8	3.41~18.20	7.60	11
小叶杨	III	4.8~16.2	11.5	3.8~6.4	5.2	3.8~9.6	6.2	1.44~18.05	6.10	15
小叶杨	IV	5.0~9.0	7.2	3.5~8.8	6.4	4.0~12.0	7.2	1.60~14.70	7.00	8
刺槐	I	14.5~17.5	15.7	4.1~14.2	7.9	4.0~11.3	6.6	2.10~35.10	16.80	8
刺槐	II	8.4~11.4	9.5	4.9~11.9	8.1	4.7~12.0	7.7	3.60~23.90	11.60	15
刺槐	III	4.2~5.0	5.8	4.9~9.5	6.9	4.0~10.5	7.9	5.00~13.20	7.70	13

4. 生态环境迅速恶化，湿地逐渐缩小乃至消失

广袤的湿地为生态系统涵养水源、养育生灵，是生物多样性保护不可缺少的重要一环。过度和不合理的水资源利用已经使湿地供水能力受到严重影响，中国正在产生新的用水危机（李海蒙和李军财，2006）。盲目围垦和过度开发造成天然湿地面积削减、功能下降。据不完全统计，中国湿地面积约6594万hm²（不包括江河、池塘等），占世界湿地的10%，位居亚洲第一位、世界第四位。其中中国沿海湿地面积目前已经丧失219万hm²，全国围垦湖泊面积已达130万hm²以上，因围垦而消亡的天然湖泊近1000个。近几十年来，中国沼泽面积急剧减少，仅东北三江平原沼泽面积就由50年前的500万hm²减至113万hm²。中国红树林由于围垦和砍伐，已由50年代初的5万hm²下降到1.4hm²，72%的天然红树林已经丧失。湿地地区上游土壤侵蚀，导致河床、湖底淤积严重。黄河、长江的泥沙含量不断增加，使河床抬高、航道变浅。水库作为重要的人工湿地，其泥沙淤积令人担忧，中国1/4以上水库由于泥沙淤积丧失了基本功能。中国湿地污染日趋严重，已经有2/3的湖泊受到不同程度的高营养化污染危害，仅长江水系每年承载的工业废水和生活污水就达120多亿吨。湿地污染不仅使水质恶化，也对湿

地生物多样性造成严重危害。

黄河三角洲自然保护区是一个以湿地生态系统保护为主的国家级自然保护区，面积15.3万hm²，生态类型独特，生长、栖息着大量国家重点保护动植物，有水生生物800种，其中属于国家重点保护的有文昌鱼、江豚、松江鲈鱼等野生植物上百种，属于国家重点保护的濒危植物野大豆和性能优良的中草药分布广泛；各种鸟类187种，被列入中日候鸟保护协议的有108种，其中属于国家一级重点保护的野生动物有丹顶鹤、白头鹤、白鹤、金雕、大鸨等，属于国家二级重点保护的野生动物有大天鹅、小天鹅、灰鹤、蜂鹰等近30种，各种鹭类、鹰鸭类水禽不但种类多，数量也极为丰富。如此丰富的生物物种，其生长发育的自然条件不佳，重要原因就是黄河水、沙资源长年不断地流入海洋。黄河一旦干涸，断绝了淡水资源补给，就彻底破坏了黄河口湿地水环境的平衡条件，将使这一地区地貌、陆相发生重大变化，生态环境将迅速恶化，湿地逐渐缩小乃至消失，造成生态系统、生物种群和遗传基因多样性的遗失等。西北干旱地区的湿地是极其重要的生态类型，人们沿湿地而居住，近湿地而耕作，成为人类生存的主要条件之一。但受人为干扰和气候趋干的影响，湿地缺水萎缩问题尤其严重。著名的罗布泊因1952年拉依河口筑坝，塔里木河改道南流注入台特乌湖，而使入湖水源锐减，面积急剧缩小，至1972年完全干涸，湖底形成10～15cm厚的盐壳。

2.1.6　大江大河断流越来越严重

河流是整个地球的大动脉，人类文明的摇篮，生态平衡的生命线。大江大河流域面积大，汇水水源比较丰富，河流自身调蓄能力比较强，多属于常年河。但由于某些自然原因和人为因素，一些大江大河也会出现断流现象，而呈现日益强烈的季节河特征。黄河发源于青藏高原的约古宗列曲，流经我国9省（自治区），在山东北部入海。其流域面积约79.5万km²，约占全国的8%。黄河每年平均输沙量居世界60余条大河之首。泥沙淤积使黄河下游河床抬高，郑州花园口以下形成举世闻名的"地上悬河"。1997～2006年唐乃亥、兰州和头道拐年均径流量与1970～1996年相比分别减少20%、21%和41%（表2-3）。大部分支流年均径流量也明显减少，减幅达10%～39%。但从兰州径流量组成来看，1997～2006年与1970年径流量组成相比没有变化，仍以唐乃亥以上来水为主，占兰州径流量的67%。近期干流年最大径流量减少22%～36%；支流年最大径流量减少为32%。从长历时看，自1985年径流量呈趋势性减少（图2-7和图2-8）。唐乃亥、兰州、河口镇汛期径流量与1970～1996年相比减少21%～58%，兰州、河口镇年相比减少21%，同时，兰州、河口镇汛期径流量占全年比例分别下降到36%和41%。另外，唐乃亥—兰州各支流汛期径流量占全年比例变化不大，仍然维持在60%左右；而兰州—河口镇区间则有所降低，从而说明，经水库调蓄后对干流径流量的年内分配产生影响。统计不同时期干流汛期各流量级历时及相应径流量可知，近期汛期中大流量较1970年明显减少，如唐乃亥2000～3000m³/s历时减少为原来的43.3%，兰州和头道拐两个断面大于3000m³/s以上的已没有出现过。

表2-3　唐乃亥—河口镇区间干支流径流量（姚文艺等，2011）

| 站名 | 时段 | 径流量/亿m³ | | | 年内分配比例/% | | 年均值与1970～1996年对比/% |
		年总	主汛期	汛期	主汛期	汛期	
唐乃亥	1969年以前	200.81	64.24	123.57	32	62	-4
	1970～1996年	209.00	65.11	124.63	31	60	
	1997～2006年	167.96	52.51	98.90	31	59	-20
小川	1969年以前	287.16	88.07	171.96	31	60	6
	1970～1996年	271.20	66.04	128.07	24	47	
	1997～2006年	203.59	34.91	74.92	17	37	-25
兰州	1969年以前	336.61	105.08	202.43	31	60	8
	1970～1996年	311.79	80.49	153.21	26	49	
	1997～2006年	247.37	49.67	101.62	20	41	-21
（洮河）红旗	1969年以前	52.85	14.86	30.88	28	58	16
	1970～1996年	45.62	12.95	25.87	28	57	
	1997～2004年	31.82	9.37	18.32	29	58	-30
（大夏河）折桥	1969年以前	11.92	3.40	7.00	29	59	40
	1970～1996年	8.52	2.40	5.05	28	59	
	1997～2004年	5.76	1.73	3.40	30	59	-32
（湟水）民和	1969年以前	18.57	5.76	11.05	31	60	19
	1970～1996年	15.55	4.56	9.07	29	58	
	1997～2006年	13.10	3.54	7.49	27	57	-16
下河沿	1970～1996年	305.40	79.60	152.50	26	50	
	1997～2006年	228.00	45.40	94.60	20	42	-25
石嘴山	1970～1996年	279.10	71.00	144.00	25	52	
	1997～2006年	194.90	34.80	83.80	18	43	-30
巴彦高勒	1970～1996年	214.80	52.10	104.90	24	49	
	1997～2006年	133.90	22.10	46.80	17	35	-38
三湖河口	1970～1996年	224.70	54.70	111.50	24	50	
	1997～2006年	141.00	23.50	51.10	17	36	-37
河口镇	1970～1996年	219.00	53.80	110.80	25	51	
	1997～2006年	132.10	21.50	47.10	16	36	-40
靖远	1970～1996年	1.07		0.74		69	
	1997～2004年	0.73		0.45		62	-32
泉眼山	1970～1996年	0.94		0.69		73	
	1997～2005年	1.20		0.88		73	28
图格日格	1970～1996年	0.16		0.16		87	
	1997～2005年	0.14		0.13		88	-13

站名	时段	径流量/亿 m³			年内分配比例/%		年均值与1970～1996年对比/%
		年总	主汛期	汛期	主汛期	汛期	
龙头拐	1970～1996年	0.31	0.22			71	
	1997～2005年	0.26	0.17			65	−16

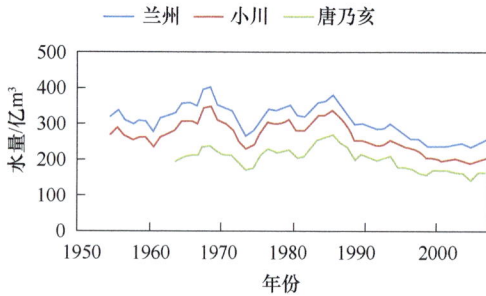

图2-7　唐乃亥—兰州区间干流径流量
5年滑动平均过程

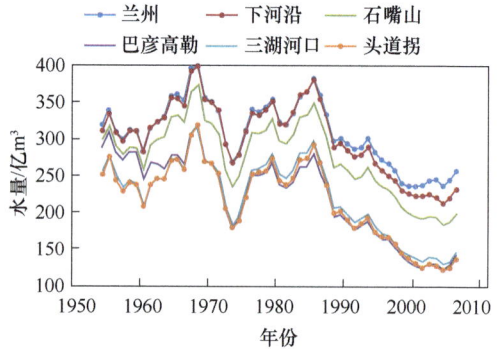

图2-8　兰州—河口镇区间干流径流量
5年滑动平均过程

　　径流量大幅减少为发生断流提供了条件。1960年三门峡水库截留使黄河下游首次发生历时141d（3月7日至7月22日）的断流。在1972～1999年的28年中，下游共有21年发生断流，特别是20世纪90年代断流尤其严重，其中1994年断流累计74d，1995年断流累计122d，1996年断流累计136d，1997年断流累计226d，1998年断流累计142d，1999年断流累计42d。断流河道从河口镇上溯到河南开封附近。黄河从1972年开始断流，此后至20世纪末，黄河不断发生断流现象（图2-9，表2-4）。28年中黄河利津水文站有22年出现断流，占总年份的79%。黄河断流不仅为当地的持续发展和人民

图2-9　黄河1991～2004年出现断流情况

生活带来不良影响，而且将产生深远的生态问题，如黄河两岸地下水位下降、气候干燥、土地干旱、生物多样性减少、黄河入海口一带受到海水侵蚀、黄河河道沙漠化影响泄洪等。

表2-4　黄河下游断流河段长与断流天数

断流年份	断流起止日期与天数			全年断流次数/次	断流河段长度/km	全年断流天数/d
	始日（月-日）	止日（月-日）	天数/d			
1972	04-23	06-29	67	3	310	19
1974	05-14	07-11	58	2	316	20
1975	05-31	06-27	27	2	278	13
1976	05-18	05-25	8	1	166	8
1978	06-03	06-27	24	4	104	5
1979	05-27	07-09	44	2	278	21
1980	05-14	08-24	102	3	104	8
1981	05-17	06-29	43	5	662	36
1982	06-08	06-17	10	1	278	10
1983	06-26	06-30	5	1	104	5
1987	10-01	10-17	16	2	216	17
1988	06-27	07-01	5	2	150	5
1989	04-04	07-14	101	3	277	24
1991	05-15	06-01	17	2	131	16
1992	03-16	08-01	138	5	303	83
1993	02-13	10-12	241	5	278	60
1994	04-03	10-16	111	4	380	74
1995	03-04	07-23	141	3	683	122
1996	02-14	12-18	207	6	579	136
1997	02-07	12-31	227	13	704	226
1998	01-01	06-03	153	16	104	142
总计			1745	85	6405	1050

注：黄河利津水文站1972～1998年资料。

　　大河断流的主要原因除气候干旱、流域水土环境恶化、河水补给来源不足外，农田灌溉、城镇和工业用水等大量消耗水资源，使河流补给消耗失衡也是重要因素。大河断流的主要危害除加剧水资源危机，影响人民生活和工业生产外，还对生态环境产生重要影响，造成生物减少、地下水位下降、风沙加剧，以及气候异常等多种危害。

　　黄河断流造成黄淮海流域严重缺水，电站、油田、厂矿遭受很大的经济损失。因黄河断流，黄河下游地区1972～1996年累计造成工农业损失约268亿元，每年平均损失14亿元以上，受旱农田累计500万hm²，粮食减少100亿t，黄河断流严重地扰乱了沿岸人民的生活，山东境内10余万居民长期供水不足，当地政府被迫限时限量总供水，公用水龙头前排队等水者比比皆是。黄河季节性断流使其下游地区水源减少，而排入黄河的工业污水与生活废水却逐年增多，黄河的自净能力减弱，地下水水质恶化，威胁着人们的健康状况。黄河的季节性断流极大地制约了华北地区社会、经济的健康发展。

2.1.7 制约交通运输安全

随着我国城市建设速度的加快，工农业的快速发展，工业、商业和居住用地不断扩张，导致许多中小河流被缩小甚至填平，河道人为破坏的影响较为严重，垃圾的倾倒及污水的排放使当前河道中的水质不断恶化，使中小河流数量、面积急剧缩减、水质下降，水生物在不断减少，河道淤堵较为严重，严重影响了防洪功能的发挥，使河道堤岸失稳的情况严重。这种情况在一定时期内将长期存在。河流的萎缩致使原有的生物多样性和河道景观被破坏甚至消失，缺失了河流这一重要的生态载体，生态系统变得更加脆弱。此外，河道行洪断面的缩减，洪涝灾害频繁发生，严重影响交通运输安全。

土壤侵蚀造成河口、港口淤积，致使航运里程和泊船吨位急剧降低，而且每年汛期土壤侵蚀导致的山体塌方、泥石流等造成的交通中断，在全国各地时有发生。据统计，1949年全国内河航运里程为15.77万km，到1985年减少为10.93万km，1990年又减少到7万km，已经严重影响内河航运事业的发展。海港的航道和港池内产生了泥沙沉积现象。世界上大小港口都有不同程度的淤积，其后果是水深减小、妨碍航行，淤积严重的港口甚至成为废港。防淤减淤工程耗费巨资，而疏浚维护费用也常成为沉重的负担。

通常山区道路建设难度大，对自然环境的影响远比平原地区大（刘浩，2007），而平原地区道路建设对人工生态系统影响明显。选线不当及施工中引起局部土壤侵蚀，会对沿线生态环境产生不良影响（李西等，2004）。道路建成运营后，沿线经济带开发引起人类活动增加，也将成为局部地区土壤侵蚀新的诱发因素（刘鑫等，2007）。①路基开挖或堆填会改变局部地貌。在地质构造脆弱地带易引起崩塌、滑坡等地质灾害，在石灰岩地区易引起岩溶塌陷，在高寒山区易引起雪崩等灾害。②开挖路基有时会影响河流的稳定性。例如，大量弃土倾入河谷、河道，使河床变窄，易引发山洪、泥石流等灾害。③道路建设占用大量土地，尤其是高速公路工程量大，施工期长，其施工场地、运输便道、生活设施等用地面积更大，对生物多样性影响明显。路面对植被的长期破坏，路基两侧也会对植被造成一定影响，在生态系统脆弱地区，植被破坏会加剧荒漠化或土壤侵蚀。对森林、草地的破坏会影响野生动物的正常活动。另外，道路建设有时还会对自然保护区、风景名胜区、森林公园等产生不利影响。④对城镇、乡村、农田及各种建筑设施产生一定影响，有时还会对历史文物产生不利影响。⑤对河沿线环境带来一定程度的污染，如大气污染、水污染、土壤污染、植物污染及噪声影响沿线居民的正常生活。

2020年6月17日凌晨3时20分许，四川省丹巴县半扇门镇梅龙沟发生泥石流，阻断小金川河，形成堰塞湖，造成G350烂水湾段道路中断，烂水湾阿娘寨村山体滑坡。堰塞湖险情威胁下游6个乡镇17个村、4所学校、2座寺庙、3所卫生院。共疏散5800余人，其中，群众4700余人，师生1100余人。据初步统计，受困人员15人，乡村两级救援队伍已成功救援8人，6人正在施救中，1人失联。8月17日，甘肃陇南文县水磨沟村突发泥石流，泥石土方冲入白水江形成堰塞湖，白水江水位迅速上涨，回流倒灌进入低洼处的水磨沟村，59名群众被困房顶。一些地区重力侵蚀的崩塌、滑坡或泥石流等经常导致交通中断，道路桥梁破坏，河流堵塞，已造成巨大的经济损失。

2.1.8 生产建设加快造成人为破坏

随着全国各地经济建设步伐的加快，工矿废弃地的数量持续增加，导致土地复垦"旧账未还、新账又欠"，严重破坏了生态环境，加剧了人地矛盾，影响了经济社会的可持续发展，使当地农民的生产生活受到严重影响（刘震，2004）。无论是哪一种土地利用类型，开矿后都加剧了土壤侵蚀，侵蚀最为严重的类型当属运输类（表2-5）。从表2-9中的数据可知，通过对黄河支流皇甫川流域20世纪60年代、70年代、80年代和90年代（1990～1997年）每年的土地利用变化分析以及实地调研，确定土地利用分类，作为产流产沙预报的基本数据。

表2-5 神经网络模型预报开矿时及投产后产流产沙量

土地利用类型		露天	广场及居民区	居民	坑口	运输	取水	其他	合计
开矿前产沙量/万t		13.0	59.3	78.9	6.6	91.0	14.3	427.0	690.1
基建期	估算值	71.8	172.9	230.2	19.7	828.2	41.7	427.0	1791.5
	神网[①]产流量/万m³	142.5	321.4	547.3	36.1	1144.2	65.8	758.7	3016
	产沙量（预报值）/万t	91.2	160.7	218.9	25.3	915.3	52.6	439.5	1903.5
	产沙误差/万t	−27.0	7.1	4.9	−28.4	−10.5	−26.1	−2.9	−4.6
	增沙量（神网）/万t	78.2	101.4	140.0	18.5	824.3	38.3	12.5	1183.2
过渡期	估算值	82.4	160.4	213.5	15.5	709.9	37.9	451.5	1671.1
	神网产流量/万m³	132.9	293.8	482.0	26.6	1358.7	53.3	563.6	2910.9
	产沙量（预报值）/万t	77.1	146.9	192.8	18.6	815.2	42.6	468.3	1761.5
	产沙误差/万t	6.4	8.4	9.7	−20.0	−14.8	−12.4	−3.7	−5.4
	增沙量（神网）/万t	64.1	87.6	113.9	11.8	724.2	28.3	41.3	1071.2

续表

土地利用类型		露天	广场及居民区	居民	坑口	运输	取水	其他	合计
	估算值	92.9	83.4	104.3	7.3	325.4	18.8	476.4	1108.5
投产期	神网① 产流量/万m³	172.3	243.8	253.2	26.7	860.2	28.0	466.0	2050.2
	产沙量 （预报值）/万t	103.4	97.5	93.7	16.3	430.1	19.6	497.8	1258.4
	产沙 误差/万t	−11.3	−16.9	10.2	−123.3	−32.2	−4.3	−4.5	−13.5
	增沙量 （神网）/万t	90.4	38.2	14.8	9.5	339.1	5.3	70.8	568.1

①指神经网络模型，余同。

表2-6表明，20世纪60年代、70年代、80年代、1990～1997年和1998～2010年五个阶段土地利用变化情况。可清楚地看到，农地和草地面积减少，林地面积增加，土地产出率增大，产流产沙量减少。随着经济发展，各项生产建设都要占用土地（含水域），在逐年土地锐减的情况下，人们越来越感到土地量的不足。于是，土地变得紧张起来。随着社会经济的发展，各项社会建设对土地的需求量将大大增加，建设用地的扩张过程中，必然会侵占一部分耕地，大量开发土地资源，在市场经济影响下，土地成为高值资源。

表2-6　应用神经网络模型计算流域不同时期土地利用变化的产流量和产沙量

类别		20世纪 60年代	20世纪 70年代	20世纪 80年代	1990～ 1997年	1998～ 2010年
农地	面积/km²	299.5	304.0	476.4	410.7	307.8
	产出率/（kg/hm²）	741	1158	1349	1581	2256
	径流量/[m³/(km²·a)]	53900.0	39800.0	54900.0	35867.7	29743.6
	侵蚀量/[t/(km²·a)]	15500.0	9500.0	16000.0	13667.5	12583.7
林地	面积/km²	130.7	218.0	244.2	409.7	617.6
	产出率/（kg/hm²）	275	516	824	1070	1436
	径流量/[m³/(km²·a)]	796.1	721.6	663.5	541.8	362.2
	侵蚀量/[t/(km²·a)]	364.2	301.5	275.6	250.5	236.4
牧地	面积/km²	151.8	218.9	199.4	180.1	169.6
	产出率/（kg/hm²）	1200	1419	1803	1851	2019
	径流量/[m³/(km²·a)]	919.7	891.2	763.9	546.8	462.8
	侵蚀量/[t/(km²·a)]	368.1	335.3	272.9	216.2	199.9
人口/人		70135	75930	95998	108947	127783

山西省是一个煤矿大省，有"煤海"之称。煤矿总数超过了5000个（不算非法煤矿），采矿虽然带来了经济效益，但也产生了很多负面影响：煤矿坍塌，引发泥石流

事件，产生大量固体废弃物堆积，危害工矿交通设施安全（史宝忠，1999）。煤层开采会引起其上部岩层移动，如果裂隙带达到地表，就会使地表水与井下连通。即使裂隙带达不到地表，但如果达到了煤系地层中某一含水层，其也会破坏该含水层，使含水层中的水漏入井下，形成矿坑水。为了保证煤矿的安全运行，必须外排矿坑水。根据山西省 2001 年煤矿排水调查结果，调查收集的 5403 个矿井总生产能力为 25819.13 万 t，年排水量为 22490.87 万 m³（表 2-7）。从表 2-7 中可以看出，开采 25819.13 万 t 煤要排掉地下水近 2.25 亿 m³，相当于每吨煤排水 0.87m³。根据调查，矿井排水量与开采深度也有一定的关系。对于水文地质条件复杂、地下水补给来源丰富的地区，在 300m 深度以内，随开采深度增加，排水量有所增加，超过此深度后，矿井排水量一般不增加，可能还会逐步减少。开采沉陷与矿井排水量有密切关系，一般是开采煤层越厚，贯通含水层越多，矿井排水就会增大。尤其在浅部开采沉陷后，裂隙导水带直接影响到地面，既可使地表水、降水直接入渗井下，又可使浅部风化带含水层水流速加快渗入井下，致使矿井排水量增大。

表 2-7　山西省各煤田煤矿调查情况统计表

煤田	统配及外资			国有			集体			个体		
	数量/个	生产能力/万 t	排水量/（万 m³/a）	数量/个	生产能力/万 t	排水量/（万 m³/a）	数量/个	生产能力/万 t	排水量/（万 m³/a）	数量/个	生产能力/万 t	排水量/（万 m³/a）
大宁	31	6337.10	2000.40	108	1273.60	461.88	828	1472.90	1286.80	23	14.20	1.37
西山	16	2143.50	1521.30	17	200.48	31.75	421	748.94	521.47	12	8.07	4.26
霍西	15	1017.00	779.92	20	235.86	406.81	697	1239.90	452.33	69	42.70	11.20
河东	2	90.00	30.66	49	577.86	450.57	676	1202.50	1578.50	11	6.81	3.25
沁水	18	3722.00	4253.80	107	1261.80	1957.20	2140	3806.60	6629.30	28	17.30	29.90
其他煤产地				21	247.65	66.70	82	145.87	11.32	12	6.19	0.18
总计	82	13309.60	8586.08	322	3797.25	3374.91	4844	8617.01	10479.72	155	95.27	50.16

2.2　土壤侵蚀防治方法

　　一个地区土壤侵蚀的治理不能仅限于水和土的不再流失，控制泥沙不再入河，最根本的问题在于侵蚀环境整体系统的整治。例如，通过侵蚀土地的整治、侵蚀土壤的改良、降水资源的拦蓄和高效利用，建设水土保持生态农业等综合措施全面调控侵蚀环境，有可能取得水土保持、生产建设、大江大河治理统一的持续效益，随之一门新兴交叉学科——侵蚀环境学逐步形成和发展，又反馈为生产治理再上新台阶。

　　土壤侵蚀是地表径流在坡地上运动造成的。各项防治措施的基本原理是：减少坡面径流量，减缓径流速度，提高土壤吸水能力和坡面抗冲能力，并尽可能抬高侵蚀基准面。在采取防治措施时，应从地表径流形成地段开始，沿径流运动路线，因地制宜，步步设防治理，实行预防和治理相结合，以预防为主；治坡与治沟相结合，以治坡为主；工程措施与生物措施相结合，以生物措施为主。只有采取各种措施综合治理和集中治理，持续治理，才能奏效。

在我国浩如烟海的古籍中，不仅载有历史上土壤侵蚀实例，而且科学地论述了土壤侵蚀的内、外营力基本成因；以及土壤侵蚀所包括的水力、风力、冻融侵蚀和人为加速侵蚀等；相应地提出了预防土壤侵蚀的途径，至今对防止土壤侵蚀仍有极大的指导作用。为了挽救因土壤侵蚀而造成的农业生产下降，我国古籍记述了古代劳动人民为防止土壤侵蚀，很早就进行了水土保持工作：①兴修梯田；②修筑塘池等工程；③修筑淤地坝；④引洪漫地；⑤推行"区田法"；⑥开展造林种草。防治土壤侵蚀，保护和合理利用水土资源是改变山区、丘陵区、风沙区面貌，治理江河，减少水、旱、风沙灾害，建立良好生态环境，实现农林业生产可持续发展的重要措施。水土保持是山区生态建设的生命线，必须采取行之有效的水土保持综合治理措施。国内外通过大量的生产实践和科学研究，总结出了以水利工程、生物工程和农业技术相结合的水土保持综合治理经验，经推广应用取得了良好的效果。

高速公路建设运行产生的土壤侵蚀是对生态环境的不利影响，高速公路建设可能占用或穿越自然保护区、风景名胜区、水产种质资源保护区、典型珍稀濒危动物栖息地、重要自然生态系统等生物多样性保护关键区域，使穿越区域的生境破碎，减少区域生物数量，造成水土流失、土壤侵蚀等不利影响，诱发部分地质灾害。1984年开始，形成以高速公路为单元的土壤侵蚀综合治理取得的成效最为显著，且取得了许多宝贵的典型经验（图2-10）。近年来在探讨治理与开发、生态与经济同步效益等方面，又取得了不少的成功经验。我国复杂侵蚀环境决定了水土保持措施的多样性。因此，在耕作、生物、工程等措施的防蚀机理和适宜性研究基础上，凝练出了东北黑土区、西北黄土区、西南紫色土区等水蚀区的土壤侵蚀综合治理范式。与世界研究水平相比，我国在土壤侵蚀分类和分区、流域泥沙来源界定、小流域综合治理等方面的研究已并跑或领跑世界先进水平。在土壤侵蚀过程与机制、侵蚀预报模型、土壤侵蚀环境效应评价、水土保持生态服务功能等方面的研究仍与世界研究水平有一定差距。同时，还形

（a）   （b）

图2-10 安阳至罗山高速公路水土保持措施后的效果（摄影/张展，骆汉）

成了许多独特的水土保持生态农业，如改造千沟万壑的坝地农业、变害为利的引洪淤地农业、引水拉沙造田农业，历史悠久且不断更新发展的梯田农业、防风固沙林网田农业、混林果或混牧坡地生态农业及农林牧综合配置的水土保持生态大农业等。以上各种类型的生态农业构成了我国特有的水土保持景观生态系统（唐克丽，1999）。

中国科学院水利部水土保持研究所朱显谟院士从事土壤、土壤侵蚀、水土保持和国土整治方面的科学考察和科学研究工作60余年。他在华南红壤成因、黄土区土壤、原始土壤形成过程、黄土中古土壤、土壤侵蚀、黄土和黄土高原形成及国土整治等方面的研究中提出了新见解。他提出的以迅速恢复植被为中心的黄土高原国土整治"28字方略"（即"全部降水就地入渗拦蓄；米粮下川上塬；林果下沟上岔；草灌上坡下坬"）具有很强的指导意义和实践效益，已被国家科技攻关试区广泛采用并在流域治理中得到验证。

2018年中国科学院院士周卫健建议，应积极实施黄土高原治理的"26字建议"："塬区固沟保塬、坡面退耕还林草、沟壑治沟造地、沙区退林还灌草"，并将其提升为黄土高原综合治理方略。黄土高原是我国最严重的土壤侵蚀与生态环境脆弱区。20世纪50～70年代，黄土高原治理经历了从以"沟道打坝淤地和坡面梯田建设"为重点的工程治理到以"退耕还林草工程"为主的生物治理，均取得了显著成效。然而，通过跟踪研究、调查发现，随着退耕还林还草工程的推进，黄土高原不同地质单元出现了耕地面积不足、局部地区人-粮矛盾突出、塬面破碎化等现象，对黄土高原地区的生态环境建设、人民生命财产安全和经济社会可持续发展不利。通过考察以及对过去数十年治理历程的梳理，工程治理和生物治理相结合的协同发展是未来黄土高原综合治理的大方向。

2.3　土壤侵蚀治理的演变

我国土壤侵蚀治理通过借鉴国外相关研究并结合自身情况，不断发展和创新治理理念与技术模式，经历了单一治理、综合整治、可持续发展、生态文明建设等治理理念的转变，这些理念的转变使治理的关注点发生了系列变化。从关注生产和经济到重视生态系统效益，从以治理为主到以预防为主，从强调现状治理到关注可持续发展，从生态治理上升到生态文明建设。理念的转变也促使治理措施经历了从坡面土壤侵蚀治理到小流域综合治理，再到区域生态经济协同发展与优化布局。从强调单一技术到综合技术集成，从植被覆盖度增加到结构改善和功能提升，从流域治理到生态景观优化配置，并注重资源-经济-社会的空间分异及其功能分区。

2.3.1　坡面治理工程：20世纪50～60年代中期

坡面是土壤侵蚀发生的基本单元，流域是水土保持的基本单元，坡面土壤水蚀阻控技术可归结为土壤流失方程中土壤可蚀性、坡长、坡度、降雨侵蚀力、植被与作物管理、水土保持工程措施、水土保持农业措施、水土保持植物措施等因子的调整，形成了由旱作保墒、深耕、少耕、免耕、等高耕作、垄作轮作、套种和混作、砾石覆盖、秸秆还田等技术组成的水土保持农业技术体系；由梯田修筑、梯壁整治、地埂利用、地力恢复等技术构成的坡耕地综合整治技术体系；由拦水沟埂等坡面雨水集蓄、山坡截流沟等坡面径流排引、坡面水系优化布局等技术集成的坡面径流调控技术体系；由植被覆盖、作物残差覆盖、生物结皮与耕作措施等结合的土壤风蚀防治体系。应全面分析坡面工程、沟道工程、山洪导排工程及小型水利工程之间的相互关系，工程与生物相结合，实行沟道、山坡兼治，上、下游治理相配合的原则。20世纪50年代至60年代中期，当时认为黄河泥沙主要来自坡面，提出了根治黄河和发展生产的双重目标，坡面修造梯田既能发展农业生产，又能减少坡长，从而达到控制坡耕地土壤侵蚀的效果。非耕地坡面也辅以植树造林。但实践证明，这一阶段黄河泥沙没有明显减少，其原因是修造梯田导致次生土壤侵蚀。因此，学术界和政府部门开始怀疑这些治理措施对减少入黄泥沙的作用。

2.3.2　沟坡联合治理工程：20世纪60年代中期至70年代末

20世纪60年代中期至70年代末的15年间，建造梯田地区和淤地坝是黄土高原治理的主要措施，从20世纪50～60年代起，生活在黄土高原上的人们开始大规模修建各类梯田（高照良和彭珂珊，2005）。之后，梯田的修建一直都没有停止。20世纪70年代末，陕西米脂水平梯田规模已经达到1万hm^2。后来，米脂成为全国43个水土保持重点治理县之一，这又进一步促进了全县水平梯田的发展。学界和官方认为沟道建设淤地坝既能拦截泥沙又能淤地造田，满足粮食生产需求，坡面继续巩固梯田建设，发展农业生产。20世纪70年代，黄河泥沙减少至每年14亿t左右，淤地坝的拦沙效果表现较好。然而，1977年7月4～6日陕北发生特大洪水，最大洪峰量为9110m^3/s，1.85万hm^2农田被毁坏，受灾人口为24万人。淤地坝建设也遭到质疑，一方认为淤地坝建设灾害风险大；另一方认为通过科学设计和提高工程质量，灾害风险可以降低，淤地坝工程值得推广。

2.3.3　小流域综合治理工程：20世纪70年代末至21世纪初

流域是指由分水线所包围的河流集水区，分地面集水区和地下集水区两类。流域作为水循环相对独立的自然单元，是土壤侵蚀防控的基本单元。这一阶段，土壤侵蚀治理的核心可归纳为对流域侵蚀—输移—产沙过程中关键环节的阻控。在淤地坝遭到质疑之后，科学界开始重新分析与思考，寻求新的治理模式。从20世纪70年代末至21世纪初，发端于欧洲阿尔卑斯山区的小流域综合治理模式被中国科学家借鉴，应用于黄土高原的治理实践。根据黄土高原每个小流域自然条件、小流域经济社会发展特点，以土壤侵蚀治理为核心任务，合理开展植树造林、农业生产并建设拦截泥沙的淤地坝，形成较为综合的土壤侵蚀防治体系，以达到保护、改良与合理利用小流域水土资源的目的。

1980年，水利部发布了《小流域治理办法》，水利部黄河水利委员会（简称黄委）

在黄河中游土壤侵蚀严重的地方选定38条小流域作为综合治理试点。其后，黄委在黄河流域不同土壤侵蚀类型区组织开展了5期164条小流域水土保持综合治理试点工作，探索了不同类型治理区小流域治理的模式，试验推广了机修梯田、旱作农业、径流林业等一系列水土保持先进技术，丰富和发展了水土保持专业理论，为黄土高原不同土壤侵蚀类型区的治理开发探索了方向，提供了科学依据，同时，取得了丰硕的科研成果，其中获省（部）级科研成果20余项，创造了官兴岔、川掌沟、赵家河、白石沟等一大批小流域治理典型。与此同时，伴随着我国农村改革，从20世纪80年代初期开始，我国率先在黄河流域推广了以户承包治理小流域的政策，调动了广大农民治理土壤侵蚀的积极性，促进了水土保持工作的开展。

20世纪80年代初期，随着农村联产承包责任制的推广，以户包或联户承包形式治理小流域的治理模式和经营管理机制应运而生，这是水土保持治理方式上的一个重大突破。高潮时期，黄河中游地区有350万农户承包治理小流域，约占这一地区总农户的38%。现在户包小流域又发展成为户包、租赁、股份合作、拍卖"四荒"的使用权等多种形式并存。要有计划、有领导地治理开发"四荒"资源，组织广大农民向生产的深度和广度进军，进一步加强水土保持工作，要对前段拍卖工作进行认真总结，归口监管加以推广，把开发治理土壤侵蚀推向新阶段。

1997年黄河流域实施了重点小流域治理项目，先后共开展了227条小流域，涉及黄河流域8省（自治区）的101个县（市、区、旗），完成综合治理面积3232km²，涌现出甘肃定西上岘沟、青海大通清水沟、陕西志丹丁岔、宁夏彭阳姚岔等精品小流域，其中，23条小流域被水利部、财政部命名为"十百千"示范工程（王答相，2016）。

流域中，水流汇集的顺序是自然界等级制度的一个典型例子。水流开始从片流、层流慢慢地汇聚成小溪，然后汇聚成小河，再汇聚到大河或湖泊。流域有不同的尺度和不同的健康状态。在流域尺度上，土壤侵蚀治理形成了由集雨抗旱造林、坡-沟系统植被对位配置、立陡边坡植被绿化、退化植被封禁修复等技术构成的植被恢复与构建技术体系；由农林复合经营、草-畜-沼-果经营、粮-饲兼用作物培育与种植等技术构成的生态农业技术体系；由沟头防护、沟道护岸、谷坊以及以拦蓄调节泥沙和建设基本农田为目的的各类淤地坝等技术构成的治理工程技术体系（王礼先，2005）。小流域综合治理在黄土高原收到了明显的经济效益与生态效益，较好地控制了土壤侵蚀，发展了农业、林业、牧业，增加了农民收入，提高了小流域经济社会可持续发展水平。

针对土壤侵蚀过程及径流泥沙挟带的污染物质的迁移，形成了由生态清洁型小流域构建、小型水利径流调控技术、湿地水质生物净化、农村社区废弃物处置与利用、农村环境整治与山、水、林、田、湖、草立体绿化技术在内的环境综合整治技术（武斌，2004）。在土壤风蚀阻控方面发展了修建防风林、退耕还草、水利设施配套等小流域综合治理模式，建立了一批不同土壤侵蚀类型区的综合治理试点小流域。黄土高原是我国乃至世界上土壤侵蚀最严重的区域（高照良和彭珂珊，2005）。过去，土壤侵蚀、沟壑纵横，生态环境十分脆弱。经过多年治理，黄土高原的土壤侵蚀面积已经由最严重时的45万km²减少到目前的20.01万km²，减少了50%以上，土壤侵蚀面积占区域总面积的比例从78.3%降低到37.2%，林草植被覆盖度提高了40个百分点，年均入黄河的泥沙已由中华人民共和国成立之初的16亿t减少到目前的2亿~3亿t，黄土高原主色调已由"黄"变"绿"。

2.3.4　生态建设治理工程：21世纪初至今

随着我国经济社会的发展和综合国力的增强，国家对生态建设的重视程度不断提升，明确将生态文明建设列为全面建设小康社会的重要目标。生态文明建设的直接目标是和谐共生、良性循环、全面发展（谢秋菊等，2006）；长远目标是实现中华民族伟大复兴。土壤侵蚀治理与节约资源和环境保护的空间格局、产业结构、生产方式和生活方式相协调。国家全面加大对生态治理与保护的投入，先后实施了退耕还林、退牧还草、风沙防护林建设、生态移民、扶贫开发、淤地坝工程、土壤侵蚀重点治理工程、沙漠化综合治理工程、石漠化综合治理工程、湿地保护、林地保护及坡耕地治理工程等一大批区域生态建设项目，以及京津风沙源区、祁连山、青藏高原等重点区域生态保护修复，不断扩大土壤侵蚀区治理的范围与规模。这些项目实施中强调土壤侵蚀防治与民生改善、资源开发与生态保护的协调，形成了地表径流调控、土壤肥力提升、植被可持续恢复、水土资源协调和景观结构优化于一体的治理技术体系，发展区域特色生态产业，形成兼顾生态功能提升与民生改善的区域土壤侵蚀综合治理模式与管理体系，保障了区域社会经济可持续发展。效果明显的有三大工程：一是建设淤地坝，二是退耕还林还草，三是退牧还草。

1. 淤地坝工程

沟道治理工程是为防止沟底下切、沟岸扩张而修筑的工程措施。淤地坝是以拦泥淤地为主要目的的治沟工程，是沟道治理的主要工程措施之一，一般由坝体、放水建筑物和溢洪道等组成，其布置形式如图2-11所示（高照良等，2007）。坝内所淤成的土地称为坝地。淤地坝与谷坊是属于同一种类型的治沟工程，它们的工程结构和布置形式基本相同，只是工程规模大小和作用有所差别。谷坊高度一般低于5m，分布在小沟

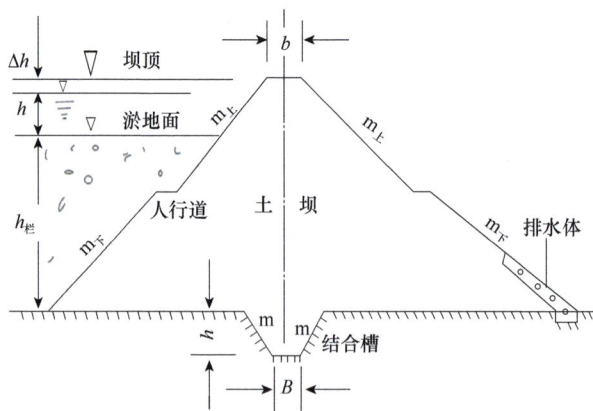

图2-11　黄土高原地区淤地坝

内，它的主要作用是巩固沟底侵蚀基点，防止沟底下切，同时淤点地也用于生产。淤地坝的坝高一般为8～30m，修建于较大沟内，它的主要作用是拦泥淤地，发展生产，同时，也有巩固沟底侵蚀基点的作用。黄土高原是全国土壤侵蚀最严重的地区。

2002年以来，水利部启动实施了黄土高原地区水土保持淤地坝工程，全面加大了淤地坝建设力度，取得了显著成效。淤地坝建设作为水利部2003年三大"亮点工程"之一，受到了社会各界的广泛关注（高照良等，2007）。截至2016年底，黄土高原地区共建成淤地坝5.9万座，其中骨干坝5829座、中型淤地坝11234座、小型淤地坝41974座、中型以上病险淤地坝5282座。

2. 退耕还林还草工程

退耕还林还草工程就是从保护生态环境出发，对土壤侵蚀严重的耕地，沙漠化、盐碱化、石漠化严重的耕地以及粮食产量低而不稳的耕地，有计划、有步骤地停止耕种，因地制宜地造林种草，恢复植被（图2-12）。长期以来，盲目毁林开垦和进行陡坡地、沙化地耕种造成了我国严重的土壤侵蚀和风沙危害，洪涝、干旱、沙尘暴等自然灾害频频发生，人民群众的生产、生活受到严重影响，国家的生态安全受到严重威胁（孙凡等，2000）。

（a） （b）

图2-12 内蒙古准格尔旗（a）、陕西太白县（b）退耕还林还草工程（摄影/杜峰，宋晓伟）

1999年四川、陕西、甘肃3省率先开展了退耕还林还草试点，由此揭开了我国退耕还林还草的序幕（高照良和彭珂珊，2005）。2002年1月10日，国务院西部开发办公室召开退耕还林还草工作电视电话会议，确定全面启动退耕还林还草工程。在2012年10月12日召开的全国巩固退耕还林成果第3次部际联席会议上，国家林业局副局长也表示："巩固退耕还林成果、继续推进退耕还林工程建设正处在一个十分关键的时期。"21世纪中国政府实施了全球规模最大的退耕还林还草工程。截至2017年，已累计投入4500亿元人民币，约0.3亿hm²土地实施了退耕还林还草工程；长江、黄河中上游的13个省（自治区、直辖市），退耕还林还草工程每年产生的生态服务功能总价值超过1万亿元人民币。

自2014年国家做出实施新一轮退耕还林还草的决定以来，全国已安排新一轮退耕还林还草任务399.29万hm²，其中还林365.79万hm²，还草33.5万hm²，涉及河北、山西、内蒙古等22个省（自治区、直辖市）和新疆生产建设兵团。2017年起，退耕还林还草的补助标准由1.2万元/hm²提高到1.5万元/hm²；退耕还林种苗造林费补助由0.45万元/hm²提高到0.6万元/hm²，使新一轮退耕还林还草总的补助标准达到2.4万元/hm²。20年的建设实践证明，退耕还林还草工程是改革农村生产生活方式、建设生态文明的宏伟战略，是我国农业发展史上的一场深刻变革，广大农民改变了传统生产和生活方式，以生态修复为突破口，以培育资源、改善生态为基础，通过发展新型生态经济、开发林草多种功能，向社会提供最短缺的生态产品，实现百姓富、生态美与乡村振兴的有机统一。新一轮退耕还林还草进展顺利、成效明显。新一轮退耕还林还草分3步走，明确近期、中期、远期3个目标。近期目标（2014～2020年）：切实巩固前一轮退耕还林还草成果，并将急需治理的25°以上坡耕地、严重沙漠化耕地和重要水源地15°～25°坡耕地退耕还林还草。中期目标（2021～2035年）：继续巩固退耕还林还草成果，并推进15°～25°坡耕地中严重石漠化耕地以及严重沙漠化耕地、严重污染耕地退耕还林还草。远期目标（2035～2050年）：到21世纪中叶，全面完成15°～25°余下耕地以及其他一些不稳定耕地退耕还林。按照2016年现价评估，全国退耕还林还草工程每年产生的生态效益总价值量为1.38万亿元，相当于工程总投入的2.7倍。其中，涵养水源4490亿元、保育土壤1146亿元、固碳释氧2199亿元、林木积累营养物质143亿元、净化大气环境3438亿元、生物多样性保护1802亿元、森林防护606亿元。

3. 退牧还草工程

从2003年开始实施的退牧还草工程，到2018年国家已累计投入资金295.7亿元，累计增产鲜草8.3亿t，约为5个内蒙古草原的年产草量。据了解，2017年全国天然草原鲜草总产量为10.65亿t，较上年增加2.53%；全国天然草原鲜草总产量连续7年超过10亿t，实现稳中有增。2017年草原综合植被盖度达55.3%，较2011年提高4.3个百分点。2017年全国重点天然草原的家畜平均超载率为11.3%，较2010年降低18.7个百分点，草原利用更趋合理，取得了显著的生态效益、经济效益和社会效益，被广大牧民群众赞誉为德政工程、民心工程（图2-13）。虽然当前我国草原生态明显改善，但是草原生态保护与牧区经济发展的矛盾仍十分突出。草原违法征占用、家畜超载过牧等现象还非常普遍，草原退化、沙漠化、石漠化等问题依然存在。2011年8月，国家发展和改革委员会、财政部、农业部印发《关于完善退牧还草政策的意见》，这是继国家实施草原生态保护补助奖励机制后，进一步完善退牧还草政策的重要举措。2015年12月16日，国务院正式批准在西部11个省（自治区、直辖市）实施退牧还草工程。重点治理蒙甘宁西部荒漠草原、内蒙古东部退化草原、新疆北部退化草原和青藏高原东部江河源草原，先期集中治理的10亿亩草原约占西部地区严重退化草原的40%。

退牧还草工程实施以来，四川省若尔盖县加大退牧还草工程项目建设，为改善草原生态环境、优化畜牧业产业结构、构建和谐社会起到了积极推动作用，有力促进了草原生态持续改善和草原畜牧业经济可持续发展（高照良和彭珂珊，2005）。2018年，四川省若尔盖县国家天然草原退牧还草工程项目总投资为3458.00万元，其中，划区轮牧围栏建设0.67万hm²；退化草原补播1.13万hm²；人工饲草地333.3hm²；黑土滩

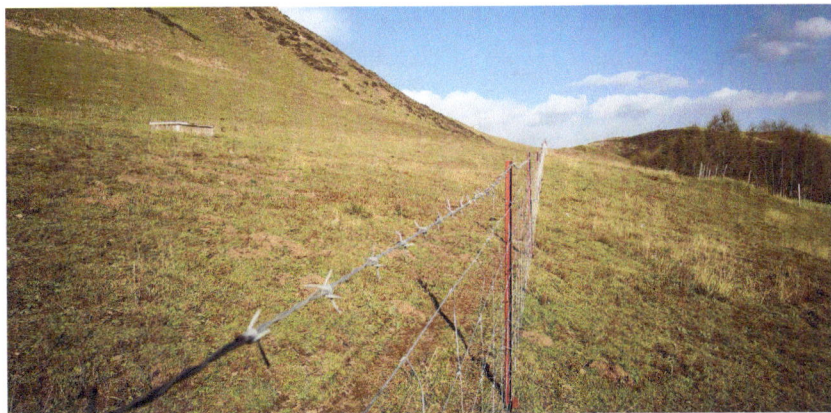

图 2-13　内蒙古陈巴尔虎旗退牧还草工程

2333.3hm^2；毒杂草治理 933.3hm^2；舍饲棚圈建设 150 户。

2.4　土壤侵蚀防治的成效

中华人民共和国成立以来，在党中央、国务院的高度重视和坚强领导下，在各有关部门、地方各级政府和社会各界的共同努力下，我国水土保持工作取得了显著成效。水土保持法律法规和规划体系基本健全，重点地区土壤侵蚀治理成效明显，人为土壤侵蚀得到有效控制，监测信息化水平大幅提升，科学技术支撑能力明显增强，走出了一条适合我国国情、符合自然规律、具有中国特色的土壤侵蚀综合防治之路，我国土壤侵蚀严重的状况得到全面遏制，土壤侵蚀面积实现了由"增"到"减"的历史性转变（图 2-14）。党的十八大以来，水土保持工作切实贯彻"创新、协调、绿色、开放、共享"发展理念，按照《全国水土保持规划（2015—2030 年）》总体要求和目标任务，积极推进重点区域土壤侵蚀综合治理，全面加强预防保护及生态修复，厚植绿色发展根基，着力改善生态环境，促进群众脱贫致富，将新理念转化为新举措新行动，用实践

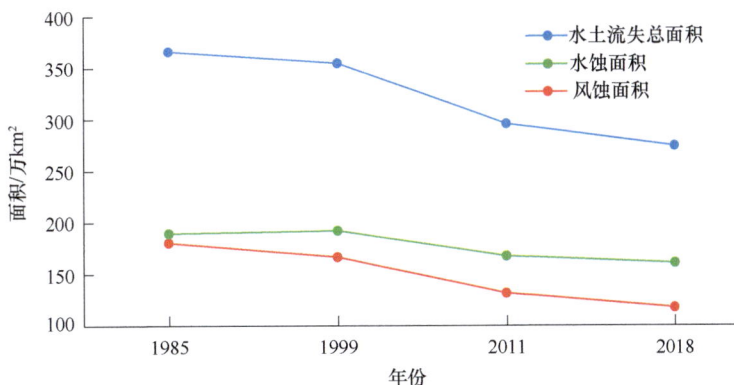

图 2-14　全国土壤侵蚀面积变化情况

与实效诠释了"绿水青山就是金山银山""改善生态环境就是发展生产力"的生态文明发展之道。

2.4.1 土壤侵蚀综合治理加快推进

根据《全国水土保持规划（2015—2030年）》和全国水土保持"十二五""十三五"专项规划，以中央水土保持投资的小流域综合治理、病险淤地坝除险加固、清洁小流域建设和崩岗治理等水土保持重点工程、坡耕地土壤侵蚀综合治理工程及东北黑土地侵蚀沟综合治理和黄土高原塬面保护水土保持项目为主，积极推进长江上游、黄河中游、丹江口库区及上游、京津风沙源区、西南岩溶区、东北黑土区等重点区域土壤侵蚀综合治理，全国700多个县实施了国家水土保持重点治理工程。在国家水土保持重点治理工程中，统筹土壤侵蚀治理、经济发展和乡村振兴，坚持山水田林路统一规划、综合治理。

通过实施水土保持、退耕还林还草、京津风沙源治理等重大生态保护修复工程，1949～2019年累计治理土壤侵蚀面积131.5万km²。已有的水土保持措施每年可保持土壤15亿t，增加蓄水能力250多亿立方米，增加粮食180亿kg。根据1985年、1999年、2011年、2018年四次监测结果，我国土壤侵蚀面积持续减少（图2-14）。2020年全国土壤侵蚀面积为269.27万km²，较2011年减少了25.65万km²，相当于2个安徽省的面积，年均减幅1%，是党的十八大前年均减幅的3.3倍。这与我国开展的大规模生态治理工程密切相关。2012年以来土壤侵蚀面积明显减少，侵蚀强度也大幅下降，这一结果是在我国土壤侵蚀面积持续下降、消减难度越来越大的情况下取得的，反映出我国水土保持工作成效明显。当前土壤侵蚀强度以中轻度为主，土壤侵蚀严重的状况根本上得到了扭转。党的十八大以来，成效更为明显，但仍要把土壤侵蚀作为我国重要的生态问题加以对待，从政策、体制、机制等方面加强土壤侵蚀治理，强化监管手段，补齐治理短板，提升治理质量，形成防治合力，提高生态服务功能，提供更多生态产品。

我国土壤侵蚀治理成效显著，整体好转，但仍伴随局部恶化的现象。当前我国仍有超过国土面积1/4的土壤侵蚀面积，面积大、分布广，治理难度越来越大，特别是黄土高原、东北黑土区、长江经济带、石漠化等区域土壤侵蚀问题依然突出（贾海坤和刘颖慧，2005），土壤侵蚀防治依旧是生态文明建设的重要内容。在国家水土保持重点工程的带动下，各部门分工协作，地方各级政府加大投入力度，社会力量积极参与。2015～2020年全国共完成土壤侵蚀综合治理面积27.22万km²，改造坡耕地133.3万hm²，实施生态修复8.8万km²，新建生态清洁小流域1000多条，取得了明显的生态效益、经济效益和社会效益，治理区农业生产条件和生态环境明显改善，林草覆盖率增加10%～30%，平均每年减少土壤侵蚀量近4亿t。特色产业得到大力发展，每年增产果品约40亿kg。到2035年，重点防治地区土壤侵蚀将得到全面治理，人为土壤侵蚀得到全面控制，土壤侵蚀面积和强度大幅下降，土壤侵蚀治理质量和效益明显提升，全国土壤侵蚀状况根本好转，水土保持治理体系和治理能力现代化基本实现。到2050年，将实现水土保持治理体系和治理能力现代化，全国土壤侵蚀状况得到全面有效治理，为建设美丽中国提供坚强有力的支撑。

2.4.2　水土保持监督管理不断强化

党的十八大提出要全面推进依法治国，党的十九大也进一步提出要不断加快生态文明体制改革进行，积极建设美丽中国。在一定程度上要求全面实施并依法履行水土保持监督职责，在监督管理工作的过程中要保证执法程序的规范化，只有这样才能提高水土保持工程质量监督管理及执法力度，因此加强水土保持质量监督是非常重要的。

70 多年来，水土保持监管全面加强，人为土壤侵蚀得到有效控制。水土保持监管全面加强，人为土壤侵蚀得到有效控制。2018 年首次实现了 960 多万平方千米国土面积土壤侵蚀动态监测年度全覆盖，初步构建了全国水土保持信息管理平台，开展了区域遥感监管试点，采取无人机手段监管，有效提升了水土保持管理水平和管理效率。自 1991 年《中华人民共和国水土保持法》颁布实施以来，全国共有 54 万多个生产建设项目实施了水土保持方案，落实水土保持措施，减少因生产建设可能产生的人为土壤侵蚀面积 22 万 km^2。2012 年以来，全国共有 16 万个生产建设项目依法编报了水土保持方案，3.3 万个生产建设项目完成水土保持设施验收。其中水利部批复国家大中型水土保持方案 1248 个，完成水土保持设施验收 806 个，依法对 2 项水土保持方案报告书做出不予许可决定。各级水行政主管部门开展执法检查近 6 万次，通过推动水土保持“三同时”制度落实，督促生产建设单位投入土壤侵蚀防治资金 6200 亿元，防治土壤侵蚀面积近 6 万 km^2，减少土壤侵蚀量近 7 亿 t，有效遏制了人为新增土壤侵蚀。南水北调中线、中缅油气管线、兰新铁路二线等一批国家重大工程认真履行水土保持法律义务，为全国生产建设项目水土保持工作做出了表率。

在国家简政放权，加强事中事后监管的新形势、新要求下，依据《中华人民共和国水土保持法》，各级水行政主管部门认真履行生产建设项目水土保持监督管理职责，全面落实预防保护要求，强化对重要生态功能区和生态脆弱区的生产建设活动监管。依法履行水土保持方案审批职责，强化源头控制，严把水土保持方案审批关，对不符合生态保护和水土保持要求的生产建设项目，坚决不予审批。切实加强水土保持方案实施情况跟踪检查，全面强化水土保持监督检查，制定印发《水利部流域管理机构生产建设项目水土保持监督检查办法》《水利部办公厅进一步加强流域机构水土保持监督检查工作的通知》，建立水行政主管部门依法履职逐级督察制度，切实加强事中事后监管，进一步加大对违法违规行为的查处力度。同时，积极应用卫星遥感影像和无人机等信息化手段，创新监管方式，加强水土保持方案实施情况的跟踪检查。

2.4.3　水土保持监测和信息化扎实推进

水利部发布的《第一次全国水利普查水土保持情况成果公报》中，全面反映了全国土壤侵蚀的面积、分布、强度等状况，为全国水土保持规划编制和国家水土保持宏观决策提供了重要依据（高照良等，2007）。全国水土保持监测网络和信息系统初步建成，包括水利部水土保持监测中心及 7 个流域中心站、29 个省级总站和 151 个分站，可实时监测全国、大流域和省区的水土保持动态。基本建成覆盖我国主要土壤侵蚀类型区的水土保持监测网络，组织实施全国土壤侵蚀动态监测与公告项目，在35个重点防治区和1个生产建设项目集中区开展了土壤侵蚀动态监测，完成近63万km²监测范围的土地利用、植被覆盖、土壤侵蚀状况及生产建设活动扰动状况的动态监测，持续开展了69条典型小流域和92个典型监测点的土壤侵蚀定位观测工作。2017年度监测范围扩大至79万km²。水利部依法按年度发布《中国水土保持公报》，28个省（自治区、直辖市）也发布了水土保持公报。按照生态文明建设要求，进一步完善监测工作顶层设计，印发《水利部关于加强水土保持监测工作的通知》，提出《水土保持监测实施方案（2017—2020年）》，明确了新时期监测工作思路、目标任务和职能定位，推动各级水行政主管部门和监测机构切实履行法定职责。编制完成《全国水土流失动态监测与公告项目规划（2018—2022年）》，将采用卫星遥感、地面观测调查与模型计算相结合的方法，扎实推进水土保持动态监测、监管重点监测等工作，着力提升水土保持监测对国家生态文明建设的基础支撑能力。

水土保持信息化水平明显提升。根据国家信息化发展战略部署，制定印发《全国水土保持信息化规划（2013—2020年）》和2015～2016年、2017～2018年实施计划，编制完成《国家水土保持监管规划（2018—2020年）》，明确了近期水土保持监管的主要目标、任务和进度安排。初步建成水土保持业务管理系统，生产建设项目和综合治理信息化监管示范工作取得了积极进展，全国35个县基本实现了生产建设项目天地一体化动态监管示范，31个县基本实现了水土保持重点工程图斑精细化管理示范。在监管示范基础上，进一步加快卫星遥感、无人机等手段在监督管理、综合治理、监测评价中的全面应用，以省为单位，推进重点省生产建设项目监管全覆盖，对各类国家水土保持重点工程建设任务完成情况和实施效益开展跟踪核实，使监管更精准，保证监管到位不缺位，有效提升了水土保持管理水平和管理效率。

2.4.4　《全国水土保持规划（2015—2030年）》经国务院批复实施

按照《中华人民共和国水土保持法》有关要求，水利部会同国家发展和改革委员会、财政部、国土资源部、环境保护部、农业部、国家林业局六部委，历时4年多编制完成《全国水土保持规划（2015—2030年）》，并于2015年10月经国务院批复同意。《全国水土保持规划（2015—2030年）》提出了全国水土保持区划、国家级土壤侵蚀重点防治区和全国水土保持工作的总体布局和主要任务，为今后一个时期我国水土保持工作提供了发展蓝图和重要依据。在此基础上，编制完成《全国水土保持发展"十三五"规划》《东北黑土区侵蚀沟综合治理规划》《全国坡耕地水土流失综合治理"十三五"专项建设方案》《丹江口库区及上游水污染防治和水土保持"十三五"规划》《黄土高原固沟保塬综合治理专项规划》等专项规划。省级水土保持规划已全部编制完成，23个省（自治区）和4个计划单列市的规划已经本级人民政府批复，水土保持规划体系逐步完善。

为贯彻落实国务院批复精神，做好《全国水土保持规划（2015—2030年）》组织实施及报告工作，一是积极推动建立水利部门组织协调、地方政府负责、部门发挥职能作用、社会力量参与的水土保持工作机制，落实地方土壤侵蚀防治主体责任。二是加强《全国水土保持规划（2015—2030年）》实施跟踪监测与考核评估，会同有关部委对各地《全国水土保持规划（2015—2030年）》实施情况进行督促检查和考核评估，掌握各地、各部门年度目标任务完成情况，确保《全国水土保持规划（2015—2030年）》任务如期完成。

2.4.5　水土保持基础工作进一步夯实

水土保持科学技术支撑能力显著增强。积极推动国家"973"计划、"十二五""十三五"科技支撑计划、国家自然科学基金及水利部公益性行业专项水土保持重大科技项目立项和联合攻关，促进科学技术成果转化与推广，在重大基础理论研究和关键技术研发应用方面取得重要进展。坡面土壤侵蚀机理、流域侵蚀产沙机制、区域土壤侵蚀过程、水土保持综合效益分析等领域取得了一批重要科学技术成果，集成研发了一批关键技术和新材料、新工艺，建成了一批高水平水土保持重点实验室和实验基地，科学技术成果转化力度明显增强，为土壤侵蚀防治提供了有力科学技术支撑。

水土保持规划体系逐步建立，科学技术水平稳步提升，标准体系基本形成，水土保持基础支撑能力显著增强（高照良等，2007）。当前，水土保持工作按照"在监管上强手段，在治理上补短板"的要求，以强化人为土壤侵蚀监管为核心，以完善政策机制为重点，以严格督查问责为抓手，充分依靠先进技术手段，全面履行水土保持职责，着力提升管理能力与水平，真正做到基础扎实、监管有力、治理有效，为加快推进生态文明建设、保障经济社会可持续发展提供支撑。

水土保持技术标准体系逐步完善。在充分考虑国家生态文明建设、《中华人民共和国水土保持法》、全面深化水利改革对水土保持标准体系的新要求的基础上，聚焦水土保持事业发展需求，全面加强水土保持标准顶层设计，修订形成涵盖综合、建设、管理三大类别、14个功能序列的水土保持技术标准体系。2015~2020年共颁布修订水土保持技术标准14项，其中国标1项、行标13项，5项国标和8项行标的制修订工作有序推进，已颁布水土保持技术标准达50项，有效地指导了生产实践，对规范土壤侵蚀防治、推进生态文明建设起到了重要的支撑作用。

国际合作与交流力度不断加大。成功搭建海峡两岸水土保持高水平学术交流平台，推动海峡两岸水土保持学会签署了《海峡两岸水土保持学术交流框架协议》。《国际水土保持研究》期刊（英文）创刊发行。世界水土保持学会秘书处正式落户中国，获得民政部批复，其与国际沙棘协会秘书处，成功组织开展了一系列国际学术研讨活动，为推进国际水土保持合作与交流、推广我国水土保持和生态文明建设理念与经验、展现中国负责任大国形象发挥了积极作用。

2.5　土壤侵蚀防治的战略措施

经济与社会的可持续发展是21世纪全球发展的主旋律，良化生态环境已成为人们关注的大问题，而土壤侵蚀治理是利在当今、功在千秋的选择。因此，防治土壤侵蚀、加快国土整治是改善生态环境，保障工农牧业生产，促进国民经济发展，使人民群众安居乐业，实现"十四五"战略目标的迫切需求（史志华等，2018）。目前，我国土壤侵蚀尚未得到有效遏制，在局部地区仍存在扩展的趋势。土壤侵蚀的治理是我国可持续发展所面临的一项紧迫而艰巨的战略任务。为此应做好以下几方面的工作，提高人们对土壤侵蚀危害的共识。

2.5.1 实行最严格的水土保持管控

必须实现水土资源的可持续利用，水土保持监督管理是《中华人民共和国水土保持法》赋予各级水行政主管部门的一项重要职责。当前和今后一个时期要准确把握新时代水土保持工作新要求，认真学习习近平新时代中国特色社会主义思想，特别是关于生态文明建设和水土保持的重要论述、重要指示，务必学懂弄通、坚决贯彻落实，切实把习近平新时代中国特色社会主义思想不折不扣地贯彻落实到水土保持各项工作中，奋力开创水土保持工作新局面。

一是必须准确把握新时代社会主要矛盾变化对水土保持工作提出的新要求，找准新时代水土保持工作的定位，努力实现水土保持工作新作为。按照符合中央最新精神和法律法规要求、贴近地方和基层实际、具有可操作性的原则，科学制定和完善水土保持工作政策措施。

二是必须牢固树立"绿水青山就是金山银山"的绿色发展理念，全面加强对资源开发行为的水土保持管控，加快土壤侵蚀治理，通过强化水土保持社会管理和服务，推动形成绿色生产方式和生活方式。

三是必须积极践行人与自然和谐共生的生态文明建设基本方略，牢固树立生态红线意识，着力做好国家重点生态功能区、生态敏感区、江河源头区、重要水源地土壤侵蚀预防，筑牢生态安全屏障（高照良等，2007）。

四是必须全面营造用最严格的制度保护水土资源的法治环境，加快构建完备的水土保持法规制度体系，加大监督执法力度，实现源头严防、过程严管，事后追责。

五是必须认真落实中央关于全面深化改革及深化党和国家机构改革的决策部署，坚定改革信心、增强改革定力、勇担改革责任，加快推进水土保持治理体系和治理能力现代化。

2.5.2 加快推进土壤侵蚀治理

针对我国土壤侵蚀的现状、特点、建设成就及存在的问题，人们总结出了"统一规划，分工负责，沟坡兼治，综合治理；防治并重，治用结合，突出重点，讲求实效"的工作方针，以保护水土资源，维护生态平衡，减少泥沙，减轻自然灾害为目标，搞好综合治理规划，合理利用土地，新建基本农田，提高土壤肥力，建设水土保持生态型农业。水土保持建设既是落后地区的基本农田为主体，又是致富奔小康的致富工程，也是发展高产、优质、高效农业的基态系统（赵岩等，2013）。总之要因地制宜，按照土壤侵蚀发生和发展的规律，调整产业结构，提高作物单产，粮畜林果药全方位开发，建设优质高效的水土保持生态经济系统，建立有特点、有优势开发型治理的经济生态农业模式。

按照山水林田湖草系统思维，加快推进土壤侵蚀综合治理，最大限度地发挥水土保持的综合效益，满足人民日益增长的美好生活需要。以长江、黄河上中游和东北黑土区为重点，加快推进坡耕地综合整治、侵蚀沟治理和小流域综合治理，构建符合新时代生态文明建设要求的土壤侵蚀防治体系（任朝霞等，2003）。坚持中央统筹、省负总责、市县抓落实的工作机制，抓好水土保持工程建设以奖代补、村民自建等机制创新，加强与相关部门协调配合，充分发挥政府和市场两手共同作用，加快治理进度，提升治理质量和效益，同时，因地制宜积极推进生态清洁流域建设，打造土壤侵蚀综合治理升级版，打造水美乡村，建设美丽中国。

要在我国北方、东北、西北地区的荒山、农田、草原因地制宜地搞好绿化，植树造林绿化荒山，在干旱、半干旱的草原地区，要处理好农田和草原的关系，既不要为扩充耕地而无序地开垦草原，也不能为扩大草原而在不适宜耕田的地区大力植草，增加地面覆被率，涵养水分。同时加强防护林的建设，在我国原有的基础上做好"三北"防护林的建设，还要加强农田防护林建设，加强海岸防护林建设，树木草地不仅可以涵养水源、保持水土，还可以改良土壤，增加土壤的肥沃程度（赵岩等，2013）。

充分利用高新技术，采取工程措施、生物措施等多种措施，重点加大对黄河中上游地区、长江中下游地区和风沙区综合治理力度，提高植被覆盖度，力求取得突破。对土壤侵蚀进行综合治理，解决农民的吃饭问题，促进坡地促耕，大力造林种草，改广种薄收为少种高产稳收，改单一农业经营为农林牧副渔业全面发展。各地要认真贯彻国家关于退耕还林还草的有关方针政策，将坡耕地等退耕还林还草，恢复植被，加强生态建设，从源头上治理土壤侵蚀。在荒山荒坡退耕地上，实行乔灌相结合，形成多层次、高密度的防护林体系。

结合土壤情况，采取多种措施治理土壤问题。具体情况具体分析，各种地形综合治理，治理山地与治理农田相结合，治理草原与治理林地相结合，加强对中小河流的改造，建设水利设施，加强对土地的灌溉和治理，确保土壤的含水量。

2.5.3　搞好小流域为单元的综合开发

小流域综合治理是根据小流域自然和社会经济状况以及区域国民经济发展的要求，以小流域土壤侵蚀治理为中心，以提高生态经济效益和社会经济可持续发展为目标，以基本农田优化结构和高效利用及植被建设为重点，建立具有水土保持兼高效生态经济功能的半山区小流域综合治理模式（郑粉莉等，2008）。

在侵蚀地区，小流域作为一个独立的自然集水单元，包括降雨侵蚀、沟道冲刷等土壤侵蚀发生与发展的全部过程。在我国农村行政区划、农业生产布局、农民耕作习惯上，小流域也是一个社会经济单元，它或大或小，或者是一个乡镇，或者是一个村庄

（焦居仁和佟伟力，2001）。

以小流域为单元，根据土壤侵蚀规律和当地实际，制定科学的水土保持规划，实行山水田林路综合治理，对工程措施、生物措施和农业技术措施进行优化配置，因害设防，形成土壤侵蚀综合防治体系。以小流域为单元，在全国规划的基础上，合理安排农业（种植业）、林业、畜牧业、副业、渔业（水产业）各业用地，布置水土保持农业耕作措施、林草措施与工程措施，做到互相协调，互相配合，形成综合的防治措施体系，以达到保护、改良与合理利用小流域水土资源的目的（王答相，2016）。

以小流域为单元，在综合治理中，根据土壤侵蚀规律，先上游、后下游，先坡面、后沟道，先支沟、后干沟，注重坡面与沟道治理相结合，工程、生物与耕作措施相结合，治理与开发利用相结合，经济效益、生态效益和社会效益相结合。

在中国，进行综合治理的小流域面积一般规定在30km²以下，最大不超过50km²。主要措施有：①水土保持农业耕作措施，也叫水土保持耕作法；②水土保持林草措施，即水土保持造林措施及种草措施；③水土保持工程措施：在山坡水土保持工程中有梯田、坡面蓄水工程（水窖、涝池）、山坡截流沟等，在山沟治理工程中有谷坊、拦沙坝、沟道蓄水工程及山洪、泥石流排导工程等。以小流域为单元进行综合治理是山丘区有效地开展水土保持的根本途径。世界上许多国家已经把小流域治理与流域水土资源以及其他自然资源的开发、管理与利用结合起来，按流域成立了管理机构，加快治理速度，提高治理效果。

小流域综合治理经济效益计算项目包括坡改梯、水保林、经济林、封禁治理等项目，生态效益计算上述项目的蓄水保土效益（李敏，2016）。小流域综合治理在创造经济效益的同时，也创造了巨大的生态效益和社会效益，因此确立合理的小流域综合治理措施，将对地区的生态平衡和水土保持起到重要作用。

《全国水土保持规划（2015—2030年）》提出，"在水土流失地区开展综合治理，坚持以小流域为单元""在重要水源地开展清洁小流域建设"。其中，在北方土石山区重点是保护和建设山地森林草原植被，提高河流上游水源涵养能力，开展清洁小流域建设，加强水土保持监督管理，维护京津冀等城市群的重要水源地安全。同时，加强山丘区小流域综合治理工作。

在西北黄土高原区重点是实施小流域综合治理，建设以梯田和淤地坝为核心的拦沙减沙体系，保障黄河下游安全。在南方红壤区推动城市周边地区清洁小流域建设，加强水土保持监督管理，维护长江、珠江三角洲等重要城市群的人居环境（史志华等，2018）。在西南紫色土区重点是加强以坡耕地改造及坡面水系工程配套为主的小流域综合治理，巩固退耕还林还草成果。大力推进重要水源地清洁小流域建设，维护水源地水质。

小流域综合治理符合治理土壤侵蚀的自然规律，符合我国水土流失区农村经济、农业生产和农民生活的经济社会状况，显现了持久的生命力，促进了"三农"状况的改善，发挥了显著的保持水土、减少江河泥沙的生态效益（李敏，2016）。

2.5.4 依靠科技进步

支持科研机构和高等院校水土保持学科发展和产学研体系建设，加强重大基础理论研究和关键技术研发。围绕土壤侵蚀机理、防控原理、治理模式、监测和信息化技术等方面重大问题，开展科学技术攻关、科学技术创新和技术推广，取得一批对解决土壤侵蚀问题有实实在在作用的科学技术成果（史志华等，2018）。注重加强水土保持制度和政策创新，不断创新管理理念、方法和手段，为水土保持管理实践提供理论指导和科学技术支撑。

依靠科学技术进步，加强水土保持科学研究，不断寻求更能有效控制土壤侵蚀、提高土地生产力的措施，搞好水土保持科学普及和技术推广工作，大力应用遥感、地理信息系统和全球定位系统等技术，建立全国土壤侵蚀监测网络和信息系统，努力提高水土保持综合治理的科学技术含量（郑志华和崔宝军，2004）。大面积推广先进的水土保持技术，尽快将其转化为生产力，科技工作者已在生产中总结出一系列综合防治模式。紧紧围绕生产和治理的需要，积极开展关于土壤侵蚀规律、水土保持规划、水土保持措施、水土保持效益、水土保持管理等方面的试验研究，增强科学技术含量，群策群力，集中力量抓好生态工程建设。大力引进外援水土保持项目，采取"走出去"和"请进来"的方法，与兄弟省份和国外专家学者进行科学技术交流，推动水土保持的发展。

土壤侵蚀发生在地表各圈层相互作用最为强烈的地区，受到气象、水文、生物、地形地貌、土壤本身等几乎所有自然因素的作用，且受到各种人类活动的干扰，多种因素综合影响使土壤侵蚀在时空过程与分布上极其复杂（《岩土工程手册》编写委员会，1994）。另外，我国地域辽阔，各地自然与人文背景差异巨大，造成侵蚀特征各异，增加了对土壤侵蚀规律认识的难度，进而影响水土保持措施的优化布局。进一步加强土壤侵蚀过程与机理的研究是有效治理土壤侵蚀的关键，研究重点主要包括：基于含沙水流的水动力学关键参数与临界条件，侵蚀形态发生演变过程数值模拟；风沙流动力学特征及沙粒运动过程与机制，重力侵蚀与泥石流发生的力学机制与发生条件，高海拔寒区融水土壤侵蚀机理与过程模拟；水力-风力、水力-冻融、水力-重力等多重外力复合侵蚀过程与模拟；我国东北漫岗丘陵地区的长缓坡、西北黄土高原地区的陡坡、长江中上游山区的深切峡谷、西南喀斯特区的岩溶地貌等特殊环境下侵蚀过程与机制；流域侵蚀产沙对景观要素及其时空格局的响应；侵蚀泥沙输移过程及水沙汇集传递关系；坡面侵蚀与流域产沙间非线性作用机制等（李敏，2016）。

监测是水土保持工作的基础。新时代要围绕强监管、补短板的需要，切实履行好水土保持监测这一政府职责，不断优化、持续抓好年度土壤侵蚀动态监测，构建布局合理、功能完备、上下协同的监测网络，及时准确掌握县级行政区和国家关注的重点区域土壤侵蚀动态变化（史志华等，2018）。积极推动高新科技产品和先进技术手段在监测领域的推广应用，强化监测成果应用，实现监测与管理的有效衔接，为水土保持目标责任考核、水土保持生态安全红线预警、生态文明评价考核等提供有力支持。

　　信息化是引领创新和驱动转型的先导力量。新时代水土保持工作应大力推进智慧水土保持建设，建立互联互通、资源共享的全国水土保持信息系统和数据库，强化行业上下、系统内外数据共享，加快高新信息技术与水土保持监督、治理、监测等各项业务的充分应用和深度融合，实现生产建设活动过程动态监管，准确掌握新增土壤侵蚀治理情况，及时反映土壤侵蚀防治成效，全面提升水土保持现代化水平（李敏，2016）。

2.5.5　创新水土保持投融资机制

　　创新机制体制，形成联动共治格局。创新水土保持投融资机制，用好金融支持水土保持政策，发挥群众在治理中的主体作用。构建多层级、多元化的水土保持生态补偿机制，切实发挥经济杠杆在调节保护者和受益者利益关系中的作用。大力推行政府购买服务，引入第三方机构参与水土保持管理，培育更多的水土保持技术服务队伍，构建公平开放、竞争有序、监管到位的水土保持市场服务体系，为社会共同防治土壤侵蚀提供专业化优质服务。

　　社会资本可参与当前实施的所有水土保持工程建设，包括小流域综合治理、坡耕地综合治理、水土保持造林种草、生态清洁型小流域建设、淤地坝建设和除险加固，以及水土保持科技示范园、水土保持科普教育基地建设等（史志华等，2018）。社会资本参与水土保持工程建设可采取承包、租赁、股份合作、拍卖使用权等方式，以小流域（片）为单元开展集中连片土壤侵蚀治理开发，也可以结合土壤侵蚀治理进行水土保持植物资源开发利用；从事资源开发的企业可结合生产生活环境改善对周边区域进行土壤侵蚀治理开发。利用社会资本开展水土保持工程建设，与国有、集体投资项目享有同等政策待遇，同等享受政府财政支持政策，同等享受政府在用地方面的优惠政策。承担公益性任务的工程享受当地政府规定的工程维修养（管）护经费财政补助。社会资本参与的水土保持工程建设也应按照水土保持行业技术标准、规范规程的要求进行规划设计、工程建设和建后管护，社会资本投资人应依法承担土壤侵蚀防治责任，落实土壤侵蚀预防和治理措施，防止造成新的土壤侵蚀。

　　改革投资体制，多渠道、多层次、多方位筹措资金，调动农民的积极性，各地在水土保持资金的使用管理上引入竞争机制、激励机制，引导农户自觉进行土壤侵蚀治理，按照"以物代补、以奖代补、以息代补"和"大干大支持，小干小支持，不干不支持"的原则，利用国家补助资金开展竞争，实行奖励。变无偿投资为部分有偿使用，建立水土保持专项基金，采用股份合作形式，滚动发展，增强自我发展能力。尤其是在扩大开放、引进外资方面取得新进展，进一步扩大了治理资金的来源。十多年来，黄河中游各地引进十余个水土保持外资项目，都创建了世界一流的水土保持典范。1993年引进的世界银行水土保持贷款项目，为拓宽水土保持投资渠道开辟了新途径。2019年全国土壤侵蚀面积下降至271.08万km^2，这与我国开展的大规模生态治理工程密切相关。水土保持工作的开展使1.5亿群众直接受益，解决了2000多万山区群众的生计问题。通过一系列水土保持法规的颁布及治理措施的实施，我国局部地区生态与环境面貌显著改观，局部地区土壤侵蚀严重状况明显缓解。

2.5.6　发挥政府主导作用

新时代水土保持工作要切实把工作重心转变到监管上来，在监管上强手段，在治理上补短板。坚持问题导向和目标导向，狠抓责任落实，以强化人为土壤侵蚀监管为核心，以完善政策机制为重点，以严格督查问责为抓手，充分依靠先进技术手段，全面履行水土保持职责，着力提升管理能力与水平，真正做到基础扎实、监管有力、治理有效，为加快推进生态文明建设、保障经济社会可持续发展提供支撑。

充分发挥地方政府在规划实施、资金保障、组织发动等方面的主导作用，协调各有关部门和单位按照职责分工，做好相关土壤侵蚀预防和治理工作（史志华等，2018）。通过两级考核评估，构建由地方政府负责、水利部门组织协调、相关部门发挥职能作用、社会广泛参与的水土保持工作格局，为水土保持工作提供坚强保障。因此，面对草原日益沙漠化的严峻现实，草原生态建设已刻不容缓，同时节目还引用一些专家的建议，呼吁"国家应把草原放在与森林和耕地同等重要的位置，采取有效措施，设定草原保护的红线，划定重点保护的草原区域，处理好经济发展与草原保护的关系，提高全社会对草原在国家经济社会发展和生态安全中重要作用的认识"。

深化全国水土保持国策宣传教育行动，不断创新宣传形式和手段，丰富拓展宣传载体，积极发挥新媒体作用，加大对外宣传力度（图2-15）。强化中小学水土保持科普教育，大力推动示范工程创建活动，深度挖掘水土保持好典型、好经验、好做法，大力宣传先进典型，扩大水土保持的社会影响力，增强全民水土保持观念和意识，营造全社会保护水土资源、自觉防治土壤侵蚀的良好氛围。

图2-15　西乡至镇巴高速公路项目部深化水土保持国策宣传教育

参 考 文 献

蔡晓东. 2002. 芗城区水土流失现状及防治对策. 福建水土保持，（3）：41-43.
陈其兵，刘光立，李永江，等. 2006. 四川干热河谷地区公路生态植被恢复与重建模式探讨. 中国园林，22（12）：80-82.

陈世品，黎茂彪．2007．不同坡位糙花少穗竹林养分分配格局．福建林学院学报，27（3）：193-198．

陈一鄂，刘康．1990．渭北旱塬紫花苜蓿的蒸腾强度与水量平衡研究．水土保持通报，10（6）：108-112．

崔晓阳，方怀龙．2001．城市绿地土壤及其管理．北京：中国林业出版社．

戴泉玉，徐学才，顾卫，等．2014．黄土高原地区公路边坡重建植被群落初期演替研究．公路，（3）：165-173．

方精云，刘国华，徐嵩龄，等．1996．我国森林植被的生物量和净生产量．生态学报，16（5）：497-508．

傅伯杰，陈利顶，刘国华，等．1999．中国生态区划的目的、任务及特点．生态学报，19（5）：591-595．

高雪松，邓良基，张世熔，等．2005．不同利用方式与坡位土壤物理性质及养分特征分析．水土保持学报，19（2）：53-60．

高照良，彭珂珊．2005．西部地区生态修复与退耕还林还草研究．北京：中国文史出版社．

高照良，张晓萍，彭珂珊，等．2007．黄土高原地区淤地坝建设及其规划研究．北京：中央文献出版社．

顾晓鲁．1993．地基与基础．北京：中国建筑工业出版社．

关君蔚．1996．水土保持原理．北京：中国林业出版社．

国家环境保护总局环境工程评估中心．2005．环境影响评价案例分析（上）．北京：中国环境科学出版社．

季辉，赵健，冯金飞，等．2013．高速公路沿线农田土壤重金属总量和有效含量的空间分布特征及其影响因素分析．土壤通报，44（2）：477-483．

贾海坤，刘颖慧．2005．皇甫川流域柠条林地水分动态模拟——坡度、坡向、植被密度与土壤水分的关系．植物生态学报，29（6）：910-917．

焦居仁，佟伟力．2001．21世纪水土保持生态系统建设方略．水土保持研究，（4）：6-8．

景元书，范永强．2007．低丘红壤不同坡位持水特性的比较．江西农业学报，19（3）：26-28．

黎华寿，蔡庆．2007．水土保持工程植物运用图解．北京：化学工业出版社．

李海蒙，李军财．2006．国内外矿山边坡监测技术应用的最新进展．中国矿业，15（4）：46-47．

李敏．2016．推进小流域综合治理，建设生态文明．黄河报．2016-07-09．

李西，罗承德，廖心北．2004．岩石边坡植被护坡植物选择初探．中国园林，（9）：52-53．

刘浩．2007．道路边坡土壤水分与养分空间变异性研究．成都：四川大学．

刘鑫，满秀玲，陈立明，等．2007．坡位对小叶杨人工林生长及土壤养分空间差异的影响．水土保持学报，21（5）：76-81．

刘震．2004．水土保持监测技术．北京：中国大地出版社．

任朝霞，杨达源，任福文，等．2003．三峡库区生态环境与可持续发展．水土保持通报，23（2）：66-69．

史宝忠．1999．建设项目环境影响评价．北京：中国环境科学出版社．

史志华，王玲，刘前进，等．2018．土壤侵蚀：从综合治理到生态调控．中国科学院院刊，33（2）：198-205．

孙凡，何丙辉，杜世才，等．2000．重庆市25°以上陡坡耕地退耕还林治理模式．生态农业研究，（2）：104-107．

唐克丽．1999．中国土壤侵蚀与水土保持学的特点及展望．水土保持研究，6（2）：3-8．

王答相．2016．小流域综合治理要与时俱进．黄河报．2016-07-09．

王礼先．2005．水土保持学．北京：中国林业出版社．

武斌．2004．河道淤积成因及对策．河南水利，（4）：21-23．

谢秋菊，钱自立，袁晓宇. 2006. 江苏省废黄河地区水土流失成因分析与防治对策//发展水土保持科技、实现人与自然和谐——中国水土保持学会第三次全国会员代表大会学术论文集. 北京：中国水土保持学会.

姚文艺，徐建华，冉大川，等. 2011. 黄河流域水沙变化情势分析与评价. 郑州：黄河水利出版社.

张玉，徐卫亚，石崇，等. 2010. 争岗滑坡堆积体稳定性及治理措施研究. 岩土工程学报，32（9）：1470-1478.

赵岩，王治国，孙保平，等. 2013. 中国水土保持区划方案初步研究. 地理学报，（3）：307-317.

郑粉莉，王占礼，杨勤科. 2008. 我国土壤侵蚀科学研究回顾和展望. 自然杂志，30（1）：12-16.

郑志华，崔宝军. 2004. 高速公路评价区生态环境影响综合评价初探. 交通运输部上海船舶运输科学研究所学报，27（1）：46-48.

朱震达，刘恕. 1981. 中国北方地区的沙漠化过程及其治理区划. 北京：中国林业出版社.

《岩土工程手册》编写委员会. 1994. 岩土工程手册. 北京：中国建筑工业出版社.

Pimentel D, Harvey C, Resosudarmo P. 1995. Environmental and economic costs of soil erosion and conservation benefits. Science, 267: 1117-1123.

第3章
土壤侵蚀

　　土壤侵蚀在本质上是地球表面的一种自然现象。但是，当人类社会出现以后，土壤侵蚀就成为自然和人为活动共同作用下的一种动态过程，构成了特殊的环境背景，并已经成为当今世界资源与环境问题的重点（陈法扬，2003）。世界人口的增长和经济的发展，尤其是人们在经济社会发展过程中对环境造成的破坏，导致土壤侵蚀现象日益加剧，人为侵蚀已经成为土壤侵蚀发展的主导因子。严重的土壤侵蚀所引起的土壤侵蚀、耕地减少和河流泛滥对生态环境和人居环境所造成的危害触目惊心，已经引起世界各国政府和人民的高度关注（邵颂东等，2010）。目前全球因侵蚀而退化的土地面积为12亿 hm^2，对世界约9亿人口构成威胁，造成的经济损失为4000亿美元。风蚀、水蚀是导致土壤退化面积最广、影响范围最大的主要类型。全球土壤退化中水蚀影响占56%，风蚀影响占28%，另有12%和4%分别为化学损蚀和物理损蚀。多年来，世界各国土壤侵蚀工作者对土壤侵蚀发生规律进行了大量研究，并取得了巨大的成就。造成土壤侵蚀的原因有很多，可分为内因和外因，内因是指自身结构和土壤情况等，外因主要包括气候情况、植被情况、人类活动等。传统的土壤侵蚀机理研究方法较为简单，主要通过地质勘探或者对遭受土壤侵蚀的土壤进行研究。这样可以直接地观测到现场第一手数据，能够准确地了解土壤侵蚀情况，从而制定准确的保护计划。现代土壤侵蚀机理研究可以通过计算机模拟获取土壤侵蚀数据，从而提出保护措施，预防发生土壤侵蚀。此外，可以借助计算机进行大型的土壤侵蚀实验。

3.1　土壤侵蚀研究进展

　　土地退化日益严重成为制约人类发展的重要因素，土壤侵蚀是其中一个重要原因。土壤侵蚀使土壤肥力下降，理化性质变劣，土壤利用率降低，生态环境恶化。目前，全球土地退化日益严重，研究土壤侵蚀的机理，有效地对其进行监控、治理已经成为全球关注的焦点。

3.1.1　国外土壤侵蚀研究

　　土壤侵蚀是一个全球性问题，长期以来一直受到国内外的普遍关注。被称为美国水土保持之父的休·哈蒙德·本内特（Hugh Hammond Bennett），在20世纪80年代前就将水蚀和风蚀列为土壤侵蚀两种主要类型，并进行了详细的分析（鲍士旦，2005；史志华等，2020；苏海，2011）。他的论断一直被美国作为立法的依据，他的著作被世界上许多国家作为水土保持的教材。美国洛厄里（Lowery）认为土壤侵蚀的判别应与其密度、持水性、颗粒尺度、水力传导性，以及植物根系深度等指标密切联系起来。

国外土壤侵蚀模型研发大体经历了3个阶段，即土壤侵蚀量与单因子间关系的研究阶段、土壤侵蚀物理过程模型研究阶段、现代技术与土壤侵蚀物理模型相结合的研究阶段。特别是近几十年来，随着遥感（RS）和地理信息系统（GIS）等相关技术的迅速发展和土壤侵蚀机理研究的不断积累，土壤侵蚀模型研究和模拟预报技术越来越受到人们的重视。美国土壤侵蚀与水土保持工作可以追溯到19世纪末，而大规模开展土壤侵蚀综合治理则是从1935年开始。通过立法案、建机构、拨专款、搞示范、大宣传等举措，把水土保持作为发展农业生产、保护生态平衡的重要内容。日本在土壤侵蚀与水土保持研究领域主要在以下几个方面做了大量工作：①雨滴溅蚀机理；②坡面径流冲刷及侵蚀发生过程；③土壤侵蚀预报及水土保持对策。

土壤侵蚀与生态经济交叉研究日趋活跃。国外土壤侵蚀与水土保持科学研究中引入现代新技术新方法，以预测预报模型研究带动侵蚀机理、过程研究，重视土壤侵蚀和水土保持的环境与经济效应，主要研究进展：修正完善通用土壤流失方程式（RUSLE2.0）；深化风蚀和水蚀过程研究，强化研究成果的集成，研发侵蚀预报的物理模型，如WEPP、EUROSEM、LISEM、GUEST、WEPS等；强化对土壤侵蚀环境效应评价研究，建立评价模型，包括土壤侵蚀与土壤生产力模型如EPIC、SWAT和非点源污染模型AGNPS、ANSWER、CREAMS等；坡面水土保持措施研究注重水土保持措施与现代机械化耕作相结合，深化研究少耕、免耕、残茬覆盖等水土保持措施的作用机理，强化植物根系层的提高土壤抗侵蚀能力方面的研究；重视民众参与提高公众环境意识，水土保持措施研究与农场主需求相结合。随着土壤侵蚀与水土保持研究工作不断地深入，各国开始关注一些新的领域，尤其以西方发达国家为代表。美国、加拿大、德国、澳大利亚等发达国家基本完成大规模治理工程后，水土保持工作在继续重视“水土流失模型与控制”“农业系统管理战略”“流域管理”等基础理论研究的同时，近年来其研究视角和领域逐步扩大，提出了一些新的领域。

3.1.2　国内土壤侵蚀研究

国内对土壤侵蚀研究多集中在土壤侵蚀预测模型、森林植被等影响因子的侵蚀机理、特定区域或地形地貌的侵蚀研究以及可持续性土地管理等方面。众多学者从不同研究尺度、不同地区、不同角度对土壤侵蚀研究做出了较全面的综合论述。20世纪30年代，中央农业实验室和四川农业改进研究所在紫色土丘陵区开展坡地土壤侵蚀小区观测实验。40年代，黄瑞采等学者对陕甘黄土分布、特性与土壤侵蚀的关系等进行了深入的考察研究，此后，在天水（1941年）、西安、平凉和兰州（1942年）、西江和东江（1943年）、南京和福建（1945年）相继建立了水土保持实验站，开始了长期定位观测研究。20世纪50年代，大规模开展土壤侵蚀研究并取得理论与实践的重要成果。为了较全面了解黄土高原土壤侵蚀状况及其对黄河下游河道影响的程度，水利部组织了国内有关的知名专家对黄河中游土壤侵蚀问题进行考察（甘枝茂，2010；符素华和刘宝元，2002；程序，1999），在中国科学院院士竺可桢的支持和推动下，以中国科学院地理研究所黄秉维院士为首的研究人员参加。嗣后，黄秉维发表的《陕甘黄土高原土壤侵蚀的因素和方式》和《编制黄河中游土壤侵蚀分区图的经验教训》成为水利部黄河水利委员会和各省（自治区、直辖市）编制黄河中游水土保持规划分区的依据，以及日后各家研究黄土高原土壤侵蚀及其区域差异的基础。这是中国科学院地理研究所对黄土高原土壤侵蚀问题研究的最早贡献。

20世纪70年代末至80年代，土壤侵蚀科学研究拥有了更为广阔的发展空间。中国科学院在西安召开黄土高原规划会，陈永宗的报告指出黄土高原的侵蚀量增加了1/3左右（22亿t以上），黄河输沙量仍然在16亿t左右，说明土壤侵蚀加剧了，沟谷土坝和小水库起了巨大提沙作用，为水利和水土保持工作中的成绩和问题提出了事实根据。80年代初期以来，景可把侵蚀产沙与河流输沙联系起来，推算出全新世黄河输沙量已经达到8亿~9亿t，证明黄河"自古多沙"的事实，对制订黄河规划有重要参考意义。

1985~1990年，中国科学院再次组织黄土高原区综合科学考察，院内外50多个科研单位、10多所高等院校、1000多位科学工作者参加了黄土高原综合考察队，包括地学、生物学、农学、经济学和新技术等20个学科44个专业。这次攻关队伍规模之大，学科之广，是罕见的。对太行山以西、日月山—贺兰山以东、秦岭以北、阴山以南的黄土地区进行大范围考察。内容涉及黄土高原地区自然环境与历史变迁的各个方面，并提出综合治理、开发的总体方案。多家科研单位的数百名科技工作者针对土壤侵蚀强烈、风蚀沙化加剧、林草植被退化严重、地区经济落后等问题进行研究，将科学研究、技术开发、试验示范、推广应用相结合，取得诸多具有重大价值的科研成果。这项科学考察工作是"七五"国家重点科技攻关项目"黄土高原综合治理"的科研内容，不仅完成了土壤侵蚀区域特征和治理途径的研究任务，还对黄河粗泥沙来源及其对下游河道的影响进行了专门讨论，《黄土高原地区综合治理开发总体方案及重大问题研究及总体方案》获国家科学技术进步奖二等奖、中国科学院科技进步奖一等奖。出版了《黄土高原地区土壤侵蚀特征及其治理途径》《黄土高原地区土壤资源及其合理利用》《黄土高原地区农林牧业综合发展与合理布局》等专著。此项研究成果具有国内外先进水平，它对改造振兴黄土高原区的经济，将产生重大的推动作用，为全国国土规划和经济建设提供了重要科学依据。

2005年7月至2007年5月，水利部、中国科学院和中国工程院联合开展了"中国水土流失与生态安全综合科学考察"，组织生态、环境、资源、法律、政策等方面的专家对我国重点水土流失区进行了全面的综合科学考察。在此基础上编写的《中国水土流失防治与生态安全》全面评价了我国土壤侵蚀现状与发展趋势，总结了长期以来土壤侵蚀防治的主要成效与经验，梳理了当前所面临的主要问题，提出了防治对策。这一成果对于贯彻落实科学发展观，加强生态保护与治理具有十分重要的作用，对我国不同类型区土壤侵蚀防治具有重大现实意义。

　　科技工作者经过多年的实践，将自己多年的学术研究成果总结展现出来，70多年间出版了大批国内土壤侵蚀研究专著（表3-1）。

表3-1　国内土壤侵蚀研究出版部分专著

作者	专著名称	出版单位	出版年份
朱显谟，曾昭顺	《黑龙江东部之土壤与农业》	中国地质工作计划指导委员会	1951
关君蔚，等	《大地园林化规划设计》	中国林业出版社	1958
方正三	《水土保持》	科学出版社	1958
Φ.К.柯契尔佳（王礼先译）	《山地造林技术》	中国林业出版社	1958
北京林学院森林改良土壤教研组	《水土保持学》	农业出版社	1962
中国科学院地质研究所	《第四纪地质问题》	科学出版社	1964
刘东生	《黄河中游黄土》	科学出版社	1964
朱显谟	《塿土》	农业出版社	1964
刘东生	《中国的黄土堆积》	科学出版社	1965
钱宁，周文浩	《黄河下游河床演变》	科学出版社	1965
刘东生	《黄土的物质成分和结构》	科学出版社	1966
关君蔚	《水土保持原理》	中国林业出版社	1966
中国科学院兰州冰川冻土沙漠研究所冰川研究室	《中国沙漠概论》	科学出版社	1974
朱震达，刘恕	《沙漠化土地的防治，中国综合农业区划》	农业出版社	1981
朱震达，刘恕	《我国北方地区沙漠化过程及其治理区划》	中国林业出版社	1981
朱显谟	《陕西土地资源及其合理利用》	陕西科学技术出版社	1981
辛树帜，蒋德麒	《中国水土保持概论》	农业出版社	1982
关君蔚	《长江的洪灾与森林.森林与水灾》	中国林业出版社	1982
水电部黄河水利委员会治黄研究组	《黄河的治理与开发》	上海教育出版社	1984
刘东生	《黄土与环境》	科学出版社	1985
朱显谟	《中国黄土高原土地资源（图片集）》	陕西科学技术出版社	1986
柯克比MJ，摩根RPC（王礼先，吴斌，洪惜英译）	《土壤侵蚀》	中国水利电力出版社	1987
中国科学院西北水土保持研究所	《黄土高原杏子河流域自然资源与水土保持》	陕西科学技术出版社	1986
刘运河，唐德富	《水土保持》	黑龙江科学技术出版社	1988
朱震达，刘恕	《中国沙漠化及其治理》	科学出版社	1989
朱显谟	《黄土高原土壤与农业》	农业出版社	1989
中国科学院黄土高原综合科学考察队	《中国黄土高原地区地面坡度分级数据集》	海洋出版社	1989

续表

作者	专著名称	出版单位	出版年份
王佑民	《黄土高原沟壑区综合治理及其效益研究》	中国林业出版社	1990
中国科学院黄土高原综合科学考察队	《黄土高原地区土壤侵蚀区域特征及其治理途径》	中国科学技术出版社	1990
中国科学院黄土高原综合科学考察队	《黄土高原地区土壤资源及其合理利用》	中国科学技术出版社	1991
中国科学院黄土高原综合科学考察队	《黄土高原地区自然环境及其演变》	科学出版社	1991
中国科学院黄土高原综合科学考察队	《黄土高原地区农林牧业综合发展与合理布局》	科学出版社	1991
王礼先	《水土保持工程学》	中国林业出版社	1991
中国科学院资源环境科学局	《黄土高原小流域综合治理与发展》	科学技术文献出版社	1992
刘东生，安芷生	《黄土第四纪地质全球变化》	科学出版社	1992
王礼先	《林业与山区流域治理》	中国林业出版社	1993
刘宝元，唐克丽，焦菊英	《黄河水沙时空图谱》	科学出版社	1993
山仑，陈国良	《黄土高原旱地农业的理论与实践》	科学出版社	1993
景可	《黄河泥沙与环境》	科学出版社	1993
张天曾，陈永宗，李凤新	《黄土高原论纲》	中国环境科学出版社	1993
朱震达，陈广庭	《中国土地沙质荒漠化》	科学出版社	1994
赵金荣，孙立达，朱金兆	《黄土高原水土保持灌木》	中国林业出版社	1994
王礼先	《水土保持学》	中国林业出版社	1995
王礼先，Brooks K. N.	《长江中上游水土保持及环境保护》	中国林业出版社	1995
李文银，王治国，蔡继清	《工矿区水土保持》	科学出版社	1996
张广军	《沙漠学》	中国林业出版社	1996
王万忠，焦菊英	《黄土高原降雨侵蚀产沙与黄河输沙》	科学出版社	1996
关君蔚	《水土保持原理》	中国林业出版社	1996
朱震达	《中国沙漠沙漠化荒漠化及其治理的对策》	中国环境科学出版社	1996
蒋定生	《黄土高原水土流失与治理模式》	中国水利水电出版社	1997
王正秋	《黄土高原沟壑区综合治理开发技术与研究》	陕西师范大学出版社	1997
刘秉正，吴发启	《土壤侵蚀》	陕西人民出版社	1997
吴普特	《动力水蚀试验研究》	陕西科学技术出版社	1997
苏人琼，杨勤业，关志华，等	《黄河流域灾害环境综合治理对策》	黄河水利出版社	1997
朱震达，赵兴梁，凌裕泉	《治沙工程学》	中国环境出版社	1998
霍转业，赵百选	《北方经济林栽培》	新华出版社	1998

续表

作者	专著名称	出版单位	出版年份
康绍忠，梁银丽，蔡焕杰，等	《旱区水-土-作物关系及其最优调控原理》	中国农业出版社	1998
国家科委农村科技司	《中低产田治理与区域农业综合发展》	科学出版社	1998
王万忠，焦菊英	《黄土高原降雨侵蚀产沙数据图集》	西安地图出版社	1998
上官周平，彭珂珊，彭琳，等	《黄土高原粮食生产与可持续发展研究》	陕西人民出版社	1999
孟庆枚	《黄土高原水土保持》	黄河水利出版社	1999
朱俊风，朱震达	《中国沙漠防治》	中国林业出版社	1999
《长江流域水土保持技术手册》编辑委员会	《长江流域水土保持技术手册》	中国水利水电出版社	1999
王礼先	《水土保持工程学》	中国林业出版社	1991
陕西省地方志编纂委员会	《陕西省志·水土保持志》	陕西人民出版社	2000
王治国，张云龙，刘徐师，等	《林业生态工程学——林草植被建设的理论与实践》	中国林业出版社	2000
徐建华，吕光圻，张胜利，等	《黄河中游多沙粗沙区区域界定及产沙输沙规律研究》	黄河水利出版社	2000
吴发启，王健	《土壤侵蚀原理》	中国林业出版社	2000
孙保平	《荒漠化防治工程学》	中国林业出版社	2001
朱金兆，松冈广雄	《中国黄土高原治山技术研究》	中国林业出版社	2001
吴普特	《中国西北地区水资源开发战略与利用技术》	中国水利水电出版社	2001
国家林业局防治荒漠化管理中心	《中国防沙治沙实用技术与模式》	中国环境科学出版社	2001
吴普特	《人工汇集雨水利用技术研究》	黄河水利出版社	2002
王万忠，焦菊英	《黄土高原水土保持减沙效益预测》	黄河水利出版社	2002
吴普特	《黄土高原林草植被建设高效用水技术》	西北农林科技大学出版社	2002
程积民，万惠娥	《中国黄土高原植被建设与水土保持》	中国林业出版社	2002
丁国栋	《沙漠学概论》	中国林业出版社	2002
陈世正，王宏富，屈明	《水土保持农学》	中国水利水电出版社	2002
吴发启	《水土保持规划》	西安地图出版社	2002
朱清科，朱金兆	《黄土区退耕还林还草可持续经营技术》	中国林业出版社	2003
吴发启	《水土保持学概论》	中国农业出版社	2003
吴普特	《节水灌溉与自动控制技术》	化学工业出版社	2002
吴普特	《中国节水农业》	中国农业出版社	2004
张贤明	《现代陡坡地水土保持》	九州出版社	2004
王礼先	《中国水利百科全书——水土保持分册》	中国水利水电出版社	2004

续表

作者	专著名称	出版单位	出版年份
刘震	《水土保持监测技术》	中国大地出版社	2004
唐克丽	《中国水土保持》	科学出版社	2004
罗全胜，梅孝威	《治河防洪》	黄河水利出版社	2004
张广军，赵晓光	《水土流失及荒漠化监测与评价》	中国水利水电出版社	2005
刘彦随，杨述河	《农牧交错区土地退化机制与优化配置》	中国科学技术出版社	2005
高照良，彭珂珊	《西部地区生态修复与退耕还林还草研究》	中国文史出版社	2005
景可，王万忠，郑粉莉	《中国土壤侵蚀与环境》	科学出版社	2005
李国庆	《治河及工程泥沙》	中央广播电视大学出版社	2005
张永田，宿政	《治水兴业 防洪保安》	吉林音像出版社	2005
周月鲁	《黄土高原水土保持实践与研究》	黄河水利出版社	2005
吴普特	《黄土高原水土保持新论》	黄河水利出版社	2006
王礼先，朱金兆	《水土保持学（第2版）》	中国林业出版社	2006
何丙辉	《长江流域水土保持生态修复的实践与发展》	化学工业出版社	2006
李智广	《水土保持监测技术指标体系》	水利水电出版社	2006
黄河水利委员会西峰水土保持科学试验站	《黄土高原水土流失及其综合治理研究》	黄河水利出版社	2005
赵方莹	《水土保持植物》	中国林业出版社	2007
康绍忠	《农业水土工程概论》	中国农业出版	2007
高照良，张晓萍，彭珂珊	《黄土高原地区淤地坝建设及其规划研究》	中央文献出版社	2007
卜崇德，陈广宏，薛塞光	《宁夏水土保持实践与探索》	宁夏人民出版社	2007
李智广	《开发建设项目水土保持监测》	水利水电出版社	2008
李锐，杨文治，李壁成，等	《中国黄土高原研究与展望》	科学出版社	2008
孙鸿烈	《长江上游地区生态与环境问题》	中国环境科学出版社	2008
江玉林，张洪江	《公路水土保持》	科学出版社	2008
胡惠芳	《淮河中下游地区环境变动与社会控制 1912—1949》	安徽人民出版社	2008
申冠卿，张原锋，尚红霞	《黄河下游河道对洪水的响应机理与泥沙输移规律》	黄河水利出版社	2008
余新晓，张晓明，李建劳	《土壤侵蚀过程与机制》	科学出版社	2009
康绍忠，粟晓玲，杜太生，等	《西北旱区流域尺度水资源转化规律及其节水调控模式——以甘肃石羊河流域为例》	中国水利水电出版社	2009
吴普特	《中国雨水利用》	黄河水利出版社	2009

续表

作者	专著名称	出版单位	出版年份
贺康宁，王治国，赵永军	《开发建设项目水土保持》	中国林业出版社	2009
王治国，贺康宁，胡振华	《水土保持工程概预算》	中国林业出版社	2009
王秀茹	《水土保持工程学（第2版）》	中国林业出版社	2009
吴发启，高甲荣	《水土保持规划学》	中国林业出版社	2009
李金都，周志芳	《黄河下游近代河床变迁地质研究》	黄河水利出版社	2009
水利部，中国科学院，中国工程院等	《中国水土流失防治与生态安全》	科学出版社	2010
齐璞，孙赞盈，齐宏海	《黄河下游泄洪输沙潜力和高效排洪通道构建》	黄河水利出版社	2010
长江水利委员会水土保持局	《长江水土保持焦点关注》	长江出版社	2010
王恺忱	《黄河河口的演变与治理》	黄河水利出版社	2010
中国水土保持学会水土保持规划设计专业委员会	《生产建设项目水土保持设计指南》	中国水利水电出版社	2011
吴普特	《中国旱区农业高效用水技术研究与实践》	科学出版社	2011
陈新军	《水土保持与生态文明——沂蒙山区水土保持探索与实践》	知识产权出版社	2011
毕华兴，云雷，朱清科，等	《晋西黄土区农林复合系统种间关系研究》	科学出版社	2011
李凯荣，张光灿，吕月玲	《水土保持林学》	科学出版社	2012
张海强、李婧、安乐平	《高速公路工程水土保持植物措施设计关键技术》	中国水利水电出版社	2012
贺康宁	《北方退耕还林区防护林树种耗水特性研究》	科学出版社	2012
吴发启，史东梅，王丽	《水土保持农业技术》	科学出版社	2012
吴发启，张洪江	《土壤侵蚀学》	科学出版社	2012
朱清科，张岩，赵磊磊，等	《陕北黄土高原植被恢复及近自然造林》	科学出版社	2012
张胜利，吴祥云	《水土保持工程学》	科学出版社	2012
刘彦随，卓玛措	《中国土地资源开发利用与生态文明建设研究》	青海民族出版社	2013
徐文远	《公路建设边坡生态防护技术应用原理与实践》	科学出版社	2013
高照良	《新疆水土保持生态补偿理论与实践研究》	四川科技出版社	2013
水利部黄河水利委员会	《黄河调水调沙理论与实践》	黄河水利出版社	2013
李九发，时连强，应铭	《黄河河口钓口河流路亚三角洲岸滩演变与抗冲性试验》	海洋出版社	2013
李锐	《中国土壤侵蚀地图集》	中国地图出版社	2014

续表

作者	专著名称	出版单位	出版年份
程积民	《黄土高原草原生态系统研究——云雾山国家级自然保护区》	科学出版社	2014
李建伟	《水土保持监测技术/东北黑土区水土流失综合防治技术丛书》	中国水利水电出版社	2014
谢永生	《中国黄土高原水土保持与农业持续发展》	科学出版社	2014
张英俊	《中国栽培草地》	科学出版社	2015
杜盛，刘国斌	《黄土高原植被恢复的生态功能》	科学出版社	2015
申卫博	《黄土高原地区水土保持生态修复模式研究》	吉林人民出版社	2015
王治国	《水土保持区划原理与方法》	科学出版社	2016
马建华，谷蕾，吴朋飞，等	《开封古城黄泛地层洪水记录及洪灾度反演》	科学出版社	2016
张晓华，姚文艺，郑艳爽	《黄河宁蒙河道输沙特性与河床演变》	黄河水利出版社	2016
程建伟，刘猛，段柏林	《黄河水沙分析及防洪工程实践》	黄河水利出版社	2016
沈雪建，李智广	《水土保持目标责任及其评价方法研究》	中国水利水电出版社	2017
刘钟龄	《中国草地资源现状与区域分析》	科学出版社	2017
王治国	《水土保持规划设计》	中国水利水电出版社	2018
李智广	《水土保持监测》	中国水利水电出版社	2018
骆汉	《宁夏土地开发整理研究》	沈阳出版社	2018
焦菊英	《黄土丘陵沟壑区土壤侵蚀与植被关系》	科学出版社	2020
颜晓元	《土壤氮循环实验研究方法》	科学出版社	2020
王治国	《生产建设项目水土保持措施设计》	中国水利水电出版社	2021
郑粉莉	《东北黑土区复合土壤侵蚀特征及其防治》	科学出版社	2021

经过多年的努力，水土保持学科体系已经形成，涌现出了刘东生、朱显谟、关君蔚、黄秉维、孙鸿烈、邵明安、史德明、张含英、方正三、王礼先、李锐、刘宝元、左长清、吴普特、刘国彬、雷廷武、李占斌、蔡强国、朱清科等一批杰出专家。

通过对中国知网（CNKI）收录的主题为"土壤侵蚀"的文献进行定量分析发现（图3-1），知网收录的主题为"土壤侵蚀"的中英文文献数量为14000余篇。中文文献，国内最早的关于土壤侵蚀的文献发表于1953年，1953～1980年每年收录的关于土壤侵蚀的文献数量均小于10篇。自1980年开始，国内关于土壤侵蚀的文献数量开始不断增长，2000年开始文献数量呈现急剧增长趋势，并在2008年达到历史最高值，2008年收录的主题为"土壤侵蚀"的相关文献为539篇。2008～2015年文献数量呈现急剧下降趋势，并在2015年达到谷底，2015年仅收录65篇，2016年开始文献数量又呈现出上涨趋势，并在2018达到2014年的数量水平。英文文献，知网收录的最早的主题关于"土

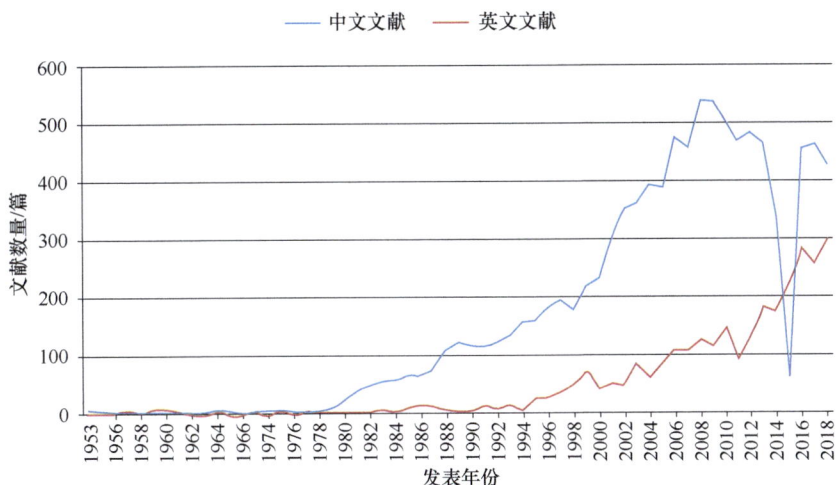

图 3-1 中国知网中土壤侵蚀相关文献数量变化趋势

壤侵蚀"的文献发表于1914年,同样地,直至20世纪80年代文献数量突破10位数,并逐渐呈现稳定的上涨趋势,最终在2018年达到历史最高值297篇。

我国属于世界上较早开展土壤侵蚀研究的国家之一。一般认为我国土壤侵蚀研究始于20世纪30年代,比德国晚50~60年,比美国晚20~30年。我国土壤侵蚀研究历程划分为4个时段:①萌芽阶段(1930~1949年)。以在重庆市北碚区、福建省长汀县、甘肃省天水市、陕西省西安市等地设立径流小区为标志,表明中国现代土壤侵蚀研究的开始。②发展阶段(1950~1980年)。这一阶段我国的农业贯彻以粮食生产为主的方针,水土保持工作主要是为粮食生产和水患防治服务。主要开展了土壤侵蚀的全面调查,了解土壤侵蚀现状并建站观测,积累数据,探索土壤侵蚀发生规律,为水土保持工作提供理论基础。③成熟阶段(1981~1998年)。随着全国农村土地承包制政策的实施,国家农业发展方针调整为"以粮食生产为主,兼顾多种经营",这就要求水土保持工作全面提升生态效益、经济效益和社会效益。这一阶段的研究是在侵蚀理论研究的基础上,探索土壤侵蚀模型,确定水土保持方针政策,筛选和研发土壤侵蚀防治技术,为粮食生产和经济发展提供保障。④繁荣阶段(1999年至今)。随着"退耕还林还草"等生态工程的实施,国家农业战略强调生态建设的重要性。在新的国家农业发展战略指导下,发生土壤侵蚀的下垫面条件发生了重大变化,土壤侵蚀研究开始关注重大生态工程实施之后的土壤侵蚀发展演变趋势,以及未来生态效益评估等问题。同时,土壤侵蚀研究内容也由过去集中在径流泥沙过程及区域特征等方面逐渐拓宽到土壤侵蚀治理生态效益评价等方面(张科利等,2022)。

经过90多年长期不懈的努力,我国土壤侵蚀科学研究取得了丰硕的成果,揭示了土壤侵蚀过程和机理,初步建立了坡面土壤流失预报模型,并建立了以流域为单元的水蚀预报模型方程,开展了小流域综合治理试验示范研究,建立了水土保持效益观测研究和评价体系,强化了土壤侵蚀的预防监督和管理机制(陈艳梅,2007;陈法扬,

2003；耿晓东，2010）。与世界土壤侵蚀科学研究相比，我国在土壤侵蚀宏观区域分异规律和土壤侵蚀分类、侵蚀环境演变、土壤侵蚀研究技术、土壤侵蚀综合防治等方面达到或接近世界先进水平，同时形成了一支高效的水土保持科研队伍，为学科发展、科学决策、水土保持科学技术传播发挥了积极的推动作用。

3.2   土壤侵蚀学科研究现状

在当今生态文明背景下，土壤侵蚀学科研究迎来了新的发展机遇和挑战，理论上、实施上已形成土壤侵蚀学科的完整体系。国内外在土壤侵蚀机理、土壤流失方程、土壤侵蚀与土地生产力关系的评价方法、小流域水土保持规划4方面也取得了新进展。综观现阶段土壤侵蚀学科研究现状，主要集中在土壤侵蚀机理、土壤侵蚀研究方法、土壤侵蚀定量评价与预报，以及土壤侵蚀危害及其评价研究。

3.2.1   土壤侵蚀机理研究

1934年，Horton将实验水槽成功地应用于坡面流研究，极大地促进了土壤侵蚀机理领域的研究。1947年，Ellison将土壤侵蚀划分为降雨分离、径流分离、降雨输移和径流输移4个子过程，为研究土壤侵蚀机理奠定了重要的基础。自通用土壤流失方程USLE问世以来，其在土壤侵蚀机理研究、侵蚀量预报及侵蚀控制措施等方面均得到广泛应用，因此对其研究的发展也在一直不断深入。Poesen（1994）专门设计了3种不同空间尺度的试验田，由此来探讨粗颗粒覆盖对细沟侵蚀及沟间侵蚀的影响，从中重点分析了相应的水文与侵蚀过程。Poesen将农业生产环境中常见的切沟侵蚀划分为临时切沟侵蚀与边岸切沟侵蚀两种。

土壤侵蚀与土地生产力关系的研究一直是热门话题（谭勇等，2006），尤其是美国，许多相关机构纷纷从理论与实施上来探讨减少侵蚀、提高土地生产力的各种有效措施。在小流域尺度上使用通用土壤流失方程USLE、GIS与计算机技术进行统一规划，是国外水土保持规划中采用的最新手段之一。

20世纪60年代，土壤侵蚀和产沙机理研究得到了一定发展（朱显谟，1981）。通用土壤流失方程问世以来，我国学者以USLE为蓝本，利用水蚀区径流小区观测资料，根据研究区实际情况，对各因子指标及其求算方法进行修订，分别建立了适用于东北漫岗丘陵区、黄土高原区、长江三峡库区、闽东南地区、广东地区、滇东北山区的坡面侵蚀预报模型。

20世纪80年代以后，土壤侵蚀机理研究取得长足进展，特别是在水力对土壤侵蚀机理方面的研究较为系统和深入。同时，对影响土壤侵蚀因子，如降雨、土壤特性、地貌形态、土地利用方式和植被覆盖度等的侵蚀机制也进行了大量研究。有关研究认为，坡面侵蚀过程自降雨到达地面开始，从溅蚀、片蚀、细沟侵蚀发展到浅沟侵蚀、切沟侵蚀。吴淑芳等（2015）采用间歇性室内人工模拟降雨试验对15°黄土坡面细沟侵蚀动态发育时空分布规律及其水力学特性进行了研究。马小玲（2016）采用6种坡度

（2°、4°、6°、8°、10°、12°）5 种流量（8L/min、16L/min、24L/min、32L/min、40L/min）组合冲刷试验，系统研究了黄土坡面细沟流土壤剥蚀率与水动力学和床面形态的耦合关系。

坡面片蚀—细沟侵蚀—发育活跃期切沟侵蚀的演变过程研究不但对揭示土壤侵蚀过程机理、深化土壤侵蚀规律研究有重要理论意义，而且对科学地指导水土保持措施配置有重要的实践意义（王礼先等，2000）。西北农林科技大学汪晓勇和郑粉莉（2008）采用人工模拟降雨及侵蚀形态测量的研究方法，通过建立由供沙土槽和试验土槽组成的双土槽径流小区系统以及由供水装置和试验土槽组成的模拟试验系统，研究了坡面侵蚀片蚀—细沟侵蚀—切沟侵蚀演变过程及其机理，取得了一定的研究进展。

20 世纪 90 年代以来，土壤侵蚀机理研究又取得了新的进展，充实了土壤密度、持水性、颗粒尺度、水力传导性、植物根系、切沟侵蚀等方面的研究（侯瑞，2019）。有关研究认为土壤侵蚀的判别应与其密度、持水性、颗粒尺度、水力传导性及植物根系等指标密切联系起来（耿晓东，2010；胡中华和刘师汉，1995；黄润秋，2007；姜鹏，2015）。同时将农业生产环境中常见的切沟侵蚀分为临时切沟侵蚀和边岸切沟侵蚀（高照良和彭珂珊，2005）。

3.2.2　土壤侵蚀研究方法

20 世纪 70 年代以前，经典的土壤侵蚀方法包括宏观调查法、径流小区法、小流域定位观测法（姜汉侨等，2004）。到 70 年代，人工模拟降雨技术在我国土壤侵蚀研究中被使用，特别是在土壤侵蚀机理、土壤侵蚀定量评价和土壤侵蚀动力过程研究中发挥了重要的作用。蒋定生等（1990）通过模拟降雨试验研究了黄土高原坡面不同水土保持措施对降雨入渗产流的影响，提出了坡面降雨入渗率与地面坡度之间的关系。石生新（1996）根据坡面降雨的水量平衡原理得出不同降雨强度与不同水土保持措施的坡地产流模型。陈浩（1992）通过模拟降雨试验提出产流、产沙的临界坡度，并归纳出不同坡度的产沙量、产流量与降雨历时的回归方程以及降雨历时不同时产流量与坡度之间的回归方程。

坡面侵蚀形态的演变过程和细沟的发生发展过程是土壤侵蚀规律研究中的重点和难点。宋炜等（2004）利用人工施放 REE 示踪法，通过室内模拟降雨试验，对坡面侵蚀演变过程进行了探索性研究。结果表明，降雨初期坡面侵蚀以面蚀为主，细沟出现后，坡面侵蚀加剧。该研究成果为定量区分和研究坡面侵蚀过程中面蚀量和细沟侵蚀量，面蚀向细沟侵蚀的转变，以及细沟侵蚀发生、发育提供了新的思路和解决途径。

20 世纪 90 年代，常规的土壤侵蚀研究方法不能满足中、大尺度土壤侵蚀研究的需要，"3S"技术被广泛应用于区域土壤侵蚀的研究。韦忠亚（1999）运用地理信息系统方法，结合遥感数字图处理，建立了一套土壤侵蚀定量研究的评价方法，并得到地方水土保持部门的证实和认可。

土壤侵蚀是复杂的综合性环境问题，在我国黄土高原地区尤为突出（图 3-2），兰州大学针对此类问题将黄土高原地区对土壤侵蚀的研究分为实验法和模型法两大类，并对包括遥感监测、降雨模拟、示踪技术和水文模型在内的研究方法进行了综述与归纳，分析探讨了各种研究方法的特点、局限性、使用情况及发展方向，为研究黄土高原地区土壤侵蚀规律及其机理研究提供了相关参考。

图 3-2 黄土高原地区土壤侵蚀地形（摄影/宋晓伟）

3.2.3 土壤侵蚀定量评价与预报研究

1936 年，美国科学家 Cook 总结提出影响土壤侵蚀的三组因子：土壤可蚀性、潜在侵蚀力和覆盖保护能力，详细描述了每一组因子包含的次一级因子，为土壤侵蚀预报技术发展提供了思路。之后，众多科学家深入研究了侵蚀量与侵蚀因子的关系，并取得了丰硕成果。迄今为止，发展较为成熟的土壤侵蚀预报模型有美国修正的土壤流失方程 RUSLE、农业非点源污染模型等统计模型（张光辉，2001），它们涵盖复杂的影响因子，且大多只能用于缓坡地。欧洲土壤侵蚀模型 EUROSEN、美国开发的水蚀模型 WEPP、非点源流域环境响应模型 ANSWERS 等物理模型考虑的因素更为全面，但因数据获取困难而难以直接应用。

RS 具有多种类、多平台、多时段及多波段的特征，且具有信息丰富、实时性和动态性强等优势，GIS 具有较强的空间数据存储、计算、分析和显示功能，因此，RS 和 GIS 技术近年来被广泛应用到土壤侵蚀的调查和监测工作中。我国 20 世纪 80 年代以来进行的 3 次全国宏观的土壤侵蚀调查，主要依靠 RS 来完成。

土壤侵蚀定量评价与预报研究近年来也取得了很大成绩，如水利部长江水利委员会正式发布《2006—2015 年长江流域水土保持公报》。通过 10 多年的预防和治理，长江流域土壤侵蚀面积下降到 38.46 万 km²，较全国第二次水土流失遥感调查成果减少 27.5%，土壤侵蚀由增到减且大幅度减少。十年间，水利部长江水利委员会先后对丹江口库区及上游、鄱阳湖水系、三峡库区、洞庭湖水系（资水、澧水、沅水）、岷江流域、沱江流域、赤水河流域等区域（水系、支流）开展了土壤侵蚀遥感监测。

3.2.4 土壤侵蚀特点研究

土壤侵蚀破坏土壤结构，降低植被质量，影响流域对径流的调蓄能力，增加水多水少的矛盾。泥沙增多既降低河流质量，影响水生物活动，又作为污染物的载体，提高污染的浓度与防治的难度。土壤侵蚀是多种环境因子综合影响的过程，其发生发展又形成了特殊的环境，即侵蚀环境。例如，原为森林、森林草原的景观，因土壤侵蚀而逐渐演变退化为草原化，乃至荒漠草原化脆弱生态景观（景国臣，2003；景元书等，2004；康西言等，2011；赖国毅和陈超，2010）。

土壤侵蚀特点主要表现为土地切割破碎，自然植被退化，生物多样性消失，土壤质量急剧下降，水资源耗损并濒临枯竭，生态系统功能削减，干旱、洪灾害与河患增多或加剧，乃至发展演变成沙质荒漠化和寸草不生石漠化的侵蚀环境（王平和刘少峰，2008；谢汀，2004）。整体上，不同地区土壤侵蚀的特点如表3-2所示。

表3-2 我国不同地区土壤侵蚀的特点

不同地区	土壤侵蚀的特点
西北地区	西北地区是陡坡侵蚀，沟蚀特别是下切侵蚀和溯源侵蚀活跃，干旱、洪涝灾害与土壤侵蚀并存。水土保持方略是，植被措施与工程措施并重，沟坡兼治，重视治沟，充分发挥黄土"土壤水库"拦蓄降水的能力。黄土高原北部兼有风蚀。要进一步解放思想、调整思路，实施"退耕还林，封山绿化，以粮代赈，个体承包"的措施，恢复、建设良好的环境；坚持以县为单位，以小流域综合治理为基础，调整水土保持措施配置，加强小型水利水保工程建设，改善生态环境，减轻水旱灾害。大力推行分区综合防治战略，根据不同情况确定重点预防保护区、重点监督区和重点治理区，分区实施不同的防治对策
东北黑土区	东北黑土区侵蚀主要发生在农田里，特点是长坡侵蚀，以面蚀为主，导致黑土层变薄，肥力下降，坡面下段，径流汇集后，出现浅沟。水土保持措施是：采取水土保持耕作措施，如等高带状耕作、草田轮作间作、覆盖措施等；通过梯田、坡面蓄排水工程、等高灌草带（灌木篱）等截短坡面，减少汇流和冲刷，治理浅沟侵蚀；发展生态农业，保护和改善土壤肥力。东北平原西南部兼有风力侵蚀
北方土石山区和南方红壤区	北方土石山区和南方红壤区土壤侵蚀主要发生在荒山荒坡，主要措施是植树造林恢复植被。南方红壤区植被覆盖度较高，但大量的人工纯林，林相结构单一，存在林下土壤流失，需要恢复林下植被（地被层）。崩岗是南方红壤区特有的，主要发生在花岗岩和红色砂岩（丹霞地貌）山丘岗地一种特殊的土壤侵蚀形式，其特点是失去植被保护后，花岗岩和红色砂岩岩层在水、热及化学溶蚀作用下迅速风化，大量风化产物在重力与水力作用下向坡体下方迅速运动。崩岗防治的基本原则是"上拦下挡，中间绿化"。"上拦"是拦水，即拦截并排导崩岗上方坡面的水流，避免其冲刷作用；"下挡"是挡砂，即避免崩岗产生的泥沙冲入农田或河道；"中间绿化"是保护和恢复崩岗区域内的植被

3.3 土壤侵蚀类型划分

土壤侵蚀类型划分的目的在于反映和揭示不同类型的侵蚀特征及其区域分异规律，以便采取适当措施防止或减轻侵蚀危害（李锐，2009）。

3.3.1　按土壤侵蚀发生时期分类

以人类在地球上出现的时间为分界点，将土壤侵蚀划分为两大类：古代侵蚀和现代侵蚀。古代侵蚀是指人类出现在地球上以前的漫长时期内，由于外营力作用，地球表面不断产生剥蚀、搬运和沉积等一系列侵蚀现象。这些侵蚀有些较为激烈，足以对地表土地资源产生破坏；有些则较为轻微，不足以对土地资源造成危害。其发生、发展及其所造成的灾害与人类的活动无任何关系。现代侵蚀是指人类在地球上出现以后，由于地球内营力和外营力的影响，并伴随着人们不合理的生产活动所发生的土壤侵蚀现象。一部分现代侵蚀是人类不合理活动导致的，另一部分则与人类活动无关，主要是在地球内营力和外营力作用下发生的。

3.3.2　按土壤侵蚀发生的速率分类

1. 加速侵蚀

加速侵蚀是指人们不合理活动，如滥伐森林、陡坡开垦、过度放牧和过度樵采等，再加之自然因素的影响，使土壤侵蚀速率超过正常侵蚀（或称自然侵蚀）速率，导致土资源的损失和破坏。一般情况下所称的土壤侵蚀就是指发生在现代的加速土壤侵蚀部分（李双全，2010）。

2. 正常侵蚀

正常侵蚀是指在不受人类活动影响的自然环境中，所发生的土壤侵蚀速率小于或等于土壤形成速率的那部分土壤侵蚀。这种侵蚀不易被人们所察觉，实际上也不至于对土地资源造成危害（李永红和唐林，2016；刘永宏等，2002）。

3.3.3　按侵蚀营力分类

土壤侵蚀通常分为水力侵蚀、重力侵蚀、风力侵蚀和冻融侵蚀等。其中，水力侵蚀是最主要的一种形式，习惯上称为水土流失（林靓靓等，2008；刘永宏等，2002）。

1. 水力侵蚀

水力侵蚀是指在降雨雨滴击溅、地表径流冲刷和下渗水分作用下，土壤、土壤母质及其他地面组成物质被破坏、剥蚀、搬运和沉积的全部过程，简称水蚀。水蚀包括面蚀（片蚀）、潜蚀、沟蚀、冲蚀和溅蚀（陆书玉和朱坦，2001）。

1）面蚀（片蚀）

面蚀是指片状水流或雨滴对地表进行的一种比较均匀的侵蚀（裴新富，2005），主要发生在没有植被或没有采取可靠的水土保持措施的坡耕地或荒坡上，是水力侵蚀中最基本的一种侵蚀形式。面蚀又依其外部表现形式划分为层状、结构状、砂砾化和鳞片状等（赵金荣和孙立达，1994）。面蚀所引起的地表变化是渐进的，不易被人们觉察，但其对地力减退的速度是惊人的，涉及的土地面积往往是较大的。黄土高原面蚀以坡耕地为主，全区现有坡耕地800万 hm^2，占耕地面积的62%，占全国耕地面积的6.61%，均有较强的土壤侵蚀发生。

2）潜蚀

潜蚀是指地表径流集中渗入土层内部，进行机械的侵蚀和溶蚀作用所产生的侵蚀（乔殿新等，2016）。千奇百怪的喀斯特地貌就是潜蚀作用造成的，另外在垂直节理十分发育的黄土地区也相当普遍。如果地下水渗流产生的动水压力小于土颗粒的有效重度，即渗流水力坡度小于临界水力坡度，虽然不会发生流砂，但是土中细小颗粒仍有可能穿过粗颗粒之间的孔隙被渗流携带而走。时间长了，将在土中形成管状空洞，使土体结构破坏、强度降低、压缩性增加，这种现象称为机械潜蚀（图3-3）。潜蚀可在黄土斜坡上形成黄土碟、黄土陷穴、黄土柱和黄土桥等黄土潜蚀地貌。

图3-3　潜蚀的地质地貌（吉林大布苏狼牙坝）（摄影/李志威）

3）沟蚀

沟蚀是指集中的线状水流对地表进行的侵蚀，切入地面形成侵蚀沟的一种土壤侵蚀形式（图3-4）。根据沟蚀程度及表现形态，沟蚀可以分为浅沟侵蚀、切沟侵蚀和冲

图3-4　陕西北部细沟侵蚀景观（摄影/宋晓伟）

沟侵蚀等不同类型（表3-3）。浅沟侵蚀是坡耕地土壤侵蚀的主要方式之一，其发生、发展不仅吞蚀耕地，影响耕地质量和作物产量，而且也是输送径流泥沙与污染物运移的重要通道；切沟侵蚀，尤其是处于发育活跃期的切沟侵蚀是流域侵蚀产沙的重要来源，其发生发展过程对现代地貌发育及演化过程具有重要的影响；冲沟侵蚀是侵蚀沟中规模最大的一种，长度可达数千米或数万米，深度可达数米或数十米，有时可达百米以上。冲沟侵蚀在丘陵和山区很普遍。在多暴雨、地面有一定倾斜、植物稀少、覆盖厚层疏松物质的地区，表现最为明显。

表3-3   沟蚀分类表

划分	类型
浅沟侵蚀	浅沟侵蚀在沟道侵蚀系统中具有特殊意义，其潜在危害极大。浅沟侵蚀是坡耕地上常见的水蚀类型，多发生于坡耕地上由径流引起的沟道，属于临时性沟道，能被正常农业耕作填埋，不会对当季农业耕作造成太大影响，但不能完全消除其浅沟迹线，每年会在相同位置重新形成，若不加以治理会发展成切沟，往往对坡耕地造成严重的破坏
切沟侵蚀	切沟侵蚀在质地输送、透水性和具有垂直节理的黄土丘陵区发展十分迅速，侵蚀量最大。切沟侵蚀使耕地支离破碎，大大降低了土地利用率。切沟侵蚀是侵蚀沟发育的盛期阶段，是沟头前进、沟底下切和沟岸扩张十分剧烈的阶段，所以这时是防治沟蚀最困难的阶段。切沟侵蚀是最具有威胁性和破坏性的土壤水蚀类型，具有发展迅速、难以预测等特点。由于其发展的复杂机制和阶段性，加上监测技术的相对落后，与坡面侵蚀相比，切沟侵蚀研究相对滞后，在我国最近的一期土壤侵蚀普查中，仍然没有计算沟蚀，不能全面反映区域土壤侵蚀状况
冲沟侵蚀	沟蚀是由片蚀发展而来的，但其显然不同于片蚀，因为一旦形成侵蚀沟，土地即遭到彻底破坏，而且由于侵蚀沟的不断扩展，坡地上的耕地面积就随之缩小。冲沟是加速水流的侵蚀而切入地表的沟，其切割土地，使之支离破碎，不易对土地进行利用。冲沟发育地带，水土的流失更给建设带来困难。冲沟侵蚀对软弱岩石，冲沟因向源侵蚀而迅速增长，如果不采取防范措施，就会使大量可耕地遭到破坏

4）冲蚀

冲蚀是指地表径流对土壤的冲刷、搬运、沉积作用。冲蚀是土壤侵蚀的主要过程，冲蚀的标志是地表形成大小不等的冲沟，山洪和泥石流是地表冲蚀的极端发展结果（图3-5）。

图3-5   黄土高原地区黄土柱

冲沟发育地带，水土的流失更给建设带来困难。人类活动、火灾或气候变化使保护土壤的天然植被遭到了破坏，或是罕见的暴雨带来了山洪，都可能造成侵蚀。冲沟侵蚀与局部的强大雷暴雨有密切关系，而与大面积的冬季降水无关（李永红和唐林，2016）。

5）溅蚀

溅蚀是指雨滴直接打击地面，使土体分散，并分离出细小颗粒，被飞溅雨滴带起而产生位移的过程。溅蚀发生在地面产流之前，是坡面水蚀过程的开端。溅蚀破坏土壤结构，使地表产生紊流，增强分散土粒的搬运。溅散的细粒，堵塞土壤孔隙，阻滞降水入渗，增加地表径流及其侵蚀冲刷力。因此，溅蚀是侵蚀过程中的重要环节。溅蚀强度取决于雨滴动能、地面坡度和土壤的抗剪强度。测定溅蚀量的方法有溅蚀杯法和双球溅蚀盘法等。增加地面覆盖，避免或削减雨滴对地面的直接打击，则是防止土壤溅蚀的根本性措施。

2. 重力侵蚀

重力侵蚀是指斜坡陡壁上的风化碎屑或不稳定的土石岩体在重力为主的作用下发生的失稳移动现象。重力侵蚀多发生在深沟大谷的高陡边坡上。根据土石物质破坏的特征和移动方式，一般可将重力侵蚀分为泻溜、崩塌（崩落、山剥皮、垮塌或塌方）、滑坡、陷穴、蠕动（地爬）等类型。

1）泻溜

泻溜是指崖壁和陡坡上的土石经风化形成的碎屑，在重力作用下，沿着坡面下泻的现象，是坡地发育的一种方式。黄土泻溜是发生于陡峭的黄土谷坡（大于60°）上部的土壤层或植被层内，土块受到重力作用侵蚀崩落滑移的现象。无显著破碎陡壁，边线形状不定，有半圆、长圆等形状。

泻溜形成的堆积物常被洪水冲刷、搬运。如果泻溜形成的堆积物不被流水冲走，坡地将逐渐变平缓。泻溜强烈的地方将影响交通，堵塞渠道和沟谷，并为洪水提供大量泥沙，淤填水库和河道。

2）崩塌（崩落、山剥皮、垮塌或塌方）

崩塌（崩落、山剥皮、垮塌或塌方）是指陡峻山坡上岩块、土体在重力作用下，发生突然的急剧的倾落运动（图3-6），多发生在大于60°的斜坡上。

图3-6　崩塌示意图及山西省五台山景区核心区梵仙山路段发生山体崩塌

崩塌（崩落、山剥皮、垮塌或塌方）的类型如表3-4所示，崩塌（崩落、山剥皮、垮塌或塌方）形成条件见表3-5。

表3-4 崩塌（崩落、山剥皮、垮塌或塌方）的类型

划分	类型
根据移动形式和速度划分	散落型崩塌：在节理或断层发育的陡坡，或是软硬岩层相间的陡坡，或是由松散沉积物组成的陡坡，常形成散落型崩塌
	滑动型崩塌：沿某一滑动面发生崩塌，有时崩塌体保持了整体形态，和滑坡相似，但垂直移动距离往往大于水平移动距离
	流动型崩塌：松散岩屑、砂、黏土，受水浸湿后产生流动崩塌。这种类型的崩塌和泥石流相似，又称为崩塌型泥石流
根据坡地物质组成划分	崩积物崩塌：山坡上已有的崩塌岩屑和沙土等物质，由于质地松散，当有雨水浸湿或受地震震动时，可再一次形成崩塌
	表层风化物崩塌：在地下水沿风化层下部的基岩面流动时，引起风化层沿基岩面崩塌
	沉积物崩塌：有些由厚层的冰积物、冲击物或火山碎屑物组成的陡坡，由于结构松散，会形成崩塌
	基岩崩塌：在基岩山坡面上，常沿节理面、地层面或断层面等发生崩塌

表3-5 崩塌（崩落、山剥皮、垮塌或塌方）形成条件

划分	形成条件
岩土类型	岩土是产生崩塌的物质条件。不同类型岩土所形成崩塌的规模大小不同，通常岩性坚硬的各类岩浆岩（又称为火成岩）、变质岩及沉积岩（又称为水成岩）的碳酸盐岩（如石灰岩、白云岩等）、石英砂岩、砂砾岩、初具成岩性的石质黄土、结构密实的黄土等形成规模较大的岩崩，页岩、泥灰岩等互层岩石及松散土层等往往以坠落和剥落为主
地质构造	地质构造的各种构造面，如节理、裂隙、层面、断层等，对坡体的切割、分离为崩塌的形成提供脱离体（山体）的边界条件。坡体中的裂隙越发育，越易产生崩塌，与坡体延伸方向近乎平行的陡倾角构造面最有利于崩塌的形成
地形地貌	江、河、湖（岸）、沟的岸坡及各种山坡、铁路、公路边坡，工程建筑物的边坡及各类人工边坡都是有利于崩塌产生的地貌部位，坡度大于45°的高陡边坡、孤立山嘴或凹形陡坡均为崩塌形成的有利地形。岩土类型、地质构造、地形地貌三个条件又统称为地质条件，是形成崩塌的基本条件

山崖崩塌坡体中被陡倾的张性破坏面分割的岩体，因根部折断挤压碎而倾倒，突然脱离母体翻滚而下，这一过程为崩塌。在这一过程中，阶梯的岩块相互撞击粉碎，最后堆积于坡脚。多半发生在岩质陡坡的前缘。山崖崩塌会使建筑物，有时甚至使整个居民点遭到毁坏，使公路被掩埋。崩塌带来的损失不单是建筑物毁坏的直接损失，并且常因此而使交通中断，给交通运输带来重大损失。2018年8月16日12时45分，兰州至临洮高速公路上行线K13＋950处有边坡护面墙开裂，边沟受挤压变窄，并伴有零星落石现象，边坡垮塌导致过往车辆和行人受阻（图3-7）。

3）滑坡

滑坡是指斜坡上的土体或者岩体受河流冲刷、地下水活动、地震及人工切坡等因素影响，在重力作用下，沿着一定的软弱面或者软弱带，整体地或者分散地顺坡向下滑动的自然现象。滑坡易导致人类生命线折断，交通线路失效，以及人类生命财产安全受到

图3-7 甘肃省兰州至临洮高速公路边坡发生严重崩塌

威胁、建筑用地的嵌埋等（图3-8）。1949～2020年由滑坡引起的死亡人数保守估计超过3万人，平均每年超过400人，而且平均每年的经济损失大约为5000万美元。

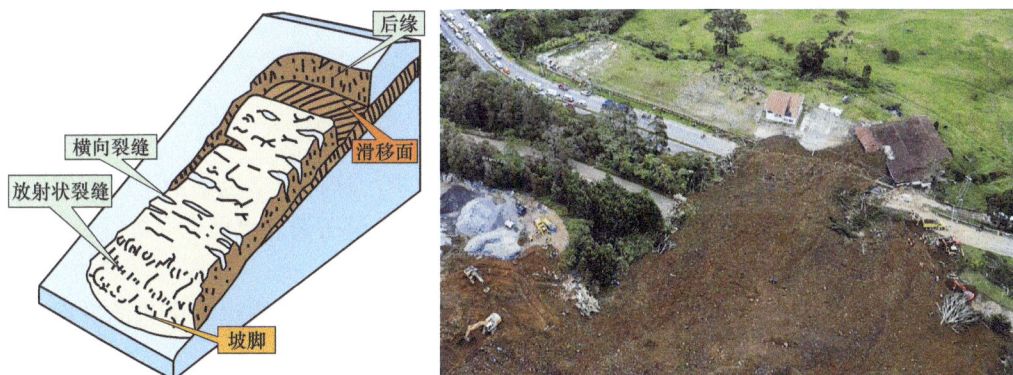

图3-8 山体滑坡造成的公路中断

4）陷穴

陷穴是指地表水汇集在节理裂隙中发生潜蚀作用而成的洞穴。陷穴分布在地表水容易汇集的沟间地边缘地带和谷坡的上部，特别是冲沟的沟头附近，所以陷穴是沟谷扩展的重要方式之一。陷穴是黄土地区特有的一种陷落现象。地表水沿黄土中的裂隙或孔隙下渗，对黄土产生溶蚀和侵蚀，并把可溶性盐类带走，致使下边掏空，当上边的土体失去顶托时，引起黄土的陷落，形成陷穴（图3-9）。黄土陷穴是黄土地区一个典型的工程地质问题。在地形起伏多变、地表径流容易汇集的地方，在土质松软、垂直节理较多的新黄土中，最容易形成陷穴。

黄土陷穴主要分布在沟间地边缘陡坡、陡崖地带和冲沟沟头谷坡的上部，特别是当公路从高阶地（或黄土塬）区以路堑形式通过时，常在堑顶一定范围内形成大量卸荷裂隙，若堑顶排水系统不畅，雨水、农田灌溉水就会沿这些卸荷裂隙下渗潜蚀，发育成新的黄土陷穴。大量黄土陷穴沿堑边发育，常会酿成黄土滑坡、坍塌、泥流等灾害。

5）蠕动（地爬）

蠕动（地爬）是指斜坡上的土体、岩体及其风化碎屑物在重力作用下，顺坡向下

陷穴

图3-9　山西省晋中市榆次区圪喇峪黄土陷穴（摄影/贺子毅）

缓慢移动的现象。

蠕动的移动速度缓慢，每年仅几毫米或几十分米。这种变形也会给生产和建设带来危害，如电线杆倾倒，围墙扭裂，厂房破坏，地下管道扭裂，水坝变形等。

3. 风力侵蚀

风力侵蚀是指在风力作用下地表土壤及细小颗粒被剥离、搬运和沉积的过程。风力侵蚀一般分为沙粒起动、运移和沉落3个过程。

风力侵蚀包括石窝（风蚀壁龛）、风蚀蘑菇（图3-10）、风蚀柱、风蚀垄槽（雅丹）、风蚀洼地、风蚀谷、风蚀残丘、风蚀城堡（风城）、石漠与砾漠（戈壁）、沙波纹、沙丘（堆）及沙丘链（新月形沙丘链、格状沙丘链）和金字塔状沙丘等形式（周晋红等，2012）。

图3-10　内蒙古阿拉善海森楚鲁风蚀蘑菇（摄影/宋晓伟）

风蚀的发生是一个复杂的风沙物理过程，其是否发生及发生的强度由气流状况和下垫面状况共同决定（赵金荣和孙立达，1994；中华人民共和国交通运输部，2015）。气流为颗粒的侵蚀、搬运提供了动力来源，又称动力因子；下垫面状况决定了地表抵抗风力侵蚀的能力大小，称为抗蚀因子。此外，土地利用、农业结构、耕作制度、放牧强度、樵采方式等人为活动通过改变下垫面和气流的天然状况，也影响着风力侵蚀的过程，称为人为因素（张存杰等，2014；张祖光等，2015）。

风蚀发生的范围广大，除一些植被良好的地方和水田外，平原、高原、山地、丘陵都可以发生，只不过程度上有所差异。风蚀强度与风力大小、土壤性质、植被盖度和地形特征等密切相关。此外，还受气温、降水、蒸发和人类活动状况的影响，特别是土壤水分状况是影响风蚀强度的极重要因素，土壤含水量越高，土粒间的黏结力越强，而且一般植被也较好，抗风蚀能力强。

4. 混合侵蚀

混合侵蚀是指在水流冲力和重力共同作用下的一种特殊侵蚀形式，在日常生产生活中主要是以泥石流的形式出现。

1）泥石流

泥石流是指在山区或者其他沟谷深壑、地形险峻的地区，由暴雨暴雪或其他自然灾害引发的山体滑坡并携带大量泥沙以及石块的特殊洪流（图3-11）。我国是世界上遭受泥石流灾害最为严重的国家之一（图3-12）。

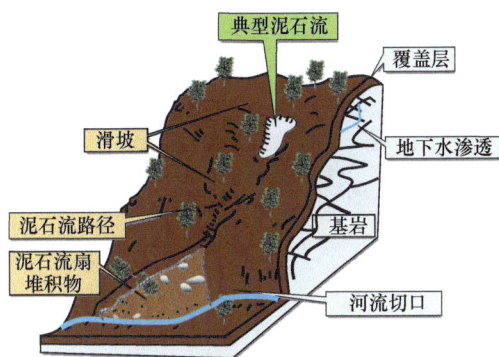

图3-11　泥石流示意图　　　　图3-12　被泥石流冲毁的公路

泥石流发生的时间具有以下两个规律：①季节性。泥石流发生的时间规律是与集中降雨时间规律相一致，具有明显的季节性。一般发生在多雨的夏秋季节。②周期性。泥石流的发生受暴雨、洪水、地震的影响，而暴雨、洪水、地震总是周期性地出现。泥石流的发生，一般是在一次降雨的高峰期，或是在连续降雨稍后。泥石流常常具有暴发突然、来势凶猛、迅速之特点，并兼有崩塌、滑坡和洪水破坏的双重作用，其危害程度比单一的崩塌、滑坡和洪水的危害更为广泛和严重。

2）石洪

石洪是指发生在土石山区暴雨后形成的含有大量土砂砾石等松散物质的超饱和状

态的急流。其中所含土壤黏粒和细沙较少，不足以影响该种径流的流态。石洪中已经不是水流冲动的土沙石块，而是水和水沙石块组成的一个整体流动体。因此，石洪在沉积时分选作用不明显，基本上是按原来的结构，大小石砾间杂存在。

3）泥流

泥流是指以细粒土为主的流动体。流动体由于所含的水、黏土和岩屑的比例不同而有不同的流动性特征。泥流中所含的水可以达到60%，水连接的程度取决于黏土矿物的含量、母质黏滞性、流动速度和地形的影响。其流动性可以由监测运动速率得知，也可以根据其沉积的分布和地形得知。

5. 冻融侵蚀

冻融侵蚀是指土体、岩石在冻融作用下产生机械破坏或位移，并使土体、岩石不能恢复原状或破碎流失的现象。同其他土壤侵蚀类型一样，冻融侵蚀也表现出多种侵蚀形式，主要有融雪径流侵蚀、沟壑冻融侵蚀、冰川侵蚀、寒冻石流、冻融风蚀、冻融泥流等。

我国冻融侵蚀主要在中国西部高寒地区松散堆积物组成的坡面上，土壤含水量大或有地下水渗出情况下冬季冻结，春季表层首先融化，而下部仍然冻结，形成隔水层，上部被水浸润的土体呈流塑状态，顺坡向下流动、蠕动或滑塌，形成泥流坡面或泥流沟。岩石山坡薄薄的草皮，经过冻融侵蚀后以鳞片状断裂、下滑，发展成大片的脱落，露出裸露的岩石。可见，冻融侵蚀对草皮植被和环境生态所造成的危害是十分严重的（图3-13）。

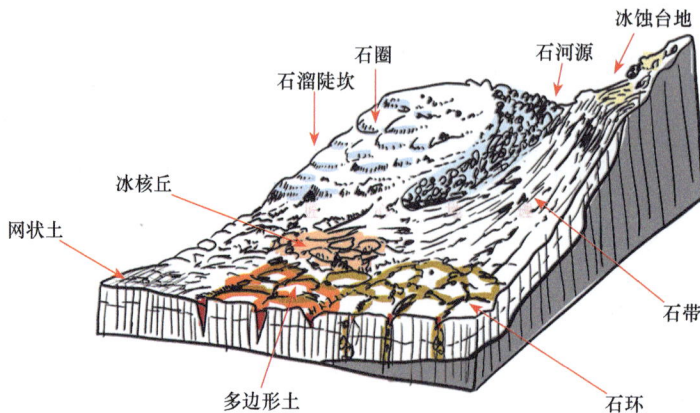

图3-13 中国冻融侵蚀下的冻土地貌（绘图/椰子皮）

6. 冰川侵蚀

冰川侵蚀是指由冰川运动对地表土石体造成机械破坏作用的一系列现象（图3-14），广泛分布于欧洲、北美洲和中国西部高原山地。冰川侵蚀形成冰蚀地貌，侵蚀下来的物质经冰川搬运，最后因冰川融化而沉积下来，形成冰碛地貌。而冰川融化的危害严重，表现如下：海平面会上升，陆地面积逐渐减少，一些海拔低的国家会面临被淹没的威胁；极地生物的栖息地减少，会导致一些生物数量锐减甚至灭绝，如北极熊等；

第一阶段
冰川作用前
山势平缓，河流切割出的
山谷呈现"V"形

第二阶段
冰川作用中
冰川对山体进行侵蚀

第四阶段
海平面上升
海水倒灌，形成破碎岛屿

第三阶段
冰川作用后
山势嶙峋，河谷宽阔呈"U"形

图3-14　冰川侵蚀

海水入侵沿海地下淡水层，淡水资源减少，沿海土地盐渍化。

7. 化学侵蚀

土壤中的多种营养物质在下渗水分作用下发生化学变化和溶解损失，导致土壤肥力降低的过程称为化学侵蚀。进入土壤中的降水或灌溉水分，当水分达到饱和以后，其受重力作用沿土壤孔隙向下层运动，使土壤中的易溶性养分和盐类发生化学作用，有时还伴随着分散悬浮于土壤水分中的土壤黏粒、有机和无机胶体（包括它们吸附的磷酸盐和其他离子）沿土壤孔隙向下运动等，这些作用均能引起土壤养分的损失和土壤理化性质恶化，导致土壤肥力下降。在酸性条件下碳酸岩类在地表径流作用下的溶蚀也属于化学侵蚀类的一种。

8. 人为侵蚀

人为侵蚀是指人们在改造利用自然、发展经济过程中移动了大量土体，而不注意水土保持，直接或间接地加剧了侵蚀，增加了河流的输沙量。

近年来，开矿、采石、基建、筑路、毁林、毁草、开荒等加剧了土壤侵蚀。其危害：①地下水位大幅急速下降，以至形成地下水降落漏斗。②造成地面沉降、塌陷。③河流、湖泊水量减少，形成干涸等灾害。④减少泉流量。而泉流量减少则破坏了古建筑物与文物的保护，甚至泉水枯竭使古井和旅游景点失去了应有的旅游价值。⑤水井枯竭。单井用水量减少造成水井报废或掉泵，含沙量增加，使设备维修费与耗电量增加。⑥影响植被生长。⑦影响水土保持，造成土壤侵蚀。⑧破坏房屋、公路、铁路、桥梁、水利、市政公用设施、矿山等工程建筑物开裂、倾斜、倒塌、埋没。⑨造成人与牲畜伤亡。⑩使地下水质恶化。据东北、华北以及广东、福建、山东、四川、河南等地统计，人为因素新增土壤侵蚀面积2.8万 km^2，新增土壤侵蚀量5.54亿 t。掠夺式经济活动是造成土壤侵蚀的主要原因。

3.4　土壤侵蚀分布、区划及强度分级标准

3.4.1　土壤侵蚀分布

水是生命之源，土是生存之本。水土资源是生态环境良性演替的基本要素和物质环境，是人类社会存在和发展的基础。中国是世界上土壤侵蚀最严重的国家之一，其范围遍及全国各地，黄土高原是世界上土壤侵蚀最为严重的地区之一。

近年来，党和政府高度重视水土保持工作，组织开展了大规模水土流失预防保护和治理工作，水土流失严重的状况得到全面遏制，我国水土流失实现了面积由"增"到"减"、强度由"重"到"轻"的历史性转变。根据水利部《2018年水土保持公报》，我国水土流失面积约为273.69万km²，约占国土总面积的28.51%（表3-6）。与2011年相比，水土流失面积减少了21.23万km²，相当于湖南省的面积，减幅为7.2%。水土流失强度分为轻度、中度、强烈、极强烈、剧烈5个等级。2018年中国水土流失以中轻度为主，强度明显下降（图3-15）。轻度水土流失面积占总水土流失面积的61.48%，中度及以上水土流失面积占总水土流失面积的38.52%（图3-16）。从东、中、西地区分布看，中国西部地区水土流失最为严重，占全国水土流失总面积的83.7%；中部地区次之，占全国水土流失总面积的11%；东部地区最轻，占全国水土流失总面积的5.3%。当前，中国仍有超过国土面积1/4的水土流失面积。面积大、分布广，治理难度越来越大，特别是中西部地区基础设施建设与资源开发强度大，水土资源保护压力大，黄土高原、东北黑土区、长江经济带、石漠化等区域水土流失问题依然突出，落后地区小流域综合治理亟待加快推进。

表3-6　中国各省（自治区、直辖市）2018年水土流失面积

省（自治区、直辖市）	水土流失面积/km²	占土地总面积比例/%	各级强度水土流失面积及比例					
			轻度		中度		强烈及以上	
			面积/km²	比例/%	面积/km²	比例/%	面积/km²	比例/%
北京	2313	14.10	2175	94.03	99	4.28	39	1.69
天津	204	1.71	175	85.78	20	9.80	9	4.41
河北	42174	22.53	38438	91.14	2157	5.11	1579	3.74
山西	60596	38.67	39000	64.36	12518	20.66	9078	14.98
内蒙古	592702	49.55	363372	61.31	69909	11.79	159421	26.90
辽宁	36865	24.89	27706	75.16	3642	9.88	5517	14.97
吉林	42628	22.41	30632	71.86	5813	13.64	6183	14.50
黑龙江	75549	17.18	60277	79.79	8448	11.18	6824	9.03
上海	3	0.05	3	100.00	0	0	0	0
江苏	2290	2.24	1872	81.75	223	9.74	195	8.52
浙江	8316	8.03	7225	86.88	550	6.61	541	6.51

| 省（自治区、直辖市） | 水土流失面积/km² | 占土地总面积比例/% | 各级强度水土流失面积及比例 | | | | | |
| | | | 轻度 | | 中度 | | 强烈及以上 | |
			面积/km²	比例/%	面积/km²	比例/%	面积/km²	比例/%
安徽	12313	8.82	10318	83.80	968	7.86	1027	8.34
福建	9787	7.97	6618	67.62	1939	19.81	1230	12.57
江西	24464	14.64	20736	84.76	2128	8.70	1600	6.54
山东	24410	15.43	21589	88.44	1509	6.18	1312	5.37
河南	21629	12.97	17446	80.66	2671	12.35	1512	6.99
湖北	32520	17.51	23884	73.44	4245	13.05	4391	13.50
湖南	30661	14.47	25312	82.55	2903	9.47	2446	7.98
广东	18276	10.24	14769	80.81	2059	11.27	1448	7.92
广西	39306	16.55	23803	60.56	6464	16.45	9039	23.00
海南	1918	5.58	1715	89.42	96	5.00	107	5.58
重庆	25801	31.32	18323	71.02	3634	14.08	3844	14.90
四川	112946	22.97	78820	69.79	15583	13.80	18543	16.42
贵州	48268	27.40	29115	60.32	8442	17.49	10711	22.19
云南	103390	26.24	63299	61.22	15619	15.11	24472	23.67
西藏	94377	7.90	62649	66.38	12688	13.44	19040	20.17
陕西	65571	31.89	38197	58.25	15362	23.43	12012	18.32
甘肃	186143	40.66	96310	51.74	23611	12.68	66222	35.58
青海	163697	23.50	99909	61.03	28346	17.32	35442	21.65
宁夏	16130	24.29	9465	58.68	3948	24.48	2717	16.84
新疆	841626	51.32	449388	53.40	214255	25.46	177983	21.15
合计	2736873	28.51	1682540	61.48	469849	17.17	584484	21.35

注：未含港、澳、台地区。

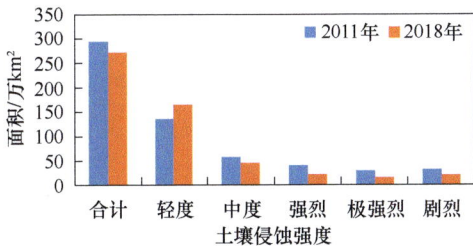

图 3-15 我国水土流失面积变化情况

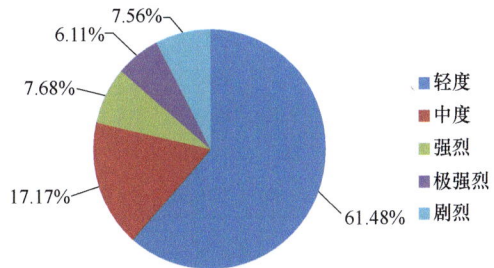

图 3-16 我国各级强度水土流失比例

　　根据水利部《2019年水土保持公报》，2019年水土流失以中轻度为主，强度明显下降。轻度水土流失面积占总水土流失面积的62.92%，中度及以上水土流失面积占总水土流失面积的37.08%。具体来看，我国水土流失分布呈现由西向东逐步降低的特征，东、中、西部水土流失面积均较上年度有所减少。较2018年减少0.42万 km²，减幅为1.40%；东部地区水土流失面积为14.39万 km²，占全国总水土流失面积的5.31%，较2018年减少0.27万 km²，减幅为1.84%。

长江流域是我国土壤侵蚀严重的区域之一。流域内土壤侵蚀类型以水力侵蚀为主，兼有风力侵蚀、冻融侵蚀、重力侵蚀和混合侵蚀等。根据《2006—2015年长江流域水土保持公报》，全流域土壤侵蚀面积38.46万 km²，占流域面积的21.37%，年土壤侵蚀总量达19.35亿 t。土壤侵蚀面积和年土壤侵蚀总量均居我国七大江河流域之首。长江流域土壤侵蚀现状分别见图3-17、表3-7、表3-8。土壤侵蚀主要分布在长江上中游地区，土壤侵蚀面积约52.25万 km²，占全流域土壤侵蚀面积的98.4%。

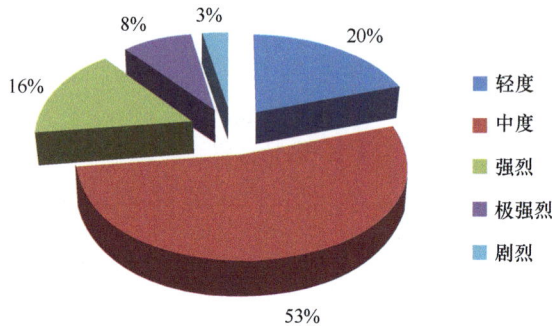

图3-17　长江流域丹江口库区及其上游土壤侵蚀结构现状（2006～2015年）

表3-7　长江流域分省土壤侵蚀现状表（2006～2015年）

省（自治区、直辖市）	总面积/km²	占总面积/%	省（自治区、直辖市）	总面积/km²	占总面积/%
西藏	3098	13.20	安徽	9097	13.52
云南	32008	29.28	河南	4361	15.69
贵州	36799	31.61	江苏	1325	3.34
四川	116393	24.68	浙江	595	4.59
甘肃	9428	24.40	上海	4	0.05
陕西	19529	26.64	福建	91	8.31
重庆	31363	37.74	广东	71	17.88
湖北	36627	19.67	广西	1812	21.30
湖南	31577	15.14	合计	384632	21.37
江西	25783	15.68			

表3-8　长江流域分水系土壤侵蚀现状表（2006～2015年）

水系	总面积/km²	流失比例/%	水系	总面积/km²	流失比例/%
鄱阳湖水系	32023	19.74	岷江流域	60085	44.06
三峡库区水系	27363	47.17	沱江流域	11460	41.68
洞庭湖水系	45532	31.39	赤水河流域	9486	46.50

3.4.2　全国土壤侵蚀类型区划

按土壤侵蚀的外营力种类不同，将全国土壤侵蚀区划分为3个一级区；根据地质、地貌、土壤等形态又在3个一级区划的基础上分为9个二级区，区划的类型区如下。

1）以水力侵蚀为主的类型区

该类型区包括5个二级区：①西北黄土高原区（主要在黄河上中游）；②东北黑土区（低山丘陵区和漫岗丘陵区，主要在松花江流域）；③北方土石山区（主要在淮河流域以北及黄河中下游）；④南方红壤丘陵区（主要在长江中游及汉水流域、洞庭湖水系、鄱阳湖水系、珠江中下游及江苏、浙江等沿海侵蚀区）；⑤西南土石山区（主要在长江上中游及珠江上游）。

2）以风力侵蚀为主的类型区

该类型区包括2个二级区：①三北戈壁沙漠及沙地风沙区（包括青海、新疆、甘肃、宁夏、内蒙古、陕西、黑龙江等地的沙漠戈壁和沙地）；②沿海环潮滨海平原风沙区（主要在山东黄泛平原及福建、海南滨海区）。

3）以冻融侵蚀为主的类型区

该类型区包括2个二级区：①北方冻融土侵蚀区（主要在东北大兴安岭山地及新疆的天山山地）；②青藏高原冰川侵蚀区（在青藏高原和高山雪线以上）。

4）土壤侵蚀类型分区理论与实践——以长江流域为例

根据地貌类型和区域土壤侵蚀特征，将长江流域划分为青藏及川西高原轻度水蚀风蚀区、横断山脉中轻度水蚀区、滇北及川西南山地强度水蚀区、云贵高原中度水蚀区、四川盆地及盆周山地轻中度水蚀区、秦巴山区及大别山中度水蚀区、武陵山中度水蚀区、江南山地丘陵轻度水蚀区、长江中下游平原微度水蚀风蚀区9个土壤侵蚀类型区（表3-9），各类型区主要特征情况见表3-10。

表3-9　长江流域土壤侵蚀类型区

土壤侵蚀类型区	具体内容
青藏及川西高原轻度水蚀风蚀区	位于长江源头和金沙江流域上游，涉及青海9个县（市）、西藏5个县、四川18个县，总面积33.58万 km^2。土壤侵蚀类型多样，有水蚀、风蚀、冻融侵蚀等多种侵蚀类型，水蚀广泛分布于山地及河谷坡地，以微度流失为主；风蚀主要分布于青海、西藏和四川的红原、若尔盖及阿坝；冻融侵蚀分布于海拔4500m以上的山地。水蚀面积3.31万 km^2，风蚀面积0.67万 km^2，共占全区土地面积的11.9%。水土保持工作重点是加强长江源头地区、金沙江上中游、岷江大渡河上游预防保护，采取以草定畜的方式，避免超载放牧，实行划区轮牧、补播施肥、治理鼠害和虫害等措施，对退化的草场进行改良，有效保护现有草场和森林植被
横断山脉中轻度水蚀区	涉及四川省阿坝藏族羌族自治州11个县，云南省迪庆藏族自治州2个县，总面积9.45万 km^2。该区大部分地区侵蚀较轻，较严重的土壤侵蚀主要分布在低山和河谷沿岸。土壤侵蚀面积2.23万 km^2，占土地总面积的23.6%。水土保持工作重点是加强金沙江上中游预防保护，保护现有森林、草原，辅以水土保持造林种草措施；河谷地带建设基本农田和饲草基地，配套小型水利水保工程

续表

土壤侵蚀类型区	具体内容
滇北及川西南山地强度水蚀区	位于云南省北部和四川省西南部，涉及云南省28个、四川省34个县（市、区），总面积15.81万km²。该区以水蚀为主，一些地区重力侵蚀、泥石流较活跃，生产建设项目造成的人为土壤侵蚀十分严重，土壤侵蚀面积为6.49万km²，占土地面积的41.0%。水土保持工作重点是加强金沙江上中游预防保护和金沙江下游土壤侵蚀重点治理，突出水资源的保护和开发利用，加大陡坡耕地治理力度，促进陡坡耕地退耕，干热河谷地带调整产业结构，提高土地集约化经营水平；加强滑坡、泥石流等突发性土壤侵蚀灾害的预警和治理
云贵高原中度水蚀区	该区涉及云南省18个、贵州省68个、重庆市3个、四川省2个、湖南省1个县（市、区）。总面积13.5万km²。该区喀斯特地形地貌分布较广，由于成土速度缓慢，土壤侵蚀后的直接后果就是石漠化，治理的难度很大，土壤资源显得十分珍贵。土壤侵蚀面积6.08万km²，占土地总面积的45.0%。水土保持工作重点是加强湘江、资江、沅江上游预防保护和乌江流域土壤侵蚀重点治理，突出"石漠化"地区坡耕地治理和坡面径流调控，建设基本农田；以蓄为主建设坡面小型水利水土保持工程，保护土地资源；加速荒山荒坡绿化，提高植被覆盖度
四川盆地及盆周山地轻中度水蚀区	涉及四川省104个、重庆市30个县（市、区）和贵州省1个县，总面积17.4万km²。除成都平原外均为低山丘陵地貌，雨量充沛且集中，土地垦殖指数高，土壤抗蚀性差，土壤侵蚀较为严重。土壤侵蚀面积8.48万km²，占土地总面积的48.7%。水土保持工作重点是加强嘉陵江中下游、沱江流域和三峡库区土壤侵蚀重点治理，实施坡耕地土壤侵蚀综合整治，配套坡面水系工程，因地制宜发展经果林；修复受损生态系统；加强滑坡、泥石流预警；控制面源污染，建设秀美家园
秦巴山区及大别山中度水蚀区	涉及甘肃省15个、陕西省31个、重庆市5个、四川省12个、湖北省38个、河南省18个和安徽省9个县（市、区），总面积27.3万km²。汉水河谷两岸的低山丘陵土地垦殖率较高，植被覆盖度较低，土壤侵蚀较为严重，以水力侵蚀为主，局部区域兼有重力侵蚀，土壤侵蚀面积12.94万km²，占土地总面积的47.4%。水土保持工作重点是加强桐柏山、大别山预防保护和汉江上游、嘉陵江上游、汉江上游、三峡库区土壤侵蚀重点治理，重视涵养水源，保护水源地水质，对河谷、丘陵区坡耕地进行综合治理，发展生态农业，控制面源污染；应在西汉水流域黄土区搞好坡耕地治理和蓄水灌溉设施配套，加强滑坡、泥石流预警和侵蚀沟治理
武陵山中度水蚀区	涉及重庆市2个、湖北省9个、湖南省22个、贵州省1个县（市、区），总面积9.4万km²。该区土壤侵蚀面积3.78万km²，占土地总面积的40.2%。水土保持工作重点是加强清江中上游、三峡库区土壤侵蚀重点治理，有效防治山洪灾害，开展植被建设，改造次生低效林；实施溪沟整治，保护基本农田，促进陡坡耕地退耕，特别重视石灰岩地区小型水利水保工程建设
江南山地丘陵轻度水蚀区	涉及长江以南的湖南85个、江西73个、湖北6个、安徽5个、广西6个、福建5个、广东3个县（市、区），总面积为29.98万km²。以水力侵蚀为主，花岗岩地区崩岗严重，土壤侵蚀面积6.11万km²，占土地总面积的20.4%。水土保持工作重点是加强湘资沅上游预防保护，以及湘资沅中游、澧水中上游、赣江中上游土壤侵蚀重点治理，推广保土耕作措施，改良红壤；加强植被建设，乔灌草结合改造马尾松纯林，解决林地土壤侵蚀问题；加强经果林开发的水土保持措施；对崩岗土壤侵蚀实施专项治理
长江中下游平原微度水蚀风蚀区	涉及河南省2个、湖北省49个、湖南省14个、安徽省47个、江西省26个、江苏省61个、浙江省22个、上海市19个县（市、区），土地总面积23.63万km²。该区多为冲湖积平原，在局部山地和丘陵地区侵蚀严重，沿河两岸土壤松软的地段有崩塌现象，鄱阳湖周部分县存在风蚀。土壤侵蚀面积2.99万km²，占土地总面积的12.7%。水土保持工作重点是以预防保护和生态修复为主，加强鄱阳湖周边滨湖沙地的风蚀治理，对局部地形起伏较大的区域，结合坡耕地治理发展经济果木林，调整产业结构；发展生态农业，控制面源污染，建设秀美家园

表3-10 各类型区主要特征情况表

类型区	总面积 /万km²	土壤侵蚀面积/万km²	流失面积占总面积/%	人口密度 /（人/km²）	垦殖率 /%	林草覆盖率/%	年降雨量 /mm	地貌类型
Ⅰ	33.58	3.98	11.9	4	0.004	82.9	200~400	高原
Ⅱ	9.45	2.23	23.6	13	0.02	85.9	800~1200	高山、峡谷
Ⅲ	15.80	6.49	41.0	122	0.09	67.5	800~1200	高山、峡谷
Ⅳ	13.50	6.08	45.0	279	0.27	52.7	800~1200	高原
Ⅴ	17.40	8.48	48.7	522	0.34	38.6	800~1200	盆地、低山
Ⅵ	27.30	12.94	47.4	215	0.17	57.6	700~1100	低山、丘陵
Ⅶ	9.40	3.78	40.2	197	0.13	58.0	1000~1600	低山、丘陵
Ⅷ	29.98	6.11	20.4	305	0.14	63.0	1200~1700	丘陵
Ⅸ	23.63	2.99	12.7	482	0.32	26.1	1000~1500	平原
合计/平均	180	53.08	29.5	242	0.16	59.3	1070	

3.4.3 土壤侵蚀强度分级标准

1. 土壤侵蚀强度划分标准

土壤侵蚀强度是水土保持决策的基本依据。常用3种数据来表示：①土壤侵蚀面积率，即某一区域或流域轻度以上土壤侵蚀面积占土地总面积的百分比，其值越大表示土壤侵蚀越严重。②土壤侵蚀模数，即单位面积在单位时间内的土壤侵蚀量，其值越大表示土壤侵蚀越严重。③土壤侵蚀厚度，即土壤侵蚀模数与土壤容重的比值，其值越大表示土壤侵蚀越严重。我国土壤侵蚀强度的分类分级标准是依照《土壤侵蚀分类分级标准》（SL 190—2007）对我国土壤侵蚀类型区划、土壤侵蚀强度、土壤侵蚀程度分级等进行划分。

2. 土壤侵蚀强度

土壤侵蚀强度标准是反映水土流失程度的量化指标，在确定了水和土的容许流失量标准后，结合我国各地域的不同自然条件，把土壤侵蚀强度级别定为6个级别，即微度、轻度、中度、强度、极强度和剧烈（图3-18），并相应确定各级别的水与土流失模数（李锐，2009）。我国目前所使用的土壤侵蚀强度分级标准只是确定了土壤流失强度级别和对应级别的土壤流失模数，单独作为土壤侵蚀强度之一的土壤流失强度分级标准是可行的，但必须将土壤侵蚀模数更名为土壤流失模数。同时，还应新增加对应于土壤侵蚀强度级别、反映水流失程度的水的流失模数。这样修改后的土壤侵蚀程度分级标准便是一个完整、全面、客观地反映土壤侵蚀程度且便于实际操作运用的强度分级标准体系（表3-11）。

除自然因素之外，还有人为活动等因子。

（a）微度

（b）轻度

（c）中度

（d）强度

（e）极强度

（f）剧烈

图3-18　黄土高原榆林至佳县高速公路土壤侵蚀严重（摄影/宋晓伟，张展）

表3-11　土壤侵蚀强度标准中的自然因子

类型	内容
地形因子	海拔、坡向、地形、坡位、坡度和小地形等
土壤因子	土壤种类、土层厚度、腐殖质层厚度及含量，土壤水分含量及肥力、质地、结构及砾石含量、酸碱度、盐碱含量，土壤侵蚀或沙漠化程度，基岩和成土母质的种类与性质等
水文因子	地下水位深度及季节变化，地下水矿化程度及其盐分组成、土地被淹没的可能性等
生物因子	植物群落名称、组成、盖度、年龄、高度、分布及其生长情况，森林植物的病虫害情况等

3. 土壤侵蚀强度分级

土壤侵蚀强度分级指标是水土流失调查统计、治理验收、预防效果考核的依据。在水土保持工作中，我们随时都在接触和应用土壤侵蚀的指标。

1）土壤侵蚀容许量标准

土壤侵蚀容许量是指在长时期内能保持土壤肥力和维持土地生产力基本稳定的最大土壤流失量。因为我国地域辽阔，自然条件千差万别，各地区的成土速度也不相同，该标准规定了我国主要侵蚀类型区的土壤容许流失量（表3-12）。

表3-12 我国土壤容许流失量

侵蚀类型区	土壤容许流失量/[t/(km²·a)]	侵蚀类型区	土壤容许流失量/[t/(km²·a)]
西北黄土高原区	1000	南方红壤丘陵区	500
东北黑土区	200	西南土石山区	500
北方土石山区	200		

2）水力侵蚀强度分级

水力侵蚀强度分级如下（表3-13）。

表3-13 水力侵蚀强度分级

强度分级	平均侵蚀模数/[t/(km²·a)]	强度分级	平均侵蚀模数/[t/(km²·a)]
微度侵蚀	<200	强度侵蚀	5000~8000
轻度侵蚀	200~2500	极强度侵蚀	8000~15000
中度侵蚀	2500~5000	剧烈侵蚀	>15000

3）风蚀强度分级

风蚀强度分级按地表植被覆盖度、年风蚀厚度和侵蚀模数3项指标划分（表3-14）。

表3-14 风蚀强度分级

强度分级	地表植被覆盖度/%	年风蚀厚度/mm	侵蚀模数/[t/(km²·a)]	强度分级	地表植被覆盖度/%	年风蚀厚度/mm	侵蚀模数/[t/(km²·a)]
微度	70	<2	<200	强度	10~30	25~50	5000~8000
轻度	50~70	2~10	200~2500	极强度	<10	50~100	8000~15000
中度	30~50	10~25	2500~5000	剧烈	<10	>100	15000

除此之外，还有面蚀、沟蚀、重力侵蚀等分级标准。

3.5 土壤侵蚀机理研究中的问题及其展望

近十多年来，国际社会对土壤侵蚀与水土保持研究重点关注水蚀与风蚀动力机制、坡面侵蚀-流域产沙过程与物质迁移响应、气候变化与土壤侵蚀互馈机制，以及新方法、新技术的建立与应用。我国土壤侵蚀、水土保持科学研究的特殊性可为世界土壤侵蚀与水土保持研究增加新的研究热点。

我国科技工作者通过长期土壤侵蚀治理实践、试验研究、观察和测试，摸清了中国土壤侵蚀的基本规律，提出了土壤侵蚀分类系统，建立了以土壤侵蚀学、流域生态与管理科学、区域水土保持科学为基础的中国水土保持理论体系（李锐，2009）。建立了一批小流域土壤侵蚀综合治理样板，总结出比较完整的小流域土壤侵蚀综合治理理论与技术体系。基本建立起适应不同地区、不同地理环境、不同土壤侵蚀类型的土壤侵蚀防治方法、模式和技术措施，逐步形成了以小流域为单元，合理利用水土资源，各项工程措施、生物措施和农业技术措施优化配置的综合技术体系。在不同类型区建立起一些小区、小流域及流域等不同空间尺度的监测站点，开展了水蚀、风蚀、重力侵蚀、冻融侵蚀等不同形态和侵蚀作用力的土壤侵蚀观测。2013年12月3日开始建立全国水土保持监测网络和信息系统，信息收集和整编能力不断提高，为水土保持科研和宏观决策提供了基础数据。华中农业大学资源与环境学院史志华等（2020）采用文献计量学方法，定量分析了近10年来国内外土壤侵蚀与水土保持学科发展现状。在此基础上，结合社会需求的变化，阐明了学科发展需求与存在的问题。最后，提出了本学科研究的重点领域与方向：水文过程与侵蚀产沙机理，土壤侵蚀过程及其定量模拟，全球变化下土壤侵蚀演变及其灾变机理，社会经济系统-土壤侵蚀的互馈过程，以生态功能提升为主的土壤侵蚀防治，以及土壤侵蚀研究新技术与新方法等。借鉴国外研究经验，以史志华教授研究成果为主线，通过分析国内现阶段土壤侵蚀机理学科研究现状，促进我国土壤侵蚀研究中的问题及其展望。

我国针对陡坡侵蚀与流域景观破碎的复杂侵蚀环境，特别是黄土高原地区科技工作者，识别出了坡面与流域侵蚀产沙主控因子，阐明了土壤分离与输沙过程的动力机制与滞后机理，凝练了主要水蚀区水土流失综合调控与治理范式（李锐，2009）。目前传统的以保障粮食安全为目标的土壤侵蚀防治依旧是研究重点，同时提出了以生态功能提升为目标的土壤侵蚀防治新热点，引起了国际社会关注，得到了同行的认可。

水土保持科学的重点是研究土壤侵蚀地区水土资源与环境演化规律及各要素之间相互作用过程，建立土壤侵蚀综合防治理论和技术体系，促进人与自然的和谐和经济社会可持续发展（李锐，2009）。土壤侵蚀治理是一个长期存续、不进则退的过程，治理任务重，巩固难度大，治理成本高，科学治理显得尤为重要。基于试验技术手段限制产流产沙过程准确测定、坡面侵蚀与流域产沙间非线性关系、水土保持措施防蚀理论研究落后于实践、区域或全球尺度侵蚀评估缺少数据与方法支持等问题，提出了本学科应注重以下研究内容。

（1）注重土壤侵蚀机理研究。流域侵蚀产沙过程的级联效应及其对水文连通性的响应与模拟；水蚀、风蚀、重力侵蚀、融水侵蚀及复合侵蚀过程中的动力学机制，特别是水蚀过程中径流携沙汇集传递过程与机理；农业与非农产业发展过程中土壤侵蚀变化机制、社会-生态网络结构空间错位对土壤侵蚀治理成本与效益的影响机理；开展土壤侵蚀机理及防蚀机制研究和土壤侵蚀定量评价与预报研究；建立土壤侵蚀预报模型，强调开发水土保持生态环境效应评价模型，扩展土壤侵蚀模型的服务功能，将模型引入农业非点源污染物的运移机理与预报研究。以美国、英国等为代表的西方发达国家先后研发了通用土壤流失方程（RUSLE2.0）和土壤侵蚀预报的物理模型，如WEPP、EUROSEM、LISEM、GUEST、WEPS等。

（2）注重研究手段革新。随着电子、计算机和通信等自动化仪器的快速发展和对土壤侵蚀规律认识的不断深入，研发土壤侵蚀过程监测设备、实时监测仪、发展复合指纹示踪、水分运移规律测定设备技术与机器学习等技术与方法、注重大数据分析与云网络服务平台建设。应用空间技术和信息技术，推动水土保持的数字化研究；美国等发达国家利用高分辨率遥感对地观测技术、计算机网络技术和强大的数据处理能力开展了全球尺度的土壤侵蚀与全球变化关系研究。利用核素示踪技术和径流泥沙含量与流量在线实时自动测量等新技术，使得对土壤侵蚀和水土保持过程的描述更加精细，水土保持科学逐步向精确科学发展。

（3）注重多学科交叉。水土保持的理念不断深化，多学科交叉的趋势明显。将水土保持与环境保护、江河污染和全球气候变化，水土保持与提高土地生产力、区域生态修复、环境整治，水土保持与水利工程安全、地质灾害等联系起来开展多学科交叉研究，不但深化了水土保持的理念，开拓了水土保持的研究领域，而且提高了水土保持在国家经济、社会可持续发展中的地位与价值。近期研究的重点为：不同类型区植被自然恢复过程人工干预的条件和技术，不同类型区植被潜力、稳定性维持机制，不同区域植被区系与生态环境因子耦合关系，不同区域植被的生态功能评价技术，不同类型区植被建设的区域布局和不同尺度的景观格局及其对生态系统间相互关系的影响。

（4）注重生态系统健康评价与生态修复的研究。近年来世界各国纷纷出台有关生态保护、生态建设的政策，并组织科研机构和专业人员进行系统研究。2005年在西班牙召开的第17届国际恢复生态学大会和第4届欧洲恢复生态学大会，标志着恢复生态学的研究重心由北美开始向世界拓展。当前生态系统修复研究最受关注的问题是生态系统健康学说，主要包括从短期到长期的时间尺度、从局部到区域空间尺度的社会系统、经济系统和自然系统的功能，从区域到全球胁迫下的地球环境与生命过程。其目标是保护和增强区域甚至地球环境容量及恢复力，维持其生产力并保持地球环境为人类服务的功能。

（5）注重流域水土资源开发与保护，将土壤侵蚀治理与河流健康相结合（李锐，2009）。20世纪80年代，在欧洲和北美，人们开始反思土壤侵蚀治理与河流保护问题。人们认识到河流是系统生命的载体；不仅要关注河流的资源功能，还要关注河流的生态功能。许多国家通过制定、修改水法和环境保护法，加强河流的环境评估，以实现水土等自然资源的合理经营及河流的服务功能。基于生态系统服务功能提升，确定多尺度土壤允许流失量阈值，优化布局水土保持措施配置，明确物质、能量和信息流演变规律及模拟。

（6）注重水土保持与全球气候变化研究。全球气候变化是世界各国高度关注的问题，投入了大量人力、物力用于研究应对策略。其中，植树种草引起的土地覆被变化（碳循环变化），土壤侵蚀和泥沙搬运引起的土壤有机碳的变化，进而与全球生源要素（C、N、P、S）循环乃至全球气候变化的耦合关系等已成为国内外研究的热点问题。

揭示土壤侵蚀的隐蔽性问题及人为活动引起土壤侵蚀的诱导性问题，将水土保持与环境保护、江河污染和全球气候变化，水土保持与提高土地生产力、区域生态修复、环境整治，水土保持与水利工程安全、地质灾害等联系起来开展多学科交叉研究，不但深化了水土保持的理念，开拓了水土保持的研究领域，而且提高了水土保持在国家经济、社会可持续发展中的地位与价值。

参 考 文 献

鲍士旦. 2005. 土壤农化分析. 3 版. 北京：中国农业出版社.

常顺利，张钟月，孙志群，等. 2011. 基于 GIS 的新源县滑坡灾害分析与区划. 自然灾害学报，20（5）：216-221.

陈法扬. 2003. 全国水土保持生态修复分区讨论. 中国水土保持，（8）：2-3.

陈浩. 1992. 降雨特征和上坡来水对产沙的综合影响. 水土保持学报，6（2）：17-23.

陈艳梅. 2007. 河北省崇礼县水土保持分区治理措施初探. 水土保持研究，（2）：142-145.

程序. 1999. 农牧交错带研究中的现代生态学前沿问题. 资源科学，21（5）：1-8.

符素华，刘宝元. 2002. 土壤侵蚀量预报模型研究进展. 地球科学进展，17（1）：72-83.

甘枝茂. 2010. 黄土高原地貌与土壤侵蚀研究. 西安：陕西人民出版社.

高照良，彭珂珊. 2005. 试论我国北方旱地农业与持续发展. 生态经济，28（9）：91-94.

耿晓东. 2010. 主要水蚀区坡面土壤侵蚀过程与机理对比研究. 北京：中国科学院研究生院（教育部水土保持与生态环境研究中心）.

侯瑞. 2019. 陕北黄土丘陵沟壑区土壤侵蚀驱动机制分析及其稳定性评价. 西安：长安大学.

胡中华，刘师汉. 1995. 草坪与地被植物. 北京：中国林业出版社.

黄润秋. 2007. 20 世纪以来中国的大型滑坡及其发生机制. 岩石力学与工程学报，26（3）：433-454.

姜汉侨，段昌群，杨树华，等. 2004. 植物生态学. 北京：高等教育出版社.

姜鹏. 2015. 黄土高原经济发展中的生态系统恢复范式研究. 杨凌：西北农林科技大学.

蒋定生，范兴科，黄国俊. 1990. 黄土高原坡耕地水土保持措施效益评价试验研究（Ⅰ）坡耕地水土保持措施对降雨入渗的影响. 水土保持学报，4（2）：1-10.

景国臣. 2003. 冻融侵蚀及其形式探讨. 黑龙江水利科技，27（4）：111-112.

景元书，张斌，王明珠，等. 2004. 桔园地土壤水分与径流的坡位差异研究. 水土保持学报，18（2）：74-77.

康西言，顾光芹，史印山，等. 2011. 冬小麦干旱指标及干旱预测模型研究. 中国生态农业学报，19（4）：860-865.

赖国毅，陈超. 2010. SPSS 17 中文版统计分析典型实例精粹. 北京：电子工业出版社.

李莉莉. 2017. 浅谈河道存在的问题及治理. 农民致富之友，（7）：291.

李锐. 2009. 近 60 年我国土壤侵蚀科学研究进展. 中国水土保持科学，7（5）：1-6.

李双全. 2010. 山西省土地荒漠化现状与防治对策. 山西大学学报（自然科学版），30（1）：9-13.

李永红，唐林. 2016. 水土保持方案编制重要性及存在的问题探讨. 自然科学，（4）：135-137.

林靓靓，肖伯萍，毕华兴，等. 2008. 论建立水土保持生态补偿机制的必要性. 中国水土保持，21（1）：22-24.

刘永宏，曹建军，姚建成，等. 2002. 内蒙古水土流失现状与治理对策. 内蒙古林业科技，（1）：

39-46.

陆建忠, 陈晓玲, 李辉, 等. 2011. 基于 GIS/RS 和 USLE 鄱阳湖流域土壤侵蚀变化. 农业工程学报, 27 (2): 337-344.

陆书玉, 朱坦. 2001. 环境影响评价. 北京: 高等教育出版社.

马小玲, 张宽地, 董旭, 等. 2016. 黄土坡面细沟流土壤侵蚀机理研究. 农业机械学报, 47 (9): 134-140.

裴新富. 2005. 陕北多沙粗沙区乡村聚落窑洞民居土壤侵蚀效应及防治对策研究. 西安: 陕西师范大学.

乔殿新, 王莹, 屈创, 等. 2016. 新时期水土保持监测工作刍议. 中国水土保持科学, 14 (5): 137-140.

邵颂东, 王礼先, 周金星, 等. 2010. 国外土壤侵蚀研究的新进展. 水土保持科技情报, (1): 32-35.

石生新. 1996. 高强度人工降雨条件下地面坡度, 植被坡面产沙过程的影响. 水土保持学报, 4 (3): 77-80.

史志华, 刘前进, 张含玉, 等. 2020. 近十年土壤侵蚀与水土保持研究进展与展望. 土壤学报, (5): 1117-1127.

水利部黄河水利委员会. 2009. 黄河流域地图集. 北京: 中国地图出版社.

宋炜, 刘普灵, 杨明义. 2004. 利用 REE 示踪法研究坡面侵蚀过程. 水科学进展, 15 (2): 197-201.

谭勇, 王长如, 梁宗锁, 等. 2006. 黄土高原半干旱区林草植被建设措施. 草业学报, 15 (4): 4-11.

田均良, 周佩华, 刘普灵, 等. 1992. 土壤侵蚀 REE 示踪法研究初报. 水土保持学报, (4): 23-27.

汪晓勇, 郑粉莉. 2008. 黄土坡面坡长对侵蚀-搬运过程的影响研究. 水土保持通报, 28 (3): 89-92.

王安明, 章孝灿, 黄智才. 1999. 浙江省水土流失遥感普查有关技术问题的研究. 中国水土保持, (7): 19-21.

王礼先, 王斌瑞, 朱金兆, 等. 2000. 林业生态工程学. 北京: 中国林业出版社.

王平, 刘少峰. 2008. 岭南稀土矿区土壤侵蚀状况分析. 中国水土保持, 21 (1): 44-46.

韦忠亚. 1999. 地理信息系统方法在土壤侵蚀定量评价研究中的应用. 北京: 北京大学.

吴淑芳, 张永东, 卜崇峰. 2015. 黄土细沟侵蚀演化过程及其水力学特性试验研究. 泥沙研究, (6): 72-80.

谢江. 2004. 镇海区水土流失现状及治理措施. 浙江水利科技, (3): 93-95.

张存杰, 王胜, 宋艳玲, 等. 2014. 我国北方地区冬小麦干旱灾害风险评估. 干旱气象, 32 (6): 883-893.

张光辉. 2001. 土壤水蚀预报模型研究进展. 地理研究, 20 (3): 274-281.

张科利, 蔡强国, 柯奇画. 2022. 中国土壤侵蚀研究重大成就及未来关键领域. 水土保持通报, 42 (4): 373-380.

张祖光, 郝卫平, 李昊儒, 等. 2015. 山西省春玉米生育期干旱特征分析. 中国农业气象, 36 (6): 754-761.

赵金荣, 孙立达. 1994. 黄土高原水土保持灌木. 北京: 中国林业出版社.

中华人民共和国交通运输部. 2015. JTG D30—2015 公路路基设计规范. 北京: 人民交通出版社.

周晋红, 李丽平, 秦爱民, 等. 2012. 山西气象干旱指标的确定及干旱气候变化研究. 干旱地区农业研究, 28 (3): 240-264.

朱显谟. 1981. 黄土高原水蚀的主要类型及其有关因素. 水土保持通报, (1): 1-9.

第4章
高速公路土壤侵蚀

近年来，在开发建设过程中进行的大量采挖活动，特别是高速公路项目建设中，对土壤和植被等自然形态产生了剧烈的扰动和破坏，加上施工过程中保护监管措施不到位，对生态环境产生了严重的破坏，导致大量的土壤侵蚀。例如，长江中下游地区每年由于公路建设新增土壤侵蚀量超过5000万t，其中四川省2001年的水土流失量就高达2678万t。据测算，如不对新建高速公路加以有效防护，路基主体将可能每年新增土壤侵蚀2000~5000t/km；如大田至安溪高速公路每年新增土壤侵蚀多达3.5万t，影响沿线区域604hm²；重庆至涪陵高速公路由于防护措施不力，通车仅7个月，就由小型崩塌发展到大型滑坡，造成巨大损失（周伟，2017；黄启堂等，2004）。由取土和弃土所引起的新增土壤侵蚀量将可能超过路基主体的流失量，如长治至邯郸高速公路（青兰高速）仅弃土（渣）就每年新增土壤侵蚀2.9万t/km，后期治理费用达整个工程防治费用的80%。高速公路建设对社会和经济的发展有着非常重要的作用，但其同时又是对环境产生严重影响的行业之一。如何在高速公路建设的同时，保护生态环境，进而实现交通环境的可持续发展，是十分重要和值得关注的问题。加强对高速公路土壤侵蚀机理的研究，可以提高公路边坡的强度，对制定公路边坡的防护措施具有重要意义。相关工作人员要对施工现场做好勘察研究，找到并分析影响公路强度的原因，如施工方法、养护条件以及原材料的质量等。因此高速公路建设区的水土保持成为高速公路建设中的一个全新课题。

4.1　国内外高速公路边坡土壤侵蚀机理研究

影响边坡稳定的因素可分为外因和内因两部分。外因主要包括渗水浸泡、降雨、地下水位升高等引起土体力学强度指标降低；施工过程中的临时性附加荷载过大（如开挖过程中的土体应力重新调整，开挖过程中的爆破震动）；运营时荷载（如地震荷载）超过允许标准等。内因主要包括边坡土体本身的力学性质（如容重、黏聚力、摩擦角、弹性模量和泊松比等），一定深度范围内存在的软弱结构面，土体由于蠕变效应而产生的位移等。一般边坡的失稳是上述多种因素共同作用的结果。

4.1.1　国外高速公路边坡土壤侵蚀机理研究

高速公路侵蚀是土壤侵蚀的重要组成部分，同时道路也是引起土壤侵蚀的重要原因，影响道路土壤侵蚀的主要因素是降雨，而由降雨引起的道路水力侵蚀也被许多学者作为主要的研究对象（张南海，2012；张盛艳等，2015；张明瑶和张云，2011；李伏元等，2018）。国外高速公路边坡土壤侵蚀机理方面的研究有很多。

德国自从20世纪30年代开始修筑高速公路以来，十分注重研究公路与周围景观的协调问题，并且在公路工程的实践中逐渐形成系统的公路线形理论，环保法规要求在设计阶段就解决沿线的生态和环保问题，维护原有的地形地貌，保护植被和自然生态。

1943年，美国Moorish和Harrison（1949）在公路两侧进行了种植草皮试验，并对播种时间、草种以及草种组合进行了协调试验，探讨草皮护坡的方法。Ziegler和Giambelluca（1997）认为道路侵蚀是区域土壤侵蚀的重要组成部分，并对车辆交通对山区未铺面道路土壤泥沙分离的影响进行了分析。Turner和Schuster（1996）研究认为，地质条件较差的陡坡上的道路建设通常会增加滑坡发生的机会，并分析了其形成原因。Luce和Black（1999）对森林道路的产沙情况进行了研究，发现道路建设形成的硬地面（包括路面、施工便道、施工营地）极大地降低了地表的入渗能力，易形成坡面漫流，成为流域产流产沙的重要来源。Arnaez和Larrea（1995）在西班牙东北部通过人工降雨的方式分析对比了公路填方坡、挖方坡以及路面产流产沙的差异，研究表明道路的挖方坡产流产沙最大，路面其次，填方坡最小。Nyssen等（2002）通过研究公路建设对沟蚀的危险性，指出道路的排水系统会改变径流流动方式，往往在道路的下坡向诱发切沟。Jacky和Simon（2001）认为切沟的形成不仅造成了大量的水土资源流失，而且成为泥沙源通过沟道河流的便捷路径。MacDonald等（2001）阐述了道路会改变坡面固有的地表径流和地下水流，使水流沿公路沟渠流动，改变原有水文要素，对土壤侵蚀产生一定的影响。

法国在20世纪90年代中期，就注意到公路建设与生态保护的关系，在修建公路的时候，同时创建生物栖息场所来保护动物。瑞士在修建公路时实施了防止动物移动离群、建设替代栖息地的措施。德国在公路设计与建设中，只要碰到敏感的生态环境问题，设计人员从线形规划阶段就采取避让的原则，同时注意公路景观与周围环境的结合。

2003年Forman等（2003）研究了道路与水文生态要素的相互作用，指出山区道路建设加速了土壤侵蚀过程，容易诱发水文要素的改变。Lambert等（2007）围绕高速公路水土保持的经济和自然环境效益两个方面构建了水土保持投入与产出评价指标体系。Authacher等（2009）将地形数据和几何数据融入几何经济效益模型中，通过对GIS数据的农业模型整合研究，提出Cultivasim方法，并对德国高速公路的水土保持效益进行了评估。Carter等（2009）运用各阶段作物轮作的耕地物理状况监测数据和耕地生物指标数据来建立评价指标，评估了边坡防护的水土保持效益。Balubaid等（2015）通过问卷调查、专家访谈等，以施工活动、社会与安全、能源效率、环境与水管理以及材料与技术五个层面构建绿色公路评级工具。Schumacher（2017）对日本高速公路建设过程中环境破坏因素进行分析，考虑森林砍伐对生态环境的破坏性，并提出在高速公路周围种植新树等缓解措施。Byrne等（2017）对高速公路排水系统进行研究，从全生命周期角度评估其经济性和环境影响。Rahim和Lai（2019）在对地质调查研究和相关资料进行综合分析的基础上，给出了有效地控制边坡失稳的具体对策以及其他相关技术举措。设计的主要内容包括边坡的稳定性分析、边坡荷载影响分析或驱动力计算、处置方案设计及优化、支撑结构的设计与优化、施工设计图纸的编制、施工监督及长期的环境保护的监督管理等方案。

4.1.2　国内高速公路边坡土壤侵蚀机理研究

我国公路边坡土壤侵蚀过程机理研究是近几年才开始的。随着公路建设的飞速发展，公路边坡的土壤侵蚀问题才日益受到重视（张杰，2010；张俊德和李莉，2014；张亮，2012；张明德和张云，2011）。目前对路基边坡侵蚀规律的研究还相对较少，我国近年来对公路路堑挖方边坡和路堤填方边坡水力侵蚀的研究成果主要集中在降雨引起的边坡产沙和产流规律以及其他影响因素的分析方面（李志刚等，2003；李志刚和王春辉，2003；李志刚和刘建民，2003；李海芬等，2006；李家春和田伟平，2004；李恺，2018；李猛等，2007）。近几年，国内科研院所和高等院校根据目前国内外对路基边坡稳定性及其防治措施的研究现状，分析导致路基边坡失稳的地质因素和非地质因素，特别是在高速公路边坡土壤侵蚀机理研究方面有所加强（表4-1）。

表4-1　国内高速公路边坡土壤侵蚀机理研究

研究人员	研究时间	研究进展
李志刚等	2003年	针对公路边坡冲刷防护研究之不足，根据影响边坡冲刷的因素，结合江苏省高速公路建设的工程实际，采用试验观测与调研相结合的方法，分析了江苏地区降雨条件下，高速公路边坡坡长对坡面冲刷的影响及二者之间的关系，初步得出了江苏省高速公路路堤边坡冲刷防护的临界高度，这样可以划分不同防护类型适应的路堤高度
王美芝等	2002年	通过降雨试验和天然降雨土壤侵蚀调查探讨了路基表面水力侵蚀的形势和规律，发现基床表层已填筑级配碎石的易于发生级配碎石粗粒化，未填筑级配碎石的易于发生沟蚀。裸露的路堤边坡水力侵蚀发生发展规律一般为：沟蚀—边坡滑坍。裸露的路堑边坡水力侵蚀发生发展规律一般为：溅蚀—面蚀—沟蚀—坍塌，片石护坡的路堤和路堑边坡易于发生潜蚀；同时认为面蚀和溅蚀对路基表面稳定性的影响较小；沟蚀对路堤边坡表面稳定性的影响程度随工程进度和侵蚀程度等实际情况而定
张友葩等	2003年	分析结果表明，公路载荷对边坡稳定性的影响远大于铁路载荷。对于缓倾斜边坡而言，位于坡底的铁路动载对边坡的破坏力可以不予考虑；由于公路载荷直接作用于坡顶，此类边坡上部的稳定性比下部弱，潜在滑移面大多出现在中上部；在频繁的公路载荷作用下，土体单元在滑移过程中有"位移滞回"现象，并且达到极限平衡状态之前表得比较明显，"位移滞回"的随机性和不确定性增加了边坡滑移体滑移迹线的复杂性，对此需要做进一步的研究

研究人员	研究时间	研究进展
肖培青等	2004 年	通过6个不同坡度、土壤和植物措施配置的试验小区，探讨了暴雨和径流冲刷条件下模拟边坡的侵蚀沟发育特征和植被措施的高速公路路基防护边坡作用。结果表明，种植灌木的褐黄土和料浆石的黄土坡面细沟发育明显，形态变化复杂，而草地几乎郁闭的砂砾土坡面只在降雨末期产生少量细沟。植被的防护作用与土壤结构和容重有密切关系，因而亟须提出不同边坡的植物工程措施
徐宪立等	2005 年	为了摸清公路边坡侵蚀规律，在青藏公路路堤边坡布设自然径流观测小区，进行定位观测，实验结果表明：①研究区内的降雨特征是：以次降雨量5~10mm和平均降雨强度小于5mm/h的降雨为主，观测期内的降雨量分别为52.89mm和61.31mm，分别占总量的56.72%和65.76%。②降雨量和平均降雨强度的乘积与侵蚀模数、径流深有较好的线性相关关系，其相关系数分别为0.6576和0.7982，这与通用土壤流失方程较为吻合，降雨量（降雨动能）与平均降雨强度的组合可以作为路堤坡面侵蚀预测的重要因子。③对径流深与侵蚀模数分别取自然对数，两者拟合结果较好
张洪江	2006 年	选择银川至武汉高速公路同心至固原段固原立交2.5km的范围作为研究区段。分析结果表明，研究区沟蚀量与降雨量并没有显著关系，而与平均降雨强度具有一定的相关性，平均降雨强度只有大于9.47mm/h时才有可能发生沟蚀，而且平均降雨强度越大，产生的沟蚀量越多；当平均降雨强度相当时，降雨量越大，产生的沟蚀量也越多；六棱砖防护措施能防止边坡沟蚀的产生，拱形框架梁防护措施能够很好地控制边坡沟蚀的发育；在同样六棱砖或拱形框架梁防护下，结合植物措施后，其防护效果更佳。弃土场边坡侵蚀沟发育最剧烈，一个雨季产生的沟蚀量达9779.55t/km^2
刘春霞和韩烈保	2007 年	通过回顾国内外公路边坡植被恢复的主要研究内容，即植被恢复技术研究、植物选择与配置研究、养护与管理研究、植被群落研究和路域生态环境研究，并比较分析，明确了我国植被恢复研究落后的现状，指出了我国在各个研究领域的不足之处，以及导致公路植被恢复失败的主导因素，为未来边坡植被恢复的研究提供了明确的方向
郭梅	2008 年	针对吉林省公路土质边坡冲刷防护研究的不足，通过调查研究，确定公路土质边坡侵蚀破坏的主要形式为水力侵蚀。对边坡水力冲刷规律的研究，认为公路土质边坡冲刷问题严重的主要原因是目前常用的公路边坡坡度与坡面冲刷临界坡度接近。同时通过室内边坡模型人工降雨冲刷试验，定性地得出不同土质、不同防护形式在一定时间内耐冲刷程度。最后给出了不同防护形式的边坡坡率建议值
叶万军	2009 年	通过室内外黄土边坡的冲刷试验，研究了降雨对黄土路堑高边坡的侵蚀机制，分析了裸露边坡和植被防护边坡的破坏特征以及径流特征、冲刷量的变化规律。结果发现，随着坡度的增大，坡面上的最大冲沟深度呈先减少、后增大的趋势。黄土边坡坡角值越接近临界坡角，坡面产生破坏的可能性越小。根据坡面流理论，推导出黄土路堑高边坡抗冲刷的临界坡角。研究结果为黄土地区路堑高边坡的生态防护和截排水设计提供了依据
林森	2011 年	在总结了前人对于边坡失稳分析的基础上，阐述了暴雨诱发滑坡的地质力学机理、演化过程、动态风险评估及减灾方法。针对层状岩体边坡的失稳机制及治理方式的问题进行了较为系统的分析和研究。结合集丹公路K6+059段的工程实例，对同向缓倾层状岩体边坡锚索支护稳定性进行有限元分析以及锚索支护治理前后的稳定性比较，最后，提出层状岩体边坡失稳因素影响的规律分析以及各种内因、外因的汇总分析

续表

研究人员	研究时间	研究进展
张志发	2012年	通过对黄土路基高边坡稳定性和防护措施的研究，得出以下成果：①通过对已建公路黄土路基高边坡的调查，得出了黄土路基高边坡的基本特征，并将其划分为八种地质结构类型；得出了黄土路基高边坡的主要变形破坏形式：冲刷、剥落、崩塌、滑坡、坍塌和错落等；通过自然因素和人为因素两方面对影响黄土路基高边坡破坏的因素进行研究。②对边坡稳定性的分析步骤和分析判据进行了分析总结，并对黄土路基高边坡稳定性分析常用的方法进行理论推导和分析，得出它们的特点和适用性。③对黄土路基高边坡的防护措施进行了分析研究，将其分为工程防护、植物防护和综合防护3种；并对常用的防护措施进行了综述，得出它们的适用范围和优缺点；对排水措施进行简要说明。④用理正岩土系列软件和ABAQUS对荣乌高速公路黄土路基高边坡依托工程进行了稳定性分析评价，进行了防护措施设计，并对路基边坡进行了优化设计
孔繁莉	2013年	高速公路建设对当地的自然环境有着显著的影响，在建设的过程中会导致道路系统土壤侵蚀类型发生转变，造成流沙以及侵蚀强度增加。道路边坡坡道陡、土壤稀少等因素导致植被稀少，常常发生土壤侵蚀现象，对于道路系统和周边环境造成了严重的安全隐患。因此不同生态防护措施下的道路边坡的侵蚀特征研究，对于进一步维护道路边坡稳定，完善边坡防护机制以及保护生态环境建设有着重要的现实意义
冯晓璐	2016年	以沿海高速公路沧州歧口至海丰段工程为依托，对沿海高速公路沧州段软土地基的工程性质进行分析，主要研究内容包括：①以沿海高速公路沧州段软土地基为研究对象，利用现场调研、室内分析、地质分析与判断等综合研究途径和方法，结合相关文献和书籍，对沿海高速公路沧州段软土的分布和形成原因进行了分析，对海相软土物质成分和微观结构特征分类进行分析。②对所研究区域的实际勘察试验数据进行处理，统计其物理力学等指标的规律；对该区域的物理力学指标进行统计分析，研究各指标间的内在规律。③利用静力触探的锥尖摩阻力对相关距离进行分析
楚锟	2017年	针对公路建设中日益严重的土壤侵蚀，明确了我国公路边坡土壤侵蚀机理的研究现状，结果表明，我国关于高速公路边坡土壤侵蚀的研究速度严重滞后于我国高速公路建设速度，现有研究中针对高速公路边坡的研究相对较少，亟待加强。同时还分析了国内外高速公路边坡土壤侵蚀机理，并研究了国内外高速公路土壤侵蚀防治
李志农等	2018年	对沙漠地区公路修筑所技术所开展的科研成果和工程实践经验进行了较为全面的总结。阐述了国外沙漠公路发展概况，中国沙漠分布特征及工程特性，公路选线原则及技术要点，路基、路面、防沙等方面的设计及施工技术，最后结合实际工程对沙漠公路修筑技术的工程应用进行了系统总结
龙茜	2020年	对重庆市梁平至忠县高速公路填方路基边坡土壤开展室内模拟降雨试验，分析不同降雨强度和坡度条件下坡面产流和产沙的规律。结果表明，在0.6mm/min、0.9mm/min、1.2mm/min降雨强度条件下，起始产流时间随坡度呈减小趋势，当土体坡度一定时，起始产流时间不断减小，地表径流强度随着降雨强度的增大而增大；当降雨强度一定时，土体的起始产流时间随土体坡度增大而逐渐减小，从而反映出地表径流强度不断增大；降雨强度对土壤侵蚀的临界坡度有一定影响，但两者具体变化关系需进一步研究。另外，对高速公路边坡土壤侵蚀机理进行了研究，展开了高速公路边坡土壤侵蚀主要诱因分析，提出了科学的高边坡养护管理措施

4.2　高速公路建设土壤侵蚀现状

我国地貌种类繁多、气候复杂多变，公路建设项目土壤侵蚀情况具有地域不完整性、强度不均衡性、形式多样性及危害潜在性等特点。目前有关土壤侵蚀的研究工作还远远不能满足公路建设的需要（梁伟等，2008；李朋丽等，2010）。同时，公路建设活动引发的土壤侵蚀规律与原生地貌有很大的不同，所以水利系统近年研究出的较为成熟的原生地貌土壤侵蚀的综合治理技术措施体系和技术方案路线不能完全满足公路建设项目的需要，如针对公路建设引发的土壤侵蚀治理方案研究没有形成规范性的体系，相关研究工作非常零散，而且不够深入等（梁伟等，2008；廖乾旭等，2006；林鲁生等，2001）。由公路建设引发的长期、缓慢发生的土壤侵蚀，一般都是在不为人们所重视的一些侧面产生，又在长期的重力、水力、风力、冻融和人类活动综合作用下侵蚀逐步加剧，一旦表现出明显的土壤侵蚀现象时，已对周边环境和公路的正常通行造成比较严重的危害。

公路建设的跨越式发展引发的土壤侵蚀，其破坏程度令人担忧。我国著名地理学家与资源学家、中国科学院院士孙鸿烈在《中国水土流失与生态安全综合科学考察》报告中指出，在所有生产建设项目中，农林开发项目、公路铁路项目、城镇建设工程引起的土壤侵蚀最为严重，占总面积的78.2%。据水利部统计，20世纪90年代以来，我国每年新增土壤侵蚀面积约1.5万 km^2，新增土壤侵蚀量约3亿t，其中"十五"期间全国共扰动土地面积13.3万 km^2，新增弃土弃渣总量150亿 m^3，新增土壤侵蚀总量15亿t以上。在所有生产建设活动中，公路铁路、城镇建设、露天煤矿、水利水电等造成的土壤侵蚀最为严重，其中公路项目弃土弃渣42.4亿t，占弃土弃渣总量的46.1%；露天采矿19.1亿t，占20.7%；水利工程17.2亿t，占18.7%。据测算，如果不对新建的高速公路加以有效防护，高速路基主体每年新增土壤侵蚀2000～5000t/km。公路建设项目有用地广、跨度大、路线长等特性，导致在建设环节中不可避免地出现生态破坏问题，路基建筑及挖掘等活动造成持续土壤侵蚀，对地表的扰动也降低了原有植被覆盖度。近几年高速公路工程建设正大步伐地向前推进，高速公路里程建设逐年增加，然而伴随的高速公路工程建设中的土壤侵蚀问题却极大地阻碍了高速公路建设的速度和增加了高速公路维护的成本。

我国国土面积大，多种气候类型和地质地貌相互交叠，使得高速公路施工建造区域的地形和气候条件都非常复杂，所以在施工建造过程中需要注意到很多施工技术的应用细节，尽可能地减少高速公路建造施工对于周边自然环境和地质结构的破坏（刘波，2018；刘春霞和韩烈保，2007；刘建培，2005）。因此，在高速公路建设阶段，做好水土保持工作对保护项目周边环境起着极为重要的作用。

4.3　高速公路土壤侵蚀特点

高速公路土壤侵蚀属于典型的人为加速侵蚀类型,土壤侵蚀类型、程度和强度与主体工程建设有直接的因果关系,侵蚀环境由侵蚀动力系统、侵蚀对象和侵蚀地貌单元3个部分组成(林月,2011)。高速公路土壤侵蚀在空间上表现为沿高速公路呈离散型分布,在时间上与主体工程具有高度同一性。

4.3.1　人为活动引起土壤侵蚀的诱导性

公路建设是一条线,公路建设对地面扰动、破坏类型多。公路建设中路基工程将对公路征地范围内的原地面进行填筑或挖方,施工会造成地表植被破坏,使土壤表层裸露,原地表坡度、坡长改变,从而使其抗蚀能力降低,诱发新的土壤侵蚀(刘杰等,2006;李阳洋,2017;李志刚等,2003)。工程建设过程中所产生的大量取土、取石、弃土、弃渣,尤其是弃土、弃渣,由于受地形及运输条件的限制,可能被就近倾倒于沟谷、河坎岸坡上。这些松散的岩土,孔隙大,结构疏松,若不采取有效的防治措施,就会导致新的土壤侵蚀及生态环境的恶化,并可能影响高速公路的运营安全。在公路施工过程中,施工区内的临时施工便道与土石渣料缺少必要的水土保持措施,一遇暴雨或大风,将不可避免地产生新的土壤侵蚀。公路工程施工往往需要大规模的土石方开挖,如不采取有效水土保持措施,将会产生严重的土壤侵蚀,对施工地周边和下游的生态环境造成严重的负面影响。

近年来人为土壤侵蚀有所加剧,主要反映在两个方面:一方面是群众在陡坡地开荒、乱挖乱采;另一方面是生产建设项目乱开滥挖、乱倒乱弃,形成点上治理,面上破坏。高速公路建设产生的土壤侵蚀不是由自然灾害引起的,而是人类在公路建设过程中,大量砍伐地表植被、地面削坡、大面积的开挖土石方、弃土弃渣,使公路沿线生态环境遭到破坏而带来的(李秋佐,2002;李松,2016;李欣,2011)。这种人为因素的作用和影响之大是空前的。归纳起来包括两个方面:一方面是人类活动对自然因素的"再塑",而再塑自然因素反过来影响土壤侵蚀;另一方面是人在施工建设活动过程中,对土壤侵蚀的控制作用。

4.3.2　土壤侵蚀具有时段性

建设类项目土壤侵蚀预测、监测时段分为建设期和试运营期(植被恢复期)两个阶段。

1. 公路施工期的土壤侵蚀

随着我国高速公路的建设发展,工程施工期对于土壤侵蚀的重视不够,临时综合防治措施不够及时有效,从而导致大量的土壤侵蚀,对环境造成破坏性的影响。采石取土、开挖地面、填土堆渣、桥涵施工、修筑便道等活动破坏沿线植被,扰动土体结构,破坏土体抗蚀能力,土壤侵蚀加剧(刘琴,2003;刘涛等,2018;刘万杰,

2011）。高速公路建设期间，开挖路基边坡、临时便道、临时堆料场、取土场、弃渣场等施工单元是土壤侵蚀重点发生部位。因此，这些施工单元也是土壤侵蚀重点防治部位。高速公路在施工建设过程中，由于工程量大、工程跨度大，沿线的地形、地质结构复杂，因而极易造成土壤侵蚀。公路工程在建设施工中，绝大多数土壤侵蚀问题都是由人工造成的（鲍敏，2018）。

在建设期间，由于工程的施工要求，易形成较为广阔的裸露疏松地表，这些地表缺少了植被的覆盖，一旦在雨季中将极易发生土壤侵蚀现象，严重情况下还会使农田淤积；公路在施工建设中，开挖的土石方一般都采取顺沟堆放，这样会对行洪断面造成挤压，堆放的弃渣被洪水带入河流中，若不能得到及时的清理，将会对江河造成阻塞，导致输沙率提高；公路建设中，许多弃土场都布置于沟边或坡脚位置，其随着雨水的运输将下泄到河溪中，这样将造成下游河床位置太高，行洪断面减小，行洪能力下降，增加了洪灾发生安全隐患；对于一些横穿沟渠的公路建设，若不进行有效的水土保持措施，则这些公路行驶的泥沙将进入灌渠中，导致渠道阻塞，危害到农业水利的正常作用（陈洪凯，2014；陈吉斌和郭建华，2015）。

2. 营运期的土壤侵蚀

在高速公路的营运初始阶段，一些水土保持工程并没有发挥其功能，如高速公路周围的植被生长等，会形成少量的土壤侵蚀。同时，随着坡面水土保持工程的完善，水土的流失问题也会逐渐停止。对于公路在营运中后期，由于护坡质量下降及锚杆松动等问题，在雨水季节易造成公路局部地区形成岩体顺层滑动或滑坡现象，从而造成土壤侵蚀问题（陈强等，2018）。由于土壤侵蚀影响到土地资源的破坏，地基的承载力稳定性与公路强度下降，不仅破坏了公路运输的经济性，同时也会对社会的生产生活安全造成隐患，因此，需要采取有效措施对营运期间的公路进行水土保持（陈淑娟等，2018；仇丽芳，2018）。

4.3.3　土壤侵蚀形式多样性

公路、铁路等生产建设过程中忽视水土保持，随处乱采乱挖，乱倒乱弃，破坏地貌植被，是土壤侵蚀加剧的又一重要原因（王礼先等，2000；戴方喜和宋林旭，2007）。据统计，长江中上游地区每年因生产建设造成的人为土壤侵蚀面积达 $1200km^2$ 左右（其中上游约 $800km^2$），由此产生了约 1.2 亿 t（上游约 1.0 亿 t）的人为新的土壤侵蚀。山区地形、地貌复杂，生态环境脆弱，高速公路建设由于其线形技术标准高，建设中开挖填筑、架桥挖隧、取土弃土等不可避免地会对周围水资源造成影响，并由此带来土壤侵蚀问题。

高速公路建设往往跨越多个类型的生态区域，其建设占用的区域一般都不是完整的一条小流域或一面坡，具有地域不完整的特点。不同的地质土壤条件、地形地貌、气候特征区造成的新增土壤侵蚀的类型、强度、流失量存在很大差异。总的来说，高速公路土壤侵蚀的形式主要有水力侵蚀、重力侵蚀、水力重力共同作用下的土壤侵蚀和风力侵蚀等。至于具体表现为何种形式，则与当地的地形、地质、气候、水文等有关（吴芳等，2009；丁伟，2001）。

4.3.4　土壤侵蚀治理标准要求较高的技术性

高速公路建设属于线性建筑类工程，特点就是线路较长，穿越地貌类型复杂，不但对山体要开挖削坡、修隧道，而且沟（河）道要架桥，农田要填埋，有的河道要改道，所包含的土壤侵蚀类型多，影响面广，此外，所产生的土壤侵蚀并不是集中在几个点，而是集中在一条线上，防治难度大（陈吉斌和郭建华，2015）。高速公路是人类活动比较频繁的区域，一旦高速公路附近发生泥石流、塌方等灾害，必然造成严重的交通事故；高速公路所经区域的风景旅游资源丰富，高速公路建成后将成为沿线一道亮丽的风景线，若不对高速公路建设项目区内的土壤侵蚀加以防治，原有自然景观破坏后得不到最大限度的恢复，这些都将直接影响沿线景观。此外，高速公路也是区域生态环境概况的一面镜子，高速公路沿线的绿化情况能够反映当地的生态环境质量。为此，高速公路的土壤侵蚀防治措施相对于其他行业标准较高。

4.3.5　建设项目水土保持监测数据的稀缺性

我国水土保持工作正式开展已有近九十年，但是与高速公路建设项目有关的水土保持监测工作却十分有限，特别是在土壤侵蚀严重的三北地区，基本上没有与高速公路建设项目有关的土壤侵蚀监测数据库，而对以往高速公路建设项目监测数据的分析与论证才是对未来高速公路建设项目水土保持方案制定的基本依据，也正是监测数据的稀缺造成很多新项目的设计方案分析不足，引发了开工建设后逐步出现的土壤侵蚀。

4.4　高速公路土壤侵蚀分类的原则及类型

我国有2/3国土地处丘陵或山地区域，在这些地区修建高速公路的过程中，极易产生严重的土壤侵蚀，如果不采取有力的水土保持措施，势必破坏公路沿线生态环境。近年来，高速公路建设诱发的土壤侵蚀引起了极大的关注，很多学者对高速公路土壤侵蚀分类的原则及类型进行了研究。

4.4.1　高速公路土壤侵蚀分类的原则

公路建设项目遵循着"三同时""谁开发、谁保护""谁造成水土流失、谁负责治理"的原则，明确建设单位关于土壤侵蚀防治的时间和范围（徐海青，2012；范庆春和奚成刚，2010）。从近年来已建成运营的公路来看，公路建设项目的土壤侵蚀防治时间一般都是从开工建设开始到投入运营结束，而防治范围也是有限的路线两侧一定范围内以及相关的料场、渣场、施工便道、生产生活管理区等，所采取的水土保持方案一般也只在这个时间段和区域内，相对于公路建设所造成的长期性和大范围影响来看，目前针对公路建设项目所进行的水土保持措施是远远不够的。

从目前已建成的部分公路项目来看，沿线土壤侵蚀情况仍然存在，并且个别区域还有加剧的趋势，而这些土壤侵蚀也都随着公路建设项目的特殊性和复杂性表现为各自不同的形式（尹超等，2015）。对于这些土壤侵蚀最简洁、最直接的分类原则就是按照引发的主要侵蚀类型来划分，虽然这些土壤侵蚀发生的原因都存在多种因素共同作用的特点，无法用某种侵蚀类型完全的代表出来，但考虑到目前可供参考的合理分类依据严重缺乏，继续采用主要侵蚀类型来划分这些土壤侵蚀也不失为一个好选择，由此就可以把这些土壤侵蚀划分为以水力侵蚀、重力侵蚀、混合侵蚀和风力侵蚀为主的三种类型。

4.4.2 高速公路建设土壤侵蚀类型

1. 水力侵蚀

高速公路建设施工工作面、料场及施工过程中产生的渣土，在雨滴的打击和水流的冲蚀下可产生土壤侵蚀；降雨直接使裸露边坡、开挖面等击溅产生土壤松动和流失；路面、路基本身、坡面汇流以及集雨区地表径流对路堤边坡冲刷，也会导致水力侵蚀，发生泥石流、滑坡、山洪等灾害，危及下游的道路、村庄、水利工程等（表4-2）。

表4-2 公路建设水力侵蚀产生的类型

类型	描述
溅蚀	溅蚀发生在地面产流之前，是坡面水蚀过程的开端。溅蚀破坏土壤结构，使地表产生紊流，增强分散土粒的搬运。公路溅蚀主要发生在新修路面，路面未经充分压实而发生溅蚀，此外，取、弃土（渣）场和开挖坡面、路堤坡面也是溅蚀发生区
面蚀	公路面蚀主要发生在因建设形成的各类坡面上。层状面蚀、砂砾化面蚀和鳞片状面蚀主要分布在土粒含量比较高的均质边坡上，包括开挖和填筑形成的边坡、取土场和弃土场边坡以及采取覆土恢复后的坡面。细沟侵蚀分布的范围更广一些，除石质坡面外都可能发生。主要发生在弃土（渣）体坡面和各类土质边坡上。石质坡面几乎无面蚀发生，但采取植被恢复措施，覆盖基材会导致面蚀的发生
沟蚀	沟蚀的程度一般以单位面积内沟道所占面积的百分比表示。由于公路边坡的限制因素，如公路坡长与自然地形相比较短，一般都以浅沟侵蚀为主。公路路堤和路堑边坡一般都在竣工后采取了相应的防护措施，除一些浅沟侵蚀外，很少进一步发展，但在高挖深填边坡地段，如果防护措施不到位或遭到破坏，路基边坡可发生切沟甚至冲沟发育，严重影响主体工程安全。弃土（渣）场由于其组成物质的特殊性和差异性，水力侵蚀表现的形式多样，尤以土多石少的弃渣场为典型，侵蚀方式在地表特性改变后转变为以沟蚀为主。无上方汇水时易形成细沟和浅沟侵蚀，有大量上方来水时，进一步发育成切沟和冲沟，侵蚀量大、速度快、危害严重。溅蚀—面蚀—沟蚀的发育过程和不同分布特点决定了在防治公路土壤侵蚀中应采取相应的措施。公路弃土（渣）场较其他部位的土壤侵蚀发育程度最深，因此也是最重要的土壤侵蚀源，是重点防治对象

2. 重力侵蚀

高速公路建设活动堆置或构筑形成的非稳定体是重力侵蚀潜发的主要场所。高速公路工程诱发的重力侵蚀产生的原因包括人工挖损、固体废弃物堆置、人工边坡构筑、采空塌陷等，形式比一般地貌条件下发生的重力侵蚀更为复杂。高速公路建设不只限于山丘区，而是普遍存在于河谷盆地和平原区，因此高速公路工程重力侵蚀广泛分布于多种地貌类型区。

线路开挖及土石方开采改变了原有的地形、地貌，使原有的地表土结构平衡遭到破坏，在重力作用下产生滑塌，出现土壤侵蚀。高速公路重力侵蚀发生的类型视边坡组成岩石状况、边坡形态（坡度、坡高、坡形）、坡体岩土含水状况（水文地质状况）、坡面植被状况而分，常见的类型有崩塌（多发生在坚硬岩体、高陡边坡处）、滑坡（可发生于多种复杂情况下）、泻溜（多发生于边坡坡度34°～40°、含黏量较高的土质边坡，如黄土、红土、泥页岩、黏土质砂岩等）。

3. 混合侵蚀

公路建设中剥离、搬运和堆置岩土为泥石流的产生提供了多种有利条件，特别是剥离地表和深层物质加速改变地面状况和地形条件，使尚处于准平衡状态的斜坡向不稳定状态转变（尹剑，2016）。废弃固体物质随意堆置沟谷坡面，为泥石流的形成提供了固体松散物质，剥离和堆置岩土破坏原有的水文平衡条件，增加暴雨径流或使雨水迅速沿松散岩土下渗，从而间接地改变泥石流爆发的外因条件。

4. 风力侵蚀

在公路未进行建设前的原始自然地形状态下，一个区域内的主导风向一般呈一种较为稳定的方向，风力也只是随着季节的变换有所加强和减弱，而高速公路一旦开始建设就将改变原有地形、地貌，特别是高填方路基的修建，对原始状态下垂直于路线走向而低于路基高度的自然风向起到了一定的阻挡作用，被阻挡的低于路基高度的自然风向会随着路基边坡向上改变其原有走向，逐渐到达路基顶部，当这部分改变原有风向的自然风到达路基顶部后会与高出路基部分的自然风汇合，继续朝着其应有的主导风向前进。当低于路基高度部分的自然风与高于路基高度的自然风在路基处汇合后，风力会加大，侵蚀也就随之加剧，此类风力侵蚀只有在公路高填方路基建成后才会完全形成，并且是在公路运营一段时间后才会逐步发生路肩边坡土的流失。

高速公路所经地区多风时，在施工过程中及工程结束几年内，由于地表植被尚未完全恢复，施工区内地表裸露，在风力作用下产生剥蚀使表土流失。施工建设中，各类临时堆放的渣土和工程弃土及外运渣土，在风力作用下产生表土流失；在施工过程及工程结束的几年内，由于地表植被尚未完全恢复，施工区内地表裸露，在风力作用下产生剥蚀，使表土流失。基于全国2373个国家级地面气象观测站2005年～2014年的逐小时风速观测资料和社会性数据信息，采用层次分析法构建高速公路大风灾害风险评估指标体系和权重集，利用自然灾害风险指数法计算综合风险指数，并结合GIS空间分析技术开展我国高速公路大风灾害风险区划研究。结果显示，我国高速公路大风灾害风险分布总体呈现新疆东北部和东部沿海部分地区高、中西部大部地区低的趋势；大风灾害高风险与较高风险区主要分布在东北地区西南部、内蒙古中部、华北中部、山东中东部、长三角、浙闽沿海、珠三角、雷州半岛以及新疆三十里风区和百里风区等地的局部高速公路路段；全国其他地区主要高速公路沿线的大风灾害风险则相对较低。

4.5   高速公路建设引起土壤侵蚀的原因

高速公路项目地形、地貌复杂，生态环境脆弱，高速公路建设由于其线形技术标准高，建设中开挖填筑、架桥挖隧、取土弃土等不可避免地会对周围水资源造成影响，并由此带来土壤侵蚀问题（尹剑，2016）。

4.5.1　高速公路建设改变原地形

高速公路施工时，填方和挖方对地表扰动较大，尤其是隧道的进出口及仰面坡的开挖，可能会引发塌方、滑坡、软土层滑移等不良地质灾害。又因土表裸露、土质松软，增加了土壤侵蚀量。临时施工用地在机械碾压、人员踩踏下，一定时期内土壤的肥沃度难以恢复（于静，2015）。

高速公路修建时，原来的地形地貌受扰动，原有岩体的节理、山体的稳定、水流的能量被改变，形成新的不同的微地形，打破了原来的水土平衡，可能会形成新的侵蚀特征，土壤侵蚀程度可能会加强（尹剑，2016）。开挖地貌，形成挖方坡，山坡的坡面产流以及壤中流被截断，流到路堑或直接流到路面上，增加径流。在冻融地区，挖方坡在冻融力的作用下，容易剥落，进入路堑或堆积在路面，成为侵蚀的物质源。填埋会形成填方坡，由于坡度大，堆积物质松散，容易流失。未铺路面在天气干燥时，行驶的车辆将土粒分离，在风的作用下，离开路面，形成强烈的风蚀，降雨时道路变得泥泞，在水流的作用下，离开路面，进入河流，形成水蚀。整个开挖和填埋的过程中，大面积土壤裸露，在风或水的外营力下流失。

4.5.2　高速公路建设破坏所经区域的水土保持设施

高速公路施工中，直接占压和破坏所经区域的植被、耕地、水池、堤坝等水土保持、生产设施。这些水土保持设施原来发挥的水土保持作用大大降低，土壤侵蚀不可避免地增大，尤其是公路永久占地和施工便道、施工营地、拌合场、预制场等临时占地将对地表植被彻底破坏，施工时取、弃土作业、筑路材料运输、机械碾压、施工人员践踏等也会不同程度地破坏地表植被（张宝龙，2018；张华君和胡江东，2009）。另外，当高速公路工程沿河建设时，一般都会出现路基侵占河道的问题。路基侵占河道，一方面会影响河道行洪蓄水，加大对岸洪水威胁，另一方面也会造成洪水对路基本身的危害。

4.5.3　高速公路建设影响土壤物理指标

由于工程建设的需要，路基土壤都要经过一定强度的碾压，土壤孔隙度严重改变，水分下渗能力远较平常土壤低（方向池等，2002；高德彬等，2008）。边坡表层土在建设时往往是先全部剥离，后期再回填，土壤原有的结构被完全破坏。公路的长期使用会导致永久性的土壤紧缩——即使不连续使用，这样的结果也是不可逆的。而挖方边坡的自然结构土壤受到破坏，原有结构紧密的土壤变成了结构松散、颗粒间胶结力小的土壤。边坡土壤特性的改变使得植被不能快速入侵，边坡植物群落恢复缓慢，土壤抗雨滴击溅和径流冲刷的能力降低，土壤侵蚀加剧。

公路建设过程中，由于人类活动干扰，土壤组成比例发生变化（高德彬等，2007）。余海龙等（2008a，2008b）通过实验研究显示中央隔离带为人为搬运的异地混合土壤，孔隙度较大，紧实度为160.83~188.29kPa，低于自然土壤紧实度342.26kPa，而路堑边坡与互通立交处紧实度分别为1156.25~2955.83kPa与342.26~837.52kPa，均高于自然土壤，土壤透气、透水性变差。有效土层厚度是指植物根系伸延容易、有一定的养分可以吸取、能正常生长发育的较松软土层。高速公路建设过程中土壤的开挖、堆砌导致不同区域有效土层厚度有所差异，中央隔离带与互通立交处，有效土壤厚度分别为50cm和40cm，高于自然坡厚度35cm，边坡则较低，为10cm，有效土层较薄，不利于植被的生长。

4.5.4 高速公路建设改变水文因素

高速公路沿线穿越不少的平原和低洼地，这些路段均配置较为完善的排灌渠道，高速公路经过这些地段，大多以填方筑堤的方式来建路基，造成许多排灌渠道体系被截断，影响了排灌系统的正常运行（高民欢等，2005）。大量植被覆盖地表，使得地面具有良好的渗透性，能够使降水渗到地下，补充地下水；能够蓄积降水在土壤中，或被蒸发，或产生地表径流，形成水循环系统。而高速公路建设造成土壤侵蚀，将使自然的地面被混凝土或沥青地面所代替，如此即便是频繁的降雨也难使降水渗透到地下形成地下水，而是直接流入下游河道，如此势必会改变水的小循环，加之弃土弃渣未能有效处理，随意堆放，将会使地面产生大量的泥沙，长此以往将会使水文、水质受到严重的负面影响。

在高速公路建设项目中路基开挖土方常常会遇到挖出地下水的现象，开挖出的上边坡也会造成新的开挖面，而这个新的边坡断面会影响长久以来形成的地表水和地下水的自然通道，高速公路建设项目在设计中通常会考虑设置相关的截水沟、排水沟、盲沟、边沟、急流槽、泄水孔、桥涵等纵横向排水系统，对地表水和地下水进行引导和排出，以此来降低水流的侵蚀，保证路基上边坡的稳定性。高速公路建设使原有自然状态下的地表水、暴雨径流和地下水一直处于一种自然平衡状态下的流动，在高速公路建设项目施工开挖后形成了新的坡面，原有地表水被集中汇聚，原有地下水通道被截断，地下水只能通过人工修建的新的水流通道流出。水是无孔不入、不为人所控制的，而改变了这些水流多年形成的自然通道后，水流会通过所有可能的空隙流出，特别是强降雨形成的径流和地下水，因其发生的时间无法确定，发生的范围无法预测，一旦发生就会造成较大的破坏，所引发的土壤侵蚀也是很难防治和恢复的。

高速公路的修建对原来的河流流态进行调整，会对地表水体的水文条件产生影响，影响河流的过水断面、流量、流速等水文条件，引起冲刷动能增大，加速河岸侵蚀，引发洪水等不良灾害（高社林，2007；巩大力，2002；顾光富，2018）。高速公路建设影响项目区域的水文循环，导致水土资源的破坏和损失，引起水环境、水质和河道特征发生变化。高速公路建设，包括附属设施建设，将使硬化不透水地面增加，从而增加地表径流，减少水分下渗和地下水补给，使工程区及其影响区域的河川基流量减小、洪峰峰值和频率增大、河川枯水期和洪水期流量变幅增大。此外，坡面地形变化，不合理的排水渠系或无设计随意排洪，加快坡面汇流，使河槽汇流历时缩短，洪峰出现时间提前，直接威胁工程建设区及其居民的生命财产安全。

高速公路作为基础性和服务性的产业，它的建设一方面大大地推动了国民经济的迅速增长，另一方面以不同的形式对其路域的水文生态因子产生一定的负面影响。高速公路建设影响水文生态，水文生态变化又影响人类生存环境，高速公路建设的问题和水文生态问题密不可分。水文生态作为可持续发展理念的一个重要研究方向，成为环境领域的热点课题。

4.5.5 人为因素影响高速公路土壤侵蚀

人为因素主要包括在高速公路建设过程中对高填、深挖路段疏松地表施工管理不当，对施工产生的弃土弃渣乱弃、乱倒，没有做好渣场拦挡和排水。施工道路、施工营地等临时用地临时排水、植被恢复不到位等产生的土壤侵蚀（郭梅，2007）。此外，高速公路进入运营期后，对植被、排水渠、挡墙等水土保持措施的不当管护会影响水土保持措施正常作用的发挥，增加土壤侵蚀。高速公路土壤侵蚀主要是人为因素诱发和加剧了土壤侵蚀，高速公路建设改变了微地形、土壤、植被、水文等影响土壤侵蚀的因素，从而对土壤侵蚀产生影响。

高速公路工程建设开挖、填筑土石方量巨大，施工周期长，若不采取有效的预防措施，土石方工程施工中产生的土壤侵蚀为工程建设中土壤侵蚀的主要来源之一。在开挖、倒运和堆放土方的过程中，由于土体松散，其在水、风、重力等作用下极易流失。路堤、路堑、桥梁基础及隧道门洞等单项工程在施工期遇到雨季，受到雨滴击溅、径流冲蚀，容易产生土壤侵蚀。在取土和弃渣时，由于机械碾压、施工人员践踏等，施工作业周围的农作物和植被将遭到不同程度的破坏，造成农作物和林地资源的减少，将对当地农业生产带来一定的负面影响（余海龙等，2006）。

因此，取土场应采取修建挡水措施，表层土集中堆放，施工完成后，应及时回填，恢复植被。若施工时序安排不当，将不能有效预防施工中产生的土壤侵蚀。在施工便道、隧道和桥、涵等工程基础施工过程中，不可避免将产生临时弃土，如不采取有效防护措施，也会产生一定的土壤侵蚀。

4.6 高速公路工程建设项目土壤侵蚀机理研究

高速公路建设由于工艺复杂、周期长，表现出建设期土壤侵蚀量大、运行期土壤侵蚀量小、时间分布上呈现出不平衡现象；高速公路建设工程总体上是以主线为轴呈线状或羽状分布，造成的土壤侵蚀也具有连续的线状或羽状分布特点，而土壤侵蚀的空间分布与地形地貌密切相关，整个区域内的土壤侵蚀分布也是不均衡的（郝力生，2011；何畅，2015；何小林等，2012；贺咏梅等，2006）。高速公路工程建设项目土壤侵蚀属于加速侵蚀的范畴，其内涵较传统农耕地土壤侵蚀更为丰富，其作用营力是以人类生产建设活动为主的外营力。高速公路建设多与人为活动密切相关。主要人为活动包括高速公路建设需劈山填谷，架桥及修隧道，对周围环境影响甚大，其作用结果是造成水土资源破坏、土地生产力下降乃至丧失。因此在山区建设高速公路时，在选线、野外勘察、图纸设计以及制定具体的施工方案等方面应充分考虑周围环境因素等。我国关于高速公路边坡土壤侵蚀的研究严重滞后于高速公路建设速度，现有研究中针对高速公路边坡的研究相对较少，亟待加强。近年的研究有将其概念细化的趋势，李夷荔和林文莲（2001）提出"工程侵蚀"的概念，认为其侵蚀类型主要包括水力岩土侵蚀、工程建设诱发的重力侵蚀、泥石流、风蚀和其他特殊侵蚀类型，并开展了相关方面的初步研究，凸显了其区别于传统农耕地土壤侵蚀的特殊性，增强了概念的科学性，拓宽了其内涵。李家春等（2002）根据高速公路路肩的水力特点，应用径流剥蚀率的概念从理论上分析了路肩及坡面暴雨冲刷，研究黄土地区高速公路路堤边坡冲刷的规律，即黄土路堤的路肩及坡顶侵蚀在路堤边坡侵蚀中最严重，结果表明路肩是防护的主要部位，为高速公路防护提供了理论依据，还通过室内大型模型试验验证了所提出的土路肩冲蚀理论。余海龙等（2008c）系统地分析了高速公路工程施工期土壤侵蚀发生原因、机制以及引起土壤侵蚀外来动力因素等，并以此对土壤侵蚀进行分类，总结了道路建设中土壤侵蚀的特点和危害，指出了其与传统土壤侵蚀的区别，最后建议工程建设过程中的一些水土保持应依据自身特点确定防治范围。蔡欣宇（2008）结合砒砂岩的物理化学性质，分析了砒砂岩地区严重土壤侵蚀的主要机理。以位于砒砂岩分布区的国道109线大饭铺至东胜段高速公路建设工程为研究背景，选取长10km路段估算不同土壤条件下高速公路边坡的土壤侵蚀量。通过对比分析发现，在相同条件下，砒砂岩边坡的土壤侵蚀量最大可达同类地区黄土和风沙土质边坡侵蚀量的2.06倍和4.32倍。针对砒砂岩侵蚀机理提出了一些适用于砒砂岩边坡的植被防护技术。

4.6.1　研究方法

鉴于自然条件下基础数据的获取所需时间周期较长，近年来高速公路工程建设项目土壤侵蚀的研究工作多以人工降雨、放水冲刷或二者组合以及天然降雨条件下小区尺度上的短期定位观测或模拟试验为主，研究范围包括高速公路工程建设前期、工程建设中期、工程建设后期等建设类型，涉及公路复垦、排土场、建筑工地、路堤及路堑边坡、弃土弃渣堆置体、公路原生及扰动地面、非硬化道路、施工营地及施工便道等下垫面条件，通过数理统计方法概化高速公路工程建设项目不同下垫面在降雨及水动力条件下的土壤侵蚀过程，构建一定的数学或经验模型以模拟其水沙过程，探讨土壤侵蚀过程的影响因素和侵蚀产沙机理。

4.6.2　土壤侵蚀影响因子

按其基本属性进行划分，高速公路工程建设项目土壤侵蚀的影响因素大致可以分为主导因素、原动因素和从动因素3种类型。这3类因素在RUSLE（修正的通用土壤流失方程）中均有其量化体现。其中，1.06版在计算矿区、建筑工地及复垦土地的土壤流失量方面较准确；2版更是不因土地利用类型而受限制，因此二者在生产建设特殊条件下的土壤侵蚀量计算、环境影响评价、制定复垦计划及复垦土地的评价等方面均有

着较为广泛的应用，RUSLE2的基本结构为

$$A = s \cdot \sum (r_i \cdot k_i \cdot l_i \cdot c_i \cdot p_i) \tag{4-1}$$

$$A = r_i \cdot k_i \cdot l_i \cdot s \cdot c_i \cdot p_i \tag{4-2}$$

式中，A 为年均土壤流失量 $[t/(hm^2 \cdot a)]$；r_i 为降雨/径流侵蚀力因子 $[MJ/(mm \cdot hm^2)]$；k_i 为土壤可蚀性因子 $[t \cdot hm^2 \cdot h/(hm^2 \cdot MJ \cdot mm)]$；$l_i$ 为坡长因子（无量纲）；s 为坡度因子（无量纲）；c_i 为覆盖与管理因子（无量纲）；p_i 为水土保持措施因子（无量纲）；i 为一年中的第几天。RUSLE2基于因子的日变化计算日均土壤流失量，然后求和作为年均土壤流失值。

1. 主导因素

人为因素是土壤侵蚀产生和发展的主导因素，负面影响主要是生产建设活动破坏了项目区原生地质地貌、生态水文、土壤植被等，为土壤侵蚀的发生创造了条件，正面影响主要是项目区部分人为活动抑制了土壤侵蚀的发生，如人为使用地被物覆盖降低雨滴及径流对地表的打击破坏、特殊扰动方式造就的土壤重构体可能会降低相关侵蚀因子的作用等（表4-3、表4-4）。

表4-3　土地扰动条件下覆盖时的 c 因子值

覆盖物类型	坡度/%	表层覆土	深挖	表土剥离
秸秆覆盖，0.25kg/m²，覆盖率91%，3个月时覆盖率81%	1	0.10	0.10	0.09
	6	0.07	0.08	0.06
	15	0.06	0.08	0.04
	30	0.07	0.10	0.04
	50	0.08	0.11	0.03
秸秆覆盖，0.125kg/m²，覆盖率69%，3个月时覆盖率50%	1	0.24	0.24	0.23
	6	0.18	0.20	0.16
	15	0.18	0.20	0.14
	30	0.18	0.24	0.12
	50	0.20	0.26	0.12
秸秆覆盖，0.0625kg/m²，覆盖率36%	1	0.35	0.35	0.34
	6	0.29	0.31	0.26
	15	0.28	0.32	0.23
	30	0.29	0.35	0.22
	50	0.30	0.38	0.21
秸秆覆盖，0.25kg/m²，秸秆覆盖前土壤岩石碎块含量20%	1	0.09	0.09	0.09
	6	0.06	0.07	0.05
	15	0.06	0.08	0.04
	30	0.06	0.09	0.03
	50	0.07	0.10	0.03

续表

覆盖物类型	坡度/%	表层覆土	深挖	表土剥离
秸秆覆盖，0.0625kg/m²，秸秆覆盖前土壤岩石碎块含量20%	1	0.24	0.24	0.23
	6	0.18	0.20	0.16
	15	0.18	0.20	0.14
	30	0.18	0.20	0.12
	50	0.20	0.26	0.12
碎石、砂砾覆盖，33.36kg/m²，覆盖率90%	1	0.08	0.08	0.08
	6	0.05	0.05	0.05
	15	0.04	0.04	0.04
	30	0.03	0.03	0.03
	50	0.03	0.03	0.03

表4-4 建筑工地及扰动土地典型 c 因子值

下垫面条件	c 因子值	下垫面条件	c 因子值
1. 裸地		使用量1.132L/m²	0.01~0.019
用圆盘耙新耙过的土地15~20cm	1.00	使用量0.566L/m²	0.14~0.57
一场雨后	0.89	使用量0.283L/m²	0.28~0.60
松土至30cm，表面光滑	0.90	3. 粉尘黏结剂	
松土至30cm，表面粗糙	0.80	使用量0.566L/m²	1.05
耙除根后压实	1.20	使用量1.132L/m²	0.29~0.78
推土机平整后压实的坡面	1.20	4. 其他化学品	
除耙除根系外，其他条件相同	0.90	水合酚	0.68
向四周粗糙地不规则碾压	0.90	空气气雾剂70，10%覆盖	0.94
自然新生长的苗床，播种并施肥	0.64	聚乙烯醇（PVA）	0.71~0.90
土体裸露6个月，其他条件相同	0.54	土壤黏性剂	0.66
播种并施肥12个月	0.38	5. 播种	
推平后无其他扰动	0.66~1.30	暂时性，0~60d	0.40
仅翻松	0.76~1.31	临时性，超过60d以后	0.05
加施5cm厚的锯屑，用圆盘耙靶地	0.61	永久性，2~12个月	0.05
2. 乳化沥青		6. 灌木	0.35

　　RUSLE2中，c_i 表征植被覆盖、糙率、土壤生物量及扰动活动对土壤侵蚀速率的复合效应，p_i 反映水土保持措施的作用，受人为作用的影响显著，归为主导因素。在有保护措施条件下，$p<1$，p 减少土壤流失量的程度取决于坡度，坡度过缓（≤1%）或者过陡（≥21%），水土保持措施的意义不大，即 $p=1$。Israelsen对生产建设项目中建筑工地及扰动土地的典型 c 因子值进行了量化，并提出以复合因子VM代表 c、p 两个因子，更容易反映由生产建设工作造成的地表条件的差异，提出VM因子值的变化范围为0.01

（土壤表层为植被覆盖）～1（新翻松土15～20cm）。不同扰动方式下的c因子值见表4-5。

表4-5　建筑工地区裸地的c因子值

扰动状况	措施	c因子值	扰动状况	措施	c因子值
填方	压紧，夯实	1	挖方	根区以下	0.45
	圆盘耙新耙过	0.95		表层修整 （草皮的部分根系存留）	0.15
	粗糙（偏置圆盘耙处理）	0.85		表层修整 （"杂草"的部分根系存留）	0.42

综上所述，人为作用对高速公路工程建设项目土壤侵蚀的影响有正负之分，不可一概而论，人为因素在生产建设区土壤侵蚀发生过程中的作用及地位要视生产建设项目的性质、扰动类型及程度、人文社会经济条件而做出因时因地制宜的划分，以衡量各类因素在土壤侵蚀过程中的重要性，这是生产建设区水土保持工作需要解决的基本问题。否则，在水土保持实践中可能会产生错误的导向。

高速公路工程建设项目中土壤侵蚀规律及其防治的研究实际也是围绕着人为活动在不同层次上对土壤侵蚀的影响而展开的，从生产实践的角度，基于对不同生产建设项目类型、特性、扰动方式及扰动程度的划分，对比分析不同扰动条件下下垫面土壤侵蚀特征的差异，以此作为不同生产建设项目生产工艺合理优化及选择的依据，对于全面、合理规划项目区的水土保持工作具有重要的生产和指导意义。

目前我国仅定性描述了生产建设活动的危害程度及其与土壤侵蚀发生强度、范围间的关系，尚无定量解释，对于c、p值如何定义才能符合我国国情的测算标准，到目前尚未有统一的结论，不同扰动类型对土壤侵蚀强度、侵蚀速率贡献方面的研究仍需加强。

2. 原动因素

降雨/径流侵蚀力因子属原动因素，次降雨引起的土壤净分离量与EI_{30}成正比，是RUSLE2计算侵蚀力的基本假设，意味着降雨侵蚀力的月均值及年均值可以通过次降雨EI值的求和得到。次降雨总能量按下式计算：

$$E_{次}=\sum_{k=1}^{m}e_k\Delta V_k \tag{4-3}$$

式中，e为单位能量［MJ/（hm^2·mm）］（单位雨量的能量）；ΔV_k为第k时段内的降雨量（mm）；k表示降雨过程中雨强可近似看作恒定的某一时段；m表示时段数。e的计算公式如下：

$$e=0.29（1-0.72e^{-0.082i}） \tag{4-4}$$

式中，i为降雨强度（mm/h）。

年均降雨侵蚀力是M年内降雨侵蚀力的总和，计算公式如下：

$$R_j=\dfrac{\sum\limits_{m=1}^{M}\sum\limits_{j=1}^{j(m)}(\mathrm{EI}_{30})_j}{M} \tag{4-5}$$

式中，R 为年均降雨侵蚀力；EI_{30} 为次降雨侵蚀力；j 为每一次降雨；$j(m)$ 为第 m 年的降雨次数。

Yoon 等（2021）在对韩国沿海流域建筑工地的土壤侵蚀进行估算时，采用下式计算了 1996～2000 年的降雨侵蚀力：

$$\begin{cases} E_{\text{降}} = \left(\dfrac{210.3 + 89\log I}{100}\right) R_{\text{d}} \\ I_{30} = \dfrac{c}{t^n} \end{cases}$$

$$(4\text{-}6)$$

式中，$E_{\text{降}}$ 为降雨动能 $[\text{J/}(\text{m}^2 \cdot \text{cm})]$；$R_{\text{d}}$ 为雨滴直径（cm）；I 为雨强（cm/h）；c 和 n 为由区域条件决定的谢尔曼系数；t 为降雨历时。

目前的研究未很好地阐明次降雨过程中雨强的时空分布特征对土壤侵蚀的贡献，影响了对坡面土壤侵蚀过程的理解，并对次降雨事件中土壤侵蚀预报模型的开发形成了一定的障碍，加强雨型对土壤侵蚀过程影响的研究尤为必要。

Flanagan 等（1988）在保持总降雨量一致的条件下比较了次降雨过程恒定雨强与非恒定雨强对入渗、径流及土壤流失量等的差异，指出雨型是决定径流及土壤流失的重要因素，然而其效应可能会被不同的土壤前期条件及某一特定雨型的普遍性所掩盖，认为对次降雨过程中非恒定雨强作用的考虑会使土壤侵蚀的预测结果得到改善。Frauenfeld 和 Truman（2004）讨论了非恒定雨强对径流及细沟间侵蚀的影响，认为次降雨过程中雨强的不同变化对总径流量及总入渗的影响不大，对最大径流量、产流时间及不同土壤的流失量等均具有重要影响，而这种影响因土壤类型而异，指明了此类研究的重要价值。Ahmed 等（2012）研究了次降雨事件中雨强的时间分布特征对土壤侵蚀速率的影响，建立了三参数及四参数的降雨功率方程，讨论了使用降雨功率模型描述降雨侵蚀力的可能性。

由此可见，研究不同雨型的土壤侵蚀效应对于改善降雨侵蚀力因子的计算理论及提升土壤侵蚀预报精度具有重要的意义，对我国黄土高原尤为如此，高强度次降雨对侵蚀产沙的主导作用及股流的强烈侵蚀效应，导致 RUSLE 及其各改进版本无法直接应用我国的生产实际，限于当前的研究水平、时间序列、数据可获取性及有效性等方面的不足，其可推广性仍值得商榷。

3. 从动因素

高速公路边坡坡长短、坡度陡，高速公路路基工程施工要对原有地面进行填挖及改变，原地表的坡度、坡长，产生新的裸露坡面。经调查，我国高速公路路堤边坡坡比一般为 1∶1.5，路堑边坡坡比一般为 1∶1、1∶1.5、1∶1.75、1∶2 等。从动因素指的是下垫面的基本条件，包括地质结构及组成、地形因子（坡形、坡度、坡长、坡向等）、土壤理化性质（土壤质地、容重、孔隙度、团聚体等）、植被覆盖因子（覆盖度、郁闭度、植被种类及分布格局等），高速公路工程建设项目工程堆积体具有土壤结构缺失，砂砾、石块含量丰富，地表硬化，缺乏植物根系及有机质等特点，由此导致扰动区的土壤侵蚀特征与传统农耕地有所不同。

在RUSLE2中l_i、s、k_i三个因子属于从动因素，其中，k_i包括两部分，一是土壤可蚀的固有属性，二是受管理措施影响的可蚀性。

关于坡度因子，Schroeder（1987）以露天矿区弃土为例，探讨了坡度因子对USLE在预测矿区弃土侵蚀速率方面的影响，认为在坡度<9%时，USLE会"低估"坡度的影响；坡度>9%时，则会"高估"坡度的作用。Mclsaac等（1987）对扰动土地的研究也得出了类似的结论，并发现在试验区土壤流失率与坡度间的关系变动性很大。Nearing（1997）在总结前人研究成果的基础上建立了计算坡度因子的单一连续函数，其表达通式如下：

$$S = a + \frac{100}{1 + e^{m\sin\theta + p}} \tag{4-7}$$

式中，θ为角度；a、m、p为由土壤性质及其侵蚀特征决定的回归系数，其适用范围较广，几乎包括研究中所能涉及的全部坡度；Liu等（1994）在黄土高原陡坡（坡度55%）的研究成果也符合上式。

基于对坡度、坡形、细沟侵蚀及细沟间侵蚀（面蚀）的综合考虑，RUSLE2中关于坡长因子的计算采用下式：

$$L_i = \frac{x_i^{m+1} - x_{i-1}^{m+1}}{\lambda_u^m (x_i - x_{i-1})} \tag{4-8}$$

式中，L_i为不规则坡面第i坡段的坡长因子；x_i为从坡顶到第i段底端的坡长；λ_u为标准小区坡长，22.1m；m为第i坡段的坡长指数，由下式确定：

$$m = \frac{\beta}{1 + \beta} \tag{4-9}$$

式中，β为第i坡段细沟侵蚀与细沟间侵蚀之比。

Wischmeier和Smith（1978）提出LS因子用下式进行量化：

$$\text{LS} = \left(\frac{l}{22.1}\right)^m (64.41S^2 + 4.56S + 0.065) \tag{4-10}$$

式中，l为坡长（m）；S为坡度（%）；m为指数（$S<1\%$，$m=0.2$；$1\%<S<3\%$，$m=0.3$；$3.5\%<S<4.5\%$，$m=0.4$；$S\geqslant5\%$，$m=0.5$）。

当前高速公路工程建设项目地形因子的概化多以式（4-10）为基础进行修正，以增强使用效果、提高结果的准确度。

基于对土壤结构因子K_s的调整，RUSLE2给出的土壤可蚀性因子k的计算方法如下：

$$k = \frac{2.1 \times 10^{-4} (12 - \text{OM}) M^{1.14} + 3.25(2 - S) + 2.5(P - 3)}{100} \tag{4-11}$$

式中，$M = (f_{\text{silt}} + f_{\text{vfs}}) \times (100 - f_{\text{clay}})$，$f_{\text{silt}}$为粉砂粒质量分数（mg/g），$f_{\text{vfs}}$为极细砂粒质量分数（0.05～0.1mm）（mg/g），f_{clay}为黏粒质量分数（mg/g）；OM为土壤有机质质量分数（mg/g）；S为结构系数；P为渗透性等级。

RUSLE2对某些计算公式的修正使之更加适用于生产建设项目扰动区的土壤侵蚀预测，因而极大地扩展了RUSLE2的适用范围。然而，高速公路工程建设项目由于受到人为不均一的剧烈扰动，其下垫面条件的不均一程度极高，土壤可蚀性的变化也趋于复杂，加之k值的计算方法争议性极大，限制了RUSLE2在高速公路工程建设项目中的推广。

从土壤抗冲性研究的角度看，土壤抗冲性是土壤的固有属性，是土壤对径流机械性破坏和推移的抵抗能力，20世纪90年代中后期，黄土高原土壤抗冲性的研究取得了突破性进展，从土壤抗冲性的评价指标、研究方法到土壤抗冲性的机理、分异规律及改善途径等方面的研究日臻完善，研究的下垫面条件涉及草地、林地、农耕地、撂荒地以及土质道路等不同土地利用类型，揭示了黄土高原土壤抗冲性的形成机理，却没有关注产生建设区不同扰动方式下不同土体类型的土壤抗冲性研究。基于高速公路工程建设项目下垫面条件的改变，其基本概念宜在新的背景下得到延伸或重新刻画。土壤抗冲性包含两个基本的不同层面：一定的水动力条件及土壤抗冲响应过程，因而探讨特定水动力条件下不同扰动类型（如挖方、填方、堆垫、埋压等）造成的各类扰动土壤的抗冲性的差异、形成过程及其对高速公路工程建设项目土壤侵蚀过程的影响，建设期不同阶段土壤抗冲特征及其在项目区恢复阶段内的动态演变过程具有重要的生产价值。从深化土壤抗冲性理论研究的角度出发，上述有关土壤可蚀性的问题可能会得到某种程度上的解决。

4.6.3　水沙规律及其过程模拟

路堤（堑）边坡是高速公路的重要组成部分，高速公路边坡土壤特性对土壤侵蚀影响很大。路堑边坡据岩土性质大致可分为土质边坡、石质土边坡、岩质边坡，受地质、地形地貌、气候等因素影响，土质、岩性和土壤侵蚀强度会有一定差异，如秦沈线和胶新线路堤边坡侵蚀程度的差别就是由二者路堤边坡土壤类型不同决定的。由于土地资源的限制，路堤边坡填筑土类除就近利用外，还大量利用各种风化岩、土砾混合、河湖沙砾等。另外，路堤边坡在填筑时，分层填筑、分层压实，土壤的渗透性能降低，增强了路基边坡的土壤侵蚀程度和发生的频数。可见，高速公路路基边坡土壤物质组成及理化性能完全不同于坡耕地土壤。

产流产沙规律的研究多以高速公路工程建设项目排土场、弃土弃渣体和路堤及路堑等作为主要研究对象，前者属于人工松散堆积物，土壤可侵蚀性比自然坡面高出10～100倍，其侵蚀产沙量一般是自然裸露荒坡的10倍以上；后者属于人工构筑边坡，作为道路建设施工期形成的重要地形单元，挖方坡（路堑）及填方坡（路堤）是道路建设工程土壤侵蚀的重要来源。

研究主要通过模拟一定的降雨或径流水动力条件，在小区尺度上，探讨不同扰动方式下重塑下垫面的土壤侵蚀过程，以通用土壤流失方程（USLE）的经典模型框架进行侵蚀因子的分析，归纳侵蚀过程的水沙演变规律，并试图建立各自不同的预报方程。

高速公路边坡土壤侵蚀机理进行了研究较迟，部分研究处于空白，不过我国生产工程建设项目做了大量的工作。表4-6所列内容体现了高速公路工程建设项目类似的不同下垫面在不同试验条件时的产流、产沙特征，具有一定的代表性，在理论研究及生产实践中均有较高的参考意义。

表4-6　高速公路工程建设项目相类似不同下垫面的产流、产沙规律

研究者	下垫面	产流、产沙特征	参数意义	坡度范围/(°)	备注
杨成永和王鹏程（2001）	铁路路堤边坡	$y=ax-b$	y为土壤侵蚀量（t/km^2）；即为次半宽降雨量（m^3/m），即降雨量与路堤顶面半宽的乘积	33.7	天然降雨模拟降雨
奚成刚等（2002）	铁路路堑边坡	$R=at^3+bt^2+ct+d$ $E=mt^3+nt^2+pt+q$	R为产流模数，单位$mL/(m^2 \cdot min)$；t为时间（产流至稳渗）；a、b、c为参数，不同时为零；E为产沙模数，单位$g/(m^2 \cdot min)$；m、n、p、q为参数，不同时为0	30～45	模拟降雨
魏忠义等（2004）	矿区排土场平台及其边坡	$R=a_1I-b_1$ $W_s=a_2R-b_2$	R为次径流模数（m^3/km^2）；I为30min或45min时段雨强（mm/min）；W_s为次土壤侵蚀模数（t/km^2）；a_1、a_2、b_1、b_2为参数	3、35	天然降雨定位观测
徐宪立等（2005）	公路路堤边坡	$R_d=aPI+b$ $E=k(R_d)^m$	R_d为径流深（mm）；P为降雨量（mm）；I为平均降雨强度（mm/h）；E为侵蚀模数（kg/km^2）；a、b、k、m为参数	30	天然降雨定位观测
王文龙等（2006）	矿区扰动地面	$W=a_1Q-b_1$ $M_s=a_2\ln Q+b_2$	W为径流量（L）；M_s为产沙量（kg）；Q为放水流量（L/min）；a_1、a_2、b_1、b_2为参数	5、11、17	放水冲刷
陈奇伯等（2008）	水电站弃渣堆积体平台及其边坡	$A=kq^m$	A为产沙量（kg）；q为径流量（mL）；k、m为参数，$m<1$	<5、26	模拟降雨
王贞等（2010）	非硬化路面	$R=a_1Q+b_1$ $M=a_2\ln Q+b_2$	R为径流率；Q为放水流量（L/min）；M为平均含沙量（g/L）；a_1、a_2、b_1、b_2为参数	3、7、9、12	放水冲刷

　　从表4-6中可以看出，径流量、径流率与时段内降雨强度或放水流量间分别以线性关系为主；不同下垫面条件时，侵蚀产沙与产流状况间的量化关系则较为复杂，存在线性函数、幂函数及对数函数三种数学关系，这实际与高速公路工程建设项目存在的多种扰动方式和复杂的地形单元有关。当前，针对单一公路工程建设项目土壤侵蚀的多数研究以单一的或某一特定的地形单元（如弃土弃渣等工程堆积体）为主，对施工营地、施工便道等单元的关注不足，未能系统地研究土壤侵蚀的特征及其演变，因而，相关结论的局限性很大，成果的运用也受诸多现实条件的限制。

　　我国高速公路工程建设项目的土壤侵蚀至今尚无统一的划分方案，鉴于高速公路工程建设项目土壤侵蚀类型的多样性、复杂性及其与生产建设项目自身特性的紧密联系，在明确项目建设特性的基础上，针对不同的公路工程建设项目类型，按照其扰动方式、类型、强度特性及新增土壤侵蚀的不同来源，进行单元划分；在不同地形单元下，分别研究其土壤侵蚀发生的形式、强度、范围及其演变特征等规律；在此基础上综合高速公路工程建设项目的土壤侵蚀特征，筛选土壤侵蚀的评价因子，构建土壤侵

蚀评价的指标体系，建立土壤侵蚀的评价模型，依模型评价结果对项目区各侵蚀单元进行土壤侵蚀危害程度划分，逐步建立高速公路工程建设项目土壤侵蚀的分区划分体系。

以动力学为基础的土壤侵蚀过程模型开发的滞后性，导致目前高速公路工程建设项目土壤侵蚀的研究缺乏对水沙过程的数学刻画。因此，经典分布式模型在生产建设土壤侵蚀领域的适用性也值得探讨，如基于长时间序列的土-水平衡模型（CREAMS）与基于单次降雨事件的水沙运移过程模型（KINEROS）。Hancock等（2000）以模拟降雨试验为基本手段，基于这两个模型分布式参数的校正及估计，对美国科罗拉多州西北部煤矿开发区扰动土壤的多重处理措施之间进行了对比研究及分析，取得了良好的效果，证明了此类模型在高速公路工程建设项目中的实用性。近年来，SIBERIA景观演化模型在矿区弃土场土壤侵蚀模拟和测量方面显出了重要的实用价值，其基本过程为利用激光扫描仪测量—数字高程模型选取—SIBERIA模型参数确定—土壤侵蚀模拟。Hancock等（2008）的研究表明，模型对于参数变化的响应极为灵敏，参数的校正在模型使用过程中极为重要，在模型参数选取及校正准确的前提下，该模型可以准确模拟矿区弃土场休止角边坡细沟侵蚀的时空分布特征及预测废弃矿区的中期（长达50年）土壤侵蚀过程中的冲沟发育速率。因此，SIBERIA景观演化模型为矿区开采后的土壤侵蚀预测提供了一种新的工具。

4.7 高速公路建设项目水土保持工作的思考

西乡至镇巴公路是省级高速公路的重要组成路段（梁璠，2020）。项目实施后，对完善区域路网结构，增强区域路网的安全迂回，提升汉中东南部区域与周边路网的衔接力，实现"县县通高速"的规划目标具有重要的作用。长期以来，受秦岭和巴山的阻隔，陕南的交通十分落后，与外界的联系受到严重制约，社会经济发展缓慢，经济基础薄弱，尤其是山区群众生活十分落后。与湖北十堰至甘肃天水的高速公路相接，这对带动陕南经济社会发展将发挥重要作用（孙崇政，2016）。

4.7.1 高速公路建设项目概况

西乡至镇巴公路工程位于陕西省汉中市西乡县、镇巴县境内，路线起点位于西乡县堰口镇下湾村，设午子山枢纽立交（利用现有十天线午子山立交）与十天高速公路相接；路线沿起点向南沿泾洋河西侧设线，于刘家岭村（K1+658）设置堰口互通立交，后沿泾洋河西侧于堰口村八组设飞凤山隧道绕避堰口镇饮用水源地和陕西牧马河国家湿地公园恢复重建至饮马池；后沿泾洋河设线，经檀木坝、新家坝至罗镇，于青岗坪设置罗镇停车区（具出入口功能，设置1.419km罗镇连接线与G210连接）；之后，设罗镇隧道穿越牛道岭进入泾洋河峡谷无人区，设大郎庙泾洋河特大桥，经龙洞子、大郎庙至小河口，设隧道穿越黄石板，继续沿泾洋河设桥至王家河，于王家河村设杨家河互通立交（设置2.161km杨家河连接线与G210连接）；之后，沿泾洋河继续向南设桥，设隧道穿越胡家梁，后设鱼泉泾洋河特大桥经晏家河、马湾、马头上、马家河、金龙寺至温水峡，设隧道穿越潘家山至马口石与G210线汇合；之后，沿G210和泾洋河设线，经陈家滩、学堂坝、小河子、茶园咀，止于至镇巴县城北侧的泾阳镇小渡坝村，于小渡坝设镇巴立交与G210及镇巴县城相接，路线全长49.56km，主要控制点为下湾、堰口、罗镇、黄石板、王家河、鱼泉、陈家滩、小渡坝。涉及陕西省的一市二县（西乡县和镇巴县）。设计速度为80km/h、四车道高速公路标准，路基宽度25.5m，桥梁宽度25m。桥涵荷载标准采用一级公路标准。立交连接线3.58km，为三级公路标准。

4.7.2　土壤侵蚀及水土保持现状

1. 土壤侵蚀现状

项目区在全国土壤侵蚀类型区划中处于以水力侵蚀为主的西南土石山区，土壤侵蚀类型以水力侵蚀为主，兼有重力侵蚀发育；根据地貌分区，项目区位于秦岭中低山，又根据陕西省及区县水土保持区划，项目区土壤侵蚀背景值平均为500~700t/（km²·a），平均为640t/（km²·a）。根据《土壤侵蚀分类分级标准》（SL 190—2007），项目区土壤流失容许值为500t/（km²·a）（表4-7）。

表4-7　工程沿线区域土壤侵蚀现状表

县区	西乡县	镇巴县
土地总面积/km²	3240	3437
土壤侵蚀面积/km²	1687.82	2581
占总面积比例/%	52.09	75.09
轻度/km²	995.92	388.96
占土壤侵蚀面积比例/%	59.01	15.07
中度/km²	428.58	851.47
占土壤侵蚀面积比例/%	25.39	32.99
强度/km²	168.29	1159.64
占土壤侵蚀面积比例/%	9.97	44.93
极强度/km²	53.00	130.86
占土壤侵蚀面积比例/%	3.14	5.07
剧烈/km²	42.03	50.07
占土壤侵蚀面积比例/%	2.49	1.94
侵蚀总量/万t	108.032	165.18
土壤侵蚀模数/[t/（km²·a）]	640	640

2. 水土保持现状

根据《全国水土保持规划国家级水土流失重点预防区和重点治理区复核划分成果》《陕西省人民政府关于划分水土流失重点防治区的公告》划定项目区所属水土流失"两

区复核划分"的实际情况，项目区涉及的西乡县和镇巴县属于丹江口库区及上游国家级水土流失重点预防区和省级重点治理区中的秦巴山区重点治理区，镇巴县属于省级重点预防保护区的巴山中山保护区。主要土壤侵蚀类型有水力侵蚀、重力侵蚀两种类型，以水力侵蚀最为普遍，范围较广，危害严重。

项目区自然因素造成的土壤侵蚀较轻，目前土壤侵蚀主要为人类活动造成的新增水土流失。其主要表现为土地资源过度开垦、乱砍滥伐及频繁生产建设活动，因扰动破坏了地表，使新增水土流失量急剧增加。据调查，目前工程沿线地区新增土壤侵蚀的情况是毁林毁草、开荒垦殖、修路、城镇庄院建设等人类活动，这些活动不但使生态环境受到严重破坏，加剧了土壤侵蚀，而且随着开挖扰动地面的逐步扩大、弃土弃渣堆积量的不断增加，危害程度日趋严重，如不及时采取防治措施，将会造成土壤侵蚀、植被减少、渠道和河道淤积堵塞、河道泛滥成灾等更大的土壤侵蚀。项目区位于西乡县和镇巴县，沿线土地除建设用地外，多为耕地、滩涂、林地和荒草地，绿化情况良好。当地进行水土保持治理措施较为简单。

4.7.3　高速公路建设中成功案例经验和效果

高速公路水土保持生态工程建设对当地生态、人文环境和促进区域社会经济发展具有十分重要的意义。为此，对西乡至镇巴高速公路建设中成功经验和达到的效果加以分析。

1. 西乡至镇巴高速公路的主要成功经验

水土保持工作是高速公路建设的一项重要内容，它贯穿在高速公路建设的每一个环节中，所以从设计到施工一直到后期的运营工作，都提出了具体措施和要求。例如，在高速公路设计之初，基于强烈的生态意识，积极优化调整公路选线，避开动物保护区，留出动物生存空间；在建设前期，积极编报水土保持方案和水土保持专项设计，在高速公路施工之初，并尽量平衡土石方，减少土石方开挖对地表植被的破坏和所引起的土壤侵蚀量。弃土场选择在荒山谷中，所有临时占用土地，所有可恢复土地，施工结束后都进行了复垦。该项目不仅较好地控制了由工程建设造成的土壤侵蚀，而且还对原有的土壤侵蚀进行了有效的治理，大大改善了项目区的植被状况，使当地的生态环境得到了明显的改善。该项目的水土保持工作主要有以下几点经验。

（1）依法加强水土保持管理，实行年度目标考核，是破解水土保持发展瓶颈和组织落实的关键。各级水土保持目标责任的主体持续不断地、持之以恒地强化"领导组织"，将必需的相关活动提上工作日程，并不折不扣地按时序执行好，对于推动水土保持工作具有提纲挈领的作用。西乡至镇巴高速是国家的重点建设工程，公司、建设管理处对水土保持工作实行年度目标考核，将综合治理和预防监督任务列入政绩考核内容，对措施得力的单位进行奖励，对措施不力的单位进行通报并限期整改。项目开工建设初期，古镇管理处便结合项目建设实际，成立了西乡至镇巴高速建设项目生态环保工作领导机构。建设管理处从工程开工之初就不断强化对水土保持工作的认识，要求实际和施工企业都要按国家的水土保持法律、法规进行文明施工，对施工单位提出了明确的防治土壤侵蚀、减少环境破坏的要求。针对公路工程作业面点多面广、工期较长的特点，公司、建设管理处专门安排专门机构负责工程生态环境方面的工作，明确了责任，机构中有多名高、中级工程技术人员，在公路建设的水土保持工程规划、设计、施工、检查、验收等各方面实施全面管理，确保了水土保持方案的全面实施。

（2）按照项目报建要求，坚持环水保与主体工程同步实施，是认真贯彻落实水土保持"三同时"制度的重要措施。根据《中华人民共和国水土保持法》第二十五条相关规定，公司、建设管理处在工程建设之初就对工程的水土保持工作有一个比较完善、系统的规划和设想，并在工作建设过程中予以认真落实和设计，按设计组织施工，按规划设计落实各项治理资金，并对工程进行检查验收，保障了水土保持工程的顺利实施。在委托编制《水土保持方案》的基础上，再次对公路的水土保持措施进行系统、完善的治理，较好地实现国家对生产建设项目的水土保持要求。西乡至镇巴高速公路位于南水北调中线水源地范围，环保要求严，为此，项目伊始就将环水保工作同主体工程"同安排、同实施、同使用"，环水保工作的现场管理同主体工程同步进行，不同阶段安排相应的工作，避免出现以往项目完工后再进行环水保补救工作的情况。

（3）采用国内先进的管理经验和模式，按照现代化的工程施工和施工的水土保持技术要求，是水土保持工程管理强有力的内在保障。西乡至镇巴高速公路横穿关中至陕南之间的天然屏障——秦岭山脉，是陕西省乃至全国地形最复杂、工程最艰巨、投资最大的高速公路。工程从前期工作、施工招标、监理选择，到施工组织、管理、监督，合同管理、财务管理各方面都构建了一整套先进、规范的管理模式，从体制上保证了工作的高效能，最大限度地避免了工作中可能出现的失误，也为提高项目建设水土保持工作的管理水平积累了经验。西乡至镇巴高速公路施工面积大、工期长，在施工布局和方法上采用了系统工程原理和方法，大大减少了建筑物和施工对地表的影响区域和影响时间，极大地减轻了工程建设造成的土壤侵蚀量。水土保持工程的施工中全部采用现代化机械设备，使工程的开挖、掘进、装运效率提高，大大减少了施工扰动地面面积和缩短了施工扰动地面时间，使裸露地表得到最快的平整、清理和覆盖，避免了施工期的大量土壤侵蚀。

（4）优化水保方案设计，推广先进技术，是提高科学技术含量和实现工程建设费省效宏的技术支撑。无论是主体工程还是水土保持工程，无论是工程防护还是生物防护，把先进的治理、开发技术融入工程设计中，确保实现设计思想，使设计目标和防治目标在工程实施中得以落实，即在设计和施工中注重主体建设与水土保持相结合，既能实现主体工程建设的目标，同时也能满足水土保持的要求，使水土保持与主体工程的设计、施工一体化，同时将水土保持生物措施与绿化美化结合起来。另外水土保持工程具体施工中，在领会水土保持方案设计的基础上和满足水土保持目标的前提下，根据各施工场地的特点，进行优化设计和施工，达到费省效宏的目的。

2. 西乡至镇巴高速公路在公路建设中达到的效果

1）建设理念方面

（1）树立水土保持理念，应用高科技手段，搞好高速公路的选线工作。在高速公路规划建设中，做好相应的选线工作，不仅能够提高各项资源的利用率，还能够保证高速公路的整体施工质量。高速公路的选线一般分三步进行，首先，在初步规划中确定路线的范围（可称为路线规划带）；其次，在选线阶段确定路线的基本位置；最后，通过线形设计确定路线的最终位置。其中对确定路线位置影响最大的是选线工作。西乡至镇巴高速公路穿越秦岭山区，地貌地质构造极其复杂，地质断裂带、滑坡、泥石流、溶洞等地质病害发育，在公路选线上采用了高科技勘测方法和监测手段，通过RS、GIS和GPS，进行山区公路生态环境评价和地质病害分析研究，选择技术经济上可行又利于环保的路线方案。

（2）把新生态保护理念贯穿到高速公路建设全过程。生态高速公路理念的提出突破了高速公路的固有设计理念，符合"构建和谐社会"和环境保护的方针，延伸了高速公路的内涵。近年来，人们对生态环境的保护意识不断增强。高速公路作为国家重要基础设施建设的一部分，生态环境的环保工作任重而道远。西乡至镇巴高速公路从项目开始之初就定位了建设"生态环保路、脱贫攻坚路、科技示范路"和"二十一世纪生态环保样板路"的战略目标。为了实现这一目标，西乡至镇巴建设管理处从选线、设计，一直到施工生态环境保护都给予了极大的重视（图4-1）。

图4-1 西乡至镇巴高速公路将生态保护理念贯穿到高速公路建设全过程
（摄影/舒洪涛，纪金刚）

（3）强化水土保持理念，加大培训力度。项目建设紧紧围绕"尊重自然，注重预防，强化治理，打造绿水青山，推进土壤侵蚀防治体系和防治能力现代化"总体目标，坚持问题导向，强化责任担当，加快综合治理进度，创新监管方式，狠抓工作落实，推动水土保持各项工作取得显著成效。提升项目参建人员的环水保业务知识水平和技能，为项目建设环水保工作正常有序开展奠定了基础。以"普及水土保持法、重视水土保持法、遵守水土保持法"为目标，自项目开工以来，2018～2020年连续3年，管理处坚持每年一次集中培训，针对项目特点、当年工程建设安排、环保水保工作重点、面临的形势和任务等，有针对性地精心编写培训材料，制作课件，提高培训教育的针对性和实用性。在做好集中培训的同时，要求各施工单位对项目部工程管理人员、作业队伍进行二次培训，开工建设以来，累计2000多人次参加了培训，做到培训教育全覆盖，确保培训效果。

2）工程设计方面

（1）提高桥隧比例，减少对环境的扰动和开挖。西乡至镇巴高速公路全线桥梁和隧道比例高达91.8%，属于典型的特殊复杂地形条件下的山区高速公路，是西乡至镇巴高速公路的重要一段（图4-2）。全线的关键控制性工程西乡隧道，横穿体积超过8.9万 m^3 的巨型溶洞群，溶洞内最大日涌水量达1.9万 m^3，为我国西北地区高速公路隧道施工所罕见的高风险隧道。西乡至镇巴全线在设计中始终贯穿"多打隧道多架桥、多砌挡墙护边坡、少挖少取保耕田，隧道上桥梁下照样耕作或绿化"的主导思想。虽然会使工程直接费用增大，但对于保护好环境有着积极而深远的战略意义。尊重自然、保护自然、恢复自然，西乡至镇巴高速公路最大可能性减少大开挖、大回填，尽量保持山川生态原貌，按照经济、实用、美观的原则，在主线绿化工程设计时，以植被恢复、环境美化为目标，结合山川自然地貌，力求保持原有生态环境，采用当地适宜生存的特色树种实施绿化工程，因地制宜地进行绿化与美化，将项目建设融入当地人文环境，充分展现地方特色和区域风貌。

图4-2　西乡至镇巴高速公路提高桥隧比例、减少对环境的扰动和开挖（摄影/舒洪涛、纪金刚）

（2）积极采取原地貌恢复措施，使建设项目对自然生态的影响降低到最低限度。绿水青山就是金山银山，建设生态文明是关系人民福祉、关乎民族未来的长远大计。西乡至镇巴高速公路穿越国家生态保护区和南水北调中线水源地，环水保要求高、压力大。项目建设全过程将生态环保与工程建设同安排、同检查、同落实，建立和完善了全线生态环保管理体系，实现了工程建设与生态环保工作稳步推进。创新引入第三方环水保监测监理机构全程监管，编印《水土保持和环境保护应知应会手册》，坚持全员全过程生态环保专项培训，组织开展"呵护泾洋河，共建环保路"志愿活动，西乡至镇巴高速公路项目沿泾洋河河谷布设线路，河谷山大沟深，地形狭窄，穿越无人区，项目桥梁工程长达38.1km。此前，管理处多次召开河道清理现场会及专题会议，分阶段对河道内弃渣进行清理，其中XZ-05、06合同段辖区内河道于2020年5月中旬经西乡、镇巴两县政府水利部门验收合格。二次利用隧道弃渣补充路基原材料，优化弃渣场建设防止土壤侵蚀，开展河道清理、裸露边坡复绿复垦，将建设绿色公路理念贯穿始终（图4-3）。

图4-3　西乡至镇巴高速公路将建设绿色公路理念贯穿始终（摄影/舒洪涛，纪金刚）

（3）强化工程防护和生物防护的有机结合，尽可能增加植被面积。在满足工程安全的前提下，西乡至镇巴建设管理处着重强调工程防护和生物防护的有机结合，尽量增加植被面积。例如，路基边坡在不受河溪的冲刷影响下，积极采用网格、拱形护坡等其他防护加植物防护的形式。对挖方段，采用低挡墙加网格、拱形等工程防护和生态防护相结合，在结构物周围种植一些爬藤植物，使植物上爬和垂吊，起到防护作用，同时美化了环境（图4-4）。

图4-4　西乡至镇巴高速公路美化环境效果（摄影/舒洪涛，纪金刚）

（4）优化设计方案，注重水土保持及环境保护。西乡至镇巴高速公路土石开挖516.88万m^3（含表土剥离30.57万m^3）、回填187.29万m^3、废弃方299.02万m^3；全线设置弃渣场9处，总占地面积36.41hm^2，设计堆渣量423.00万m^3，弃渣总量299.02万m^3；全线布设预制梁场27处、搅拌站27处、小型构件预制场9处、路面拌合站2处。设计坚持了"统筹兼顾、效益优先、适度超前、突出创新，注重环境保护，坚持可持续发展"的原则，使公路建设与生态环境保护协调统一，在设计中始终贯穿"多打隧道多架桥、多砌挡墙护边坡、少挖少取保耕田，隧道上桥梁下照样耕作或绿化"的主导思想，委托水利部水土保持生态工程技术研究中心对西乡至镇巴高速公路水土保持设施进行了技术评估。汉中市和有关县水土保持监督站从项目开工之初就积极行使了监督检查职责，及时发现和解决施工中的问题，在水土保持部门和建设单位共同努力下，为建成了环保生态路，实现了西乡至镇巴高速"绿色之路、环保之路、生态之路、人文之路"的目标。

（5）保护沿途自然生态，实现环境和谐。西乡至镇巴有国家Ⅰ级保护动物：虎（彪）、金钱豹（豹）、云豹（艾叶豹）、金雕、梅花鹿、羚牛、白鹤；国家Ⅱ级保护动物有黑天鹅、黑熊、金丝猴、青猴、猕猴（黄猴）、獐、鬣羚（明宗羊）、斑羚（灰色羊、青羊）、林麝（獐子、香子）、豺（豺狗）、大灵猫（七节狸）、金猫、小灵猫（九节狸）、白冠长尾雉（花鸡）、红腹角雉（娃娃鸡）、勺鸡（憨鸡）、红腹锦鸡（金鸡）、猞猁、水獭、隼形目（鹰类）所有种、鸮形目（猫头鹰类）所有种、大鲵（娃娃鱼）；省重点保护动物有野猫（豹猫）、秦巴北鲵等。充分考虑野生动物保护和自然保护区的完整性，预留动植物逃生和迁徙通道。西乡至镇巴全线充分考虑了野生动物保护和自然保护区的完整性，为避免高速公路建设过程以及建成后对自然保护区造成分割、影响野生动物的生存环境，采取了绕开保护区，增加投资的措施，使自然保护区保持完整，减少了高速公路建成后对朱鹮等野生动物生存和生活的影响；尽量减少对土地和自然植被的扰动，实现环境和谐。

　3）工程建设方面

（1）认真开展调查研究，努力找准调研方向。西乡至镇巴高速公路建设负责人多次到现场实地勘察、规划，认真研究造地方案，详细制定了相关的造地标准和原则。管理处便结合沿线实际情况，对路堤路堑边坡、截排水沟、弃渣场、中央分隔带及路基两侧绿化等进行专项设计，确保每处扰动地表均有针对性措施防治土壤侵蚀，保护生态环境。在施工过程中，路堤路堑开挖后立即进行综合防治，弃渣场按照"先挡后弃、分级弃渣、分层碾压、排水畅通"的原则弃渣，做到了生态环保工程措施与主体工程同时施工，施工沿线的生态环境得到了有效的保护（图4-5和图4-6）。

（2）充分利用弃渣，力求实现挖填平衡。对主线工程区、弃渣场区等的挡渣墙、护坡等工程措施的质量、完好性、稳定性，采用普查法进行监测；对主线工程区、弃渣场区等的截排水沟、沉沙池等工程的质量，采用抽查法进行监测；对桥隧工程区等的拦沙、沉沙工程的拦渣淤积量，采用抽样调查法进行监测；对主线工程区、弃渣场区等不同植物措施的成活率、生长状况等，采用样方调查法。对剥离的表土规范存放，

图 4-5 及时对开挖的路堤路堑边坡采取工程及植物防护措施（摄影/舒洪涛、纪金刚）

图 4-6 弃渣场、中央分隔带绿化进行专项设计（摄影/舒洪涛、纪金刚）

用于后期弃渣场等临时用地的复垦。对隧道、路基开挖产生的弃渣，检验后符合质量要求的，加工成碎石、片石等地材，或用作路基填方，西乡至镇巴高速公路项目累计利用隧道洞渣 96.8 万 m³，有效地降低了弃渣对环境的污染。西乡至镇巴高速公路建设中利用弃渣加工机制砂用于隧道衬垫和装修，午子山收费站、罗镇收费站、午子山服务区、杨家河收费站、镇巴北收费站（含交警营房）及沿线隧道配套房等工程，午子山服务区位于汉中市西乡县罗镇附近，占地 8.60hm²，总建筑面积为 5533.72m²。在上述工程中充分利用了弃渣，达到了减少弃渣量，同时也减少了弃渣对土地资源的占压的目的，完善公路功能的同时，一定程度上改善了当地居民的民生问题，最终使弃渣利用率达到 70% 以上。

（3）为了最大限度地保护原始地貌，避免工程破坏。管理处始终坚持"不破坏就是最大保护"的原则，项目路线基本沿泾洋河设线，大量采用纵向桥梁减少山体开挖。隧道遵循"零开挖"设计理念，注重与自然环境的和谐统一；为防止桥面雨水直排进入河道污染水体，专门设计了桥面雨水集中、沉淀、处置于一体的雨水径流收集系统；隧道照明采用 LED 灯智能照明系统，服务区设施采用天然气和空气源热泵等清洁能源，利用再生资源，倡导清洁能源。同时针对路堤路堑边坡、截排水沟、弃渣场、中央分隔带及路基两侧绿化等进行专项设计，确保每处扰动地表均有针对性措施防治土壤侵蚀，保护生态环境。为避免施工单位进场后修建施工便道，边坡开挖破坏生态环境，管理处投资 1.6 亿，采取施工便道与地方道路永临结合的方式，按照四级公路标准修建施工便道 34.4km，建成的施工便道后期可用作地方通村公路使用，减少临时用地 6.7hm²。项目在选线初期，便充分考虑生态、环保等因素，多次邀请专家对设计方案进行审核，按照地质地貌、植被分布等实际情况，分段对设计方案进行优化。K2+420—K4+835 处原设计为一座特大桥，环评报告已通过评审，但管理处考虑该处位于午子山风景名胜区和牧马河国家湿地公园，组织专家经过反复论证、比选，最终选定以特长隧道替代原有的特大桥方案，成功绕避了午子山风景名胜区和牧马河国家湿地公园两处生态环境敏感点。

4）植被建设方面

（1）严格保护原生植被，尽量减少建设破坏，保水保土。地表基底的稳定性对工程的恢复非常重要，因为地表基底（地质、地貌）是这个生态系统发育与存在的载体，若基底不稳定（如滑坡、崩塌、坍落等），就不可能实现生态系统的持续演替和发展。西乡至镇巴高速公路项目使用林地共计45.3582hm^2，最大限度地保护原始地貌，控制开挖面，避免工程破坏。西乡至镇巴高速公路项目始终坚持"不破坏就是最大保护"的原则，项目路线基本沿泾洋河设线，大量采用纵向桥梁减少山体开挖，隧道遵循"零开挖"设计理念，注重与自然环境的和谐统一。西乡至镇巴全线路基开挖挖掉路域原有树木，建设管理处组织施工单位全部假植，待路基建设好后全部栽植。对施工开挖造成的裸露坡面进行植物防护，要求防护工程完工一处复绿一处，立即采取植物防护措施，采用栽植乔、灌木和撒播草籽等方式进行防治，恢复边坡生态，防止土壤侵蚀（图4-7）。设计阶段，项目选线初期便充分考虑环保、水保等因素，按照地质地貌、植被分布等实际情况，分段对设计方案进行优化。路线基本沿泾洋河设线，大量采用纵向桥梁减少山体开挖，设计注重与自然环境和谐统一；为防止桥面雨水直排进入河道污染水体，专门设计了桥面雨水集中、沉淀、处置于一体的雨水径流收集系统。

图4-7 对施工开挖造成的裸露坡面进行植物防护（摄影/舒洪涛，纪金刚）

（2）重视物种选择，实现人工建植植被与自然植被的和谐演替。公路生态系统是自然界巨大生态系统的组成部分，它与整个生态系统有同一性，又有独特性。它们的同一性在于基本组成相同，均有一定的食物链作为生物间及生物与外环境的联系，而且都有能量转化与物质（养分）循环的规律；其营养级逐级向上，生物个体数量、生物量、能量呈生态金字塔形。首先，绿化和植被恢复在物种选择方面充分结合沿线的气候及区域的土质特点选取合适的苗木和草种，坚持适树（草）适地的原则，加上植物措施（表4-8），这样既实现了"四季常绿、三季有花"的设计目的，也利用了物种种类多、乡土树草种占优势的特点。选择的树草种中，当地品种占70%以上，这些树草种在当地能够自我繁衍更新，可持续性强（图4-8）。其次，这些当地物种能够与另外一些物种构成有序群落，有利于植被演替、健康有序发展。最后，与周围的植被形成一种和谐的环境，实现生态安全。实现了陕西省政府、省交通厅提出的要把该路段建设成为"生态环保路、脱贫攻坚路、科技示范路"的战略目标。

表4-8　西乡至镇巴高速公路工程植物措施

分区	植物措施
路基工程区	栽植乔、灌木15073株，边坡植草3.20hm²，撒播草籽73.50kg
桥梁工程区	植草1.23hm²，撒播草籽36.90kg
隧道工程区	植草0.12hm²，撒播草籽3.60kg
互通立交区	栽植乔、灌木4147株，绿化10.17hm²，植草8.60hm²，撒播草籽306.60kg
附属设施区	栽植乔、灌木2447株，绿化1.65hm²，植草0.74hm²，撒播草籽44.55kg
弃渣场	栽植灌木81817株，植草38.50hm²，撒播草籽1155.06kg
施工便道	栽植灌木35750株，植草14.30hm²，撒播草籽429.00kg
施工生产生活区	栽植灌木24608株，植草9.84hm²，撒播草籽295.29kg

（3）有力地推动了全线绿化，促进了退化生态系统恢复。提高边坡生态防护技术的科学技术含量，是边坡绿化防护工程成败的重要环节。边坡生态防护技术涉及工程力学、岩土力学、地质水文学、土壤肥料学、生物学、园艺学、景观生态学等学科，务必不断在这些理论领域有所突破，努力引进开发新材料、新工艺及配套施工机械设备，充分吸收新的科研成果、先进技术和工程施工经验，注重行业间的技术交流与合作。西乡至镇巴全线绿化目标是：修复山体，消除隐患，美化环境，恢复生态，保持水土，实现资源利用、环境保护、景观效果的统一。吸收借鉴国内外高速公路绿化和植被恢复的经验和教训，确保绿化和植被恢复效果又好又快。尽可能地采用新技术、新材料、新方法、新理念、新模式，促进绿化和恢复的又好又快发展。全线大量采用三维网垫、植生袋、布鲁克网等新材料，挂网喷播、拱形护坡等新技术以及消除种间竞争，平衡坡面上、中、下的水分、养分措施的新理念和植被建植模式等（图4-9）。

5）工程建设管理方面

（1）依据法律法规，进行监督管理。依据《中华人民共和国水土保持法》及水利部5号令的具体要求，开工伊始，管理处就成立了环水保工作领导机构，各监理、施工单位也分别成立了相应机构，实现了环水保工作全员参与、全面监管。同时引入环保监理、水保监理、环境监测、水保监测4个第三方专项监理单位，组织开展项目建设环水保工作，切实提高了项目建设期环水保的管控。施工阶段对剥离的表土进行集中规范存放，用于后期弃渣场等临时用地的复垦；隧道弃渣二次利用作为路基填料或生产碎石材料，有效降低了弃渣对环境的污染；设立危废暂存库，将施工产生的危废物集中分类存放，统一专业处理；对开挖的山体及时进行复绿，路基边坡施工，采用生态防护方案；拌合站设置五级沉淀池，场地内的废水经过沉淀后循环利用，严禁外排污

挂网喷播植草

骨架植草护坡

骨架植生袋种草＋布鲁克网

布鲁克网护面

图4-8　构筑绿色生态走廊效果

图4-9　西乡至镇巴高速公路推动全线绿化（摄影/舒洪涛，纪金刚）

染水体；临建设施选址建设尽可能在红线范围内，减少临时用地，节约土地资源；施工结束后，及时对河道内临时设置的桩基施工平台、便道、栈桥等进行拆除清理，恢复河道生态；临时用地按照"用完一处、恢复一处、移交一处"的原则，及时对已使用结束的临建设施进行拆除，恢复临时用地；按设计要求及时对弃渣场进行治理，防止土壤侵蚀。

（2）细化水保措施，认真组织落实。西乡至镇巴建设管理处在水土保持方案获得批复之后，在工程建设中，细化水土保持措施，认真组织落实，严格坚持水土保持及环境保护设施与主体工程同时设计、同时施工、同时投产使用的"三同时"原则，从设计、施工、管理、监督等各个环节入手，细化水土保持措施，加强水土保持工作。另外，要求各项目组在日常管理工作中，及时邀请公路设计部门、当地政府及相关业务部门，对原公路设计部门设计的取土场、弃渣场进行现场调查，选择合理的位置，想尽办法将公路建设对环境和水土的影响降到最低限度。路线基本沿泾洋河设线，大量采用纵向桥梁减少山体开挖，设计注重与自然环境和谐统一；为防止桥面雨水直排进入河道污染水体，专门设计了桥面雨水集中、沉淀、处置于一体的雨水径流收集系统。

（3）开展文明工地建设，降低公路建设土壤侵蚀损失。进入工地的入口处放置"五牌一图"，即工程项目简介、工程项目责任人员名单和监督电话牌、安全生产制度牌、消防保卫制度牌、文明施工和环境保护制度牌以及施工总平面布置图（图4-10）。在工程建设过程中，始终要求施工单位坚持文明施工、安全生产，做到工完料净地清；现场及各种粉状材料来取遮盖、洒水措施、保证存放、运输时不扬尘无烟雾；挖方土石、取弃土及垃圾废料的处理、施工噪声振动严格按环保规定防治，同时要求施工单位在施工中严禁向水源中排放钻渣、油污等物质，生活污水或垃圾按环保规定处理，严禁污染水体。

图4-10 西乡至镇巴高速公路开展文明工地建设（摄影/舒洪涛，纪金刚）

（4）政府和环保部门联合协作，加强监督管理。进一步加大与地方政府、地方水保、环保部门的协作，主动接受地方主管部门的监督与指导，配备相应的环保设施和技术力量。通过合作取得沿线各界群众的理解和支持，早谋划、设计好改革方案，理清可能面临的一些障碍性因素，共同把西乡至镇巴高速公路工程的环保和水土保持工作管好、做好，最终实现争创生态样板路的目标；公路建设期间西乡至镇巴建设管理处多次邀请省水保局、环保局领导及沿线市县水土保持部门到建设施工现场检查指导工作，为水土保持及环境保护工作献计献策（图4-11）。

图4-11　西乡至镇巴高速公路工程施工单位开展环境保护活动

（摄影/舒洪涛、纪金刚）

4.7.4　高速公路建设案例存在问题和通车后弃渣场治理的难度

1. 高速公路建设存在的问题

高速公路建设项目长期以来形成了重工程、轻生态的思想，在建设过程中造成了大量水土的流失，主要表现在以下几个方面：①开挖扰动地表，破坏原生土壤结构；导致土壤侵蚀。②损毁树林植被、水土保持设施，占压耕地良田资源。③改变沿线的水系结构和汇流条件，影响农田灌溉。④对道路的营运安全带来影响。因此高速公路建设存在的问题是一项重要的研究课题。以西乡至镇巴高速公路建设为例分析存在以下几个方面的问题。

1）修筑路基产生裸露坡面或不稳定边坡

全线路堤拱形骨架护坡2104.80m，土方开挖3311.80m³，土方回填4257.60m³，C20混凝土5339.50m³；路堑拱形骨架170.00m，土方开挖206.40m³，土方回填286.30m³，C20混凝土206.40m³；边沟及排水沟909.50m，土方开挖2966.87m³，C20现浇砼2274.05m³；平台截水沟4784.00m，土方开挖879.44m³，C20现浇砼866.88m³；急流槽835.31m，土

方开挖2069.70m³，C20现浇砼1297.93m³；土地整治4.95hm²；表土剥离5.02hm²。大部分路基边坡基本上都在裸露坡面内施工，这种坡面属于人为性边坡，土壤表面几乎没有任何植被，地质稳定性受到严重影响。路基坡面冲刷是公路沿线一个常见的问题，在我国北方地区修建公路时，线路开挖导致自然侵蚀加速，加速了冲刷的进程。路基是高速公路的主线，通常路基建设或开挖路堑或修筑路堤需要挖土填方。因此，许多路基边坡为裸露、坡面或堆积边坡。这些人为裸露坡面或堆积边坡表层几乎无植被覆盖，地质不稳定。

2）挖方取土对土地造成毁灭性破坏

全线建特大桥32637.15m（6座）、大桥5154.4m（13座）、中桥37m（1座），桥梁全长37828.55m，占路线总长的76.40%；建设长隧道3683.4m（2座）（双洞）、中隧道2208.5m（3座）、短隧道1521m（6座），隧道总长7412.9m（11座），占路线总长的15.00%；全线建设午子山、堰口、杨家河、镇巴互通式立交4处，立交连接线3.58km（2处），建设收费站4处，其中3处匝道收费站、1处停车区收费站，停车区1处（带出入功能），不设服务区，合建午子山隧道管理站、养护工区与监控通信分中心一处。西乡至镇巴高速公路土石方开挖528.77万m³、回填220.20万m³、弃方303.92万m³。工程共剥离表土34.48万m³，回覆表土34.48万m³。由于大量挖方取土进行路基填方，局部土地受到大规模的机械开挖、翻动和取土，岩土层受到移动、变形，完全改变了原有土体的自然结构，土壤植被系统几乎遭到毁灭性的破坏。

3）临时设施及活动场所破坏地表自然生态系统

全线临时性占地共78.96hm²，包括弃渣场占地42.78hm²，施工便道占地11.58hm²，施工生产生活区占地24.60hm²。项目拆迁范围内拆除砖楼房19365m²、简易房6442m²、围墙546m、砖瓦房13769m²，拆除共产生建筑垃圾2.47万t。施工设备及材料堆放场、弃渣场、工棚、临时加工场、仓库、便道、施工单位临时驻地等施工用地因压实、分隔、挖损或践踏等，表土层与植被受到不同程度的破坏，地表自然生态系统退化，土地生产力降低甚至丧失。

4）引发区域土壤侵蚀

项目建设占地面积共256.04hm²，其中永久占地177.08hm²，包括路基工程区占地44.82hm²，桥梁工程区占地71.29hm²，隧道工程区占地1.90hm²，互通立交区占地50.83hm²，附属设施区8.24hm²及其他用地，高速公路建设中受到生态破坏的土地，由于表土层抗蚀能力减弱，边坡地质不稳定，在雨滴打击、水流冲刷、风蚀和重力作用下，极易产生土壤侵蚀，成为新的土壤侵蚀源。路基边坡部位还随时有塌陷的可能，甚至引发山体坍塌、滑坡、河流淤积等。道路建设已经成为引发区域土壤侵蚀的突出问题。

2. 通车后弃渣场治理的难度

弃渣场的土壤侵蚀形式主要有面蚀、沟蚀和风蚀3种类型。弃渣场的治理应与整个工程的水土保持设施一致，在不影响整体设计的前提下，采用工程措施与生物措施相结合，以工程措施为先导，发挥其速效性和保障性，确保工程建设期及完成后不发生大的土壤侵蚀，实现防止土壤侵蚀由被动控制到治理开发的根本转变，并达到生产、经济、环境的可持续发展。弃渣场的具体位置在施工图阶段通过调查与当地政府协商后确定，对土壤侵蚀防治有如下要求：①弃渣场的下方影响范围内不得有村庄和重要公共设施，也不得设置于崩塌、滑坡危险区的上方；②堆渣高度不得超过邻近地面高度；③弃渣场边坡及堆置高度应符合《开发建设项目水土保持方案技术规范》要求。西乡至镇巴高速公路批复方案共布设 10 处弃渣场，实际启用弃渣场 9 处，具体设置见表 4-9，总占地面积为 37.85hm^2，总堆渣量为 299.02 万 m^3。按弃渣堆放的位置和地形情况分为沟头弃渣和顺沟弃渣两种类型。

表 4-9　设置的弃渣场基本情况表

弃渣场名称及编号	弃渣场概况	弃渣高度/m	弃渣场类型	可弃渣量/万 m^3	弃渣量/万 m^3	临时占地/hm^2	汇水面积/km^2	占地类型	下游有无涉及安全情况	合理性分析
1#弃渣场（QZ1）	弃渣场位于K2+000右侧2000m关梁河沟内，冲沟隶属于堰口镇陈家河坝村，沟道内为林地，无长流水两侧山坡上游面多种植地，沟道内无长流水，沟底较为宽阔，多为杂草、树木，未见基岩	10	沟道	15	12.91	1.47	0.8	林地、荒草地	下游1km内无村庄及工业设施	合理
2#弃渣场（QZ2）	弃渣场位于K5+000左侧300m饮马池沟内，冲沟隶属于堰口镇堰口社区，沟道蜿蜒曲折，沟道内无长流水，沟底较为宽阔，多为杂草、树木，未见基岩	14	沟道	45	41.06	3.73	3.24	荒草地	下游1km内无村庄及工业设施	合理
3#弃渣场（QZ3）	弃渣场位于K7+000左侧300m向湾口沟内，冲沟隶属于堰口镇马桑村，沟道蜿蜒曲折，沟道内有长流水，沟底较为宽阔，多为杂草、树木，沟道基岩裸露	20	沟道	77	61.55	8.00	1.71	荒草地	下游1km内无村庄及工业设施	合理
4#弃渣场（QZ4）	弃渣场位于K10+500右侧200m魏家沟内，冲沟隶属于堰口镇罗镇村，沟道蜿蜒曲折，沟道内有长流水，沟底较为宽阔，多为杂草、树木，沟口基岩裸露	15	沟道	45	41.43	2.60	1.86	林地、荒草地	下游1km内无村庄及工业设施	合理
5#弃渣场（QZ5）	弃渣场位于K29+000左侧300m岩房沟内，冲沟隶属于杨家河乡王家河村，沟道平坦、顺直，沟内有长流水，坡面多树木，沟底较为宽阔，基岩裸露	9	沟道	18	16.69	2.40	7.97	林地、荒草地	下游1km内无村庄及工业设施	合理
6#弃渣场（QZ6）	弃渣场位于K31+600右侧300m卢家沟内，冲沟隶属于杨家河乡王家河村，沟道平坦、顺直，沟内有长流水，坡面多树木，沟底较为宽阔，基岩裸露	11	沟道	42	10.40	5.20	5.48	林地、荒草地	下游1km内无村庄及工业设施	合理

弃渣场名称及编号	弃渣场概况	弃渣高度/m	弃渣场类型	可弃渣量/万m³	弃渣量/万m³	临时占地/hm²	汇水面积/km²	占地类型	下游有无涉及安全情况	合理性分析
7#弃渣场（QZ7）	弃渣场位于K39+000右侧500m长房沟内，冲沟隶属于泾洋街道办事处，沟道平坦、顺直，沟内有流水，坡面多树木，沟底多乱石，基岩可见	10	沟道	20	7.40	2.40	3.09	林地、荒草地	下游1km内无村庄及工业设施	合理
8#弃渣场（QZ8）	弃渣场位于K41+200右侧3500m南沟内，冲沟隶属于泾洋街道办事处三溪口村，沟道平坦、顺直，沟内无流水，坡面多树木，沟底多乱石，基岩可见	11	沟道	33	9.58	4.05	1.12	荒草地	下游1km内无村庄及工业设施	合理
9#弃渣场（QZ9）	弃渣场位于K49+700右侧1500m的小渡坝黄河沟，该支沟长约1800m，宽约110m，隶属于镇巴县泾洋街道办事处，沟内有长流水，沟内两侧山体植被茂密，局部基岩外漏	11	沟道	120	98	8.00	2.78	林地、荒草地	下游1km内无村庄及工业设施	合理
	合计			415	299.02	37.85	28.05			

　　弃渣场选择与堆弃原则：①弃渣场的上游汇水面积不宜过大；②弃渣场的地形应口小肚大，库容量大；③弃渣场应选择在岔沟、弯道下方和跌水的上方，弃渣场两端不能有集流洼地和冲沟；④弃渣场地质结构稳定，土质坚硬；⑤如果是有污染的渣，还要考虑防渗漏。高速公路弃渣量的设计、建设滞后，加之施工企业行为不规范，导致施工弃渣乱堆滥倒堵塞河道，严重危及泄洪安全。由于山高坡陡，施工过程中存在大量的深挖边坡。由于挖方量大，又受到施工道路限制，运距较远且运输费用较高以及各标段施工单位之间难以配合等，挖填方难以平衡。西乡至镇巴高速公路山高坡陡，夏季多发短时对流天气，致雨量陡增，极易汇集成冲刷力巨大的山洪，而无序弃使本已很窄的泄洪通道遭遇更大压力，个别地点弃渣将河道全部封死，极易形成堰塞湖而造成危害。弃渣场破坏了原地貌，损毁了原地表林、草等水土保持设施，改变了原有的产汇流条件，并使边坡变陡，增加了滑坡、坍塌等土壤侵蚀的可能。

4.7.5 高速公路建设中做好水土保持的措施

　　随着时代的进步与发展，人们的环境保护意识普遍提升。现如今，公路建设所引起的生态问题已经引起了相关单位的高度重视，也引起了普通民众的关注。基于此，围绕高速公路建设项目水土保持措施进行研究具有重要的现实意义。

1. 遵循植被自然演替规律

尊重自然植被的演替规律，在生态系统允许的范围内进行绿化，使坡面能具有形成生态良性循环的自然恢复的能力。从植被角度看，我国植被类型多样，几乎包括冻原以外的现代世界上所有的植被类型。具有植物种类复杂、地理成分复杂、地理分布交错混杂的特点。根据吴征镒主编的《中国植被》，我国的植被分为10个植被型组，29个植被型。植被分布具有明显的水平地带性规律和垂直地带性分布规律，水平地带性规律又包括经度地带性规律和纬度地带性规律。高速公路建设中的生态恢复是人工辅助恢复，与自然相协调的植被。

因此，植物品种的选择不仅要求其生物学、生态学特性适应自然环境，而且要求其生态功能和创造的景观与自然植物群落相似，同时，应根据当地的生物气候条件，在自然生态系统的范围内促进植被的生长发育。本项目确定项目整体防治目标为：扰动土地整治率95%、土壤侵蚀总治理度97%、土壤流失控制比1.0、拦渣率92%，林草植被恢复率99%、林草植被覆盖度27%。根据高速公路边坡的特点和边坡种植的目的，边坡生态防护的植物一般应满足以下要求：①适应当地气候，抗旱性强；②根系发达、扩展性强；③耐瘠薄、耐粗放管理；④种子丰富，发芽力强，容易更新；⑤绿期长，多年生；⑥育苗容易并能大量繁殖；⑦播种栽植的时间较长。可用于护坡的草本植物大部分属于禾本科和豆科。禾本科植物一般生长较快，根量大，护坡效果好，但需肥较多。在植物的配置上，根据各个坡面的不同情况分别选择相应的植物种类，力求简洁。采用草、草花、竹子、灌木、藤本的互相配合，既充分考虑生态防护短、中、长期的防护效果，又兼顾环境景观，做到简洁而不单调、变化而不凌乱，三季有花、四季有景，使高速公路形成车移景异的生态走廊。

2. 加强生态恢复理论和技术的研究

21世纪是人类真正需要进行生态反思的世纪。反思人类与自然的关系，反思人类与地球生命支持系统中植物、动物，抑或微生物的关系，反思人类与地球环境保障系统中的江河湖海、山川大地、森林草原、城镇乡村的关系。地球生物圈尚存的完整自然生态系统愈来愈少，人类未来生存、发展及适应全球变化的珍贵缓冲区正快速萎缩，地球表面随处可见的3D系统（degraded，damaged and destroyed ecosystems）正快速增加，人类生命支撑系统中最为重要的生物多样性也正以前所未有的速度丧失，人类生存与发展之基失稳，亟待从生态保护理念出发，探索生态技术解决方案。加强国内外的理论研究与技术交流是加快我国生态恢复研究的有效方法；建立生态系统预测预报系统和预警系统，确诊我国生态系统退化程度是当务之急；尽快研究适宜我国生态恢复的生物资源，遵循生态学原理进行生态恢复工程建设，并应加强学科、领域、部门合作，系统研究生态恢复问题。目前我国高速公路生态恢复中开发出了许多新的方法和工艺，但是它们多停留在技术层面上，对其中的原理缺乏深入的研究。

高速公路生态恢复技术旨在控制和解决公路建设过程中及竣工后产生的生态环境问题，其实施是遵循植被自然演替规律，采用公路技术与土木措施、水土保持措施等相结合的综合方法，通过不同的建植方式使植物在工程构筑物中得以成活、发育，同时兼顾生态效应、环境效应和景观效应，将不同植物的自然生态习性与其对周边景观的美化、对高速公路行车安全的保障功能结合起来。从发达国家长期的工程实践来看，减少公路建设对环境产生的影响、损害以及对破坏后的生态系统进行恢复、重建，已成为公路生态恢复技术的指导思想。在参照、引进发达国家先进生态恢复技术的基础上，通过多年的实践和探索，我国生态恢复技术已经经历了从简单到多样、从传统技术到现代技术的发展过程，目前应用的有关公路生态恢复技术主要涉及土地复垦工程技术、生态（综合生物）工程技术、路域景观恢复工程技术以及环境保护与污染防治技术（表4-10）。

表4-10 目前应用的高速公路生态恢复技术

划分	应用的有关公路生态恢复技术
土地复垦工程技术	土地复垦是指将公路修建中被破坏的土地（如取弃土场）因地制宜，采取综合整治措施，使其按预定的目标恢复到可供利用的状态。在确定复垦目标时，一般包括恢复生态环境、保持水土等内容。有些土地复垦技术，如生态农业，生物（植物、微生物），施用有机肥以及土壤侵蚀控制等，在相关的公路设施、场地的土地复垦工程中得到了成功的应用。土地复垦技术包括工程复垦和生态复垦。对遭到严重破坏的土地，一般先采用覆盖表土（客土）、平整压实等工程措施进行土壤恢复改造，同时利用专门的土工功能材料（三维网、土工格室、石笼等）来提高固土作用，以提高复垦土壤的抗侵蚀能力。将不同类型的固土功能材料敷设在表层或边坡，既可防止土壤遭受侵蚀，又不影响植物在其内生长，并且成活植物的根系又增强了对土壤的加固作用。对已经严重丧失生产力的土地，利用豆科植物、微生物或有机肥等进行改良，可以加速土壤熟化，恢复生产力。对已具备恢复植被的土地，可因地制宜确定复垦目标，宜林则林，宜草则草，或者草本与灌木、乔木混生，同时还可开展生态农业项目，建立多层次、多结构、多功能的现代农业系统，达到既恢复土地生态功能，又获得经济和社会效益的目的
生态（综合生物）工程技术	生态（综合生物）工程技术是指生物措施与多种工程措施的有机结合或集成，其技术组成通常包括3部分：①环境基础工程，即利用圩工措施或土壤侵蚀控制技术等，为植物建植和生长营造基础（土壤）条件；②植物建植工程，根据当地生境条件，正确选择植物品种，营建稳定的植物群落，这是整个技术的核心和关键，一般选择多年生、根部发达、茎叶低矮、水源涵养能力强以及抗干旱、耐瘠薄、可粗放管理的植物品种，特别注意尽量使用当地乡土植物品种，以便达到快速恢复植被的目的；③植被养护工程，植被恢复工程竣工后，需加强对营建植物的后续管理，以确保植物群落的正常生长，促进生态恢复。近年来，技术较为成熟、应用较广的公路生态工程技术有边坡植被恢复技术、表土收集处置技术、湿地再造技术、野生生物栖息地恢复技术等，其中边坡植被恢复技术通常采用液压喷播或客土喷播工艺，这是工程创面形成的公路边坡普遍采用的综合生物工程技术，即在坡面上先铺设混凝土框格、空心砖等网格状构筑物来加固、稳定坡体和坡面，然后利用喷播设备对坡面进行客土或种子喷播，这种工程技术的应用实现了边坡工程防护、植被恢复和生态防护的有机结合，所形成的多功能护坡结构既增强了公路边坡的稳定性，又恢复和改善了公路沿线的生态环境和景观环境
路域景观营造工程技术	路域景观营造工程技术运用景观生态学原理，预测公路景观组成元素及受其影响的土地变化特点，结合公路建设与营运的特点，设计恢复型、人工型的植被景观。路域景观营造工程技术应用需要体现以下特性：①园林特性，即注重考虑与沿线、区域景观的协调，利用植物、地形、地貌、山岭、水体等元素进行景观设计和施工，同时结合采用雕塑、建筑等造园、造景要素，营造浓郁的艺术、人文景观氛围；②多样性，即根据公路路界所形成的廊道，注重与周边自然景观的协调，既考虑不同区域（山岭地区、平原地区、水泽地带等）的景观恢复，也考虑公路基础设施（防护工程、边坡、服务区、立交桥、路侧地带等）的景观营造；③综合性，通过合理设计，既要使观赏树木、经济树种和各种花卉以其各自的习性产生不同的景观功能，又要把握从育苗、种植到后期管护的方法，以保证植物稳定、健康生长。例如，在公路中央分隔带营建绿化景观带，不仅可以诱导视线、防止眩目、改善环境（净化空气、降低噪声），而且可以恢复公路沿线的自然环境，形成线形流畅的路域景观

划分	应用的有关公路生态恢复技术
环境保护与污染防治技术	公路环境保护通常是指对公路中心线两侧各200m范围内的自然保护区、水源保护地、森林、草原、湿地和野生生物及其栖息地等的保护，因而其含义具有宏观性和系统性，即公路环境保护不仅局限于生物及其栖境的保护和路域生态系统的保护、恢复，还涉及水土保持、水资源保护、环境污染防治等方面。因公路环境污染问题较为多样、复杂，尤其是相关物理性和化学性污染对生态系统可造成直接的或间接的损害，所以公路环境保护和污染防治的目的在本质上与生态恢复是一致的，由此可认为公路环境保护与污染防治技术是生态恢复工程的支撑、协同技术。公路环境污染通常包括空气污染、光污染、土壤污染、水污染、噪声污染及固体废弃物污染等，鉴于公路环境污染加剧与生态承载压力加大的严峻态势，公路交通行业本着"生态环境保护与恢复并重""源头控制与末端治理结合"的理念，近年来大力发展了公路环境保护技术，注重将生物生态技术融合到环境保护、污染防治和节能减排工程中，如服务区污水生态化处理设施、生态排水沟渠、生态隔声屏障等，同时开展了大规模的生态建设与修复、清洁能源和水资源循环利用等试点示范工程，目前在相关方面已形成若干核心技术和关键技术成果，从而有力支撑并促进了公路生态恢复技术的应用和发展

　　建议从以下几个方面加强生态恢复理论和技术的研究：①高速公路路域生态系统的理论，包括该系统的物质流、能量流和信息流等。②高速公路路域新建植物群落动态研究。③特殊地区高速公路路域生态恢复，如黄土地区、干热河谷地区、冻土地区等。④特殊生境的生态恢复，如高速公路沿线湿地、野生动物通道等。⑤生态恢复成套技术的开发，包括植物材料的开发、辅助材料的研发和施工工艺的研发。⑥岩石边坡生态恢复技术研究。

3. 布设弃渣场常规防护措施

　　弃渣场在水土保持方案编制中具有重要的意义，也是方案编制人员重点考虑的要素，确定弃渣场及其防护措施级别与设计标准是其核心问题。弃渣场及其防护措施布设：核心问题是确定弃渣场及其防护措施级别与设计标准，关键技术是地质勘察与稳定分析、拦挡措施设计、防洪排导措施设计。弃渣场设计的主要内容包括：确定弃渣场级别与设计标准，进行调查与地质勘察，进行厂址选择，确定弃渣场类型，初步进行弃渣堆置方案设计，然后进行弃渣体及场地稳定验算，最终确定弃渣场堆置方案设计。弃渣场选址重点考虑以下几个问题：制约因素（自然保护区、生态红线、水源保护区等）；非制约但严重影响安全（滑坡、泥石流危害、工程地质问题严重）；失事后产生严重影响（敏感点，如居民区、公路、铁路等）；必须在测量、地质勘察的基础上进行；必须进行必要的比选，使之技术经济合理。弃渣场分类见表4-11，弃渣场土壤侵蚀防治总体目标为因地制宜采取水土保持措施，有效地防治责任范围内的土壤侵蚀，达到地面侵蚀量显著减小的目的。具体目标为：①通过实施水土保持工程措施，将因工程新增的土壤侵蚀及其危害降低到最低限度，扰动土地治理率达95%以上。②项目工程防治责任范围内的土壤侵蚀治理度达到95%以上。③科学合理地布置水土保持措施，防止弃渣乱堆乱放，建设期拦渣率达95%。乔木、灌木采用穴植方法，在栽植时应注意其栽植的技术要点，即"三填、两踩、一提苗"，栽植深度一般以超过原根系5~10cm为准。④林草植被覆盖度达60%以上。

表4-11　弃渣场分类

弃渣场类型	特征	适用条件
沟道型	弃渣堆放在沟道内，堆渣体将沟道全部或部分填埋	适用于沟底平缓、肚大口小的沟谷，其拦渣工程为拦渣坝或拦渣墙，视情况配套拦洪及排水措施
临河型	弃渣场堆放在河流或沟道两岸较低台地、阶地和河滩地上，堆渣体临河侧底部低于河道设防洪水位，渣脚全部或部分受洪水影响	河道流量大，河流或沟道两岸有较宽台地、阶地或河滩地，其拦渣工程为拦渣堤
坡地型	弃渣堆放在缓坡地、河流或沟道两侧较高台地上，堆渣体底部高程高于河中弃渣场设防洪水位	沿山坡堆放，坡度不大于25°且坡面稳定的山坡；其拦渣工程为拦渣墙
平地型	弃渣堆放在宽缓平地、河道两岸阶地上，堆渣体底部高程低于或高于弃渣场设防洪水位，渣脚全部受洪水影响或不受洪水影响	地形平缓，场地较宽广地区；坡脚受洪水影响时其拦渣工程为围堰堰，不受影响时可设拦渣墙，或不设挡墙，采取斜坡防护措施
库区型	弃渣堆放在主体工程水库库区内河道两岸台地、阶地和河滩地上，水库建成后堆渣体全部或部分被库区水位淹没	对于山区、丘陵区无合适堆渣场地，同时未建成水库内有适合弃渣的沟道、台地、阶地和滩地，其拦渣工程主要为拦渣堤、斜坡防护工程或拦渣墙

　　不同渣场类型的防护措施又略有不同。沟头型弃渣场和填沟型弃渣场位于沟道的顶部或者全部填满沟道，三面为山体，暴雨时上游洪水对弃渣场影响较小，可按常规防护措施考虑；沟中型弃渣场位于沟道中部，弃渣占据沟道断面，滞留上游洪水，因此除了布设常规防护措施外，还必须考虑上游沟道洪水的影响，可通过设置导流堤、泄水槽或排洪渠，将区间泄水排泄至拦渣坝的溢洪道，进而排至下游；沟口型弃渣场位于沟道的出口处，由于整条沟道的洪水都汇集于此，流量较大，除布设常规防护措施外，为保证弃渣及坝体的稳定与安全，应在拦渣坝的上游修建拦洪坝，同时应通过排水涵洞进行地下排洪（张乐涛等，2013）。顺沟型弃渣场堆置在沟道两侧山体上，设计的拦渣坝必须同时满足防洪和拦渣的双重要求并考虑基础埋深和堤顶安全加高。顺沟型弃渣场一般是将弃渣堆置于沟道的岸坡上，临空面坡脚位置一般位于沟道滩地或沟边。对于有高速公路排水要求的弃渣场，排水边沟应与高速公路排水设施平顺连接，排水边沟出口设消能设施，水流通过跌水及消力池、海漫等安全泄入下游沟道。部分弃渣场、沙石料场的后期管理措施还需进一步完善，增强防治效果。

　　因此，①弃渣场选址应根据弃渣场容量、占地类型与面积、弃渣运距及道路建设、弃渣组成及排放方式、防护整治工程量及弃渣场后期利用等情况，经综合分析后确定。②严禁在对重要基础设施、人民群众生命财产安全及行洪安全有重大影响的区域布设弃渣场。弃渣场不应影响河流、沟谷的行洪安全，弃渣不应影响水库大坝、水利工程取用水建筑物、泄水建筑物、灌（排）干渠（沟）功能，不应影响工矿企业、居民区、交通干线或其他重要基础设施的安全。③弃渣场应避开滑坡体等不良地质条件地段，不宜在泥石流易发区设置弃渣场；确需设置的，应确保弃渣场稳定安全。④弃渣场不宜设置在汇水面积和流量大、沟谷纵坡陡、出口不易拦截的沟道；对弃渣场选址进行论证后，确需在此类沟道弃渣的，应采取安全有效的防护措施。⑤不宜在河道、湖泊管理范围内设置弃渣场，确需设置的，应符合河道管理和防洪行洪的要求，并应采取措施保障行洪安全，减少由此可能产生的不利影响。⑥弃渣场选址应遵循"少占压耕地，少损坏水土保持设施"的原则。山区、丘陵区弃渣场宜选择在工程地质和水文地质条件相对简单、地形相对平缓的沟谷、凹地、坡台地、滩地等；平原区弃渣应优先弃于洼地、取土（采砂）坑，以及裸地、空闲地、平滩地等。⑦风蚀区的弃渣场选址应避开风口区域。

4. 探讨项目建设实施水土保持监理工作

我国的水土保持施工监理工作自20世纪90年代末推行以来，经过二十几年的发展，已逐步步入正轨，对提升我国水土保持生态工程建设质量和水平、确保投资效益的发挥起到了极其重要的作用。但由于相关技术标准不配套、管理制度不完善、市场监管不到位等，水土保持工程施工监理还存在很多问题，制约着工作的开展。近年来我国的高速公路建设事业得到了快速的发展，同时也带来了日益严峻的环境问题。高速公路项目由于其建设特点，施工时所经地区将不可避免地扰动地表，破坏植被，如不及时采取有效措施，将会造成严重的土壤侵蚀，对沿线的生态环境造成很大的影响，因此对高速公路施工期水土保持工程实施监理以控制土壤侵蚀和环境破坏已势在必行。但截至目前，我国高速公路水土保持工程监理还没有同主体工程施工监理分开，施工过程水土保持监理流于形式，操作性和效果不佳。

对高速公路建设项目来说，环境管理主要通过采取行政、经济、技术、法律等各种措施，监督生产建设者必须按照法律法规和有关政策从事生产建设活动，预防建设项目产生新污染、破坏生态平衡，减缓和消除因高速公路建设给周围环境带来的不利影响。高速公路线形工程的土壤侵蚀防治措施和主体工程密切相连，主体工程建设的废弃土石是土壤侵蚀的主要防治对象，如果施工单位不按设计方案施工，乱挖乱弃土石，必然加大水土流失量，造成水土保持预算投资不能满足实际治理需要的问题。如果施工单位不按水土保持方案施工，偷工减料，或自行更改工程位置，更会直接影响土壤侵蚀防治效果。因此必须做好工程监理工作，主体工程监测和水土保持措施的施工监理应结合进行，监理单位应具备相应的监理资质。只有做好施工监理，才能保证土壤侵蚀防治措施真正落实。

5. 改善公路水土保持监测

随着人类建设活动范围的扩大和程度的增强，土壤侵蚀核心问题已经由传统的农业向生产建设领域转移。因此，怎样遏制开发建设活动产生的土壤侵蚀就成了水土保持工作的重要内容之一。开发建设项目水土保持监测是水土保持工作的重要组成部分，是对土壤侵蚀的成因、数量、强度、影响范围、危害及其防治效果进行动态监测和评估，是土壤侵蚀预防监督和治理工作的基础。生产建设项目土壤侵蚀监测点布局是监测的基础工作，其合理性直接影响土壤侵蚀监测结果的科学性和客观性。

水土保持监测是防治土壤侵蚀的一项基础性工作，对贯彻水土保持法规、搞好水土保持工作具有十分重要的意义。通过实施水土保持监测达到以下目的：①实现对土壤侵蚀及其防治效益的动态监测和评价，为预测土壤侵蚀及其防治提供准确的数据；②为水土保持生态建设工程和高速公路建设项目水土保持设施等设计提供支持，为预防高速公路建设项目土壤侵蚀综合治理提供依据；③为高速公路建设项目水土保持建立系统的监测技术和方法；④针对不同土壤侵蚀类型，为建立土壤侵蚀预测与评价模型的研究、开发和应用提供基础数据。

在高速公路建设发展中，水土保持监测工作是重要的工作内容之一。近些年加大了对水土保持工作的重视，并且在高速公路水土保持监测上取得了一定的发展，即便如此，高速公路水土保持监测工作仍然存在一定的弊端。①积极推动监测技术的广泛应用。高速公路水土保持监测技术已经取得较为显著的进步，虽然相比于其他国家可能还存在一定的不足，但在实际应用中却能够为高速公路水土保持监测工作减轻极大的工作负担以及在一定程度上提高工作的实际质量。所以应该在一定程度上推广监测技术的实际应用，以此有效提高高速公路水土保持监测工作的实际质量和效率。②建立相应合理、有效的管理制度。为了进一步提高高速公路水土保持监测工作的实际质量和有效落实相关工作人员的实际责任，应结合我国实际的高速公路水土保持监测工作的管理情况制定一系列相对合理的管理制度，明确规定工作人员的责任和技术操作水平要求，从而更有效促进高速公路水土保持监测工作的顺利开展。同时这份管理制度要清楚表明项目建设单位、水土保持监理单位、水土保持监测单位三方各自的责任，通过相关制度的明确规定充分保障了三方更合理的合作以及高速公路水土保持监测工作的实际质量。

6. 综合运用水土保持三大措施

高速公路施工应尽量减少土壤侵蚀的产生，水土保持应与高速公路建设相结合，坚持"预防为主、防治结合"的方针，以防为主，生产建设与防治并重，边开发边防治、因地制宜、因害设防，重点治理与一般防护相结合的原则治理土壤侵蚀。使新增水土得到有效控制，项目区原有的土壤侵蚀得到有效治理，减少土壤侵蚀造成的危害。高速公路建设项目水土保持的措施主要包括以下3种：工程措施、生物措施和蓄水保土耕作措施。

（1）工程措施主要是指为了防止土壤侵蚀并且合理地安排水土资源才修建的项目工程，主要包括治坡工程、治沟工程等，如梯田的修建、沟头的防护等。要使防治区的土壤侵蚀得以拦挡，能消减重力侵蚀和大部分水力侵蚀，使土壤侵蚀得以控制；要使防治区的水流排泄畅通，能减少水力冲刷造成的土壤侵蚀；要使防治区的地表得到整治，坡面、坡度、排水设施等满足植被恢复的基本条件；根据实际填挖土质，合理地设置边坡坡度；合理地设置土石方填挖施工现场临时排水系统，及时疏导雨水，以减少雨水对挖填土坡坡面的冲蚀。填挖方工程量过大的路段应避开雨季施工，避免雨季施工带来的严重土壤侵蚀，在有雨水地面径流汇集处开挖路基时或在临时土堆周围，以及其他容易产生土壤侵蚀的地段，应设置沉淀池，作用是雨水流经时减慢流速使泥沙下沉，防止土壤侵蚀。弃土弃渣的堆放地点应预先采取排水和挡土措施，防止土壤侵蚀或对水源和灌溉渠道造成污染和淤塞。为防止土壤侵蚀要做到边坡稳定，岩石、表土、开挖坡面不裸露，泥沙不进入下游河道，不影响河流正常行洪，做好绿化养护工作，提高高速公路沿线水土保持能力。

（2）生物措施是指为了防止土壤侵蚀、合理利用水土资源而采取的一系列有效的维护方法。一般是通过植树造林、封山种草等措施增加山体的植被覆盖度，从而提高土地生产力的一种水土保持措施。根据"适地适树"的原则，选择优良的乡土树种和草种，或经过多年种植已适应当地环境的引进树种、草种，因地制宜，突出重点，提高标准，全部布局。选择耐瘠薄、耐风沙、固土能力强、易管理的树种，以及繁殖容易、根系发达、抗逆性强的草种。结合工程措施，乔、灌、花、藤、草合理搭配，针阔叶树种有机结合，绿化与美化相互统一，与项目区周边的植被和环境相协调，具有良好的景观效果，以达到尽快恢复被破坏的植物、改善周边生态环境的作用。临时施工道路的开辟会破坏地表植被，包括耕地、园林、林地及牧草地等。为此，应规划好临时施工道路的路线走向，以减少植被破坏为首要原则，尽量利用现有道路；若无现成道路可利用，则应严格控制施工道路修筑边界，路线走向必须绕开各种生态敏感区。对于施工道路边界上可能出现的土质裸露边坡，应有临时防护设施，在条件允许的地区，宜采用生态防护措施，可在施工道路修建的同时进行复绿，在气候条件恶劣地区，应有防止土壤侵蚀的工程防护措施，以防止土壤的自然侵蚀。在施工前，对现场初始的地形地貌、地表植被等自然特征应有客观的文字描述和完整的影像记录，以作为将来进行恢复的依据和参考，施工结束后，必须恢复临时占用土地原有的土地功能。

（3）蓄水保土耕作措施是为了提高农业生产、改良土壤而改变坡面微小地形，增强土壤有机物质抵抗侵蚀的一种技术性措施。可分为四类：①以改变微地形为主的沟垄耕作、坑田（区田）耕作、圳田（0.6～1.0m 宽的窄小梯田）等；②以增加植被为主的草田等高带状间作等；③以减少土壤水分蒸发为主的保留残茬、秸秆覆盖、地膜覆盖、砂卵石铺盖（砂田）等；④以增加土壤抗蚀力为主的免耕法、少耕法等。

要开展水土保持就应该依据自然规律在全局规划的基础上因地制宜，更合理、更科学地安排项目工程、生物、蓄水保土 3 大水土工程的保持措施，更好地实施山、水、林、路、沙、村等综合治理，更大限度地控制土壤侵蚀，达到保护和合理利用水土资源，从而实现当今经济社会的可持续发展。所以说水土保持是一项既要适应自然也可以改造自然的战略性措施，更是合理利用水土资源必经的过程；水土保持工作不单单是人类对自然界土壤侵蚀起因和规律认识的归纳，也是人类合理利用自然资源和改造自然能力的一种体现。

4.8　高速公路土壤侵蚀机理研究中的问题及展望

高速公路建设对环境与资源的破坏是不得不面对的严峻事实，尽管目前高速公路建设中对环境保护和水土保持工作，在规划、设计、施工及运营阶段，都有明确的要求，已经将高速公路建设对环境的不利影响大大降低，但是施工期间高速公路建设对其周边环境的生态破坏及土壤侵蚀的加剧仍较为突出。边坡是高速公路生态最脆弱的部分，其防护和绿化是高速公路生态建设的重点。据统计，随着我国高速公路建设的发展，每年形成的边坡面积达 2 亿～3 亿 m^2，未来 20～30 年我国高速公路将建成 4 万多千米，每建设 1km 高速公路，形成的裸露坡面面积就达 5 万～7 万 m^2，每年土壤侵蚀量按 9000g/m^2 计算，可造成每年 450t 的土壤流失。研究公路边坡土壤侵蚀、控制土壤侵蚀对于改善高速公路生态环境、实现土地可持续利用具有重要意义，随着可持续发展的趋势，人们越来越重视经济与环境的和谐发展。但是近年来我国的土壤侵蚀程度却不断扩大，给我国经济和生态等方面的协调发展带来了很多困难。现在，土壤侵蚀已在农业和工程等方面带来了巨大的消极影响，日益发展为全球性的环境问题。因此，有必要对其进行研究与探讨。

高速公路路线长、影响面广，给社会带来巨大经济效益的同时，也给沿线的环境带来了负面影响（李伏元等，2018）。其中，高速公路土壤侵蚀问题显得日益突出。在高速公路建设中出现边坡是无法避免的，从而边坡稳定技术也变得越来越重要，它不仅关系到工程建设的整体进度，也关系到场地周围的环境保护，更重要的是关系到建设工人的生命安全。对高速公路土壤侵蚀机理进行研究分析，并适当地采取行之有效的措施，是使问题得到化解的关键。因此，要兼顾高速公路的建设和环境保护的关系，有必要对高速公路建设中土壤侵蚀的成因及水土保持措施进行研究。目前基于间歇性降雨和三维激光扫描技术对坡面侵蚀形态进行了大量研究，取得了显著成果。然而，受控于侵蚀过程的随机性和细沟发育的不连续性，细沟形态动态发育研究仍然存在诸多不足。

生产建设项目的水土保持工作是整个水土保持工作中非常重要的一个环节，其在实际工作中涉及很多学科，土壤侵蚀分布的形态也是不断变化的，它可以是一种形式，也可以是多种形式组合在一起，高速公路项目土壤侵蚀防治过程中，一个非常重要的原则就是以预防为基础，预防、监督和治理充分地结合在一起，从而也就更加全方位地实现了水土保持的效果（顾光富，2018）。高速公路属于生产建设项目，其水土保持与传统的水土保持有着显著的区别。传统的水土保持集中在农村，其研究历史长，科学试验和生产实践的数据资料较完备，理论和方法也较为成熟、完善，高速公路建设项目水土保持集中在高速公路工程建设区，其研究刚刚起步，许多问题亟待研究解决，目前尚无成熟的理论来指导生产实践。尤其是在建高速公路对生态环境的影响研究比较少，对土壤侵蚀的机理研究刚刚开始，主要是针对边坡的稳定来开展研究，对路堤边坡进行了一些抗冲刷试验研究，而对边坡土壤侵蚀发生、发展规律没有做比较全面的系统研究。水土保持措施研究取得了一定的进展，主要集中在高速公路植物适用性研究，引进和消化国外一些生态恢复技术，如客土喷播技术等，在这基础上开发出了一些适应不同区域情况的综合护坡技术。

在施工期，工程所产生的土壤侵蚀主要是工程建设过程中填筑、开挖路基等新增土壤侵蚀现象。高速公路工程项目属于建设性项目，线长面窄，穿越地形地貌复杂多样，施工特点是分标段施工，施工辅道较长，交叉工程较多，路基土石方调运量较大，扰动地表程度及形式复杂多变，施工建设期将加速产生大量土壤侵蚀。路基和取弃土场大量土体和岩石被剥离、扰动和堆积，破坏了自然状态下的稳定和平衡，使土体的抗蚀指数下降，并直接破坏原有地表土层及植被，同时产生大量的弃渣，土壤侵蚀加剧，若不及时采取水土保持措施，任其随意堆放，极易在风力、雨水等外力的作用下造成土壤侵蚀，直接影响该地区生态环境。路基边坡冲刷机理非常复杂，必须引用水力学和土力学的相关理论和数学分析方法，室内数据还需大量的野外观测资料加以验证。总体而言，目前对于一般高速公路边坡失稳的潜在滑动面搜索、滑动力和阻滑力的研究已开展了卓有成效的工作，但对边坡的侵蚀机理、水力学耦合特性等方面的研究尚显不足，还有待开展更深入的探讨；植被恢复具有消减边坡土壤侵蚀的能力，目前关于坡面植被恢复的研究大多强调植被恢复技术和植物选择方面，对植被恢复的目标、模式、步骤等缺乏明确界定；另外，坡面植被恢复的研究多以定性研究为主，缺乏系统的、动态的、连续的定量研究及可操作性的监测与评价标准。为了在公路交通建设中应用可持续发展战略，在保障公路畅通的同时，应灵活采用不同的边坡失稳防护形式，延长公路的使用寿命，恢复因修建公路破坏的生态平衡，对公路边坡失稳加强认识、正确治理，把边坡失稳造成的危害降低到最低限度。

在竣工期后，水土保持设施将发挥功效，公路运营期路面硬化后不再发生土壤侵蚀，但新形成的边坡、路堑等仍可形成新的土壤侵蚀源。因此，高速公路进入营运期后，仍将发生一定的土壤侵蚀，但土壤侵蚀量与施工期相比将有明显下降。

高速公路水土保持与传统的水土保持相比，无论是在土壤侵蚀发生原因、形式、分布、特征、危害后果等特征方面，还是在防治措施等方面都存在明显不同（艾应伟等，2006）。虽然二者存在不同特点，但一些基本原理是一样的，可以借用传统水土保持的研究方法，对高速公路建设项目水土保持进行研究，研究其土壤侵蚀发生发展规律和相应的防护措施，为高速公路水土保持实践提供理论基础。高速公路工程建设项目土壤侵蚀的控制对于区域生态环境的治理具有重要的意义，侵蚀量的预测对生产实践也具有较强的指导性。目前已从侵蚀规律、分布特征、水沙过程、分区防治等多个方面对高速公路工程建设项目土壤侵蚀进行了研究，为项目区的水土保持规划提供了一定的参考。然而，相较于生态治理项目土壤侵蚀完备的数据资料、成熟的理论与方法，生产建设项目土壤侵蚀的研究以小区尺度上的短期观测为主，在指导生产实践方面具有很大的局限性。

今后应加强以下几个方面的研究：①加强长期、定位观测，促进侵蚀机理的研究；②加强对项目区雨型的土壤侵蚀效应的研究，深化降雨侵蚀力计算的相关理论；③加强对高速公路工程建设项目不同扰动方式下土壤抗冲性的研究，在此基础上对项目区的土壤可蚀性进行量化；④加强RUSLE2在我国生产建设项目土壤侵蚀中的适用性研究，推动RUSLE2的"中国化"；⑤加强土壤侵蚀过程模型的研究，我国高速公路工程建设项目土壤侵蚀目前的研究主要着眼于局部的情况，并不能从整体上把握其对生态环境的影响，未来的研究宜从整体出发，在流域尺度上系统考察其对流域产沙过程的影响，探讨如何将其整合到已有过程模型中并提高模型精度，为控制区域土壤侵蚀提供理论支撑；⑥加强高速公路工程建设项目土壤侵蚀防治分区划分的研究，并将土壤侵蚀控制纳入流域的规划及管理体系，综合调控流域水沙过程，促进区域生态环境治理（何畅，2015）。

参 考 文 献

艾应伟，刘浩，范志金，等. 2006. 我国道路边坡治理现状及其对策. 水土保持研究，13（5）：16-18.

鲍敏. 2018. 公路路基高边坡防护的设计研究. 智能城市，4（16）：104-105.

蔡欣宇. 2008. 砒砂岩地区高速公路边坡土壤侵蚀研究. 西安：长安大学.

陈洪凯. 2014. 公路泥石流形成条件及防治. 地理教育，（9）：1.

陈吉斌，郭建华. 2015. 高速公路建设项目水土保持设施验收技术评估实践——以南岳高速公路为例. 山西水土保持科技，（1）：43-44.

陈奇伯，黎建强，王克勤，等. 2008. 水电站弃渣场岩土侵蚀人工模拟降雨试验研究. 水土保持学报，22（5）：1-4.

陈强，殷黎明，蒲文明，等. 2018. 山区公路施工期边坡水土流失WEEP模拟分析. 四川建材，44（8）：178-179.

陈淑娟，薛凯，孙万峰，等. 2018. 云南文山至麻栗坡高速公路水土流失预测及危害分析. 西部交通科技，（6）：189-192.

程艳飞. 2015. 山区高速公路坡面水土流失机理与预测模型研究. 重庆：重庆大学.

楚锟. 2017. 国内外高速公路边坡水土流失机理及防治研究. 建筑工程，（3）：258-259.

戴方喜，宋林旭. 2007. 边坡生态防护与治理技术的研究及应用. 中国水土保持，（7）：20-22.

丁伟. 2001. 浅谈公路工程水土保持方案编制. 浙江水利科技，（4）：73-74.

范庆春，奚成刚. 2010. 风沙区道路路基风力侵蚀和沉积特征. 公路交通科技（应用技术版），（10）：340-341.

方向池，柏松平，陆硕俊，等. 2002. 高原山区高速道路边坡防护. 道路，7（7）：116-122.

冯晓璐. 2016. 河北省沧州市沿海高速公路软土地基工程特性研究. 石家庄：石家庄铁道大学.

高德彬，陈增建，倪万魁，等. 2008. 厚层基材喷播植草黄土路堑高边坡防护技术研究. 工程勘察，（5）：1-4.

高德彬，倪万魁，赵之胜，等. 2007. 公路黄土路堑高边坡坡形选择研究. 公路，（7）：94-97.

高民欢，李辉，张新宇，等. 2005. 高等级公路边坡冲刷理论与植被防护技术. 北京：人民交通出版社.

高社林. 2007. 皖南山区公路边坡生态自然恢复调查研究. 安徽林业，（4）：26.

巩大力. 2002. 陕西省公路边坡防护研究. 西安：长安大学.

顾光富. 2018. 山区道路边坡防护设计. 山西水利科技，（1）：47-48.

郭梅. 2007. 公路土质边坡损坏的水力冲刷机理研究. 长春：吉林大学.

郭梅. 2008. 吉林省公路土质边坡常见病害类型的分析. 吉林建筑工程学院学报，（2）：65-67.

郝力生. 2011. 边坡的破坏类型和防护. 山西建筑，（6）：130-131.

何畅. 2015. 道路边坡生态防护力学机理研究. 长沙：中南林业科技大学.

何小林，雷鸣，何刚雁，等. 2012. 边坡防护技术的研究现状与发展趋势. 科技资讯，（13）：57-58.

贺咏梅，彭伟，阳友奎，等. 2006. 边坡柔性防护系统的典型工程应用. 岩石力学与工程学报，25（2）：323-328.

胡中华，刘师汉. 1995. 草坪与地被植物. 北京：中国林业出版社.

黄启堂，郑建平，陈世品，等. 2004. 福建省高速公路边坡绿化用藤本植物选择体系的研究. 福建林业科技，31（1）：14-16.

孔繁莉．2013．道路边坡不同生态防护措施侵蚀特征研究．建筑知识，（8）：277-278.

李伏元，查婷，张诏军，等．2018．道路工程高边坡防护技术与施工分析．工程技术研究，（4）：37-38.

李海芬，卢欣石，江玉林．2006．高速公路边坡生态恢复技术进展．四川草原，（2）：34-38.

李家春，田伟平．2004．黄土路堤坡顶及路肩暴雨冲蚀破坏机理试验．长安大学学报（自然科学版），24（2）：27-29.

李家春，田伟平，吕亚莉．2002．高等级公路路面集中排水水力计算．重庆交通大学学报（自然科学版），21（4）：54-56.

李恺．2018．公路填方路基边坡防护设计．江苏科技信息，35（23）：53-55.

李猛，张洪江，王晓东，等．2007．银武高速公路同心至固原段边坡面蚀试验分析．山地学报，25(4)：419-424.

李朋丽，林凯明，李家春，等．2010．永蓝高速公路K18＋000-K18＋350滑坡成因分析与防治措施研究．中国地质灾害与防治学报，21（1）：19-23.

李秋佐．2002．浅谈云南山区高速道路地质病害防治．云南交通科技，2（1）：37-39.

李松．2016．道路工程中不同边坡加固与生态综合防护技术探讨．黑龙江交通科技，39（12）：88-89.

李欣．2013．环长白山旅游公路建设野生动物资源保护研究．长春：东北师范大学.

李阳洋．2017．公路路基设计中的边坡防护问题分析．科技创新与应用，22（32）：124.

李夷荔，林文莲．2001．论工程侵蚀特点及其防治对策．福建水土保持，（3）：103-107.

李志刚，邓学钧，陈云鹤，等．2003．基于能量法的高等级公路路堤边坡冲刷临界坡度研究．东南大学学报（自然科学版），33（3）：340-342.

李志刚，刘建民．2003．高等级公路路堤边坡冲刷防护临界高度野外模拟试验研究．公路，（10）：43-46.

李志刚，王春辉．2003．公路边坡冲刷机理初探．解放军理工大学学报（自然科学版），4（3）：43-45.

李志农，陈杰，玉翠，等．2018．风积沙路基公路设计、施工与防沙．上海：上海科学技术出版社.

梁瑶．2020．西乡至镇巴高速公路今日通车，西乡县到镇巴的时间从1小时40分钟缩短到40分钟．西安晚报．2020-12-20.

梁伟，高德彬，倪万魁，等．2008．三维网植草技术在黄土路堑边坡的应用与试验．路基工程，（2）：40-41.

廖乾旭，李阿根，徐礼根，等．2006．高速公路边坡生态恢复的问题与对策．中国水土保持科学，4(增刊)：100-102.

林鲁生，蒋刚，刘祖德，等．2001．锚索抗滑桩滑坡推力及其分布图式的计算与分析．地下空间，21（5）：485-490.

林森．2011．层状岩体边坡失稳机制与治理方法的研究．长春：吉林大学.

林月．2011．公路路基边坡破坏形式及防护技术．黑龙江交通科技，（10）：156-157.

刘波．2018．高危岩质边坡综合支护设计要点分析．西部交通科技，（3）：71-73，98.

刘春霞．2007．高速公路边坡植被恢复研究进展．生态学报，27（5）：2090-2098.

刘春霞，韩烈保．2007．高速公路边坡植被恢复研究进展．生态学报，27（5）：2090-2098.

刘建培．2005．福泉高速公路边坡植物选择．中国城市林业，3（3）：40-42.

刘杰，崔保山，杨志峰，等．2006．纵向岭谷区高速公路建设对沿线植物生物量的影响．生态学报，26（1）：83-90.

刘军．2019．路基边坡防护浅谈．福建建材，（5）：71-72.

刘琴. 2003. 高等级公路边坡综合防护与治理概述. 中南公路工程, 28（1）: 108-110.

刘涛, 冯小军, 李矗, 等. 2018. 某高速公路高边坡防护工程的设计方法及其应用. 灾害学, 33（增刊）: 130-133.

刘万杰. 2011. 浅谈边坡工程稳定性及处置对策. 黑龙江交通科技,（7）: 18.

龙茜. 2020. 高速公路边坡水土流失机理与养护管理研究. 重庆工商大学学报（自然科学版）,（3）: 115-120.

马睿, 程启明, 张殿宇. 2011. 公路建设项目的生态环境影响评价. 科技创新导报, 3（3）: 136.

仇丽芳. 2018. 高陡岩质边坡稳定性分析与锚固优化设计. 保定: 河北农业大学.

孙崇政. 2016. 西乡至镇巴高速公路开工建设. 三秦都市报. 2016-11-4.

王礼先, 王斌瑞, 朱金兆, 等. 2000. 林业生态工程学. 北京: 中国林业出版社

王美芝, 杨成永, 许兆义, 等. 2002. 水力侵蚀对路基表面稳定性的影响研究. 中国安全科学学报, 12（5）: 76-80.

王文龙, 王兆印, 李占斌, 等. 2006. 神府东胜煤田开发中扰动地面径流泥沙模拟研究. 泥沙研究,（2）: 60-64.

王贞, 王文龙, 金剑, 等. 2010. 神东煤田扰动地面与原地面产流产沙及水动力学参数对比. 中国水土保持科学, 8（6）: 69-74.

魏忠义, 马锐, 白中科, 等. 2004. 露天矿大型排土场水蚀特征及其植被控制效果研究: 以安太堡露天煤矿南排土场为例. 水土保持学报, 18（1）: 164-167.

吴芳, 李志成, 徐琛. 2009. 公路工程建设对环境的影响及环保策略研究. 交通标准化,（1）: 42-46.

奚成刚, 杨成永, 许兆义. 2002. 铁路工程施工期路堑边坡面产流产沙规律研究. 中国环境科学, 22（2）: 174-178.

肖培青, 史学建, 吴卿. 2004. 高速公路边坡防护的降雨和径流冲刷试验研究. 水土保持通报,（1）: 16-18.

徐海青. 2012. 长沙市公路边坡生态防护技术探讨. 长沙: 中南林业科技大学.

徐宪立, 张科利, 罗利芳, 等. 2005. 青藏公路路堤边坡产流产沙与降雨特征关系. 水土保持学报, 19（1）: 22-24.

杨成永, 王鹏程. 2001. 秦沈客运专线路堤边坡土壤侵蚀预报研究. 水土保持学报, 15（2）: 14-16.

姚建斐. 2012. 沙漠地区公路路基合理填土高度研究. 西安: 长安大学.

叶万军. 2009. 黄土边坡剥落病害的形成机理及其防治技术研究. 北京: 中国矿业大学.

尹超. 2013. 公路地质灾害危险性评价与区划研究. 西安: 长安大学.

尹超, 田伟平, 李家春, 等. 2015. 永蓝高速公路边坡地质灾害调查与危险性评价. 中国地质灾害与防治学报, 26（3）: 127-132.

尹剑. 2016. 公路边坡生态防护及应用技术研究. 西安: 长安大学.

于静. 2015. 高速公路的边坡防护技术及其应用. 山西建筑, 41（5）: 122-123.

余海龙, 阿力坦巴根那, 顾卫. 2008c. 高速公路道路建设中土壤侵蚀问题研究. 水土保持研究, 4: 15-18.

余海龙, 顾卫, 姜伟, 等. 2006. 高速公路路域土壤质量退化演变的研究. 水土保持学报, 4: 195-198.

余海龙, 顾卫, 殷秀琴, 等. 2008a. 高速公路边坡人工植被下土壤质量的变化. 水土保持通报,（4）: 32-36.

余海龙, 顾卫, 袁帅, 等. 2009. 高速公路路域土壤的成因、特点及其生态管理. 中国水土保持, 2:

15-18.

余海龙，顾卫，袁帅. 2008b. 路域土壤特征及其成因研究. 水土保持研究，6：49-52.

张宝龙. 2018. 高速公路建设项目水土保持分析. 防护工程，（23）：24 - 26.

张洪江. 2006. 重庆缙云山不同植被类型对地表径流系数的影响. 水土保持学报，20（6）：11-13，45.

张华君，胡江东. 2009. 高速公路竣工环保验收生态环境影响调查方法. 公路交通技术，（6）：157-159.

张杰. 2010. 谈西藏地区道路边坡防护. 工程技术与产业经济，（12）：7.

张俊德，李莉. 2014. 山体边坡支护与稳定性分析. 科技传播，（3）：138-139.

张乐涛，高照良. 2014. 生产建设项目区土壤侵蚀研究进展. 中国水土保持科学，12（1）：114-122.

张乐涛，高照良，田红卫. 2013. 工程堆积体陡坡坡面径流水动力学特性. 水土保持学报，27（4）：34-38.

张亮. 2012. 陕甘地区公路黄土高边坡防护技术研究. 西安：长安大学.

张明瑶，张云. 2011. 高边坡开挖及加固措施研究成果简介. 工业建筑，31（7）：57-58.

张南海. 2012. 山岭重丘区高速公路路堑高边坡滑坡灾害及防治. 江西建材，（3）：250-253.

张盛艳，刘涛，毛晓明，等. 2015. 高速公路建设中的水土流失和水土保持. 江西建材，（22）：154.

张友葩，刘增进，高永涛，等. 2003. 双动载源下土质边坡的失稳机理. 岩石力学与工程学报，22（9）：1489-1491

张志发. 2012. 荣乌高速公路黄土路基高边坡稳定性分析及防护措施研究. 西安：长安大学.

周伟. 2017. 探究高边坡滑坡处置及施工要点. 价值工程，（28）：114-115.

周玉海，和莹，牛伟，等. 2016. 公路建设对路域土壤的影响. 安徽农学通报，22（4）：114-116.

Ahmed S I, Rudra R P, Gharabaghi B, et al. 2012. Within-storm rainfall distribution effect on soil erosion rate. ISRN Soil Science, (2): 1-7.

Arnaez J, Larrea V. 1995. Erosion processes and rates on road-sides of hill-roads (Iberian System, La Rioja, Spain). Physics and Chemistry of the Earth, 20(3-4): 395-401.

Authacher J, Dabbert S. 2009. Integrating GIS-based field data and farm modeling in a watershed to assess the cost of erosion control measures: An example from southwest Germany. Journal of Soil and Water Conservation, 64(5): 350-362.

Balubaid S, Bujang M, Aifa N, et al. 2015. Assessment index tool for green highway in Malaysia.Jurnal Teknologi, 77(16): 23-33.

Byrne D M, Grabowski M K, Benitez A C B, et al. 2017. Evaluation of Life Cycle Assessment (LCA) for roadway drainage systems.Environmental Science & Technology, 51(16): 9261-9270.

Carter M R, Noroha C, Peters R D, et al. 2009. Influence of conservation tillage and crop rotation on the resilience of an intensive long term potato cropping system: Restoration of soil biological properties after the potato phase. Agriculture, Ecosystems & Environments, 133(1-2): 32-39.

Flanagan D C, Foster G R, Moldenhauer W C. 1988. Storm pattern effect on infiltration, runoff, and erosion. Transactions of the Asae, 31(2): 414-420.

Forman R T T, Sperling D, Bissonette J A, et al. 2003. Road Ecology: Science and Solutions. Washington DC: Island Press.

Frauenfeld B, Truman C. 2004. Variable rainfall intensity effects on runoff and interrill erosion from two coastal plain ultisols in Georgia. Soil Science, 169(2): 143-154.

Hancock G R, Crawter D, Fityus S G, et al. 2008. The measurement and modelling of rill erosion at angle of repose slopes in mine spoil. Earth Surface Processes and Landforms, 33 (7): 1006-1020.

Hancock G R, Evans K G, Willgoose G R, et al. 2000. Medium-term erosion simulation of an abandoned mine site using the Siberia landscape evolution model. Soil Research, 38(2): 249-264.

Jacky C, Simon M. 2001. Gully initiation and road-to-stream linkage in a forested catchment, southeastern Australia. Earth Surface Processes and Landforms, 26: 205-217.

Jones J A, Grant G E. 1996. Peak flow responses to clear-cutting and roads in small and large basins, western Cascades, Oregon. Water Resources Research,32(4): 959-974.

Lal R. 1994. Sustainable land use systems and soil resilience//Greenland D J, Szabolcs I. Soil Resilience and Sustainable Land Use. Wallingford: CAB International Publishers: 41-67.

Lambert D, Schaible G D, Johansson R, et al. 2007. The value of integrated CEAP-ARMS survey data in conservation program analysis. Journal of Soil and Water Conservation, 62(1): 1-10.

Liu B Y, Nearing M A, Risse L M.1994. Slope gradient effects on soil loss for steep slopes. Transactions of the American Society of Agricultural Engineers, 37(6): 1835-1840.

Luce C H, Black T A. 1999. Sediment production from forest roads in western Oregon. Water Resources Research, 35(8): 2561-2570.

MacDonald L H, Sampson R W, Anderson D M. 2001. Runoff and road erosion at the plot and road segment scale, St. John, US Virgin Islands. Earth Surface Processes and Landforms, 26: 1-22.

McIsaac G F, Mitchell J K, Hirschi M C. 1987. Slope steepness effects on soil loss from disturbed lands. Transactions of the ASAE, 30(4): 1005-1013.

Moorish R H, Harrison C M. 1949. The establishment and comparative wear resistance of various grasses and grass-legume mixture to vehicular traffic. Journal of the American Society of Agronomy, 40(2): 168-179.

Nearing M A. 1997. A single, continuous function for slope steepness influence on soil loss. Soil Science Society of America Journal, 61(3): 917-919.

Nyssen J, Poesen J, Moeyersons J, et al. 2002. Impact of road building on gully erosion risk: A case study from the Northern Ethiopian Highlands. Earth Surface Processes and Landforms, 27(12): 1267-1283.

Rahim A,Lai G T. 2019. Comparative Analysis of Several Rock Slope Stability Rating System: A Case Study at Kajang SILK Highway. Kuala Lumpur: The 2018 UKM FST Postgraduate Colloquium: Proceedings of the University Kebangsaan Malaysia.

Schroeder S A. 1987. Slope gradient effect on erosion of reshaped spoil. Soil Science Society of America Journal, 51(2): 405-409.

Schumacher K. 2017. Large-scale renewable energy project barriers: Environmental impact assessment streamlining efforts in Japan and the EU. Environmental Impact Assessment Review, 65: 100-110.

Turner A K, Schuster R L. 1996. Landslides: Investigation and Mitigation.Transportation Research Board Special Report 247. Washington DC: National Academy Press: 2-75.

Wischmeier W H, Smith D D. 1978. Predicting Rainfall Erosion Losses: A Guide to Conservation Planning. Washington DC: USDA: 12-13.

Yoon J H, Kim Y N, Kim K H. 2021. Use of ^{137}Cs and ^{210}Pb$_{ex}$ fallout radionuclides for spatial soil erosion and redistribution assessment on steeply sloping agricultural highlands. Journal of Mountain Science,18(11): 2888-2899.

Ziegler A D, Giambelluca T W. 1997. Importance of rural roads as source areas for runoff in mountainous areas of northern Thailand. Journal of Hydrology, 196(1): 204-209.

第5章
高速公路边坡防护

在我国的高速公路建设中，边坡修建往往是施工中的最后收尾工程，也是最简易完成和遗留问题最多的工程项目。随着我国高速公路项目建设的持久快速发展，必将形成大量的边坡（邓辅唐等，2005）。据不完全统计，从2000年起，高速公路边坡面积每年以2亿～3亿 m² 的速度迅速增长，每建设 1km 高速公路，形成的裸露坡面面积可达 5万～7万 m²。边坡的开挖和防护不良使地表植被遭到破坏，土壤侵蚀加剧。同时在坡度较大或构造不良的地方，还可能造成崩塌、滑坡、泥石流等，给工农业生产和人民生活带来严重危害。近年来，我国高速公路持久快速地发展，有力地促进了沿线区域政治、经济、文化发展。然而，开挖路堑、填筑路堤，都会导致原生植物破坏、动物栖息地破坏、水土侵蚀等一系列生态环境问题。因此恢复和重建高速公路边坡防护势在必行。边坡绿化是高速公路绿化的重点和难点，其绿化的效果不仅影响高速公路整体景观，而且直接关系到边坡坡面土壤侵蚀状况和路基的稳定性。应合理布局，因地制宜地选择坚固实用、技术先进、经济合理、美观大方的工程措施，确保道路的稳定和高速行车安全，同时起到与周围环境相协调、保持生态环境相对平衡及美化道路的效果。

目前，常用的边坡防护大致可分为工程护坡和生物护坡两种形式。以往土木工程师们单纯从力学角度出发，定量分析边坡的稳定问题，往往采取石料或混凝土挡墙和护面，或采用格构防护、锚喷支护。这样做能克服边坡带来的严重的土壤侵蚀和滑坡、泥石流等灾害，但也带来严重的环境问题，如生态失衡等。生物护坡就是利用生物（主要是植物），单独或与其他构筑物配合对边坡进行防护和植被恢复的一种综合技术，包含绿化景观、固土保水、防止浅层滑坡、塌方等生物环境的基本内容（常庆瑞等，1999，陈新红，2017；陈永安等，2006）。

在高速公路工程建设中，边坡防护是一项重点施工内容，主要目的是提升边坡稳定性，确保边坡接头体系质量，从而保障高速公路使用安全性。

5.1 边坡防护的相关概念

在复杂的地形、地质条件下修建高速公路，高填深切的路基日益增多，为保证公路路基的安全稳定和竣工后的安全畅通，边坡防护与治理问题尤为重要。现论述边坡防护的一些基本知识。

　　边坡是指为保证路基稳定，在路基两侧做成的具有一定坡度的坡面（图5-1）。边坡在降雨的袭击下，雨水一部分下渗，一部分在边坡汇集，形成径流。径流在土壤颗粒表面产生剪切力，当剪切力大到能抵消土壤的抗侵蚀能力时，土壤颗粒被径流带走，从而引起溅蚀、溶蚀、片蚀、沟蚀等侵蚀现象。边坡按照坡高可以分为低边坡、高边坡、特高边坡；按照边坡成因可分为人工边坡、自然边坡；按照物质组成可分为土质边坡、岩质边坡、二元结构边坡等。

图5-1　宝鸡至平凉高速公路的边坡（摄影/宋晓伟）

　　自然边坡是指在自然地质作用下形成的具有一定倾斜度的地质体，是天然存在的，是经受长期自然营力作用的产物，包括滑坡、倾倒变形体边坡。

　　人工边坡（工程边坡）是指由人工开挖、填筑形成具有一定倾斜度的地质体，由人类工程活动形成，如因修建水工建筑物、构筑物和市政工程开挖或填筑施工所形成的边坡。

　　边坡防护是指采用防护加固等方法和措施，防止路基坡面出现剥落、坍塌、冲刷或者山体滑坡等无法人为阻止的灾害（图5-2）。其防护措施是：①根据土层的物理力学性质确定基坑边坡坡度，并于不同土层处做成折线形边坡或留置台阶。②必须做好基坑降排水和防洪工作，保持地基和边坡干燥。③当基坑边坡坡度受到一定限制而采用围护结构又不太经济时，可采用坡面土钉、挂金属网喷混凝土或抹水泥砂浆护面等措施。④严格禁止在基坑边坡坡顶1~2m范围堆放材料、土方和其他重物以及停置或行驶较大的施工机械。⑤基坑开挖过程中，边坡随挖随刷，不得挖反坡。⑥暴露时间较长的基坑，一般应采取护坡措施。

图5-2 宝鸡至平凉高速公路边坡防护效果（摄影/张展）

边坡生态防护是指通过用新鲜植物来替代纯工程防护的方式，以达到稳固坡面与抵御腐蚀的作用。新鲜植物根部透过边坡表面的松散风化层，再锚固到稳定层，有锚杆的作用（图5-3）。除此之外，降雨时植物还能截留一部分雨水，起到削减溅蚀的作用，从而减少了对坡面的腐蚀作用。另外，微生物的土壤调节功能也保护着高速公路

图5-3 十堰至天水高速公路边坡生态防护固坡工程（摄影/宋晓伟）

的边坡。边坡生态防护的狭义理解就是在边坡上种植植物，并通过人为的手段使得植物能够覆盖边坡，以防止土壤侵蚀、涵养水源。其通过研究边坡生态系统受损或退化的原因，利用恢复生态学、系统学和工程学的方法来恢复与重建生态系统，促使其恢复到先前的结构和功能。

边坡生态安全一是指防止由于生态环境的退化对经济基础构成威胁，主要指环境质量状况和自然资源的减少和退化削弱了经济可持续发展的支撑能力；二是指防止环境问题引发人民群众的不满特别是导致环境难民的大量产生，从而影响社会稳定。

5.2 国内外公路边坡防护研究

国内外有关高速公路边坡防护与加固技术的研究，一直是人们关注的焦点之一。在边坡防护的系统设计中，高速公路行业对于沿线生态环境的保护与景观绿化非常重视，已由以往的普通绿化发展到生态公路或景观生态绿化。它强调高速公路绿化应综合考虑生态功能、景观美化功能、周边环境协调功能、交通附属设施功能等多方面的完美结合，使高速公路建设与大自然融为一体。

5.2.1 国外边坡防护研究

国外公路水土保持措施经历了从单纯的主体工程安全防护到全方位的防治土壤侵蚀的发展过程，逐步形成公路水土保持综合措施配置体系（Krasil，1995）。

国外对边坡防护技术研究起步较早，欧美等发达国家在20世纪30年代就开始重视工程建设中的生态环境问题，将生态保护和恢复纳入了公路工程建设中，并开展了相应的技术研究。

美国在公路建设中十分重视人与自然的和谐统一，如在公路建设中强调保存自然与历史遗迹，沿公路建立生物通道，保持自然及生物的连续性，公路建设中明确规定了公路要与自然区域保持一定距离，将交通对环境的负面影响降到最低。美国于1936年在加利福尼亚州的Angeles Crest公路边坡治理中就利用了生态护坡技术。日本的边坡绿化起步较早，其生态护坡几乎与公路建设同步发展，迄今已有80多年的历史。20世纪50年代初期，随着公路建设里程的增加，美国制定了相应的法律，要求新建公路必须进行生态恢复。其中，公路边坡防护技术是研究的重点。经过长期的研究和实践，公路边坡防护技术逐渐发展与完善，喷播技术等绿化新技术在稳定边坡、防止土壤侵蚀和恢复植被等方面得到了广泛应用。美国各州公路工作者协会（AASHO）于1961年编制了美国州际和国防公路（技术上属于高速公路）景观发展方针，1965年在总结景观设计经验的基础上编制了公路景观设计指南。1970年该协会综合并补充修正上述两个文件，编制了《公路景观和环境设计指南》。1965年美国国会通过的《公路美化条例》及1969年通过的《国家环境政策法》等，均清楚地表达了保护景观审美资源的目标，以期公路能给使用者提供一个赏心悦目的景观，并尽可能把公路构筑物对周围环境的视觉冲击影响降低到最小。

近几十年来，绿化网护坡、厚层基料喷射、植被型混凝土等已成为日本最广泛的边坡防护技术。厚层基料喷射护坡技术是日本于1976年首先开发出来的，主要用于软弱岩石边坡的生态防护。在边坡防护的系统设计中，国际上，特别是发达国家尤为重视植物防护或植物与工程防护相结合的方法，以达到同时发挥防护与美化的作用。种植槽植草、植生带、喷播技术等虽然各有特点，但应用范围狭窄，尤其是在地形变化复杂、地质条件恶劣和大量的石质边坡及陡坡段很难施工或施工失败。鉴于此，日本首先应用加筋草皮卷的工程实验取得了初步成功。近年来，日本公路绿化技术得到蓬勃发展，日本专门成立了"全国SF绿化法协会"来研究和指导公路绿化。日本在公路绿化上采取了喷附绿化、袋筋绿化、岩盘绿化及防灾绿化等许多针对不同路堑和路堤形式的坡面绿化方法去恢复公路生态环境。

法国在20世纪90年代中期就注意到公路建设与生态保护的关系，在修建高速公路时，用取土场创建了两个生物栖息场所。法国政府明文规定，在建造公路的同时必须有绿化的规划，公路一建好绿化也随之完成，所以在几千公里的路旁，草坪连绵不断，树木郁郁葱葱，大部分路段不用隔离带和铁丝网，路过居住区时装有3m高的透明隔音板，隔音板上爬满了藤蔓植物。

瑞士和德国采取在公路上修建动物桥和动物通道的措施，以利于动物通过，保证动物应具备的活动领地。德国在公路设计与建设中，只要碰到敏感的生态环境问题，设计人员从线形规划阶段就采取避让的原则，同时注意公路景观与周围环境的结合。

总的来说，国外城市公路主线植被恢复比较系统、全面，无论是在植物品种选择、布置方式、植物的色彩搭配方面，还是在绿地结构方面，都是在满足环境的恢复、改善，与周围环境协调一致的前提下完成的。

5.2.2　国内边坡防护研究

土壤侵蚀问题是目前我国面临的主要生态环境问题之一，严重的土壤侵蚀不仅破坏土地资源、降低土壤肥力、制约粮食生产增长，还污染水环境、淤积河道和蓄水工程，导致洪水、崩塌和泥石流等灾害频繁发生、威胁人民的生命财产安全等（龚舒等，2018）。

高速公路建设在极大地推动国民经济发展的同时，不可避免地对沿线自然生态环境造成一定程度的破坏，成为一个人为干扰下的偏离自然状态的退化生态系统。因此，高速公路边坡的生态重建和恢复工作尤为紧要。我国高速公路边坡防护从初期的单纯圬工，转变为单纯植物防护或植物、土建以及非生命的植物材料相结合的方式进行边坡防护。后者在稳定公路边坡植被恢复、土壤侵蚀治理、降低噪声、减少污染、视线诱导以及绿化和美化公路环境等方面有着显著优势。

早在20世纪40年代初，我国就拟定了《合作保土护路计划》。50年代开始，公路交通管理部门建立健全了养路机构，各地对所辖路段的路基、路面采取了一系列防护措施，如边坡防护林、护路林、排水渠、护坡工程、过水涵洞等，在崩塌、滑坡、泥石流、地面沉降、地面塌陷、黄土湿陷、土地冻融防治方面取得了一些成功的经验。随着改革开放，国民经济迅猛发展，公路建设快速发展，与此同时，生产建设过程中土壤侵蚀、土地退化等一系列环境问题引起了相关学者的高度重视。

我国在20世纪50～60年代借用了瑞典圆弧法和图表解析法，并根据部分工程实践提出了土质边坡开挖时的极限坡度参照表和以"安全系数"来评价边坡稳定性。70年代以来，人们已把弹塑性理论、极限分析理论、概率论、非线性理论及有限元法等应用于边坡稳定评价中，但这些方法远未达到工程实用阶段。

我国公路边坡最初是采用单纯的工程护坡，到20世纪90年代采用植被护坡，直到近几年开始采用护坡生态防护技术（顾小华等，2006）。国内在应用研究上主要有陈振盛（1995）、黄尊景和陈孟达（1995）采用播种、植苗及植生带等方法来防护台湾地区泥岩边坡。江玉林和杜娟（2000）、张俊云等（2001）、周颖等（2001）进行了以土壤为主要材料、硅酸盐水泥为黏结材料的喷混植生试验，并在内昆、株六铁路及惠河高速公路进行现场试验；许文年等（2007）开发了植被混凝土边坡绿化技术和厚层基材喷射植物护坡技术等。

我国高速公路建设造成的土壤侵蚀问题引起了职能部门的普遍关注，一些地区根据具体的边坡防护情况，不同程度地开展了高速公路边坡防护的研究。其中，规模比较大的生态公路研究课题有："新疆国道315线病害与生态环境保护的研究"（2006年）、"公路建设项目生态环境保护研究与实践"（2007年）、"秦岭山区高速公路建设生态保护技术研究"（2009年）、"三江源区公路建设与生态环境保护研究"（2010年）、"绍诸高速公路生态景观规划研究"（2012年）、"山区高速公路边坡安全与生态恢复技术研究"（2017年）、"青海省公路建设生态环境保护对策及关键技术研究"和"青海省扎碾公路旅游生态环境与景观融合技术研究"（2018年）、"生态文明建设背景下三江源地区公路建设技术与政策创新研究"（2019年）、"东南沿海丘陵地区普通公路路域生态环境修复关键技术研究"（2019年）、"基于绿色生态理念的沙漠腹地高速公路建设关键技术研究"（2020年）、"保龙高速公路生态恢复研究"（2021年）等。

随着高速公路建设日益加快，随之产生的环境问题逐渐引起了人们的关注，如何解决公路环境问题成为公路建设的当务之急。研究工作者突破了一批前沿引领、共性关键和现代工程技术，取得了一批重大科技成果，支撑了一批重大工程建设。20世纪90年代国家自然科学基金开始资助有关生态恢复和重建的基础研究，一些学者在植被退化过程和植被的自然恢复过程以及山地退化生态系统恢复与重建的空间尺度、策略、途径和措施方面做了探讨（刘欢欢和庄兵，2018；刘俊樊和熊潇，2011），并在植被恢复实践中取得了良好成效，尤其在植被建植技术上有了突破，使某些裸地的植被得到了成功的恢复（梁诚玉，2005）。

我国的高速公路防护技术是在引进国外技术的基础上起步的，通过10多年的研究和工程实践，高速公路生态恢复的技术已有了很大的进步（图5-4）。岩石边坡防护技术主要表现在湿法喷播技术的普及和客土喷播技术的推广，同时高速公路岩石边坡生态技术也趋于市场化。2000年我国自主开发了厚基层基材喷射植被护坡工程技术，用于高速公路、铁路等岩、土边坡的防护技术成果填补了国内空白，达到了国际先进水平。

（a）　　　　　　　　　　　　　　　　　　（b）

图 5-4　坪坎至汉中高速公路渣场生态恢复技术应用前（a）后（b）效果（摄影/宋晓伟）

　　北京林业大学韩烈保（2000）研发集成和推广应用的"裸露坡面植被恢复综合技术"，总结和提出了不同类型裸露坡面植被建植技术模式、不同气候带生物护坡植物的筛选与配置模式、液压喷播和喷混植生施工机械的国产化配套技术、喷播材料系列产品的国内生产技术、边坡植被养护技术体系、边坡植草工程技术质量的评价体系，形成了具有我国生态工程特色的裸露坡面植被恢复综合技术体系。这些技术的综合应用解决了一些植被恢复施工技术难题，其在 70 多条高速公路、铁路的边坡植被恢复工程和数十项采石场坡面恢复工程、水库坡面恢复工程、水洗改造工程和防沙治沙工程等得到应用，取得了显著的生态效益、社会效益和经济效益。

　　高速公路坡面植被恢复经过不断探索实践已取得了很大的成绩，植被恢复的设计思想也从简单的见绿发展到体现各地风土人情和独特的地域景观生态公路植被恢复的设计和营建；植被恢复的要求也从简单的快速覆盖裸露地表，到以实现近自然的可持续的坡面植被为目标；在植物选择上，从最初的以引进外国草种为主，单纯草坪护坡，到现在以野生乡土植物为主的灌草相结合的自然护坡；植物配置上也从简单的单一草种，到乔、灌、花、藤、草相结合、营造科学生态型植物群落为主的配置模式，重视生物多样性原理；在施工技术上，通过引进、转化、吸收国外先进技术，已经有较成熟的适合我国国情的多种护坡技术和喷播机械、喷播材料，为坡面植被恢复提供了良好的条件。

　　在植被恢复及养护管理方面，国内虽有一些研究，包括植物种类配置、混播比例、后期养护管理等，但尚处在初期阶段，至今没有完整总结出一套适合我国各类环境的边坡治理方法。在坡面植被恢复规范方面，虽然交通运输部颁发的《公路工程技术标准》（JTG B01—2014）、《公路养护技术规范》（JTG H10—2009）、《公路路基设计规范》（JTG D30—2015）、《公路路基施工技术规范》（JTG/T 3610—2019）以及《公路环境保护设计规范》（JTG B04—2010）中都提到了植被恢复，但还没有专门的高速公路坡面植被恢复设计、技术规范。从科研到规范，这些基础性工作的滞后与高速公路的快速发展极不相称，严重影响了高速公路坡面植被恢复的质量和发展。

近年来，随着国家对高速公路建设投入的进一步加大，高速公路建设所带来的土壤侵蚀因其流失强度大、类型复杂、影响面广、危害严重，越来越受到政府及公众的关注（刘忠禹，2016）。因此，进行高速公路建设引起的土壤侵蚀防治研究具有重要的意义，其严重性和危害性已被越来越多的人所认识，绿化技术和水平有了显著提高（图5-5）。例如，中央分隔带防眩树种选择和立体配置，边坡、互通立交区的大面积地被、藤本和低矮灌木的应用，防护林的造林技术及高速公路绿化造景艺术等诸多方面都取得了长足的发展，从而使得高速公路绿化在提高防护功能、美化公路景观、改善生态环境等方面得到了更好的发挥（卓慕宁等，2006）。

图5-5 边坡防护绿化

5.3 边坡防护研究现状

边坡是高速公路工程中最常见的部分，为防止边坡失稳，给国家带来巨大的经济损失，危及人民生命财产安全，应合理布局，因地制宜地选择实用、合理、经济、美观的工程措施，确保高速公路的稳定和高速行车安全，同时达到与周围环境的协调，保持生态环境的相对平衡，美化高速公路边坡的目的。边坡是自然或人工形成的斜坡，是人类工程活动中最基本的地质环境之一，也是工程建设中最常见的工程形式（朱洪芬等，2014）。为了确保路基路面具有较高的安全性，保持良好的稳定性，应加强路基边坡防护工作（蒙辉颖，2019）。近十多年来人们开发出了多种既能起到良好边坡防护作用，又能改善工程环境，体现自然环境美的边坡生态防护新技术，与传统的坡面工程防护措施共同形成了边坡工程生态防护体系（图5-6）。

在一些经济发达的国家，边坡工程所引起的环境问题一直是一项重要的课题，在

图5-6 汉中至广元高速公路边坡工程生态防护体系（摄影/宋晓伟）

我国也有不少护坡植被方面的试验和研究（周颖和曹映泓，2011）。各种类型的绿化、柔性支护等措施在边坡防护中逐渐应用（图5-7），如常见的土工织物、预应力锚索、厚层基质喷播等生态概念相结合的防护技术已慢慢成为一种常态技术，其概念也逐渐被业内所认知和接受。边坡的失稳是多因素复杂作用的结果，不同环境下的影响因素各不相同，这就决定了针对特定工程，必须首先要明确边坡灾害的产生机理，再选择合适的防治防护措施。以下分别从边坡的失稳机理和防治技术两方面来简要阐述我国边坡防护技术的研究现状。边坡灾害发生的机理一般认为是在灾害发育过程中，坡体

图5-7 西安至商州高速公路高边坡工程的绿化效果（摄影/宋晓伟）

的变形、应力、强度及地质环境因素连续交替变化，导致边坡失稳发生，并在一定条件下达到新的平衡状态的演变过程。影响边坡稳定的因素可分为外因和内因两部分。①外因主要包括：渗水浸泡、降雨、地下水位升高等引起土体力学强度指标降低；施工过程中的临时性附加荷载过大（如开挖过程中的土体应力重新调整，开挖过程中的爆破震动）；运营时荷载（如地震荷载）超过允许标准等。②内因主要包括：边坡土体本身的力学性质（如容重、黏聚力、摩擦角、弹性模量和泊松比等），一定深度范围内存在的软弱结构面，土体由于蠕变效应而产生的位移等。一般边坡的失稳是上述多种因素共同作用的结果。我国在滑坡灾害的防治方面，主要是以预防为主，防重于治。治理强调统一考虑边坡稳定的各影响因素，并根据各因素所起的作用，按照有先有后、有主有次、有选择性地对滑坡进行防治。目前滑坡的防治措施主要为绕避、完善排水系统、抗滑支挡和滑带土改良等。为了满足治理目的，滑坡防治中一般都是联合使用这几种防治措施。而对于人工边坡的防护来说，还往往同时使用植物来起到防表土冲刷、固坡和美化环境的效果。总体上的边滑坡防护技术主要分为以下3类：①工程类防护包括排水措施（设置排水沟等）、坡面防护措施（骨架护坡、片石护坡、柔性防护等）、抗滑支挡措施（局部减载、挡土墙、土钉、抗滑桩、框锚结构等）以及改良土体措施（注浆加固等）。②植物防护是利用植被对边坡的覆盖作用、植物根系对边坡的加固作用，保护边坡免受大气降水与地表径流的冲刷，以达到加固边坡和保护生态的效果。植物类防护存在局限性，即只能防止坡面冲蚀和表层土体的溜塌，而在坡体不稳定或存在集中水流的情况下，边坡仍可能发生塌滑和水毁问题，所以植物类防护必须在边坡稳定的基础上使用，或者与工程类防护技术结合使用。③综合性防护是因地制宜地利用植物类、工程类及其他适用性的措施来治理塌滑及水毁等边坡问题的措施。

高速公路为人们提供了生活上和经济上的方便，但同时无形中也破坏了大自然原有的地形地貌（周雄才，2017）。人类在基础建设过程中不可避免地需要大量挖方、填方，形成了许多的裸露边坡，缺乏了植被的防护，山体的边坡稳定性显得十分脆弱。植被的破坏使得边坡不稳定，带来一系列环境和社会问题（倪良松，2007；牛兰兰等，2007）。例如，崩塌、滑坡、土壤侵蚀、泥石流、雨季山体的低洼处容易形成小型的堰塞湖等。这些不稳定的边坡、陡峭的风化岩石边坡往往会对人类造成潜在的威胁，急需我们去进行科学的治理和整治（彭珂珊，2001）。

随着我国高速公路建设迅猛发展，如何对公路路基的边坡坡面进行有效的防护，具有重大的工程意义和经济意义（彭珂珊，2013）。边坡沿着公路分布的范围广，对自然环境的破坏范围大，如果在防护的同时能够注意保护环境和创造环境，采用适当的绿化防护方法，使高速公路具有安全、舒适、美观、与环境相协调等特点，将会产生可观的经济效益、社会效益和生态效益（彭勇波，2011；齐洪亮，2011；祁菁，2011）。因此，边坡设计应遵循"安全绿化、水土保持、恢复自然、环保之路"的原则。目前国内公路边坡防护技术就大致经历了3个发展阶段（表5-1）。

表5-1　公路边坡防护技术3个发展阶段

阶段划分	具体内容
第一阶段	建设初期，由于公路等级较低，多为二级以下公路，基本不对路基边坡防护做专门设计，只要求路基边坡具有一定的坡度。一旦边坡因为降雨、温度等环境因素影响而发生碎落、崩塌甚至滑动等，则主要靠后期养护、清理等工作来维持道路畅通，容易造成土壤侵蚀、自然环境遭受破坏且难以恢复等危害
第二阶段	随着高速公路的大量修建，出现了较多的高填深挖路基，边坡的稳定问题日渐突出。沿袭过去土木建筑中边坡加固与防护工程中的设计习惯，大量采用浆砌片石护坡、护面墙、喷射混凝土浆、锚固等工程防护措施进行路基边坡防护。石料、水泥、钢筋等作为主要的建筑材料，造价高，并且修建大量的人工构造物对自然环境产生极大的破坏作用
第三阶段	20世纪90年代后期以来，人们的环保意识逐渐提高，高速公路路基边坡的防护在注重稳定的同时，保护和恢复生态环境，生态防护技术受到极大的重视，一些新型的边坡防护形式不断出现，如三维网植草、客土喷播、刚性防护坡面绿化等。近几年多措施综合治理，在稳定边坡的基础上优先考虑采用生态防护措施

5.4　边坡分类、准备工作及破坏形式

5.4.1　边坡分类

山区高速公路由于地形、地貌变化大，地质构造和岩土类别复杂，其边坡类型也是多种多样（表5-2）。一般而言，按边坡与工程的关系可将边坡分为自然边坡和人工边坡；按人工边坡的形成方式可将其分为填方路堤边坡和挖方路堑边坡；按边坡变形情况可将其分为变形边坡和未变形边坡；按边坡岩性把未变形边坡分为岩质边坡和土质边坡；按边坡高度不同可将其分为超高边坡、高边坡、中高边坡、低边坡；按边坡坡度不同可将其分为缓倾边坡、陡倾边坡、直立边坡。

表5-2　边坡的分类依据与类型

分类依据	分类种类
按成因分类	人工边坡和自然边坡
按地层岩性分类	土质边坡和岩质边坡
按岩层结构分类	层状结构边坡、块状结构边坡和网状结构边坡
按岩层倾向与坡向的关系分类	顺向边坡、反向边坡和直立边坡
按使用年限分类	永久性边坡和临时性边坡
按照坡面的稳定性分类	稳定边坡：坡面稳定条件好，不会发生破坏；欠稳边坡：坡面稳定条件差或已发生局部破坏，坡面必须经过人工处理才能达到稳定的效果；失稳边坡：坡面已发生明显破坏
按照坡面的高度分类	超高边坡：岩质边坡坡高大于30m，土质边坡坡高大于15m；高边坡：岩质边坡坡高介于15～30m，土质边坡坡高介于10～15m；中高边坡：岩质边坡坡高介于8～15m，土质边坡坡高介于5～10m；低边坡：岩质边坡坡高小于8m，土质边坡坡高小于5m
按照坡面的长度分类	长边坡：坡长大于300m；中长边坡：坡长介于100～300m；短边坡：坡长小于100m
按照坡度分类	可分为缓倾边坡、陡倾边坡、直立边坡

5.4.2 边坡开挖前的准备工作

1. 开挖准备

（1）测量放样。路堑开挖前应按照施工图纸放出边坡坡顶边线及截水沟的位置，然后再开挖一级边坡、二级边坡、三级边坡（图5-8）。

（2）原始路边的排水沟保持排水畅通。

（3）先挖一条临时截水沟，防止暴雨冲走挖松的泥土流失，可在坡顶设计永久性截水沟位置。

（4）在开挖的松土堆放区，两侧应设与堆土区隔离的排水沟，一般在平台上设置挡水埝。

（5）制定相应的安全措施及文明施工措施。

（6）在边坡开挖路段要设置隔离防护，悬挂明显的安全标志牌与危险源辨识牌，即"前方施工""道路施工""道路封闭""向左改道""向右改道""车辆慢行""边坡施工危险"等安全标志（图5-9）。

图 5-8　施工中进行开挖边坡　　　　　　图 5-9　公路施工安全标志牌

（7）在施工中要有专职安全员指挥、疏导、提示。危险区要有专人警戒。

（8）施工区的车辆进出口在现场合理位置选择，临时车道施工车辆通行，其宽不少于8m，并在前50m处挂"前施工区车辆出入口，车辆慢行"等交通安全标示牌。

2. 开挖工序

根据现场地形可采用挖掘机配自卸汽车从高至低一层一层往下开挖，先开挖远离中心线侧，纵向拉槽，横向分区，分层开挖。每次分层厚度为2～3m为最佳。先约开挖至距离设计坡面线50～100cm处，后用人工配合机械修坡，坡面线杜绝超挖。

3. 高边坡分层分段开挖顺序及开挖步骤

（1）路堑土方施工中，当运距短、路堤需要填筑时，可采用推土机推运，将土料推至路堤，经改良后做路堤填料。当运距较远，超出推土机经济运距时，采用挖掘机、装载机配自卸汽车进行土方挖装运卸施工。边坡采用人工配合机械施工进行刷坡，修整边坡，达到设计边坡率和保持坡面平顺完整，有利于边坡防护施工，并保证外观质量。

（2）边坡开挖施工顺序。开挖时由上而下，先开挖远离中心线侧，纵向拉槽，横向分区、分层开挖。每次分层厚度为2～3m。路堑施工中，首先自上而下，水平分层开挖。利用上述施工方法和施工机械先施工上层坡段范围内的路堑横断面土方，再进行下层坡段范围内路堑土方施工。最后修整路床，整个路堑土方施工即完成。

路堑土方开挖采用挖掘机进行开挖施工，杜绝人工掏洞掏底法施工。浅挖路段施工采用综合式开挖。具体做法是：从上而下分层开挖，横挖法、分层纵挖法、分段纵挖法，根据具体情况灵活变动使用。①横挖法：按挖方地段的一端或两端按横断面全宽逐渐向前开挖。②分层纵挖法：按横断面全宽纵向分层开挖。③分段纵挖法：将挖方每个工点分成几段再分层纵向开挖。无论在任何情况下都不乱挖或超挖，更不采用深孔爆破法或挖"神仙土"方法开挖路基土方。

挖、装、运、卸的基本作业密切配合，挖掘机的挖土作业以侧向开挖为主，运土车辆运行路线位于挖掘机开挖路线的侧面。较深路基挖土，当分层开挖过高时，正铲挖掘机侧向开挖。

（3）较深开挖路段施工方式。线路有大量路段开挖深度在3～6m，此时路段开挖以土方为主，采用挖掘机进行施工。开挖前先将表面土挖除干净，再进行大面积的开挖。

（4）半填半挖路段施工方式。线路土方断面有部分属于半填半挖断面，挖土面小、挖土深度小，多数属于山坡路段，采用挖掘机挖土有困难时，需采用推土机同时配合施工，进行分台阶开挖，用装载机装车，自卸汽车运卸。

4. 高边坡开挖及出土方法

土方开挖的顺序、方法必须与设计工况一致，并遵循"分层开挖、严禁超挖"的原则。开挖过程主要采取分层开挖法施工。安排两台挖掘机分别在高边坡坡面上采用退挖法向中心挖土装车外运，每段开挖宽度小于12m。严格控制最后一次开挖，控制超挖，确保坡面线标高控制在设计范围内。土方开挖运输过程中，通过临时便道运输至填土区。

5. 开挖施工过程中的措施

1）保证纵坡稳定的措施

开挖过程中的动态坡率按1∶1～1∶1.25放坡，最终坡率控制为1∶0.75。纵向人工配合挖机修坡。

2）充分备好排除地表积水的排水设备

（1）除开挖边坡线外水沟以外，在坡底周边距基坑边缘1m处开挖排水盲沟，宽5m、深3m的连通坑道通积水坑1m×1m×1m，保证及时用水泵将积水排走，不致浸泡边坡和影响作业。

（2）备有5台水泵和配套的配电箱、开关箱、电线等，使用水泵时，水泵电线不准拖地，仔细检查电缆是否有破损等现象。

（3）备有水靴、雨衣及其他雨具。

（4）边坡坡面上如有大量渗水时，应设置过滤层，用草包或沙包防止边坡滑入坑内，随时清理积水坑。

3）坑顶防护措施

在开挖前，在边坡开挖路段要设置隔离防护，悬挂明显的安全标志牌与危险源辨识牌，即"前方施工""道路施工""车辆慢行""限速""边坡施工危险"等安全标志。

4）其他保证措施

应切实做好出土、运输和弃土工作，保证高边坡开挖中连续高效率出土。同时准备备用发电机，确保降水作业的不间断进行。

5.4.3 边坡破坏的形式

近几十年来，国家不断加大对基础设施建设项目的投资力度，高速公路建设项目越来越多，在多山地区的工程建设中，道路多穿于山川河谷之间，开挖常常造成大量边坡，边坡的开挖破坏了原来的植被覆盖层，导致出现大量的次生裸地以及产生严重的土壤侵蚀现象，对生态环境造成了严重破坏（秦质朴，2007；任海和彭少麟，2001；任文清等，2009；日本道路工团，1991）。其主要形式如下。

1. 填土边坡

对边坡的变形破坏机理的研究，就是研究在特定的工程地质条件下，边坡从开始变形到破坏全过程所产生的一系列的变化，揭示边坡变形破坏的内在规律，从而对边坡稳定性的现状及发展趋势作出正确的评价（蒙辉颖，2019）。堆填土边坡一般是指对于边坡的坡角、填土的含水量、填实后的干密度等各项指标都有严格的要求，每次摊铺的厚度、碾压的遍数也有规定，因此堆填土坡具有更好的稳定性（周创兵和李典庆，2009）。填土边坡的主要破坏形式为坡面及坡脚的冲刷，坡面冲刷主要来自降雨对边坡的直接冲刷和坡面径流的冲刷。长时间冲刷时，坡面沿流水方向形成一道道冲沟并不断发展，导致路基发生破坏（图5-10）；有些沿河路堤边坡以及修筑在河堤上、滞洪区

图5-10 2012年陕西神木麻家塔铧山村附近公路发生边坡坍塌

内、拦河大坝的路堤边坡，还要受到洪水的冲击，主要表现在冲毁路堤坡脚致使边坡被破坏。边坡破坏还与路基填料的性质、边坡高度和路基边坡压实度等有直接关系。一般情况下，砂性土边坡比黏性土边坡更容易遭受冲刷而被破坏；高路基边坡比低路基边坡易于遭受坡面径流冲刷；压实度较差的边坡不如压实度较好的边坡耐冲刷。

边坡失稳破坏的原因是多方面的：有区域地形地貌、地质构造、地层岩性、水文地质结构以及斜坡的地形与微地形等内在原因；也有气候条件、降雨、冲刷、地下水位的变化、填土压实度、爆破、人类工程活动等外在因素。几乎所有填土边坡的崩塌、滑坡都与水、填土压实度等因素有关，它们的存在及变化往往是形成崩塌、滑坡等边坡失稳的主要条件。破坏方式包括：坡面大量土壤侵蚀；边坡冲沟、冲蚀坑等；路堤坡脚冲刷、路肩冲蚀缺口等。严重的降雨侵蚀使路基边坡不完整，影响边坡稳定，往往造成泥沙阻塞边沟、淤埋路基路面（图 5-11）。

图 5-11　西乡至镇巴高速公路冲刷破坏十分严重（摄影/宋晓伟）

坡面土体流失，坡面冲刷加剧，路基侵蚀后，一方面将使邻近土体的受力状态发生改变，加大土体流失的范围（赵辉，2013）。对于Ⅲ类岩石坡面，在雨滴击溅和坡面水流的冲刷作用下，其容易产生溅蚀、冲刷和冲蚀。另一方面，土体流失后，坡面防护失去承载体，导致其产生位移甚至翻转。坡面的稳定是以坡面防护的完整为前提的，环境保护是以恢复植被为前提的。目前路基坡面防护中，路基表面的大量水流及拱形骨架的截流都通过设置在骨架上的截水槽排走，所以应加强骨架自身的整体性、稳定性和长期的抗渗漏能力，防止骨架自身差异沉降使其接缝处断裂、漏水，导致流水冲刷、冲蚀路堤内部土体，使土体沉陷，造成坡面防护变位进而整体失稳。

2. 挖方边坡

挖方边坡是指为保持土方开挖区边缘未扰动的土体稳定，防止塌方所设置的斜坡。边坡稳定是施工安全的基本保证。人工开挖的岩质边坡，其强度应满足稳定边坡的要求，这样的稳定边坡在降雨、融雪、冻胀及其他形式的风化等作用下，主要破坏形式为落石型崩塌、滑坡型崩塌、流动型崩塌（孙若城，2018；谈至明，2005），有时在一次崩塌中会同时具有这3种形式。落石型崩塌一般发生于较陡的岩石边坡，易产生落石的岩层节理、层理、裂隙发育，落石和岩石滑动易沿陡的裂面发生。因渗水和反复冻融，裂缝逐渐扩大；再因降雨导致裂缝中充满水，继而产生侧向静水压力作用，造成崩塌（图5-12）（谭健，2014）。此外，硬岩下卧软弱层时，也会产生这种现象。

图5-12　黄陵至延安高速公路边坡失稳造成公路小范围坍塌（摄影/宋晓伟）

黄土是第四纪的沉积物，垂直节理发育，具有较强的结构性；胶物质形成的加固黏聚力是其强度的主要组成部分。受干旱影响，黄土天然含水量普遍较低，强度较高，高陡的黄土边坡十分普遍（图5-13）（唐婷等，2012）。由于黄土颗粒间的胶结物质耐

图5-13　神木至府谷高速公路黄土边坡现状（摄影/宋晓伟）

水性差，土体含水量增大就会弱化加固黏聚力的作用，使黄土的强度降低，乃至出现许多工程破坏。

5.5　高速公路边坡防护中的难点问题

随着我国社会和经济的发展，我国每年需要建设大量的高速公路，而在高速公路建设过程中，有很多地形特殊的高速公路，需要对其进行边坡的防护。高速公路边坡防护非常重要，其对于安全交通的不利影响较大，一旦边坡防护不严格，必然会导致一些不可估计的安全事故。

5.5.1　高速公路边坡生态环境破坏严重

原有表土与植被之间的平衡关系失调，水土极易流失，严重时会造成滑坡、崩塌、泥石流等（图5-14）。高速公路建设初期，桥梁隧洞及路基挡土墙等都含有较大的土方工程量，施工中的山体开挖、土方回填，扰动了地表，破坏了植被，必然会在高速公路上下两侧形成一定高度的裸露土壤表面，对高速公路通过地区的生态环境产生影响（张红丽等，2008）。

图5-14　广东省高速公路龙景立交D匝道生态环境破坏严重

此外，建设期间临时性的施工道路和场地平整等也使原始的岩土结构和地表植被遭到破坏。公路建设人员的复杂性和大型施工机械的高频率使用，对施工便道及施工生产生活区域的设置都有更高要求（王金涛和杨登峰，2013）。与此同时，施工中的管理滞后、土石方随地取弃、施工车辆随意行驶、施工后不及时采取平整治理及植被恢复等防护措施，不但造成施工过程中的土壤侵蚀，并且使已被破坏的地表难以恢复，加剧了土壤侵蚀。

山区地形复杂，路线选择时为了克服高程障碍需要翻山越岭，高速公路沿线多以山脊线、河流等为主。尤其是在多山地区修建公路，受地形地貌影响，需要开挖大量边坡，新建大量施工便道，所引发的土壤侵蚀更是不容小视。高速公路边坡防护设计中大量采用浆砌片石护坡、锚索等劳动密集型的边坡防护方式。这些防护方式由于材料简单，施工干扰大，质量难以控制。许多高速公路建设的设计文件中都没有对环境生态进行专门设计（王凯，2017；王祺等，2009）。

大量采用的浆砌片石护坡及喷射水泥砂浆等防护方式完全封闭了植物生长的环境，使得由于高速公路开挖而被破坏的自然植被永久不能恢复。少量的绿化设计往往只是局部贴草皮，没有对边坡整个植被的逐步恢复进行考虑。缺乏植物覆盖的边坡加大了土壤侵蚀，给生态环境带来了不利影响（谭少华和汪益敏，2004）。

5.5.2 高速公路边坡防护效果差

边坡体的破坏受特定的岩体构造条件及开采工艺等多种因素的制约，形成的过程漫长而又复杂。构造控制着岩石的力学性质，露天的持续开采形成了大范围的立体临空面，为边坡体的破坏提供了基础：沿着大面积的节理裂隙的渗水，恶化了岩体的稳定条件，爆破的震动效应及其他人为因素所产生的累积效应加速了破坏的形成（张飞，2005）。

目前，我国虽然在高速公路坡面生态工程方面取得了一定的成果和效益，但由于对植被演替规律的深层次规律认识不足，在高速公路坡面生态绿化工程的实施仍带有很大的盲目性和随意性，其研究和实施还存在以下问题：普遍采用单一或简单的混合草种而抛弃乔、灌木，草本植物在护坡前期效果不错，但由此建立的生态系统相当脆弱，很容易遭破坏。在栽种草本植物时，过多地把注意力放在国外草种的引进上，而忽视了在本地适应更好、更易于形成良好群落结构和稳定关系的地方草种。边坡风速大，行车排放尾气与热量，产生气流，加大风速，加上边坡土壤贫瘠等，不利于植物正常生长（图5-15）（唐川和朱静，2005）。

5.5.3 高速公路边坡植被难以短时恢复

我国在道路建设中，修建高速公路比较普遍采用了三维网植草、喷混植草、客土喷播等生态护坡工程技术，对高速公路岩质边坡进行防护和绿化，但其余道路边坡除少数需要浆砌片石、喷射水泥砂浆护面、浆砌挡墙、砌石护坡等传统的工程护坡方式进行边坡治理外，大部分边坡采取传统的树、草单种或混种的方式进行边坡治理（蒙辉颖，2019）。随着人们对生态环境保护的要求越来越高，对我国高速公路边坡绿化工作提出了更高的要求，高速公路边坡种类繁多且面积大，大多边坡绿化水平还远远未达到生态恢复和边坡治理的目的。开挖后的岩石边坡，岩石层厚、整体性好，坡体高陡，对边坡进行植物绿化后，随着时间的增长，秋冬季干旱、夏季炎热，土体养分逐渐流失，土壤肥力降低，如何解决边坡呈现的无土、缺水、缺肥的状态及边坡植被面临的干、热威胁，将直接影响边坡最终的绿化效果和生态效益。

图 5-15　榆林至佳县高速公路边坡施工后植被难以短时恢复（摄影/宋晓伟）

5.5.4　高速公路边坡污染严重

边坡的污染主要来自噪声和大气。污染破坏了边坡自然土壤的物理化学属性及原来的微生物区系，同时一些重金属污染物进入土壤中，对土壤产生污染。

5.6　高速公路边坡防护机理

高速公路的边坡防护主要是传统的工程防护，生态防护方法较为单一，不具备现代公路要求的安全、环境和景观兼顾的特点（王瑞钢等，2004；王素艳等，2003；王意龙，2013）。边坡防护主要是因为植物具有力学保护效应和生态的水文防护效应。植物的根系可以对土壤进行加固，植被的覆盖可以有效加强边坡对雨水的抗冲刷能力，减缓降雨对坡面的侵蚀。为此，针对不同的气候、地貌（地形）、水文、土壤、生物（植被）和环境特点的高速公路，选择合适类型的生态防护，是当前公路边坡防护领域急需解决的一个必要问题。基于此，首先对不同地质结构路面的边坡损坏机理和防护机理进行研究，为后续的具体应用奠定理论基础。

5.6.1　边坡防护功能与机理

边坡防护的目的在于防止边坡土壤侵蚀、边坡失稳、滑坡或坡面塌陷等公路病害（蒙辉颖，2019）。边坡防护技术综合考虑工程护坡与植被护坡的功能，以工程防护为受力框架，结合植被所具有的土体加固及防止土壤侵蚀效用，以防止外界因素综合作用下的边坡破坏（图 5-16）。边坡防护中，植被所发挥的防护作用主要体现在植被的水文效应和植物根系的力学效应两方面。边坡植被的水文效应指的是植被的存在能够有效截留降雨、削弱降雨对边坡的溅蚀、抑制地表径流，极大地改善降雨条件下边坡稳定性状况。

图5-16　宝鸡至平凉高速公路工程护坡与植被护坡相结合（摄影/宋晓伟）

5.6.2　边坡防护机理效应

随着大型重点工程项目的日益增多，边坡工程尤为重要，特别是在我国地质条件复杂、人工边坡和自然边坡环境恶劣的西部地区，高速公路工程建设遇到的边坡问题尤为重要（张飞等，2005）。解决这些问题，需要准确分析边坡的稳定性，对边坡工程进行地质勘探，提出既经济又安全的最优防治设计方案。

1. 控制土壤侵蚀

高速公路区域受地理形式、地质结构条件、土壤营养构成、土地资源开发利用率及植被覆盖度等因素的影响，其土壤侵蚀的外部表现形式多种多样，且潜在危险系数也存在显著差异。边坡会对既有地理环境造成了严重的危害，其中主要的危害之一为土壤侵蚀现象。土壤侵蚀现象扩大了边坡对高速公路地基的危害，不利于高速公路的稳定应用，对于现有生态环境，也造成了较大的影响。生态边坡防护通过植被种植，有效地控制了土壤侵蚀现象（图5-17）。

2. 提升边坡稳定性

近年来，由边坡变形而引发的工程事故频繁发生，其所造成的社会影响较为恶劣，社会各界逐渐意识到了边坡加固的重要性。边坡的常见病害类型有风化剥落、流石流泥、掉块落石、崩塌、倾倒、坍塌、溃屈、溜坍、坍滑、滑坡、错落11大类（王忠华和李相依，2010；辛娟，2006；熊孝波等，2008；杨惠林，2006）。现阶段锚喷支护、注浆加固、锚索杆等是较为常见的边坡加固方式。边坡的防治一是对边坡进行加固处理，提高边坡稳定系数；二是改善边坡地质环境条件，消除或部分消除影响边坡稳定的因素。植被在生长的过程中具备一定的固土效果（图5-18）。

（a）宝鸡至天水高速公路　　　　　　　　　（b）榆林至佳县高速公路

图 5-17　高速公路边坡土壤侵蚀（摄影/宋晓伟）

图 5-18　坪坎至汉中高速美丽的环境（摄影/宋晓伟）

3. 注重环保性

交通运输行业是我国最早开展环保工作的行业之一。近年来，各级交通管理部门践行资源节约、环境友好的交通发展理念，逐步加大交通环保设施投入，交通环保工作取得了显著成绩。高速公路环境保护工作经历多年的发展，在行业污染控制、生态保护与建设、污染事故应急处置及环保监管能力建设等方面都取得了长足进步，初步适应了国家环境保护政策的要求，有力支持了交通运输行业的快速、可持续发展（杨青青和田日昌，2012）。尤其在环境保护管理、工程景观绿化、污水防治等方面成效显著，形成了交通运输行业环境保护的特色领域。当前在高速公路边坡防护中，主要有工程防护及生态防护两类施工技术。工程防护中，主要通过混凝土砂石进行边坡固化处理，以此发挥边坡防护的目的。此类工程手段，短期内防护效果较为良好。但长期分析，其对于区域生态环境造成了严重的危害，并且在后续的应用中，维护成本较高。生态边坡防护有别于工程防护，其具有良好的环保性。实际应用中，不产生任何污染现象，并且对于高速公路区域生态恢复有着积极的作用（图5-19）。

图5-19　坪坎至汉中高速公路边坡注重环保性（摄影/宋晓伟）

4. 经济价值高

边坡生态防护生态建设和环境保护是21世纪人类共同关注的热门话题，也是世界各国政府和人民为之不懈努力解决的焦点问题。当前在高速公路边坡防护中，生态防护整体的应用效果较好（图5-20）（王云等，2005），其中主要效果之一为经济价值高。生态防护具备投资金额小、效果好的优势，因此当前常见于各类高速公路边坡养护的应用中。

图5-20　挂网客土喷播生态防护

5.7　边坡稳定性的影响因素、研究及设计原则

5.7.1　边坡稳定性的概念

边坡稳定性是指边坡岩、土体在一定坡高和坡角条件下的稳定程度（杨喜田等，2000）。一般理解边坡稳定性是边坡中的滑动体沿滑面破坏，即抗滑力与滑动力之比。当比值等于1，为极限平衡状态；大于1，为稳定状态；小于1，为不稳定状态。这是一种岩体破坏的稳定性概念。

5.7.2　边坡稳定性影响因素分析

1. 影响边坡稳定性的自然因素

（1）地质条件：包括岩土的成因、地质构造及物理力学性质等。边坡岩土的工程地质性质越优良，边坡的稳定性越高。对于地质构造，在这方面要特别注意岩层结构面与边坡坡面的关系。当岩层结构面与边坡坡面平行或近似平行时，边坡易产生顺结构面的滑动失稳（图5-21），当岩层结构面与边坡坡面反倾时，边坡一般处于稳定状态。坚硬岩石由地质构造引起的失稳以崩塌和结构面失稳为主；软弱岩石是以应力控制性失稳为主。地质构造影响是指岩石结构面的发育程度、规模、连通性、充填程度及充填物成分和结构面的产出状态对边坡稳定性的影响（王治国和王春红，2017）。

图5-21　边坡失稳导致护坡遭到破坏（摄影/宋晓伟）

（2）水文地质条件："十个滑坡九个水"这句话充分反映边坡失稳往往与水有密切关系。由于岩土的力学性质受水的影响大，地下水富集程度提高，一方面增大坡体的容重，也就增加了坡体的下滑力；另一方面降低了软弱夹层和结构面的抗剪强度。这

样使边坡抗滑能力降低，从而导致失稳。而降雨一方面冲刷了坡面，另一方面通过岩层的裂隙或土中的孔隙进入坡体，使地下水得到补充，同样上述原因会使边坡抗滑能力降低，因此治理边坡一定要治好水，做好坡面排水系统，同时疏干地下水。边坡水文地质条件的改变必然导致其地下水富集程度的改变。

（3）新的构造运动：强烈的新构造运动——地震对边坡稳定性影响极大，地震往往伴有大量的边坡失稳。地震作用导致边坡稳定性降低，其原因是地震作用产生水平地震附加力，当水平地震附加力的作用方向不利时，边坡的下滑力增大，滑动面的抗滑力减小。另外，在地震作用下，岩土中的孔隙水压力增加和岩土体强度降低也对斜坡的稳定不利（王治国和王春红，2017）。

（4）地貌因素：不利形态和规模的边坡往往在坡顶产生张应力，并引起坡顶出现张裂缝，在坡脚产生强烈的剪应力，出现剪切破坏带，这些作用极大地降低了边坡的稳定性。边坡面的不利地貌因素与地质构造的不利组合还会导致结构面控制性失稳。

（5）气候因素：气候类型不同，大气降雨也不同。因此，在不同的地区，由于大气降雨不同，即使其他条件相同，边坡的稳定性也不同。暴雨或长期降雨及融雪过后，往往可以见到边坡失稳增多的现象。大气降雨、融雪的增加提高了地下水的补给量。同时增大边坡的下滑力，两者结合起来极大地降低了边坡的稳定性。

（6）风化作用：风化作用是指地球和宇宙间、地壳表层与大气圈、水圈和生物圈之间物质与能量转化的表现形式。风化作用是在大气条件下，岩石的物理性状和化学成分发生变化的作用。作用的营力有太阳辐射、水、气体和生物。按岩石风化的性质分物理风化和化学风化两种基本类型。在岩石风化过程中，这两类风化通常是同时进行，而且往往是互相影响、又互相促进的。风化作用使岩土的抗剪强度减弱。裂隙增加、扩大，影响边坡的形状和坡度；透水性增加，使地面水易于侵入，改变地下水动态等，沿裂隙风化时，可使岩土体脱落或沿斜坡崩塌、堆积、滑移等（王红等，2005）。

2. 影响边坡稳定性的人为因素

（1）削坡：一般指刷方减重，是将陡倾的边坡上部的岩体挖除，使边坡变缓，同时也可使滑体重量减轻，达到稳定的目的。不当的削坡使坡脚结构面或软弱夹层的覆盖层变薄或切穿，减小坡体滑动面的抗滑力，而边坡的下滑力却没有相应地减小，造成稳定性降低（王治国和王春红，2017）。当结构面或软弱夹层的覆盖层初切穿时，结构面与边坡面构成不利组合，边坡产生结构面控制型失稳。坡脚开挖深切路堑减少了边坡的抗滑力，使原来稳定的边坡易产生牵引式滑坡，这是公路中常见的边坡破坏原因之一（图5-22）。

（2）坡顶加载：最常见的是在坡顶堆放弃（石）土，坡顶增加荷载一方面增加了坡体的下滑力，另一方面加大坡顶张拉力和坡脚剪应力的集中程度，使边坡岩土体破坏，降低强度，因而引起边坡稳定性的降低。当坡顶弃放物为松散物时，情况更为严重。因为松散物减少大气降雨的地表径流，增加大气降雨的入渗量，也会降低边坡稳定性。坡顶加载增加了边坡的下滑力，使边坡容易产生推动式滑坡（王红等，2005；王治国和王春红，2017）。

图5-22 浙江省庆元县329省道削坡产生结构面控制型失稳（2013年）

（3）地下开挖：如隧道开挖改变了边坡应力场，坡顶和坡脚引起的应力集中，易产生坡顶的拉裂和坡脚的剪切破坏，从而使边坡失稳。主要包括采矿和开掘铁路、公路隧道，其引起的地表移动和边坡失稳常与下列情况有关：①受地下开挖位置影响，地下开挖越接近边坡面，地表移动和边坡失稳越强烈，但其范围却显著减小；近地表的地下采掘往往引起小范围沉陷和塌陷，边坡的变形和破坏是局部的；当地下开挖埋深较大时，地表移动和失稳的范围比较大，失稳往往是整体的。②受地下开挖规模影响，地下开挖规模越大，边坡的应力场改变越大，在坡顶和坡脚引起的应力集中也越强烈，边坡的稳定性降低也就越大。③受边坡地质条件影响，地下开挖对边坡的影响程度受边坡地质条件控制，地下采掘工程平行于边坡走向，开挖活动往往切割边坡的锁固段，降低了边坡稳定性，甚至使其失稳。如果地下工程垂直于边坡走向，地下开挖对边坡的影响就要小得多。④具有先沉陷、后开裂、再滑动的活动规律。地下开挖首先引起地表移动，当地表移动到一定程度时，边坡坡顶附近拉裂、出现拉裂缝，坡脚附近出现剪切带。当边坡岩土体破坏较严重时，拉裂缝与剪切破坏带贯通或近于贯通，边坡滑动面的抗滑力下降，边坡的稳定性显著降低，甚至失稳。

3. 边坡稳定性的评价方法

边坡的稳定性通常以滑动面上的抗滑力（F_s）与滑动力（F_r）的比值，即抗滑稳定性系数（η）来表示。这一比值越大，边坡越稳定；反之，边坡越不稳定。评价边坡稳定性的常用方法4类（表5-3）。

表5-3 评价边坡稳定性的4类常用方法

划分	评价边坡稳定性的常用方法
定性分析法	通过对边坡的尺寸和坡形、边坡的地质结构、所处的地质环境、形成的地质历史、变形破坏形迹，以及影响其稳定性的各种因素的研究，判断边坡演变阶段和稳定状况

划分	评价边坡稳定性的常用方法
极限平衡分析法	把可能滑动的岩、土体假定为刚体，通过分析可能滑动面，并把滑动面上的应力简化为均匀分布，进而计算出边坡的稳定性系数
数值分析法	利用有限单元分析法，先计算出边坡位移场和应力场，然后利用岩、土体强度准则，计算出各单元与可能滑动面的稳定性系数
工程地质类比法	将所研究边坡或拟设计的人工边坡与经研究过的或已有经验的边坡进行类比，以评价其稳定性，并提出合理的坡高和坡角

4. 边坡稳定性的分析方法

（1）工程地质类比法。工程地质类比法又称工程地质比拟法，属于定性分析，其内容有历史分析法、因素类比法、类型比较法和边坡评比法等。该方法主要通过工程地质勘察，首先对工程地质条件进行分析（辛娟，2006）。例如，对有关地层岩性、地质构造、地形地貌等因素进行综合调查、分类，对已有的边坡破坏现象进行广泛的调查研究，了解其成因、影响因素、发展规律等；并分析研究工程地质因素的相似性和差异性；然后结合所要研究的边坡对其进行对比，得出稳定性分析和评价。其优点是综合考虑各种影响边坡稳定的因素，迅速地对边坡稳定性及其发展趋势做出估计和预测；缺点是类比条件因地而异，经验性强，没有数量界限。因此，实践经验丰富的地质工作者才能掌握好这种方法。在地质条件复杂地区、勘测工作的初期、缺乏资料时，都常使用工程地质类比法，对边坡稳定性进行分区并做出相应的定性评价。

（2）边坡稳定性图解法。在边坡稳定性分析中常使用各种图解法，属于定性的方法，优点是简单、直观、快速；缺点是带有一定的经验性和概念性。因此图解法常常用于规划阶段，或初步分析边坡稳定。用图解法分析，发现有问题的边坡应用计算验证。图解法分为诺模图法和赤平投影图法，诺模图法利用诺模图来表征与边坡有关参数之间的定量关系，从而求出边坡稳定性系数、稳定坡角和极限坡高，主要应用于具有圆弧性破坏面的滑坡。赤平投影图法利用赤平投影的原理，通过作图直观地反映出边坡破坏的边界，确定失稳岩土体的规模形态及其可能变形滑动方向等，从而对边坡稳定程度做出初步分析，并为力学计算提供基础，主要用于岩质边坡的稳定性分析。

（3）块体单元法。块体单元法介于刚体极限平衡法和有限元法之间，兼有二者的优点，工作量小，特别适用于如裂隙岩体那样的非连续介质问题，且块体元的应力精度与位移精度一致，因此按位移和应力求出的稳定安全系数比较接近。块体单元法以块体形心处的刚体位移作为基本未知量，即用分片的刚体位移模式逼近实际位移场，在块体单元之间设"缝"单元，反映结构的物理性质。根据虚功原理求出各块体形心处的刚体位移后，由"缝"单元两侧块体的相对位移确定缝面的变形和应力。块体单元法既保证了各块条的力和力矩的平衡，又考虑了其变形，而且块体单元法可以反映非连续面两侧位移和应力可能不连续的特点，还提高了应力精度，使稳定安全系数的计算更为可靠，因此，块体单元法特别适用于具有软弱结构面岩体的稳定分析。

5.7.3　边坡稳定性的研究

高边坡如果没有良好的稳定性，则可能会发生变形或者坍塌等地质灾害，给国家和人民群众生命财产安全带来严重的威胁（辛娟，2006）。边坡的稳定性是岩土工程中一个非常重要的研究内容，边坡是否稳定与建筑物及人民的安全具有密切的联系。因此，必须加强对边坡稳定性的研究，尽可能提高边坡的稳定性。高边坡的高度较高，相比于普通边坡发生变形的可能性更大，并且发生破坏时，可能会造成更大的事故，故此类边坡的支护设计必须要考虑多种因素的影响，保证高边坡的稳定性，从而将高边坡发生破坏的概率尽可能降到最小（图5-23）。因此要适度放坡、安全支护、合理施工。①不宜在雨期施工；②先加固治理、后进行开挖的施工程序；③先做好地面和地下排水设施，将地面水和地下水引走；④土坡的稳定性较差，严禁在坡顶上部弃土或堆放材料；⑤必须遵循自上而下的开挖顺序，严禁先切除坡脚，若先切除坡脚，则会使上部土体失去支承而容易产生土坡失稳；⑥坡开挖完成后，采用塑料薄膜覆盖、水泥砂浆抹面、挂网抹面或喷浆等方法进行土坡坡面防护，可有效防止土坡失稳（王云等，2005；王治国和王春红，2017）。

图5-23　十堰至天水（安康西）高速公路的高边坡（摄影/宋晓伟）

人们对边坡稳定性分析的研究已逾百年，它涉及工程数学、力学、工程地质学、工程结构、现代计算技术等多个学科。随着科学的发展，人们对边坡稳定性的研究经历了从经验方法到理论研究、从定性研究到定量研究、从单一评价到综合评价、从传统理论方法到新理论新方法的过程。

（1）工程地质分析法。工程地质分析法是一种以工程地质类比方法、地质成因演化理论和岩体结构控制理论为理论基础的定性分析方法。通过工程地质勘察，首先对工程地质条件进行综合调查,分析已有的边坡破坏现象的成因、影响因素、发展规律等,然后分析所研究边坡与已发生破坏边坡在地质条件上的相似性和差异性,对比得出该边坡的稳定性分析及其发展趋势。该方法综合考虑了各种影响边坡稳定的因素,可对边坡稳定性及发展趋势迅速地做出预测,在确定复杂地质条件下岩质边坡的失稳模式和破坏机制方面独具价值。但地质条件因地而异,使用此方法主观性较强,对研究者的实践经验要求较高。

(2)极限平衡分析法。极限平衡分析法又称条分法,是出现较早并已纳入行业规范的定量分析方法。该方法通过假设潜在的滑动面,将滑坡体人为划分为若干刚性条块,然后建立条块间的静力平衡方程,求解边坡的安全系数,锁定最危险滑动面。研究者对极限平衡分析法的改进主要着重两方面:①研究最危险滑动面位置的规律,减少滑动面假设次数,以期减少计算量;②对极限平衡分析法中的假定进行改进或补充,使之更符合实际。随着研究的不断深入,人们对极限平衡分析法的研究逐渐由二维转向三维,并取得了一些成果。

(3)数值分析法。①有限元法。有限元法是一种比较成熟的数值分析方法,它将无限自由度的结构体系转化为有限自由度的等价体系,可以给出岩土体中应力、应变的大小和分布,避免了极限平衡法中过于简化滑体的缺陷。其还可以进一步研究边坡体的流变效应、渗流问题、塑性区的形成过程等复杂问题。有限元强度折减法是在边坡稳定性分析中常用的一种有限元方法。它的原理是在有限元计算中,将边坡岩土体强度参数逐渐降低,直至达到其破坏状态为止,程序可以自动根据计算结果得到破坏滑动面,同时求得强度储备安全系数。唐春安等(2006)将强度折减法引入岩石破裂过程分析RFPA方法中,形成了针对岩土结构稳定性分析的RFPA-SRM强度折减法,该方法可充分考虑材料细观、宏观非均匀性、地下水渗流对边坡的稳定性影响,为边坡稳定分析提供了一种新方法,并采用RFPA-SRM强度折减法对边坡安全系数、含节理岩坡稳定性进行了深入的研究和探讨。②离散元法。离散元法的基本原理是将所研究的区域划分为一个个任意形状的块体单元,这些单元可以是刚性的也可以是非刚性的,单元之间通过接触关系建立位移和力的相互作用规律。计算时按照时步迭代并遍历整个块体组合的方式,直到每个块体达到平衡状态,不再出现不平衡力和不平衡力矩为止。这种方法适用于解决非连续介质大变形问题,尤其是在分析被结构面分割的岩质边坡的变形破坏过程时非常实用。③快速拉格朗日法。快速拉格朗日法考虑到材料的非线性和几何学的非线性,采用了离散模型方法、动态松弛方法和有限差分方法三种技术,将连续介质的动态演化过程转化为离散节点的运动过程,可以准确地模拟材料的屈服、塑性流动、软化直至大变形。同时,该方法还考虑锚杆、挡土墙等支护结构与围岩的相互作用,被广泛地应用于边坡、土石坝、隧道围岩等的稳定性评价与支护设计中。基于快速拉格朗日法开发的FLAC程序在国际上得到了广泛的应用。虽然快速拉格朗日法处理岩土工程问题具有极大的优越性,但也有不足之处。例如,对线性问题,快速拉格朗日法要比相应的有限元法耗时更多,它只是在模拟非线性、大变形或动态问题时更具适用性。数值分析理论和相应的程序种类繁多且各具特色,因此在边坡稳定性研究中应针对实际情况合理选取相应的数值分析理论和程序。由于岩土体性质并非均质，地质构造错综复杂，加之各种外界因素（渗流、温度、地震力等）的影响，边坡实际破坏过程与数值模拟是存在一定差距的。

（4）非确定性分析方法。①可靠性分析法。边坡工程的可靠性分析方法借鉴了结构工程可靠性分析理论的方法，结合边坡工程自身特点，将边坡岩土体性质、外部荷载、地下水、计算模型等视作随机变量，采用概率分析方法和可靠度尺度描述边坡工程系统的质量。我国《岩土工程勘察规范》（GB 50021—2001）（2009年版）指出，大型边坡涉及除按边坡稳定系数值计算边坡稳定性外，尚宜进行边坡稳定的可靠性分析，并对影响边坡稳定性的因素进行敏感性分析。该方法计算所需的大量统计资料不易获取、各因素的概率模型及其数字特征的合理选取还存在问题，并且计算比通常的方法复杂，目前在边坡稳定性分析中还处于探索阶段，一般在实际工程中只作为一种辅助手段。②模糊数学分析法。模糊数学分析法是把模糊理论应用到边坡稳定性分析中。应用该法时先分析影响边坡稳定的各种因素，赋予它们不同的权限，然后建立模糊关系矩阵，并求出各个因素对稳定性的影响，最后用模糊评价方法的最大隶属原则进行选择，把边坡分为稳定、较稳定、较不稳定及不稳定等几个等级，为研究多因素、多变量对边坡稳定性的综合影响提供了行之有效的手段。李彰明（1997）对某一大型露天矿边坡工程地质条件进行调查并进行了物理力学性质测试，对模糊数学分析法在边坡稳定性分析中的应用做了研究。③灰色系统预测法。灰色系统理论认为，在决定事物的诸因素中，若既有已知的，又有未知的或不确定的，它们所在的系统则称为灰色系统。该方法将边坡视为一个灰色系统，通过数据处理找出不完全信息的关联性，确定它们对边坡稳定性影响的主次关系，进而利用多因素叠加分析评估边坡的稳定性。此方法适合对含有不确定因素（如复杂的地质环境、节理裂隙发育情况不明）较多的边坡进行评价（邓聚龙，1993）。④神经网络分析法。神经网络分析法将神经网络理论引入边坡稳定分析中来，把影响边坡稳定的因素视为变量，建立这些因素与边坡安全系数之间的非线性映射模型，利用神经网络的高度非线性映射能力预报边坡的稳定性。该方法适于对知识背景不清楚、推理规则不明确、难以建模的边坡工程进行分析。

随着计算机技术的飞速发展，高精度、多因素耦合作用下的边坡稳定性数值模拟得以实现。边坡稳定性分析过程中存在着大量不确定因素，随着学科的发展，这些因素逐渐为人们所重视。在多学科交叉的学术背景下，边坡稳定性非确定分析方法逐渐发展起来并被应用到实际工程中。

5.7.4　边坡防护工程设计原则和方法

设计前必须对原始坡面的形态和附近类似工程实践情况进行详细调查，结合地勘资料定性地判断分析并初拟防护方案。之后在边坡防护设计时，依据规范推荐和要求及稳定性验算分析，按由简单到复杂的设计原则和思路最终确定刷坡、防护方案。

1. 放缓边坡、分级刷坡

放缓边坡是边坡处治的常用措施之一，通常为首选措施。边坡失稳破坏通常是由边坡过高、坡度太陡所致，故通过削坡削掉部分不稳定岩土体，使边坡坡度放缓，加强其稳定性（李彰明，1997）。边坡的刷坡设计比较灵活，但总原则是放缓后的边坡综合坡率接近或缓于原有自然边坡坡度，一般而言，比原有自然边坡越陡的边坡越不稳定。当单级刷坡高度过高时，可采取分级开挖、逐级放缓的方式，降低单级边坡高度。分级平台宽度一般为2～3m，根据稳定性验算情况和综合坡率设置部分加宽平台，位置一般在土石分界面处或20m左右增加一处（图5-24）。放缓边坡的优点是施工简便、经济、安全可靠，而缺点是越缓的边坡开挖面越大，占地越多，对自然环境的破坏也越大。

图5-24　高边坡放缓边坡、分级刷坡设计施工

2. 初拟防护方案及稳定性分析

当按上述放缓刷坡的原则处理后边坡过缓、过高或受外界因素干扰时，应适当收陡坡率，考虑防护加固措施，并进行边坡稳定性分析验算与评价。一般从定性和定量两方面进行分析判断。定性分析常采用工程地质类比法和赤平投影法，其主要依据是岩土体的自身结构特性和分布特征；定量分析常采用数值模拟法和极限平衡法，而应用最普遍的是基于极限平衡理论的理正分析计算软件。在具体边坡的稳定性验算时，必须多次拟定不同方案、多次试算、多次综合对比分析，使得定量计算结果与定性分析的结论基本一致，理论分析与实际情况相吻合。

3. 工程防护措施设计

依据稳定性分析评价结果，对于整体稳定性较好的边坡，刷坡后的安全性可以满足规范要求，但是可能存在表层易风化剥落、局部崩塌掉块或坡面易受雨水冲刷等情况时，则需对其进行表层工程防护；对于边坡稳定性较差或不稳定时，应采用不同程度的中浅层或深层加固措施处理。具体到某一边坡的防护设计而言，大多是按上述原则和设计思路，综合考虑岩土体的地质特性、边坡的稳定安全性、施工的可靠便利性、工程措施的经济合理性、砌筑材料的可取性和景观生态的美观性等，最终确定边坡防护方案，并在实施过程中进一步进行稳定性观测，必要时予以动态设计。

5.8　高速公路边坡防治工程计算理论

5.8.1　滑坡推力分析

作为全球性三大地质灾害（地震、洪水、崩塌）之一的边坡失稳严重危及国家财产和人们的生命安全。滑坡推力计算一直是边坡稳定性分析、防护加固设计及滑坡治理抗滑工程设计中的核心问题（卢元鹏等，2011）。根据抗滑支挡工程结构与被加固滑坡体的力学关系，滑坡推力计算方法可概括为分离法、虚力法及数值耦合法。用不同的计算方法得到的滑坡推力值有差异。用以上3种方法对拟设桩结构物的内力进行计算，对比分析发现，分离法及虚力法最终均需对桩侧滑坡推力分布形式进行假定，假定分布形式不同，所得内力不同；数值耦合法可直接得到桩侧应力分布形式，且考虑了桩与岩土的耦合效应，计算结果较为合理，有必要进一步分析研究与推广应用。

5.8.2　边坡支护后稳定性分析

随着我国经济的快速发展，我国基础建设的不断推进，采矿、水利、铁路、公路等基础工程建设大量兴起，与此同时也伴随着大量的施工开挖、弃渣弃土等，造成许多被破坏、裸露的山体，使得本来非常脆弱的山体结构遭受了严重的破坏（辛娟，2006）。为了维护山体边坡的稳定与安全，必须采取有效的山体边坡支护措施，如采取生态混凝土砖支护、高次团粒坡面绿化支护、钢筋砼现浇山体支护等措施。根据此山体边坡的特征，建议采取喷浆技术施工方案。其工艺如下：①边坡修坡；②插筋以及钢筋骨架的安装；③锌钢丝网进行面挂镀；④石砼喷细；⑤在山体边坡周边进行排水沟设置。具体施工如下：第一，对山体边坡进行稳定性检查或者勘察，清除山体边坡上面的危石、松石，并对独立石通过钢丝绳进行围护固定。第二，进行机械开挖，修正整个山体坡面，使其平整，并将山体坡面上的尘土清除。第三，进行钢筋插骨架设置，应该尽可能地将钢筋垂直于山体坡面插入。第四，进行钢丝网的挂扣，在此过程中应该设置保护层，以确保安全。第五，石砼喷细。

5.8.3　边坡稳定性安全系数

边坡稳定性安全系数是指沿假定滑裂面的抗滑力与滑动力的比值，当该比值大于1时，坡体稳定；等于1时，坡体处于极限平衡状态；小于1时，边坡即发生破坏。边坡稳定性的一个定量评价概念，从数值上讲是抗滑力和下滑力的比值，当稳定性系数为1时，边坡抗滑力等于下滑力，此时的边坡处于临滑极限状态。设边坡的高为H，展宽为B，边坡系数$=B/H$，如果这个边坡稳定了，就是这个系数为此点边坡稳定系数（表5-4）。

表5-4 《建筑边坡工程技术规范》（GB 50330—2013）中边坡稳定性安全系数的规范标准

安全等级	一级边坡	二级边坡	三级边坡
一般工况安全系数	1.35	1.30	1.25
地震工况安全系数	1.15	1.10	1.05
临时工况安全系数	1.25	1.20	1.15

5.9 高速公路边坡特点、常见病害及成因

5.9.1 边坡特点

1. 呈条带状分布，地域性明显

一条高速公路一般数十公里，乃至几百公里，公路沿线自然环境差异极大。沿线有农田、丘陵和林地等多种自然景观。因此，边坡植被变化较多，在进行边坡植物种植时，必须充分考虑地域特点，做到适地适树。例如，重庆市公路两边边坡呈带状分布，与人类工程活动关系密切，区内顺层边坡有3种类型，且较为发育；顺层边坡受岩层倾角、边坡坡角、边坡坡高、层间摩擦角、层间黏聚力等因素的控制明显。

2. 原有坡面受到破坏，不利于植物生长

高速公路的边坡，特别是挖方边坡，开挖后地表植被遭到破坏，原有表土与植被之间的平衡关系失调，表土抗蚀能力减弱，在雨滴和风蚀作用下水土极易流失。坡面完全是生土，几乎不含有机质，缺乏微生物活动，且掺有大量的水泥、混凝土、砂石料等，土壤条件差，不利于植物生长。开挖后，每一个边坡地质状况不同，同一边坡上往往砂岩、泥岩、石灰岩等交错排列，交替出现，有的坚硬，有的易风化。冬天下大雪之后，人们为了防止路面结冰会在积雪上撒上一些盐，这样不仅能让积雪融化，还可以防止结冰。往往造成边坡土壤中盐分过高，从而抑制植物生长，甚至引起植物死亡。由于边坡的坡度大、土壤渗透性差，因此边坡土壤对降水截留较小，这一方面容易造成土壤侵蚀和光、水的再分配，另一方面土壤侵蚀导致坡面土壤贫瘠，立地条件差，不利于植物生长，原有的生态系统遭到破坏。而高速公路修建后，对地表造成了破坏，生态系统受到破坏后，短时间内很难恢复。

3. 交通污染影响植被的正常生长

汽车污染主要分为噪声污染和大气污染，而高速公路恰恰是汽车污染最为集中的地方。汽车尾气主要含有一氧化碳、碳氢化合物、氮氧化合物、二氧化硫及微粒等，造成了严重的污染（辛娟，2006）。尾气中的碳氢化合物和氮氧化合物在阳光充足、无风等条件下还会发生光化学反应，产生毒性较大的浅蓝色烟雾，即光化学烟雾，从而构成二次污染。高速公路路基通常较高，地形开阔，空气对流快，造成冬季气温相对当地其他地方更低，使植物冻伤死亡；春季地温回升慢，夏季温度较高，使植物灼伤甚至死亡。

4. 植物对边坡的防护作用

目前公路边坡防护的形式逐渐以植被生态防护为主，灵活地将各种形式结合到一起，以确保公路边坡的可持续性。增加植被面积，减少地表径流，可从根本上减少路基边坡的土壤侵蚀（图 5-25）。植物覆盖对于地表径流和水土冲刷有极大的减缓作用，枝叶繁茂的树冠能够截留一部分降水量，庞大的根系能直接吸收和集蓄一部分水分，还可以稳定地表土层。植被边坡防护具有其他边坡防护所不可替代的生态效益、经济效益以及社会效益，对公路的正常运行及交通安全都具有非常重要的意义，成为建设生态公路的重要措施之一。

图 5-25　西乡至镇巴高速绿化效果（摄影/舒洪涛，纪金刚）

5.9.2　边坡常见病害及成因

1. 滑坡

斜坡上的岩土沿坡内一定的软弱带（面）做整体的向前向下移动，其有三个要素，即滑动面（带）、滑床、滑体。高速公路工程往往工期紧、战线长，穿越不同的地质、气候区，前期勘察、设计、施工中如果存在质量安全隐患，一旦运营其会受到地震、降雨、冻融等不利外部环境的影响，很容易出现滑坡现象，严重危害高速公路行车安全（辛娟，2006）（图 5-26）。滑坡常见于土质高边坡，通常是上述不利外部环境作用导致土壤压实度不够、抗剪强度大大降低，使土质边坡在重力作用下，产生斜向流动性下坍。由于滑坡具有分布规律性差、前期变形迹象小、分布范围大、面小点多等特征，人为干预难度大，统一的治理方案难以适合所有类型的浅层滑坡，需要在养护管理中特别防范。

图5-26 吴旗至靖边高速公路发生山体滑坡（摄影/宋晓伟）

防治土质边坡的滑坡危害可以采取四方面措施：第一，加固土质边坡，认真进行地质勘察，按照标准设计规范进行边坡防护，如砂浆硬化边坡表面、增设土工格栅、安装抗滑锚杆桩等；第二，增加边坡绿植，利用植被发达的根系加强土质边坡的稳定性，养护过程中要及时增补缺失、枯死的绿植；第三，完善排水设施，修筑足够的高边坡排水渠或排水管，定期疏通排水系统，确保坡上汇集下来的雨水及时排泄；第四，采取持续性监控措施，为危险段落安装变形观测仪、沉降尺等，定期对比高边坡形变数据，以便及时发现滑坡迹象。

2. 崩塌（落石）

崩塌和落石：整块岩土脱离母体，突然从较陡的斜坡上崩落下来，并顺坡面猛烈翻转跳跃，最后堆落在坡脚，规模大的叫山崩，规模小的叫塌方；悬崖陡坡上的个别岩块突然下落，称为落石；崩塌常见于石质高边坡，主要表现为软岩边坡崩裂和坍塌。

崩塌产生的原因有：第一，由于石质边坡自身特定的岩性及地质构造原因，如边坡为页岩、泥岩或其他易风化、遇水软化类的软岩石，边坡表现为软硬相间，发生风化后碎落现象严重，形成崩塌；第二，由于地质原因，如在断裂破碎带，施工开挖后，边坡极不稳定，后期在震动荷载作用下沿破碎带坍塌；第三，施工时的不合理操作，如爆破、过度开挖或坡度过陡使得岩体结构变得松散，软弱的结构面分离出来，后期在自重、震动荷载、后期坡顶施工或其他活动荷载下，岩体发生错动而逐渐失去支撑，最终引起失稳滑塌现象发生；第四，对未经处理的边坡进行加载，导致边坡承受力过载，影响了边坡的稳定性。地形是导致这种现象发生的原因之一。广东地区一般坡度大于45°的山坡容易发生崩塌；岩性，石灰岩、花岗岩、砂岩等都会发生崩塌，而广东地区花岗岩最为普遍，砂岩、变质岩、石灰岩等也较多；暴雨或连续降雨后，雨水经缝隙进入岩土层，减少岩石间的黏聚力和摩擦力，增加岩体自重，而最近几年广东地区暴雨或连续降雨经常发生。 2011年7月5日凌晨3时至12时，位于陕西省南部的汉中市略阳县普降大到暴雨，部分乡镇降雨超过100mm。上午11时15分许，持续暴雨造成县城金亚路发生滑坡，5000m³左右的滑塌体瞬间倾下，造成现场12间房屋被埋。（图5-27）。

图 5-27　陕西略阳崩塌

边坡崩塌防治措施能有效阻止边坡崩塌，减少边坡崩塌造成的危害，保护人民的财产人身安全，需要多了解。伴随我国地质灾害应急治理工作日益完善，边坡崩塌地质灾害作为当下对我国急需解决问题之一，其重要性不言而喻。通过近年来大多研究发现，边坡崩塌地质灾害应急治理的科学性与创新性对地质结构稳定、地质灾害治理及风险隐患降低十分关键。边坡崩塌防治措施如表5-5所示。

表5-5　公路边坡崩塌防治措施

主要类型	防治措施
遮挡	遮挡斜坡上部的边坡崩塌物。这种措施常用于中、小型边坡崩塌或人工边坡崩塌的防治中，通常采用修建明硐、棚硐等措施
拦截	对于仅在雨后才有坠石、剥落和小型边坡崩塌的地段，可在坡脚或半坡上设置拦截构筑物。例如，设置落石平台和落石槽以停积边坡崩塌物质，修建挡石墙以拦坠石等，这些都常用于铁路工程
支挡	在岩石突出或不稳定的大孤石下面修建支柱、支挡墙或用废钢轨支撑
护墙、护坡	在易风化剥落的边坡地段修建护墙，对缓坡进行水泥护坡等，一般边坡均可采用
镶补勾缝	对坡体中的裂隙、缝、空洞，可用片石填补空洞，水泥砂浆勾缝等以防止裂隙、缝、洞的进一步发展
刷坡、削坡	在危石孤石突出的山嘴及坡体风化破碎的地段，采用刷坡技术放缓边坡
排水	在有水活动的地段，布置排水构筑物，以进行拦截与疏导

3. 泥石流

泥石流对公路的危害比一般滑坡要大得多，公路泥石流是指发育于公路沿线并对公路桥涵、路基路面及相应防护结构具有冲击毁损和淤埋破坏的病害类型，包括桥台水毁、上部结构毁损、桥涵基础掏蚀、桥涵淤埋、道路毁损等类型。降雨集中或暴雨情况下，高边坡如果存在防护措施承载力设计不足，或风化、地震等导致表面松散时，很容易暴发泥石流。泥石流具有产生突然、规模宏大等特点，因此，危害也十分严重。2016年5月7日凌晨，杭州遭遇强降雨袭击，造成临安清凉峰镇出现山体滑坡现象。其中，黄山至杭州高速K107+200被泥石流覆盖，交通中断（图5-28）。公路泥石流的形成条件如表5-6所示。

图5-28 黄山至杭州高速公路发生泥石流

表5-6 公路泥石流的形成条件

划分	公路泥石流的形成条件
丰富的泥石流物源	公路作为线状构筑物，需要穿越不同的地质、地貌区，公路沿线涉及种类齐全、储量丰富但分布不均的泥石流物源。例如，在海拔超过1000m的高寒地区，物源类型主要有寒冻风化物、第四纪冰碛物及冰水沉积物等。根据对新疆天山公路沿线1981~1990年寒冻风化碎屑的统计，海拔3300~3500m坡地平均碎屑产出率为0.006~0.008m³/（m²·a），在山体坡前地带则存在大量冰碛物，呈现典型的混杂堆积，仅在北天山哈希勒根地区便有冰碛垄3~6道，紧紧围绕在现代冰川下方，在K631泥石流沟内发育5道古冰碛垄并呈现5级物源台地，最厚的T5台地厚可及100m；在海拔1800~2000m的河谷两岸冰水阶地发育，一般3~5级，每级阶地厚20~30m
轴线方向与区域新构造应力场主压应力方向一致的泥石流沟	这是地表岩体比较破坏、抗御动力地貌过程能力薄弱的部位，沟谷地貌稳定性较差，容易演变为泥石流沟。例如，美姑河流域，区域新构造应力场主压应力方向方位43°、两个剪切带Maxl和Max2方向分别为73°和347°，而美姑河流域内公路泥石流沟轴线存在两个优势分布方向，即方位角160.5°和78.2°，前者与新构造应力场Max2相近，相差6.5°；后者与新构造应力场Maxl相近，相差5.2°
具有焚风效应的气象条件	焚风效应是指当气流经过山脉时，沿迎风坡上升冷却，在所含水汽达饱和之前按干绝热过程降温，达饱和后，按湿绝热直减率降温，并因发生降水而减少水分。降雨条件是诱发泥石流的主要动力因子，高寒地区尚有因温度升高冰雪融化产生大量地表流水而诱发的泥石流。如果泥石流沟位于局部大气环流下沉区，由于焚风效应的作用，地表植被覆盖度通常较差，物源在水的作用下自稳性能较差。例如，北天山高山深谷区处于向西敞开的伊犁盆地背风坡，属于干热气流控制区，地表植被覆盖度不及0.6%，是天山公路泥石流集中发育的区域。四川省普格县的茨达泥石流、西昌—木里公路沿线的平川泥石流、小关沟泥石流等均具有类似特性

　　我国是一个多山国家，山地面积占国土面积的2/3以上，每年都产生大量的崩塌、滑坡和泥石流等地质灾害。据不完全统计，我国公路每年因泥石流造成的直接经济损失达数十亿元（辛娟，2006）。特别是公路和铁路附近的泥石流和滑坡，每年造成几百乃至上千人伤亡，损坏农田、铁路和公路等设施，造成严重的后果，而这一问题与路边、山坡上的植被破坏有直接关系。可见，泥石流严重危害国民经济的各个方面，其中以公路部门受害最重，损失最大。最近几年来，地质灾害频繁发生，公路建设中泥石流灾害日趋严重，所以对其预防措施也应该引起重视。泥石流治理的主要措施见表5-7。

表5-7　公路边坡泥石流防治措施

主要类型	防治措施
拦挡工程	拦挡工程主要有拦沙坝、储淤场、挡土墙、护坡、截洪排水工程、谷坊坝等。在泥石流形成区的上游适宜地段，建造水库、水塘或其他形式的蓄水工程以调节洪水，削减流经泥石流形成区的洪峰流量（即水动力条件），并严防渗漏、溃决；稳定山体、斜坡，减少松散物质的形成、积聚；在流通区内，修建拦挡泥石流的谷坊坝（群），如实体坝和格栅坝，以固坡护床；在堆积区的后缘，用储淤场将泥石流固体物质在指定地段停淤，减少下泄洪峰流量和固体物质总量
排导工程	排导工程为避免泥石流冲出沟口后对公路造成危害，常采用导流排放措施。这类工程主要有导流堤、排导槽、束流堤和渡槽等，有时也采用过水路面等。其作用是将泥石流按指定方向排到远离公路建筑物的地方；利用泥石流自身的重量提高或改变天然沟槽的搬运能力，增加输送量；保持沟槽坡度，限制沟槽纵向和横向发展，稳定沟槽。在泥石流频繁发生路段铺设过水路面，及时清理
防护工程	防护工程是指针对泥石流地区的桥涵、隧道、路基及泥石流集中的山区变迁型河流的沿河线，用一定的防护建筑物抵御或消除泥石流对主体建筑物的冲刷、冲击、侧蚀和淤埋等危害。防护工程主要有护坡、挡土墙、顺坝和丁坝等
跨越工程	跨越工程是指修建桥梁、涵洞（管）排泄泥石流，公路从泥石流沟的上方跨越通过，用以避防泥石流。这是公路交通运输部门为了保障交通安全常用的措施
穿越工程	穿越工程是指修建隧道、明硐或渡槽，从泥石流的下方通过，而让泥石流从其上方排泄。这是公路通过泥石流地区的又一主要工程形式
综合治理工程	根据泥石流的危害及性质，采取多种工程措施和生物措施，结合水土保持和农牧工程，统一规划，综合治理，防止或减少泥石流灾害

4. 土壤剥蚀

　　高边坡由于其特殊的地理位置，受山风、雨水、日晒作用易产生防护失效、表面风化龟裂等现象而导致土体、岩块松散、坠落，落土、落石会给下方行车造成安全隐患，脱落处的坡面也会不平整而加速风化，形成恶性循环（图5-29）。从一些统计数据来看，当前高速公路桥梁工程普遍存在剥蚀破坏问题，主要体现在高速公路桥梁工程表面出现破损。从相关实际工程中可知，造成工程剥蚀破坏问题的主要因素是自然因素。自然因素主要可以划分成风化剥蚀、冻融剥蚀及水质侵蚀3大类型。而这种剥蚀破坏会对道路桥梁工程构件的截面产生过大的应力，造成伤害。

图5-29　榆林至佳县高速公路土壤剥离侵蚀的结果（摄影/宋晓伟）

5.10　高速公路边坡防护的目的和原则

高速公路边坡暴露于自然环境中，受自然环境的影响。表面上处于静止状态的边坡，实际上始终处于运动变化之中；这种运动变化的结果会不同程度地损坏边坡的完整与稳定，严重时将发生安全事故；而产生安全事故的点位和时间节点均具有不确定性，因此，必须以预防为主，搞好坡面保护，全面落实好边坡防护措施。

5.10.1　边坡防护的目的

随着经济的发展，高速公路建设不断地向山区和丘陵等复杂地带延伸，面临着越来越多的技术难题。高速公路由于线路长，涉及不同的地质水文环境，边坡特点也是种类多、复杂，由不同风化程度的岩层构成，容易发生滑坡、崩塌和泥石流3大地质灾害（杨惠林，2006）。一旦边坡开挖造成地质灾害就会导致投资增大，工期延误，甚至出现人员伤亡情况。因此为了防止工程出现事故，保障高速公路的安全运行，应该进行必要的高速公路边坡防护措施。

为减少高速公路路基损坏，确保高速公路行车安全，边坡的防护具有重要意义（图5-30）。边坡防护主要为避免路基边坡受到雨水冲蚀作用，同时缓和温差雨季的湿度对岩土风化、碎裂等的演变进程，从而保护路基，使边坡长期处于稳定状态。抹面、喷浆、勾缝、石砌护面等工程防护措施，对于维持坡面的初期稳定性以及抗雨水侵蚀能力效果显著，但是工程防护措施是无生命的保护，也不能满足环境和景观的要求。工程防护措施只关注了安全性，对于高速公路沿线自然生态破坏较大，使得绿水青山一去不复返，景观性极差，容易造成驾驶员的视觉疲劳，而且随着时间的推移，工程防护坡面的岩石、混凝土风化，强度降低，甚至破坏。

图5-30　昌宁至保山高速公路坡面公路边坡绿化（摄影/张展）

5.10.2　边坡防护应遵循的原则

1. 遵从植物生态习性，因地制宜

植物的生态习性是指植物生长对环境条件的要求，包括气候生态条件、土壤生态条件、生物生态条件等。气候生态条件（光照、温度、湿度、风速、降水以及大气成分等）影响植物的生长繁殖，决定植物能否顺利越冬、越夏；土壤生态条件（养分、肥力、结构、pH、盐分等）与植物的生长密切相关；生物生态条件关系着植物的生长发育。如果外界环境不能满足植物的生态习性，植物生长就要受到阻碍甚至发生退化。因此，在选配植物时应综合考虑环境条件，因地制宜，合理种植。

2. 保持物种多样性，建立自然群落结构

目前学术界就物种多样性在生态系统中的作用提出了很多假设，如冗余种假设、零假设、特异反应假设、铆钉假设等，对这个问题的看法还没有完全一致的认识（杨惠林，2006）。多数生态学家认为，物种多样性是群落稳定的一个重要尺度，物种多样性指数高的群落，物种之间往往形成比较复杂的关系，植物链或植物网更加趋于复杂，当面对来自外界环境的变化或群落内部种群的波动时，群落有一个较强的反馈系统，可以缓冲干扰。当某一物种发生病虫害时，不可能侵染所有的物种，即病虫害不易传播。植物的自然群落结构是草、灌、乔三位一体的多层次的复杂结构，物种多样性指数高，在一般情况下抗外界干扰的能力强，即使群落中一种或几种植物受到病虫害的危害而死亡，其他的植物也会填补其留下的空白。

3. 遵从生态位原则，优化植物配置

基于物种多样性的考虑，在利用植物进行边坡防护时采用的植物种类较多，这就要求拟定一个合理的配方，因自然群落中的物种、种群不是偶然的组合，而是生态上的协调与组合。绿化植物的选配除了要考虑其生态习性外，实际上还取决于生态位的配置，这是生态防护工作关键的一步，其直接关系到系统生态功能的发挥和景观价值的提高。因此，在选配植物时，应充分考虑植物在群落中的生态位特征，根据空间、时间和资源生态位上的分异来合理选配植物种类，使所选择植物生态位尽量错开，从而避免种间的直接竞争。

4. 遵从互惠共生的原理，协同植物之间的关系

在植物生长发育过程中，根系作为植物和土壤的重要界面，不仅是重要的吸收和代谢器官，而且是重要的分泌器官。其一方面从生长介质中摄取养分和水分，另一方面也向生长介质中分泌离子和大量的有机物质。当一些植物的分泌物对另一些植物的生长发育有利时，它们互惠共生，相互促进生长，如皂荚、白蜡与七里香在一起生长时，互相都有促进作用；当一些植物的分泌物对其他植物的生长发育不利时，就会影响其生长，丁香、薄荷、刺槐、月桂分泌的芳香物质，影响相邻植物生长。群落中植物的分泌物对其他植物的生长发育有很大的影响，在选配植物种时应高度重视。

5. 遵从"绿水青山就是金山银山"理念，推进边坡建设高质量发展

"绿水青山就是金山银山"，贯彻创新、协调、绿色、开放、共享的新发展理念，加快形成节约资源和保护环境的空间格局、产业结构、生产方式、生活方式，给自然生态留下休养生息的时间和空间。因此，高速公路边坡生态防护应该遵从"生态防护，保护路基，稳定边坡，恢复边坡"、绿化美化环境原则（图5-31）。一是生态优先，绿色发展。牢牢树立"绿水青山就是金山银山"的发展理念，最大限度地保护生态环境，注重对生态资源的再造和恢复，突出绿化美化效果，通过统筹城乡绿化，大力创建品质示范路。二是科学规划，规范操作。设计之初，多个部门多次组织行内专家进行评审和论证，便从多方面综合考量，严格遵循"绿水青山就是金山银山"的理念，将"绿色"作为硬指标，通过节约利用土地，推广使用新材料、新技术、新工艺，努力打

图5-31　西安至汉中高速公路绿化景观（摄影/宋晓伟）

造一条生态文明和自然生长之路。三是精心组织，狠抓落实。在施工组织上，施工机械选用先进设备，有效减少施工过程中油污的跑冒滴漏数量及机械维修次数，从而减少含有污水的产生量。四是科学管理，落实责任。始终秉承"在建设中保护，在保护中发展"的绿色理念，加强公路两侧造林绿化和原生植被保护，促进公路与沿线生态环境自然和谐，"畅、安、舒、美"公路比例大幅提升。

6. 遵从固土护坡功能，美化环境兼顾水土

在对高速公路的生态进行设计过程中，要根据实际情况采用统一变化、节奏韵律以及调和对比等美学理论，科学合理地搭配植物，植物修剪的形状要与中央隔离带设计的形状保持一致（杨惠林，2006）。边坡生态防护植物配置技术原则是以水土保持为主，兼具生态景观效果，边坡防护要考虑对整个植被进行逐步恢复，应以林草植物为主进行生态模式配置，有利于固土护坡，防止土壤侵蚀，改善边坡景观和护坡效果。

高速公路边坡生态防护的主要目的是固土护坡、防止冲刷，兼有美化环境的功能。一般应选择干旱、瘠薄、根系发达、覆盖度好、易于成活、便于管理、同时兼顾景观效果的草本或木本植物。宝鸡至天水高速公路两旁绿荫遮蔽，山花烂漫，泉水叮咚，沿途有伏羲人文始祖像、乞巧剪纸画、木牛流马雕塑等体现陇原文化特色的人文景观，一路前行，山与路、景与物错落交织，与自然风光、地域景观交相辉映，俨然一幅美丽的绿色画卷。

固土护坡功能以应用生态学理论为依据，尊重自然、正视自然、保护自然、恢复自然，兼顾生态效益、经济效益和社会效益，以达到四季常绿，并可体现当地特色的景观效果；同时在选择植物种类时要坚持生物多样性，多科属结合，乔、灌、花、藤、草结合，营建乔、灌、花、藤、草结合的多树种、多结构、多功能的复层生态景观群落，有效增加绿量和绿叶面积，挖掘单位面积上的潜在生态力，提高叶面积指数，整个绿化沿线注意立体空间上的线条变化和节奏感。但应在考虑气候、土壤、立地类型的基础上，优先选择耐干旱、耐瘠薄、抗污染、观赏性强的树种及草坪地被植物，既能适应当地土地条件，又能满足绿化的要求，达到功能、艺术、科学的统一。

5.10.3　边坡防护主要形式

1. 骨架植被防护形式

现阶段，高速公路边坡防护中，骨架植被防护形式比较常见，在很多情况下，防护需求得到了更好的满足，施工材料与成本耗损量小，因而应用比较广泛（杨惠林，2006）。骨架形状比较多，但实际工作中要根据荷载力降低需求合理选用骨架模式。假若骨架必须要突出，就要对骨架进行精细化施工管理。实际施工中，可根据边坡岩土性质制备防护，通常骨架植被防护要符合 1∶0.75 坡率的图纸设计及风化强的岩石边坡防护要求。对宝中线上骨架植被防护形式情况进行分析、调查，发现植被侧根发达，韧性强，须根稠密，根幅大于树冠，各级根系纵横交织，形成网状结构，有良好的固土护坡及水土保持能力。柠条有强大的根系,垂直根、水平根交织成网,可以牢牢地固持土壤。

2. 片石浆砌防护形式

现阶段,高速公路坡面防护中,该防护防腐应用比较广泛,其形式主要包含片石护坡与护面墙两种。该方法的使用利于降低雨水对坡面造成的消极影响,对坡体发挥着重要的稳定作用。护面墙采用浆砌片石覆盖坡面,用于封闭破碎边坡开挖。此外,对于风化性强的岩层,该防护方法也能发挥一定的稳定作用。浆砌片石护坡技术使用要求低,因其工艺操作简单,扩大了其使用范围。实际应用过程中,要注意方法手段简单,没有较好的环境协调效果,后期使用中要注意技术完善,不断提高该防护技术的价值(图5-32)。

图5-32 浆砌防护形式

3. 混凝土坡挂网喷射防护形式

混凝土坡挂网喷射防护形式其主要用于破碎岩石地带。通常情况下,石质边坡陡峭,如果有很高的坡度,坡面岩石极易出现风化,或为了预防边坡石块坠落使行人与车辆受到伤害,对坡面进行喷射混凝土的防护方式,增强施工的安全性(杨惠林,2006)。该防护方法的原理在于利用锚杆、钢筋网及混凝土喷射,共同承担荷载力,从整体上提高边坡岩体结构的强度,降低其发生侧向变形的概率,使得岩体更加稳定(图5-33)。喷射混凝土的性能一直是学者和一线技术人员关注的焦点,针对当前出现的一些问题,应当及时予以完善。当前喷射混凝土多使用粉状的碱性速凝剂,严重制约后期的强度,因此可适当加入外掺料。比如在喷射混凝土中加入一定量的煤矸石。作为一种工业废弃物,其颗粒能够作为细骨料形成火山灰效应,进而提升混凝土强度。同时,也有利于废物的回收使用,促进环保事业发展。

图 5-33　挂网喷射砼面层施工过程

5.11　高速公路边坡防护措施分类

5.11.1　工程防护

工程防护的常用措施有种草、栽植灌木、抹面、勾缝、喷浆以及石砌护坡或护面墙等,用以防治土质和风化岩石路基边坡的冲刷、碎裂与剥落,并起到美化路容和协调自然环境的作用,在雨量集中或汇水面积较大时,还需同排水设施相配合(图5-34)。

图 5-34　十堰至天水高速公路工程高边坡工程防护(摄影/宋晓伟)

对于易于风化的软质岩石或破碎岩石路堑边坡常受侵蚀而剥落，又不宜采用生态防护时，常采用工程防护形式（杨惠林，2006）。工程防护的优点是见效快，能立即发挥水土保持的作用。但坞工防护价格昂贵，且混凝土等结构物在风吹雨淋、高温暴晒等环境下会加快老化速度，使其水土保持作用也不能持久。工程防护最大的弊端在于其将公路边坡能够生长植被的土壤完全覆盖、封闭，不利于公路边坡生态环境的恢复。单调、生硬的混凝土坡面也破坏了公路沿线景观，不符合现代"生态之路，环保之路的理念"。

5.11.2　生态防护

边坡生态防护是指用活的植物或用植物和非生命的材料相结合的方式，代替纯工程防护的方式，通过种植植物，靠植物根茎与土壤间的附着力及根茎间的互相缠绕来达到加固边坡、提高边坡表面抗冲刷的能力，起到稳定坡面和防止侵蚀的作用，同时又能恢复破坏的自然生态环境，是一种有效的护坡、固坡手段；是一种利用植被涵水固土的原理稳定边坡的浅表层，同时改善边坡生态环境的技术。既具有保障道路和行车安全、营造舒适旅程、降低硬性材料防护成本的特点，又具有防止土壤侵蚀、降低噪声和粉尘污染的生态效应，还可形成独特的绿色长廊和风景线，是稳定边坡、保持水土、绿化美化的最佳途径（图5-35）。

图5-35　西安至商州高速公路生态防护（植物防护）工程（摄影/宋晓伟）

生态防护理念就是指从整体自然生态环境系统出发，针对具有缺陷的生态系统进行有效的完善，促使生态环境系统正常发展，不会受到破坏，保证动植物的生存环境非常好（张飞，2005）。在过去的很长一段时间里，我国高速公路防护设计都是通过大量草本的种植完成的，而且都是采用人工种植的方式，随着时代的发展和进步，高速公路防护设计方法和理念都有了全新的变化。现在的高速公路防护设计已经由大量的灌木所替代，而且也有大量的草本植物，防护理念的生态环保性也有着很大程度的提高，这符合自然环境系统的正常发展需求。这些改变就证明在高速公路防护设计的过程中，生态防护理念已经占据着非常重要的位置，并且也起到了高效的作用。利用生态防护理念进行高速公路防护设计就是要针对公路周边的自然生态系统的具体功能进行有效的恢复，使高速公路能够与自然环境融为一体，从而使人与自然更加和谐。

但生态防护绝对不是在坡面上种草那样简单。在坡度很低、土壤条件很好的边坡上可以单纯地使用播撒草籽的方式，但高速公路边坡条件往往十分恶劣，边坡高陡、土壤贫瘠、干旱缺水、水流冲刷等因素使得植被难以在边坡上立足，而且由于植被有一个由小到大的生长过程，在其本身还很弱小的阶段，单纯的植被防护很难发挥有效的水土保持作用，所以单纯的植物防护不能快速地发挥水土保持的作用，只有当植物成功地在边坡上立足，并成长一定时日之后才能逐步发挥（张飞，2005）。另外，植物（尤其是草本植物）有一年或几年的生长周期，呈现一岁一枯荣的状态，使得公路边坡也呈现春夏一遍绿油油，秋冬一遍枯黄衰败的轮回景象，不但破坏了高速公路沿线景观，也使得植物防护难以突破持续发挥水土保持作用的瓶颈。因此，除了在坡度较小、坡面土壤条件较好的边坡采取单纯的植物防护外，其他类型边坡采取植物防护与工程防护结合的护坡方式较好。

将工程防护和植物防护结合起来能够将单一的工程防护和植物防护的优点很好地结合在一起，互相取长补短，避免了各自的弊端。水土保持作用能够快速、持续地发挥，既保证了边坡的稳定，又绿化美化了路域景观，边坡生态恢复良性发展。这种生态防护模式是高速公路边坡防护的发展趋势，也是其适应可持续发展的必然要求。

5.12　高速公路边坡防护应注意的问题

5.12.1　注意物种选择搭配技术的运用，进行优化配置

高速公路绿化植物的选择和布设对驾乘人员的视觉冲击、心理效应都有重要影响。同时，高速公路作为自然环境的一部分，植物绿化景观对实现"在道路建设中坚持人与自然相和谐，树立尊重自然、保护环境"的理念有重要的作用。为保证公路具有良好的观赏效果，提高绿化植物的成活率，绿化植物物种的选择和搭配至关重要。在边坡防护设计中植被选择非常重要，不可以只关注色彩、造型而忽视搭配原则，这样就会导致植物搭配之后共生效果不佳，从而无法达到涵养水源的目的，甚至会出现边坡崩塌的情况（张飞，2005）。从相关试验结果来看，为了能够避免这样的问题，必须要充分考量植物在空间、时间、营养生态位上的分异对其进行优化配置，从而形成乔、灌、花、藤、草结合的复合群落，从而确保群体稳定，进而形成健康的生态系统。

5.12.2 打破传统做法，减轻公路工程生态问题

过去进行公路边坡加固防护基本都是"先施工、后绿化，先破坏、后恢复"，如果想要真正落实边坡防护加固措施，就必须积极进行创新改革，从而达到最低限度破坏环境的目的，在公路建设过程中，要一边使其成形一边对其防护，从而降低由施工所带来的施工相互脱节的生态问题。为了把十堰至天水高速公路建设成为生态性、特色性的"绿色通道"，建设施工单位从高速公路边坡景观设计中"重美化轻生态，重图案形式轻特色"的现象出发，打破传统做法，结合国内外高速公路景观设计理念及沿线点、线、面的景观与绿化设计内容和特点，对沿线营造特色景观、恢复生态进行了尝试性探索，提出高速公路绿化景观设计要注重生态和地方特色，并相应地提出了一些改进措施和手段，减轻公路工程生态问题。

5.12.3 营造动态景观，满足路域景观美化绿化工程建设的要求

边坡防护需要采取景观绿化与生态绿化相结合的方式。细致地说就是高速公路绿化工程要以防止土壤侵蚀、降低噪声、净化空气、气候调节为目的，将高速公路绿化与景观设计相结合，从而实现视觉美感与生态环境优化的双重收益。具体做法见表5-8。

表5-8 高速公路边坡绿化营造动态景观具体做法

划分	具体做法
统一与变化	高速公路的景观设计强调统一，但不是千篇一律、没有区别，而是要在统一的主题下表现出各自的特色和韵味，否则沿途景观就可能会因单调而使司机注意力迟钝，适当的变化，如建筑物的风格、造型、色彩，以及线形的弯曲、起伏等，都会使司机在行车途中感到沿途景观富有节律感、多变性，产生愉悦的心理，达到消除疲劳、提高行车安全的目的。所以，高速公路的景观设计一定要在统一的主题下，在统一中变化，在变化中统一
舒适与安全	舒适是高速公路景观设计的主要目的。研究表明，司机在行车过程中的感受与道路景观之间存在着密切关系。道路应该为司机提供既有趣又舒适的行车环境，而要做到这一点，主要依靠道路设计，但是通过景观设计提高舒适性的前提是保证交通安全。如果不能保证交通安全，不管高速公路本身多么优美都是毫无意义的，所以保证安全是高速公路景观设计的基础和前提
融合与协调	以地貌、生态为视角，景观设计与每个生态单元特点相结合，全力营造优质特点带、景观特色带与过渡带。高速公路是一个有机整体，在景观设计时既要注意内部各组成部分之间的协调，使其有机地融合在一起，又要注意与地形、环境的外部相协调。在进行高速公路的线形、沿线构造的造型设计时，避免割断生态环境空间或视觉景观空间的错误做法，沿途景点、附属设施以及绿化植物要有统一性和连续性，避免相互独立，缺乏整体协调性。同时，还要与当地风土人情、历史文化相协调，展现出当地的文化内涵与韵味。高速公路立交区植物配植时要强调两个方面的目的：一是有利于司机辨认道路的走向；二是有利于美化环境，衬托桥梁的造型
舒适与安全	进行边坡防护工程设计时，设计者要充分结合色彩选择、根须选择、嗅觉选择、形状选择等要素，尽力为车辆营造形态、色彩、地质变化多样的驾驶环境。公路建设在注意道路的安全性、可行驶性、便利性和耐久性的同时，要引入环保、美化、人文的概念，因此要把高速公路的景观设计作为一项重要内容加以考虑
保护与发展	高速公路的景观设计必须考虑保持长期的自然经济效益，尽量避免破坏自然环境和原有风景，保护各种动植物和名胜古迹。必要时可修改道路设计和施工方案以保全原有风景。在保护原有风景的同时，作为现代化的高速公路，它的设计要符合时代发展的需要，要体现时代主旋律。公路沿途景观要具有时代感、速度感，要使高速公路活起来、亮起来、绿起来，成为现代化的时空走廊

续表

划分	具体做法
视觉与比例	在高速公路上行驶，由于速度快，司机的注视点远，视野狭小，对沿途景观的感知比较模糊，因此高速公路的沿途景观必须采用"大尺度"，在满足司机和乘客在行驶中视觉需要的同时，还必须要注意视觉比例的协调。高速公路本身的每个组成部分之间也应有恰当的内部比例。例如，宽路面配上窄路肩，不仅存在安全隐患，而且视觉上也不舒服。同样，紧缩、狭窄的路旁地带以及孤立的小型种植是与高速公路不相称的。所以为了使高速公路的景观设计匀称、协调，其内部、外部都应保持适当的视觉比例

5.12.4　维护乡土生态环境的多样性

自然景观作为一个生物构成嵌合体，其生命力丰富。当代经济飞速发展，基础设施建设力度也随之提升，在现代公路建设中生态边坡防护中最大的问题就是对珍贵植物的破坏，单一的公路生态设计以及单一化的绿化方式直接导致了公路绿地系统综合生态服务功能的减弱（张飞，2005）。另外，一部分农耕与房屋建设地区被忽视，这样就造成了生态价值与休闲价值的浪费（周颖和曹映泓，2001）。高速公路设计必须要吸取这样的教训，能够从土地本身的差异性、多样性出发，最大限度地发挥土地的作用，促进生态平衡健康发展。绿化是高速公路建设中的一项重要内容。《公路建设项目环境影响评价规范》（JTG B03—2006）和《公路环境保护设计规范》（JTG B04—2010）等明确规定："应重视高速公路绿化设计，充分调查沿线的工程地质、地形地貌、气候条件、植被种类及覆盖率、水土保持现状等，选用适合当地生长的花草、灌木、乔木等植物，对路堤边坡、取、弃土场等进行绿化，防止土壤侵蚀……"并与周边环境协调，达到绿化、美好、环保的高效结合。十堰至天水高速公路汉中段的生态绿化，种植了当地植物，模拟自然生态系统的组成和结构，实现公路景观与周边自然景观的和谐统一（图5-36）。

图5-36　十堰至天水高速公路汉中段栽植的当地毛竹（摄影/宋晓伟）

5.13 典型案例分析——以毛坝至陕川界高速公路边坡生态防护技术及其应用为例

高速公路是一个国家经济社会发展的命脉，同时也是开展交通运输和促进其他诸多行业持续、平稳、健康发展的基础所在。因此必须要采用科学有效的施工技术完善高速公路边坡防护工作，为市场经济发展创造更好的环境条件（图5-37）。在对高速公路路基边坡进行防护施工过程中一定要遵循因地制宜的原则，科学合理地设计整体施工方案，做到未雨绸缪，合理地就地取材及采用简单工艺进行具体施工，从而达到施工质量的全面提高（周颖和曹映泓，2001）。要充分考虑工程施工时多方面的影响因素，高速公路路基边坡的防护施工不可盲目进行。现今，高速公路建设越来越注重边坡的生态防护，生态护坡是运用植被或植被与传统的土工工程技术相结合形成的护坡措施。与单纯的工程护坡相比，生态护坡不仅可以增加边坡的稳定性、减少土壤侵蚀，而且可以涵养水源、净化空气、保护生态、美化环境、保证行车安全、消除驾驶员视觉疲劳，具有良好的经济效益、社会效益和生态效益，是高速公路建设工程可持续发展的重要对策之一。以毛坝至陕川界高速公路为例，分析了几种生态护坡的应用方式和适用条件，以期为生态护坡技术在高速公路建设中的应用提供参考依据。

图5-37 高速公路人工边坡（摄影/宋晓伟）

5.13.1 研究方法

1. 现场考察

现场考察工作分3期进行。第一次在2009年6月初，考察毛坝至陕川界高速公路沿线的气候、地质特征、土壤类型、边坡土壤侵蚀特点等；第二次在2010年9月中旬，对沿线的护坡植物类型、边坡特性、边坡防护类型、防护长度进行测量、考察和分析；第三次在2011年8月底，对沿线具有代表性的植物群落点位的生态学和边坡防护效果进行考察，考察指标包括植物种类、植物生长情况、植被盖度、植物成活率及边坡土壤侵蚀特点等。

2. 植被覆盖度的测定方法

植被覆盖度的调查采用点测法。先选取一个具有代表性的植物样方，草本植物群落样方面积为1m×1m，灌木群落样方面积为4m×4m；再将样方等分成100个小方格，对每个网格结点登记是否在点向地面的垂线方向被植物物体分布，最后统计有植物体分布的总结点数与所有网格结点数的比值，并以此作为覆盖度指标，用百分数表示。

3. 项目概况

阿荣旗至北海高速公路是国家高速公路网规划中的一条纵向联络线，是连接我国华北、华南地区便捷的公路通道之一，是陕西省"三纵四横五辐射"高速公路网的重要组成部分。其中毛坝至陕川界高速公路（简称毛川高速公路）工程是西安市和重庆市之间最便捷的运输通道，在陕西境内连通了陕北、关中、陕南三大经济区。该项目的建设对完善国家高速公路网、实施西部大开发战略、加强陕川两省经济联系、改善区域交通运输条件、促进沿线经济社会发展和陕南突破发展具有十分重要的意义。毛川高速公路工程地处长江支流——汉江流域，起于陕西省安康市紫阳县毛坝镇联合乡观音村，止于陕川界巴山隧道北口，与四川省万源至达州高速公路相接，途经紫阳县及汉中的镇巴县。全线采用8车道高速公路，设计速度80km/h（图5-38）。该项目区地处北亚热带湿润季风气候区，冬暖夏凉，光照适中，雨热同季，雨量充沛。区内多年平均气温为14.9～15.7℃，极端最高气温为40.8℃，极端最低气温为−9.6℃，全年日照时数为1748.1h，无霜期236～270d，最大冻土深度12cm；平均风速1.3m/s，最大风速21.43m/s，降雪期为11月至翌年2月，最大积雪厚度9cm。区内多年平均降水量

图5-38　毛坝至陕川界高速公路工程（摄影/宋晓伟）

1130～1260mm，相对湿度72%，雨季一般集中在7～9月，暴雨成灾，易引发滑坡、泥石流等自然灾害。工程沿线土壤类型主要有黄棕壤、水稻土、粗骨土和潮土等。植被属于北亚热带常绿阔叶林，是南北生物交汇过渡地带，生物区系类群复杂，种类繁多。

路线穿越秦岭巴山基岩山区，既有变质岩、碳酸盐岩等岩体地质，也包括各级水系的河床、河漫滩及阶地中的砂类土、卵砾类土、黏性土等土体地质，岩石软硬不一，土体成分复杂。土壤侵蚀以水力侵蚀为主，兼有重力侵蚀，项目区属于国家级水源区重点治理区和陕西省重点治理区。

5.13.2　边坡生态防护技术的原理

1. 植被防护理论研究

1）植物的力学效应和水文效应研究

生态护坡主要依靠坡面植物的地下根系及地上茎叶的作用护坡，其作用可以概括为根系的力学效应和植物的水文效应两个方面。

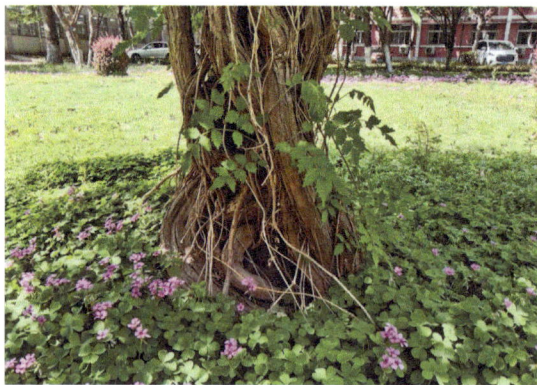

图5-39　植物的庞大根系（摄影/彭珂珊）

根系是一株植物全部根的总称。根系有两类，直根系和须根系之分。直根系主根发达、明显，极易与侧根相区别，由这种主根及各级侧根组成的根系，称为直根系。植物的庞大根系可以穿过边坡表层的疏松土层，起到预应力锚杆的作用（图5-39）。研究表明，植物根系在地下0.75～1.5m深处有明显的土壤加固作用，对块状、碎裂、散体结构岩体也可以起到很好的锚固作用。植被的根系在土壤中盘根错节，使边坡土体在其延伸范围内成为土与草的复合材料，浅层草根可视为带预应力的三维加筋材料，使土体的强度提高。植物根系对土壤可起到网结和桩固作用，增加土壤的抗拉强度和抗剪强度，提高土壤的抗冲力，进而强化土壤的抗冲性。植物的网状根系还可以通过分泌有机质将土壤颗粒紧密地黏聚在一起，起到良好、稳定的固土作用。

降雨是诱发边坡滑动的重要因素之一，边坡的失稳与坡体水压力的大小有密切关系，植物通过吸收和蒸腾坡体内水分，降低土体的孔隙水压力，增加土体吸力，提高土体的抗剪强度，有利于边坡土体的稳定；一部分降雨在达到土壤表面之前就被植物冠层截流并暂时储存在植冠中，以后再重新被蒸发到大气中或落到地表；植物茎叶对雨滴的分层拦截和缓冲作用减少雨滴的数量、滴溅能量以及飞溅的土粒，可降低或避免雨水对地面的直接溅蚀；植物的茎叶及枯枝落叶层能拦截雨滴，可降低雨滴对边坡的冲击，减缓流速，增加土壤渗透，减少地表水对坡面的冲刷、渗透等破坏作用，从而减少坡面侵蚀；在植被枯落物分解和根系生长的影响下，水稳性团聚体和粒径较大的微团粒大量产生，土壤容重降低、孔隙度增大，形成良好的土壤结构，进而提高了土体的抗蚀性和抗冲性，有利于蓄水保土。

2）生态学原理与生态防护技术

路坡、山体边坡及类似裸地的绿化工程，实质上是一种生态工程，是应用生态系统中物种共生与物质再生原理、结构与功能协调原则，并利用分析、调整、决策、规划、模拟、预测、设计实施、管理和评价等系统工程技术，对生态系统进行设计和管理的技术。遵循生态学原理认为，自然植被具有丰富的组成、复杂的结构和循序渐进的动态演替特征。随着人们对植被和侵蚀之间的因果关系以及对植被坡面保护作用的认识的不断加强，植被越来越成为控制侵蚀和稳定斜坡的一个有效措施。高速公路的植被恢复的组合应是多种类、多层次和分阶段的。应根据演替的不同阶段选用合适的种类，并根据当地条件建造不同的模式，宜乔则乔、宜灌则灌，在可能的情况下采用草、灌、木等各种组合，通过恢复和重建植被实现生物多样性的增加。

3）生态防护与一般绿化工程的区别

高速公路生态防护与一般园林绿化工程相比，具有其独特性。园林绿化工程是通过精细种植和精心养护来使植物形态优美，实现其观赏价值，其面积小，施工难度低，养护容易。而高速公路生态防护是结合植物措施与工程措施，除保证边坡基本稳定之外，更要起到恢复自然、改善道路路域环境以及防止边坡受冲刷、减少土壤侵蚀等生态功能及利用植物自身的固坡功能使边坡达到长久稳定的目的。由于受高速公路边坡的坡面特点及立地条件的影响，其植物选择、施工方法及后期的养护管理较一般园林绿化工程有相当难度。

2. 植被与工程措施相结合

植被护坡的局限在于生长前期，由于盖度较低，根系分布稀疏，短期内不能达到稳定边坡和保持水土的预期目标。然而同传统的土木工程措施相比，植被护坡具有土木工程措施无法比拟的优点，其能够快速恢复由工程建设所破坏的生态环境；植被护坡造价低，经济性较工程护坡优越，而且可以避免工程加固措施。随着时间的推移，伴随岩石的风化、混凝土的老化、钢筋的腐蚀而产生强度降低、效果也越来越差的问题。相反，采用植被护坡方式，随着植物的生长、繁殖，增加坡面稳定性和减少土壤侵蚀的作用会越来越大。正因为如此，将植被与混凝土框架等工程措施相结合的生态护坡具有长久的防护效益，并能促进生态环境的恢复，受到了工程师的青睐和关注。

生态防护不只是边坡绿化的措施，还是自然生态系统恢复和重建的一种方式，具有工程防护及其他防护类型不可取代的作用和地位。生态护坡将植物措施和工程措施相结合，为植被的生长、恢复创造有利的条件，不仅能防治边坡土壤侵蚀，而且能够恢复高速公路建设对生态环境造成的破坏，维护公路沿线的生态平衡，重建边坡的景观。

5.13.3　结果分析

1. 边坡生态防护护坡植物种的选择

选择合适的草本植物、灌木和藤本植物能够使护坡植被起到最大防护效果。不同类型的植物都有着各自的优缺点，可以根据不同地区、不同植物的特性，采取混播的方式来互相取长补短，这样可以达到很好的护坡效果（表5-9）。

表5-9 草本、灌木及藤本护坡的优缺点

类型	优点	缺点
草本	容易种植，价格低廉，前期生长快，有利于表土层的形成并且防治土壤侵蚀的效果较好，可以作为生态恢复的起点	根系相对较浅，抗拉强度比较小；在长时间降雨下，高陡边坡会出现草皮层和基层之间脱离的现象；植被群落易发生衰退，且二次植被比较困难；边坡生态系统的恢复进程难以长时间持续进行，并且需要长时间的管理与维护
灌木	适应能力强、生长速度快、稳定性好、耗水量少；根系发达，护坡能力持续性强	成本高，早期生长缓慢，植被的覆盖度低，对初期的土壤侵蚀防治效果不明显
藤本	投资占地少，美化效果好，常用于坚硬岩石的边坡或者土石混合边坡的绿化	在大面积的护坡工程中，藤本类植物需要经过很长一段时间才能完全覆盖坡面，对前期的土壤侵蚀防治效果不佳

高速公路护坡植物种的选择遵循以下原则：①适地适树，即植物适合其生长土壤和气候条件，气候条件包括降雨量及其分布，极端高温和低温也是重要的限制因子。②生根快、根系发达、对土壤束缚度大、萌芽力强、覆盖度大、易成活。③抗性强、耐干旱、瘠薄。公路边坡的土层一般都瘠薄、干旱，因此要选择耐瘠薄、抗干旱的植物品种。④选择时应遵循经济、实用、安全和美观的原则。公路边坡是防治边坡土壤侵蚀和保护公路的设施，所应用植物同时要起到美化及改善沿线生态环境的目的。

毛川高速公路具体选用的护坡植物包括白车轴草、狗牙根、紫苜蓿、蜀葵、草木犀、胡枝子、火棘球、紫穗槐、木槿、金叶女贞（表5-10）。

表5-10 毛川高速公路生态护坡选用的主要植物种

植物种	科属	生活型	主要特性
白车轴草	豆科车轴草属	多年生草本	侧根和须根发达，喜光，耐寒性强，抗旱性较差
狗牙根	禾本科狗牙根属	多年生草本	匍匐茎扩展能力强，茎节生根，耐旱不耐寒，具有一定耐盐性
紫苜蓿	豆科苜蓿属	多年生草本	根系发达，抗逆性强，耐干旱、耐盐性强，对土壤要求不严格
蜀葵	锦葵科蜀葵属	一年生草本	喜阳光充足，耐半阴，耐寒冷，但忌涝，耐盐碱能力强
草木犀	豆科草木犀属	二年生草本	分布范围广，对土壤的要求不严，耐寒、耐旱、耐高温、耐酸碱和耐土壤贫瘠能力很强
胡枝子	豆科胡枝子属	落叶灌木	生长迅速，耐阴、耐寒、耐干旱、耐瘠薄
火棘球	蔷薇科火棘属	常绿灌木	喜光，稍耐阴，适合温暖气候，较耐寒，对土壤要求不严，耐干旱
紫穗槐	豆科紫穗槐属	落叶灌木	喜光，根系发达，耐干旱、耐寒、耐盐碱
木槿	锦葵科木槿属	落叶灌木	喜光而稍耐阴，较耐寒，好水湿而又耐旱，对土壤要求不严，在重黏土中也能生长；萌蘖性强，耐修剪
金叶女贞	木犀科女贞属	落叶灌木	适应性强，对土壤要求不严格，性喜光，稍耐阴，耐寒能力较强；抗病力强，很少有病虫危害

2. 边坡生态防护技术分类

随着我国公路交通建设事业的迅速发展，在复杂地形条件下修建高速公路的情况日渐增多，高填深挖不可避免，由此出现了各种类型的公路边坡，在很大程度上改变了原始地貌，造成公路沿线植被破坏、边坡裸露、土壤侵蚀，甚至破坏生态平衡。生态防护技术是随着世界范围内高速公路建设而兴起的一门防护技术。不同于传统的工程防护技术，生态防护技术充分利用植物自身特点并结合必要的工程防护起到工程建设与环境保护兼顾的目的。高速公路边坡工程在我国目前没有成功的经验和定型的模式，更无技术规范可循，目前生态防护技术研究主要集中在对施工工艺及水土保持学的研究，忽略了坡面植物根系的工程力学行为及生态防护与工程防护相结合防护的研究，导致防护理论远远落后于防护技术应用的发展，制约边坡生态防护技术在边坡工程中的应用。

发达国家非常重视保护生态环境，这些国家建设高速公路的时间比较早，很早就已将生态保护和恢复措施纳入了高速公路建设之中，并且为此进行了长期的研究和实践，如今这些国家已基本废除了浆砌片石和喷射水泥砂浆护坡等破坏自然环境的工艺，在边坡防护中取而代之的是各种柔性支护和绿化措施，基本上实现了全路段绿化。生态护坡技术在发达国家已获得广泛的应用，尤其是日本，生态护坡与道路建设同时发展，至今已有半个多世纪的历史，其公路生态防护水平处于世界领先地位，开发出众多适应其气候、地质等特性的生态护坡技术。日本开发出了厚层基质挂网喷射、水泥硅框格喷附和生态水泥喷附等技术，使以往难以解决的高、陡岩石边坡的绿化问题也得到解决；另外日本还发展了大量的与绿化工程技术相配套的生态技术，如客土技术、人工土壤技术、菌根技术、植被设计技术等（表5-11）。

表5-11　边坡防护常用的方法及其主要特点和适用条件

分类	方法	主要特点	适用条件
植物护坡	铺草皮护坡	工程造价较低，成坪时间短，护坡功能见效快，施工季节限制少；但铺草皮护坡管理养护难度大且成活率低	用于坡高小于6m，易于长草坡面较缓的土质边坡
	人工植草护坡	人工在边坡坡面播撒草种的一种传统边坡生态防护措施。有施工简单、造价低廉等特点，但种草成活率低	用于边坡高度不高，坡度小于1:1.5且适宜草类生长的土质边坡
	藤蔓植物护坡	栽植攀缘性和垂吊性植物，以遮蔽硬质岩陡坡和挡土墙、锚定板墙等圬工砌体，起到美化环境的目的	坡面较陡的岩质边坡
工程护坡	支挡结构防护	如挡土墙、长锚杆、锚索、锚索桩、抗滑桩等，既有防护作用，又有加固坡体的作用。其施工设备简单，占地面积小，工期短，见效快	适用于强度不高、完整性差的岩石坡面
	传统坡面护坡形式	如喷锚、喷锚网、灰浆或三合土抹面、干砌片石、浆砌片石等，用以防护开挖边坡坡面的岩石风化剥落、碎落以及少量落石掉块等现象	坡度在1:3～1:1，受水流冲刷较轻的边坡
生态护坡	液压喷播植草护坡	施工简单，效率高，成本低，成坪速度快，草坪覆盖度大，均匀度大，质量高	用于土质边坡，坡度不陡于1:1.25，一般要求边坡高小于6m
	三维植被网护坡	工艺简单，操作方便，施工速度快，固土性能优良，消能作用明显，网络加筋突出，有助于植被生长，能解决需快速实施防护工程的植被要求	用于坡度为1:1.5～1:1.25的稳定边坡
	挖沟植草护坡	适用范围广，有三维植被网护坡的特点和液压喷播植草护坡的优点	用于坡度为1:1.0的较陡边坡和软岩边坡
	客土喷播	操作简单，省时省力，能在高边坡岩石上为植物生长创造条件，有利于植被恢复，护坡效果好，后期易于管理维护	用于硬度较大的土质边坡和岩质边坡且边坡稳定

续表

分类	方法	主要特点	适用条件
生态护坡	土工格室植草护坡	带孔的格室能增加坡面的排水性能，为草坪植物生长提供稳定、良好的生存环境，施工简单，操作方便，工程造价低，绿化效果优良	适宜边坡坡比为1：1.5～1：1.3
	喷混植生护坡	是一种将含草种、有机质混凝土喷在岩石坡面上的边坡绿化方法。简单易行；但施工速度慢，且岩面达到完全覆盖往往需很长时间（2～3年）	适宜稳定的岩质边坡
	植生带护坡	施工省时、省工，操作简单，草苗出苗率高，建植成坪时间快	适宜硬质土坡和软质岩坡，坡度为1：2～1：1.5为宜，坡高不超过10m
	蜂巢式网格植草护坡	施工简单，外观齐整，造型美观大方，具有边坡防护和绿化双重效果，工程造价适中	多用于填方边坡的防护，坡面稳定，坡比小于1：1.5的土体边坡，坡高不超过20m
	OH液植草护坡	施工简单、迅速，不需要后期养护，边坡防护、绿化效果好，工程造价高	适宜稳定的土质边坡
	浆砌片石骨架植草护坡	采用浆砌片石在坡面上形成框架，结合铺草皮、三维植被网、土工格室、喷播植草、栽植苗木等方法护坡	适用于边坡坡比为1：1.5～1：0.5的土质边坡，坡高不超过10m的稳定边坡
	SNS柔性网防护	安装方便、快捷，防护耐久性好，防护效果好，工程成本低，改善沿线景观	边坡大于50°，表层不稳定，岩石整体性差，既需加固又需绿化的路堑岩石边坡

　　传统的路基边坡防护形式较为简单，主要可以分为生态防护（植树、种草、铺草皮等）和工程防护（抹面、喷浆、勾缝、石砌护面等）两大类。前者属于"有生命"的防护，后者为"无生命"防护。传统边坡防护中，"有生命"的防护以土质边坡为主，"无生命"防护以石质边坡为主，由于"有生命"的防护不仅具有保护坡体稳定的作用，而且还能够兼顾环境保护和改善路容，综合效益优于"无生命"防护。

　　国内在生态护坡技术应用方面的研究起步较晚，各类边坡生态防护技术的主要作用及应用条件各不相同。在边坡植物绿化防护施工措施中，根据目前的国情、机械化施工程度、适用性、经济性和质量效果比较，液压喷播、客土喷播、喷混植生是典型生态防护施工技术，符合边坡绿化工程可持续发展的理念，值得普遍推广应用。近年来，随着高速公路的大规模建设，经常需要开挖大量边坡。边坡的开挖破坏了原有的植被覆盖层，导致出现大量的次生裸地及严重的土壤侵蚀现象，加剧了生态系统的退化。这种现象在我国北方的干旱地区尤为明显。公路工程建设者受到来自生态环境保护方面的压力越来越大，如何快速恢复开挖边坡的生态环境并实现坡面的植被保护是一个急需研究和解决的问题。

5.13.4　边坡生态防护技术应用

　　伴随着经济的快速发展，高速公路的建设越来越快，在经济发展中扮演着重要的角色，高速公路建设使人们的出行更加方便，运输业也实现了新的突破。在这一背景下，研究高速公路边坡生态防护林建设具有重要意义。

现在人们越来越重视环境保护和生态恢复，边坡生态防护技术已成了高速公路边坡防护的一种趋势，代表着边坡防护的发展方向。根据调查结果（表5-12），毛川高速公路在坡度较为平缓、立地条件较好的土质边坡采用植草护坡、植生带护坡和客土喷播，植被、植生带及客土喷播占护坡的21.4%，低缓坡面也便于植生带的铺设和喷播客土的附着，有利于植被的迅速成活，抑制土壤侵蚀，形成良好的生态景观。对于坡率达到1：0.8的岩质陡坡、土壤贫瘠的边坡，应用了挂网喷播技术，占4.2%，锚固金属网之后既可以增强边坡的稳定性，又有利于客土附着及植物根系的缠绕。该路段部分边坡坡率为1：0.3，坡面横坡陡峭，坡面上分布着大面积自然地质作用形成的陡崖、悬崖和斜坡，具备崩塌和落石的自然条件，处于不稳定状态，采用SNS柔性网技术对该边坡坡面进行防护，占0.8%；SNS柔性网覆盖或包裹在边坡坡面上，限制坡面松散、崩塌、滚落的岩石体、土体等变形或破坏，或者将落石控制在一定范围内运动，不让岩石跌落；其开放性可保护原有植被生长及其生长条件，提供良好的视觉效果，并为人工绿化提供条件，将工程治理、环境保护融为一体。该高速路段中土质及岩质成分较为复杂，存在大量不稳定边坡，实际建设中植被与圬工结构结合技术应用广泛，占73.6%；在边坡上形成骨架，能有效地防止边坡在坡面水冲刷下形成冲沟，同时，提高了边坡表面地表粗糙度系数，减缓了水流速度；框格防混凝土骨架在稳定边坡的基础上，也为客土回填及植生带的铺筑提供了充足稳定的空间；拱形、窗孔、方形等不同造型的运用也营造了丰富的视觉效果，采用框格防护与种草防护相结合的方法提高了防护效果，同时美化了环境。

表5-12 毛川高速公路生态护坡统计

护坡形式	比例/%	平均坡度/(°)	分级	边坡特点
植被、植生带及客土喷播	21.4	38.3	1~2	低缓土质边坡
挂网喷播	4.2	52.7	1~4	高陡岩质边坡
SNS柔性网防护	0.8	68.2	1~3	
拱形骨架	36.7	46.4	1~5	
窗孔骨架	31.5	46.7	1~6	不稳定、土壤贫瘠的高陡土质及岩质边坡
框架梁	5.4	57.9	1~8	

各种生态护坡在坡长超过5~8m时进行分级，以截短坡长，增强边坡的稳定性，减弱降雨对坡面的侵蚀。对各级平台草灌结合的植被带进行硬化处理，内侧修筑截排水措施。

5.13.5 毛川高速公路边坡防护效果

毛坝至陕川界高速公路经过秦巴山区的中高山脉，北依秦岭，南邻大巴山，由秦岭和巴山组成，为中生代末以来全面隆起的褶皱山地。沿线地形十分复杂，是陕西省高速公路网中施工难度最大、施工环境最复杂、桥隧比例最高的项目。全线路基土石方共计1127万m³，桥梁48211m（双幅）（111座），隧道33173m（双洞）（23座），桥隧占路线总长的77.8%（图5-40）。项目区基岩裸露、断裂发育、新构造运动活跃、山体破碎、覆盖层少而薄、降雨集中，雨量充沛。由于高速公路建设项目改变原有的地貌、破坏地表植被和高挖深填，形成大量的裸露坡面，极易造成土壤侵蚀。

图5-40　毛坝至陕川界高速公路（高速路出口——黄家梁）

高速公路边坡生态防护的目的是抑制径流、防止边坡冲刷、稳定坡面、美化道路景观、保护环境（李西，2004）。依据不同边坡的地质特性及立地条件，毛坝至陕川界高速公路采取了植被护坡、植生带护坡、挂网喷播、SNS柔性网防护、混凝土骨架与植被结合等生态边坡防护技术，植被草、灌、藤结合，具有良好的生态恢复和景观效益。植物的吸声作用会有效减弱噪声；据北京市园林科学研究院研究测定，20m宽的草坪可减少噪声2dB。生态护坡施工工期短，造价低；经计算，每平方米边坡的生态防护成本不足工程措施的1/10，生态防护作用却随着植物的繁茂而加强，减轻坡面不稳定性和侵蚀的作用越来越大，因而可节约大量养护经费。

5.13.6　讨论

（1）毛川高速公路护坡植物采用灌、草、藤结合种植模式，既利用草本植物的固土作用，又发挥灌木后期稳定、持续的护坡能力，而且结合了藤本植物良好的景观效果。灌、草、藤植物的合理搭配既能起到控制土壤侵蚀、加固土体、加强边坡稳定性的作用，而且可以通过其固有的色彩、形态等特征的合理搭配，避免植草或植灌护坡的单调性，绿化层次、空间变换丰富，更好地体现集灌、草、藤植物于一体的物种多样性和景观多样性，有利于绿化与周围景观的融合，增强自然景观效应，从而提高边坡环境的景观功能和价值。

（2）边坡生态防护技术把多种形式的植物景观合理地搭配起来，为高速公路边坡营造了良好的生态景观，给司机创造了一个良好的绿色视觉空间；还可降低噪声，吸附降解污染物、吸滞大量灰尘、减少烟尘对大气的污染、起到净化空气的作用，消除了驾驶员长期驾驶过程中产生的视觉疲劳，降低交通事故发生的概率，保证高速公路安全运营。

（3）传统的工程防护造价高，而生态防护成本很难控制，而且单纯的工程护坡和生物护坡的护坡质量和效果与工程造价并不成正比，并不是造价越高，工程效果就越好。合理使用生态护坡技术则可有效降低工程造价、节省施工和养护成本，既提高施工质量，又提高护坡效果。总之，目前高速公路边坡生态防护工程本着因地制宜、经济实用的原则进行，在工程建设中优先采用植物和工程防护结合的生态护坡技术，达到防护效果、生态效益、经济效益的统一。

（4）依据不同地质特性和边坡土壤特性及立地条件，毛川高速公路采取了植被护坡、客土喷播、SNS柔性网防护、植生带护坡、挂网喷播、混凝土骨架与植被结合等生态边坡防护技术；植被草、灌、藤结合，植物生长良好，植被盖度在85%以上，植被群落结构良好，生态功能稳定，不仅具有稳定的护坡效果，而且具有较好的景观效益。

毛川高速公路自2010年建成通车以来，沿线边坡稳定，无滑塌现象，未出现强烈的土壤侵蚀现象，生态护坡起到了稳定边坡、抑制土壤侵蚀、保证公路安全运营、美化环境的作用，为其他高速公路建设过程中的边坡生态防护提供借鉴。

5.14　高速公路边坡防护机理研究中的问题及其展望

边坡防护是高速公路边坡生态防护最基本和最主要的功能，目的在于防止边坡土壤侵蚀、边坡失稳、滑坡或坡面塌陷等公路病害。为实现边坡防护的目的，边坡生态防护技术综合考虑工程护坡与植被护坡的功能，以工程防护为受力框架，结合植被所具有的土体加固及防止土壤侵蚀作用，以防止外界因素综合作用下的边坡破坏。边坡生态防护中，植被所发挥的防护作用主要体现在植被的水文效应和植物根系的力学效应两方面。边坡植被的水文效应指的是植被的存在能够有效截留降雨、削弱降雨对边坡的溅蚀、抑制地表径流，极大程度地改善降雨条件下边坡稳定性状况。植物根系在边坡防护中发挥的作用主要包括加筋、锚固、支撑三个方面。对于草本植物，其根系通常位于浅表土层。草本植物浅根系的延伸能够形成根系—土体的三维加筋复合材料，提高土体的抗剪强度，大幅提高边坡浅表土层的稳定性。而木本植物的根系通常分为垂直根系和水平根系。木本植物的水平根系在边坡土体中延伸生长，形成具有一定强度的根网，极好地固结与支撑根际土体；木本植物的垂直根系通常向深处生长，能够很好地锚固到深处较稳定的岩土层上，水平根系与垂直根系的牢固连接最终将水平根系所支撑的根际土体锚固到深处较稳定的土体，提高边坡中浅层土体的稳定性。总体而言，植物根系具有良好的固土性能，能够有效提高边坡土体的抗剪强度，从而发挥改善边坡稳定性状况的作用。

高速公路建设是我国整体经济建设中最重要的基础设施建设。边坡防护常采用的工程方法有浆砌块石填筑、混凝土块封锚、预应力锚索和锚杆等，这些工程防护措施可以很好地保证边坡的稳定性，也广泛地适用于稳定性差的边坡防护，高速公路边坡防护机理研究中存在的问题如下：①国内高速公路边坡防护中出现的滑坡以及边坡病害、地质灾害、特殊岩土等一系列特殊和突出的边坡问题仍处于原始研究阶段，边坡生态防护技术在我国尚缺乏系统的研究和总结。②缺乏系统的防护方案、措施研究和综合设计。在防护方案、防护形式选择方面缺乏技术、工程经济比较分析。植物物种选择方面，随意性过大，缺乏和园林部门的探讨研究。由于各地区的差异，缺乏各分区最佳防护典型形式，致使设计人员难以操作。③常用的高速公路边坡生态防护技术为撒播或穴栽技术、植生袋防护技术、液压喷播技术和客土喷播技术等，其应用范围也存在较大不同，需要在融合实际的基础上对其进行合理使用。④我国对高速公路的研究和外国发达国家相比还有一定的距离，在理论的研究上还存在一些误区，通过不断努力已经取得了一些成绩。⑤在生态边坡防护工程中，生态景观的恢复和植被的养护方法都是今后研究工作中的重点。

可持续理念在工程建设中的推广应用，生态理念越来越得到重视，边坡防护设计中也同样需要融入生态理念，既能够保证边坡的稳定性，又能够保护生态环境。随着我国高速公路事业的发展，路基边坡防护工作也越来越重要。在对高速公路路基边坡进行防护时，应根据地质条件、水文条件、气候条件、地形地貌、植被等因素的不同采取不同的防护措施，同时也要注意对生态环境的保护，使高速公路与自然融为一体，在安全行车的同时，也能欣赏到沿途的美景。在对高速公路边坡实施防护工作时，需要将整个设计纳入施工中，在对其防护工作策略进行科学制定的同时，应对其环境予以有效保护，确保边坡稳定的同时，可通过植被种植来实现生态公路、绿色公路的保护目的。生态文明建设已纳入中国特色社会主义总体布局，贯彻创新、协调、绿色、开放、共享的新发展理念，推动绿色发展，已经成为今后经济社会发展的基本理念，践行绿色公路打造品质工程，就是贯彻新发展、新理念的重大抓手和举措。因此，高速公路边坡防护将成为今后公路工程中不可缺少的重要内容（图5-41）。

（a）福银高速公路十堰至西安段　　　　　　　　（b）太白至凤县高速公路

图5-41　高速公路边坡防护工程防护网（摄影/刘子壮，张展）

　　现阶段在高速公路工程建设的过程中，路基边坡的防护工作仍存在着较高的重视价值。因此，在针对高速公路路基边坡的建设及日常防护等工作开展过程中，不仅要深入探究其存在问题的形成因素，还需进一步针对其问题进行相关防护方案的探究。在此工作的开展过程中，才可从根本上起到保证路基边坡质量的作用，并以此作为高速公路建设整体质量的重要保障，从而可提供更高质量的高速公路应用服务。

参 考 文 献

常庆瑞，安韶山，刘京，等. 1999. 黄土高原恢复植被防止土地退化效益研究. 土壤侵蚀与水土保持学报，5（4）：6-10.

陈新红. 2017. 高速公路边坡生态防护技术分析. 四川水泥，（6）：135.

陈永安，李轩，李伟民，等，2006. 高速公路岩质边坡生态防护技术评述. 中国水土保持科学，12（4）：103-106.

陈振盛. 1995. 台湾公路边坡植生绿化技术的过去与现在. 福建水土保持，（3）：57-60.

邓辅唐，吕小玲，邓辅商，等. 2005. 高速公路边坡生态恢复研究进展. 中国水土保持，（11）：48-50.

邓聚龙. 1993. 灰色控制系统. 武汉：华中科技大学出版社.

杜振东. 2010. 生态护坡中植被根系与均质土相互物理作用机理研究. 武汉：武汉理工大学.

高祥涛，李士进，陶剑. 2009. 基于相关反馈的土壤侵蚀遥感图像检索技术研究. 中国农业资源与区划，30（3）：56-60.

龚舒，刘光华，甘泳红. 2018. 高速公路边坡生态的恢复与防护. 产业与科技论坛，17（16）：45-46.

顾小华，丁国栋，刘胜，等. 2006. 一种新型的高速公路边坡生态防护技术. 水土保持研究，13（1）：106-108.

郭索彦，李智广. 2009. 我国水土保持监测的发展历程与成就. 中国水土保持科学，7（5）：19-24.

韩烈保. 2000. 国外优良草坪草在北京引种适应性研究. 北京林业大学学报，（2）：60-64.

洪海春，徐卫亚，叶明亮. 2005. 基于模糊综合评判的边坡稳定性分析. 河海大学学报，33（5）：557-562.

黄尊景，陈孟达. 1995. 台湾特殊地质区水土保持工法之运用. 水土保持研究，2（3）：76-81.

江玉林，杜娟. 2000. 高等级公路生态环境保护问题与对策. 公路，（8）：68-72.

李量. 2006. 高速公路的景观美化设计. 科技经济市场，（11）：21-24.

李西. 2004. 应用于植被护坡两种岩生植物土壤植被系统研究. 雅安：四川农业大学.

李彰明. 1997. 模糊分析在边坡稳定性评价中的应用. 岩石力学与工程学报，16（5）：490-495.

梁诚玉. 2005. 吉林省公路边坡生物防护及景观设计. 西安：长安大学.

刘欢欢，庄兵. 2018. 我国公路边坡生态防护设计与要点. 防护工程，（33）：22.

刘俊樊，熊潇. 2011. 高速公路边坡生态防护效果评价指标研究. 公路交通技术，（6）：142-145.

刘盛鹏，周俊. 2017. 边坡工程中的生态防护. 防护工程，35（27）：84-85.

刘忠禹. 2016. 公路边坡防护技术研究. 建材与装饰，（49）：234-235.

卢元鹏，王思长，倪媛. 2011. 岩质边坡楔形体破坏的稳定性分析. 西安工程大学学报，25（1）：60-63.

蒙辉颖. 2019. 探析岩质高边坡稳定性及支护设计. 西部探矿工程，31（8）：19-21.

明道贵. 2006. 高速公路建设水土流失与水土保持研究. 天津：河北工业大学.

倪良松. 2007. 徽杭高速公路典型路堑高边坡的治理. 安徽建筑,（3）: 137-138.

牛兰兰, 丁国栋, 赵方莹, 等. 2007. 公路建设项目水土流失及其防治措施初探. 中国水土保持科学, 5（1）: 114-118.

彭珂珊. 2001. 水土流失是生态环境恶化的根源. 地质灾害与环境保护,（2）: 25-31.

彭珂珊. 2013. 黄土高原地区水土流失特点和治理阶段及其思路研究. 首都师范大学学报: 自然科学版, 34（5）: 82-90.

彭勇波. 2011. 某高速路路基高边坡施工实例. 广东土木与建筑, 28（9）: 118-119.

齐洪亮. 2011. 公路自然灾害评价系统的研究. 西安: 长安大学.

祁菁. 2011. 公路边坡防护与生态美化. 山西水土保持科技,（4）: 45-46.

祁有祥, 赵强, 胡晋茹, 等. 2006. 高速公路建设项目水土保持措施研究. 中国水土保持科学, 4（41）: 165-169.

钱锦霞, 卫丽萍. 2007. 山西南部春旱特征分析. 科技情报开发与经济, 17（1）: 180-181.

秦质朴. 2007. 植被护坡趋势初探. 山西建筑, 33（14）: 101-103.

任海, 彭少麟. 2001. 恢复生态学导论. 北京: 科学出版社.

任文清, 杨延军, 王选仓. 2009. 山区公路边坡滑塌的柔性防护治理设计. 北方交通,（8）: 28-30.

日本道路工团. 1991. 日本高速公路设计要领. 交通部工程管理司译制组, 译. 西安: 陕西旅游出版社.

孙若城. 2018. 公路工程取（弃土）料场水土保持措施探讨. 低碳世界,（8）: 89-90.

谈至明. 2005. 公路截水沟设计和典型结构. 公路交通科技, 22（5）: 43-46.

谭健. 2014. 山区公路边坡生态防护措施研究. 重庆: 重庆交通大学.

谭少华, 汪益敏. 2004. 高速公路边坡生态防护技术研究进展与思考. 水土保持研究, 11（3）: 81-84.

唐川, 朱静. 2005. 基于GIS的山洪灾害风险区划. 地理学报, 60（1）: 87-94.

唐春安, 李连崇, 李常文, 等. 2006. 岩土工程稳定性分析RFPA强度折减法. 岩石力学与工程学报, 25（8）: 71521-71528.

唐婷, 李超, 吕坤, 等. 2012. 区域植被覆盖度和水土流失量的时空变异研究. 中国农业资源与区划, 33（4）: 17-24.

唐晓松, 郑颖人, 唐芬, 等. 2009. 抗滑桩的渗透性对其治理效果的影响. 重庆交通大学学报: 自然科学版, 28（5）: 902-906.

王金涛, 杨登峰. 2013. 浅析边坡稳定性分析研究现状. 北京: 建筑科技与管理学术交流会.

王凯. 2017. 高速公路边坡生态防护技术. 交通世界,（13）: 158-159.

王祺, 罗红星, 饶建成, 等. 2009. 新河高速公路边坡生物防护技术. 交通标准化,（5）: 177-181.

王瑞钢, 闫澍旺, 邓卫东, 等. 2004. 降雨作用下高填土质路堤边坡的渗流稳定分析. 中国公路学报, 17（4）: 25-30.

王素艳, 霍治国, 李世奎, 等. 2003. 干旱对北方冬小麦产量影响的风险评估. 自然灾害学报, 12（3）: 118-125.

王意龙. 2013. 浅谈高速公路建设对山西孟信垴自然保护区的生态影响与环保措施. 山西交通科技,（5）: 83-85.

王引生, 王恭先, 王祯, 等. 2007. 预应力锚索抗滑桩结构优化. 中国铁道科学, 28（5）: 11-14.

王宇, 罗贵强. 2019. 某高速公路边坡地质灾害发育特征及防治措施. 水科学与工程技术, 31（1）: 27-31.

王云，龙春林，刘怡涛，等．2005．植物在高速公路边坡防护中的应用．水土保持研究，12（6）：199-202．

王治国，王春红．2007．对我国水土保持区划与规划中若干问题的认识．中国水土保持科学，（1）：105-109．

王忠华，李相依．2010．泉三高速公路LK10滑坡治理技术方案研究．公路，48（7）：48-54．

辛娟．2006．高速公路边坡生态防护技术研究．西安：长安大学．

熊孝波，桂国庆，郑明新，等．2008．高速公路边坡生态防护研究现状与展望．井冈山学院学报，29（10）：5-11．

许文年，夏振尧，周宜红，等．2007．植被混凝土力学性能研究方法探讨．中国水土保持，（4）：30-32．

杨惠林．2006．黄土地区路基边坡生态防护技术研究．西安：长安大学．

杨青青，田日昌．2012．高速公路边坡生态防护初探．环境科学与管理，37（5）：160-173．

杨喜田，董惠英，黄玉荣，等．2000．黄土地区高速公路边坡稳定性的研究．水土保持学报，14（1）：77-81．

姚宇，檀心福．2005．生态防护技术在宁杭高速公路边坡防护中的运用．公路，（3）：89-92．

张飞．2005．高速公路边坡生态防护与加固研究分析．武汉：武汉大学．

张飞，陈静曦，陈向波，等．2005．边坡生态防护中表层含根系土抗剪试验研究．土工基础，19（3）：25-27．

张红丽，张洪江，江玉林，等．2008．高速公路植物措施保土效益初探．水土保持研究，15（1）：190-196．

张俊云，周德培，李绍才．2001．岩石边坡生态种植基试验研究．岩石力学与工程学报，20（2）：55-59．

张展，高照良，宋晓强，等．2009．黄延高速公路边坡植被与土壤特性调查研究．水土保持通报，29（4）：191-195．

赵辉．2013．试论我国水土保持监测的类型与方法．中国水土保持科学，11（1）：46-50．

周创兵，李典庆．2009．暴雨诱发滑坡致灾机理与减灾方法研究进展．地球科学进展，24（5）：477-487．

周俊．2018．公路边坡生态防护设计与施工．交通世界，（26）：25-26．

周雄才．2017．边坡防护的绿化设计浅谈．基层建设，（20）：116-117．

周颖，曹映泓，启晓瑾，等．2001．喷混植生技术在高速公路岩石边坡防护和绿化中的应用．岩土力学，（22）：353-356．

周颖，曹映泓．2001．高速公路路基边坡环境综合治理．岩土力学，22（4）：455-458．

朱洪芬，杨营，毕如田，等．2014．基于GIS和RS的繁峙县土壤侵蚀研究．中国农业资源与区划，35（5）：44-47．

卓慕宁，李定强，郑煜基．2006．高速公路生态护坡技术的水土保持效应研究．水土保持学报，20（1）：164-167．

Krasil N A. 1995. Stability analysis of soil slopes. Soil Mechanics and Foundation Engineering, 32 (1): 203-206.

Nilaweera N S, Nutalaya P. 1999. Role of tree roots in slope stabilisation. Bulletin of Engineering Geology and the Environment, (57): 337-342.

Vollmer R. 1976. Rb-Sr and U-Th-Pb systematics of alkaline rocks: the alkaline rocks from Italy. Geochimica et Cosmochimica Acta, 40 (3): 283-295.

第6章
高速公路边坡工程防护

由于边坡稳定性达不到要求或者地质条件不佳等造成的损失非常大，对人们的生命财产、经济发展都会造成非常大的损害，这种地质灾害造成的损失仅次于地震造成的灾害。地震是不可预测的，而对边坡灾害却是可以分析的，在有些地质区域是可以预见的（曾林和车国泉，2016）。我国地质条件复杂多样，出现了不同程度的边坡失稳，造成的灾害非常大（陈宗伟，2006）。当边坡本身处于不稳定或存在潜在不稳定因素时，需要进行处置，开挖路堑、填筑路堤形成的路基存在大量边坡，对这些边坡必须采取支护、封挡、排水工程，构成边坡防护体系，加强边坡的稳定（程鑫，2009）。工程护坡有坡面防护和支挡结构防护两类（曹东和江为学，2018）。另外，还有边坡治水措施。采用工程护坡措施，往往过分追求强度功效，破坏了生态自然，景观效果差，而且随着时间的推移，混凝土面、浆砌片石面会风化、老化，甚至被破坏，后期整治费用高（邓建辉等，2004；董潇阳等，2018）。生态防护工程施工中，为了达到可持续发展的目的，应采取生态措施，尽可能降低对原有植被的破坏，将环境保护问题与工程建设长远目标相结合，提高防护工程的生态化质量（葛阳成和朱进军，2016）。此外，还要对生态系统不同生物之间存在的食物链关系进行分析，防护工程建设时要充分适应周围的生态环境（曹东和江为学，2018）。边坡工程稳定性是工程建设中长期存在的问题，边坡失稳引起的滑坡、崩塌灾害往往带来巨大的生命和财产损失。随着人们思想认识的提高及科技的发展，边坡问题的理论研究渐成体系，应用研究也越发充分，然而随着工程建设的迅猛发展，边坡工程面临的问题更加复杂多样，对边坡工程稳定性分析和治理技术的研究还是较为薄弱的，不同治理技术也都存在一定的局限性。因此，在前人研究的基础上，对现有边坡稳定治理技术进行分析总结，探讨新的解决思路具有广泛的理论意义和应用价值。

6.1 边坡工程的防护概述

6.1.1 边坡工程的概念

边坡工程是为满足工程需要，人工对边坡进行改造、加固或采取支护措施来达到增强边坡稳定性的工程。边坡工程的概念早在《岩石边坡工程》（霍克和布雷，1983）

经典专著中就有体现。孙广忠（1993）明确地提出了边坡工程的概念：以最经济的造价修建一个人工边坡，或者以最经济的造价防治一个自然边坡破坏，其目的是建成一个经济实用的边坡工程。

6.1.2　边坡工程防护的必要性

近几十年以来，人们开发了很多种道路边坡的防护措施，或单独采用某一防护措施，或综合使用多种防护措施，均起到了良好的边坡防护作用，有时还能起到改善工程环境、体现自然环境优美的效果（郭影，2012；哈小伟，2010）。边坡是高速公路工程中最常见的形式，为防止边坡失稳、给国家带来巨大的经济损失、危及人民生命财产安全，应合理布局，因地制宜地选择实用、经济、美观的工程措施，确保道路的稳定和高速行车安全。

高速公路边坡工程防护是保证路基强度和稳定性的重要措施之一（何荣炳，2004），防护的重点是路基边坡，由于地形的变化，适路设计标高与天然地面标高的相互关系不同，会出现高于天然地面的填方路基，路堤低于天然地面的挖方路基，路堑介于前两者之间的半填半挖路基（贺建军，2015；胡新惠，2018）。由岩土体填挖而成的路基，改变了原地层的天然平衡状态，且暴露于自然环境中，长期受各种自然因素的影响，岩土体的物理力学性质会发生较大的变化，引起岩土体变形、移动，破坏边坡的稳定，甚至导致一系列环境地质问题和生态环境问题，如崩塌滑坡、泥石流、土壤侵蚀和植被破坏等。因此为保证路基的稳定和防治各种路基病害，除做好路基排水工作外，还需结合当地水文、地质及地貌等情况，采取有效措施，对各类土、石边坡进行必要的防护（胡雪，2015）。

6.1.3　边坡工程施工的原理

边坡的施工是一个破坏山体原有力学平衡又用支挡加固工程重新建立力学平衡的过程，而所设工程措施往往都是在边坡开挖后才能实施（胡雪，2015）。在边坡加固和防护措施未实施之前，边坡土体会产生应力松弛，强度衰减，从而影响边坡稳定。因此，设计上针对不同地质条件的边坡，采用相应的工程措施，对边坡土体及时加固，防止土体应力松弛和强度衰减，保证边坡施工期间和竣工后的稳定。实践证明，许多边坡虽设计合理，但施工方法及工艺不当或工程措施未能及时实施，导致施工过程中边坡失稳破坏，造成重大损失，有的则留下隐患，影响后期车辆行驶安全。

6.1.4　边坡工程防护的原则及产生病害原因

1. 边坡防护设计原则

边坡设计应遵循"统一规划与恢复自然、质量保证与安全绿色、因地制宜与环境保护"的设计原则（表6-1）。

表6-1 边坡防护设计原则

划分	边坡防护设计原则
统一规划原则	在公路边坡设计的时候，要科学严格地对造成边坡质量问题的因素进行分析，并且找出相关影响因素的解决对策，但是在具体对策实施的时候，一定要保证各个问题解决方案统一协调地进行，也就是在进行边坡防护设计时一定要遵循统一规划的原则，把各类因素紧密结合起来。在进行具体防护工作时，要注意公路上下坡和边坡分别施工时，还需要有机的统一协调，才能最大限度地减小各种因素对公路填方路基造成的影响
质量保证原则	在公路工程的施工过程中，公路边坡防护的质量直接决定着公路路基的质量，以至影响到公路交通运输的安全，所以在进行公路防护工作时主要进行的工作就是公路边坡防护的工作。由于诸多原因，公路经常会出现塌方或者路面塌陷的状况，要采取相关的措施以提高公路路基的质量，保证公路车辆行驶的安全性。在进行公路边坡设计时一定要遵循保证质量的原则，使边坡防护工作依据相关的标准顺利进行
因地制宜原则	我国的地形特点多样，在进行公路建设时，公路的线路需要通过不同地形地势的区域，所以每一个区域段的公路建设的具体要求都是不一样的，这就使得边坡防护的设计工作的难度加大。所以在进行公路边坡防护设计时，一定要遵循因地制宜的原则，对公路边坡设计所在区域的地形地貌、气候环境等进行详细的分析，制定能克服当地自然影响因素限制的方案，以保证公路工程的施工质量

2. 边坡病害原因分析

公路边坡的滑塌是最常见的路基病害之一，根据边坡土质类别、破坏原因和规模不同，主要破坏形式为溜方、滑坡、剥落和碎落崩塌4种（蒋鹏飞，2011）。溜方是少量土体沿土质边坡向下移动所形成的，即边坡上部的表层土下溜，通常是由降水、降雨等流动水冲刷边坡或施工不当引起的（哈小伟，2010）。滑坡是指一部分土体在重力作用下沿边坡的某一滑动面滑动，主要是由土体的稳定性不足引起的（胡雪，2015）。路堤边坡发生滑坡的主要原因是边坡坡度过陡或坡脚被挖空，或填土层次安排不合适等；路堑边坡发生滑坡的主要原因是边坡高度和坡度与天然岩土层次的性质不适应。剥落和碎落是指各种外界环境的影响使表层岩石从坡面上剥落下来的破坏形式。崩塌通常是指较大的石块脱离边坡表面沿坡面滚落下来（牛国良，2018）。

6.1.5 公路边坡工程防护策略

1. 加强路基边坡防护治理

施工单位应根据路基工程的周围环境选择合适的防护材料、采用环保的路基边坡加固治理措施，边坡病害治理要符合美观性和经济性对路基边坡防护采用生态防护的手段落实治理（李安洪，1996；梁诚玉，2005）。生态防护是通过植被来巩固路基边坡表层土壤，不仅让边坡呈现出美观的环境，还可以调节边坡湿度，减缓边坡内水流速，从而起到减轻对路基边坡大的冲刷等作用（贺建军，2015；朱剑桥等，2015；王龙，2017；王小彪和周富春，2010；王艳荣，2014）。

当前，公路工程采用生态防护措施是很普遍的，因为生态防护不仅符合边坡防护要求，而且其简单、经济的特点适合大面积使用（廖翔，2012）。此外，在进行生态防护时要先对土壤土质的类型进行了解与分析，评估其生态防护的使用价值。如果生态防护不符合实际情况，工程防护就成了最佳选择。而在实际路基边坡巩固与防护工作中，运用的工程防护手段均适用于不同的工程，适合处理挖方边坡以及风化严重、节理发育的岩石路基边坡，以保证公路工程的施工质量（牛国良，2018）。

2. 科学确定边坡防护设计参数

为了确保公路路基边坡防护方案设计的质量及其应用的可行性，必须要结合工程施工的实际情况来合理确定公路路基高度、边坡高度与坡度等关键设计参数，这是确保路基边坡设计方案质量的关键环节（贺建军，2015）。实际上，除了地质环境和气候特征等外界因素会对公路路基边坡稳定性产生影响外，公路路基边坡稳定性还会受到人为设计改造的直接影响（胡新惠，2018）。在公路路基边坡设计过程中，设计人员需要灵活地采用工程地质比拟法，将当地或周边边坡处理方法当成研究的实验模型，合理运用经验数据对比法和力学计算法来比对和研究其相似性和差异性，并将对比分析所得到的重要参数作为公路路基边坡防护设计中的关键技术设计参数（牛国良，2018）。另外，在设计人员进行公路路基边坡防护设计的过程中，除了需要考虑边坡自身岩土结构特征和强度特性外，还需要综合考虑公路路基稳定性、环保要求和经济性，力求可以选择最佳的边坡设计方案来最大化公路路基设计的经济效益，节约工程造价（贺建军，2015；朱剑桥等，2015；王龙，2017；王小彪和周富春，2010；王艳荣，2014）。

3. 路基边坡防护模块优化

为了满足目前工作的要求，开展公路路基边坡防护模块的优化是必要的。例如，种草防护模块的开展，实现边坡的稳定性的控制，保证其坡面冲刷的预防（龙勃，2014）。该模块的开展需要进行路堑边坡及其土质路堤的优化，从而避免其表面水土的流失，保证其表土的固结，以此提升路基的整体稳定性（贺建军，2015）。还有一种形态的路堤边坡是不适合植被正常生长的，如经常浸水的边坡。在种草养护模块中，进行相关原则的遵守是必要的（胡新惠，2018）。选用草籽应注意当地的土壤和气候条件，通常应以容易生长、根部发达、叶茎低矮、枝叶茂密或有匍匐茎的多年生草种为宜，常用的有白茅草、毛鸭嘴草、鱼肩草、雀稗、鼠尾草和小冠。最好采用几种草籽混合播种，使之生成一个良好的覆盖层。另外种植时草籽宜掺砂或与土粒拌和，使之播种均匀，播种时以气候温暖、湿度较大的季节为宜（贺建军，2015；朱剑桥等，2015；王龙，2017；王小彪和周富春，2010；王艳荣，2014）。

4. 加强岩溶地区路基治理措施

由可溶性岩构成的岩溶地貌是自然界中比较独特的地理现象，在自然景观中具有较强的观赏性（贺建军，2015）。但是在岩溶地区进行公路工程建设将对公路路基工程造成严重的影响。当前根据病害程度分为不同等级的岩溶路基病害（胡新惠，2018）。对于中小型的岩溶路基地区的岩溶路基病害，施工单位应因地制宜，对岩溶路基采用排水及泄水的措施来疏导岩溶水（胡雪，2015）。而对于路基基底的岩溶泉或者冒水洞等岩溶路基病害，施工单位主要采用渗沟的方法将积水排出路基，确保路基在没有积水的条件下方可实施具体的施工（牛国良，2018）。

6.2 边坡稳定影响因素及边坡防护技术

6.2.1 边坡稳定影响因素

1. 岩土特性

岩土从工程建筑观点对组成地壳的任何一种岩石和土的统称。岩土可细分为坚硬的（硬岩）、次坚硬的（软岩）、软弱联结的、松散无联结的和具有特殊成分、结构、状态和性质的五大类。中国习惯将前两类称岩石，后三类称土，统称为"岩土"。岩土特性是边坡稳定的基本因素之一（芦建国和于冬梅，2008）。对于岩质边坡，岩石自身的强度和岩质边坡特性是关键参数，如若岩石自身强度不高，岩石的形成不连续，存在破裂等软弱层，则受到环境作用时，其破坏往往从岩石最弱连接界面展开，当外界荷载大于岩层的强度时，便可能形成连续破坏从而导致边坡的坍塌（芦烨磊，2018）。一般而言，块状和反坡向层状的岩层特性是稳定的，而顺坡向层状岩层容易产生剪切型破坏，碎裂散状岩层则易形成滑动型破坏（芦烨磊，2018）。对于土质边坡，土质条件是边坡稳定的基本，砂土容易流沙滑坡，而黏性土的黏聚力较大不易破坏（贺建军，2015）。

2. 地质构造

地质构造是指组成地壳的岩层和岩体在内、外动力地质作用下发生的变形变位，从而形成诸如褶皱、节理、断层、劈理以及其他各种面状和线状构造等组成地壳的岩层和岩体，在内外地质作用下（多为构造运动），发生变形和变位后，形成的几何体，或残留下的形迹。很多边坡是天然的，受到路基开挖的影响，边坡的地质构造往往是确定边坡稳定的另一重要因素（罗永红和金波，2018；马斌和张浩玉，2018），如是否存在地震和震动、岩土风化状况及出露位置等。其中，地震和震动是边坡最大的安全隐患，受地震作用的惯性力作用，边坡的失稳和破坏往往是瞬时的，因而需要根据场地地质状况基于地震破坏的可接受水准进行设计（芦烨磊，2018）。

3. 地下水

地下水是指赋存于地面以下岩石空隙中的水，狭义上是指地下水面以下饱和含水层中的水。随着地下水位的变化，岩土的剪切力和法向力在变化，相应的最弱破坏面也在不断地变化，如果边坡中某些微裂缝存在，则地下水存在严重削弱结构抗力，并形成静水压力，增加裂缝的开展（牛国良，2018）。如若天气变冷，裂缝中的水尚未排出，则水分的冻结会导致裂缝膨胀，造成边坡失稳（武侠，2015）。

6.2.2 边坡防护的勘察与设计要求

查阅相关资料发现，当前执行的《公路路基设计规范》（JTG D30—2015）中提到，"土质挖方边坡高度超过20m、岩质挖方边坡超30m以及不良地质、特殊岩土地段的挖方边坡，应进行个别勘察和设计。"很显然，这是对于边坡的勘察设计的硬性规定，表明了此种边坡的独特性。

1. 边坡防护工程的勘察要求

在选择边坡防护方案时要根据地质环境和水文地质特点。所以，在还没有确定防护施工图之前，必须要对边坡展开针对性的地质勘察（芦烨磊，2018）。建议结合钻探、坑探与物探几种模式进行勘察，确定此处的地质状况，只有这样，边坡的防护设计才能有更好的保障，可行性才能得到提升（牛国良，2018）。

（1）地形地貌特征。这一点是在实地勘察的基础上测绘出来的，除此之外，还需要知道其和坡向乃至于路线的关联。

（2）岩土特征。依旧是使用钻探、坑探和物探等方式，综合性确定岩土的种类、形成原因、分层状况等信息。

（3）主要结构面。在相关资料的查询及实地勘察的基础上，确定岩土结构面之间的关系，甚至相关的力学特点。

（4）查阅相关资料，结合钻孔水位监测，进一步明确当地的气象、水文等环境状况，并且需要收集对应的参数。

（5）能够影响边坡的地质现象有很多，都要提前进行明确，包括其特性以及分布规律等。

（6）通过实验的手段做出一份关于岩土体物理力学性能的调研报告。

（7）坡顶位置一般有一些建筑体，需要明确其具体荷载、结构形式、埋深情况及稳定性。

2. 边坡防护工程的动态设计

在制定施工图的环节中，需要有一份详细的地质勘察报告，由此详细地落实关于边坡的开挖和防护的设计（胡新惠，2018）。不过，考虑到勘察方式基本都是以点带面，暂且不论地质勘察多么细致。首先地质是十分复杂和不确定的，要想保证勘察的精准度和防护的绝对合理性是非常困难的，这就需要在施工环节对两者进行反复论证，将施工开挖当成勘探工作的一种延续（芦烨磊，2018）。开挖之后就知道此处的具体情况了，这时候再进行反馈设计，对已有的勘察报告进行补充，及时修正已有防护方案，实现一种动态设计（牛国良，2018）。

动态设计就是参照信息施工法，再结合开挖之后的信息反馈，对已有的地质结果、设计方案进行论证和调整，一旦设计结果和实际情况有较大的冲突，那么就需要及时进行改进（牛国良，2018）。在施工管理中，必须要现场工程师和监理对实际地质情况进行确定，验证工程方案的可行性，对设计进行不断的完善。在施工环节，监理单位应该要加强和施工单位、设计单位的联系，履行好监督管理职责。

6.2.3　边坡防护技术

基于边坡稳定影响因素的分析，可以根据边坡的特点选择对应的防护技术，满足设计的经济性和使用的安全性和长期性（牛国良，2018）。针对边坡特点，主要防护技术如下。

1. 边坡放缓

边坡放缓是最有效的边坡防护技术，岩层和土体存在稳定角和极限角，超过该角度岩土的稳定性较难保证，需要采用其他措施进行保证。边坡放缓就是将边坡角度控制在岩土的稳定角范围内，通过削角的方式放缓边坡，这种边坡防护技术施工简单、经济可靠。

2. 边坡加固

边坡加固是指提高露天矿边坡稳固性的措施，它通过在边坡破碎带的坡角下设置坡角护墙、在局部破碎带或边坡上设置抗滑桩和向有开口节理和裂隙的岩层注浆的办法，提高边坡稳固性。如若边坡存在不良地质构造，或者地下水系发达，对边坡稳定性影响很大，则需要采用加固方法保证边坡的稳定。加固技术根据所处理的程度可分为中浅层加固和深层加固，中浅层加固有土钉加固和锚杆加固；深层加固有注浆加固、锚索加固和管桩加固等（贺建军，2015；朱剑桥等，2015；王龙，2017；王小彪和周富春，2010；王艳荣，2014）。

3. 表层防护

大部分边坡存在失稳风险，但这种风险发生概率偏小，因而需要进行一些表层防护措施。表层防护主要针对表层岩土风化剥落、局部掉块、雨水排放等问题。例如，采用植物、植草等方法，通过植物根系发育固结土壤，防止土壤侵蚀引起的边坡失稳；采用砌体封闭、挂网锚喷、混凝土喷射等手段将边坡连接成整体，防止表层岩土的风化、吹落和坍落等病害，阻断表层病害向边坡内部的演化；采用边坡截水方法将雨水进行有效排除，防止表层雨水渗入边坡内部对岩土特性造成影响。

6.2.4　边坡防护施工工艺

1. 桩位测定、场地平整

按照施工现场排桩的特点，遵循地形地貌及场地整平作业，这样能为井架安装与渣便道铺设提供便利，并有利于桩区地表排水沟的挖截及设置防护设施（毛丽，2015）。在准确工作中，应清刷剪裁堑顶坡土，并做好雨季施工准备，如将雨篷搭设在孔口，在井口附近开挖临时排水沟等。同时严格遵循设计要求进行桩位测定，施工放样中应按照桩孔十字线进行，并对施工误差加以重视，确保其误差控制在5cm以内。

2. 桩身开挖

在井口开挖施工中，应严格按照桩身井口段土质的实际情况，一般开挖深度至2m时，应及时灌注第一节护壁混凝土，厚度为0.3m，为避免护壁出现沉降及对侧壁摩阻力进行有效增强，可在井口位置进行锁口盘设置，为避免地面出现掉渣等情况，应确保盘内缘比盘面高出0.2m，并做好截排地表水等防护工作。

3. 护壁支撑

在护壁支撑施工前，应对桩井进行掘进施工，一般选用先挖中间再挖井壁的顺序。开挖施工过程中，应实时监测地质情况且及时记录。选用人工装渣的方式在井内施工，并配置起吊箩筐的设施，提升设备一般选用井架，使用电动卷扬机（0.3～0.5t）向井口位置进行箩筐吊运，选用手推车进行运送，不能使用的土必须运送到滑体外面。

选用边挖边护的方式进行桩井施工，可以有效提升桩井开挖施工的安全性及护壁的质量。一节护壁设置长度为1.5m，防止分节情况出现在滑动面位置与土石分界位置。在护壁混凝土灌注前，必须将井壁上的浮土清理干净，确保护壁混凝土与围岩处于紧贴状态，上下节护壁应形成一个整体结构，应将护壁钢筋增设在滑动面周围，为避免模板出现偏移等状况，应在混凝土浇筑施工时做到对称、四周均匀捣固。灌注一天后就可以将护壁混凝土模板支撑拆除，应在上节护壁混凝土终凝后进行井内开挖施工。当开挖深度达到10m时，应将1台5.5kW抽式通风机设置在井口位置，选用软胶管（直径50cm）向井下送风。选用离心泵将开挖遇到的地下水抽到井外侧。

4. 灌注桩身混凝土

将钢筋梯设置在井内可以方便井内施工人员上下施工，应用时应将顶节向预埋环内挂入，其他逐节扣挂及分节扣挂到井壁"U"形预埋件位置。灌注桩施工工艺流程如图6-1所示。在灌注桩身混凝土时，应先对断面进行检查及清理，凿毛混凝土护壁。进行铺底施工可以有效避免钢筋、钢轨腐蚀等情况的出现，还可以确保桩身钢筋、钢轨位置的准确性。选用对接焊后再加鱼尾板边焊等方式进行钢轨焊接接长施工。在总截面中桩身一个截面焊接接头数量所占比例应在25%以下。接头不能设置在最大弯矩位置及滑动面位置，选用吊车及摇头扒杆将钢轨向井内进行吊放及固定，随后将钢筋一根一根地向井内进行吊放、定位及绑扎。

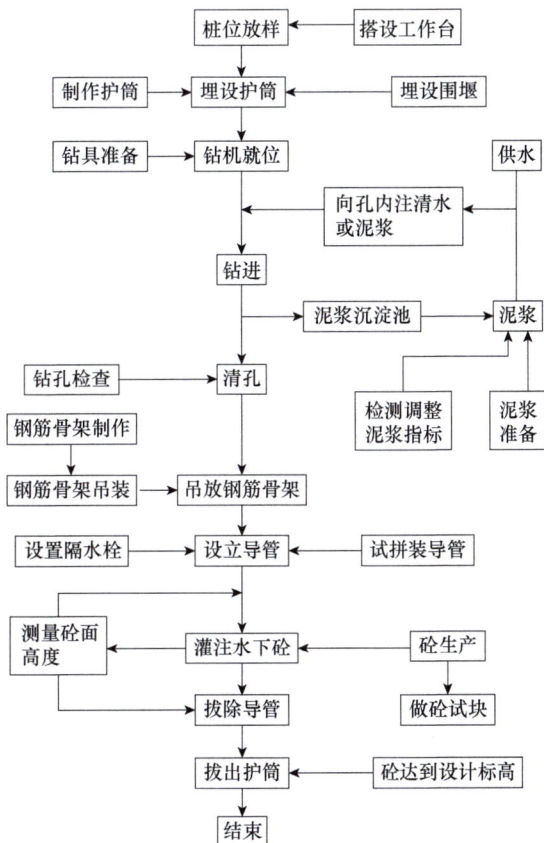

图6-1　灌注桩施工工艺流程图

5. 锚索孔导管预埋

钻孔是锚索施工中控制工期的关键工序。为确保钻孔效能和确保钻孔质量，采用潜孔冲击式钻机（余启仁和姜学芝，2014）。钻机钻井时，按锚索设计长度将钻孔所需钻杆摆放整齐，钻杆用完，孔深也恰好到位。钻孔深度要超出锚索设计长度0.5m左右。钻孔结束，逐根拔出钻杆和钻具，将冲击器清洗好备用。用一根聚乙烯管复核孔深，并以高压风吹孔，待孔内粉尘吹干净，且孔深不少于锚索设计长度时，拔出聚乙烯管，塞好孔口。锚索孔位设计中应遵循锚索倾角用风镐凿穿两侧护壁的方式进行，选用PVC管连接两侧凿穿的孔，应选用砂浆对接口进行密封作业。随后在钢筋笼上选用扎丝进行PVC管绑扎固定，这样可以有效避免灌注桩身混凝土出现位移等情况。在井口周围进行混凝土拌和施工，选用串筒向井下进行运输及捣固施工。必须确保桩身混凝土灌注的连续性，每层捣固厚度一般控制在50cm，重复进行灌注施工，确保施工质量符合相关设计规定。

6. 注浆

注浆是在一定压力的作用下，通过注浆泵将液态水泥质注浆体向孔内注入的过程（图6-2）。在向下倾斜锚索灌注施工中，必须将锚索体随着注浆管一起向孔底送入，在注浆施工时应同时进行注浆与拔出作业，确保始终有一段注浆管埋在注浆液内，确保注满完成施工。孔内存在积水问题时，应通过注入浆液全部排出积水，确保溢出浆液和注入浆液稠度一致后，将注浆管抽出。在向上倾斜锚索灌注施工中，可以选用排气法进行注浆施工，也就是随着锚索体排气管一起向孔最低端进行输送，注浆施工应在彻底封闭孔口后进行，浆液应从低向高进行施工，如浆液堵塞排气管应停止注浆施工。水泥注浆材料最常用的是普通硅酸盐水泥。其优点是原材料来源广泛、成本较低、无毒性、施工工艺简单方便；缺点是水泥浆液稳定性较差、易沉淀析水、凝结时间长，并且由于水泥颗粒直径较大，注入能力对微细裂隙往往受到限制（贺建军，2015）。

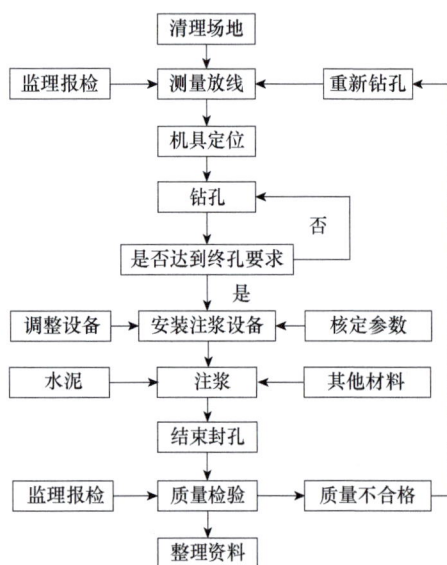

图6-2 注浆施工工艺流程

6.3　边坡的工程防护

6.3.1　坡面防护

高速公路工程是国家基础设施建设重要组成部分，作为社会经济增长的基础物质条件，具有举足轻重的作用。每年都有大量的新建、改建和扩建工程，公路建设会使原有地面地表的植物受到不同程度的破坏，进而在道路两侧形成了大面积的坡面，这种坡面极易造成公路坍塌、滑坡和泥石流等地质灾害，对公路本身和通行车辆以及驾驶人员造成严重的影响甚至威胁生命安全（毛明章，2010；毛耀，2008）。随着使用领域的扩展，坡面防护也在不断改进，目前坡面防护技术已经广泛应用在公路、铁路、水电站、矿山等多个领域，坡面防护技术系统的推广为治理山体自然灾害做出了突出的贡献（聂江，2018；牛国良，2018）。坡面防护技术对坡面的生态进行有效的改善，从而也抑制了坡面进一步遭到破坏，进而形成良性循环（朱剑桥等，2015）。

在边坡施工防护技术中，护坡、框格、护面墙、捶面、抹面及喷浆等都是主要的施工防护内容（潘友敏，2011；钱永才，2010）。通常使用混凝土进行框格的制作，这样不仅能够保护土壤，减少护坡受到的危害，还能够美化公路。混凝土具有较高的可塑性，在施工过程中能够结合实际情况对框格进行不同形式的设计，从而使其具有多种几何图形。然而，在防护中使用框格时，应该确保框格表面洁净，在开始防护施工时提前将框格上的杂物等进行清理。在边坡防护中很少能看到框格，这主要是由其加工难度较大造成的。在边坡防护中应用非常普遍的就是捶面与抹面。在施工防护中，为了确保边坡防护施工质量，就需要保证锚杆材料与钻孔。在边坡上安放锚杆时，应该采取风枪式打眼法进行钻孔，并保证岩石主体与锚杆轴线具有较大的相交角度。在钻孔过程中，应该保证孔洞的圆直，并且与岩石主体垂直。完成钻孔后，应该对孔洞内的杂物进行清除。钢筋的放置对施工防护也有很大的影响，在进行钢筋施工时，应该保证钢筋的质量，必须严格按照要求对其进行放置，保证钢筋的正确安装。注浆是防护施工质量的关键，必须在注浆过程中对其进行严格的控制，保证注浆质量（潘友敏，2011；钱永才，2010）。

坡面防护设计的原则：第一，挖方边坡地段。如果该地段的边坡土质比较松散、稳定性不强，则应该采用全浆砌片石护坡、锚索锚杆框架护坡和植物绿化护坡等方式；如果该地段的土质属于较缓的稳定土质边坡，则可以采用浆砌片石、拱形骨架、植草等方式进行护坡。第二，填方地段。如果填方高度适当且公路沿线没有过多人工构件，则可以采用一般方式对公路的边坡进行处理。例如，采用植草的方式对公路的坡面进行处理；如果是河水附近公路或者桥梁的坡面，由于其极易受到河水的冲刷，应该采用全浆砌片石进行防护，这样可以保证公路和桥梁的稳定性（潘友敏，2011；钱永才，2010）。

工程防护适用于不宜草木生长的陡坡面。当不宜使用生态防护或考虑就地取材时，采用砂石、水泥、石灰等矿物材料进行坡面防护是常用的防护形式。其主要有砂浆抹面、喷浆（喷锚）及喷射混凝土、勾缝或喷涂、浆砌或干砌护墙、护面墙等（王龙，2017）。

1. 抹面防护

图6-3　砂浆抹面防护

抹面防护是用水泥、灰泥等涂抹建筑物的表面，有时加以装饰。抹面防护适于石质挖方坡面，岩石表面易风化，但比较完整，尚未剥落，如页岩、泥沙岩、千枚岩的新坡面。对此应及时予以封面，预防风化。抹面作业前，应对被处置的边坡加以清理，去掉风化层、浮土、松动石块并填坑补洞，洒水湿润，以利牢固耐久（图6-3）。

凡涂抹在建筑物或建筑构件表面的砂浆统称为抹面砂浆。根据抹面砂浆功能的不同，可将抹面砂浆分为普通抹面砂浆、装饰砂浆和具有某些特殊功能的抹面砂浆（如防水砂浆、绝热砂浆、吸音砂浆和耐酸砂浆等）。抹面砂浆也称抹灰砂浆，常用于建筑物的表面，既可保护建筑物，增加建筑物的耐久性，又使其表面平整、光洁美观。抹面砂浆对强度的要求不高，但对保水性要求较高，与基层的黏附性要好。按其使用要求不同，抹面砂浆可分为普通抹面砂浆、防水砂浆、装饰砂浆和具有特殊功能的抹面砂浆等。在工程中最常用的是普通抹面砂浆、装饰砂浆和防水抹面砂浆（王小彪和周富春，2010）。

工艺流程：①根据配合比用拌合机搅拌灰浆，使其混合均匀，有较强的和易性和流动性。②抹面厚度为30～50mm，一般分为两层，底层为全厚的2/3，面层为1/3。在抹底层时，底层表面应粗糙，边抹边拍打（即抹、捶交替进行），使其与坡面紧贴。待底层稍干即抹面层，做到表面平整光滑。在施工时将抹面周围嵌入岩层内，坡面顶部嵌入10～20cm，在软硬岩分界处，抹面嵌入硬岩至少10cm。有地下水渗漏的地方预留泄水孔。若大面积抹捶面时，每15～20m设伸缩缝一道，缝内填塞沥青麻筋。③抹后几小时用手压浆面，若只产生小凹坑时立即提浆，提浆次数为1～3次，间隔时间以浆面稍干并开始有小裂缝出现为准。采用三合土或四合土灰浆抹捶面时，更要正确把握好压实提浆（夯拍）时间。常用的抹面材料有石灰浆等，其中石灰为胶结料，要求精选。混合料，如加纸筋或竹筋，可提高强度，防止开裂；如掺加适量制盐副产品卤水，因其含有氯化钙与氯化镁，可使抹面加速硬化和预防开裂。抹面厚度视材料与坡面状况而定，一般2～10cm，分两次进行，底层抹全厚的2/3，面层1/3。操作前，应清理坡面风化层、浮土与松动碎块、填坑补洞，洒水润湿。抹面后，应拍浆、抹平和养生（王艳荣，2014）。

2. 捶面防护

捶面防护是道路坡面防护的一种，是指在容易受到雨水冲刷的土质坡面或易风化的岩石坡面上将三合土、四合土等铺于表层，然后人工夯实，使其形成隔离层的防护措施（图6-4）。适用于易受雨水冲刷的土质边坡和易风化的岩石边坡防护。

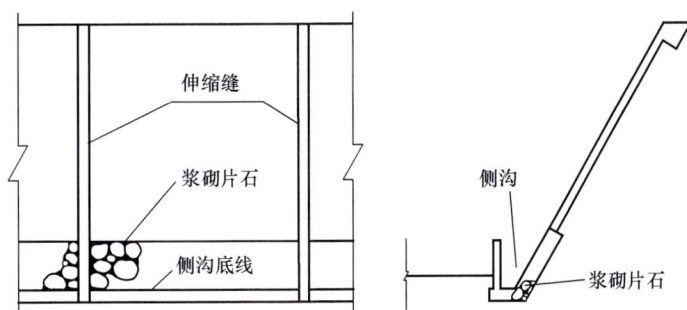

图 6-4 捶面

工艺流程：捶面工艺流程与抹面工艺流程一样。

捶面多合土的配比应经试捶确定，保证能稳固地密贴于坡面。捶面应经拍（捶）打以与坡面紧贴。厚度均匀，表面光滑。在较大面积上抹（捶）面时，应设置伸缩缝。

地层与岩性是决定边坡工程地质特征的基本因素，也是研究边坡稳定性的重要依据。因此，地层岩性的差异往往是影响边坡稳定的主要因素。

不同地层、不同岩性各有其常见的变形破坏形式，古老的泥质变质岩系。如千枚岩、片岩等地层都属于易滑地层，在这些地层形成的边坡，其稳定性必然较差。

岩性对边坡的变形破坏也有直接影响。岩性是指组成岩石的物理、化学、水理和力学性质，这些性质的变化或改变在一定程度上影响着边坡的稳定。

3. 喷浆（喷锚）及喷射混凝土防护

喷浆（喷锚）及喷射混凝土适用于易风化但尚未严重风化的岩石边坡，坡面较干燥，施工简便，是防止坡面风化的有效措施（图 6-5）。对不同类型区坡面防护采用的喷浆的方式也不一致（表 6-2）。喷浆前应将坡面清理干净，喷浆厚度为 1~2cm。常用浆料为水泥砂浆、水泥石灰砂浆。若坡面岩石节理发育，风化严重时，

图 6-5 边坡喷浆防护

宜采用锚杆钢丝网喷浆或喷射钢纤维混凝土。从具体施工方式上来说，喷浆厚度以

表 6-2 坡面防护采用喷浆方式

序号	采用喷浆方式
1	对易风化，但风化程度尚未达到强风化的岩石路堑边坡，采用喷浆及喷射混凝土护坡时，边坡坡率不陡于 1:0.5
2	对易受冲刷的土质路堑边坡，采用喷掺砂水泥土护坡时，边坡坡率不陡于 1:0.75
3	对易于风化，但风化程度尚未达到强风化的岩石边坡，当其地下水不发育、坡面较干燥时，可采用喷射钢纤维混凝土护坡，其边坡坡率和高度可不受限制
4	对风化破碎、节理裂隙较发育或较高陡的岩石路堑边坡，采用挂网喷浆或喷射混凝土护坡，可加强边坡的稳定性。其边坡坡率不陡于 1:0.5

5～10cm为宜，喷浆时应该自下而上均匀涂喷，当喷洒的浆体初步凝固后应该马上在其表面持续洒水5～7d，最后为了防止地表水的冲刷，应该对喷浆层的上部进行封顶处理。喷浆分重力式人工喷浆和机械喷浆（表6-3）。

表6-3　坡面防护喷浆类型

分类	类型
重力式人工喷浆	重力式人工喷浆是把浆桶置于坡顶，桶底接胶皮管，借助重力把浆均匀喷至坡面
机械喷浆	机械喷浆是用喷浆机，通过喷嘴把浆喷至坡面，由于其有一定压力，浆与坡面黏着较好，质量明显优于重力式人工喷浆

喷浆技术可在各个领域中科学合理使用，尤其是在高速公路、桥梁、人行道板修补方面（张志平，2016）。喷浆技术可对自身作用与价值进行充分发挥，不仅是保证修补质量的重要前提，同时也可促使公路、桥梁使用安全性得到有效提升。喷浆（喷锚）及喷射混凝土防护简介如下。

（1）喷锚，也称锚喷支护，就是喷射混凝土加锚杆（图6-6）。一般情况下，大型施工项目在施工过程中都需要使用喷锚技术，特别是公路、边坡或者隧道等项目的施工。大型建筑项目在施工时，一般需要进行开挖作业，所以会对施工首位岩土层产生一定的影响，造成岩土层变形，因此若施工时不提前做好预防工作，很容易在施工过程中出现边坡不牢固问题，严重时还会造成坍塌现象。

图6-6　锚喷支护

锚喷支护指的是借高压喷射水泥混凝土和打入岩层中的金属锚杆的联合作用（根据地质情况也可分别单独采用）加固岩层，分为临时性支护结构和永久性支护结构。

工艺流程：①坑、池防水混凝土的原材料、配合比及坍落度必须符合设计要求。②坑、池防水构造必须符合设计要求。③坑、池、储水库内部防水层完成后，应进行蓄水试验。④坑、池、储水库宜采用防水混凝土整体浇筑，混凝土表面应坚实、平整，不得有露筋、蜂窝和裂缝等缺陷。⑤坑、池底板的混凝土厚度不应少于250mm；当底板的厚度小于250mm时，应采取局部加厚措施，并应使防水层保持连续。⑥坑、池施工完后，应及时遮盖和防止杂物堵塞（朱剑桥等，2015）。

锚杆的主要作用是增强节理面和岩层间的摩擦力，增强岩块或岩层的稳定性。喷射混凝土的作用是加固围岩，防止岩块抬动、剥离或坠落。二者结合发挥围岩的自承能力。可根据边坡的具体条件选用非预应力锚杆或预应力锚杆，在黄土边坡的防护设计中，大多采用非预应力锚杆。框架梁一般由钢筋混凝土或型钢制作，考虑到工程耐久性与绿化要求，设计中多采用钢筋混凝土框架（图6-7）。青海省平安至阿岱高速公路第五合同段K27＋200—K29＋710属于高边坡地段，最高开挖高度达到107m，该区位于拉脊山北缘断裂带附近，该段边坡岩体中节理裂隙极为发育，岩体被切割成块状，使岩体边坡整体存在失稳，局部存在危石滚动坍塌的趋势。工程采用预应力锚索加节点锚杆框格梁设计，从建成几年的效果看，防护效果非常好。

图6-7　锚杆框架梁一般构造图（北京至承德高速公路）（摄影/骆汉）

锚杆、锚索在边坡稳定工程中主要和挡土墙或框架地梁、抗滑桩或砼台座联合使用，其主要工作原理就是通过埋入岩土中的锚杆、锚索以及与其联合作用的结构物，将边坡稳定住。一般施工顺序是打眼、安装锚杆、做拉拔试验、喷射混凝土。为了施工安全，也可以先喷射一层混凝土（10mm或50mm厚），然后打眼、安装锚杆、拉拔、补喷混凝土到设计厚度。北京至广州及珠海高速公路粤境南北段施工的预应力锚索，总工程量30多万延米，是我国公路史上第一次大面积用预应力锚索来稳定高路堑边坡。

在公路边坡混凝土喷锚施工过程中，为了提高公路边坡岩土层的稳定性，需要对其进行喷锚处理（秦莹等，2009）。混凝土喷锚施工过程中，需要选择最佳的混凝土原材料，如沙子、水泥、石子、水、速凝剂等。此外，在开展边坡混凝土喷锚施工时，还需要详细勘察施工周围的地质情况，全面了解施工现场的具体情况，并针对勘察结果，选择最佳施工方案，从而确保施工的顺利开展。

（2）喷射混凝土。可以作为洞室围岩的初期支护，也可以作为永久性支护（图6-8）。

锚喷支护是使锚杆、混凝土喷层和围岩形成共同作用的体系，防止岩体松动、分离。把一定厚度的围岩转变成自承拱，有效地稳定围岩。当岩体比较破碎时，还可以利用丝网拉挡锚杆之间的小岩块，增强混凝土喷层，辅助锚喷支护。喷射混凝土由于自身的力学性能和工艺特点，在隧道及地下工程施工过程中起到了重要的作用。

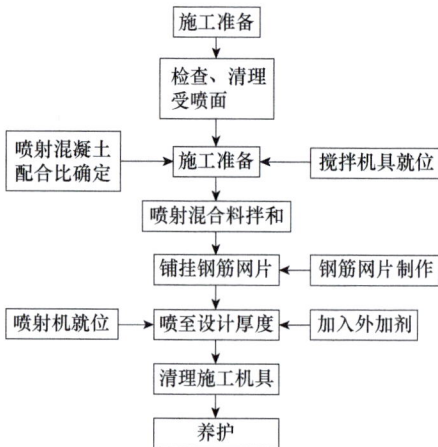

图6-8 锚喷支护喷射混凝土（弥勒至楚雄高速公路）

喷射混凝土主要用于充填裂隙、填补凹穴、加固岩层。喷射混凝土能将张开的裂隙、节理、层缝充填一部分，并能起到黏结作用，使许多岩块黏结在一起，成为整体，以阻止岩块的松动，而且喷射混凝土又能填补凹穴，喷射混凝土能填补凹穴，避免应力集中，从而加固围岩，提高围岩的抗渗漏性能和岩层自身的稳定性，发挥围岩的承载能力（图6-8）。

工艺流程：①喷距。出料口距离岩帮0.6～1.0m。②角度。喷嘴尽量垂直于岩壁，夹角≤70°。③喷射顺序。墙—顶。就是先进行墙基部位的喷射，其次喷射帮墙，最后喷射顶部，自下而上进行。先凹后凸依次进行，每两段接茬处应成斜交接茬；喷浆时，喷射材料配合比，灰砂比为1∶2∶2。局部地方顶、帮涌水时，必须打孔埋设导管导水，防止喷体在涌水的岩帮处脱落。为加快凝固时间，可加水泥重量4%的速凝剂。④喷射方法，既可采用走线法，也可采用螺旋法。一是走线法，喷头应自下而上平行喷射，间距≥250mm。二是螺旋法，喷头应按螺旋形，一圈压半圈的轨迹移动，螺旋圈的直径≥250mm。喷射所用水泥应尽量采用随喷随送的方式，不要过早送到井下，防止受潮变质。喷射砂浆应采用潮喷或湿喷，并配备除尘装置对上料口、余气口除尘。不得干喷。拌料要均匀，人工拌料要不少于3遍。初喷喷浆厚度要达到设计厚度的50%；复喷喷浆厚度必须达到设计厚度（图6-8）。

喷射混凝土的特点：①喷射混凝土具有强度增长快、黏结力强、密度大、抗渗性好的特点。其能较好地填充岩块间的裂隙的凹穴，增加围岩的整体性，防止自由面的风化和松动，并与围岩共同工作。②喷射混凝土施工将输送、浇注、捣固几道工序合在一起，更不需要模板，因而施工快速、简便。③喷射混凝土能及早发挥承载作用。

④喷射混凝土与模筑混凝土相比，其物理力学性能多有所改善。

目前隧道工程复合支护中普遍采用的是喷射混凝土或喷射钢纤维混凝土，喷射方式主要有干喷和湿喷。喷射混凝土具有支护及时、强度高、密实性强、操作简单、灵活性大等优点，特别是在软弱围岩地质条件下，配合钢拱架和系统锚杆作为联合支护，其优点更为明显。当喷射混凝土具有一定强度后，可把钢拱架、系统锚杆和喷射混凝土组成的支护体系看作刚性结构，用来控制围岩变形，达到保护和发挥围岩自承能力的效果。

受速凝剂性能的影响和工艺水平的限制，喷射混凝土后期强度损失较大且回弹率比较大。在榆林至绥德高速公路某标段隧道进行了大量的喷射混凝土试验，并对其施工工艺进行改进，取得了很好的效果。对成岩作用差的黏土岩边坡不宜采用。喷浆厚度一般为5～10cm，喷射沉淀土厚度以8cm为宜，分2～3次喷射。喷浆的水泥用量较大，重点工程可选用。比较经济的砂浆是用水泥、石灰、河砂及水按重量比1∶1∶6∶3配合。坡脚应做1～2m高的浆砌片石护坡。施工前，坡面如有较大裂缝、凹坑时应先嵌补牢固，使坡面平顺整齐；岩体表面要冲洗干净，土体表面要平整、密实、湿润。喷层厚度应均匀，喷后应养护7～10d。

（3）挂网锚喷防护。挂网锚喷防护一般是为了防止道路两边的陡坡遭受风化侵蚀和降雨冲刷而出现塌方所做的保护措施。挂网锚喷支护是目前高陡边坡防护工程中采用较多的一种支护方式，其是喷射混凝土、锚杆、钢筋网联合支护的简称，是一种先进的支护加固技术（图6-9）。

锚喷支护结构兼备钢筋和混凝土的特点，对有缝隙的边坡进行加固（杨英宇和王菲菲，2016）。锚喷支护作用原理是备用高压的推动力将混凝土喷洒到需要作用的地方，起到加固的作用，从而提高边坡的受力能力。锚喷支护技术的核心结构是锚杆，其可以起到增加边坡的强度和限制边坡移动的作用。

工艺流程：搭设脚手架→整修边坡→制作安装设置排水孔→第一次喷射混凝土→锚杆钻孔、注浆→钢筋网制作、挂网→第二次喷射混凝土→养护→拆除脚手架（图6-9）。

加固支撑原理：①公路工程施工利用锚喷支护技术可以较大限度增强土体的韧性。土体因其自身的性质决定其韧性的大小，若在公路施工中土体自身的韧性超出最大限值时，会导致土体的边坡缺乏稳定性。为了不影响道路工程的施工进度，需要保证边坡的稳定，就需要利用锚喷支护技术，以锚喷支护结构来保证土体的结构不发生变化。利用锚喷支护技术在施工路段注入高压浆，增加土体自身的牢固性。按照公路施工经验可知，锚喷支护技术可以有效地使水泥等浆液附着于锚杆和土体上，加固土体的韧性及强度，使得锚杆和土体的支撑力度增加。同时确保公路在超荷载的情况下，延缓土体破坏的速度，保证运行安全。②锚喷支护技术可以使锚杆和土体的结合更加紧密，从而改善二者的受力情况，降低二者之间的相互作用，保证土体的稳定性。相关人员对此进行研究发现，锚喷支护和土体二者之间的作用力不同，在公路施工中要注意二者的受力情况。而影响土体和锚杆之间的受力因素是由土体的自身性质和锚杆安装技术决定的。大多数使用挂网锚喷防护的岩质边坡，其岩层风化破碎严重、节理发育不完整，破碎岩层较厚。如果这种岩质边坡继续外露风化，将导致坠石或小型崩塌，从

图6-9　挂网锚喷

而影响整个边坡的稳定性。近些年在黄土边坡防护中，对土质疏松且地区降雨量较小时也采用了该类措施。例如，甘肃省兰州市的机场高速公路，采用0.4～1.0m长钢筋将钢筋或铁丝网片固定于坡面，再喷射混凝土面层，厚度为8～15cm。烟乳线小十八盘段路面宽7m，为山腰挖方公路，两侧山高崖陡。挖方边坡经多年风化，出现了不同程度滑塌、落石，局部已出现滑坡险情，存在较大安全隐患。经公路部门反复论证及聘请专业部门设计，根据边坡地质条件、岩层产状、边坡高度及走向，有针对性地清理了存在滑塌趋势的大块孤石、有风化脱落趋势的石块，并挂网锚喷900m²，现浇挡土墙380m³，设置截水沟、浅蝶形边沟330m。

4. 勾缝及灌缝防护

勾缝是指用砂浆将相邻两块砌筑块体材料之间的缝隙填塞饱满，其作用是有效地使上下左右砌筑块体材料之间的连接更为牢固，防止风雨侵入墙体内部，并使墙面清洁、整齐美观（贺建军，2015）。

工艺流程：勾水平缝时用长溜子，左手拿托灰板，右手拿溜子，将灰板顶在要勾的缝口下边，右手用溜子将砂浆塞入缝内，灰浆不能太稀，自右向左喂灰，随勾随移动托灰板，勾完一段后，用溜子在砖缝内左右拉推移动，使缝内的砂浆压实，压光，深浅一致。勾立缝时用短溜子，可用溜子将灰从托灰板上刮起点入立缝中，也可将托灰板靠在墙边，用短溜子将砂浆送入缝中，使溜子在缝中上下移动，将缝内的砂浆压实，且注意与水平缝的深浅一致。设计无要求时，一般勾凹缝深度为4~5mm。勾缝适用于较硬、不易风化、节理缝多而细的岩石路堑边坡，工艺流程如下（图6-10）。

```
按配合比配料 → 机械或人工对配料进行拌和 → 按配合比配料 → 勾缝 → 用湿土工布养护
```

图6-10　勾缝工艺流程

灌缝，通俗说就是向裂缝里面注入物体，主要是针对路面病害的预防性养护。有传统灌缝和灌缝机灌缝，采用专业机械操作，灌缝机主要用于沥青路面、水泥路面、场地的表面裂缝处理。通过开槽机对裂缝开槽后，用热喷枪或吹风机将槽内的碎渣及灰尘吹净，再用灌缝机将密封胶灌缝到裂缝，从而修补裂缝，并确保道路的整体实用性能，可延长公路的使用寿命。灌缝适用于较坚硬、裂缝较大较深的岩石路堑边坡。灌缝可用体积比为1:4或1:5的水泥砂浆。灌缝和勾缝前应先用水冲洗，并清除裂缝内的泥土、杂草。勾缝时要求砂浆嵌入缝中，与岩体牢固结合。灌缝时要求插捣密实，灌满缝口并抹平。

5. 干砌或浆砌护墙防护

砌石防护有干砌和浆砌两种，可用于土质或风化岩质路堑或土质路堤边坡的坡面防护，也可用于浸水路堤及排水沟渠作为冲刷防护（翁敬良，2016）。易遭受雨、雪、水流冲刷的较缓土质边坡，风化较重的软质岩石坡，受水流冲刷较轻的河岸和路基，均可采用干砌片石防护（图6-11）。这些边坡应符合路基边坡稳定要求，坡度一般为1:1.5~1:2。在稳定的边坡上铺砌（浆砌或干砌）片石、块石或混凝土预制块等材料

图6-11　干砌片石

以防止地表径流或坡面水流对边坡的冲刷称为护坡（张敏，2018）。铺砌方式一般采用浆砌，冲刷轻微时，可采用干砌。通过调查发现，浆砌片石护坡一般多见于沿河（溪）路堤防护、桥头两侧高边坡、锥坡及加固较陡土质边坡等。虽然浆砌片石具有较好的防护效果，但是由于其是一种纯圬工防护工程，视觉效果较差，同时造价也较高，不提倡将其广泛应用于高速公路防护（唐佳，2007）。

（1）干砌片石护坡。在盛产石料的地区，对易受表水冲刷的土质路堤边坡和经常有少量地下水渗出的路堑边坡，采用干砌片石护坡可防止边坡溜坍变形并利于排除地下水，保证边坡的稳定。其边坡坡率一般应等于或缓于1：1.25。干砌片石区别于浆砌片石，其主要特点是：①砌筑时选用大片石，并应错缝相挤紧密，不松动。②砌石边缘应直顺、圆滑、牢固，主要靠石块与石块之间的嵌挤力。通俗来说干砌片石就是干码。浆砌施工很难控制砂浆饱满，有经验的砌工用心干砌，稳定性不比浆砌工程差多少（张敏，2018）。

干砌片石工艺流程如图6-12所示。干砌片石护坡施工中应注意：①在结构构筑物上找平，一般用细颗粒砂砾石。②做反滤层或者铺土工布，防止保护的土体细颗粒被水流冲刷带走。③铺设干砌石。干砌石的材料表面要平整，相对规则，以增加美观和整体性。④用砂卵石或碎石填充缝隙。⑤有条件的可以种植一些草。干砌石护坡厚度可以参考设计规范。

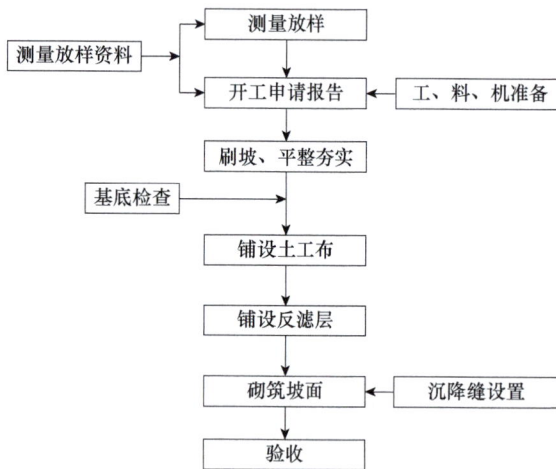

图6-12 干砌片石工艺流程

（2）浆砌片石常用作路基工程中挡土墙或是一些公路的护坡，是采用砂浆与毛石料砌筑的砌体结构，石料为不规则形状，短边厚度15cm左右，有时也用块石，具体看毛石的形状尺寸，没有明确的划分界线，一般接近长方体的为片石，接近正方体的为块石（尹科和朱添丰，2014）。浆砌片石护面墙是采用片石通过砂浆砌筑而成的防护形式，这类措施是中国西部地区高边坡防护中较常采用的措施之一（张敏，2018）。其优点是可就地取材、结构简单、施工方便。一般用于坡率1：0.5～1：1的坡面，单级高度不大于10m，墙体顶宽40～60cm。在大于4m的护面墙设置1～2道耳墙，以保证墙体的稳定性。

工艺流程：①准确测量放线，控制好护坡位置，保证厚度。②砌筑用的片石砌筑前浇水湿润，表面如有泥土、水锈，应清理干净。薄片不得使用，最小边长及中部厚度不小于15cm。③路基浆砌片石护坡用坐浆法施工。④砂浆配合比重量比，施工人员严格按照试验人员提供的配合比，用搅拌机拌制砂浆。砂浆应具有适当的和易性。⑤浆砌片石时砌块间砂浆饱满，黏结牢固。各工作层竖缝应相互错开，不得贯通。砌体表面平整，尺寸符合要求。⑥砌体勾缝采用凹缝，勾缝前清除表面黏结的砂浆、灰尘、杂物，并湿润表面。勾缝砂浆为1∶3水泥砂浆，勾缝嵌入砌缝内2cm深。缝槽深度、宽度不足时，凿够深度、宽度后再勾缝。勾缝宽度一致，不得空鼓、脱落。⑦浆砌砌体，应在砂浆初凝后，及时洒水覆盖养护7～14d。⑧施工过程中，必须符合设计及施工技术规范要求（图6-13）。

浆砌片石护坡在有石料来源的地区，对各种易风化的岩石边坡和土质边坡，采用浆砌片石护坡时，边坡坡率应等于或缓于1∶1（图6-14）。

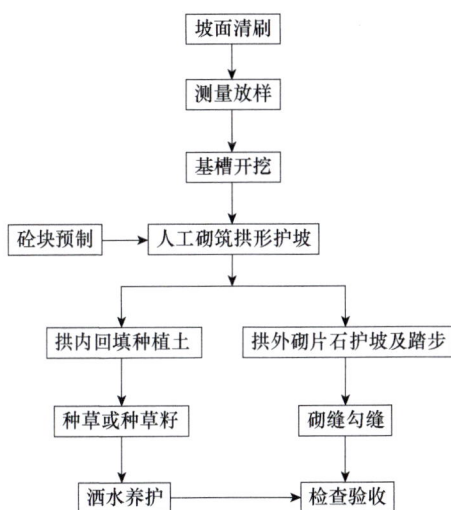

图6-13　浆砌片石护坡施工工艺流程图

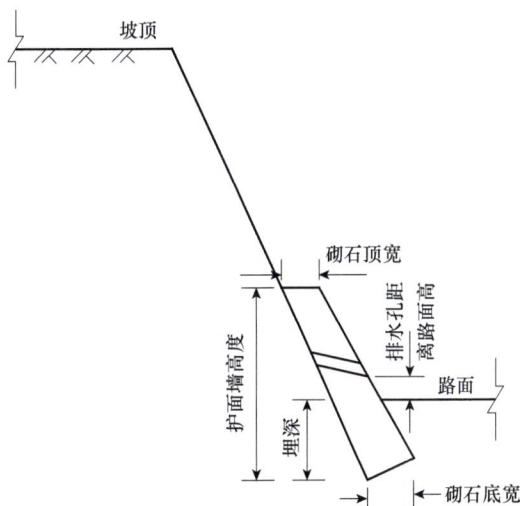

图6-14　浆砌片石护面墙

浆砌片石护坡广泛应用于沿海地区公路边坡防护工程，其结构形式较为简单，与护面墙相比，其护坡底面应设置厚度为10～15cm的碎石或砂砾垫层的反滤层，为防止静水压力的作用，应每隔10～15m设置2cm宽的伸缩缝并设置泄水孔（唐佳，2007）。对当地雨量较多、边坡土质较差、坡面冲蚀较严重的土质（如膨胀土、粉土、砂类土等）、全风化的硬岩和易风化的软岩块边坡（粗粒花岗岩、砂砾岩、粉砂岩、泥质岩类等）或边坡较高、坡面比较潮湿、岩性较破碎的一般土质边坡和岩质边坡，采用浆砌片石或混凝土骨架护坡可有效地加强边坡的抗冲蚀、防风化能力，保证边坡的长期稳定，适用于缺乏块石、片石材料的地方，同时为了美观和控制质量，可以用浆砌预制混凝土代替浆砌片石（王龙，2017；王小彪和周富春，2010；王艳荣，2014）。

6. 护面墙防护

护面墙指为覆盖各种软质岩层和较破碎岩石的挖方边坡，以免其受自然因素影响，防止雨水渗入而修的墙（图6-15）（唐佳，2007）。护面墙有实体护面墙、孔窗式护面墙、拱式护面墙等。实体护面墙用于一般土质及破碎岩石边坡；孔窗式护面墙用于坡度缓于1∶0.75的边坡，孔窗内可捶面（坡面干燥时）或干砌片石；拱式护面墙用于下部岩层较完整而上部需要防护边坡者。用护面墙防护的挖方边坡不宜陡于1∶0.5。

图6-15 高速公路护面墙

护面墙顶部应用原土夯实或铺砌，以免边坡水流冲刷，渗入墙后引起破坏。修筑护面墙前，对所防护的边坡应清除松动岩石、松散土层。对风化迅速的岩层，如云母岩、绿泥片岩等边坡，清挖出新鲜岩面后，应立即修筑护面墙（唐佳，2007）。

工艺流程：边坡修整→测量放样→基础开挖→材料准备及砂浆拌和→基础检验→墙体砌筑→勾缝→装饰→养护。

护面墙应紧贴边坡坡面修建，只承受自重，不承受墙背土侧压力，所以要求挖方边坡必须符合稳定性要求。墙基要求设置在可靠地基上，在底面做成向内斜的反坡。冰冻地区墙背应埋置在冰冻线0.25m以下。护面墙较高时，应分级修筑，每级6～10m，每一分级设不小于1m的平台，墙背每4～6m高设耳墙，耳墙一般宽0.5～1.0m。沿墙长每10m设一条伸缩缝，宽2cm，填以沥青麻筋。墙身应预留6cm×6cm或10cm×10cm的泄水孔，并在其后做反滤层。若坡面开挖后形成凹陷，应以石砌圬工填塞平整，称为支补墙。对缓于1∶1.25或1∶1的路堑边坡也可采用干砌片石或浆砌片石的形式防护。

6.3.2 支挡结构

支挡结构是一种受力结构，能够抵御原状岩土体及人工填埋和砌筑的结构体发生变形和破坏，主要用在抵挡土体的侧向土压力方面，并且在其他各类工程建设中应用广泛（罗永红和金波，2018；杨亮，2018）。高速公路工程建设中，公路作为条形的建筑物，主要由路基、桥梁、隧道组成，其展布和构筑于天然的环境中（毛明章，2010）。

支挡结构的类型较多，如挡土墙、锚杆挡墙、抗滑桩、预应力锚索等支撑和锚固结构，是用来支撑、加固填土或山坡土体，防止其坍滑以保持稳定的一种建筑物。在公路路基工程中，支挡结构被广泛应用于稳定路堤、路堑、隧道洞口以及桥梁两端的路基边坡等，主要用于承受土体侧向土压力（杨亮，2018；罗永红和金波，2018）。当工程遇到滑坡、崩塌、岩堆体、落石、泥石流等不良地质灾害时，支挡结构主要用来加固或拦挡不良地质体。支挡结构是岩土工程中的一个重要组成部分，随着我国国民经济水平的提高与基本建设的不断发展，以及支挡结构技术水平的提高和减少环境破坏、节约用地观念的加强等，支挡结构在岩土工程中的使用越来越广泛，特别是在公路路基建筑基础工程中所占的比重越来越大（杨亮，2018；罗永红和金波，2018）。

支挡结构既有防护作用，又有加固坡体的作用（毛明章，2010）。关于支挡结构的种类，目前公认的分类方法如下：根据砌筑支挡结构的不同材料、结构形式、挡墙设置的位置、设置在哪个地区以及结构不同的力学特性等（表6-4）。其总体特点是能长期对边坡的稳定安全性造成影响，是针对不稳定或欠稳定的边坡实施的主导安全性措施。在公路工程中，可用于支撑路堤或路堑边坡、隧道洞口、防止水流冲刷路基，同时也常被用于处理路基边坡滑坡、崩塌等路基病害（杨亮，2018；罗永红和金波，2018）。

表6-4　公路支挡结构类型

序号	公路支挡结构类型
1	按材料不同划分：浆片石分为干码和浆砌，混凝土类分为片石、钢筋以及预应力混凝土，其他还有锚杆、锚索、加筋土工材料、格宾网等挡土结构
2	按结构形式划分：重力式挡土墙（包括衡重式挡土墙）、托盘式挡土墙、卸荷板式挡土墙、悬臂式挡土墙、扶壁式挡土墙、加筋土挡土墙、锚定板式挡土墙、抗滑桩和由此演变来的桩板式挡土墙、锚杆挡土墙、土钉墙、预应力锚索加固技术和由此发展起来的锚索桩复合结构、桩基托梁挡土墙
3	按支挡结构设置的位置划分：用于稳定路堑边坡的路堑边坡支挡结构，用于稳定路堤边坡的路堤边坡支挡结构；又可分为路肩式支挡结构与路堤式支挡结构，用于稳定建筑物旁的陡峭边坡减少挖方的边坡支挡结构，用于稳定滑坡岩堆等不良地质体的抗滑支挡结构，用于加固河岸，基坑边坡，拦挡落石等其他特殊部位的支挡结构
4	按设置支挡结构的地区条件划分：一般地区、地震地区、浸水地区以及不良地质地区和特殊岩土地区等

挡土墙是指支承路基填土或山坡土体、防止填土或土体变形失稳的构造物（图6-16）。在挡土墙横断面中，与被支承土体直接接触的部位称为墙背；与墙背相对的、临空的部位称为墙面；与地基直接接触的部位称为基底；与基底相对的、墙的顶面称为墙顶；基底的前端称为墙趾；基底的后端称为墙踵（毛明章，2010）。

挡土墙的优点是就地取材，结构简单，施工便捷，经济效果好。但与抗滑桩相比，其抗滑能力较低，一般用于土压力或下滑力小于500kN/m，适宜高度为2～8m。此外挡土墙基础开挖量较大，为避免大范围开挖引起坡体失稳，施工中

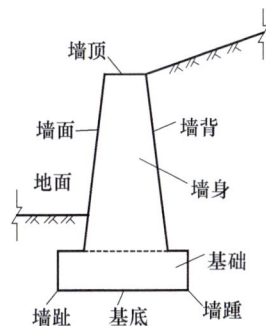

图6-16　高速公路挡土墙

多采用分段跳槽开挖。通常在黄土高边坡下部设置一道挡土墙，以阻止坡脚应力集中部位的变形破坏，也可根据坡体实际需要，在各级平台分级布设。

挡土墙的类型不同，作用也不同，其中自嵌式挡土墙具体作用包括：一是节省占地。混凝土挡土墙充分利用混凝土结构的自稳定性、抗剪切、抗倾覆、抗滑动的特

性，使路堑或路堤的边坡角介于0~9（土体破裂角），并更接近于0，从而在满足使用要求的基础上，减少永久性占地、避免与重要建筑物互相干扰，节省路堑开挖和路堤填方的工作量。二是与环境协调一致。利用混凝土结构的可塑性设计出各种图案，在起到挡土作用的同时，达到美化环境的效果。三是用于特殊场合。为了交通和邻近建筑物的安全，在经常发生泥石流或山体不稳定，遇刮风、下雨、融雪等有落石及滑坡的地区，需要对山体进行稳定加固或建设能阻碍落石及滑坡的挡土墙（王小彪和周富春，2010；王艳荣，2014）。

挡土墙是公路建设中常用的构造物。根据其所处位置和结构形式等的不同分为不同类型。按照其结构形式的不同，可分为重力式、衡重式、悬臂式、扶壁式、柱板式、锚杆式（分单级和多级）、预应力锚索式（分单级和多级）、加筋土等不同挡土墙。根据墙体刚度的不同，挡土墙又可分为刚性挡土墙和柔性挡土墙两类。

挡土墙通过自身的重力或借助部分土体的重力，共同对不能维持自身稳定的土体进行加固，以保持路基的稳定，确保公路运输的安全、畅通。我国公路建设的发展对公路路线设计提出了更高的要求，公路挡土墙作为公路建设中必不可少的一部分，同样也要求适应公路事业发展的需要。广东韶关至坪乳线K71＋100—K71＋250下边坡处理采用三级柱板预应力锚索挡土墙，成功处理地下边坡失稳问题。

由于公路挡土墙的结构形式较多且适用范围不同，而我国各地区工程地质有着很大的差异，因此，应根据我国各地区对公路工程的不同要求采用不同的支挡结构形式。

1. 重力式挡土墙（衡重式挡土墙）防护

由于我国一些地区石料来源丰富，就地取材方便，再加上施工方法简单。因此，在过去很长一段时间内，石砌的重力式挡土墙（图6-17）是我国岩土工程中广泛采用的主要支挡结构。这种挡土墙形式简单，设计一般采用库仑土压力理论。当墙体向外变形，墙面土体达到主动土压力状态时，假定主动土压滑动面为平面并按滑动土楔的极限平衡条件来计算主动土压力。在侧向土压力作用下，重力式挡土墙的稳定性主要靠墙身的自重来维持，墙身一般采用浆砌片石来砌筑，有时也用混凝土。重力式挡土墙可根据其墙背的坡度分为仰斜、俯斜、直立3种类型。

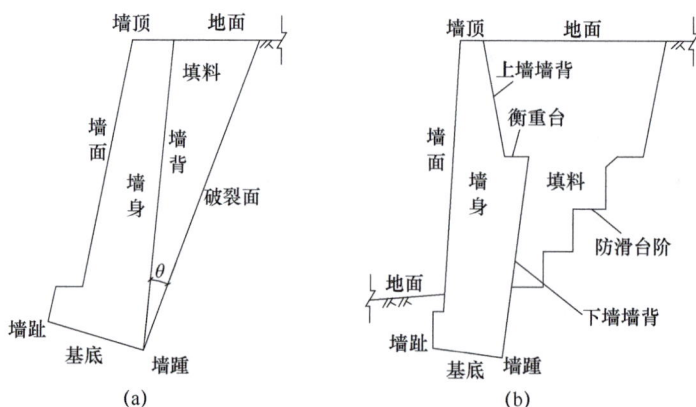

图6-17 重力式挡土墙（a）和衡重式挡土墙（b）

工艺流程：施工准备→基坑开挖→报检复核→砌筑基础→基坑回填→选修面石与拌砂浆→砌筑墙身→填筑反滤层与墙背回填→清理勾缝→竣工交验。

20世纪50年代为适应西南山区地形陡峻的特点，出现了我国独创的衡重式挡土墙。衡重式挡土墙最初在宝（鸡）成（都）铁路广元至略阳段使用。铁路部分完善了衡重式挡土墙按第二破裂面计算的理论，编制了有关标准图，加快了在铁路系统的推广。衡重式挡土墙是我国山区铁路应用较广泛的一种挡墙形式，近年来已在公路特别是高速公路上等其他行业中得到推广与运用，效果明显（王艳荣，2014）。

重力式挡土墙靠自身重力平衡土体，一般形式简单、施工方便、圬工量大，对基础要求也较高（图6-18）。依据墙背形式不同，其种类有普通重力式挡墙、不带衡重台的折线墙背式重力挡墙和衡重式挡墙。重力式挡土墙的尺寸随墙型和墙高而变。重力式挡土墙墙面胸坡和墙背背坡一般选用1∶0.2～1∶0.3，仰斜墙背坡度愈缓，土压力愈小。但为避免施工困难及本身的稳定，墙背坡不小于1∶0.25，墙面尽量与墙背前平行。重力式挡土墙的应用范围最广，是历史最悠久的一种挡土墙，而加筋挡土墙和锚定板挡土墙则是近几十年来发展起来的一种新型挡土墙，是一种节省材料和场地的挡土结构。随着国民经济和科学技术的发展，挡土墙应用范围和种类越来越广，尤其是在交通工程中应用更为广泛。

图6-18　宝鸡至平凉高速公路重力式挡土墙（摄影/宋晓伟）

衡重式挡土墙属于重力式挡土墙；衡重台上填土使得墙身重心后移，增加了墙身的稳定性；墙胸很陡，下墙背仰斜，可以减小墙的高度和土方开挖；但基底面积较小，对地基要求较高。

该结构适用条件则依据现行的《公路路基设计规范》（JTG D30—2015）的有关规定，重力式挡土墙主要可以应用在一般地区、浸水地段和高烈地区等，填方路基或者挖方路堑工程都可以使用该结构进行支护，由于其结构断面面积较大，墙高越高时，对基础的地基承载力要求也就越大。因此一般干砌结构不超过6m，浆砌结构的墙高不应超过12m。对于石材丰富、墙高满足要求、地基承载力大的路段，采用重力式挡土墙是一种比较经济有效的做法；当地石料缺乏时，则需要与其他形式挡土墙进行经济性比较后方能决定采用哪种形式（贺建军，2015）。

2. 卸荷板挡土墙（托盘式挡土墙）防护

衡重式挡土墙较以往的重力式挡土墙可节省污工20%~30%。但当挡墙较高时，墙身截面还是很大。因此，又出现了一种改进型的结构形式——卸荷板挡土墙。在地基承载力较高的情况下，卸荷板挡土墙的卸荷板使其上的填料重量作为墙体重量，而卸荷板又减少衡重式挡土墙下墙的土压力，增加全墙的抗倾覆稳定性，可节省墙体污工，从而节省工程投资。苏联、日本等国家在港工建筑物中对有卸荷板或卸荷平台的挡土结构研究较多，国内在港工建筑工程方面的应用也较早，主要用在重力式码头、坞墙及岸莘结构。交通运输部设计院、天津大学等单位对具有卸荷板或卸荷平台的上墙结构的受力状态和计算方法进行过研究。20世纪80年代研究单位又对卸荷板挡土墙，特别是短卸荷板挡土墙的受力状态进行过系统分析。

卸荷板-托盘路肩挡土墙是20世纪60年代从成昆线发展起来的，主要参照桥梁道砟托盘而设计的，方法是在浆砌片石挡墙顶部设置钢筋混凝土托盘式道砟槽。

卸荷板-托盘路肩挡土墙将卸荷板挡土墙及托盘路肩挡土墙二者的优点结合在一起，将衡重式路肩挡土墙的上墙改为钢筋混凝土高托盘，下墙墙身仍为浆砌片石，该结构半柔半刚，受力明确，构造简单，在山区道路推广应用可节省大量烤工和大幅降低造价（李安洪，1996；胡雪，2015；廖翔，2012）。图6-19所示为3种挡土结构示意图。

工艺流程：①清理场地，并做好临时排水措施。②开挖挡墙基坑，施工下墙。③待下墙墙身混凝土达到设计强度的80%后，施工上墙。上墙与下墙采用短插钢筋的形式连接。④待墙身混凝土均达到设计强度的80%后，施工墙后填土工程。⑤施工地面水排水系统。

受力特点：卸荷板-托盘路肩挡土墙受力与短卸荷板挡土墙类似，土压力分布如图6-20所示。上墙土压力分布同衡重式挡土墙一致（李安洪，1996；胡雪，2015；廖翔，2012）。下墙受卸荷板影响，土压力减小，土压力合力作用点下降。卸荷效应随卸荷板

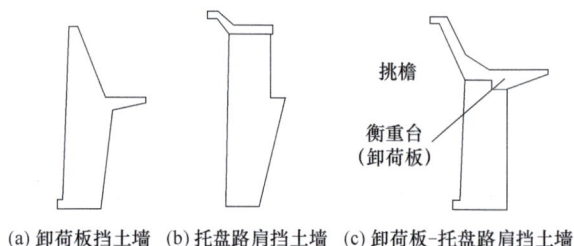

(a) 卸荷板挡土墙　(b) 托盘路肩挡土墙　(c) 卸荷板-托盘路肩挡土墙

图6-19　卸荷板-托盘路肩挡土墙

挑檐

衡重台（卸荷板）

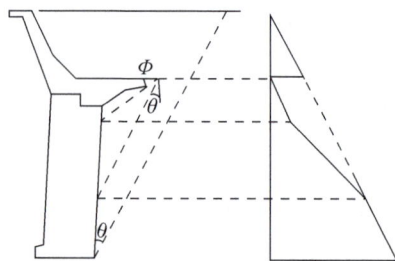

图6-20　卸荷板-托盘路肩挡土墙土压力计算图式

长度增大。通过调整卸荷板长度，可使地基应力分布更加均匀。

结构设计：卸荷板-托盘路肩挡土墙是由钢筋混凝土托盘上墙与浆砌片石下墙组成的支挡建筑物，上、下墙用少许钢筋连接（李安洪，1996；胡雪，2015；廖翔，2012）。上墙衡重台（即卸荷板）伸入填土内，其伸入长度及截面尺寸根据全墙稳定检算和卸荷板的受力大小确定。卸荷板-托盘路肩挡土墙受力与悬臂式挡土墙相似，土压力可参照悬臂式挡土墙土压力的计算方法进行，但应注意外力应考虑车辆运输引起的离心力，在基床以内时，应考虑动应力的影响。下墙受力类似于卸荷板挡土墙，土压力可参照卸荷板挡土墙下墙土压力的计算方法进行计算，下墙顶部应考虑上墙传递的弯矩、剪力和竖向力。上墙是一种组合结构形式，兼有悬臂式挡土墙、卸荷板挡土墙的优点。

卸荷板-托盘路肩挡土墙需采用极限状态法与安全系数法两种设计方法进行设计，设计需要满足的要求也比较多（李安洪，1996；胡雪，2015；廖翔，2012）。因此在设计过程中，设计者要做到不漏项，并逐一对每个设计要求进行检算，确保各个设计满足要求。施工时应根据该结构的特点进行施工步骤的安排。

适用条件：该结构适用条件则依据现行的《公路路基设计规范》（JTG D30—2015）的有关规定，可用于收坡难度大的陡坡路基，有效地降低墙高，节省圬工和投资。该结构用于山区公路陡坡路基，特别是在陡峻地区，可取得良好的经济效益。托盘式挡土墙把短卸荷板挡土墙及托盘路肩挡土墙融合在一起，形成一种新型的组合式挡土墙。在陡坡地区，托盘愈高，挑搪斜出愈多，愈能降低墙高，但同时托盘受力也愈大，所需钢筋混凝土也会越多（李安洪，1996；胡雪，2015；廖翔，2012）。

3. 薄壁式挡土墙防护

薄壁式挡土墙是一种轻型支挡结构，由墙面板、趾板、踵板和扶壁组成（图6-21）。其依靠墙身自重和踵板上方填土的重力来保证其稳定性，而且墙趾板显著地增大了抗倾覆稳定性，并大大减小了基底应力，包括悬臂式和扶壁式两种主要形式（图6-22）。悬臂式挡土墙由立壁和底板组成，有3个悬臂，即立壁、趾板和踵板。当墙身较高时，可沿墙长一定距离立肋板（即扶壁）联结立壁板与踵板，从而形成扶壁式挡墙；老路加固时，考虑扶壁难以在踵板侧做，也可考虑将其做在趾板侧，同样可以发挥作用，但必须进行设计计算确定。

工艺流程：薄壁式挡土墙一般先进行施工准备、测量放样、基础开挖、基底处理、钢筋制作安装、模板制作与安装、浇筑混凝土、养护及拆模、墙背回填（图6-23）。

图6-24挡土墙是一个倒"T"形结构，有3个向外的悬臂，主要由立壁、趾板和踵板组成，扶壁式挡土墙相比悬臂式挡土墙，其他都一样，只是多了一个扶壁。扶壁的增加则大大地提高了结构的适用墙高（王艳荣，2014）。

适用条件：依据现行的《公路路基设计规范》（JTG D30—2015）的有关规定，由于踵板的施工条件，该结构主要用于路基填方路段，修建路肩墙或者路堤墙都可以，比较适合修建在石料比较少，并且地基承载力相对较小的地区。对墙高的要求而言，悬臂式挡土墙由于缺少扶壁，一般来说墙高不能超过5m，扶壁式挡土墙则不应超过15m的墙高。由于结构的原因，在墙高比较高的情况下，使用的钢筋数量会大量增加，

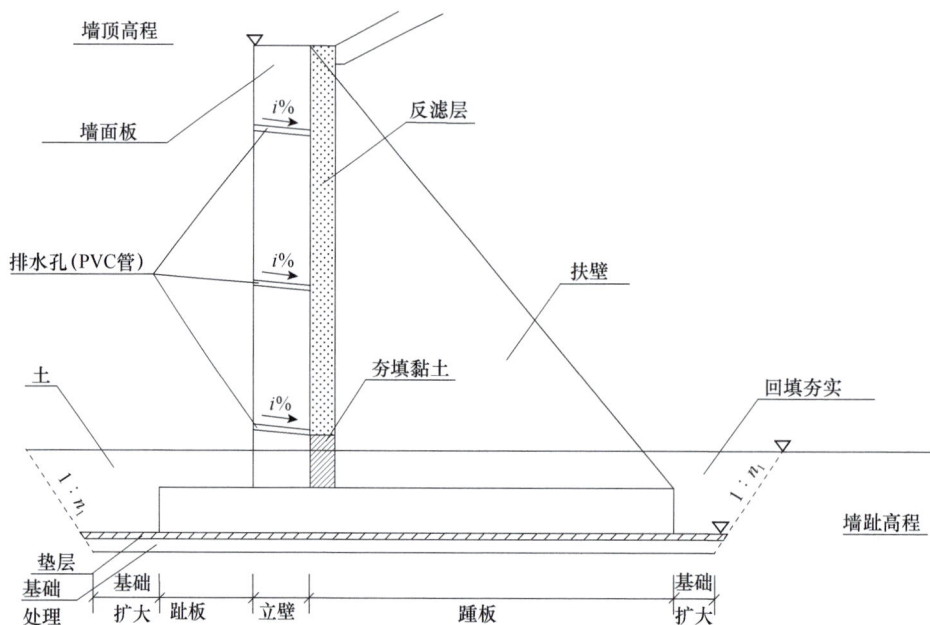

图6-21 薄壁式挡土墙结构

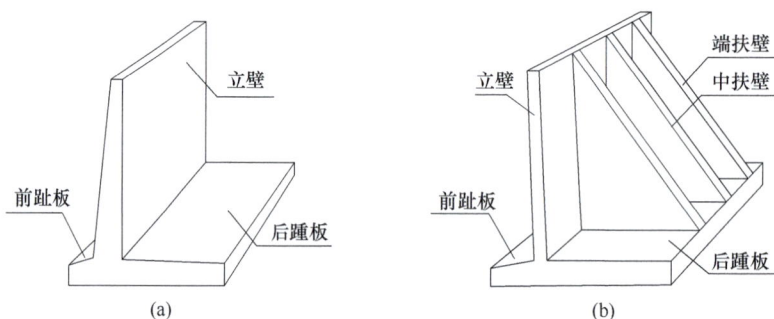

(a)

(b)

图6-22 悬臂式（a）、扶壁式（b）挡土墙

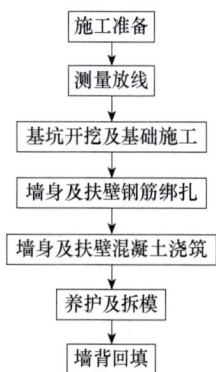

图6-23 薄壁式挡土墙工艺流程

图6-24 薄壁式挡土墙防护

会对该结构的经济性产生一定的影响。在采用这类支挡结构时，墙高不宜大于15m，并与其他支挡结构比较后选用适宜的支挡类型。

4. 加筋土挡土墙防护

加筋土工程起源于法国，亨利·维特尔于1963年提出加筋土结构新概念，1965年在法国建起了世界上第一座加筋土挡土墙。此后，加筋土挡土墙在世界各国迅速发展。我国从20世纪70年代初就开始了加筋土挡土墙的研究工作。1979年云南省煤矿设计院在云南田坝矿区建成了我国第一座加筋土挡土墙储煤仓，该挡土墙长80m、高2.3～8.3m，采用钢筋混凝土墙面板，素混凝土块穿钢筋作拉筋。该挡土墙的成功建造推动了加筋土挡土墙在我国的推广运用。20世纪80年代，先后在公路、水运、铁路、水利、市政、煤矿、林业等部门运用这项技术，加筋土工程的设计计算理论和施工技术也日臻成熟。近年来，加筋土技术不断提高，据不完全统计，全国已建成加筋土挡土墙上千余座。公路部门都在相应的设计规范和施工技术规范中列入了有关加筋土技术的内容或条款，结构中已广泛采用钢筋混凝土、复合土工带、土工格栅等材料作为拉筋（贺建军，2015）。

消面板除采用钢筋混凝土面板外，也出现了采用土工合成材料的无面板包裹式加筋土挡土墙。近年来在高速公路上也多有应用。随着环保要求的提高，绿色无面板加筋土挡土墙已开始在高速公路中应用（沈波等，2003）。绿色挡土墙施工方法简单，地基承载力要求低，抗震性能好，最大的特点是能够与周围环境协调一致，符合环保要求。绿色挡土墙除了不适用于浸水路堤挡墙外，基本上适用于任何条件下的路堤挡墙。

加筋土挡土墙是在土中加入拉筋，利用拉筋与土之间的摩擦作用，改善土体的变形条件和提高土体的工程特性，从而达到稳定土体的目的。由面板、拉筋组成，依靠填土、拉筋之间的摩擦力使填土与拉筋结合成一个整体，提高整体的安全性和稳定性（图6-25）。

图6-25　加筋土挡土墙

加筋土支挡结构（加筋土挡土墙）由面板、加筋材料及填料三部分组成。其借助于与面板相连接的筋带同填料之间的相互作用，使面板、筋带和填料形成一种稳定而柔性的复合支挡结构。加筋土挡土墙属于柔性结构，对地基变形适应性大，建筑高度也可很大，适用于填土路基。但必须考虑其挡板后填土的渗水稳定及地基变形对其造成的影响，需要通过计算分析选用。

加筋土结构能充分利用材料的性能及与筋带的共同作用，因而结构轻巧、圬工体积小，便于现场预制和工地拼装，施工速度快，并能抗严寒、抗地震，与重力式挡土墙相比，一般可降低造价25%～60%。因此，加筋土挡土墙是一种较为合理的挡土结构。

加筋土挡土墙的设计和施工包括：加筋土挡土墙的作用机理、主要特点、设计原理、计算模型，以及施工中加筋带的铺设、填料的碾压密实度要求等内容。加筋土挡土墙作为一种自稳结构，同时又是一种柔性结构，对地基的适用能力强，而对地基的承载力要求不高，因此适用于地质条件较差、基岩埋深较大的条件。但由于其设计原

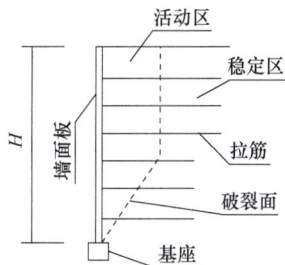

理是利用回填料与筋带之间的摩阻力，所以可采用透水性好、摩擦系数较高的砂卵石，该类材料的水稳性好，因此在沿江护岸工程中也占有一席之地。

工艺流程：测量放样→基底平整→加筋土挡土墙面墙基础施工→面墙内砂砾垫层施工→铺设第一层加筋材料并固定→码砌并夯实第一层坡面编织袋→第一层填料铺筑→平整碾压密实→检测填料压实度→码砌第二层坡面编织袋，并重复以上工序（图6-26）。

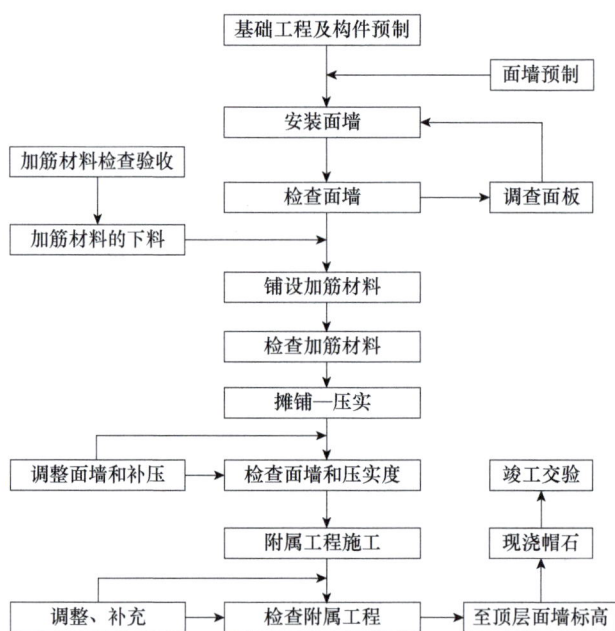

图6-26　加筋土挡土墙工艺

加筋土挡土墙这种自稳结构具有造价低、对地基承载力要求不高等优点，但同时还存在筋带使用寿命受限、结构抗撞击力弱等不足，其作用机理和设计原理还有待进一步深入研究，在沿江河公路工程中应慎重运用。在填方工程中，尤其是在旱地沟谷中可对旱桥与加筋土路堤做经济比较。

适用条件：依据现行《公路路基设计规范》（JTG D30—2015）的有关规定，一般情况下，加筋土挡土墙可修建于一般地区的填方路堤墙，有面板的加筋土挡土墙由于增加了面板，固定侧向变形的能力更大。因此，还可以修筑成墙高较高的路肩墙。但是这两类结构都不可以修建在不良地质地段。对于墙高的要求，根据公路等级进行划分，高速公路和一级公路不应该超过12m，二级公路及以下等级的道路不应该超过20m。

5. 锚定板挡土墙防护

锚定板在港口码头护岸工程中用来锚定岸壁钢板桩或混凝土板桩的顶部，已有很久的历史，一般要求锚定板埋设在被动土压区。大多数只用单层。20世纪70年代，铁路系统首先把锚定板结构作为支挡结构运用于铁路路基工程中，这种结构由墙面系、钢拉杆、锚定板和填土共同组成。填土的侧压力通过墙面传至钢拉杆，钢拉杆则依靠锚定板在填土中的抗拔力而维持平衡。1976年以后，公路、建筑、航运等管理部门在不同线路和边坡工程上修建了一些锚定板桥台、锚定板挡土墙。例如，北京枢纽西北环线锚定板挡土墙、湖北武汉南环铁路和武豹公路立交桥的锚定板桥台、贵州六盘水小云尚煤矿专用线锚定板挡土墙、福建南平造纸厂锚定板挡土墙等，加速了锚定板挡土墙的推广。

锚定板挡土墙的组成部分有钢拉杆、锚定板、填料以及墙面系。钢拉杆连接锚定板和墙面系，锚定板锚固在填料中，依靠和填料之间的抗拔力来维持稳定，连接锚定板和墙面系的钢拉杆必须要做好防水防腐蚀措施，避免其失效，造成整体结构失稳。墙面系的挡土板等主要由水泥混凝土制作而成，结构简图如图6-27所示。

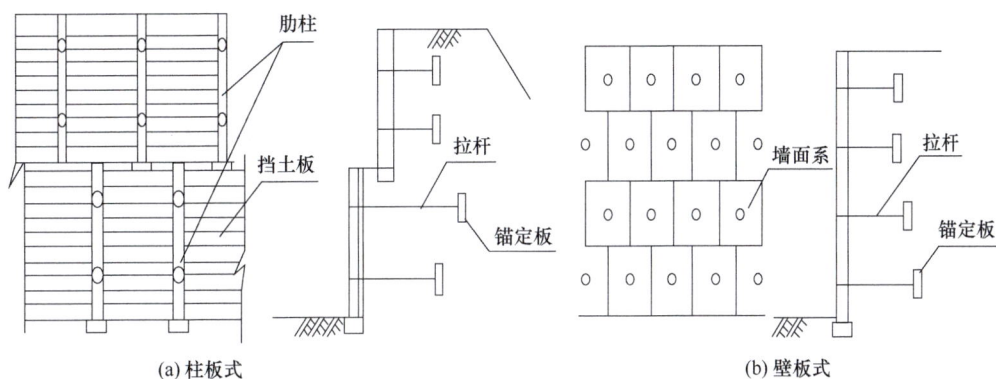

图6-27　锚定板挡土墙类型

工艺流程：锚定板和肋柱应预留拉杆孔道，锚定板、肋柱与螺丝端杆连接处，在填土前宜用沥青砂浆充填，并用沥青麻筋塞缝，外露的端杆和部件也在填土下沉基本稳定后，再用水泥砂浆封填。拉杆及锚定板埋设时，应在填土夯填至拉杆高度以上20cm后再挖槽就位。锚定板前方超挖部分应用混凝土或灰土回填夯实。挖槽时，宜使锚定板比设计位置抬高3～5mm，不得直接碾压拉杆或锚定板。为了防止墙面向外倾斜或避免由于视差而产生的不安全感，肋柱在施工时，均严格按照设计要求预留一定的后仰度，即肋柱向填土一侧仰斜5%。对于锚定板挡土墙，应在墙背底部至墙顶以下0.5m范围内，填筑0.3m厚的渗水性材料或用无砂混凝土板、土工织物作为反滤层，表面设泄水孔做排水措施。

锚定板式则将锚杆换为拉杆，在土中的末端连上锚定板。不适于路堑，路堤施工容易实现。以河南郑州某公路建设为例，其公路全长8.37km，岩层为黏土性颗粒，水作用下黏土被分解成泥，所以自然环境对该项目建设有很大的影响，风化脱落发生概率比较大，从整体上影响了项目施工质量。因为黏土没有较好的抗剪力，所以项目实际施工需求得不到满足，项目施工中，为了降低安全隐患，确保项目安全使用，项目选用后面板防护形式，提高锚杆施工技术应用效率。

适用条件：依据现行《公路路基设计规范》（JTG D30—2015）的有关规定，锚定板挡土墙适宜用在缺少石料地区的路肩墙或路堤式挡土墙，但需要注意的是，该结构不能修筑于地质不良地区（如滑坡软土等），结构墙高最好不大于10m。当需要分级处理的时候，每一级的墙高不应该超过6m，并且要设置2m左右的平台。对钢拉杆必须要做好防腐蚀处理，常用的手段是在表面采用沥青玻璃布包扎。对填料的要求不是很严格，对钢拉杆处理较简单，从这几个方面来看，除了施工稍微复杂一点，其优点还是比较突出的。

6. 抗滑桩防护

抗滑桩是借桩与周围岩、土的共同作用，把滑坡推力传递到稳定地层，利用稳定地层的锚固作用和被动抗力来平衡滑坡推力，桩在滑坡中一定程度上改善了滑坡的状态，促使滑坡向稳定转化；在滑坡推力大、滑动带深的情况下，能克服抗滑挡土墙无法解决的困难（图6-28）。抗滑桩是我国铁路部门20世纪60年代开发、研究的一种抗滑支挡结构，1996年铁道第二勘测设计院在成昆铁路沙北1号滑坡及甘洛车站2号滑坡中首次采用钢筋混凝土桩来加固稳定滑坡。桩截面分别为2.0m×2.0m、2.5m×4.0m、2.5m×3.1m等，桩长为9～17m，桩间距为4～8m，锚固深度为桩长的一半。据统计，成昆线的六处滑坡采用了120根抗滑桩，累计长度为1364m，抗滑效果良好。这种结构很快在公路工程中迅速推广。20世纪90年代以来，通过软弱破碎岩质深路堑高边坡的结合工程试验，研究开发了分层开挖、分层稳定、坡脚预加固新技术，将抗滑桩与钢筋混凝土挡板、桩间挡土墙、土钉墙、预应力锚索等结构结合组成桩板墙、锚索桩等复合结构，大量使用在路堑边坡的坡脚预加固工程中。在公路建筑工程中，这些复合结构后来在高速公路建设中得到了推广使用。

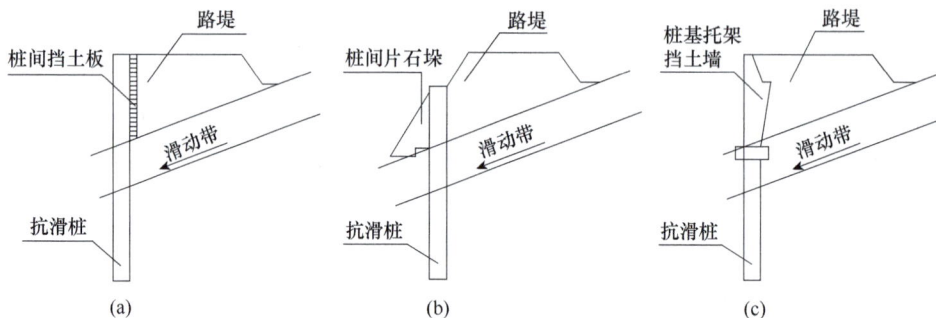

图6-28　公路抗滑桩与柱间挡土建筑物组成复合支挡结构

抗滑桩是将桩插入滑动面以下的稳定地层中，利用稳定地层岩土的锚固作用以平衡滑坡推力、稳定滑坡的一种结构物（图6-29）。为了减少抗滑桩上的推力，达到节约投资的目的，一般是将其设置在抗滑段滑坡体比较薄弱的地方。当滑坡较大时，滑坡推力较大，这种情况下可以多设置几排桩来达到稳定滑坡的目的，其受力如图6-30所示。结构受力主要有使滑坡破坏的滑坡推力，抵抗推力的力有桩前的滑体所产生的力以及深层岩土体对桩的锚固作用所产生的力，在这些力共同的作用下，结构整体达到稳定平衡。

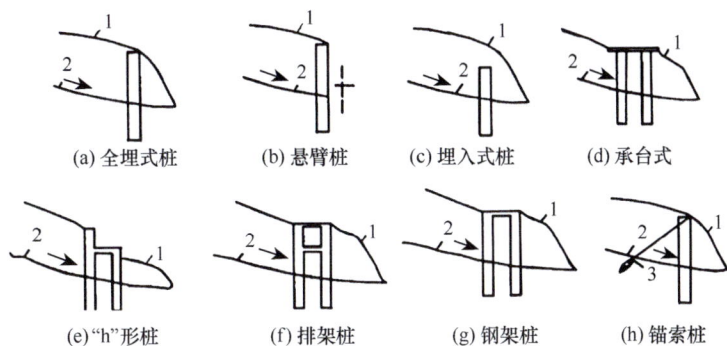

图 6-29　常用抗滑桩基本类型
1. 滑体；2. 滑面（滑床）；3. 锚索

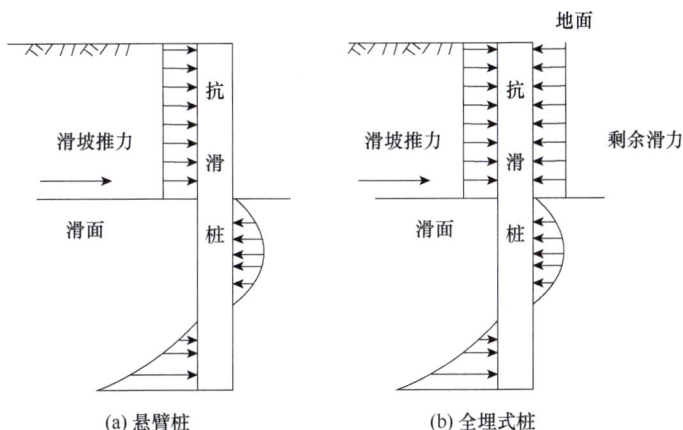

图 6-30　抗滑桩受力简图

实践证明，抗滑桩优点突出，适用于滑面深、推力大的大型、巨型滑坡及高边坡治理工程，抗滑挡土墙对于剩余下滑力在 50t 以上时并不经济。因此在采取其他减载、排水措施下，滑坡推力达 50t 以上时即可考虑采用抗滑桩。当滑体厚度在 7～8m 以上时可考虑采用抗滑桩。抗滑桩一般应设置于滑坡的前部且滑面较缓的地段，以承受水平荷载为主。而对于滑坡主滑段或牵引段，由于滑坡推力大，设桩不经济；对于滑面较陡的基岩滑坡，也不如锚固工程经济（贺建军，2015；朱剑桥等，2015；王龙，2017；王小彪和周富春，2010；王艳荣，2014）。

抗滑桩按制作材料可划分为混凝土桩、钢筋混凝土桩及钢桩；按断面形式可划分为圆桩、管桩、方桩；按平面布置可分为单排式、多排式；按施工方法可分为打入桩、钻孔桩、挖孔桩，一般滑坡处置采用挖孔桩；按结构形式可分为单桩、框架桩，最近还发展了预应力锚索抗滑桩。

工艺流程：抗滑桩的施工程序为场地整平→放线、定桩位→挖第一节桩孔土方→绑扎护壁钢筋、支模浇灌第一节商品混凝土护壁→在护壁上二次投测标高及桩位十字轴线→安装活动井盖，设置垂直运输架，安装电动葫芦（或卷扬机）、吊土桶、潜水泵、鼓风机、照明设施等→第二节桩身挖土→清理桩孔四壁、校核桩孔垂直度和周边尺寸→拆上节模板、绑扎第二节钢筋、支第二节模板、浇灌第二节商品混凝土护壁→重复第二节挖土、支模、浇灌商品混凝土护壁工序，循环作业直至设计深度→对桩孔尺寸、深度、扩底尺寸、持力层进行全面检查验收→清理虚土、排除＋孔底积水→在抗滑桩四周搭设双排脚手架→绑扎桩身钢筋→支模并浇灌桩身商品混凝土。

抗滑桩的设计问题主要是桩的平面布置、桩的截面尺寸及形状、桩的锚固深度及桩周岩土的强度、下滑推力的计算等。抗滑桩施工受到各方面因素的影响，难度不断增大，在施工过程中需要对每一个环节准确施工，严格按照施工工序进行。抗滑桩对工程的变形和失稳起到了有效克服作用，在以后的发展中还需要进一步创新和改革，确保工程结构安全（图6-31）。

图6-31 抗滑桩施工

抗滑桩施工时，若采用人工挖桩要特别注意施工安全，包括炉壁的开裂、变形、地下冒浆及流砂现象，碰到岩石时要采用控制爆破，深的桩要增加人工通风措施。对于抗滑桩应制定周密可靠的安全技术措施、操作规定，并严格贯彻执行，施工中加强安全教育和经常检查。

在目前的大型滑坡治理工程中，通常单独使用全长式抗滑桩或者埋入式抗滑桩作为支挡构造。全长式抗滑桩利用桩身的大悬臂受力，通过地基抗力抵抗强大的滑坡推力，因此又被称为悬臂式抗滑桩。但是实际上，桩基承受侧向载荷的能力非常低，只有垂直载荷的1/13～1/10，这是因为两种力对桩产生了两种截然不同的受力机制。当垂直载荷作用时，桩基能够发挥桩端反力和桩壁摩阻力，两者共同作用，而且还能充分利用混凝土良好的抗压性能，而当侧向荷载作用时，桩基作为受弯构件，而混凝土的抗拉强度却非常小。而强大的滑坡，被推力往往使桩的配筋和直径大大增加，抗滑桩的横截面积也会随着滑坡治理规模的增大而增大。所以对于滑体厚度较厚的土质边坡，全长式抗滑桩就显得不经济。

预应力锚索（杆）抗滑桩是钢筋混凝土抗滑桩和预应力锚索（杆）的有机结合，钢筋混凝土抗滑桩嵌入稳定基岩，通过在抗滑桩顶部施加预应力锚索（杆），锚索（杆）穿过滑坡体锚固于滑动面下稳定的岩层内，使桩、预应力锚索（杆）、锚固段桩周岩土组成一个联合受力体系，用锚索杆预加拉力和抗滑桩桩身共同平衡滑坡推力。重庆市万州区关塘口滑坡区是全国4大滑坡区之一，属于坡残层堆积土体与岩体接触面滑坡，工程采用预应力锚杆抗滑桩治理滑坡工程，于2003年7月31日顺利交工。经过一年多的检验，防治区内没有出现滑坡体滑动、位移和异常变形情况，事实证明采用预应力锚杆抗滑桩治理滑坡是非常有效的（王龙，2017；王小彪和周富春，2010；王艳荣，2014）。

适用条件：工程中，抗滑桩主要用于处置滑坡灾害，其支挡效果好，对滑坡体的扰动比较小，整体的稳定性不会受到太大的干扰，也可以用于稳定路堑边坡和其他特殊工况。

7. 锚杆挡土墙防护

20世纪40～50年代，美国、法国、德国等国家就开始利用锚杆加固水电站边坡、隧道及洞口边坡等（宋从军等，2003；孙启亮等，2011）。例如，1945年，法国修建某大型混凝土建筑物时，发现附近的悬崖出现移动。为了保证其稳定，采用锚杆加固边坡。20世纪50年代中期，在隧道衬砌中，开始采用小型永久性灌浆锚杆，随后，锚杆挡土墙和锚杆护壁在西方国家得到广泛运用。我国20世纪30年代开始引进锚杆技术，最初在煤炭系统中使用，随后又在公路、水利、铁道建筑、国防工程中逐渐推广。

锚杆挡土墙是指利用锚杆技术建筑的挡土墙，由钢筋混凝土墙面和锚杆组成，依靠锚固在岩层内的锚杆的水平拉力以承受土体侧压力（图6-32）。按墙面构造的不同，锚杆挡土墙分为柱板式和壁板式两种。柱板式是指挡土墙的墙面由肋柱和挡土板组成，挡土板直接承受墙面后填料产生的土压力，挡土板支承于肋柱，肋柱与锚杆相连；而壁板式则不设立柱，墙面仅由墙面板构成，墙面板直接与锚杆连接（唐佳，2007）。

锚杆挡土墙结构形式主要有柱板式和壁板式两种。柱板式一般由肋柱、挡土板及灌浆锚杆组成，具有较大的抗拔力，可用于路堑或路堤挡土墙；壁板式一般由钢筋混凝土板和楔缝式锚杆组成，多用于边坡防护。锚杆是锚杆挡土墙的主要受力构件，可为普通钢筋、预应力锚杆或预应力锚索等，锚孔直径为100～150mm，一般向下倾斜10°～15°，间距不小于2m。锚孔内放置钢筋或钢束后，灌注水泥砂浆，使其锚固于稳定地层，具有足够的抗拔力。肋柱截面多为矩形，也有设计为"T"形的，底端一般做成自由端或铰接，如基础埋置深，且为坚硬岩石，也可作为固定端。挡土板可采用柄

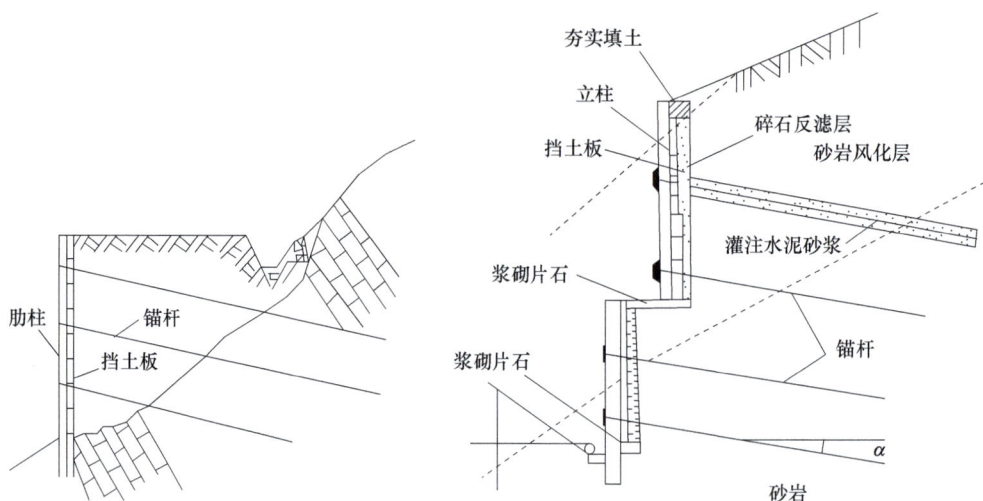

图6-32 锚杆挡土墙

形板、矩形板和空心板（王艳荣，2014）。

工艺流程：施工准备→基坑开挖→基础浇（砌）筑→锚杆制作→钻孔→锚杆安放与注浆锚固→柱和挡土板预制→肋柱安装→挡土板安装→墙后填料填筑与压实→竣工交验等。

适用条件：依据现行《公路路基设计规范》（JTG D30—2015）有关规定，锚杆挡土墙多用于边坡高度较大、石料缺乏、挖基困难，且具备锚固条件的地区，在某些条件下，其可以当作抗滑的支挡结构，单级及多级墙的墙高，每一级不能超过8m，其可以支护的墙高理论上没有什么限制。锚杆施工，结构质量比较小，相比于重力式挡土墙节省投资，大大缩减圬工量。锚杆的机械化施工可以提高施工的速度，减轻工人的劳动强度，锚杆的钻入对边坡岩土体的扰动非常小，并且可以控制结构的变形。

8. 土钉挡土墙防护

1972年法国瓦尔赛铁路边坡开挖工程中成功地应用土钉墙来加固边坡，成为世界上首次将土钉墙作为支挡结构运用于岩土边坡的先行者（田国行等，2008）。此后，土钉墙在法国和世界各地迅速推广（汪益敏等，2002）。我国20世纪80年代初期开始引进这项技术，1980年山西柳湾煤矿的边坡稳定工程中首次运用土钉墙来加固边坡。1987年总参工程兵科研所在洛阳王城公园首次采用注浆式土钉墙和钢筋混凝土梁板护壁结构相结合的措施成功加固了30m高的护岸。20世纪90年代基坑采用土钉加固防护的深度为l0～18m，北京新亚综合楼工程，地下基坑深15.2m，采用土钉支护。

土钉墙是一种原位土体加筋技术，是将基坑边坡通过由钢筋制成的土钉进行加固，边坡表面铺设一道钢筋网，再喷射一层砼面层和土方边坡相结合的边坡加固型支护施工方法（图6-33）。

土钉适用于有一定黏结性的杂填土、粉土、黄土与弱胶结的砂土边坡，同时要求地下水位低于土坡开挖段或经过降水使地下水位低于开挖土层（王恭先，2005）。对于标准贯入击数（N）低于10击及不均匀系数小于2的级配不良的砂土边坡，一般不适宜用土钉支护。京珠高速公路湘粤境内、广东省清连一级公路及韶关—坪乳公路已成功地使用了土钉以稳定边坡。河北省杨柏公路K2+800—K2+870段路线位于沙河和矿坑之间，路基边缘距矿坑边缘最近处仅3m，必须进行边坡综合防治。上述边坡根据坡面土质和岩石构造特征、风化程度、地下水发育等因素结合分析，将防护方法方案确定为土钉支护防护会取得良好效果。

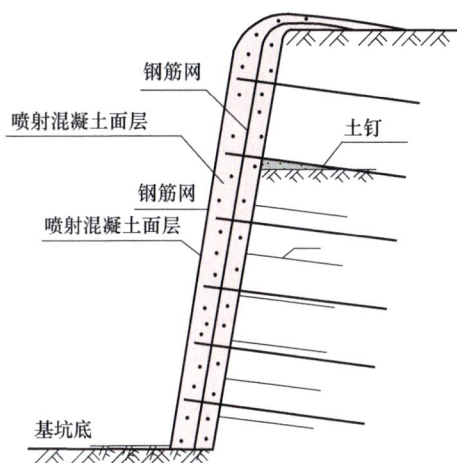

图 6-33　土钉墙构造图

组成：土钉锚件、加固钢筋格、钢筋网、细石混凝土喷浆层、排水孔，以及坡顶截水沟、坡顶面水泥硬化、坡脚排水沟等措施，形成的整体是完整的土钉支护。其构造为设置在坡体中的加筋杆件（即土钉或锚杆）及与其周围土体牢固黏结形成的复合体，以及面层所构成的类似重力式挡土墙的支护结构。

工艺流程：开挖工作面→修整边坡并埋设喷射混凝土厚度控制标志→喷射第一层混凝土→钻孔安设土钉、注浆、安设连接件→绑扎钢筋网→喷射第二层混凝土→设置坡顶、坡面和坡脚的排水系统→养护。

施工要点：①在钻孔过程中，应认真控制钻进参数，合理掌握钻进速度，防止埋钻、卡钻、塌孔、掉块、涌砂和缩径等各种通病的出现，一旦发生孔内事故，应尽快进行处理。②钻机拔出钻杆后要及时安置土钉，并随即进行注浆作业。③土钉安设应按设计要求，正确组装，认真安插，确保安设质量。④注浆应按设计要求，严格控制水泥浆、水泥砂浆配比，做到搅拌均匀，并使注浆设备和管路处于良好的工作状态。⑤施工中应对土钉位置，钻孔直径、深度及角度，土钉插入长度，注浆配比、压力及注浆量，喷射混凝土厚度及强度等进行检查。⑥每段支护体施工完后，应检查坡顶或坡面位移，坡顶沉降及周围环境变化，如有异常情况应及时采取措施，恢复正常后方可继续施工。

由于地形条件和高速公路建筑界限的限制，黄土路堑高边坡上部已建有跨线桥、渡槽等构造物，黄土路堑高边坡已没有放缓的条件，同时又存在边坡失稳的可能性，这种条件下，目前还没有比较可行的公路黄土高边坡加固措施（王龙，2017）。近些年来土钉墙技术在建筑基坑的边坡支护上应用已较广泛（郭影，2012），而支护工程大多数为临时性措施，且加固边坡的高度均在15m以内（王荣华和赵警卫，2007；王蔚，2014）。

土体的抗剪强度一般较低，抗拉强度几乎可以忽略不计，因而自然土坡高度（临界高度）较小，当土坡直立高度超过临界值或土坡坡顶有较大荷载以及其他环境因素发生变化时（如土的含水量等），将引起土坡的失稳，为此常用支挡结构来承受侧向土压力并限制其变形发展，这属于常规的被动制约机制支挡结构；土钉则是在土体内增设一定长度与分布密度的锚固体，锚固体与土体牢固结合而共同工作，以弥补土体自身强度的不足，增加土坡坡体自身的稳定性，属于主动制约机制的支挡体系，是由水平或近似水平设置于天然边坡或开挖边坡中的加筋杆件及面层结构形成的挡土体系，用以改良原位土的性能，并与原位土共同工作形成一类似重力式挡土墙的轻型支挡结构，从而提高整个边坡的稳定性（贺建军，2015）。

适用条件：依据现行《公路路基设计规范》（JTG D30—2015）的有关规定，一般可以用在硬度比较大的黏质土或者处于胶结状态的粉土、砂土或者风化严重的软岩等路堑支护工程中，墙高根据边坡填土的不同而不同，土质边坡不应超过10m，岩质边坡不应超过18m。地下水较多或者结构土体非常软、比较松的时候，尽量避免使用该结构。施工也是从上往下施工，及时开挖和支护，施工所需的机械简单，施工场地占地面积要求不高，人力强度不高，比较节省资金。

9. 锚索桩（预应力锚索技术）防护

预应力锚索技术用于岩土工程中在国外已有很长的历史，1933年阿尔及利亚首次将锚索用于水电工程的坝体加固。20世纪40～70年代，锚索技术得到迅速推广，加固理论和设计方法逐步完善。我国从60年代开始引进这项技术，1964年梅山水库使用锚索技术加固右岸坝基获得成功。70年代开始，该项技术在我国的公路、水电、矿山、铁路等领域逐步推广。进入90年代后，由于预应力锚索理论研究的不断深入，以及国内预应力锚索技术所需的高强度低松弛钢绞线材料及施工机械的发展和价格的降低，大大促进了预应力锚索技术的运用。由于预应力锚索具有施工机动灵活、消耗材料少、施工快、造价低等特点，90年代中期，在高速工程建设中，其广泛应用于整治滑坡、加固顺层边坡、加固危岩，以及与抗滑桩相结合组成锚索桩等，在加固软质沿路堑高边坡等工程中发挥了巨大的作用，锚索加固技术得到了较大发展，并迅速在全国山区公路路基支挡工程中推广应用。

随着我国基础设施建设的不断发展，在公路、铁路、矿山及水利水电工程等领域，都会遇到人工开挖或不良地质构造的大型高边坡，当地质条件不良或防治加固措施不当时就可能发生滑坡灾害（王小彪和周富春，2010；王晓东，2007）。而在抗滑桩基础上发展起来的预应力锚索抗滑桩作为现在最重要的支护措施之一，预应力锚索技术能够充分利用岩土体的自承能力，大大减轻结构自重，其基本特点是：一是以群组形式出现。在加固工程中预应力锚索少则几根，多则可达到数千根。通过一群预应力锚索建立的锚固力场，达到加固补强的目的。二是具有一定的柔度。锚索是一种细长受拉杆件，柔度较大，具有柔性可调的特点，用于加固岩土体时能与岩土体。简言之，预应力锚索抗滑桩是预应力锚索与普通抗滑桩组成的桩-锚抗滑系统，在普通抗滑桩的强度达到一定值时，安装锚索，并通过锚孔将锚索固定在稳定岩层，在增加抗滑力的同时，还有效减小了抗滑桩的截面尺寸、混凝土强度等，从而大大降低了造价，节省了工程成本（图6-34）。

锚索是一种主要承受拉力的杆状结构，其是通过钻孔及注浆体将钢绞线固定于深部稳定地层中，在被加固体表面对钢绞线张拉产生预应力，从而达到使被加固体稳定和限制其变形的目的（图6-34）。

图6-34　同心预应力锚索加固墙（北京至承德高速公路）（摄影/骆汉）

工艺流程：施工准备→测量放线→开挖基坑土石方至每根布置的设计标高→安放钻机→钻孔→锚索安装→锚固段注浆→立锚墩→张拉→封孔注浆→外锚头封闭（图6-35）。

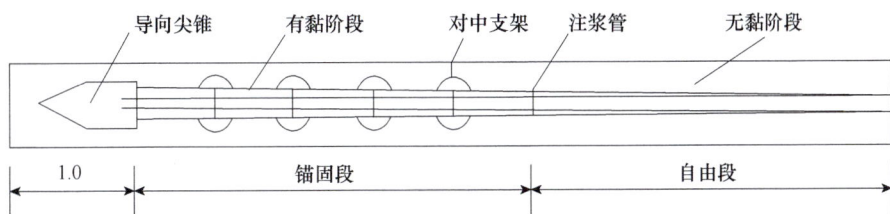

图6-35　拉力型锚索结构图

节省工程材料。此外，预应力锚索加固岩体中，锚索与岩体的共同作用大大改善了岩体的稳定条件。首先预应力的作用使不稳定滑体处于较高围压的三向应力状态，岩体强度和变形特性比单轴压力及低围压条件下好得多，结构面的压紧状态使结构面对岩体。变形消极影响减弱，从而显著地提高了岩体的整体性。其次，锚索的锚固力直接改变了滑面上的应力状态和滑动稳定条件。由预应力锚索的锚固力所增加的抗滑阻力增量 Q_{tf} 为

$$Q_{tf}=Q_{tn}^{\tan}\phi+Q_{tv}=Q_t\left[\sin(\alpha+\theta)\tan\phi+\cos(\alpha+\theta)\right]$$

式中，Q_t 为锚索设计锚固力；Q_{tn}、Q_{tv} 分别为 Q_t 沿滑动面的法向分力和沿滑动面的切向分力；α 为滑动面倾角；θ 为锚索与水平方向夹角；ϕ 为滑动面上的内摩擦角。

由上式可知，预应力锚索一方面直接在滑动面上产生抗滑阻力 Q_{tv}；另一方面，通过增大滑动面上的正应力来增大抗滑摩阻力。

适用条件：预应力锚索技术广泛运用于公路、铁路、水电站、矿山井巷、隧道工程、地质灾害等永久性边坡加固工程中，施工技术日趋完善。预应力锚索因施工简便，造价经济，支护效果好，在深基坑支护工程中有广泛的应用，预应力锚索施工质量直接关系着基坑支护的成败。

10. 桩基托梁挡土墙防护

桩基托梁挡土墙最早用于铁路工程路基的支护中，其在技术、经济上有良好表现，从而被推广，广泛运用在水利、建筑等各类工程中（廖翱，2012；胡雪，2015）。桩基托梁挡土墙是衡重式挡土墙经过长期的工程实践演变而来的，其主要作用是维持土质边坡稳定，防止土体的侧向变形和滑动，是一种保证土体边坡稳定的一种被动构建物。

公路地形地质条件复杂，地貌陡峭，在陡坡路基中采用常规的重力式挡土墙支挡将会导致挡土墙高度过大，技术经济效果差（魏斌和王敏强，2010）。桩基托梁挡土墙最早用在铁路工程路基的防治中，由于其在防治效果和技术经济上的良好表现，被广泛运用于公路、水利及民宅建设等各类工程中。其能很好地解决地基承载力过低问题以及控制支挡结构沉降变形，且技术经济效果较好，施工更为安全、便捷。

桩基托梁挡土墙是指在公路设计中，挡墙下地基土层覆盖层过厚且地基承载力不足，为避免将挡墙置于不稳定的土层上，或避免挡墙基础埋置太深，需要采用桩基，在桩基上设置托梁（类似承台梁），并将挡土墙设在托梁上，使挡土墙获得足够的稳定性和承载力（胡雪，2015）。桩基托梁挡土墙是一种常见的路基支挡构造物，当基础埋置深度无法满足或挡土墙基底应力验算不满足时，可采用桩基托梁挡土墙如图6-36所示，利用桩基托梁挡土墙支护路基，能有效地对地质较差，且相当高的边坡起到支护的效果，达到保持边坡水土、保护环境的作用。根据路基挡防支护施工过程中，桩基开挖地质取样，修正支护施工方法和支护参数，确保施工安全、快速，科学合理地对路基边坡进行支护。采用桩基托梁挡土墙路基挡防的支护施工工艺，改变过去对山体进行大开挖

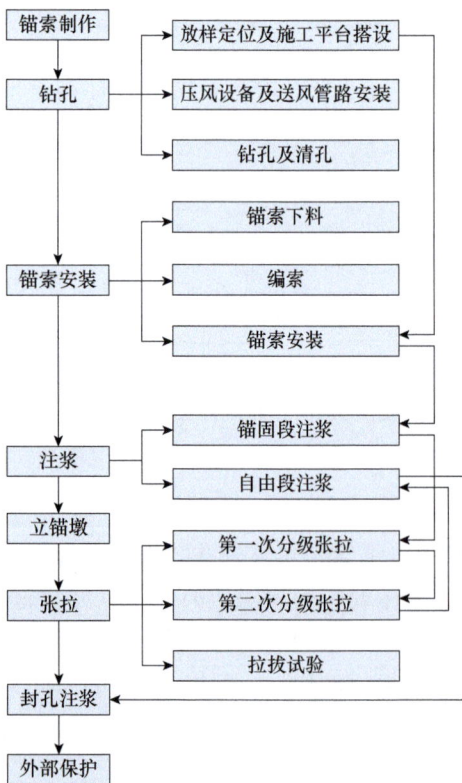

图6-36 锚索桩施工工艺流程

修建路基的施工工艺，防止山体垮塌或山体滑坡，避免土壤侵蚀，美化环境，能满足环保要求。地质构造复杂，地质较差，边坡高度比较高的路基下边坡支护施工（哈小伟，2010）。

采用桩基托梁挡土墙施工工艺，在山体边坡边缘修建桩基，作为修建路基下挡土墙的基础，桩基起到支护山体边坡和支承挡土墙的作用，通过修建桩基托梁挡土墙形成路基，防止了对陡峻、破碎、易垮塌边坡的大开挖，尽量减少山体的开挖，防止边坡垮塌，保持水土，防止土壤侵蚀。这种施工工艺能在很短时间内顺利完成。工艺流程：施工准备→场地清理→定桩孔位→桩孔开挖→制作安装桩基钢筋→桩基砼灌注→制作安装托梁钢筋→托梁砼浇注→挡土墙砼浇筑→挡土墙墙背回填→砼养护（图6-37）。

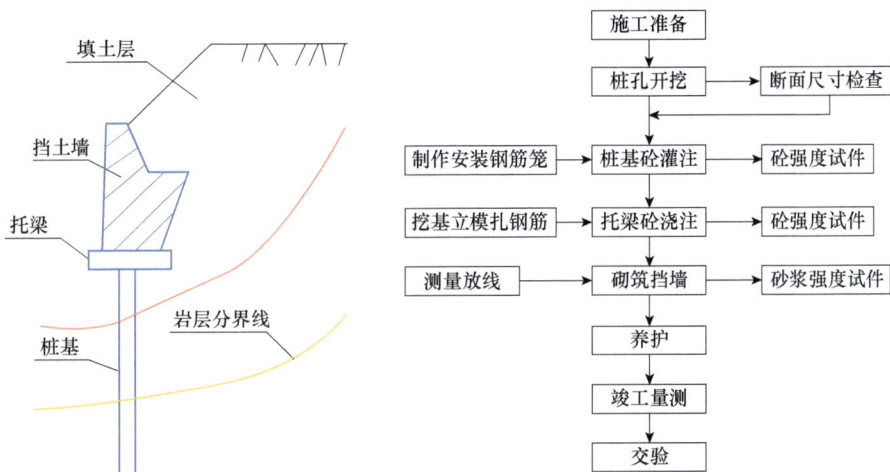

图6-37　桩基托梁挡土墙横截面设计及工艺图

托盘路肩挡土墙是一种组合结构形式，兼有悬臂式挡土墙、卸荷板挡土墙的优点，该结构用于山区公路陡坡路基，特别是在陡峻地区可取得良好的经济效益（李安洪，1996）。位于四川省汶川县漩口镇与水磨镇之间的水磨支线，桩号为K1＋842—K2＋100段，地质情况较差，地质以砂岩、砂页岩夹煤层为主，风化裂隙发育，岩石破碎，且有地下渗流水，地形较陡，坡度为70°～80°，此挡土墙位于线路右侧的悬崖陡壁上，下侧紧靠三江公路，其结构形式为桩基托梁挡土墙，下部为钢筋砼桩基托梁，上部为C15片石砼挡土墙，桩基深10m，挡土墙高6～15m。对于采用桩基托梁挡土墙支护形成的此段路基，在后期公路运营过程中，经过对路基进行监测，边坡稳定，没有出现坡面滑移、路基垮塌等现象，边坡支护效果良好（哈小伟，2010；葛阳成和朱进军，2016）。施工全过程处于安全、稳定、快速、优质的可控状态，3个月的施工完全满足总工期的要求。工程质量满足设计要求，工程质量优良率达85%以上，无安全生产事故发生，得到了各方的好评。

桩基托梁来源于建筑桩基和桥梁桩基，桩基托梁挡土墙主要用于河岸、覆盖层很厚、稳定性差的陡坡或基岩埋藏较深的情况（廖翱，2012）。在山区或基础开挖难度较大的地区及地基承载力不能满足设计要求的地区，桩基托梁挡土墙常作为一种支挡结构体系出现在工程实际中（廖翱，2012；胡雪，2015）。国道鹧鸪山隧道引道陡坡路基工程，由于采用桩基托梁挡土墙结构形式，保证了施工便道畅通，解决了深基坑开挖带来的困难。

根据工程设计需要和工程设置位置的不同，桩基托梁挡土墙有许多结构形式，其中挡土墙一般为重力式和衡重式，不同的结构形式的名称和截面形式见图6-38和表6-5。

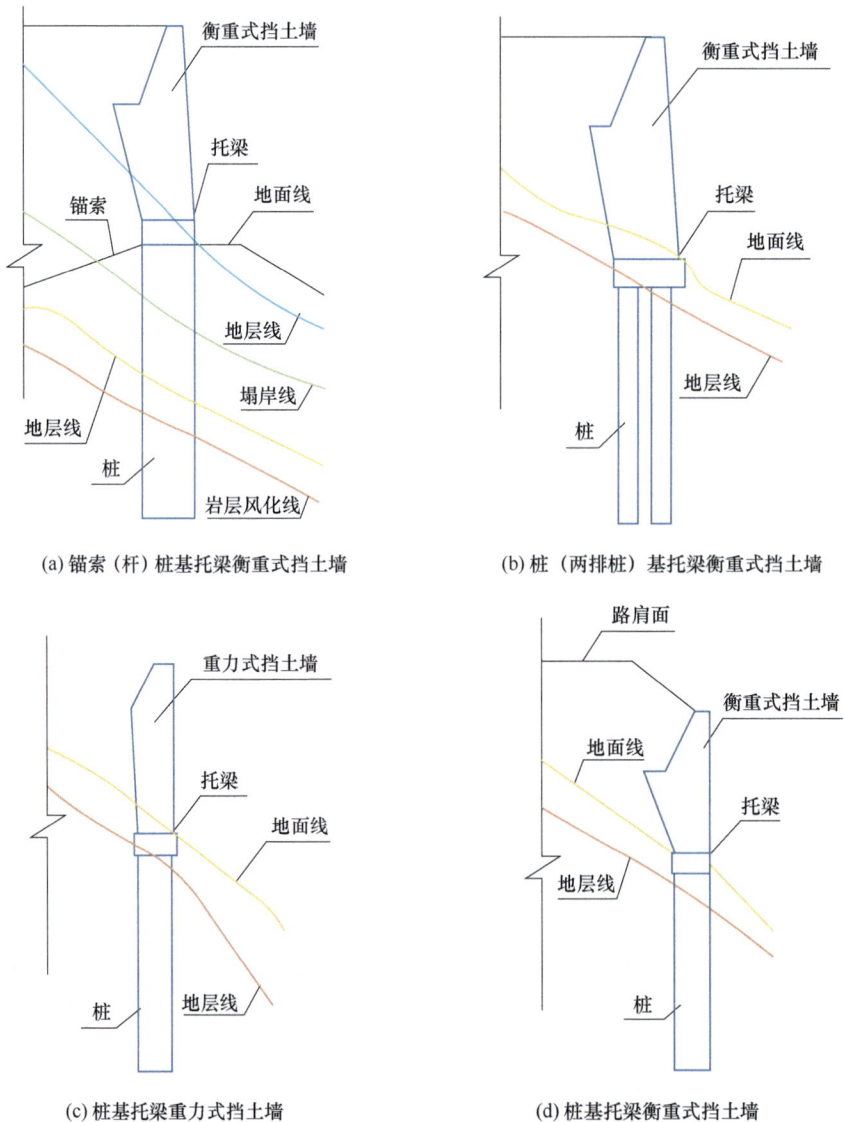

(a) 锚索（杆）桩基托梁衡重式挡土墙

(b) 桩（两排桩）基托梁衡重式挡土墙

(c) 桩基托梁重力式挡土墙

(d) 桩基托梁衡重式挡土墙

图6-38　桩基托梁挡土墙结构类型截面示意

表 6-5　桩基托梁挡土墙结构形式

分类标准	结构形式	
按结构形式	单排桩基托梁挡土墙	重力式
		衡重式
	多排桩基托梁挡土墙	重力式
		衡重式
	锚索（杆）桩基托梁挡土墙	重力式
		衡重式
按工程设置位置	路堤式桩基托梁挡土墙	重力式
		衡重式
	路肩式桩基托梁挡土墙	重力式
		衡重式

适用条件：桩基托梁挡土墙的优势在于扩大了挡土墙的适用范围，常用于上覆土层稳定性差、基岩埋层较深、地基承载力不足以及对沉降变形控制指标严格的工点，且技术经济效果要优于同高度的衡重式挡土墙。桩基托梁挡土墙主要适用于河岸冲刷、陡坡、稳定性比较差的覆盖土、基岩埋置较深、与既有线紧邻等地段的路基。在既有线路陡坡路堤平行新建第二线，当采用挖台阶浆砌防护、跳槽开挖基坑等临时支护结构不能满足施工及行车安全时，可采用桩基托梁挡土墙。当刷坡到指定边坡等级的时候，由于覆盖土层稳定性较差，设计的挡土墙无法实施，可采用桩基托梁挡土墙。

11. 护面墙防护

护面墙是指覆盖各种软质岩层和较破碎岩石的挖方边坡以及坡面易受侵蚀的土质边坡，使其免受大气影响而修建的墙（翁敬良，2016）。

护面墙除自重外，不担负其他荷载，也不承受墙后土压力，因此护面墙所防护的挖方边坡坡度应符合极限稳定边坡的要求。

工艺流程：施工准备→边坡修整→测量定位→基坑开挖及处理→材料准备及砂浆拌和→砂浆试件→基坑检验→墙体砌筑→勾缝→养护（洒水养生）（图 6-39）。

护面墙类型有实体护面墙（图 6-40）、窗孔式护面墙（图 6-41）、拱式护面墙、预应力锚索地梁间护面墙等（何荣炳，2004），适用于易风化的云母片岩、绿泥片岩、泥质页岩、千枚岩及其他风化严重的软质岩和较破碎的岩石地段的挖方边坡防护。护面墙的顶宽一般为 0.4~0.6m，底宽为 0.4~0.6m＋H_{10}－H_{20}，H 为墙高。为了增加护面墙的稳定性，护面墙较高时要分段修筑，分级处设 ≥1m 的平台，墙背每 4~6m 高处设一耳墙。

虽然护面墙防护工程施工工艺简单，但由于防护工程施工队伍较杂乱，施工作业技术水平不高，在实际施工时出现了较多的问题：主要表现在施工技术管理与现场管理程度不够、施工工艺不正确、施工人员责任心不强，甚至偷工减料，致使砌体强度低，砌块间松动；勾缝脱落，砌缝被水冲蚀，砌筑时灌缝砂浆不饱满，砌体已有漏水现象，已危及路基边坡的稳定；砌块间砂浆不饱满，存在孔洞，砌体强度降低，已有

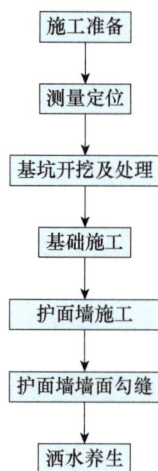

图 6-39　护面墙（韩城）及工艺流程简图

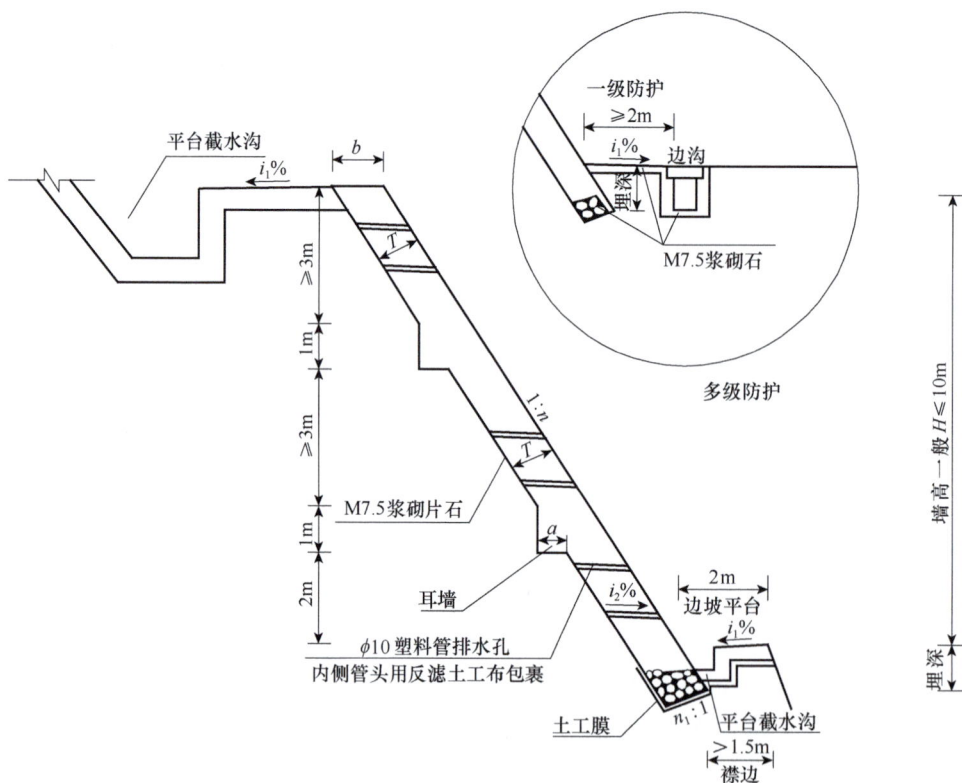

图 6-40　实体护面墙示意图

M代表砂浆标号，与数字组合在一起，表示强度等级；H表示高度，φ表示直径

漏水、渗水现象；砌体厚度不符合要求，整体稳定性降低；不讲究施工工艺，在砌筑片石时，采用抛石后灌浆，砌体强度和稳定性难以保证。

图6-41　窗孔式护面墙（太白至凤县高速公路）（摄影/宋晓伟）

适用条件：在我国山区高速公路的防护设施中，护面墙是上边坡采用较多的防护形式，而且多是实体护面墙，一般根据边坡的高度、岩石的风化程度及岩土的工程地质特性采取半防护或全防护措施。在半防护措施中，有时采用坡脚护面墙，路堑的开挖改变了空气的流向，在路堑内形成旋转气流，雨雪天气时，该气流携带着雨雪对坡脚的冲刷破坏能力最大，同时汽车高速行驶溅起的雨雪水也直接冲刷坡脚；自然降水自坡顶沿坡面向下流，流至坡脚时，速度最大，冲刷最严重，因此在坡脚处设置矮墙是必要的防护措施。另外，在坡脚设置护面墙还能起到诱导行车视线的作用。对于土质边坡，技术、经济条件允许时，还可以搞绿化，种植一些藤本植物，美化环境（贺建军，2015；朱剑桥等，2015；王龙，2017；王小彪和周富春，2010；王艳荣，2014）。

6.3.3　边坡治水

许多学者都对公路排水进行大量研究，许多重要的成果成功地指导了公路设计。2013年3月1日实施的《公路排水设计规范》（JTG/T D33—2012）更是把公路排水作为一个专业进行了规范，为公路排水设计水平提高起了重要作用。但该规范没有对公路高边坡排水给出明确的规定，仅在第4.4.1条提到，超高段外侧排水，可根据降雨量及路面宽度，采取经内侧路面排除或设置地下排水设施排除的方案，并应符合以下规定：1年降水量小于400mm的地区，双向四车道公路，可采用在中央分隔带设开口明槽方案，路面水流经内侧路面排除。2年降水量大于或等于400mm的地区，或车道数超过四车道，外侧路面水宜通过地下排水系统排除。

水是诱发边坡失稳的主要原因之一，治坡必须先治水，边坡治水包括坡面排水及坡体排水。

1. 坡面排水

边坡疏干排水是指排出边坡岩体内的水及地表水的工作（吴斌等，2013）。滑坡发生的重要诱导因素是水。水对边坡岩体施加动水压力、静水压力以及物理化学作用而减弱岩体强度，使边坡失稳而滑坡，故疏干排水是防止滑坡的极其重要的措施（武侠，2015；徐伟，2015）。在我国南方潮湿多雨地区，水是诱发边坡失稳的主要因素之一，边坡防护首先必须做好坡面和坡体排水。坡面排水主要通过设置坡顶排水沟、截水沟、平台截水沟、边沟、排水洞、排水孔幕、急流槽（跌水）来实现。

1）排水沟

排水沟是将边沟、截水沟和路基附近低洼处汇集的水引向路基以外的水沟（图6-42）。为了减少地表径流汇入边坡，在距离稳定性欠佳的边坡或老滑坡后缘最远处裂缝5m以外的稳定斜坡面上，设置外围排水沟。断面尺寸以该地区最大降雨强度时水流不漫沟为标准。沟底高程和沟底比降以顺利排出拦截地表水为原则，平面上依地形而定，多呈"人"字形展布。在大型高边坡治理中，可采用预制混凝土排水沟。根据数十条黄土地区公路边坡调查和近年高速公路排水设计经验与教训，黄土高边坡平台上的排水沟衬砌下面应设10～20cm灰土或设一层防水土工布，以保证其安全可靠。

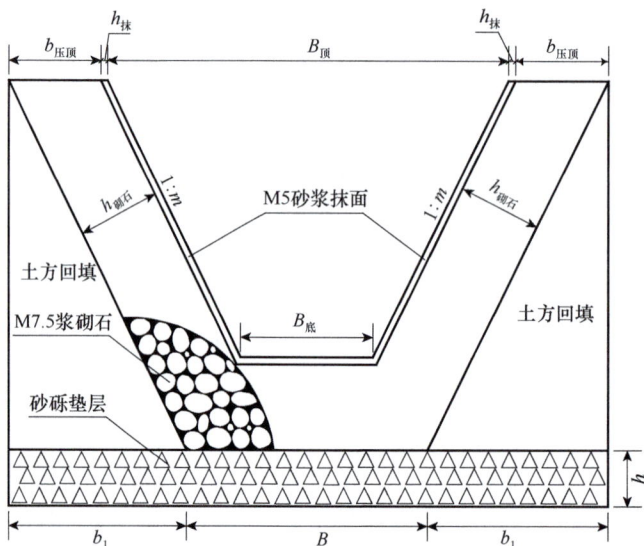

图6-42　汉中至广元高速公路排水沟示意图

地面排水沟分为路堤坡脚外的排水沟、侧沟、平台截水沟、天沟及排水沟、坡面排水槽等（杨亮，2018）。地面排水沟在施工时要选好排水沟的排水方向，施工材料应满足设计要求。路堤坡脚外的排水沟、侧沟在路基完成后施工。平台截水沟与护坡同时施工，施工应注意在急流槽位置与吊沟连接。坡面排水槽与坡面防护同时施工，排水槽每隔15m设置一道。排水工程严格按照设计图纸施工。砂浆采用拌合机拌和，做到砌体砂浆饱满，石料尺寸选配合理，强度满足要求，石料颜色一致，勾缝采用凹缝，墙面平整、美观。挖方段的天沟以及路基填筑的临时排水工程，尽量在雨季到来之前完成。浆砌坼工采用挤浆法施工。

工艺流程：施工准备→沟槽开挖→2∶8灰土垫层施工→沟底铺砌→沟帮砌筑→勾缝→沟顶抹面→竣工。

排水沟与路基坡脚的距离一般为2m，断面形式一般为梯形，主要包括如图6-43所示两种类型。浆砌片石型排水沟应结合构筑物一起使用，材料为浆砌片石，用水泥砂浆在石材的接缝处进行填充，凸缝要求缝高超过砌体平面，平缝应与砌体平面基本在一个平面，主要用于挡土墙外排水沟。干砌片石型排水沟材料为干砌片石，即直接用石材按内外搭砌、上下错缝方式砌筑，砌体勾缝一般可采用凸缝或平缝，主要用于主线及互通匝道等处排水，施工过程应保证预制块强度和边沟稳固。

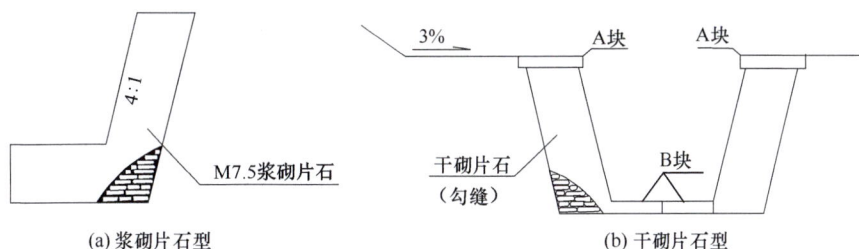

图6-43　排水沟示意图

2）截水沟

截水沟又称天沟，是指为拦截山坡上流向路基的水，在路堑坡顶以外设置的水沟（规范规定距离路堑坡顶外缘大于等于5m，距离路堤坡脚外缘大于等于2m）。当路基挖方上侧山坡汇水面积较大时，应于挖方坡口5m以上设置截水沟（图6-44）。

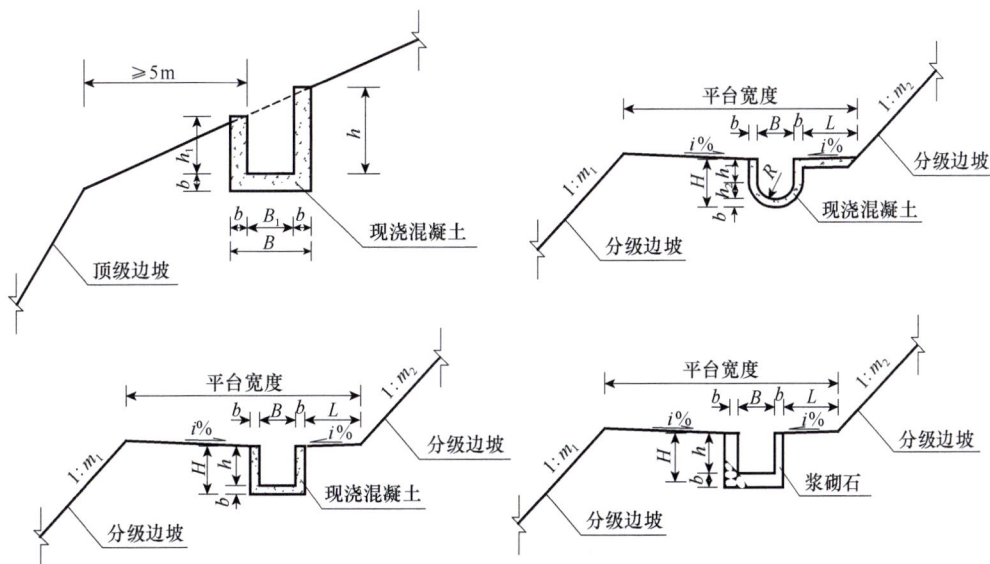

图6-44　截水沟示意图

截水沟水流一般不应引入边沟，当必须引入时，应切实做好防护措施（杨青和李伟，2013）。截水沟的出水口必须与其他排水设施衔接。截水沟的平、纵转角处应设曲线连接，其沟底纵坡应不小于0.5%（杨英宇和王菲菲，2016）。当流速大于土壤容许冲刷的流速时，应对沟面采取加固措施或设法减小沟底纵坡（尹剑，2016）。

设置截水沟的作用是保护边坡不受来自边坡或山坡上方的地面水冲刷，截水沟的横断面尺寸需通过流量计算确定。为防止边坡的破坏，截水沟设置的位置和道数是十分重要的，应经过详细水文、地质、地形等调查后确定截水沟的位置。对截水沟应采取有效的防渗措施，出水口应延伸到路基范围以外，出口处设置消能设施，确保边坡和路基的稳定性（图6-45）。

图6-45 十堰至天水高速公路截水沟（摄影/宋晓伟）

工艺流程：①截水沟的位置。在无弃土的情况下，截水沟的边缘离开挖方路基坡顶的距离视土质而定，以不影响边坡稳定为原则。如果是一般土质，至少应离开5m；对黄土地区，不应小于10m，并应进行防渗加固。截水沟挖出的土可用于在路堑与截水沟之间修成土台，并进行夯实，台顶应筑成2%倾向截水沟的横坡。路基上方有弃土堆时，截水沟应离开弃土堆坡脚1～5m，弃土堆坡脚离开路基挖方坡顶不应小于10m，弃土堆顶部应设2%倾向截水沟的横坡。②山坡上路堤的截水沟离开路堤坡脚至少2m，并用挖截水沟的土填在路堤与截水沟之间，修筑向沟倾斜坡度为2%的护坡道或土台，使路堤内侧地面水流入截水沟排出。③截水沟长度超过500m时应选择适当地点设出水口，将水引至山坡侧的自然沟中或桥涵进水口；截水沟必须有牢靠的出水口，必要时需设置排水沟、急流槽（跌水）。截水沟的出水口必须与其他排水设施平顺衔接。④为防止水流下渗和冲刷，应对截水沟进行严密的防渗和加固处理。地质不良地段和土质松软、透水性较大或裂隙较多的岩石路段，对沟底纵坡较大的土质截水沟及截水沟的出水口，均应采取加固措施防止渗漏和冲刷沟底及沟壁。

　　3）边沟

　　为汇集和排出路面、路肩及边坡的流水，在路基两侧设置的纵向水沟称为边沟（图6-46）。边沟一般位于挖方边坡坡脚外侧，其主要功能是收集挖方路段边坡汇水及路面系统排水，避免路面集水。边沟横截面通常为梯形或矩形，并且顶面可以设有开槽盖。边沟的纵坡应结合路线纵坡、地形、岩性和出口位置进行选择，并应尽可能与路线坡度一致。边沟出口处的排水应与地形、地质条件和桥涵位置相结合，并排出路基（尹科和朱添丰，2014；余启仁和姜学芝，2014）。

图6-46　边沟横截面示意图（G4京港澳高速公路河南段边沟）（摄影/张展）

　　工艺流程：施工放样→基坑开挖→沟体砌筑→养护→伸缩缝处理。

　　公路边沟是公路的主要排水设施之一。其作用是把雨水从路面、路肩上排出去，并能降低地下水位，使路基不致过分潮湿而软化（图6-47）。边沟养护不善会影响路基和路面的技术状况，因此应该引起重视。一般在挖方地段都要设边沟，全挖的则两边都要，半填半挖的，在挖方一侧设边沟，对于填方高度较小的，小于最小填土高度的地段也要设边沟，保证地下水或地表水在最小填土高度以下。

　　4）排水洞

　　为拦截滑坡体后山和滑坡体后深层地下水及降低滑坡体内地下水位，横向拦截排水隧洞修于滑坡体后缘滑动面以下，与地下水流向基本垂直；纵向排水疏干隧洞可建在滑坡体（或老滑坡）内，两侧设置与地下水流向基本垂直的分支截排水隧洞仰斜排水孔。

　　5）排水孔幕

　　排水洞钻设排水孔幕，以降低地下水位，减少地下水渗压力。针对不同的岩区，排水孔幕可采用不同的布置形式：对于一般岩段，可用一排铅直孔；对于地下水富集地带，可采用两或两排以上排水孔。为了保证排水效果，尽量采用仰孔。排水孔直径均为50～100mm，孔深为5～30m。

图6-47 宝鸡至平凉高速边沟（摄影/宋晓伟）

6）急流槽（跌水）

急流槽指在陡坡或深沟地段设置的坡度较陡、水流不离开槽底，为减免山洪及泥石流危害，修筑在荒溪冲积扇或侵蚀沟口的排导措施（武侠，2015），在公路工程中，急流槽常被建在坡路两边，用来排水以及达到减缓水流速度的目的，对公路路基起到很大的保护作用（张敏，2018）。一般用在地形陡峻的地方，主要是排出地表水，多用在涵洞洞口（图6-48）。

图6-48 急流槽（西安至铜川高速公路）（摄影/宋晓伟）

工艺流程：①在地形陡峭严峻的地段的天沟，沟两端的高差很大、水平距离又很短的时候，可以使用单级或者多级的接水或集流槽连接；②地下水和急流槽的横断面一般采用矩形进口水端和出口终端的墙壁深埋在冻结线以下，厚度不小于40cm；③各部分断面的高度应该比槽中计算的水位还要高20cm；④主体部分和小部分的沟槽厚度，高度小于2m的跌水流量小于2m³/s时底板的厚度不小于40cm；⑤急流槽的主体部分应该每隔2～5m设置一段防滑平台，迁入基地当中。

急流槽必须用浆砌圬工结构，跌水的台阶高度可根据地形、地质等条件确定，多级台阶的各级高度可以不同，其高度与长度之比应与原地面坡度相适应。急流槽的纵坡不宜超过1∶1.5，同时应与天然地面坡度相配合。当急流槽较长时，槽底可用几个纵坡，一般是上段较陡，向下逐渐放缓。当急流槽很长时，应分段砌筑，每段不宜超过10m。接头用防水材料填塞，密实无空隙。急流槽的砌筑应使自然水流与涵洞进、出口之间形成一个过渡段，基础应嵌入地面以下，基底要求砌筑抗滑平台并设置端护墙。路堤边坡急流槽的修筑应能为水流入排水沟提供一个顺畅通道，路缘石开口及流水进入路堤边坡急流槽的过渡段应连接圆顺。

跌水设置于需要排水的高差较大而距离较短或坡度陡峻的地段的阶梯形构筑物（图6-49）。其作用主要是降低流速和消减水的能量。跌水与急流槽是路基地面排水沟渠的特殊形式，设置于排水的高差较大而距离较短或坡度较陡的地段。当水流通过坡度大于10%、水头高差大于1m的陡坡地段或特殊陡坎地段时，需设置跌水或急流槽。

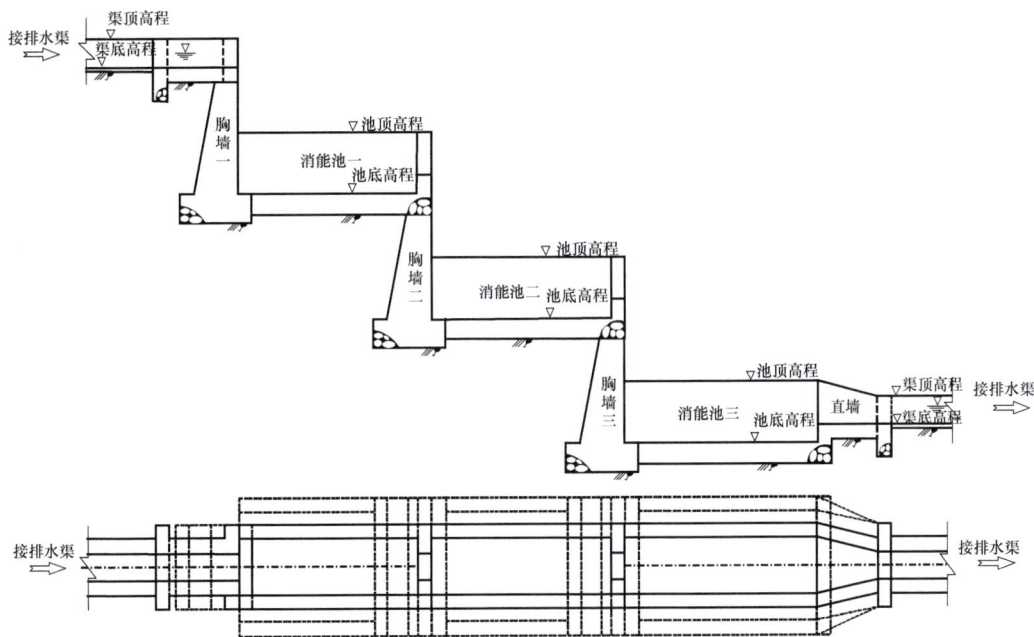

图6-49　跌水示意图

2. 坡体排水（地下排水）

边坡排水设计应当强调完整的排水系统，保证截住坡面范围以外的地表渗流和地下水补给，避免其流入坡体，同时尽快将坡体范围内的水排出和疏干。坡体排水（地下排水）措施主要有渗沟、盲沟、斜孔、隧洞、隧道排水、渗管群、渗井等，加固效果良好，尤其对大型高边坡和滑坡的治理，深部大规模的排水往往是必要的治理措施。

1）渗沟

渗沟有填石渗沟、管式渗沟、洞式渗沟，用于降低地下水位，是为降低地下水位或拦截地下水，设置在地下的设施（张勇和侯伟宁，2018）。渗沟又分支撑渗沟、边坡渗沟和截水渗沟3种，主要作用是截排地表水及几米范围内的地下水。渗沟需要施工排水层、反滤层、封闭层，多用于公路路基工程。渗沟是开挖沟槽后，对其填充进无级配碎石或卵石，用土工布包裹后，具有较好的渗透性，通过其可将大面积的地下水汇集于沟内，把水排到指定地点（图6-50）。渗沟的埋置深度按地下水的高程、地下水位需降低的深度及含水层介质的渗透系数等确定，排水管可采用打孔塑料管。考虑到含水层的细粒可能随渗流堵塞渗沟，渗沟两侧及底部用土工布包裹。

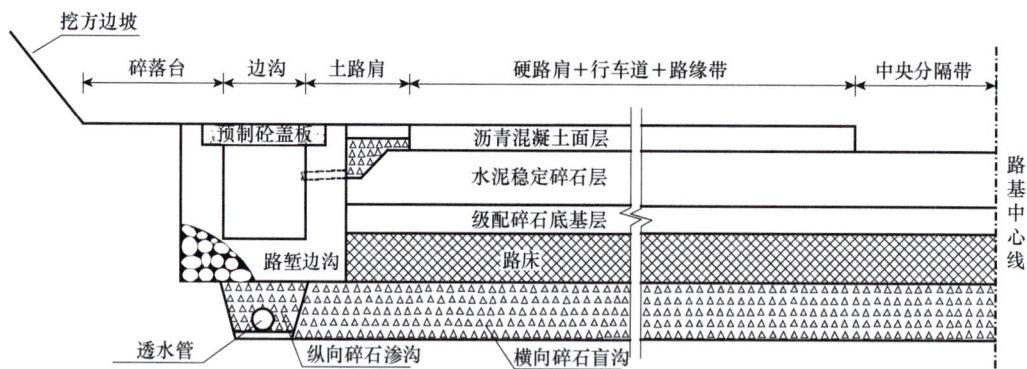

图6-50　路基下渗沟示意图

工艺流程：①填石渗沟通常为矩形或梯形。在冰冻地区，渗沟埋深不得小于当地最小冻结深度。填石渗沟只宜用于渗流不长的地段，且纵坡不能小于1%，宜采用5%。出水口底面标高应高出沟外最高水位0.2m。②管式渗沟适用于地下水引水较长、流量较大的地区。管式渗沟的泄水管可用陶瓷管、混凝土、石棉、水泥或塑料等材料制成。③洞式渗沟适用于地下水流量较大的地段。

2）盲沟（即渗水隧道）

盲沟是指在路基或地基内设置的充填碎、砾石等粗粒材料并铺以倒滤层（有的其中埋设透水管）的排水、截水暗沟（张志平，2016）。盲沟又叫暗沟，是一种地下排水渠道，用以排出地下水，降低地下水位（赵钊，2018）。

盲沟主要用于截排或引排埋藏较深的地下水（图6-51）。挖方路段坡底常设边沟，边沟下部设置纵向盲沟，盲沟内设置纵向10cm软式透水管，软式透水管通过排水沟排出地下渗水。对于填挖交界处的过渡段，应等过渡段两端的边沟与排水施工完以后，再实施过渡段，确保盲沟水顺畅排出。边沟与盲沟连接如图6-52所示。

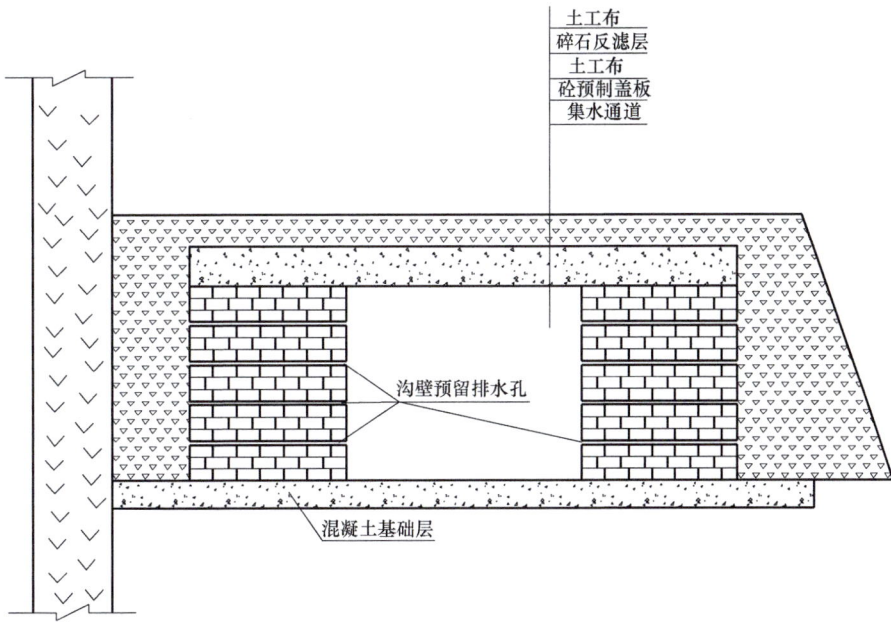

图 6-51　盲沟（即渗水隧道）

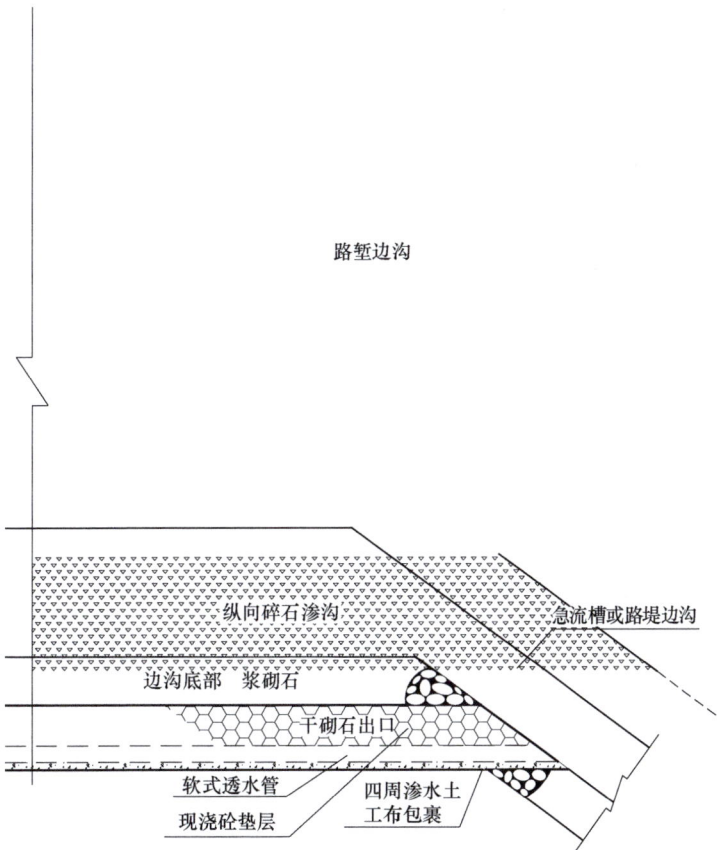

图 6-52　边沟下盲沟设置图

工艺流程：盲沟（即渗水隧道）是工程施工质量的重要环节，也是操作工艺复杂、施工难度较大的环节。因此，施工应按照"以排水为主，防、排、堵相结合"的综合治理原则，达到排水通畅、防水可靠、经济合理的目的。施工作业流程大致如图6-53所示。

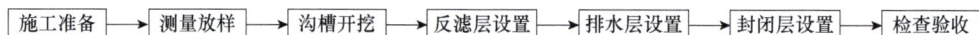

施工准备 → 测量放样 → 沟槽开挖 → 反滤层设置 → 排水层设置 → 封闭层设置 → 检查验收

图6-53　盲沟（即渗水隧道）工艺流程

盲沟的工艺原理是在路基地面以下，利用渗水性好的砂砾、无纺土工布以及软式透水管或打孔波纹管等在路基地面以下构成透水性良好且具有一定强度的地下渗水通道，将地下水汇集于沟内，并通过沟底通道将水排至指定地点，降低上层地下水位，并最终使水沿路基地面排水系统排出路基范围以外。

工艺特点：一是工艺简单，易于组织施工。二是设备投入小，质量易于控制。适用于公路、铁路路基工程盲沟、渗沟等地下排水设施施工。

盲沟施工：采用人工或小型机具开挖沟槽后，首先在沟槽底部铺砌透水管基座，安设土工布包裹的打孔透水管，然后采用设计要求的级配碎石进行回填，在沟槽四周采用一定比例的砂砾或土工织物等组成反滤层，顶部设置封闭层形成盲沟。利用构成盲沟的渗水材料的渗透性，将地下水汇集于透水管内，并通过排水系统将水排出路基范围外。

当路基及边坡土体中埋藏的上层滞水及埋藏较浅的地下水影响路基路面强度或路基稳定性时，需要设置盲沟等地下排水设施。其作用是排出土体内的上层滞水或潜水，把路基内的土基含水量降到工程容许范围内，以确保路基始终处于干燥、坚实、稳定的状态。避免地下水长期浸泡路基，造成行车荷载使路基翻浆冒泥，保证路基质量。

3）斜孔

斜孔主要用于排出深层地下水，土层和岩层均可采用，一般用水平钻机埋置排水PVC管。

工艺流程：定孔→钻机与灌浆设备就位→钻孔→安装阻浆塞→冲孔、压水试验→灌浆→最后一段灌浆、封孔（图6-54）。

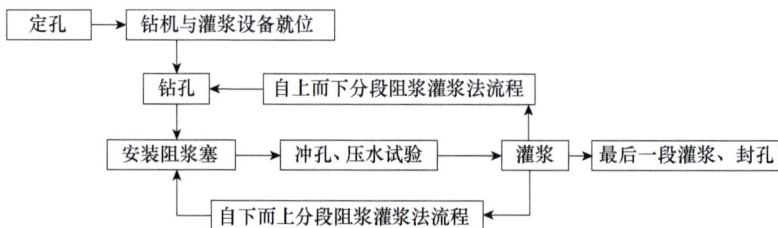

定孔 → 钻机与灌浆设备就位
钻孔 ← 自上面下分段阻浆灌浆法流程
安装阻浆塞 → 冲孔、压水试验 → 灌浆 → 最后一段灌浆、封孔
自下面上分段阻浆灌浆法流程

图6-54　斜孔工艺流程

仰斜排水孔作为一种经济的坡体内部地下排水方法，近些年在国内外的滑坡及高边坡治理工程中得到了广泛应用。例如，深汕高速公路101滑坡处置采用了排

水软管排出土坡中深层地下水的方法。在美国加利福尼亚州1940~1980年采用了30万m的仰斜排水孔；在日本地附山一处滑坡治理中，仰斜排水孔总计达8400m。而在陕西省铜川至黄陵高速公路在10余处滑坡及高边坡段使用的仰斜排水孔累计长度约12000m，如图6-55所示。地下水的影响是高边坡失稳变形过程中不可忽视的作用，地下排水措施是通过降低滑带土体含水量，提高其抗剪指标，从而提高抗滑力。

图6-55　铜黄高速公路某边坡仰斜排水（摄影/宋晓伟）

4）渗井

渗井指通过井壁和井底进行雨水下渗的设施，为增大渗透效果，可在渗井周围设置水平渗排管，并在渗排管周围铺设砾（碎）石（图6-56）。渗井是立式孔洞，其露水面为立体分布，深度越深，则渗水面越大，渗水量也越大，与自然渗水面的平面分布相比，在相同的地面上，渗井的渗水量大于自然渗水量，且随着渗井深度加深，渗水量成倍扩大（芦建国和于冬梅，2008）。

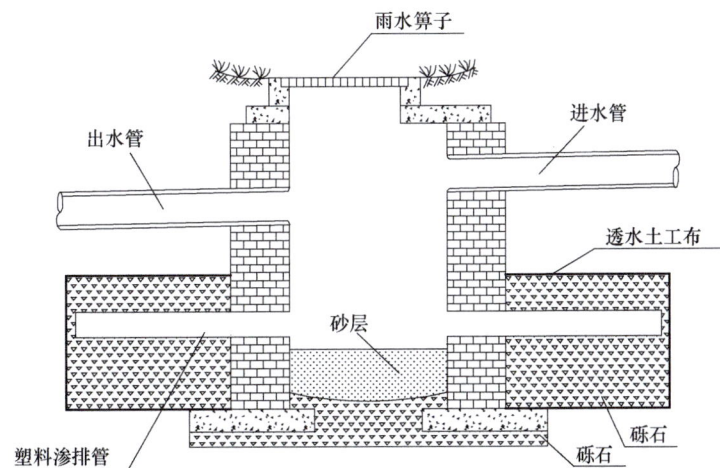

图6-56　公路渗井示意图

渗井排水是通过集水井、排水管将雨水蓄积到渗井，然后通过小渗井将雨水排送到地下透水层，从而起到排水作用。渗井主井采用的是钢筋混凝土结构，直径为6~20m。渗井主井施工与桥梁沉井基础的施工方式相似，就是先在原地面进行开挖，支模浇筑第一节，待混凝土强度达到设计强度70%以上后挖土下沉，沉至一定标高后浇筑第二节，重复以上步骤直至达到设计标高。渗井主井的施工关键在于解决渗井下沉过程中遇到的问题，以在渗井一侧集中挖土、在另一侧加重物或高压射水冲松土层等方式处理渗井倾斜或偏移；采用提前浇筑上节渗井增加自重、高压射水减少外壁摩阻力、泥浆润套管、壁后压气沉井法等方式处理渗井下沉困难问题，其施工工艺可参考桥梁沉井施工，渗井施工是渗井渗透排水的关键，其成败直接关系到渗井的使用效果，在实际施工中也出现过各种原因造成渗井无法满足渗水要求的情况，其施工技术与质量控制要点需认真研究总结。

工艺流程：施工准备→确定渗井位置和深度→开挖井坑→验井坑→渗井填充→井顶封闭→平整场地。在施工中应严格按流程施工，不得随意改变施工顺序（图6-57）。

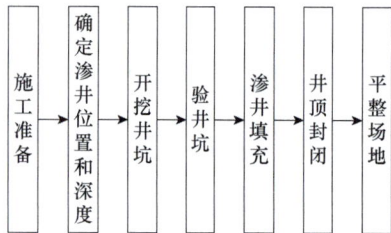

图6-57　公路渗井的施工工艺流程

渗井是自然渗水原理的运用，打开了雨水入地之门，也就打开了地下水资源宝库之门，是对地下空间的有效利用，可以因地制宜建造，很适合土地利用率高的现代城市采用。渗井主要适用于建筑（包括小区内建筑）、道路及停车场的周边绿地内。渗井应用于径流污染严重、设施底部距离季节性最高地下水位或岩石层小于1m及距离建筑物基础小于3m（水平距离）的区域时，应采取必要的措施，防止发生次生灾害。

渗井施工质量的好坏直接影响到渗井排水系统的正常运行，因此必须严格按照工艺流程与质量控制要点进行施工。物测探井为小渗井的关键工序，需由专业技术人员分析测井曲线，合理确定止水位置确保渗水层厚度，如地层不满足要求应适当加深钻孔。黏土球止水的效果关系到渗井的成败，建议按确定的止水位置以上全部用黏土球止水。

我国北方平原区修建高速公路越来越多地采用低路基和下挖通道形式，为了能及时排出下挖通道内的积水，同时将这些淡水资源补充至地下淡水层，大广高速衡大段采用了渗井设计方案，将地面水经过集水井、沉淀池汇集至大渗井，再通过大渗井里面的小井将水渗透至地下淡水层。

5）隧道排水

隧道排水是指为了保证隧道建筑不致因渗漏水造成病害，危及行车安全，腐蚀洞内设备，降低结构使用寿命而采取的防水及排水措施，是一项涉及地形、气候、工程地层和水文地质、结构方案、施工方法和材料性质等因素的综合性工作；基本要求应以预防为主（贺建军，2015）。隧道排水设施应结合混凝土衬砌来实施。常用的结构排水设施有盲沟（管）—泄水孔—排水沟（管）。其排水过程是，水从周岩裂隙进入衬砌背后的盲沟，盲沟下接泄水孔（泄水孔穿过衬砌边墙下部），水从泄水孔泄出后，进入隧道内的纵向排水沟，并经纵向排水沟排出洞外。

工艺流程：挡头模板钻钢筋→穿钢筋卡→放置止水带→下一环节止水带定位→灌注混凝土→拆挡头板→下一环止水带定位。

齐岳山隧道全长4.1km，属于特长隧道，隧道地处喀斯特岩溶地区，水系发达，2015～2017年汛期，因隧道排水能力明显不足，多次造成隧道涌水，路面平均积水深度达20cm，严重影响行车安全。为了保障隧道行车安全，鄂西管理处于7月20日全面启动齐岳山隧道排水沟改造专项工程，通过断面加宽、加深改造，加大隧道外侧排水沟截面积，缓解路面积水，消除安全隐患。

公路工程的许多病害都与水的作用密切相关（郑伟，2016），如公路路基沉陷、冲刷坍塌，路面松散、开裂、鼓包，桥梁支座浸水老化等（钟顺元和何芳芳，2017；周志林，2005）。黄土地区公路工程的病害更是如此，水的存在加剧了公路路基路面结构的破坏，降低了公路工程的强度和稳定性及使用功能，缩短了构造物的使用寿命，造成较大的经济损失和社会影响。毋庸置疑，黄土高边坡的稳定性、坡面的冲刷等都是水造成的，尤其是黄土高边坡的失稳可能影响到公路营运安全和司乘人员的生命财产，以后必须加强这方面的研究。

6.4 边坡工程防护机理研究中的问题及其展望

6.4.1 存在的问题

公路边坡工程防护施工中常见的难点有很多，仅以路基边坡破坏问题、路基边坡坍塌问题、挖方路基边坡坍塌、材料配合比等典型问题为例，分析公路边坡工程防护施工中的常见难点问题。

1. 路基边坡破坏

高速公路石质挖方边坡缺乏植物生长所必需的阳光、温度、水分、空气、养料等条件，生态限制因素较多，在雨季暴雨集中时，雨水冲刷和土壤侵蚀十分严重，在旱季地下水位低给边坡植物的管护造成很大的困难。要在石质挖方边坡上建立一个适合植物生长而又经得起雨水冲刷的基质层，给植物一个长期稳定的生长环境，在西北农林科技大学水土保持研究所水土保持生态工程技术研究中心多年研究试验和工程实践的基础上，优选出多种适应恶劣环境的草、灌良种，利用喷混植生建植层技术和锚杆固网技术，使喷混植生建植层紧固于石坡表面，通过成孔物质的合理配置使种植基质中的固、液、气三相物质处于平衡状态，营造草类与灌木生存的良好环境。喷混植生防护技术边坡首先需要清理边坡，将容易滑落、影响边坡稳定的岩石处理掉，使坡面尽可能平整以利于喷混植生施工，同时增强坡面绿化效果。其次是打设锚杆交错成菱形主锚杆和辅锚杆。锚杆间距横向为1m，纵向为2m，锚杆数量为20根/100m。锚杆用水泥砂浆加固。挂网施工时采用自上而下放卷，相邻两卷镀锌铁丝网分别用绑扎铁丝连接固定，两网交接处要求有15cm的重叠。最后是喷射基材采用专用喷混植生喷射机，将混合料均匀喷射至坡面，自上而下分两次实施喷播，第1层喷播厚5cm，待稳定后（30min左右）再喷播第2层至设计厚度。在喷射第2层时，在种植基材中加入相应配方的植物种子。

2. 路基边坡坍塌

一般分为3类，即滑动型坍塌、落石型坍塌、流动型坍塌。这3类情况可单独存在，也可能同时出现（王晓东，2007）。对于滑动型坍塌，无论是在路基的挖方段，还是在对石质地段深挖时，都是借助岩层的外力作用将其剪断，岩层间如有软石存在便容易顺层滑动，最终导致坍塌。落石型坍塌，一般指较陡的岩石边坡，易产生落石的岩石必然是节理、层里、断层影响下裂隙发育，被大小不一的裂面分割成软弱的短块。裂隙张开的程度，肉眼看不出来，在平常的养护中，也很难发现。由于渗水，反复冻融，造成长时间的微小移动，裂缝逐渐扩大。在夏季，雨水会经常充满裂缝，产生侧向静水压力作用，最终造成坍塌。一般裂隙发育岩体、硬岩下卧软弱层，更易发生落石现象，此类破坏形式，对行车安全构成很大威胁，必须严格控制。在日常养护中，应加强巡视，尽早发现，提前处置。流动型坍塌，是由砂、岩屑、页岩风化土等松散沉积土，由于大雨冲刷，产生流动，造成坍塌。

3. 挖方路基边坡坍塌

挖方路基边坡坍塌主要表现为上边坡垮塌，首先要在开挖之前做好排水处理，对于开挖高度小的，土质比较好的可以直接种草来防止雨水冲刷；对于挖方较高的需分阶梯来挖，用浆砌拱形骨架进行防护，在里面植草防护；对于土质较差的需要增加抗滑桩处理，防止边坡垮塌；对于石质好的用拱形骨架护坡并用土袋进行回填。路线遇中型崩塌地段，一般应尽量避绕；无避绕可能时，可采用明洞、棚洞或悬臂式棚洞等遮挡建筑物。在小型崩塌或落石地段，尽量采取全部清除的办法，如基岩破坏严重，崩塌、落石的来源丰富，则宜采用落石平台、落石槽、拦石堤、拦石墙等拦截构造物。由软硬岩分层所组成的高边坡路段，对坡面上容易风化的软弱岩层，可用沥青、砂浆或浆砌片石护面（程鑫，2009）。对高边坡上的岩层裂缝应用砂浆填实，以防止裂缝继续加深、扩大。在有松散堆积物的山坡上开挖深路堑时，应适当放缓边坡或采用分级边坡，以免导致崩塌。对边坡坡脚因受河水冲刷而易形成崩塌者，河岸要做防护工程，在可能发生崩塌的地段必须做好地面排水。对位于公路上下边坡及其附近的排、灌沟渠，要采取加固措施，防止沟渠发生大量渗漏而导致崩塌；取土区避免选在地下水位较高的淋涝地带，如无法避开，应将土"码方堆放"，淋水后再用，以防填料过湿。慎重选择填料，禁用光面多、内摩擦力小的填料。

4. 材料配比问题

材料配比是施工过程中常见的问题，在我国，很多石料厂家的生产条件都比较差，并且生产设备缺乏统一性，因此石料的规格良莠不齐。尽管在施工过程中施工人员进行了大量的选料工作，并且合理地控制了料径的通过量，但是中间粒径的出入比较大，致使石料级配发生了很大的变化，从而导致沥青混合材料的压实度不够，对边坡的平整度造成了一定的影响。

6.4.2　展望

随着经济、政治、科技等的快速发展，公路建设已经成为基础设施建设中的重点内容，公路的运行质量对于国家的经济发展有着重要的影响（图6-58）。可持续发展观念的不断深入同时也对我国高速公路路基边坡防护工程的实施提出了更为严格的要求（廖翱，2012）。在设计公路路基边坡防护方案的过程中，需要对边坡防护中存在的若干问题进行深入的分析，从而针对具体工程情况合理选择方案，逐步优化，保证边坡防护的质量和效果。路基边坡防护形式需要结合多种因素，如施工场地、周边环境、气候特点和土壤等。通常情况下，路基边坡防护形式有抹面防护、捶面防护、喷浆（喷锚）及喷射混凝土防护、勾缝及灌缝防护、干砌或浆砌护墙防护、护面墙防护、重力式挡土墙（衡重式挡土墙）防护、卸荷板式挡土墙（托盘式挡土墙）防护、薄壁式挡土墙防护、加筋土挡土墙防护、锚定板挡土墙防护、抗滑桩防护、锚杆挡土墙防护、土钉挡土墙防护、锚索桩（预应力锚索技术）防护、桩基托梁挡土墙防护、护面墙防护、坡面排水、坡体排水（地下排水）、植草护坡、花格草皮、方格骨架内护坡等。因此，在公路边坡工程防护过程中，相关人员应该加大施工质量的控制，应该对施工中存在的难点问题进行科学分析和研究，然后有针对性地制定解决对策，保证公路路面的平整度可以得到进一步提升，提高施工的质量和水平，保证公路可以安全、稳定、持续地承载运行，对各个施工环节的施工质量进行严格把控，合理分析边坡工程防护施工中的难点，制定科学的解决对策，进一步推动我国公路工程的发展进程。

图6-58　十堰至天水安康西高速公路效果（摄影/宋晓伟）

参 考 文 献

曹东，江为学. 2018. 顺向岩质高边坡支护设计方案研究. 黑龙江交通科技，41（7）：28-29.

陈宗伟. 2006. 在建高速公路土壤侵蚀规律及其防治体系研究. 北京：北京林业大学.

程鑫. 2009. 浅谈浆砌片石骨架植草护坡. 四川建筑，（4）：231-232.

邓建辉，张嘉翔，闵弘，等. 2004. 基于强度折减概念的滑坡稳定性三维分析方法（Ⅱ）：加固安全系数计算. 岩土力学，25（6）：871-875.

董潇阳，唐胜刚，章秀芳，等. 2018. 山区公路路基边坡危险性评价. 科技创新与应用，（12）：58-59.

葛阳成，朱进军. 2016. 软土基坑桩锚支护失效案例及处理措施分析. 施工技术，（1）：20-23.

郭影. 2012. 边坡支护施工及质量控制. 中国新技术新产品，（11）：176-177.

哈小伟. 2010. 边坡防护类型及加固. 民营科技，（1）：131.

何荣炳. 2004. 浅谈预应力锚索加固技术. 山西建筑，（4）：153-154.

贺建军. 2015. 浅谈高速公路路基边坡防护. 工程管理前沿，（3）：30-31.

胡新惠. 2018. 浅议公路路基高边坡病害与防护. 城市建筑理论研究，（32）：112-113.

胡雪. 2015. 桩基托梁挡土墙设计理论研究. 武汉：中国地质大学.

霍克E，布雷JW. 1983. 岩石边坡工程. 卢世宗，等，译. 北京：冶金工业出版社.

蒋鹏飞. 2011. 公路边坡防护技术. 北京：人民交通出版社.

李安洪. 1996. 卸荷板-托盘路肩挡土墙. 铁道标准设计，（11）：25-26.

梁诚玉. 2005. 吉林省公路边坡生物防护及景观设计. 西安：长安大学.

廖翱. 2012. 桩基托梁挡土墙设计及应用研究. 重庆：重庆大学.

龙勃. 2014. 高速公路路基边坡防护存在的问题. 交通世界，（3）：150-151.

芦建国，于冬梅. 2008. 高速公路边坡生态防护研究综述. 中外公路，28（5）：29-32.

芦烨磊. 2018. 高速公路路基边坡防护工程实施方案分析. 山西建筑，44（19）：129-130.

罗永红，金波. 2018. 高边坡支护方案设计探讨. 交通世界，（30）：52-53.

马斌，张浩玉. 2018. 高速公路建设水土流失分析及水土保持研究. 工程建设标准化，33（11）：130-133.

毛丽. 2015. 公路路基设计关键问题的探析. 房地产导刊，（4）：312.

毛明章. 2010. 基于变形协调的预应力锚索抗滑桩设计计算方法研究. 重庆：重庆交通大学.

毛耀. 2008. 浅谈高边坡防护工程的勘察设计与施工. 贵州工业大学学报（自然科学版），37（6）：131-134.

聂江. 2018. 浅析近期高边坡防护工程的勘察与施工. 防护工程，（30）：86.

牛国良. 2018. 赣南山区高速公路高边坡防护技术及工程应用研究. 南昌：南昌大学.

潘友敏. 2011. 高速公路高边坡土石方开挖技术探索. 黑龙江交通科技，（4）：26.

钱永才. 2010. 边坡稳定性的影响因素及其变形破坏机理分析. 大科技，（1）：240-241.

秦莹，娄翼来，姜勇，等. 2009. 沈哈高速公路两侧土壤重金属污染特征及评价. 农业环境科学学报，28（4）：663-667.

饶运章，朱为民. 2014. 我国道路边坡防护现状及发展方向. 华东公路，（1）：46-48.

沈波，郑南翔，田伟平，等. 2003. 路基压实黄土坡面降雨冲蚀试验研究. 重庆交通学院学报，22（4）：64-67.

宋从军，周德培，鄢宏庆，等．2003．软质岩路堑高边坡的加固与防护技术研究．公路，（12）：76-80．

孙广忠．1993．工程地质与地质工程．北京：地震出版社．

孙启亮，李家春，马保成，等．2011．信息化施工法在永蓝高速公路边坡工程中的应用．防灾科技学院学报，13（3）：39-43．

唐佳．2007．公路路堤挡土墙失稳机理及其加固治理研究．长沙：中南大学．

田国行，杨晓明，杨春，等．2008．高速公路边坡土壤侵蚀研究进展．中外公路，328（6）：21-29．

汪益敏，陈辉，贾娟，等．2002．广东省公路路基边坡防护现状与发展．中外公路，22（6）：7-10．

王恭先．2005．滑坡防治中的关键技术及其处理方法．岩石力学与工程学报，24（11）：3818-3827．

王龙．2017．高速公路路基边坡防护工程实施方案研讨．交通世界（上旬刊），（6）：58-59．

王荣华，赵警卫．2007．我国高速公路边坡生态防护研究进展及发展趋势．公路，7（11）：199-201．

王蔚．2014．公路水土保持技术．北京农业，（3）：207．

王小彪，周富春．2010．公路路基边坡冲刷及生态防护对策．重庆工商大学学报（自然科学版），（2）：172-175．

王晓东．2007．高速公路沿线土壤侵蚀规律及其防治措施研究——以宁夏银武高速公路同心至固原段为例．北京：北京林业大学．

王艳荣．2014．浅谈公路填方路基的边坡防护设计．中小企业管理与科技，（23）：153-154．

魏斌，王敏强．2010．高填土路堤边坡失稳机理及加固措施比选．武汉大学学报（工学版），43（3）：366-369．

翁敬良．2016．桩基托梁挡土墙在山区公路陡坡路基中的应用．中国水运，16（3）：227-229．

吴斌，乐建平，方诗圣，等．2013．山区公路边坡防护加固技术．安徽建筑工业学院学报（自然科学版），16（3）：113-116．

武侠．2015．高边坡稳定问题及加固措施研究．天津：天津大学．

徐伟．2015．浅谈公路填方路基的边坡防护设计．江西建材，（9）：144，146．

杨亮．2018．山区公路支挡结构特征及选型研究．成都：西南交通大学．

杨青，李伟．2013．浅谈公路填方路基的边坡防护设计．广东科技，22（14）：127-128．

杨英宇，王菲菲．2016．浅谈公路填方路基的边坡防护设计．卷宗，6（3）：723．

尹剑．2016．公路边坡生态防护及应用技术研究．西安：长安大学．

尹科，朱添丰．2014．桩基托梁挡土墙在高速公路陡坡路基中的应用．广东土木与建筑，1（1）：53-56．

余啟仁，姜学芝．2014．浅析高速公路边坡防护．工程管理前沿，（6）：5-6．

曾林，车国泉．2016．对公路路基防护设计要点探讨．四川水泥，（3）：297-298．

张敏．2018．锚杆挡土墙施工技术在公路边坡防护中的应用．黑龙江交通科技，41（6）：78-79．

张勇，侯伟宁．2018．岩质高边坡稳定性分析及支护设计浅析．中国水运（下半月），18（7）：244-245．

张志平．2016．公路路基高边坡防护施工技术．道路工程，41（12）：58-59．

赵钊．2018．浅谈山区公路坡面防护设计．中国新技术新产品，（12）：115-116．

郑伟．2016．边坡地质灾害防治技术研究．资源信息与工程，31（2）：187-188．

钟顺元，何芳芳．2017．浅析路基边坡主要防护技术的设计及施工．数字化用户，（15）：159-160．

周志林．2005．西攀高速公路边坡工程若干问题的探讨．成都：西南交通大学．

朱剑桥，黄世武，刘朝晖，等．2015．高速公路边坡植物防护方法研究．广西交通科技，23（3）：56-57．

第7章
高速公路边坡生态防护

高速公路生态防护的目标是保持生态平衡，减少土壤侵蚀，稳固路基，美化环境，减轻视觉疲劳（陈开圣和殷源，2011）。对边坡生态防护机理进行研究，找到适合当地气候与土壤条件的植物种类，提高植物成活率，必要时可采用多种方式相结合的方法，以增强护坡效果（仓田益二郎，1989）。植物对坡面的防护主要表现在拦截雨水、减缓径流和保护土壤（陈燕等，2011）。具体包括：①缓和雨水的冲击。植物的茎叶及枯枝落叶层能拦截雨滴，起到消能作用，降低了雨滴对坡面的冲击。②增大入渗量，相应地减少了坡面径流量，随着覆盖度增加，入渗量也随之增大，而坡面径流量和径流速度相应随之减少。因此，边坡生态防护的主要功能是生态保护、路基防护、边坡稳定和边坡修复（陈丽华等，2004）。高速公路生态防护主要起到护坡、稳定路基、减少土壤侵蚀和丰富路域景观的目的，在以往的设计中多采用大面积满铺浆砌片石的方法进行防护，这样不仅不美观，而且与自然环境也不协调，缺乏创新点。今后应加强高速公路边坡生态防护机理研究，根据不同的边坡类型选择相应的生态防护施工技术，对整个高速公路边坡的建设进行规划和设计，有效提升高速公路的边坡稳定性和安全性，社会效益、经济效益和生态效益。采取一切措施，尽快恢复边坡原来的自然植物，使防护工程的植被与周围环境融为一体。不断地实践和探索，形成适应各类坡面地质灾害防护的系统化技术，为边坡防护工作提供更多的支持，促进公路与生态的和谐统一，促进人与自然的和谐发展。当前，我国的生态防护技术还处在发展的阶段，生态防护水平还有待提高。

7.1 边坡生态防护的相关概念

生态修复是指在生态学原理的指导下，对受到外部环境的消极干扰、破坏和退化的生态系统进行研究，以生物修复为基础，结合各种物理修复、化学修复以及工程技术措施，使受损生态系统逐步恢复并向良性循环方向发展的过程。生态修复的顺利施行，需要生态学、物理学、化学、植物学、微生物学、分子生物学、栽培学和环境工程等多学科的参与。对受损生态系统的修复与维护，涉及生态稳定性、生态可塑性及稳态转化等多种生态学理论。

水土保持生态修复是指当前兴起的一种理念，是指在特定的侵蚀区域，通过接触生态系统的承受能力，提高超负荷压力。以生态学原理作为基础，依靠生态系统本身的自组织和调节能力，辅助人工调控等作用机制，保证生态系统恢复到相对健康的状态下，其重点是对出现侵蚀及受损的系统进行修复处理。

植被覆盖度是植被（包括叶、茎、枝）在地面的垂直投影面积占统计区总面积的百分比。

植被带是指地球表面呈大幅度带状分布的植被。由地球表面水热状况差异而形成，以典型的地带性植被为优势组成。

植物多样性是指地球上的植物及其与其他生物、环境所形成的所有形式、层次、组合的多样化。主要表现在：①遗传多样性；②物种多样性；③生态系统多样性等。

工程绿化是指在水土保持工程中进行植被恢复建设设计时，由于立地条件较差，需要以水土工程措施为基础进行绿化的技术方法。工程绿化技术广泛应用于控制土壤侵蚀的绿化、保护环境的绿化和美化风景的绿化。其技术体系由土木工程措施基础上的生境营造、形成稳定植物群落的植被营造和必要的维护管理三部分组成。工程绿化技术按照应用材料、技术形成、技术特点和适用范围等多种类型划分。

边坡生态防护是指一种新兴的能有效防护裸露坡面的生态护坡方式，是通过人工辅助的方式恢复边坡的植物及构建植物群落，其与传统的工程护坡相结合可有效实现坡面的生态植被恢复，使其可以自我生存、自我发育，实现自我循环，进而使边坡的生态环境更为合理。利用生物（主要是植物），单独或与其他构筑物配合对边坡进行生态防护，已成为工程界努力追求的目标。对边坡进行必要的工程防护，同时，又希望能尽量恢复原有植被。这种双重需要催生了一门新的学科——边坡生态防护。边坡生态防护的环保意义十分明显，边坡绿化可美化环境，涵养水源，防止土壤侵蚀和滑坡，净化空气（刘强虎，2009）。对于石质边坡而言，边坡生态防护的环保意义尤其突出。目前对边坡生态防护技术并没有统一的定义，常见的定义有边坡绿化、植被护坡、植被固坡、生态防护等，在1994年边坡防护的国际会议上，把这种技术定义为，用活的植物，单独使用或者与工程措施相结合使用，以减轻边坡表层的不稳定和侵蚀冲刷。这项技术涉及的专业较多，如生态学、植物学、土壤学、土力学，还涉及园林景观、材料、机械设计等。有些防护措施还需要与工程措施相结合，发挥各自的优势。边坡生态防护的工艺工法可以分为与护面结构相结合的格构梁回填、堆砌袋子绿化法；挂网直接喷射绿化营养材料绿化法（图7-1）。

图7-1 十堰至天水高速公路边坡生态防护工程（摄影/宋晓伟）

7.2 国内外高速公路边坡生态防护及植被恢复、演替的研究

7.2.1 国外高速公路边坡生态防护及植被恢复、演替的研究

高速公路边坡立地条件往往十分恶劣，主要表现为坡体高陡、土层浅薄、原生植被彻底破坏、剖面具有表土层—风化层—岩石层典型特征，土壤肥力极低、干热胁迫的生物气候、土壤侵蚀严重和草坪自生、自养、自灭、极易退化等。高而陡的边坡降水截流较小，地表径流速度大，表土易冲刷，植被难以形成。

随着生态防护理念重要性的日益凸显，20世纪30年代美国的生态防护技术应用兴起，在吸收欧洲先进的植物护坡技术与护坡模式的同时，重点致力于公路人工边坡的防护（崔雁鹏，2018）。20世纪40年代，美国研究人员就进行了公路两侧草皮种植的试验，通过不同播种时间、不同草种及草种组合的小区试验来探讨建立草皮的方法。美国通过对进口植物种子的不断驯化，在保留其优势性能的基础上，不对本土植物造成侵入损害，已取得阶段性成果。20世纪60年代，美、德、法等国家开始大规模修建高速公路，喷播技术、三维网植草护坡等绿化新技术在稳定边坡、防止土壤侵蚀和恢复植被等方面得到了广泛应用。

Bochet和García-Fayos（2004）对西班牙瓦伦西亚一条路龄为6年的高速公路的71个边坡的土壤有机质、全磷和速效磷进行了测定，发现这3个养分指标都很低。高速公路边坡植被的自然恢复力普遍很低，相当数量的石质边坡还缺土，必须采用人工辅助方式来建植植被。因此，随着高速公路的快速建设与发展，绿化作为建设与运营养护管理期间的一项工作，已越来越多地被人们接受与重视，其作用与效果也已充分显现出来。因此恢复和重建高速公路边坡及路侧两旁的自然生态植被势在必行。

日本应用植被防护技术的历史久远，而且处于领先地位。在日本，生态防护措施也称为坡面绿化（山寺喜成等，1997）。20世纪40年代，日本开始大规模地建设公路，为其现代坡面绿化发展提供了大量的机会，至今已有近80年的历史，其间经历了无数的变化。50年代初，日本研究人员采用外来草种的植生盘用于公路坡面，标志着以牧草为代表的外来草种开始用于坡面绿化。60年代，日本首次倡导了功能栽培的新理念，这在坡面生态防护发展历史上具有里程碑式的意义。70年代，"日本绿地工程学会"的成立标志着日本的生态防护不再只是一种单纯的防护技术，更是恢复生态、保护环境的重要措施，受到日本国内的重视，生态防护技术应用研究进入了飞速发展的新阶段，由传统简单的单一草种的穴播、撒播向高度机械化的灌草混合多样式喷播技术转变。1973年开发出的纤维土绿化工法标志着岩体绿化工程的开始，此法至今仍在应用。其不足之处在于施工初期基质呈弱酸性，一定程度上影响草种存活，且所采用的砂性土流失率较高。为弥补其不足，日本又相继研发出高次团粒植物绿化法，有效地解决了纤维土绿化工法的缺陷。同时，针对路壁边坡和路基边坡不同的施工环境，日本提出了不同的边坡防护措施类型，如岩盘绿化等。目前，日本拥有多项国际性标志防护技术专利，其防护技术处于尖端水平。

近年来，绿化网防护、厚层基料喷射、植被型混凝土等已成为日本最广泛的生态防护技术，获得了多项生态防护技术的专利。前掘幸彦（1984）认为边坡绿化是人为移植"先锋植物"，使这些"先锋植物"迅速覆盖坡面，防止土壤侵蚀。但是"先锋植物"会逐渐地被环境所淘汰。山寺喜成（2014）提出的基本想法和技术是适用于植树、荒地修复、荒山修复、都市绿化、工厂绿化、营造庭院绿化、道路绿化、岩石地绿化和沙漠绿化事业，是营建形成这些地域生态环境修复改善的基础。因此，坡面的永久性保护还需要靠周边不断侵入的乡土类植物。山村和也（1994）指出，应使边坡坡面与周边的自然环境协调，使其与自然融为一。虽然日本在高速公路防护方面起步比美国晚二三十年，但现在其公路生态防护水平处于世界领先地位。

在东南亚地区，生态防护技术发展也不甘落后，在区域协调生态平衡方面发挥重要作用，凭借发达的生物特性和优越的根系抗拉强等，香根草在沟道治理和公路人工边坡防护中应用广泛。国外的研究当中，很多研究者都有对公路成为外来种入侵通道的担忧（崔雁鹏，2018）。由于已经意识到乡土植物的重要性，许多研究者对植物的乡土化进行了较深入的研究。Paschke等（2000）在美国梅萨维德国家公园的道路边坡上研究了几种栽培处理结合几种乡土灌木种的恢复效果，得出有机肥的添加和植物覆盖相结合是最有效的增加乡土植被盖度的方法。

理论研究方面，主要集中在植物根系增强岩土体抗冲蚀性能以及加固边坡的力学机理研究上。Hengchaovanich（2003）通过对几种植物根系对土壤的抗剪切强度影响的试验表明，根系在土体中穿插，能明显地增大土壤的抗剪切强度。其中草本植物由于根密度大，须根数量多，每一单位草本植物的抗剪切强度增加值是树木根系的2～3倍。Krogstad（1995）基于植物生理学与生态学，对植物根系的主根与侧根加固作用的力学机理进行了系统分析，并建立了模型，可计算边坡的安全系数。

演替是一个植物群落为另一个植物群落所取代的过程，是植物群落动态的一个重要特征，演替导向稳定性是植物生态学的一个首要的和共同的法则（胡福强等，2011）。演替顶极或称为顶级群落，是演替最终的成熟群落，顶级群落的种类彼此间能在发展起来的环境中很好地配合，能够在群落的种类之内繁殖、更新（胡寅和赵向荣，2013）。顶极群落无论在区系植物上和结构上，还是它们之间的关系及其与环境之间的关系上，都趋于稳定。对植被演替规律的研究有利于更好地合理配置植被恢复群落结构及植被恢复模式（蒋必凤等，2017；解新明和卢小良，2004）。

随着公路植被的科学建植和恢复后植被的生长演替，公路边坡植物群落的研究也成为重要课题（李旭光等，1995）。2000年美国对弗吉尼亚州主要高速公路边坡现存植物中入侵种的蔓延、分布进行了研究；Rentch等（2005）研究表明，公路边坡不同位置的土壤养分之间差异极小，植物群落组成没有明显差异，且植物群落不因公路建设的类型和地形而变化，但不同公路的植被有明显差异，并提出了对竞争力强于本地植物的未来入侵种的着生、生长的限制措施，为公路边坡植被恢复中科学限制恶性杂灌草的入侵提供了科学的指导方法。

Thomas等（1993）在南威尔士的主干道的5种不同土质的样地下，研究植被定植及演替规律及影响演替的自然和人为因子。Sullivan等（2009）研究了新西兰公路两侧草本植物随公路线性延伸的分布及传播，其中农业杂草分布广泛，并建议把草本植物作为整个景观的一部分进行统一管理。

美国等发达国家从20世纪30~40年代就意识到了道路建设中生态平衡的重要性，开始在道路边坡开展植被恢复工作。Meseley（2003）研究了不同的一年生草本植物与其他多年生草本植物配置后对密度、盖度、生物量及土壤侵蚀的影响，并比较筛选出较佳的边坡植物种类和配置形式。

国外对荒漠中高速公路边坡植被恢复的研究较早。Clary和Slayback（1984）就对加利福尼亚荒漠中高速公路边坡植被恢复的植物材料选择与恢复技术进行了研究，科学解决了荒漠条件下植被恢复的关键问题。

随着高速公路植被恢复的发展，乡土植物应用研究也得到了广泛的重视。Hansen等（1991）提出了运用乡土植物对公路边坡进行植被恢复。Warren（2000）对植被恢复中乡土植物种子供求之间的矛盾及解决办法进行了研究，促进了乡土植物在边坡植被恢复中的充分利用。

20世纪70~80年代，由于公路植被的大量建植，如何管理和养护这些植被成为重要问题。McElroy等（1984）先后对化学除草剂和生长抑制剂进行了研究。

Tyser等（1998）研究了使用除草剂对边坡禾草及其种子库的影响，指出喷洒除草剂能减小外来非禾本和本地非禾本物种的盖度，轻度增加本地禾本植物盖度，且有可能增加外来禾本状植物盖度。

Thomas（2003）也对利用混合堆肥覆盖边坡植被来控制杂草进行了深入研究，主要是在公路边坡植被恢复期间，研究堆肥作为土壤表层或覆盖物的一种介质，在土壤表层或亚表层对植物生长和抵制杂草影响的作用，指出堆肥在土壤表层和亚表层对植物生长的影响有明显差异性，在表层显著减少了杂草的生长，而在亚表层土壤覆盖5cm和10cm厚，二者没有显著差异，说明较薄的覆盖层对促进植物生长和抵制杂草较适宜。覆盖物质的研究为公路边坡和其他扰动土地的植被恢复的植物和杂草管理提供了依据。

Petersen等（2004）对公路边坡施肥对建植植被的生长、本地植物种与商品种的演替的影响，以及微地形对发芽的影响等进行了研究。

7.2.2　国内高速公路边坡生态防护及植被恢复、演替的研究

国内在植被防护技术应用方面的研究起步较晚（刘桂林和史文革，2015）。20世纪90年代以前一般多采用撒草种、穴播或沟播、铺草皮、片石骨架内植草等护坡方法。1989年广东省水利水电科学研究所从香港引进喷播机，开始在华南地区进行液压喷播实验。1990~1991年中国黄土高原治山技术培训中心与日本合作在黄土高原首次进行了坡面喷涂绿化技术试验研究。此后，经过十几年的发展完善，液压喷播技术已经广泛应用在我国华南、华中、华东等温暖湿润地区的公路、铁路及堤坝工程边坡的植被防护中。

随着高速公路建设的发展和对环境问题认识的提高，科研人员开始开展系统的高速公路边坡生态防护及植被恢复、演替的研究。1996年昆明至曲靖高速公路全线路堑、路堤、中央分隔带和立交区等进行了全面防护和绿化，并首次采用瑞士湿法喷播技术进行大规模植被种植，为我国公路绿化技术的提高做出了有益的尝试。1996年10月交通部在昆明举办"全国交通环保培训班"，为公路绿化尤其是喷播技术的宣传和推广起到了积极的推动作用。席嘉宾等（1998）在西安至临潼高速公路灞桥收费站对包括禾本科及豆科在内的11个草种进行适应性研究，结果表明，除了白三叶和结缕草未能正常出苗或定植外，其他各草种均能正常生长。其中，禾本科的无芒雀麦、高羊茅、多年生黑麦草以及豆科的红豆草、小冠花在各个时期的表现比较优良，可以作为陕西省高速公路边坡绿化的应用草种。

近几年我国高速公路边坡生态防护及植被恢复、演替技术有了长足的进步，已开发出适用于国内不同地区的液压喷播植草、客土喷播植草、厚层基材喷播植草、CBS植被混凝土生态防护等植被护坡新技术，这些新技术已经在公路绿化中得到了广泛应用。

目前，边坡生态防护体系中的主体植被是草本植物。刘建培（2005）认为草本植物的优点在于：①草本植物种植不仅方法简便，而且费用低廉；②早期生长快，对防止初期的土壤侵蚀效果较好；③作为生态系统恢复的起点，有利于初期表土层的形成。但是，草本植物与灌木相比具有以下缺点：①草本植物根系较浅，抗拉强度较小，固坡护坡效果较差，在持续的雨季里，高陡边坡有时会出现草皮层和基层剥落现象；②群落易衰退，且衰退后二次栽种植被困难；③开发利用的痕迹长期难以改变，与自然景观不协调，改善周围环境的功能差等；④坡地生态系统恢复的进程难以持续进行，

易成为藤本植物滋生的温床；⑤需要采取持续性的管理措施等，维护和管理作业量大。因此，单纯的草本植物用于高速公路边坡的绿化并不理想。

目前，国内常见的生态护坡技术为铺草皮、香根草篱、藤蔓植物护坡、液压喷播、三维植被网、土工格室植草、浆砌片石骨架植草、喷混植生、钢筋混凝土框架内填土、预应力锚索框架地梁、预应力锚索地梁植被及厚层基材喷射工法等（刘军和蒋格，2018）。

我国研究人员对边坡防护的难题——岩质边坡和劣质土质边坡的植被防护也有了一些研究。蒋德松等（2004）对适宜广西公路边坡防护的草种进行了筛选。高社林（2007）采取线路调查方法，即在调查范围内按不同方向选择几条具有代表性的线路，沿着线路调查，记载植物种类、采集标本、观察生境、目测多度等，调查研究了皖南山区原有公路裸露边坡自然恢复后的植被，以期为高速公路边坡生态防护提供合理的植物选择依据。针对硬质岩边坡的植被防护，西南交通大学等单位成功开发了厚层基材喷射植物护坡技术，并且在国内获得了较为广泛的应用。同时，岩石边坡客土喷播技术已成功地在惠州至河源高速公路、临湘至长沙高速公路、南京至杭州高速公路、北京至珠海高速公路（驻马店至信阳段）推广应用，取得了良好的效果。

灌木作为护坡植物主要的缺点是成本较高；早期生长慢，快速覆盖地表能力较差；不能很好地起到拦蓄坡面地表径流、减轻侵蚀的作用，对早期的土壤侵蚀防治效果不佳（刘平，2005）。但是，可以通过与草本植物混播的方式解决。草本植物早期迅速覆盖地面防止土壤侵蚀，后期由灌木发挥作用（刘强虎，2009）。采用草灌混栽护坡可以取长补短，兼具两种方式的优点，弥补两种方式的缺点，是较理想的生物护坡方式。目前，在边坡混合种植灌木、草坪及其他地被植物，从而达到对边坡的防护目的，是较普遍采用的方式（刘书套，2001；刘秀峰和唐成斌，2001）。

在一些特殊路段可采取乔木、灌木混栽方式护坡，例如，山区一些坡面较长，坡度很陡，容易发生滑坡、塌方等土壤重力侵蚀现象的路段。在这些地段的边坡采取乔灌结合护坡，可以最大限度地发挥植物的护坡作用，防止土壤侵蚀，减少滑坡、塌方等灾害对公路的破坏。但周跃等（2000）认为一般不宜在边坡栽植乔木。因为边坡坡度较大，坡比一般为 1∶1，即45°，有的甚至达到60°以上，栽植乔木会提高坡面负载，增加土体下滑力和正滑力，在有风的情况下树木把风力转变为地面的推力，造成坡面的不稳定和坡面的破坏，同时，边坡栽植乔木还可能影响司乘人员观测公路两侧景观的视野。

藤本植物多具有攀缘器官，能够沿着坡面匍匐生长，这种特性使得藤本植物主要应用于坚硬岩石边坡或土石混合边坡的垂直绿化，垂直绿化是高速公路边坡生态防护的特殊形式（刘治兴，2016）。用藤本植物进行垂直绿化的好处是投资少，用地少，美化效果好；缺点是由于边坡一般较长，藤本植物完全覆盖坡面的时间长。在护坡藤本植物的筛选方面，黄启堂等（1997）运用层次分析法（analytic hierarchy process, AHP）对福建省351种藤本植物进行筛选，建立了适于福建省高速公路边坡绿化用的藤本植物的选择体系。欧阳恩德等（2008a）也通过AHP法建立起适合安徽省高速公路边坡用藤本植物的选择体系，筛选出适合该省高速公路边坡绿化用的藤本植物。路艳等（2007）提出高速公路边坡绿化用藤本植物的选择应遵循适应性原则、生态性原则、节水性原则和经济性原则，并列举了我国常用藤本植物的种类和特性，提出了藤本植物在高速公路边坡应用中的绿化模式。

另外，在某些特殊的边坡上，植物的选择则要考虑更多的因素。张世绥（2006）结合实践经验论述了盐渍土地区公路边坡生物防护技术的意义、主要模式、护坡植物的选择以及主要的护坡植物。得出的结论为，盐渍土地区公路边坡生物防护植物的选择要做到因地制宜、适地适树。盐渍土地区土壤含盐或碱，多数植物不能生长，公路边坡生物防护所选择的植物首先要耐盐碱、适应性强、耐性强；还要栽植容易、管护简单、树形美观、具有一定观赏性；要尽量选择乡土树种，避免大面积工程治盐，不选择娇贵的树种。护坡植物的选择除要遵循以上原则外，还要注意选择萌蘖力强、耐修剪、生长迅速、郁闭快的种类。在进行护坡植物的选择和配置时，还要明确设计路段对生态、环境和景观效果的特殊要求，栽植后所形成的景观要与整个路域生态环境协调一致。其还详细地描述了用于盐渍地区公路护坡的常用灌木和草的各种性状及栽植模式。常用护坡灌木有白刺、沙枣、四翅滨藜、柽柳、紫穗槐；常用护坡草坪及地被植物有马蔺、紫苜蓿、蜀葵、二色补血草、罗布麻、滨旋花、草麻黄、针线包。

目前，许多边坡的护坡植物都是外来引进的植物种，在植被恢复的实践中乡土种相对于外来种有较大的优势。从恢复生态学的角度来看，长此单一引进外来种的方法也会引起一系列生态问题，如外来种入侵、扰动植被自然演替等。董效斌等（2002）利用野草稳固运城至风陵渡高速公路下边坡，通过对人工植被养护边坡和野草稳固边坡的效益比较，证实了野草稳固边坡造价低、易管理，对加固边坡、美化路貌效果显著。陈迎辉等（2004a，2004b）对湖南潭邵高速公路的部分石方边坡用野生狗牙根进行绿化试验，结果表明，与传统的石方边坡客土喷播草种方法相比，用乡土草种护坡不但成本低，而且坡面覆盖快，水土保持和绿化效果好。

总之，在实际工作中，植物种类的选择要根据具体条件来定（路峰和崔兵，2009；陆剑，2006）。草的品种选择应适应当地自然条件，最好是根系发达、叶茎低矮、多年生长、几种草籽混种。高速公路的边坡保水困难，特别是坡顶附近更难保水（路艳等，2007），在种植时，坡顶宜选用植株比较矮、抗旱性强的禾本科地被植物，坡脚可以混播一些比较高大的豆科和禾本科草本及小型灌木。

理论研究方面，解明曙（1990）在综合国内外现有研究成果基础上，对植物根系固坡的力学机制进行了深入的理论研究。周跃和Watts（1999）根据土壤学、生态学和植物生理学的有关原理，在国内引入了坡面生态工程（slope eco-engineering，SEE）的概念。这些研究成果对高速公路的生态防护设计、施工与管理起了有益的指导作用。我国高速公路扰动土地植被恢复及演替的研究主要集中在：①植被群落的多样性及演替进程与规律；②排序方法分析植被演替与环境因子（主要是土壤）的关系，研究植被恢复中植被与环境因子的相互作用及植被恢复中的限制因子；③探索适合区域的植被恢复配置模式。我国对扰动土地植被恢复与演替的研究取得了较多的研究成果，指导扰动土地的植被恢复实践见表7-1。这些研究为高速公路边坡植被恢复及演替的研究提供了依据和指导。

表7-1 高速公路扰动土地植被恢复与演替的研究及进展

研究人员	研究时间	研究进展
陈振盛	1995年	对台湾地区泥岩边坡采用播种、植苗及植生带等防护方法进行研究
章梦涛等	2000年	在借鉴日本同类技术的基础上，进行了以土壤为主要材料、硅酸盐水泥为黏结材料的喷混植生试验，并在内昆、株六等铁路及惠河高速公路进行了现场试验，取得了一些研究成果
刘秀峰等	2000年	对贵遵高速公路边坡生境及植被演替的研究表明，由于土壤肥力和水分条件不良，杂灌草逐步取代建群种，侵入物种生命力强，具有较强的竞争优势，群落处于逆向演替阶段
杨喜田等	2001年	对黄土地区高速公路边坡植物侵入状况做了初步探讨，发现边坡侵入植物受坡度、坡向、坡长、坡面局部稳定性、土壤硬度及其自身生物学特性的影响，坡度陡、坡长大、阳坡、坡面不稳定、土壤硬度较大的边坡植物入侵慢
张俊云等	2002年	从力学与水文学两方面分析了植被对边坡的稳定作用及对坡体表层的侵蚀控制作用。通过分析华南及西南一些新建的高速公路岩石坡绿化方法，探讨了目前国内高速公路岩石边坡下绿化方法的优缺点，以便为各岩石边坡绿化方法的进一步完善积累一些经验
陆剑等	2006年	调查了华南地区四条高速公路45个边坡的植被及土壤状况，物种丰富度、盖度基本一致，一个样方中已经有薇甘菊和阔叶丰花草等恶性外来入侵种的出现；边坡土壤养分的流失速率很快，各养分含量较低，其中磷素是植被发展和演替的一个限制因子。当边坡坡度大于50°时，坡度对植被盖度的影响达到显著水平。初步筛选出可用于边坡绿化的乡土植物种，并提出改良土壤条件的方法
李国荣	2007年	通过在青海现场调查、试验和研究，阐述了灌草植物护坡的条件和属种筛选依据，分析了灌草植物结合护坡的效应，并介绍了灌草植物结合护坡的组合搭配原则，通过讨论植物护坡的基质条件和护坡植物筛选原则，对灌草植物相结合护坡的效应和组合搭配原则进行了一定程度的探讨
乔领新等	2009年	以京承高速公路三期边坡植被恢复工程为依托，探讨了草豆模式（以草本为主、豆科为辅）和灌草模式（以灌木为主、以草为辅）两种植物配置模式在植被防护初期的恢复效果。结果表明：灌草模式初期形成的群落坡面覆盖度呈现逐步增加趋势，复层特征日渐明显；而草豆模式前期增加迅速，在播种3个月出现峰值后，覆盖度出现了下降。在高度变化上，草豆模式中的禾草增长快于豆科植物，且在播种3个月后达到峰值；而灌草模式中播种前2个月各类植物高度逐步增加，随后野菊花的高度生长迅速增加，群落中的其他植物受到抑制。两种植物配置模式在边坡防护中初期的恢复效果差异明显
朱小军	2010年	考虑地理区划及气候区划选择雅泸高速公路边坡植被恢复的适生外来物种，结合适生乡土物种建立起雅泸高速公路边坡植物选型资源库，通过植被群落组成、结构调查，利用AHP法综合考虑植物适应性、防护性、景观性及经济性建立判断矩阵，对于不同植被区段植物资源库中的植物进行综合排序，筛选出适生植物并确定合理的配置模式
刘爱霞	2011年	采用野外调查和室内分析相结合的办法，应用空间代替时间的方法，选取陕西不同植被恢复年限、不同坡向的关中平原高速公路路堤边坡、路堑边坡、立交区三种类型各14个、5个、6个样地为研究对象，详细调查了上述样地的植物资源，分析了不同恢复年限下的土壤理化性质、植被组成及多样性特征，并给出适合本区的人工植被，以及限制本区植被恢复的因子
贾春峰	2021年	以山西省典型地貌类型区高速公路为研究对象，通过无人机斜摄航测获取DEM数据、通用土壤流失方程和径流小区观测的方法，对比分析高速公路建设前后不同地貌类型区边坡的土壤侵蚀规律，基于保护水资源、改善生态环境为目标对项目区水土保持效应进行定量评估，以期为同地貌类型地区高速公路水土保持工作提供参考

目前，高速公路扰动土地植被恢复与演替研究存在的问题及急需进一步研究的热点：①植被恢复技术已经取得一些进展，但是针对特殊环境条件下（荒漠、高原、高陡岩石边坡）的植被恢复还尚未有系统的研究。②植物的选择与配置，包括种类、种植密度、乡土植物的利用已经取得一些成果，但是我国地质地貌、气候类型等复杂多样，仍需进一步研究。③养护和管理的研究，抵制杂草，尤其是侵占性强的恶性杂灌草。④恢复后的植被群落的研究，如植被群落的抗蚀性、稳定性、多样性及演替的研究。合理的植被选择和群落配置可以促进群落平衡、加快群落的正向演替，使得边坡植被更好地发挥水土保持效果。现阶段对植物的选择、配置进行了大量的研究，为边坡生态防护提供了理论依据（表7-2）。

表7-2　现阶段关于植物的选择、配置的研究及进展

研究人员	研究时间	研究进展
胥晓刚等	2001年	通过对13种植物在四川高速公路中的生长适应性进行比较，发现狗牙根、百喜草、草木犀、弯叶画眉草具有较强的耐贫瘠、耐旱性，从此展开了对护坡植物选择的系统性研究
刘孔杰等	2002年	认为在群落配置方面还应该充分考虑物种间的相互作用，尽量避免物种间的拮抗作用，确保群落内相互协同及群落的稳定。在植物配置上，遵循生物多样性原则
祝遵崚	2007年	依托连徐高速公路和宁杭高速公路，与公路建设工程同步，采用现场田间试验、定位观测、典型样地观测和实地调研相结合的手段和方法，从路基和路堑边坡的防护功能出发，用生态防护形式取代传统的工程防护，治理裸露的土质和岩石边坡
肖蓉	2009年	通过对铜川至延安高速公路不同护坡模式边坡物种多样性特征、植被生长特征分析，得出边坡植被主要是人工种植的植物种，菊科、豆科和禾本科植物占优势。"紫苜蓿＋柠条"和"小冠花＋柠条"等植被组合呈现激烈的种间竞争。提出采用"豆科＋禾本科""草本＋灌木"的配置模式，充分利用"乡土树草种"，多种植物搭配，减弱或消除种间竞争
邵宗强和陈开圣	2010年	从植物地上部分和地下部分两个方面分析了植物的护坡机理，结果表明，植物的茎叶具有削弱雨滴溅蚀、抑制坡面径流冲刷、截留吸附雨水和改善土质等功能，植物的根系具有抗侵蚀性能、加筋土作用和锚固等功能
朱小花	2011年	对铜黄高速公路高陡路堑边坡植被生长特征以及土壤理化性质进行了分析，得到以下成果：①水平沟植草护坡在铜黄高速公路是不适用的。②样地0.10cm土层在有机质、碱解氮、有效磷、速效钾、水分含量、pH以及水溶性盐含量方面均高于10.20cm土层。喷播和穴播样地有机质含量和碱解氮含量相对较低；水平沟和穴播样地速效钾含量和有效磷含量相对较低；穴播样地水分含量普遍偏低；喷播样地土壤容重较低。③植被覆盖度、含水量、速效钾、植株密度、地下生物量、pH、地上生物量以及土壤容重对铜黄高速公路植被恢复影响相对较大
仝晓辉等	2012年	结合榆林至绥德高速公路路堑边坡的环境特点，提出了适宜黄土地区路堑边坡植被恢复技术，总结了打穴钻孔栽植营养钵苗技术的特点与施工方法。通过对选用植物的现场观测及数据分析，阐述了该技术的有效性和实用性，对于黄土地区公路建设中的路堑边坡植被恢复具有一定的实践作用和借鉴意义
邹群和邹国平	2013年	论述了生态护坡研究的进展，研究了植物护坡的机理，介绍了江西主要高速公路生态护坡技术及其适用范围，从工程的角度分析了生态护坡技术在高速公路边坡防护中的应用，探讨了其局限性，提出了生态护坡需与工程护坡相结合的建议
张娅玲	2014年	通过对陕西省多条高速公路生态护坡中所采用的植物及其长势的调查，总结出陕西省不同地区常用的护坡植物，并提出不同地区最优护坡植物种子配置方案，对及时指导工程施工具有重要的现实意义

研究人员	研究时间	研究进展
罗珂等	2015年	以毛坝至陕川界高速公路为例，结合沿线边坡特性，调查、分析了不同边坡生态防护技术的原理、形式、特点、适用条件及实际护坡效果。结果表明，因地制宜地在高速公路建设中应用生态边坡防护技术，可以增强边坡的稳定性，抑制土壤侵蚀，营造良好的生态景观，构建稳定的生态系统，降低工程造价，节约维护成本，保证高速公路安全运行，具有良好的生态效益、经济效益及社会效益，以期为今后高速公路边坡生态防护工作提供参考
岳建东等	2015年	通过试验确定了生态袋防护技术在山区公路护坡中的应用，可替代石砌护坡，通过在不同坡度采用不同的植物品种和种植方式，对形成的植被生长情况进行调查分析，筛选出更加适合山区公路的生态袋防护植物品种和种植方式，对今后山区的边坡生态袋柔性防护应用具有指导作用
刘治兴	2016年	通过对岳武高速公路岳西第一标段植物生长期65d、95d、128d试验公路边坡的连续现场观测，并采用直接剪切法和静水崩解法测定了根土复合体抗剪强度和土壤抗蚀性能，掌握了边坡防护生态、力学及水土保持效应指标的动态变化资料，建立了灰色原理综合评价模型
李宝建	2017年	以生态护坡为出发点，以海南地区红黏土及小叶榄仁为研究对象，进行了相关的物理力学试验，探索了浅层滑面中乔木根系对边坡的阻滑效应以及在小型浅层边坡滑动过程中乔木根系的变形情况，旨在更好地研究植被固土护坡的力学机理，从而系统利用植被对边坡进行全方位防护，真正做到边坡的生态治理
宋丽艳等	2018年	采用生态调查方法，对京承高速公路中央隔离带、边坡、服务区等不同功能区的植物组成和配置模式进行特点与效果分析。分析显示，边坡选用的植物以豆科为主，耐旱并且具有良好水土保持功能；护坡道和碎落台选用的植物根系发达，能够有效提高边坡稳定性；胡枝子、紫穗槐、臭椿以及火炬树是收费站和服务区的优势植物，起到隔音防尘、美化环境的作用
田俊	2019年	针对某高速公路工程实际情况，对其边坡绿化采用的三维网喷播植草、客土喷播植草的绿化植物配置、施工进行深入分析，并通过实践验证了本工程所用边坡绿化植物配置方式的合理性、可行性、有效性与经济性，可为类似工程建设提供可靠的参考依据，起到类似的绿化效果
李翠英	2021年	通过探究高速公路植物防护技术在边坡土壤侵蚀问题中的应用及发展优势，科学分析选择高速公路绿化植物品种。从高速公路沿线的地形地貌特征出发，从植物品种生物学、生态学特性入手，通过植物多品种的选择、合理布局、科学配置、点线面结合，使高速公路绿化既反映当地森林景观特色、现代化气息，又满足高速公路绿化稳定边坡、遮光防眩、诱导视线、改善环境的需要

  植被的管护不仅包括建设初期的苗期管理，还包括建成后期甚至公路运营若干年后的管护，即长期管理（罗珂等，2015）。公路后期管护至关重要，保证人工植被的正常生长，防治恶性杂灌草的入侵破坏本地区的生物多样性，保护高速公路景观（马克平等，1995；毛琨和杨祥军，2017）。同时，管理植被时还要注意，保证附近的动物群落的安全通行。在管养技术上，就要了解恢复植被类型和各种品种的特征与特性，抓好灌溉、排涝、修剪、防治病虫、防寒、支撑、除草、中耕、施肥等技术措施使植被适应环境，达到较高的成活率和保育率（欧阳恩德等，2008b）。我国关于公路坡面恢复植被后期养护与管理的研究见表7-3。

表7-3　公路坡面恢复植被后期养护与管理研究及进展

研究人员	研究时间	研究进展
张玉珍	2004年	提出了运用生物多样性原理，在植被恢复后2～3年，通过增加群落中植物种类、提高群落中木本植物比例，以改善植物群落功能，为公路边坡恢复植被后期养护提供了科学方法
卢少飞	2006年	对黄石至黄梅高速公路沿线春季外来入侵植物的种类和分布、不同生境和工程结构对外来入侵植物分布的影响，结合外来入侵植物的生活习性和高速公路建设工程特点，提出对外来入侵植物的防控的建议
陈宇芬	2009年	针对广东省高速公路现阶段边坡绿化的养护特点，对在养护过程中所采取的一些日常养护措施进行重点阐述，以期通过对这些技术措施进行探讨推广，从而达到"科学管理"的目的
徐洪丽等	2013年	通过京承高速公路（3期）裸露边坡植被调查和边坡试验，分析和确定了主要养护技术对植被恢复效果的影响及其适用性，并提出了裸露边坡人工植被施工与养护技术规范，为我国裸露边坡植被恢复与养护工程提供了实践参考和理论指导
张月	2016年	针对目前的高速公路边坡绿化进行了系统评价，分别从绿化配置技术、绿化植物的选择、绿化植物的养护、边坡生态绿化以及新技术的应用等方面进行了阐述。公路生态建设的代表性工作之一是路域植被的恢复与重建，而植被恢复与重建离不开土壤条件的改善。路域土壤是路域生态系统的重要组成部分，是路域植物生长的介质和养分的供应者。路域土壤作为路域植物生长的限制性因子，其质量的好坏直接影响着路域植被恢复工程的成败。因此，了解路域土壤的形成机制和理化特性，可为公路生态建设提供理论依据和技术指导
蒋必凤和李淑敏	2016年	分析了工程常用的边坡分类方法及其对应的植被配置，并且根据后期的养护管理将边坡分为精细管理型生态边坡、粗放管理型生态边坡和半粗放管理型生态边坡，同时对3种管理类型的边坡的植被配置进行了设计，为工程实践提供了一定的参考

　　国内外针对扰动土壤性质的研究比较多，一方面，为扰动土壤的生态管理提供了理论依据，另一方面，也为路域的植被恢复模式的建立提供指导（表7-4）。

表7-4　扰动土壤性质的研究内容及进展

研究人员	研究时间	研究进展
李宗禹	2002年	对甘肃陇西互通立交绿化区研究得出，在系统恢复和重建的初期，随着恢复年限的增加，土壤中的营养元素的含量增加，植物的年生产量（其中包含大量的营养元素）也在增加，并提出对扰动土壤生态管理方法
余海龙等	2006年	对呼集高速公路的研究表明，路域土壤形成过程中，土壤的粉沙粒、黏粒含量、有机质和养分含量趋于下降，pH趋于升高
张磊等	2008年	经过对边坡岩土化学分析试验得知，边坡岩土营养成分非常缺乏，除钾元素外，其他营养元素均不能满足植被的生长需求，所以需在边坡生态修复的基材中加入缓释肥，提出适合该区域的植物种类及配置、土壤条件的改良措施
何宇翔等	2009年	对随州至岳阳高速公路的表土进行了理化分析，并提出根据不同的土壤理化性质因地制宜，合理选择绿化植物和施肥管护的建议
舒安平等	2010年	通过对不同坡向边坡的土壤和植被分析，得出受阳光照射和温度影响，阳坡的土壤水分含量低于阴坡，而阳坡土壤硬度大于阴坡，阴坡比阳坡的植物种类丰富，整体植被主要表现为高度和盖度均大于阳坡。表明不同受光坡面植被恢复的类型与群落存在一定的差异性，并提出改良土壤硬度的方法

研究人员	研究时间	研究进展
郭文	2011年	针对高速公路绿化的实际需要，对宝牛高速公路路域扰动土壤的理化性质及其地表的植被进行分析，评价了扰动土壤的养分等级与植被重建恢复的效果，有针对性地提出了土壤改良和植被重建恢复的合理化建议
哈斯图力古尔	2012年	选取内蒙古鄂尔多斯市伊金霍洛旗公路、铁路、乡村道路为研究对象，在3S系统的支持下，对道路沿线景观格局变化进行了研究，并对3种道路以不同距离进行土壤采样，经测量与实验，对3种道路周边的土壤理化性质进行研究
黄灏峰等	2013年	以京承高速公路（3期）边坡为例，采用挖掘法调查两个不同坡向胡枝子和紫穗槐根系的地下分布，分析不同坡向两种灌木根系生长的差异。结果表明：①阴坡胡枝子和紫穗槐根系长度和根系干重比阳坡高；②阳坡胡枝子根系集中在0~10cm土层，阴坡胡枝子集中在10~20cm土层，而阴坡和阳坡紫穗槐90%以上都分布在地下20cm土层；③两个边坡胡枝子细根的长度比例最大，但是阳坡较阴坡粗根比例有所增加，对于紫穗槐，阴坡粗根的比例最大，阳坡细根的比例最大；④根系的地下分布深度和不同径级的根长比例在两坡向边坡存在差异
龙昊知	2014年	以青藏公路沿线工程扰动地和原生态地土壤为研究对象，利用可培养方法、定量PCR方法和高通量测序技术，结合土壤理化性质及植被样方调查，研究了这一区域土壤微生物群落结构以及工程扰动对其影响和扰动范围；通过原油富集培养方法和alkB基因克隆文库的构建，筛选获得了一批低温原油降解菌，并对区域内烷烃降解菌群结构和alkB基因多样性开展了研究
于亚莉等	2015年	以重庆市典型弃渣场为研究对象，采用野外调查及室内综合分析等方法研究不同恢复年限弃渣场的边坡不同部位土壤物理性质特征。结果表明，不同恢复年限弃渣的细小颗粒（<0.25mm）随着时间的增加呈先减小后增加的趋势，弃渣容重呈减小的趋势，而弃渣场不同坡位的总孔隙度均与土壤容重成反比；土壤水分含量明显增大。在植物根系及其枯落物作用下，弃渣边坡土壤物理性质得到改善，其增强了边坡稳定性
赵少飞等	2018年	针对地下空间开发等引起的扰动土-结构接触面抗剪强度特性，制备了干密度、孔隙比、含水率和饱和度4类物理性质指标变化的扰动土样。试验结果表明，对各类粗糙度接触面，抗剪强度及外摩擦角均随含水量、孔隙比、饱和度的增大而非线性减小，而随干密度的增加而非线性增加，其中含水量在10%~15%或饱和度在40%~50%时改变显著。对于极光滑接触面，抗剪强度及外摩擦角受土的扰动影响微小，基本可以忽略
郭碧花等	2022年	针对高寒草甸公路护坡建设的实际技术需求，选择G248四川省红原县机场段，建成10年的5个坡度级公路护坡，通过测定土壤颗粒组成和理化指标、植被盖度和退化面积、有机质和全氮相对减少率等指标，分析不同坡度上土壤保水保肥能力、沙化等级比例组成及沙化表现差异，研究坡度对护坡土壤状况及沙化度的影响

7.3 生态防护工程研究背景

随着生态理念和环保意识的普及，工程建设者倾向于采用植被生态的方法进行边坡防护，生态护坡技术不仅能稳定边坡，在景观建设和环境保护方面也有很大的优势（裴冰，2013）。高速公路工程项目不断增加虽然带来了巨大的经济效益，但同样也带来了一系列生态环境问题（屈越强等，2015）。尤其是挖方填土等阶段形成的边坡，既使得区域内原有的生态平衡被打破，又使得高速公路运行中面临着较大的安全隐患（冉秀琼和屠剑斌，2008；山寺喜成等，1997）。例如，崩塌、滑坡、泥石流、黄土湿陷、岩土膨胀、砂土液化、水土流失、土地沙漠化等灾害频发，造成了巨大的损失。在高速公路建设过程中，形成了大量的挖、填方边坡，裸露的边坡不稳定且易受降雨的冲刷，加重土壤侵蚀（图7-2）。研究表明，裸露的边坡地带风速比草地大8倍、比林地大15倍。据调查，每建设1km高速公路，形成的裸露坡面面积可达5万~7万 m^2。目前，我国高速公路工程规模不断扩大，很多人工挖填的情况在施工中普遍存在，导致逐渐形成大量的边坡。我国不断建设和发展的高速公路事业让越来越多的边坡问题涌现出来。在施工过程中，受地质条件的限制，另外开挖边坡具有较高的坡面和较陡的坡度，同时雨水长时间对其冲刷，出现了边坡土壤侵蚀严重的情况，高速公路上经常会出现落石和滑坡现象。据不完全统计，在长江中下游因高速公路建设，每年新增土壤侵蚀5000万t。大量的土石方施工给自然界带来了很严重的破坏，产生了严重的土壤侵蚀隐患。

图7-2　神木至府谷高速公路建设裸露的边坡易受降雨的冲刷（摄影/宋晓伟）

　　边坡防护主要有两种方式，一种是工程防护，另一种是生态防护（植物防护），近年来生态防护技术有了较快的发展，其不仅弥补传统防护工程护坡的不足，而且可以满足人们对生态保护的要求。边坡生态防护技术是基于生态工程学、工程力学、植物学、水力学等学科的基本原理，利用活性植被材料，结合其他工程材料在边坡上构建具生态功能的护坡系统，通过生态工程自支撑、自组织与自我修复等功能来实现边坡的抗冲蚀、抗滑动和生态恢复，以达到减少土壤侵蚀、维持生态多样性和生态平衡及美化环境等目的。边坡生态防护不仅可以加固边坡，保土涵养水源，减少土壤侵蚀，而且还可以净化空气，保护生态，美化环境，促进行车安全，具有良好的经济效益、社会效益和生态效益，在越来越重视环境保护和人类自身生存质量的今天，生态防护已成了公路边坡防护的一种趋势，代表着边坡防护的发展方向（刘书套，2001；路峰和崔兵，2009）。

　　恢复和重建边坡及路旁的生态植被不仅是高速公路工程本身安全的需要，而且对于美化沿线景观也是十分必要的（邵宗强和陈开圣，2010）。植被恢复作为边坡生态防护的一个重要方面，受到了人们的关注，开展了很多相关研究（沈含羽和牛迪，2018），这些研究主要集中在边坡植被恢复技术、机理，植物种的选择与配置，植被群落的结构、多样性、演替等方面（史彦林，2013；舒翔和杜娟，2016）。但是，由于高速公路的建设发展时间不是很长，对边坡植被恢复的认识正在逐步深化；高速公路是线性工程，线路长，经过的区域生态条件多样而复杂，增加了研究的难度。在实践中仍然存在着诸多问题，如边坡人工植被经过几年的生长繁衍出现退化，人工种植的植被数量减少，覆盖度下降，再次出现裸露。有的坡面植被配置不合理，杂灌草两年后就开始入侵，使景观改变，达不到预期效果和目的。尤其是恶性生物入侵的事件时有发生，例如，云南昆明至石林、昆明至安宁、昆明至玉溪三条高速公路沿线局部地段，紫茎泽兰大量入侵，破坏植被的稳定性，原有群落结构遭到破坏，引起植被退化。究其原因，主要是植被恢复模式配置缺乏充分的科学依据，公路坡面植被恢复的机理、土壤恢复机理、限制因子、群落的设计和评价等问题仍处于探索阶段。根据高速公路植被恢复现状，当前亟需进行最优的群落配置、乡土优良护坡植物资源的开发、植被群落演替规律的研究。这些研究为高速公路的边坡植被恢复实践提供理论依据，为已出现问题的公路边坡的二次修复、治理提供技术支撑，解决植被恢复实践过程中遇到的问题。

　　植被类型复杂多样和山区特殊的环境条件（如地形地貌、气候复杂多样、土层较薄等）使得土石山区的高速公路植被恢复遇到很多难题，成为高速公路植被恢复的难点（刘治兴，2016）。区域立地条件差，植物成活率低，不利于植物的生长和演替；植被类型和物种组成变化较大，增加了植被恢复的树草种选择、植被恢复技术确定的难度（图7-3），而且关于这方面的研究也少见报道。因此，土石山区高速公路扰动土地植被恢复的系统研究对于提高高速公路建设水平十分必要。

　　土壤是生态环境的重要组成要素，是植物所需营养的主要来源，是植被恢复的重要影响因素，也是土壤侵蚀作用的对象；同时，植被恢复也会影响土壤性质，植被的好坏直接影响土壤侵蚀的过程，并进一步影响生态环境的诸多方面。因此，土壤与植被的交互作用一直是恢复生态学理论与实践研究中的重要问题之一。高速公路建设要对周边的地形、地貌、土壤、植被等造成干扰和破坏，尤其是路域土壤受到了工程建设活动的严重干扰，路堑边坡、取土场表层土壤被大量剥离，取而代之的是底土或母质风化土，而路堤边坡、弃土场、弃渣场还往往掺杂有废料、石渣等。高速公路的快速发展，在促进地区经济快速发展的同时，也给沿线的生态环境带来了一定的破坏，造成大量岩土裸露，引发严重的生态问题。在公路运营开始后，车辆产生废气等会影响植物生长，导致生长繁殖机能减退，抗病能力逐渐下降，最终引起植被的退化甚至死亡，且在后期由于边坡剥落病害严重，需要不断地进行人工维护，耗费大量的人力物力，公路边坡植被恢复问题认识的缺乏导致公路边坡植被恢复研究严重滞后于高速公路建设，引起边坡再次裸露等一系列问题。植被在防治土壤侵蚀方面的作用早已是

图 7-3　榆林至佳县高速公路建立致使植被遭到破坏（摄影/宋晓伟）

众所周知的，其在保持公路边坡的稳定性上也是必不可少。因此，高速公路边坡植被恢复应引起人们的重视。

7.4　生态防护工程现状

随着我国经济社会的快速发展，对于公路等基础设施的建设越来越重视。在工程建设过程中，通过做好设计、施工等工作，提高不同地质条件下边坡工程的稳定性（王进和金自学，2006）。在进行边坡防护时，仅依靠物理工程不能确保边坡的防护效果，还要注重边坡生态防护措施的应用（王俊明，2008），以此来提高边坡生态环境质量，提高边坡景观工程的视觉效果（图7-4）。边坡生态防护技术的应用不仅可以起到良好的防护作用，提高工程环境质量，使边坡生态防护与环境保护相协调，还可以降低边坡防护治理的经济成本。

国内边坡生态防护技术发展起步相对较晚，早在20世纪90年代前，边坡生态防护主要借助于撒草种、铺草皮及构筑片石骨架工程来进行绿化，这些方法相对简便，但所取得的效果不够明显（王可钧和李焯芬，1998）。随着工程建设速度的不断加快，我国也积极引进了一些先进的边坡生态防护技术与模式，如现阶段应用较多的边坡喷涂绿化技术。

由于边坡的环境十分复杂，当前并不能完全依靠一种工程措施对边坡环境问题进行彻底治理，单一的工程加固对于边坡的防护效果并不好，不能实现可持续发展，也不能满足生态环保的要求，没有从根本上解决问题。因此还可能会带来环境恶化（罗珂等，2015）。例如，传统的边坡加固方法，导致边坡缺乏植被，导致当地的植被覆盖度低，空气质量不佳。

图7-4　西安至商州高速公路边坡生态防护工程（摄影/宋晓伟）

近年来，关于边坡防护技术的研究越来越深入，对边坡防护技术进行了改善，植物护坡技术是一种科学的护坡技术，不仅可以改善生态环境质量，还能与传统的坡面工程共同形成边坡工程与生态防护体系（王明明等，2007）。植物护坡技术是通过科学合理地搭配植物对边坡环境进行改善的技术，涉及多个领域，包括生物学、植物学、生态学、林学、农学、土壤学、农业生态学、观赏植物学等多个学科。随着边坡环境问题越来越严重，人们逐渐意识到对边坡防护不仅要进行加固处理，还应该对原来的植被进行恢复，而且对植被进行恢复也是一个必要途径，是可行的。

在进行边坡生态防护工程建设工作时，要对不同种类和特点的边坡进行分析，采用不同的防护技术和施工方法，选取不同类型的植物品种。目前的边坡防护技术可以分为两种：边坡生态防护技术和高陡边坡植物护坡技术。工程建设过程中，施工方法主要包含以下几种：①利用草皮进行护坡。通过在边坡坡面铺筑相应的草皮来达到护坡效果。②采用沟穴种植法进行防护。施工环节中需要人工开挖沟穴，之后再选用合适的灌木、藤木进行种植，进而达到边坡防护与加固的效果。③采用植生带绿化法。该方法要先将草种、肥料及保水剂等进行拌和，之后再将其种植在无纺布等材料上，通过滚压及针刺等方式来起到固定作用，进而能够形成植生带。④边坡生态防护工程也可采用浆砌框架法，提高边坡防护与加固的整体效果。

边坡生态防护能够起到良好的边坡加固作用，主要是由于植被具有相应的力学效应以及水文效应（裴冰，2013）。一方面，植物的根基具有一定的锚固作用。随着植被根系的不断生长，其根部可以穿过边坡的松散风化层到达相对稳定的边坡土层结构中，进而充当锚杆作用。例如，小灌木、藤本植物，其根系能够深入到边坡内部1.0~1.5m处，起到良好的边坡防护作用。同时，浅层根系错综盘结作用也能对边坡表层起到良好的固结效果。另一方面，植被的水文效应主要体现在减小边坡孔隙水压力以及截留沙粒、雨水。降雨是导致边坡失稳的一个重要因素，栽种植被能够及时吸收边坡内部土体的水分，并通过蒸腾作用降低土体含水量，进而可以提高土体结构的抗剪强度，改善边坡的稳定性。同时，边坡上的植被可以起到截留泥沙、减弱雨水溅蚀的作用。

7.5　边坡生态防护基本原则

边坡采用公路生态防护时，需要确保边坡整体的稳定性满足要求，即防护应施作在稳定的边坡上；边坡绿化后的景观效果应与周边环境相协调，即后期的绿化工程要与原有的自然环境融为一体。还需满足公路粗放式管理的要求，绿化植物可以自我生长发育，形成生态循环，后期养护方便；植物的采种、种植、养护应具有经济性，即栽种成本较低，后期养护成本低。其基本原则如下。

7.5.1　生态优先

近年来，我国公路交通快速发展，公路交通基础设施建设在推动国民经济社会发展、促进地区间交流等方面发挥了重要作用。为建设资源节约、环境友好型公路交通行业，各级环保、发展改革、交通主管部门出台了一系列政策措施，不断强化管理，总体上实现了公路建设与环境保护协调发展。但是，公路建设特别是高速公路建设不可避免地占用土地，扰动环境，部分公路建设还涉及自然保护区、风景名胜区、饮用水源保护区等环境敏感区，公路交通噪声污染问题也日渐突出。公路建设破坏了原有生态系统的连续性和完整性，并导致系统功能性的改变（王震洪和段昌群，2006）。因此，公路生态恢复工程应当坚持生态优先的原则，注重从系统受损功能的角度切入，着眼于生态系统功能的恢复（韦根和覃汉华，2011）。在工程设计上，首先要保证生态系统结构的完整性，强调系统的整体重建、恢复；对已造成的破坏采取最大可能的恢复措施，使公路生态功能尽可能达到先前的水平；还要充分考虑维护并促进公路生态系统的稳定性、持久性，使其处于不断自我更新、自我发展的良性动态过程（温涛和孟宪金，2016；吴春光，2019）。

保康至神农架高速公路项目是湖北省"九纵五横三环"高速公路规划网和"鄂西生态文化旅游圈"建设的重要组成部分，是神农架林区与外界连通的第一条高速公路，对完善湖北高速公路网布局，进一步加强区域交通联系和经济沟通，促进襄阳和神农架林区区域旅游资源、自然资源开发，推动沿线地区社会经济发展具有十分重要的意义。秉承"大道天成""道法自然"古训（图7-5）。保康至神农架高速公路从施工设计到项目建设，将穿越神农架林区原生态环境保护理念，全面融入项目管理中。设计之初，在施工主线上，有1棵树龄800多年和1棵树龄700多年的古树，为了尊重自然，保护这两棵古树免遭损毁，高速公路设计拓宽思路，方案变更原线路，最终绕过古树，改道修建，由此带来的工程造价增加费用超过1000万元。此外，保康至神农架高速公路为了减少山林毁坏，增加隧道比例，使得整个项目桥隧比高达85.24%。施工中，为保护周边生物物种，尽量采用小范围、小规模施工，避免大填大挖、大口径爆破，尽

图7-5　太白至凤县高速公路融入生态环保理念（摄影/宋晓伟）

一切可能优化施工组织方案，想尽一切办法减少对生态的影响。在项目建设宜林季节全方位新植绿树、新增行道树，全天候采取一边施工建设、一边修复林区生态的方式，使生态因施工而产生的影响降低到最小。在施工边坡护理方面，采取施工与植树护绿"两不误"的方式同步进行，使因施工破坏的边坡最快速、最完整得到修复。在施工场站内，最大限度增加绿化面积，5个施工标段新增绿化面积超过约7000m²，并通过大面积移栽红线范围内树木植被，对自然环境及时进行修复，用新生态保护原生态。

7.5.2　自我恢复

破坏生态系统的速度要比恢复生态系统的速度快得多，因此在建造完一项边坡生态防护之后，当地的公路生态环境需要一个漫长的时间恢复，当地生态系统中的生物多样性、结构稳定性等方面才能得到一定的恢复，只有公路生态系统的结构稳定化才能提高公路生态系统的抗逆性，才会有利于公路生态系统的稳定发展（吴东国和冷光义，2008）。与传统的公路边坡防护相比，公路边坡生态防护还应该在设计当中充分注重保护生态的自我与人工恢复的原则，也就是应该维持生态系统的可持续性，所以不可以一味地采用钢筋混凝土来施工，应该在自然的前提下实现"人造"跟"自然造"的融合，这样不但可以获得恢复上的成效及生态的保护，还可以减少投入，降低工程造价，进而实现更好的生态效益及经济效益。在整个恢复过程中，如果没有人类的干预，往往需要很长的年限，这会使得一些生物因此而灭绝，为了能够尽快使得生态系统恢复，可以根据公路环境的反馈信息进行相应的调整，进而加快恢复的进度。

7.5.3　自然和谐

党的十九大报告提出"坚持人与自然和谐共生"，并将其作为新时代坚持和发展中国特色社会主义的基本方略之一。这为科学把握、正确处理人与自然的关系提供了基本原则。公路生态恢复工程要遵循路域地带性自然规律特点，植物群落营建要适宜当地的自然环境，因地制宜、适地适种，优先利用当地乡土物种和地带性植物，以有利于坡面植物群落在短期内形成并加快演替进程，通过植物群落设计与地形起伏处理的结合，从形式上顺应表现自然、尊重自然的理念，立足于将植物景观充分融入路域自然环境中，达到边坡生态环境与路域生态环境整体上的相互协调、和谐一致（图 7-6）。

图 7-6　将植物景观充分融入路域自然环境中的西安至汉中高速公路（摄影/宋晓伟）

7.5.4　景观改善

公路生态恢复工程也包括对景观的再造和改善，不仅要考虑植被的高效率的恢复，还应注重考虑植物的景观效果，通过生态功能的回归来实现植物景观的优化（张东辉，2017）。第一，尽量选择具有较高观赏价值且经济适宜的物种，增加边坡植物的外观美感；第二，考虑植物品种配置和种植形式，将乔、灌、花、藤、草植物合理配置，形成立体复合结构；第三，在考虑与周围自然环境协调一致的基础上，采用不同颜色植物种类的搭配，形成色彩、色带的韵律变化，实现既美化路容景观，又增加行车愉悦性、舒适性的效果（图 7-7）。

7.5.5　稳定安全

路基边坡的安全稳定是生态恢复的基础和首要原则，在实际工程设计中，需要根据对现场勘察的结果，对其进行稳定性分析评价（张俊云等，2001）。对于坡体自身稳定性欠缺的坡面，设计采取有效的工程防护设施进行稳定加固；对于工程区域自身稳定的，也要考虑避免坡面植被恢复工程措施破坏其稳定性，使植被恢复措施与工程加固、防护措施有机结合，统筹优化工程的安全性设计（张丽云，2010）。

图7-7 西安至汉中的高速公路景观迷人（摄影/宋晓伟）

7.6 边坡生态防护中的难点问题

随着边坡生态防护技术的推广应用，各类边坡生态防护技术已发展成为高速公路绿色通道建设中的重要组成部分，但也存在一些难点问题。

7.6.1 技术应用方面跟不上时代的发展要求

随着经济的发展，我国高速公路建设得到了迅速发展，边坡生态防护引起了人们的重视，并逐步成为公路建设的重要组成部分。但是由于理论滞后，我国高速公路建设实践尚存在一些问题（张东辉，2017）。①迄今对植物根系防治土壤侵蚀，稳定坡面的作用机理主要从坡体抗剪切强度、抗蚀性、根系拉拔测定等方面入手研究，由于根系特性受到植物种类、气候、坡度坡向等多重因素的影响，且在地下造成了直接观测的困难，而目前的研究方式仍很难从本质上解释根系与土壤的作用机制，应寻求更科学的方式探究根系作用机理。②缺乏对生态防护效果的定量观测，不能合理评估不同植物技术对边坡的防护效果，未能给生态防护技术选择提供依据。③目前对于根系抗拉强度等力学特性的研究多采用匀速拉伸的方法，该方法简单易行，但不能充分模拟自然条件下根系承受的动态荷载作用，测量结果存在一定偏差。

目前，对边坡生态防护的要求越来越高，对专业发展的要求也在不断地提速，而边坡生态防护技术已经跟不上时代的发展，需要付出更多的努力。①边坡生态防护技术的普及率仍较低，不少人工边坡仍旧采用传统土工防护措施，不利于局部环境的生态保护和环境治理。②设计随意。设计人员未能深刻认识到边坡地质条件、土壤状况、小气候环境对生态防护措施选择的影响，盲目照搬，随意设计，造成防护效率低下，浪费严重。③防护技术种类单一，未能认识到生态防护技术的局限性，不能将土工技术和生态防护措施有机结合，各取所长，如渗透植被边坡、绿化加筋式防护等工程生物技术在我国极为罕见。④盲目引进国外物种，未对植物在当地气候环境的适应性考虑周全，往往造成植物的水土不服而大面积死亡，或对乡土植物造成侵害，不利于形成稳定的群落结构。

7.6.2　边坡防护植草的退化

防治边坡草被退化的重要措施就是乔、灌、花、藤、草相结合（图7-8），尽量模拟出当地的植物群落结构，走向本地化（张俊云等，2001）。在高速公路工程建设中，因管理不善，防护上投入的资金有限，边坡草坪处于自生自养状态，土壤生境恶化，生产能力和生态功能衰退，极易退化、死亡（图7-9）。

图7-8　乔、灌、花、藤、草合理布局，扮靓雷家角至西峰高速公路（摄影/宋晓伟）

图7-9　生长较弱、品种单一的草木

天然植被一般都是草木混生的,在较高的贫瘠土质或石质边坡上,采用草、灌结合的客土喷播或喷混植生技术施工,可以将草种和灌木树种进行混播,早期以草坪防护为主,后期以灌木防护为主,构建乔、灌、花、藤、草立体防护生态体系,达到恢复自然植被的目的。植物种子的选择及配置应走本地化的道路,以地带性植被、乡土植物为基调,适当引进适于本地生长条件的野生植物和外地植物(邵宗强和陈开圣,2010;王可钧和李焯芬,1998)。同时也应考虑浅根植物和深根植物的结合、豆科植物与非豆科植物的结合,还要尽可能配置抗逆性强的植物以及水、肥、光、热利用率高的植物,这样才能使植物更能适应当地气候,使其与自然植被融为一体,建设一个具有生物多样性的稳定的、生命力强的立体生态群落。

7.6.3 喷播时的植物种子配比与最终植物状态

喷播技术是结合喷播和免灌两种技术而形成的新型绿化方法(张丽云,2010),将绿化用草籽与保水剂、黏合剂、绿色纤维覆盖物及肥料等,在搅拌容器中与水混合成胶状的混合浆液,用压力泵将其喷播于待播土地上。混合浆液中含有的保水材料主要是覆盖作用。喷播植草施工完成之后,在边坡表面覆盖无纺布,以保持坡面水分并减少降雨对种子的冲刷,促使种子萌发。

边坡覆绿质量的好坏关键在于植物品种的选择(郑钧潆,2013)。喷播种应选择根系发达、生根性强、耐干旱、抗寒冷、耐贫瘠、抗病虫害强的品种。针对上述情况,结合本地区的气候条件和工程实际情况,遵循适地适时的原则,多选用灌木、豆科植物和乡土植物品种,如马刺、胡枝子、紫穗槐、马尾松、火棘、海桐、女贞等。考虑前期的固定护坡能力和植物的演替过程,适当加入草本植物,如狗牙根、高羊茅、百喜草、紫苜蓿等。对于选用的种子应进行催芽处理,选择不同品种间的合理播深、分层喷播,确保发芽率。采用冷、暖两季种子混合,比例适宜,品种多样化,施工时根据具体情况适当调整。

苗期每天浇水至少1次,可根据当日天气条件调整浇水次数。浇水时应呈雾状喷洒,保证土壤基质(客土)的充分湿润。洒水作业宜早晚进行,切忌在中午前后进行。定期施肥工作。要求根据植物生长状况适时进行肥料补充工作。苗期要有专业人员每天定期观察,发现病虫害及时防治。草种喷播完成后1个月,应全面检查植草生长情况,对生长明显不均匀的位置予以补播。

7.6.4 干旱对土体很薄的坡面植物构成威胁

边坡生态防护中的难点问题是对边坡生态防护可持续发展和环境科学技术的挑战,边坡生态防护技术涉及工程力学、生物学、土壤学、肥料学、园艺学、环境生态学等学科,必须不断在这些理论领域有所突破,积极引进开发新材料、新工艺及配套施工机械设备,充分吸收新的科研成果、先进技术和工程施工经验,注重国际和行业间的技术交流与合作(周德培和张俊云,2003)。总之,提高边坡生态防护技术的科技含量,是边坡绿化防护工程成败的重要环节(周宇和谭科,2018)。

目前在边坡绿化防护工程中，液压喷播、客土喷播、喷混植生是典型生态防护施工技术。在边坡绿化养护工程中，滴灌、渗灌、注水根灌、插管根灌、膜孔灌等是具有节约水资源、提高成活率、促进草灌木植物生长的灌溉技术；在土壤肥力方面，ABT生根粉、菌根菌、农菌及各种微生物肥料具有促进植物生根、生长和发育，提高植物的生理机能和抗逆性的作用。在这些新技术的应用过程中，还有许多问题和工艺需要探讨、改进，使其成本更低、操作更为简单、效果更好。随着边坡生态防护各项科研技术的不断深入，其各项新技术、新工艺的应用将日趋完善和成熟。

7.7　边坡生态防护的机理

高速公路边坡防护就是利用植物根系固着边坡表层土壤以减轻冲刷，从而减缓边坡的水流速度，达到保护边坡的目的（蒋必凤等，2017）。利用植物进行坡面防护和侵蚀控制从21世纪20年代就已经在世界范围内出现，发表和报道的有关综述研究和运用成果也越来越多。

7.7.1　边坡生态防护机理介绍

随着人们对植物和侵蚀之间的因果关系，以及对植物防护边坡作用的认识不断加强，边坡生态防护已经被认为是提升高速公路安全运行和环境美化的重要措施之一（朱剑桥等，2015）。天然降雨是影响边坡稳定性的首要因素。一方面，雨水沿着构造裂隙、各种原生或次生节理渗入坡体，不断地软化坡体中的软弱结构面，或降低土体的内聚力，减小内摩擦角，削弱坡体的抗滑阻力。另一方面，降雨对坡面进行冲刷侵蚀破坏。

植物根系在边坡防护中发挥的作用主要包括加筋、锚固、支撑3个方面。对于草本植物，其根系通常位于浅表土层。草本植物浅根系的延伸，能够形成根系–土体的三维加筋复合材料，提高土体的抗剪强度，大幅提高边坡浅表土层的稳定性。而木本植物的根系通常分为垂直根系和水平根系。木本植物的水平根系在边坡土体中延伸生长，形成具有一定强度的根网，极好地固结与支撑根际土体；木本植物的垂直根系通常向深处生长，能够很好地锚固到深处较稳定的岩土层上，通过水平根系与垂直根系的牢固连接，最终将水平根系所支撑的根际土体锚固到深处较稳定的土体中，提高边坡中浅层土体的稳定性。总体而言，植物根系具有良好的固土性能，能够有效提高边坡土体的抗剪强度，从而发挥改善边坡稳定性状况的作用。

植物护坡主要依靠坡面植物的地下根系及地上茎叶的作用保护坡面不受冲刷侵蚀，其作用可概括为根系的力学效应、植物的蒸腾排水效应和茎叶及枯枝落叶层的水文效应三个方面。植物防护的护坡机理如图7-10所示，植物根系分为草本类根系和木本类根系，其力学加固效应有所不同，植物纵深的垂直根系可以穿过坡面的表层土，固定到深处较为稳定的土层上，浅层的毛细根系纵横交错，盘根错节，对坡体表层土起着加筋作用，而且根系吸收土壤中的水分并蒸发至大气中，就减少了降雨入渗，降低了

```
                    ┌──────────────┐
                    │  植物护坡机理  │
                    └──────────────┘
          ┌────────────┼──────────────────────┐
   ┌──────────┐  ┌──────────────┐    ┌──────────────────┐
   │根系的力学效应│  │植物的蒸腾排水效应│    │茎叶及枯枝落叶层的水文效应│
   └──────────┘  └──────────────┘    └──────────────────┘
    ┌──────┐         │              ┌──────┬──────┐
 ┌──────┐┌──────┐┌──────────────┐  ┌──────┐┌──────┐
 │草本类根系││木本类根系││降低孔隙水压力，提高││削减雨  ││抑制径 │
 └──────┘└──────┘│边坡土体抗剪强度 ││滴溅蚀  ││流冲刷 │
      ┌────┴────┐ └──────────────┘  └──────┘└──────┘
   ┌──────┐┌──────┐
   │水平根系││垂直根系│
   └──────┘└──────┘
   ┌────────┐┌──────────┐
   │边坡表土加筋││锚固、阻滑 │
   └────────┘└──────────┘
```

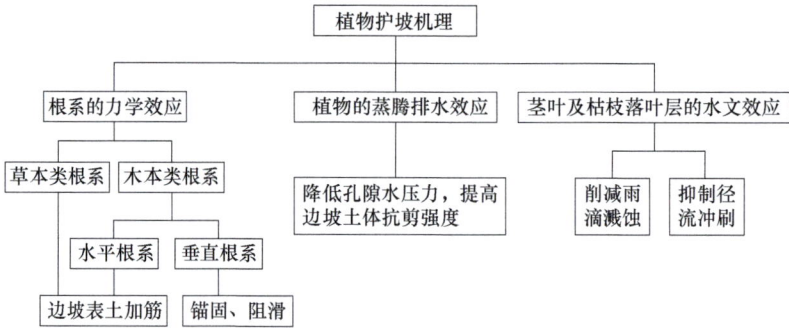

图 7-10　植物防护的护坡机理

土体含水量或孔隙水压力；茎叶及枯枝落叶层的水文效应包括茎叶截留雨滴削弱溅蚀和抑制径流冲刷；地表落叶枯枝覆盖层可以滞缓地表径流，也可以削弱股流对坡体的影响。

7.7.2　边坡生态防护机理效应

1. 力学效应

植物的力学效应主要在于植物根系对于土壤的锚固（王可钧和李焊芬，1998）。研究表明，植物的竖向根系可由松散风化土层直接锚固到深处较为稳定的土层中，起到拉锚的作用；而其侧向根系在土壤表层形成了网状，使得土壤紧固成 1 个加筋的整体。竖向根系与侧向根系的交互作用使得边坡土体中形成了 1 个立体防护结构，增加了土壤的抗拉强度和抗剪强度，提高了土质边坡的安全系数。植物对土壤的加固作用主要与根系在土壤中的分布形态、根系的多少以及根系的强度等有关。

1）根的分布形态

植物的根系可分为侧根、竖根和须根 3 种，植物根系的分布形式决定了其对边坡稳定所起的作用，竖根可以穿过潜在滑动面，起到抵抗滑坡的能力；侧根在土壤内部相互交错，使得土壤表面形成 1 个网状结构，提升了整体的稳固性能。

2）土中根的含量

根系在土中具有加筋作用，因此，其性能的发挥与根系的多少紧密相关，根的含量不同，对土体的加筋效果也就不同，从而对边坡的稳定性影响程度也就不同。同时，随着深度的增加，土壤中根系的含量也越来越低。国际上，"根的面积比率"是衡量土壤中根系含量的 1 个指标，表征着在 1 个土层断面上（水平或垂直）根的截面面积与总断面面积的比率。

2. 水文效应

地面径流强度对坡面侵蚀状况影响较大，同时坡面径流强度受到坡面平顺状况、降雨强度以及坡面覆盖程度的影响（郑钧漾，2013）。降雨所导致的超渗径流是引起土壤侵蚀的主要动力，植被的覆盖使得坡地的抗侵蚀能力得到了强化，植被的地上部分可以削弱雨水下降的冲击力，减少或防止降雨对地面的溅蚀，植被的生长使得雨水径流时间延长，增加了雨水的渗透时间，土壤中的根系可以对土层起到一定的固结作用，因此植被可以改善坡面的小气候、减缓坡面表面的侵蚀。

1）降雨截留

一部分降雨被植被的枝叶截留，之后重新蒸发到大气中或下落到坡面上；还有一部分水分在到达坡面之前就被植被的茎叶吸收并储存于其中，以后再重新蒸发或降落。植被通过截留作用大大降低了直接抵达坡面的有效降雨量，从而减弱了雨水对坡面土体的侵蚀，减小因雨水冲击而带走表面松散土壤的可能。

2）削弱溅蚀

没有植被保护时，下落的雨滴将能量直接传递给了土体，使得土体颗粒分离，在雨滴下落过程中，雨滴的能量越大，撞击力也越大，被溅出的土壤颗粒也就越多（裴冰，2013）。溅起的土粒落在坡面时，土粒总是向坡下方移动较多。植被的覆盖使得雨水在下落过程中不能直接和土壤颗粒接触，大大减少了雨水对土壤的溅蚀作用。有研究指出，一场暴雨可以使缺少植被保护的土壤飞溅达240t/hm^{2}之多，其中很多土粒随地表径流流失。

3）降低坡体深层孔隙水压力

土壤中的植物根系使得土层相对疏松，促使雨水的下渗。植物的蒸腾作用又使雨水从下层土壤中吸走，又降低了土壤中的含水量，植物的根系比较发达，可以将渗入土体较深部位的有效水分吸出。植物通过自我吸收水分以及蒸腾作用使坡体内部的水分含量大大降低，使得孔隙水压力保持原有平衡状态，维持了坡体的稳定。

4）抑制坡面径流

草本植物生长错综复杂，能够有效地分散、减弱径流，而且还能够改变雨水的径流路径，使得雨水在草丛间来回流动，使直流变为绕流。草本植物延长了雨水的地表径流，使得雨水下渗时间延长，减缓了径流速度，降低了冲刷能量，减弱了土体冲刷。

3. 生态效应

在建设过程中高速公路占用了大量的土地资源，并且人工干预改变了当地的原有生态系统（王震洪和段昌群，2006）。因此在高速公路建设中，应尽可能地恢复被破坏了的生态环境，保护生态的多样性。

1）恢复被破坏的生态环境的功能

生态环境中的生态平衡是动态的平衡。一旦受到自然和人为因素的干扰，超过了生态系统自我调节能力而不能恢复到原来比较稳定的状态时，生态系统的结构和功能遭到破坏，物质和能量的输入输出不能平衡，就可能造成生态失调，严重的甚至成为生态灾难。当前我国在高速公路建设"坚持生态优先"方面已达成共识。如边坡植物为各种小动物、微生物的生存、繁殖提供了有利的环境保障，有利于原有生态系统的恢复和完整生态链的形成。

2）保持水土功能

植物具有较好的保护水土的能力，植物根系纵横交错，十分发达，能够有效地保持路基稳固，提高路基的防冲、防蚀能力。另外，植物的存在使得坡面的粗糙度增大，可以减缓地表径流，减缓路基被雨水冲刷变形及坡面坍塌。

众所周知，路基含水量对于路基的稳定十分重要，路基含水量较大时，容易造成路基塌陷，尽管在设计时已经设置了一定的排水和隔水设施，但是如果将工程措施和生态措施相结合，定会起到事半功倍的效果（王涛，2015）。同时，植物的蒸腾作用以及毛细管水的输导作用，将会消耗大量地下水，可以抑制地下水上升，使得路基长期处于干燥状态，保证路基的强度和稳定性。

3）调节净化空气，降低环境污染功能

植物通过光合作用吸收CO_2，释放O_2，可以自动调节空气中CO_2和O_2含量的平衡，使空气保持新鲜（裴冰，2013）。相关资料表明，1km公路两侧单行道树每天能吸收1000kg的CO_2，放出73kg的O_2。高速公路汽车尾气以及车辆行驶中会带起大量尘埃，这些是细菌和病毒生殖繁衍的场所。而绿色植物能够吸附尘埃，而且桧柏、臭椿等植物具有杀菌灭毒的作用，可以创造一个比较清洁的环境。高速公路周边有机物污染同样较为严重，而仅靠微生物消除有机污染物效果一般，但是植物却有修复功能，即通过直接吸收、释放分泌物或酶刺激根区微生物的活性等方法消除有机污染。

4）降低噪声的功能

高速公路汽车行驶速度较快，汽车车轮摩擦路面、空气压缩等形成的噪声对于人民生活有重要影响，公路绿化的一个重要目的就是降低汽车噪声产生的影响（裴冰，2013；刘桂林和史文革，2015）。很大程度上是因为，树木能够散射声波，可以将直接投射到叶片上的噪声分散到各个方向，从而削弱噪声在单个方向上的能量；同时枝叶表面的绒毛、草本植物等能够吸收噪声。北京市园林科学研究所测定的结果显示，20m宽的草坪可以减少噪声2dB。

5）改善路况、美化路容功能

高速行驶的车辆，风流等的作用使得高速公路两岸环境湿度降低，温度升高，造成高速公路带小气候恶化。而植物具有调节小环境温度和湿度的能力，能够营造出一种适宜的、湿润的、舒适的行车环境。当采用多种植物配合种植时，四季交替变化的树木花草赋予了道路沿线不同的景观容貌，不仅可以展示出高速公路建筑之美，而且还能让司机和乘客感到心旷神怡，有助于司机消除视觉疲劳。

4. 经济效益

生态防护不仅具有较好的生态效应，同时还具有较好的经济效益，根据现有常用的高速公路边坡防护工程特点以及绿化预算造价的实际情况分析可得，高速公路边坡防护的成本基本在20～200元/m^2。其中，不加防护网只喷播植物种子进行坡面绿化工程、挂塑料网再喷播植物种子进行坡面绿化工程成本基本都在40元/m^2以内，挂铁丝防护网再喷播植物种子进行坡面绿化工程成本较高，一般为80～200元/m^2，而且目前在边坡防护中采用的单纯浆砌片石护墙等人工构造物的单价平均是75～200元/m^2，其他工程防护的成本更高，因此合理选择防护技术可有效地降低防护工程的初期造价（程鑫，2009）。

目前，高速公路边坡防护工程成本很难控制，由于各个地区、各个植物的造价都不相同，不能形成一个系统的有针对性的说明（裴冰，2013），但是仅以安全为前提条件的工程防护已经不能适应对于建设可持续公路的理念，在高速公路边坡防护工程中一定要因地制宜，合理选用防护技术，做到工程防护和生态防护相互配合，本着经济适用的原则进行设计施工。

7.7.3　公路边坡生态防护的设计

1. 生态防护技术的基本概念和理念

生态技术是指既可满足人们的需要、节约资源和能源，又能保护环境的手段和方法，与环保技术、清洁生产技术概念比较，更具有广泛性和普遍性。边坡生态防护技术是为了迅速恢复受损边坡的生态系统、保护生态环境而采用的生态工程技术。边坡生态防护技术主要发挥的作用为维持边坡稳定性，与挡墙等工程建设有异曲同工之处（裴冰，2013），但是边坡生态防护技术还能够利用植被根茎提高土壤的稳固性，增强抗冲刷能力。此外，通过大量栽植植被不仅能够有效改善当地的生态环境质量，还能形成良好的景观效果，有利于水土保持和环境美化。

近些年来在种种因素的影响下，人们逐渐意识到原有的挡墙、锚杆等维护边坡稳定性的建筑水土保持效益有限，生态防护的理念逐渐被广泛接受，而且具有较为显著和理想的水土保持效果，经过不断研究、应用和发展，目前我国的高速公路边坡生态防护工作已初具规模，相关技术也取得了较大发展（图7-11）。

图7-11　坪坎至汉中高速公路坪坎收费站边坡生态（植物）防护（摄影/宋晓伟）

2. 生态防护设计的原则

目前我国常用于高速公路边坡的生态防护技术，如钢筋混凝土框架、工程格栅式框架、松木桩、仿木桩等技术兼具水土保持和观赏性特点，具有较高的应用价值（裴冰，2013）。由此可见，保持水土防护兼顾生态效益和环境保护是生态技术的重要设计原则，在进行生态防护技术设计时，应充分考虑当地的地质特点，根据周围自然环境的变化选择合适的植被进行栽植，同时要考虑植被的观赏性和颜色形态等特点，在发挥良好水土保持作用的同时，营造温馨舒适的生态景观。考虑到生态环境特点和生态平衡的维护，在选择植物时应将本土植物与外来植物相结合，充分考虑生物的多样性，大力引进生命力强、能够快速繁育的外来植物，充分发挥其独特优势，再结合本土植物的抗逆性和良好适应性，起到显著的水土保持效果。但是在选择外来植物时应考虑其对本土植物生长发育造成的影响，减少外来植物的侵袭性，避免造成严重的生态失衡。同时也应注意多层次原则，在栽植植物的过程中应采用立体化绿化模式，模拟自然群落，将不同的植物类型进行组合搭配，建立稳定和谐的植物生态体系，充分利用好空间资源，建立多层次的植物生态位，为不同物种的植物尽可能提供更多的生存空间，快速形成稳定、有效、层次分明的植物群落。

3. 生态防护技术设计方案

在设计生态防护方案时，应考虑高速公路建设路基的挖掘深度，在挖掘较浅的位置可以进行合理的植被防护，因地制宜地栽培相应的植物，但是在挖掘深度较深的位置，应采用片石护面墙，增强土壤的稳定性和稳固性，将土木工程建设与植被栽培相结合；在具体设计工作中应充分考虑当地的地形和地质，如针对地形相对平坦的区域，可以将边坡作为集水面，减少水对地面的冲刷。在上述情境下，设计人员可以在坡脚外布设植被混交杂林，同时考虑到高速公路沿线较长，需要仔细计算植被间的距离，而且要注意植被的多样性，尽量栽种不同类型的植被；在栽种植被中应将树穴挖成无规则形状，避免植物根系的过度生长，在栽培前应充分清理周围的砂砾和杂草，清理虫害，根据季节的不同选择不同的栽植方式。填方边坡绿化设计方案是生态防护设计中常见的方案，该类设计方案主要应用于土壤本身水分含量少且保水能力差的情况，在填方边坡绿化设计中主要利用钢筋混凝土钢架进行植草防护，同样也要根据地质特点和季节特点选择不同的植物和栽培方式，但是多数情况下采用填方边坡绿化设计方案的地段土地较为贫瘠，土地营养较少且虫害较多，因此应适当添加抗旱剂和杀虫剂，施加适量肥料，保持植物的快速生长发育。

7.8　植被的结构与生态系统服务功能

7.8.1　边坡生态防护的意义

在实施植被恢复及工程护坡时，要合理运用生态位理论，设计处理好种群之间、种群与当地环境之间的生态位关系，避免种群之间出现直接恶性竞争，使之建立起一个具有多样性种群的稳定而高效的和谐生态系统（裴冰，2013）。植物固土护坡技术依托植物茎叶及地下根系部分共同发挥作用，茎叶的冠幅、株高、生物量及根系的形态分布、生物力学特性等参数直接关系到防护效果的差异。因此，生态防护植物的选择尤为重要。护坡植物的选择要考虑到植物对当地环境的适应性；优先考虑根系发达、生物量大、根系分布范围广、抗逆性强的物种，最大限度发挥根系的防护作用。此外，植物绿期长、种源丰富等也是选择护坡植物应该考虑的因素。生态防护技术在防护原理、材料强度等方面与土工措施存在较大差别，但仍有不少相似之处，总结如下（表7-5）。

表7-5　生态护坡技术与土工护坡技术的功效比较

功效	生态护坡	土工护坡
坡面防护	植物茎叶	浆砌片石
加筋	草、灌植物浅层根系	钢筋混凝土
锚固	木本植物深层根系	锚杆
引水	排水活枝栅垛	污工渠

7.8.2　植被的结构与生态系统服务功能作用

生态系统的研究是跨学科、跨领域的综合研究，任何一门与之相关的学科的发展都会推动和促进生态系统的研究。那么，植被研究在生态系统研究中究竟占有什么样的地位呢？答案是，植被在生态系统中起着主导作用，有以下几个方面的原因。

第一，植物群落是生态系统的主要组成成分，生态系统中的绿色植物是第一性生产者，为其他生物提供了赖以生存的有机物质。地球上每年有机物质的生产量有99%都是植物制造的。因此，在生态系统中，植物生物量要超过动物生物量的许多倍。例如，在比利时，对1个120龄的欧栎山毛榉老林观测的结果表明，植物体地上部分生物量有275000kg/hm²，而动物只有600kg/hm²，而且还主要是土壤动物区系。动物生物量仅是植物地上部分生物量的1/458，即植物是动物的458倍。例如，在美国Green湖的研究中发现，植物生物量是2650000kg/hm²，动物生物量是53000kg/hm²，前者是后者的50倍。因此，不论是陆地还是水生生态系统，植物生物量都远远超过动物生物量。

第二，绿色植物的光合作用提供了生态系统运行的能源动力。假若没有植物，生态系统中的各级消费者和还原者就不可能获得生命所必不可少的能量，所以植被是生态系统存在的基础，没有植被就没有能量来源，生态系统也就不能运转，因而也就没有生态系统了。

第三，植被决定了一个生态系统的形态结构。植被不仅为动物和微生物的生存提供了物质和能量，而且植物在生态系统中的空间分布还为动物和微生物提供了不同的栖息场所。植物在地上和地下的成层性生长为动物和微生物的生存创造了丰富的植物异质空间。例如，一个森林群落中，鸟类的种类和数目与该群落林冠的层次多少成正比，而与森林中乔木的种类数无关。因此，植被的结构愈复杂，为动物和微生物所提供的生境就愈多，动物和微生物的种类也就愈丰富，其机能也就愈多样。

第四，植被强烈改变周围环境的能力对生态系统各方面都产生了深刻影响。植物的生命活动不仅受外界环境因素的支配，其本身也影响和改变外界环境。植物群落中的各种植物在适应环境和改造环境的过程中，最终创造出了自己的群落环境，从而为群落内动物和微生物的生存提供了合适的环境。因此，植被对环境的改造作用是生态系统达到稳定状态和生态系统结构复杂分化的基础。

植被是生态系统的初级生产者，是生态系统结构与功能协调和谐的基石，也是开发项目发挥良好经济效益、生态效益和社会效益的前提条件（邵宗强和陈开圣，2010）。植被是土壤的绿色保护伞，具有防止土壤侵蚀、调节水文循环的重要作用，主要体现在对降雨的截留和对土壤水文性质的调节作用、固结土体，增强土壤抗侵蚀能力以及削减洪峰、涵养水源方面（图7-12）。除此以外，从环境角度来说，林草植被还具有改善小气候、吸收CO_2、制造氧气，吸收大气中的有害气体，净化空气，减弱噪声和放射性污染，调节光照，保护和提高生物多样性，美化城市景观的作用。绿地还有吸附尘土、防风沙、增加城市中的水土气循环、增加降雨、遮阳、缓解城市热岛效应的作用等。植被的结构、功能与生态系统服务功能如图7-13所示。

图7-12　坪坎至汉中高速公路削减洪峰、涵养水源的效果（摄影/宋晓伟）

7.8.3　边坡生态防护功效的体现

采用生态防护，就是利用植被对边坡的覆盖作用、植物根系对边坡的加固作用，保护路基边坡免受大气降水与地表径流的冲刷（陈开圣和殷源，2011）。植被能拦截高速下落的雨滴，减少雨滴数量及飞溅的土粒，能够抑制地表径流并削弱雨滴溅蚀，从而控制土壤流失。高速公路边坡防护形式已由传统的土工防护向生态防护转变。公路管理部门也在公路边坡的治理中结合实际地质特点，采用合适的边坡生态治理措施，并取得了一定效果。边坡生态防护的主体是植物。边坡生态防护的功效主要体现在以下几个方面。

1. 减少土壤侵蚀

防护植物的茎叶能够降低雨滴下落时的动能，起到缓冲效应，保护坡面不被雨滴溅蚀（邵宗强和陈开圣，2010）。主要过程为，当降雨落到植被群落表面时，一部分先接触树体表面，在表面张力和重力的均衡作用下被吸附着，或积蓄在枝、叶分叉处保

物种的生态生物特性、植物群落结构

光合作用　→　吸收CO₂、提供O₂

能量流动

蒸腾　→　降低叶片的表面温度，避免植物因气温过高而被灼伤

挥发特殊物质　→　保健、病虫害控制

形成景观　→　风景、景观、娱乐休养

形成景观　→　环境指标、舒适性、精神文化

蓄积量增长
群落结构优化

形成小气候　→　调节气温、保持湿度

形成小气候　→　拦截雨水、空气上升、雨量增多

形成小气候　→　防风(防风害、流沙、暴风雪)

形成小气候　→　防雾、制止雪崩、抑制海潮危害

地上部分发达

形成屏蔽　→　阻止火灾蔓延

形成屏蔽　→　吸附尘埃和污染物

形成屏蔽　→　减少噪声

地下部发达　物质循环　根系固附　→　防止土崩、土壤侵蚀

动物的生存与消亡　食物与生境　→　保护野生动物、多样性维持

传粉与种子扩散

生物遗体

土壤渗透性、保水性强　→　缓和洪水、防止洪水

土壤渗透性、保水性强　→　缓和枯水、防止旱灾

土壤渗透性、保水性强　→　净化能力、保持水质

土壤渗透性、保水性强　→　防止侵蚀、防止崩塌

分散

土壤生成　土壤生产力增大　→　木材、纤维、果实、药

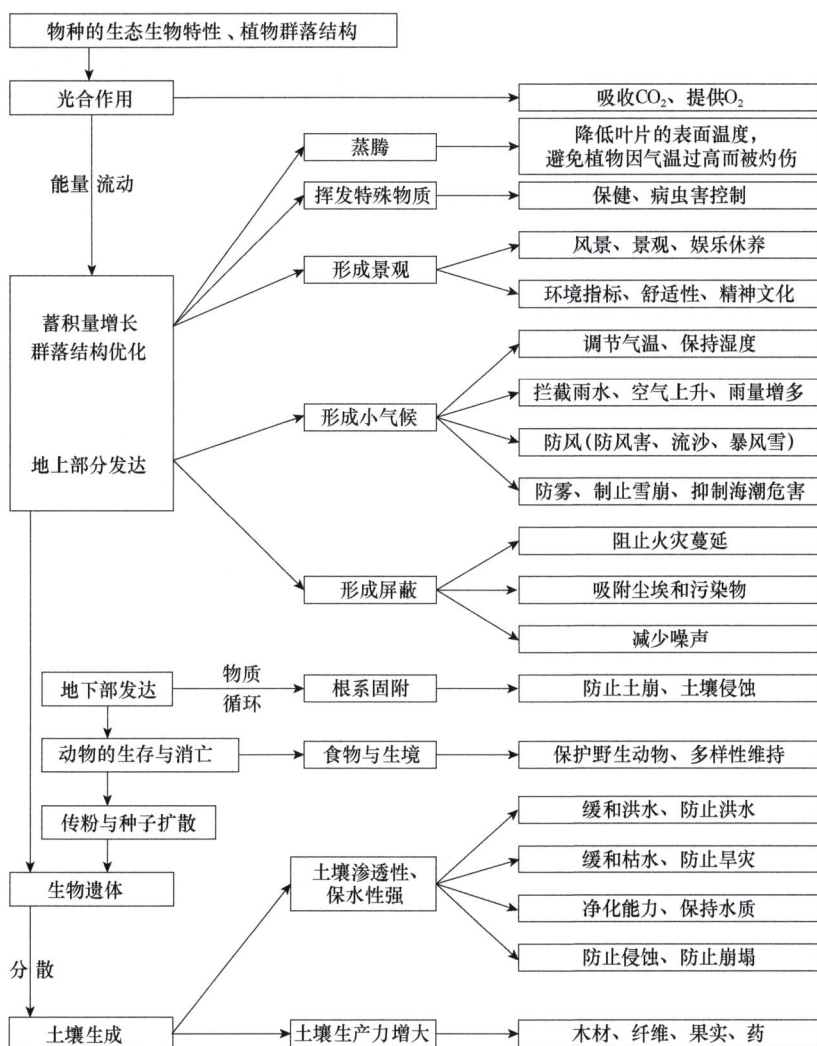

图7-13　植被的结构与生态系统服务功能

留下来，随后一部分直接蒸发到大气中，一部分由于失去平衡或在风作用下滴落，或由叶到枝、由枝到干地流到坡面上。植被上保留的雨量成为截留量。植被的茎叶在坡面上的投影面积就是植被保护坡面不受雨水溅蚀的有效面积，植被的覆盖度就是植物上部茎叶投影面积总和与坡面面积之比。因此植被的覆盖度就等于植被抗雨溅蚀的效率。生态防护起到了消能作用，被阻挡的雨滴最终以极低的速率流入坡面，可防止形成入渗率极低的土壤致密表层，使土壤保持较高的入渗率（图7-14）。

由于路基土是经过压实的土，渗透率极低，当降雨强度较大时，短时间内即可形成坡面径流，径流形成后对坡面产生冲蚀，形成"鸡爪沟"。从地貌上看，这种地形的形状类似鸡爪状，"爪"是凸出来的部分，"沟"是凹下去的部分，"爪"与"沟"相互间隔并且连续分布。山区高速公路建设，尤其是西部山区高速公路的建设，经常会

图7-14 十堰至天水高速安康东段水土保持效果（摄影/宋晓伟）

　　遇到"鸡爪沟"地形，在此地形上修筑的路基往往是高填路基。植被覆盖稍密的地方，冲沟比裸露的地方少得多，主要原因是坡面水流量少，流速减慢，坡面径流对土质的侵蚀也相应减弱，且在坡长和坡度条件相当的情况下，植被覆盖度较高的地方，坡面径流和坡面冲刷量都大幅度减少。

　　边坡的失稳与坡体水压力的大小有密切关系，降雨是诱发重力侵蚀的重要因素之一（图7-15）。具有植被覆盖的坡面，降雨在到达坡面之前就被植被截流，植被茎叶对降落的雨滴和集中股流具有明显的消能作用，可有效地防止坡面水蚀。植被覆盖还可有效地防止风沙灾害。

图7-15 贵州省镇远至江古公路产生的重力侵蚀

人工绿化所用的土壤基质可以增加水的渗透性，减少地表径流（邵宗强和陈开圣，2010）。Andrés 和 Jorba（2000）在西班牙的实验表明，当边坡植被覆盖度小于25%时，坡面侵蚀严重。只有植被覆盖度大于50%时，坡面才能达到稳定的基本要求。目前认为影响坡面土壤侵蚀的植被因素包括植被类型、植被覆盖度、植被枯枝落叶层、植被根系等。

2. 增强边坡的稳定性

植物的根系，特别是须根系在土层中向四周和纵深生长、盘根错节，根系使土颗粒牢固地连接在一起，形成一个牢固的空间整体（舒翔和杜娟，2016）。在深50cm的范围内，边坡是由土和植物根系组成的复合材料，类似加筋土的性质。在根系盘结范围内，边坡土体可看作由土和根系组成的根-土复合材料，草本植物的根系如同纤维的作用，可按加筋土原理分析边坡土体的应力状态，即把土中草根的分布视为加筋纤维的分布，且为三维加筋。这种加筋为土层提供了附加"黏聚力"Δc，一方面使原土体的抗剪强度向上推移了Δc，另一方面又因限制了土体的侧向膨胀而使σ_3增大到σ_3'，在σ_1不变的情况下使最大剪应力减小，这两种作用使边坡土体的承载能力提高，如图7-16所示。

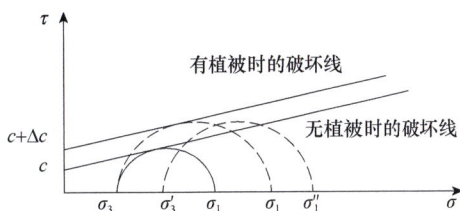

图7-16 根系对土体的加筋作用

根据加筋土原理，土中加筋使土体强度提高。土和植物组成了"加筋土"，其强度也同样提高了，因此按加筋土原理分析有根土的应力状态。浅表层滑动指破裂面处于大多数林木的深根系影响范围（一般小于2m）之内的滑动，图7-17是植物根系锚固浅表层滑动的示意图。由于植物生长，边坡土表面有大量的根系，这些根系一方面把坡面土紧紧地束缚在一起，防止冲刷，另一方面强大的根系深入土层中，要使根系土体全面松动，必须先克服根-土之间最大静摩擦阻力，使根系在土体中全面松动，故大大提高了强度峰值。

图7-17 植物根系锚固浅表层滑动的示意图

植物的垂直根系可穿过坡体浅层的松散风化层，锚固到深处较稳定的岩土层上，起到预应力锚杆的作用（舒翔和杜娟，2016）。禾草、豆科植物和小灌木在地下

0.7～1.5m处有明显的土壤加强作用，乔木根系的锚固作用可影响地下更深的岩土层。浅根性的草本植物，其根系在土中盘根错节，使边坡土体成为土与草根的复合材料，草根犹如带预应力的三维加筋材，使土体强度大大提高。

植物可以增加边坡的稳定性，其作用主要体现在两个方面：第一，植物根系可以穿过坡体表层的松散风化带，锚固到深处较稳定的岩土层上，起到预应力锚杆的作用。第二，降雨是诱发滑坡的重要因素之一，边坡的失稳与坡体水压力的大小有密切关系。而植物通过吸收和蒸发坡体内水分，可以降低土体的孔隙水压力，增加土体吸力，提高土体的抗剪强度，从而有利于边坡的稳定。

通过植物的生长活动达到根系的加筋效果，可有效提高坡面碎裂岩块的稳定性，从而增加土体的抗滑力，有植被生长的斜坡上如果发生土体滑动，那么滑动体在移动时就必然带动分布于滑动面以下斜坡土体中的根系一起移动，而根系和土壤紧密相贴，要受力位移，就会与土壤间产生摩擦力，而这种摩擦力的作用方向与土体滑动方向相反，因此是有助于阻止土体滑动的抗滑力（图7-18）。

图7-18　公路植被护坡阻止土体滑动（摄影/宋晓伟）

植被护坡采用乔、草、灌相结合的方式，其中草、灌由于株形矮小，对雨滴的消能作用最好，并且草在播种当年就可产生作用，灌木根系较发达（一般超过3m），一般在3年以上就能完全发挥作用，乔木生长周期长，但其根系最发达（可长达数十米以上）、最长、最深，有利于稳定坡体。

3. 提高土体的抗剪强度

草本植物根系如同纤维一样，对边坡土体具有一定的加筋效应（舒翔和杜娟，2016）。由抗剪强度试验得出3种植物含根土体在不同垂直压力、不同含水量、不同含根率情况下的抗剪强度值，如表7-6所示。由表7-6可知，垂直压力为50kPa、含水量为10%、含根率为0.5%时，牛筋草、弯叶画眉草和地毯草的重塑加筋土体抗剪强度值分别为43.70kPa、54.00kPa、53.31kPa，均超过了不含根土体（32.40kPa），抗剪强度值分别增加了34.88%、66.67%、64.54%；其他条件不变，含根率为1%时，3种植物根系的重塑加筋土体抗剪强度值为56.97kPa、66.64kPa、62.67kPa，抗剪强度值分别增加了75.83%、105.68%、93.42%；其他条件不变，含根率为1.5%时，3 种植物根系的重塑加筋土体抗剪强度值为64.74kPa、74.06kPa、72.35kPa，抗剪强度值分别增加了99.8%、128.58%、123.31%。

因此，当含水量不变时，随着含根率的增大，抗剪强度值增大，且含根率越大，抗剪强度值越大；当含水量增大时，抗剪强度值减小；抗剪强度值随垂直压力的增加而增大。在不同含水量、不同含根率、不同垂直压力下，3种植物根系的重塑加筋土体的抗剪强度值均超过了不含根土体，且随着垂直压力增大而增大，说明3种植物根系对土体均有一定的加筋效应，在一定程度上增强了土体的抗滑移的能力。

表7-6　三种植物含根土体在不同条件下的抗剪强度（蒋必凤等，2017）

土体含水量/%	植物类型	含根率/%	垂直压力为50kPa		垂直压力为75kPa		垂直压力为100kPa		垂直压力为150kPa	
			土体抗剪强度/kPa	增加百分比/%	土体抗剪强度/kPa	增加百分比/%	土体抗剪强度/kPa	增加百分比/%	土体抗剪强度/kPa	增加百分比/%
10	不含根	0	32.40	0	53.31	0	72.00	0	84.60	0
	牛筋草	0.5	43.70	34.88	62.30	16.86	88.87	26.90	105.20	24.35
	弯叶画眉草		54.00	66.67	81.87	53.57	98.75	55.71	126.00	48.94
	地毯草		53.31	64.54	77.40	45.18	91.39	34.24	118.70	40.31
	牛筋草	1.0	56.97	75.83	81.87	53.57	105.30	47.77	132.93	57.13
	弯叶画眉草		66.64	105.68	93.05	74.54	108.00	82.74	138.99	64.29
	地毯草		62.67	93.42	87.58	64.29	98.30	55.71	129.13	52.64
	牛筋草	1.5	64.74	99.80	88.20	65.44	112.04	67.51	140.53	66.11
	弯叶画眉草		74.06	128.58	108.00	102.58	133.28	103.05	151.92	79.57
	地毯草		72.35	123.31	93.60	75.57	119.64	87.82	148.12	75.09
15	不含根	0	25.80	0	35.46	0	52.00	0	69.70	0
	牛筋草	0.5	32.37	25.46	45.00	26.90	65.54	26.90	87.40	25.39
	弯叶画眉草		39.88	54.57	55.22	55.71	75.60	55.71	104.45	49.85
	地毯草		39.60	53.49	47.60	34.24	70.20	34.24	92.70	33.00
	牛筋草	1.0	38.08	47.60	52.40	47.77	72.54	47.77	96.00	37.73
	弯叶画眉草		47.60	84.50	64.80	82.74	83.56	82.74	113.94	63.47
	地毯草		43.79	69.74	55.22	55.71	77.40	55.71	98.10	40.75
	牛筋草	1.5	45.08	74.73	59.40	67.51	79.97	67.51	102.60	47.20
	弯叶画眉草		53.31	106.64	72.00	103.05	93.05	103.05	119.95	72.10
	地毯草		51.41	99.26	66.60	87.82	87.58	87.82	109.80	57.53

土体含水量/%	植物类型	含根率/%	垂直压力为50kPa		垂直压力为75kPa		垂直压力为100kPa		垂直压力为150kPa	
			土体抗剪强度/kPa	增加百分比/%	土体抗剪强度/kPa	增加百分比/%	土体抗剪强度/kPa	增加百分比/%	土体抗剪强度/kPa	增加百分比/%
18	不含根	0	20.80	0	28.66	0	45.30	0	58.16	0
	牛筋草		27.90	34.13	42.30	47.59	61.20	47.59	79.20	36.18
	弯叶画眉草	0.5	29.43	41.51	42.30	47.59	59.02	47.59	70.86	21.83
	地毯草		25.20	21.15	45.70	59.44	60.77	59.44	77.40	33.08
	牛筋草		34.27	64.77	48.60	69.57	68.54	69.57	90.60	55.78
	弯叶画眉草	1.0	34.80	67.31	47.60	66.09	62.67	66.09	77.40	33.08
	地毯草		36.18	73.92	58.87	105.40	75.60	105.40	95.20	63.69
	牛筋草		38.70	86.06	57.45	100.45	76.16	100.45	99.00	70.22
	弯叶画眉草	1.5	41.89	101.38	54.48	90.07	67.20	90.07	85.68	47.32
	地毯草		43.00	106.73	68.40	138.66	85.68	138.66	102.55	76.32

4. 净化空气、吸收和固定大气中有害物质

高速公路上行驶车辆排放的废气及扬尘污染环境，有害健康，已引起了普遍关注（王可钧和李焊芬，1998）。目前解决大气污染的手段之一是绿化。绿色植物能大量吸收SO_2、CO、CO_2等有害气体，还能吸附空气中固体微粒，特别是灌木林带和草坪可使降尘量减少23%~52%，飘尘量减少37%~60%（温涛和孟宪金，2016）。据有关资料，1km公路两侧单行的阔叶行道树相当于1hm^{2}阔叶林地，在生长旺盛期，这1hm^{2}林木每年大约能吸收300t的CO_2和700kg硫化物，生产出260t O_2，阻挡和吸收30~70t尘埃。部分树种，如桉树、松柏等还能灭杀病菌。

植物光合作用能吸收大气中的CO_2，释放出O_2，能稀释、分解、吸收和固定大气中有害物质，并为植物生长所利用，达到净化大气的目的。例如，成片的松林每天可以从1m^{3}的空气中吸收20mg SO_2。高速公路两旁的树木对汽车排放的一氧化碳（CO）、氮氧化物（NO_x）、碳氢化合物等有害物质有强烈的吸收和净化作用。同时由于植物具有吸热、保温的作用，应用生态护坡则能调节小环境的温度和湿度，创造一种温暖适宜、湿润舒适的环境（图7-19）。

有关资料表明，地球上60%的O_2来自陆地上的植物，每公顷阔叶林（相当于1km公路两侧单行行道树）每天能吸收1000kg CO_2，释放出730kg O_2，可以供1000人所需，一般来说，1个人1天需要0.7kg的O_2，有10m^{2}的树木或25m^{2}的草坪，就能自动调节空气中CO_2与O_2的比例平衡，保持空气清新。

5. 降低噪声、光污染及促进有机污染物的降解

随着时间的推移，植物的个体或群落功能不断加强，通过自身变化为其他动植物提供生存条件，改善周围的生态环境（王可钧和李焊芬，1998）。例如，增强土壤保水性，为动物、昆虫等生物提供生活空间，缓解小气候、净化空气、降低噪声等。

图7-19　植物净化空气、吸收和固定大气中有害物质（太白至凤县高速公路）（摄影/宋晓伟）

　　树木能够降低噪声，是由于树木能够将投射到树叶上的噪声反射到各个方向上（温涛和孟宪金，2016）。树叶的轻微震动使得噪声能量消耗而减弱。据测定，快车道的汽车噪声在穿过12m宽的林带后可以被降低3～5dB，穿过40m宽的防护林带时，噪声会降低10～15dB。

　　植物还能有效降低强光照射，可以提高路标、警示牌的可见度，能让驾驶者轻松愉快地驾车，从而保障行车安全。植被吸收噪声和降低光辐射的能力比混凝土挡墙、水泥路面、沥青路面及裸露边坡要强许多。

　　植物修复是土壤有机污染物修复的有效途径之一，大气、雨水及汽车等交通工具的废气含有大量的有机污染物，植被层由于富含微生物及其自身的生理活性，能稀释、分解、吸收和固定大气中有害有毒物质，具有很强的污染物降解能力，同时，植物根际酶可以促进微生物对土壤有机污染物的降解。

6. 改善公路景观，美化环境

　　绿色植物给予人的美感效应是通过植物的色彩、形态、风韵等个性特色和群体景观效应所体现出来的（王可钧和李焯芬，1998）。根据不同的地质状况、环境、气候条件，边坡植物的组合配置优选乔、灌、花、藤、草相结合，有机地融入高速公路边坡，车辆穿行在绿色环境中，让人体验到清新、绿色、和谐、安定、一片兴旺的美感，把美传到人的内心，达到车在路上走、人在画中游的境界（图7-20）。

　　高速公路绿化是公路总体景观的一个重要组成部分（温涛和孟宪金，2016）。通过不同植物品种和不同造型的配置，把绿化和周围环境结合起来，充分利用两侧自然风景资源，加上人工改造，可以建成带状公园，展示公路特有的长距离的线形美景，可表现出不同的生态景观效果。沿线丛林草地交相辉映，树木花草景色宜人，为维护自然生态环境发挥积极的作用。植物群落形成的景观能使人们感受心理稳定、镇静、优雅、舒适等（图7-21）。

图 7-20　西乡至镇巴高速公路画面（摄影/宋晓伟）

图 7-21　临潼至西安高速公路景观（摄影/宋晓伟）

高速公路是现代化公路，其完善的交通附属设施，除了完成运输任务外，还可以给人们一个宽松、舒适的运行环境。行驶在高速公路上，可以快捷、安全地达到旅游目的地去观光娱乐。当在沿线见到翠绿葱郁的植被、沁人心脾的花卉、爽心悦目的喷泉和婀娜多姿的树丛时，人的心情会更加愉快。

7. 调节气候，延长高速公路使用寿命

树木在其生命活动中，除了利用太阳的光和热以外，还可以吸收周围空气中的能量（王可钧和李焊芬，1998）。一公顷阔叶林，夏季每天可以蒸发2600L的水，草坪等植物的叶面积一般为地面面积的20倍左右，茂密的茎和叶通过蒸腾作用能使周围空气中的水分增加20%左右。

有关资料显示，在炎热季节，混凝土比草地温度高11℃，比林下温度高14℃，一般绿地比非绿地气温低3~5℃，即绿化带可降低地表温度，并使大气温度相应降低。在寒冷季节，草地比裸露的地表温度可高出2~4℃，林区的气温比空旷地带气温高1~3℃，即绿地对环境温度的调节可起到冬暖夏凉的作用，可减轻路面老化的程度，减轻油路发软、泛油、减少裂缝，从而延长高速公路的使用年限。同时，绿化后的环境湿度较大，且变化缓慢，可以营造特殊的"小气候"。这样可以通过调节路面温度与湿度，对防止路面老化起到一定的作用。

8. 诱导视线，防眩，确保安全行车

在司乘人员视线所及范围内，绿化有诱导交通的作用。成片或成行的花草树木可调节心理状态。给人以安全舒适的感觉（温涛和孟宪金，2016）。例如，在公路弯道外侧植树，有利于诱导车辆安全行驶。对杂乱的景物（垃圾堆、刺眼的广告等）及险恶之处（陡崖、隘口、急转弯）绿化还能起到遮蔽不良景色与调节司机情绪的作用，减少交通事故的发生。夜间行车时，为防止对向行驶的车辆因车灯产生眩目从而影响交通安全而栽植灌木，既能起到防眩效能，还能改善道路环境，提高车辆通过能力。

7.9　边坡生态防护理念

植被防护从尊重自然环境出发，以反映高速公路沿线自然风貌为基础，尽量保护公路周边原生态自然景观，尽量修复被破坏的环境，通过对挡墙、边坡、观景台等进行合理的景观设计，营造出和谐、舒适、自然的公路景观，把公路与自然环境有机地融合在一起，展现出路-环境之间和谐共存的关系，让驾乘者安全、舒适地行进在自然环境中，体会和感知沿途原始、独特的自然风光。与此同时，挖掘、提炼沿线独具特色的民族文化，将文化因子融入工程建设中，展现出地区文化，形成富有民族特色和旅游价值的生态之路。生态防护技术依靠植物的涵水固土能力来达到对公路边坡的防护目的。因此在进行防护设计的时候，应遵循以下原则。

7.9.1　反复论证，合理施工原则

高速公路防护类型的选择应在初步设计、施工图设计、施工3个阶段进行反复论证，应遵循因地制宜、就地取材、以防为主、防治结合的方针。

防护类型应优先考虑采用生态防护，当土质不适宜植物生长及难以保证边坡稳定时方采用土壤改良或圬工防护。选择防护类型时，应根据以往的设计、施工经验，充分研究边坡的地面条件、气候条件及周围已有边坡完好状况，结合路基排水综合设计。

护坡的主要目的是防止边坡冲蚀和小规模滑坍，一般可采用生态防护。单独用生态护坡效果差时，可用土工合成材料绿化或植物、圬工联合防护。

7.9.2　因地制宜，草、灌结合原则

在对高速公路选择防护类型时，要充分了解地形、地质、气候条件和防护效果，

应选择经济性好及施工方便的最佳防护类型（温涛和孟宪金，2016）。在中温带干旱气候区以工程防护为主，在暖温带半湿润气候区，暖温带半干旱气候区以生态防护为主，在中温带半湿润气候区以工程防护与生态防护相结合或坡面复合型生态防护技术为主。

在对高速公路选择植物物种时，应充分考虑当地气候、环境条件，对周围的环境适合哪些植物生长、哪些草种和护坡方法适合周围环境做详细的调查，优选适应力强、粗放管理、少病害的本区域物种，可适当变换品种，以防单调；选择生态护坡时应综合考虑土质、土壤硬度、酸度和有机质含量等因素（温涛和孟宪金，2016）。

遵循草灌结合、禾本科植物为主，豆科植物为辅的原则。草灌结合的植被模式常能形成较多的地面覆盖和枯草层。禾本科植物茎叶发达，须根总量大，具有良好的固土能力，而豆科植物生长过后的土壤留有很多根瘤，是良好的养地植物，可与其他草类轮、套、间、混种（温涛和孟宪金，2016）。

7.9.3 尊重自然，保护生态原则

高速公路建设的宗旨就是提高各地人们交流的便捷性和畅通性，促进当地经济、社会和文化的发展，这是社会经济发展的客观需要（温涛和孟宪金，2016）。同时，人类与其他生物类似，自然环境都是我们赖以生存的载体，地球上的生物体相互依存，共生共荣。

道路作为人类活动的一种产物，最终是要嵌入自然环境中的，因此在道路设计、施工和运行中，都应当体现出对自然环境的足够尊重，要采取恰当、积极的措施使得公路建设对自然环境的破坏程度降到最低，对于那些不可避免的破坏要采取迅速有效的措施使破坏后果降至最低，以最大可能保护生态环境（图7-22）。

图7-22 西乡至镇巴高速公路优美的生态环境（摄影/宋晓伟）

7.9.4　尊重文化，塑造个性原则

高速公路设计新理念从提出至今，极大地扩充了公路的功能与内涵，其要求每条公路不应独立于周围环境之外（温涛和孟宪金，2016）。公路沿线丰富、厚重的历史文化历经千百年演化形成了鲜活独特的地方文化，这些都应当赋予公路，使之成为道路的个性内涵，通过恰当、精妙的表达，使公路因文化而独显魅力，文化因公路而更显灿烂。然则这些过程都要充分尊重当地文化，切忌公路的修建对当地文化造成负面影响。位于西安至汉中高速公路上的大型群雕"华夏龙脉"，这组群雕设计构思深刻，内涵丰富，制作精美，气势恢宏，极具视觉震撼力。"华夏龙脉"雕塑群的创作思路蕴含三重含义。其一，秦岭的名称。其二，在中华民族的历史长河中，围绕秦岭的华夏文明犹如龙脉一般将中华民族的历史文化串联起来。其三，龙脉又有"路"的含义，秦岭在中国历史上一直是阻隔南北两地的天然屏障，自古至今，中华民族的劳动人民为克服自然，围绕秦岭开凿路途的故事举不胜举，这些通道成为作品的另一重含义。气势恢宏、极具震撼的"华夏龙脉"雕塑群以时间轴为线索，以写意的雕塑手法，以独特的魅力展示于世人面前（图7-23）。其围绕秦岭，从政治、经济、军事、文化等各个方面集中反映华夏民族不畏艰难、以人定胜天的决心改造自然的力量，也使人们充分感受到华夏民族的历史发展进程和无与伦比的磅礴气势。

图7-23　西安至汉中高速公路上的"华夏龙脉"群雕（摄影/宋晓伟）

7.9.5　动态设计，智慧叠加原则

高速公路沿线的自然环境可能因为公路修建而形成很多不确定和不可预见的变化因素，因此要确定一个主体景观设计方向，具体设计需不断地提升设计技术水平，随时

分析新问题，提出新方案，动态地设计公路沿线绿化，将各方面、各层次的智慧叠加起来，融为一体（温涛和孟宪金，2016）。同一路段，同一边坡内，其土质、填高、冲刷、涌水状态也不完全相同。因此，选出的防护方案应适应各自条件（图7-24）。

图7-24 西乡至镇巴高速公路采用动态设计效果（摄影/宋晓伟）

7.9.6 "虽由人作，宛自天开"原则

高速公路沿线的绿化应以自然为背景，就地取材，粗中有细，细中有粗，尽可能地模糊设计痕迹，使人工化景观具有朴素、自然、古朴的特征，达到"虽由人作，宛自天开"的效果，从而体现出"轻轻松松将公路放入自然环境中"的新公路设计理念（图7-25）。设计的防护植被必须遵循适地适水的自然规律，符合植物生态学和群落学原理。因地制宜，灵活设计，达到技术、生态效益、社会效益、经济效益的协调统一（朱剑桥等，2015）。

图7-25 西乡至镇巴高速公路"虽由人作，宛自天开"的效果（摄影/宋晓伟）

7.10　边坡防护植物措施

高速公路路基边坡防护工程的大量经验和教训表明，以植被为主体的坡面生态恢复工程越来越成为控制侵蚀和稳定边坡的一个有效措施（朱剑桥等，2015）。目前，先进的边坡生态恢复技术的目标是使边坡上的植被与周围环境融为一体。一般采取恢复边坡原来的自然植物方法，根据当地的生态植物结构，将乔、灌、花、藤、草有机结合、合理配置，恢复其生态平衡，实现人工强制绿化向自然植被的自我繁衍。采用生态防护可以增加地表植被的覆盖率，提高对降雨的截留，降低雨水对地表的侵蚀，减少地表径流的冲刷，且植物的根系盘结交错，对边坡有加固作用。

生态防护技术具有较高的开发价值。尤其在保护边坡土壤侵蚀方面，可以通过植物主根锚固边坡土壤平面，以植物根系所形成的复杂网络辅助加筋固牢土壤，由植物代替坡体吸水，降低边坡土壤的吸水压力。在应用植物护坡技术的过程中，可以加大人工种植护坡植物总量，尽量以自然植物保护河道边坡，并以高吸水量植被保护边坡。进而发挥出植物护坡技术的优势，真正解决边坡土壤侵蚀的关键问题。

生态防护措施在保护稳固边坡的同时，也起到了美化、绿化的作用（舒翔和杜娟，2016）。我国温暖多雨的南方地区，生态防护已较多地用于土质上下边坡的防护中。在生态防护措施方面，河南省多年来在多条公路边坡上栽种紫穗槐，已经取得了许多宝贵的经验。根据调查研究，长沙市公路边坡的主要生态护坡技术为植物护坡、土工格室植草护坡、框格结构植草护坡，以及三维植被网护坡、多种护坡技术结合等形式，其中框格结构植草护坡形式比重最大，约占55%。框格结构植草护坡为方形、菱形、鱼鳞状等形状的框格植草，结合乔木、灌木、藤本植物等植物护坡，更适合长沙市湿润多雨的气候，抗雨水冲刷能力好，护土固坡效果好。且在长沙市应用的形式也相对丰富多样，各式的框格结构搭配藤本植物，花卉植物及色彩鲜艳的乔灌木植物，极大地丰富了长沙市城市景观，生态效益也突出。对于边坡稳定性较好，但表面部分受损的边坡，可只采用植物（生物）防护措施进行防治。采用植物（生物）防护措施主要解决物种的选择、建植方法及后期的养护管理问题。所以一般设计中，能采用植草防护的尽量采用植草防护，该防护措施适用于边坡稳定、坡面冲刷轻微，且适宜草类植物生长的土质路堤与路堑边坡，包括种草籽、植草皮和三维植草。

7.10.1　种草

1. 人工种草护坡

人工种草护坡、进行坡面防护适合比较平缓、稳定的边坡，同时坡面冲刷程度不严重的路坡，并应该结合当地的气温、土质等外界环境因素对种植的草种进行合理选择，应该尽量选择容易生根发芽、茎矮叶茂的多年生草种，如果条件允许应该尽量多选用几种草种以便在空间上形成全面覆盖，同时种植时间也要符合一定的要求，一般来说应选择气候温暖、水分适中的春季进行播种（朱剑桥等，2015）。

人工种草边坡生态防护设计主要借助人工,将草种播撒在公路边坡坡面。这种方法的优势是操作简单、成本低;缺点是可能会被雨水冲走,成活率不高。一般适用于坡面较小、坡度较缓的防护,尤其是对于草类生长的土质路堑和路堤,这种方法的效果尤为显著,而在岩石边坡加固方面效果并不理想。当坡度较小,土壤和气候条件较好时,可采用直接种种、栽植或喷播的方式建植。

由于高速公路边坡地形复杂,面积大,如果有条件可用喷播完全替代直播。对于较长较陡的边坡,可将开采面设计为阶梯状,将长坡化为短坡,减小护坡压力。在较干旱的地区,阶梯面可以设计成外高内低的形式,以利于保存雨水,或采用打穴的方式,人为地为植物创造一个良好的微环境。对于适合植物生长的坡段,一般采用植草防护(图7-26)。植物可以加强土壤的聚合力,通过根系的机械束缚增强根系土层的总体强度,提高抗滑力。其不仅成本低廉,而且可以涵养水源,保持水土,还可以净化空气,保护生态,美化环境,以达到"人在车中坐,车在画中游"的意境。与圬工护坡相比,植草护坡具有自我修复、持久作用、费用低、效益高等优势。

图7-26　西安至商州高速公路护坡种草(摄影/宋晓伟)

2. 平铺草皮护坡

平铺草皮护坡同样是一种人工边坡加固方式,主要是在边坡进行人工天然草皮铺设,从而达到边坡加固以及美化的目的(朱剑桥等,2015)。这种方式的优势在于草皮容易得到,并且施工简单方便。这种方式主要适用于边坡坡度不高,并且土质较缓、岩石风化的边坡,一般在传统边坡防护中应用较多(图7-27)。这种施工方法造价不高,但是后期养护较为困难,并且容易被雨水冲刷,工程质量难以保障。

坡面上铺草皮和种草籽防护相同,适用于当地有足够的提供挖取的草皮地段的路基防护,在边坡较陡和坡面冲刷较严重的地方,铺草皮较种草防护收效更快(王振,2016)。采用铺草皮进行一般土质边坡及全风化岩石、强风化的软质岩块边坡防护时,

图 7-27　平铺草皮（摄影 / 宋晓伟）

边坡坡率不应陡于 1∶1，且边坡高度不宜过高，一般不超过 8m。草皮的草种应根据当地气候、土壤条件和草种的适应性，因地制宜地选用。切取的草皮规格宜大小一致，厚薄均匀，不松不散，便于搬运。草皮宜为人工草皮，如为天然草皮则应符合有关环保要求。草皮铺种施工应自下向上顺铺。挖方边坡应铺过边坡顶部不少于 1.0m，草皮端部应嵌入地面。铺草皮一般应在春季或初夏进行，气候干燥地区则应在雨季进行。草皮铺种后应立即浇灌，加强保护和管理。草皮应与坡面密贴，块与块之间留有一定间隔。草皮宜用竹（木）钉与坡面固定。

3. 直接喷草护坡

直接喷草护坡是将草籽以及肥料等直接喷洒到边坡面上的构筑稳定结构层，在 45°范围内的边坡加固中常常会使用这种方法（图 7-28）。直接喷草需要借助专业的机械完成，技术含量相对较高，但是速度快，这种防护手段效果较难保障（王振，2016）。选用草籽应注意当地的土壤和气候条件，通常应以容易生长，根部发达，叶茎低矮、枝叶茂密的草种为宜，最好采用几种草籽混合播种，使之变成一个良好的覆盖层，种植草籽时宜掺砂或土粒拌和，使之播撒均匀，播种时间以气候温暖、湿度较大的季节为宜，如 G106 线佛冈至翁城段边坡采用薄膜种草效果良好。20 世纪 90 年代末期，交通运输部科学研究院从日本引进高速公路喷播防护技术，开始对岩石边坡开展绿化试验研究（李旭光等，1995），于 2000 年在广东省河惠高速公路岩石边坡上修

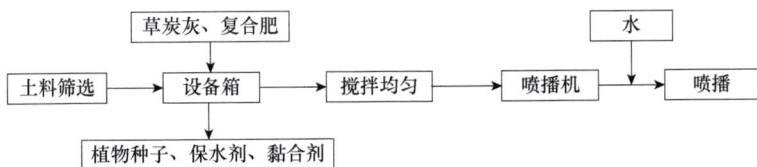

图 7-28　直接喷草示意图

建国内首个高速公路喷播现场试验工程，随后湖南临长高速公路、云南大保高速公路、江苏宁杭高速公路进行了高速公路喷播防护技术的研究并做了试验工程。近几年来高速公路生态防护工程因其造价低、美化环境、施工方便快捷的特点，在边坡防护中得到了大量应用。

4. 蜂窝网格植草护坡

蜂窝网格植草护坡是一种与工程防护手段相似的防护，通过在修整完成的边坡上进行六边形网格铺设种植植物的方式，提高边坡结构稳定性（朱剑桥等，2015）。这种方法可以批量生产，并且具有较好的防护效果，目前其应用范围较为广泛（图7-29）。特点是，该技术所用框砖可在预制场批量生产，受力结构合理，拼铺在边坡上能有效地分散坡面雨水径流，减缓水流速度，防止坡面冲刷，保护草皮生长。其缺点是，造价较高，高于浆砌片石骨架护坡（程鑫，2009），多用于填方边坡的防护，且由于草与草之间被混凝土框砖块隔离，在整体的固土效果方面效果不是很好。

图7-29　蜂窝网格植草护坡（摄影/宋晓伟）

5. 三维植被网护坡

在三维网上植草，是最近几年发展起来的一种坡面防护方法，适宜冲刷较大、坡面较陡的山坡，但成本较高（图7-30）。三维植被网护坡技术具有良好的固土能力，其

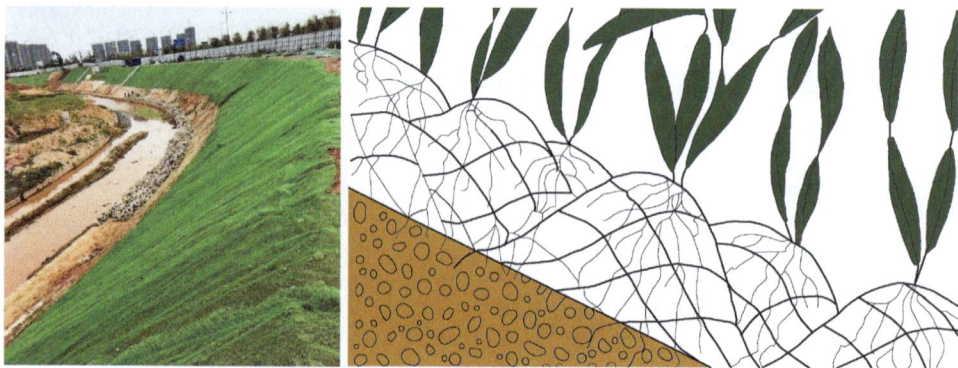

图7-30　三维植被网护坡

表面具有错综复杂的网包，能够固定边坡上的土壤及草种，同时可以减少雨水的冲蚀，网包的存在大大降低了雨水降落的势能，降低了雨滴的溅蚀作用，网包的存在使得削减势能的能力增强。同时，网包的不平整性、透气性、错综复杂性，使得风、水在边坡表面产生了绕流，降低了风、雨的能量，减缓了风、雨对边坡土体的侵蚀。

6. 六棱框格植草护坡

在高速公路坡上先修建拱圈，再在圈内的坡面上植草，其适用于单靠植草不能维持边坡长期稳定的土质边坡（图 7-31）。对于土质边坡，坡比采用 1∶1.5，边坡自身基本已经稳定，防护采用预制六棱框格植草护坡。六棱框格采用 C30 混凝土预制，边长 20cm、厚 3cm、高 10cm。预制框格满铺布置在土质开挖边坡上，下端与浆砌石排水沟连接，上端设置浆砌石护角。框格内放置种植土撒草籽。

图 7-31　六棱框格植草护坡（摄影 / 宋晓伟）

7. 浆砌片石骨架植草护坡

浆砌片石骨架植草护坡技术是高速公路修建中广泛应用的边坡生态防护技术之一（王振，2016）。其是指采用浆砌片石在坡面形成骨架，并结合撒草种、铺草皮、土工网、喷播植草、栽植苗木等方法形成的一种生态护坡技术（图 7-32）。由于圬工量较大，因此会对其造价、施工进度等方面造成不利的影响。但在石料丰富的山区，这种边坡防护方式总体上还是比较经济的。根据骨架形状的不同，浆砌片石骨架可以分为拱形、方格形、人字形等。根据实际工程应用结果并结合力学理论及经济性分析可以得出以下结论，浆砌片石骨架植草护坡比较适用于易发生溜坍及坡面冲刷较严重的高路堤边坡和强风化岩石路堑边坡。边坡坡率一般在 1∶1.0～1∶1.5，过高的边坡需要分级支护，每级坡高一般不超过 10m，具体划分方案根据现场情况而定。对于全风化且破碎严重的岩石及风化严重的岩石与土质结合部位边坡，坡比也采用 1∶1.5，边坡

图7-32　浆砌片石骨架植草护坡

自身基本已经稳定，防护采用浆砌片石骨架植草护坡。浆砌片石骨架采用M10浆砌石砌筑，骨架尺寸为宽30cm，高20cm，下设10cm厚的碎石垫层，骨架格构可采用方形（100cm×100cm）、菱形等。浆砌石骨架下端与排水沟连接，上端设置护角，格构内放置种植土撒草籽。

7.10.2　植树

高速公路在土质边坡、裂隙黏土边坡以及强风化岩石边坡中，植树防护方式更为有效，在具体的应用过程中，最好将这一技术与种草、铺草皮等方式结合起来应用（王振，2016）。在树种的选择过程中，需考虑气候、土壤条件，选用根系发达、枝叶茂密、抗旱抗涝能力强的树种，种植方式多以带状、条形以及连续式种植为主。在公路的两侧种植树木可以提高公路路基的稳定性，遇到风雨天气一方面树木可以减缓下雨积水的速度，减小水流对公路路基的冲击力，另一方面树木还可以有效地防风防沙、适当地调节气候。同样对于树种的选择也应该根据当地的气候环境和土壤环境选择适宜生存、枝叶茂密且防虫害能力较强的树种。栽种方式上，可以采用均匀连续的栽种方式，另外在树苗长成之前应该注意防护树苗不被急速的水流冲击。

一是采用种植灌木进行一般土质边坡及全风化岩石边坡防护时，边坡坡率不宜陡于1∶1.5，且边坡高度不宜过高，一般不超过10m。对经常浸水、盐渍土及经常干涸的边坡不宜采用。

二是树种应选用适合当地气候和土壤条件，根系发达、枝叶茂盛，并能迅速生长的低矮灌木，常用的灌木树种有紫穗槐、夹竹桃、黄荆、野蔷薇、山楂等。

三是灌木的分布形式有梅花型、斜列型、斜线型和方格型4种，其防护效果以梅花型最佳，斜列型次之。在选用斜线型和方格型时，带间应种草防护。

四是一般栽灌木的坑深为0.25m，直径为0.2m。应在当地植树季节栽种。

五是在路基边坡及隧道口上合理地植树，对于加固路基有良好的效果，可以和种草、铺草皮配合使用，使坡面形成良好的防护层，植树适用于土质边坡及严重风化的岩石边坡和裂隙黏土边坡。

总之，随着生态学理论日渐被越来越多的人接受和应用于坡面治理，植物在治理严重土壤侵蚀中的重要地位得到进一步的确认，控制侵蚀的效果也有明显的提高。但我国的边坡生态防护还处于起步和探索应用阶段，对植被演替规律的深层次认识还不足，工程的实施仍带有很大的盲目性和随意性，导致不少坡面治理失败。我们不仅要善于借鉴和引用国际上相关的研究结果，更要结合我国的实际情况，加强和完善该领域的工作。

7.11　边坡生态防护的设计

7.11.1　填方与挖方边坡绿化设计

1. 填方边坡的绿化方案

根据高速公路工程施工特点，填方边坡分两种主要类型，即高填方边坡和低填方边坡，以 20m 为限，20m 以上的边坡为高填方边坡，20m 以下的边坡为低填方边坡。高填方边坡绿化设计方案以浆砌片石骨架最为适宜，在骨架内喷播草籽或者小灌木种子，也可以将二者混合喷播，种子发芽生长，逐渐达到绿化固坡的效果。对于低填方边坡可采用三维网植草的方式进行绿化和防护。

2. 挖方边坡的绿化方案

以 30m 为限，30m 以上的边坡为高挖方边坡，30m 以下的边坡为低挖方边坡。高挖方边坡应采用分层防护技术来达到加固的效果，根据土质和压实现状的不同，对较高边坡采用台阶式开挖的方案，于边沟外侧设置宽度为 1m 左右的碎落台，并在中部设置宽度为 2m 以上的平台。挖方高边坡如果是岩石型，则以垂直绿化方案为宜，边坡底部设置花池种植攀缘类植物，也可配合种植一些其他矮型花木，不适宜高大乔木类植物的种植。如果是砂石型边坡，可在浆砌片石骨架内植草或加三维网植草。如果是沙土型边坡，为了达到固土护坡的目的，在保证边坡稳定性的前提条件下可使用机械设备进行喷草防护，对特殊部位进行特殊装饰处理。

7.11.2　特殊边坡的绿化方案

1. 岩石边坡的绿化

一般来说，高速公路岩石边坡具有高度高、坡度陡的特点，而且岩石地质硬度也比其他类型的边坡高得多，地质环境恶劣，不适宜绿色植物的生长（邵明东，2018）。在对岩石边坡进行绿化的过程中要对边坡工程进行特殊的处理，如有些高速公路线路较长，地质情况呈现复杂性和多样性，有局部路堑岩坡有较好的稳定性，节理不发育，可优先选择的绿化植物为藤本类植物，在边坡或坡地添置营养土，然后在土层上进行藤本植物的栽种。有局部路堑岩坡节理发育，形成土夹石，可优先选择植生砼的边坡绿化防护方法，在岩坡上挂网，用喷锚机械设备采用科学合理的工艺将含有特定草种的植生砼向岩坡喷射，使其在岩坡上凝结。草种在植生砼中发芽长出，逐渐在坡面形成绿化覆盖面。岩石边坡除上述绿化方法外，还可以采取其他方法，如板槽式、台阶式等，具体选择哪种方法根据边坡实际情况来定。

2. 陡坡的绿化

通常坡度大于25°都可以称为陡坡，在对陡坡进行绿化的过程中，做好边坡防护是第一位的。植物种类以灌木类、草本类为宜。在陡坡上打桩、设置浆砌石框格或者设置栅栏，达到既维护边坡稳定又利于植物生长的目的。需要注意的是，采取这些措施并不是一劳永逸的，在后期还要重视对其保养、维护和管理（图7-33）。

图7-33　十堰至天水高速公路陡坡的绿化（摄影/宋晓伟）

7.11.3　边坡不同部位的绿化设计

1. 坡脚的绿化设计

种植于坡脚的植物要达到良好的绿化和防护效果，需要选择具有发达的根系、有很强固土护坡能力的灌木树种或者草种（邵明东，2018）。尤其要注意不能选择生长高度过高的树种，以高度为1.5m以下的树种为宜。边坡底部的路堑可设置有花池，池内可种植如爬山虎一类的攀爬类绿植。如果选择用攀缘藤本类植物，要保证花池内土壤的肥力，一般株距为30cm。除藤本植物外，灌木类植物的种植也比较适宜，在地理位置不重要的边坡路段可适当种植一些挡土的乔木类植物。

2. 坡面的绿化设计

高边坡的坡面需预先建立浆砌片石骨架，在骨架中进行多种植物的混合播种（图7-34）。采取喷播的方式混植乔木、灌木、草类种子，配制比例恰当的喷播材料，

图7-34　西乡至镇巴高速公路坡面的绿化（摄影/宋晓伟）

用喷植机进行喷播后用无纺布进行覆盖，能够使草种快速发芽生长，尤其适合坡面绿化。如果坡面不平，或者只有薄层泥土的边坡，为了快速达到绿化效果，可采用稻草段拌黏土铺植，但是使用这种方法要注意做好喷水保湿的工作。

对于平整的坡面，可采用草块铺植的方法进行绿化，草皮铺植压紧后喷水保湿，如果坡面角度过大，则可在草块铺植完成后采用木钉对其进行固定（王振，2016）。三维网植草的方法也是常见的边坡绿化方法，具有良好的地表加固性能，对于控制土壤侵蚀发挥了很大的作用，尤其适用于以砂土为主的边坡绿化。在坡面上固定三维网，撒上拌制好的肥土，在网眼中播入种子后覆土淋水，达到保湿的效果，促进种子生长。

7.12　边坡防护植被的选择

边坡生态防护的目标之一是使植物存活并正常生长（邵宗强和陈开圣，2010）。然而长期以来，人们把不良自然条件下树或草坪的成活作为研究目的，在栽培方面获得了很大成功，形成了一系列不同条件下的施工工艺或技术，如植生带、土工网、三维网、草袋、保水剂、生根粉等。现代生态防护工程则不能仅以植物存活为研究目的。大量的施工实践证明，边坡防护施工后，有的看似达到了生态防护的目的，表面上植被恢复了，土壤侵蚀也得到了一定的控制，但时间一长，植物之间的恶性竞争或外界环境不能满足植物生态习性的要求，致使植物生长势逐渐减弱，群落开始逆向性演替，刚刚恢复植被覆盖的土地又会退化为裸地，形成土壤侵蚀现象。为发挥植物持续永久的综合生态功能，应运用生态学原理构建一个和谐有序、稳定的植物群落，这一点非常重要，其关键是护坡植物的选择。

7.12.1 边坡防护植物分类

依据植物性状可将边坡防护植物分为木本植物、草本植物、藤本植物和花卉植物。木本植物又分为乔木和灌木，乔木根据冬季或旱季落叶与否又分为常绿乔木和落叶乔木（邵宗强和陈开圣，2010）。灌木与草本植物一样是护坡的重要材料，通过不同的气候类型将灌木和草本植物分为暖季型、冷季型、过渡型和高原型几大类，藤本植物依茎的性质又分为木质藤本和草质藤本两类，花卉植物根据植物的生活周期分为一年生、二年生和多年生花卉。根据不同的分类选择不同的护坡植物品种。护坡植物分类如图 7-35 所示。

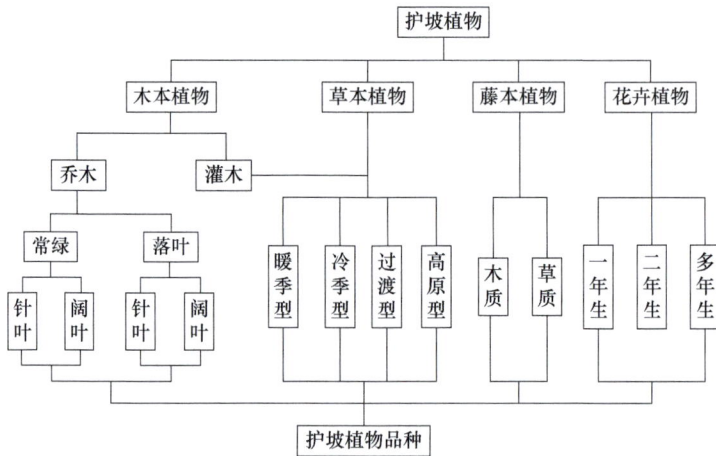

图 7-35　护坡植物分类图

按照我国地域和气候差异将木本植物和草本植物进行区划。用于护坡的木本植物多为灌木，目前已使用的灌木主要有紫穗槐、柠条、沙棘、胡枝子、红柳和坡柳等。我国各地区主要可供选用的护坡灌木类见表 7-7。

表 7-7　我国各地区主要可供选用的护坡灌木类

地区	灌木树种
东北区	胡枝子、沙棘、兴安刺玫、黄刺玫、刺五加、毛榛、榛子、柠条锦鸡儿、紫穗槐
三北区	杨柴、锦鸡儿、柠条、华榛、踏郎、梭梭、白梭梭、蒙古沙拐枣、毛条、沙柳、紫穗槐
黄河区	绣线菊、虎榛子、黄蔷薇、柄扁桃、沙棘、胡枝子、胡颓子、多花木兰、白刺花、山楂、柠条、荆条、黄栌、六道木、金露梅
北方区	黄荆、胡枝子、酸枣、柽柳、杞柳、绣线菊、照山白、荆条、金露梅、杜鹃、高山柳、紫穗槐
长江区	三颗针、狼牙齿、小檗、绢毛蔷薇、报春、爬柳、密枝杜鹃、山胡椒、善藏子、紫穗槐、马桑、乌药
南方区	爬柳、密枝杜鹃、紫穗槐、胡枝子、夹竹桃、字字柝、木包树、茅栗、善藏子、化香树、白檀、海棠、野山楂、冬青、红果钓樟、水马桑、蔷薇、黄荆、车桑子
热带区	蛇藤、米碎叶、龙须藤、小果南竹、紫穗槐、枙木、杜鹃

边坡护坡用草本植物主要选择禾本科和豆科植物。禾本科草一般生长较快，根量大，护坡效果较好，但所需肥料较多（邵明东，2018）。而豆科植物虽然苗期生长较慢，但其自身可以固氮，所以较耐瘠薄，可粗放管理，同时花色较鲜艳，开花期景观效果较好。根据各草种对季节性温度变化的适应性，可通过不同的气候类型将草本植物分为暖季型、冷季型、过渡型和高原型几大类。冷季型草比较耐寒，但耐热性和耐旱性较差。而暖季型草较耐热、耐旱，但不耐寒，以地下茎或匍匐茎过冬（匍匐茎是指沿地平方向生长的茎），所以冬季景观效果较差。不同气候适宜种植的草本类型见表7-8。

表7-8　不同气候类型适宜种植的护坡草种

气候生态带	范围	适宜的护坡草种
青藏高原带	主要包括西藏全部、青海高原和四川西北高原农区	草地早熟禾、紫羊茅、细羊茅、燕麦草、冰草、无芒雀麦及当地野生的小灌木等
寒冷半干旱带	主要包括黑龙江省大部、吉林省大部、辽宁省大部及山东少部分地区	紫苜蓿、沙打旺、红豆草、紫羊茅、细羊茅、碱茅、冰草、披碱草、羊草、小冠花、紫穗槐等
寒冷潮湿带	主要包括青海省的东部、甘肃省的中部、陕西省的北部、山西省大部，以及河南、河北、内蒙古、辽宁、吉林、黑龙江等省（自治区）的少部分地区	草地早熟禾、紫羊茅、细羊茅、无芒雀麦、披碱草、羊草、碱茅、白三叶、紫苜蓿、沙打旺、冰草、鸭茅等
寒冷干旱带	主要包括新疆大部、甘肃的西北部、内蒙古大部，以及青海、陕西、黑龙江少部分地区	紫苜蓿、沙打旺、红豆草、紫羊茅、细羊茅、碱茅、冰草、披碱草、羊草、小冠花、紫穗槐等
北过渡带	主要包括山东省大部、河北省大部、北京市、天津市、河南省大部，以及陕西、山西、安徽、江苏、湖北少部分地区	高羊茅、黑麦草、无芒雀麦、小冠花、紫穗槐、沙打旺、紫苜蓿、冰草、野牛草、结缕草及当地野生的小灌木等
云贵高原带	主要包括云南省大部、贵州省大部、湖南省西部、湖北省西北部、甘肃省南部，以及四川、广西、陕西少部分地区	草地早熟禾、紫羊茅、细羊茅、高羊茅黑麦红、小冠花、白三叶、红三叶、紫苜蓿、沙打旺、狼尾草、鸭茅及当地野生的小灌木等
南过渡带	北纬27.5°～32.5°，东经102.5°～108°，主要包括四川省和重庆市绝大部分，贵州省少部分地区；北纬30.5°～34°，东经110.5°～122°，主要包括湖北省大部，安徽省中部、河南省南部、江苏省中部等	白三叶、红三叶、高羊茅、木蓝、狗牙根、百喜草、弯叶画眉草、黑麦草、马蹄金、鸭茅、荆条、大米草、结缕草及当地野生的小灌木等
温暖潮湿带	主要包括浙江省大部、江西省大部、福建省北部、上海市、安徽省南部、江苏省少部分地区	白三叶、红三叶、高羊茅、木蓝、狗牙根、百喜草、弯叶画眉草、黑麦草、马蹄金、鸭茅、荆条、大米草、结缕草及当地野生的小灌木等
热带亚热带	主要包括广东、台湾、海南全部。福建、云南南部及广西绝大部分地区	狗牙根、百喜草、弯叶画眉草、黑麦草、马蹄金、鸭茅、荆条、大米草、结缕草及当地野生的小灌木等

7.12.2　选择遵循原则

（1）生态适应性：选择乡土树种和适合当地生长的外来植物品种，才能够形成稳定的目标群落，达到植被恢复、生态修复的目的。

（2）先锋性：选择一些适应气候条件、生长迅速、有环境改善力、后期还要能退出主导地位的植物品种，以此来培养基盘养分、提高土壤肥力。

（3）和谐性：所选择的植物品种应该与周边的植被群落和谐统一，在群落形态、植物品种构成等方面和周围的植物群落相近。

（4）抗逆性和自我维持性：边坡土壤一般较为贫瘠，因此，应根据具体情况要求植物品种具有一定的抗旱性、抗寒性、耐瘠薄、耐高温等特性。只有这样才能在后期无人为养护条件下实现自我维持。

（5）生物多样性：考虑生物品种的多样性，灌木、草本、草花等多层次、多品种的组合，形成综合稳定的复合植物生态系统（图7-36）。

图7-36　西乡至镇巴高速公路多样性绿化（摄影/宋晓伟）

7.12.3　边坡生态防护植物选择

高速公路边坡生态防护主要靠植物根茎与土壤间的附着力以及根茎间的互相缠绕来达到加固边坡、提高坡表抗冲刷的能力（邵明东，2018）。因此，对公路边坡植物的选择进行探讨是必要的，其必将促进我国公路边坡生态防护事业进一步发展，具有重要的现实意义（毛琨和杨祥军，2017）。

高速公路边坡绿化主要目的是防止流水冲刷、风蚀、保护路基、降低噪声、吸收有害气体、创造优美的行车环境。路堤边坡的绿化，由于土质和保水性能很差，应尽量不破坏自然地形地貌和植被，采用抗逆性强、根系发达、易于成活、便于管理、兼顾景观效果的多年生草本或木本植物。目前用于护坡的主要植物有紫穗槐（图7-37）、美国地锦、荆条、沙地柏、柠条、柽柳、垂叶榕等乔木种，常春藤、藤本月季、爬墙虎、紫藤、扶芳藤等藤本植物；杜鹃等灌木种；天堂草、狗牙根、假俭草、锦鸡儿、金钟藤、小冠花等多年生草本植物。

植物是高速公路边坡生态防护的主体，它是以比较接近自然的方式去加固和稳定边坡以及坡面，更能达到绿化的双重作用。采用植物护坡技术，不仅能防护浅层边坡，而且能恢复已破坏的植被，美化环境，保持水土，为鸟类等动物提供的栖息地等合计生态价值超出树木固有价值60余倍，有效地缓解边坡工程防护与生态环境破坏的矛盾，实

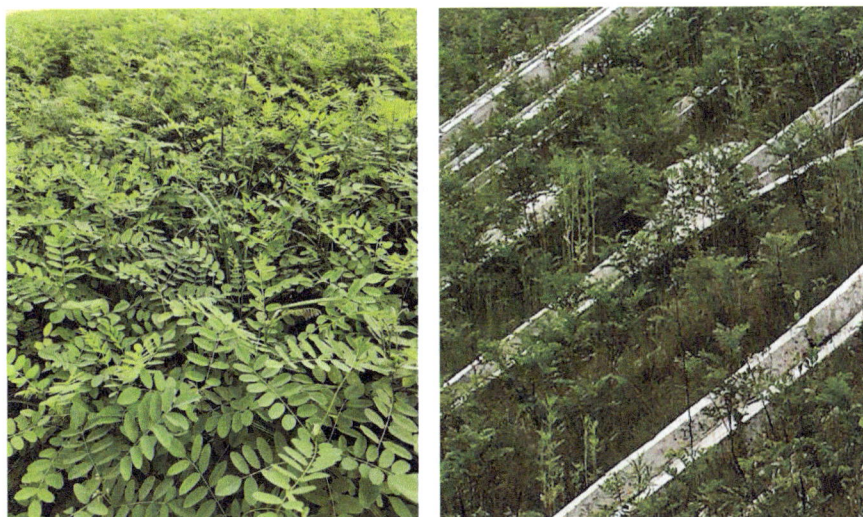

图 7-37　高速公路旁种植的紫穗槐

现人类活动与自然环境的和谐共处。植物的选择是否合适，将直接关系到生态恢复的速度与改善能力，但并不是任何一种植物都能在高速公路边坡上生长，用于高速公路边坡防护的植物种类的选择是高速公路边坡生态防护研究的一个重要方面（邵明东，2018）。综合国内的相关文献，在高速公路边坡生态防护中表现较好的植物种类见表7-9。

表 7-9　高速公路边坡生态防护备选植物种类

划分	编号	植物种名	科名	生态习性
落叶灌木	1	月季花	蔷薇科	适应性颇强，不选择土壤，喜光，喜温暖，耐贫瘠，抗污能力强
	2	迎春花	木犀科	喜光，稍耐阴，喜湿润，也耐干旱，对土壤要求不严
	3	多花胡枝子	豆科	喜光，稍耐阴，耐干旱，耐贫瘠，生长迅速，根系发达
	4	马棘	豆科	耐干旱能力极强，不择土壤，能耐盐碱，喜光，稍耐阴
	5	构树	桑科	喜光，稍耐阴，耐干旱，耐贫瘠，不择土壤
	6	锦鸡儿	豆科	适应性强，耐干旱，耐贫瘠，不择土壤，能生长于岩石缝隙中
	7	柠条	豆科	适应性强，耐干旱，耐贫瘠，不择土壤
	8	沙棘	胡颓子科	耐干旱，耐贫瘠，耐严寒，又耐酷热，耐盐碱土壤
	9	枸杞	茄科	适应性强，耐干旱，耐贫瘠，不择土壤
	10	夹竹桃	夹竹桃科	耐旱力强，不择土壤，耐烟尘，抗污染
	11	酸枣	鼠李科	对气候和土壤的适应性都较强
	12	紫穗槐	豆科	耐干旱能力极强，能耐盐碱土，喜光，稍耐阴
常绿灌木	13	海桐	海桐科	喜光，略耐阴，对土壤要求不严，萌蘖力强，耐修剪
	14	常春藤	五加科	稍耐阴，喜排水良好的肥沃土壤，也耐干旱，耐贫瘠，能生长在石缝中
	15	云南黄馨	木犀科	喜湿润，也耐干旱，对土壤要求不严，耐碱，生性强健
	16	火棘	蔷薇科	喜光，要求排水良好的土壤，耐干旱
	17	金丝桃	藤黄科	喜光，略耐阴；喜生于湿润或半阴的沙质壤土上，生性强健

划分	编号	植物种名	科名	生态习性
地被草坪	18	狗牙根	禾本科	耐旱，耐热，不耐阴，生命力强，对土壤要求不严
	19	小冠花	豆科	生命力强，适应性广，耐干旱、耐寒、耐贫瘠土壤
	20	异穗苔草	莎草科	耐寒，抗污染能力强
	21	紫苜蓿	豆科	喜光，也能耐半阴，耐干旱，适应贫瘠土壤
	22	诸葛菜	十字花科	喜光也耐阴，喜肥沃而排水良好的土壤，也耐贫瘠
	23	波斯菊	菊科	喜阳，耐干旱，耐贫瘠，性强健，能大量自播繁衍
	24	紫羊茅	禾本科	生性强健，极耐干旱，生长迅速，对土壤要求不严
	25	弯叶画眉草	禾本科	生长快，抗逆性强，耐瘠薄，喜光，绿色期长
	26	黑麦草	禾本科	喜沙质壤土或壤土，有一定的抗旱能力
	27	高羊茅	禾本科	既耐干旱又抗潮湿，是冷季草种中较耐高温的品种
	28	百喜草	禾本科	匍匐性草种，耐高温，耐干旱，根系发达，扎根深，绿叶期长
	29	香根草	禾本科	抗逆性强，根系极为发达
	30	早熟禾	禾本科	性强健，能耐干旱，耐贫瘠
	31	扁茎黄芪	豆科	耐干旱性强，管理粗放，具有较好的保持水土、改良土壤之特性
	32	白三叶	豆科	喜湿润，较耐阴，也耐干旱和贫瘠，对土壤要求不严

　　植物是生态防护的基础，生态防护最终要靠植物生态效应的发挥来起作用的，而高速公路边坡往往具有以下特点：无土壤；坡度大，超过土壤的自然安息角度，土壤不稳定，极易被雨水侵蚀；几乎全为生土，土壤的有机营养物质含量极少；土壤被水泥、白灰等建筑材料污染，理化性质变化剧烈；土壤的团粒结构被破坏，极易流失；由于受到机械的碾压，土壤坚实，透气性差；边坡土壤的保水保肥能力也差等。总体来看，高速公路边坡的土壤性质是不利于植物生长的，在这种情况下，选择能够在此不利的条件下生长的植物就显得尤为重要。影响植物选择的因素见表7-10。

表7-10　影响植物选择的因素

划分	影响因素
气候条件	主要是气温和降水。最高气温和最低气温决定着植物能否正常生长发育，能否顺利越夏、越冬等；降雨（雪）的时期及雨量也是决定采用植物种类的重要依据
土壤条件	主要是土壤肥力状况、土壤结构和土壤pH等。高速公路边坡土壤有机质含量一般很少，结构不良，经过一定时期的沉降作用后，容重增加，孔隙度降低，不利于土壤中水分和空气的有效运移以及肥料的协调转移，从而对植物正常生长产生不利影响
景观条件	所选择的植物要与边坡周围的景观相协调。既要使路容整洁漂亮，又要与所在区域的大环境相容
经济条件	除了特殊情况外，一般是花费越少越好

　　用于高速公路边坡防护的植物种应尽量满足以下要求：①适应当地气候，抗旱性强；②根系发达、扩展性强；③耐瘠薄、耐粗放管理；④种子丰富，发芽力强，容易更新；⑤绿期长，多年生；⑥育苗容易并能大量繁殖；⑦播种栽植的时间较长；⑧具有美感。

　　总之，采取工程加固措施，对减轻坡面修建初期的不稳定性和侵蚀效果较好，作用显著（邵明东，2018）。然而，随着时间的推移、岩石的风化、混凝土的老化、钢筋的腐蚀，强度降低，效果也越来越差。而采用植被护坡则恰恰相反，开始时的作用弱，但随着植物的生长、繁殖，强度增加，对减轻坡面不稳定性和侵蚀的作用会越来越大（刘平，2005）。除此之外，植被护坡还有一个显著的优点，能够恢复因高速公路工程建设所破坏的生态环境。生态防护也有其局限性，如植物根系的延伸使土体产生裂隙，根系死亡后土体中会产生空洞，增加了土体的渗透率；植物深根的锚固无法控制边坡的深层滑动，若根系延伸范围内无稳定的岩土层，其作用便不明显，遇大风则易连根拔出。对于高陡边坡，若不采取工程措施，植物生长基质也难以附于坡面，植物无法生长。因此，边坡生态防护技术应与工程措施结合，发挥各自的优点，既保证了边坡的稳定，又实现了坡面植被的恢复，有效地解决了土质边坡工程防护与生态环境破坏的矛盾，达到人类活动与自然环境的和谐共处。

7.13　边坡生态防护的种植方法

7.13.1　播种繁殖

播种繁殖是针对播种草皮而言的，用传统的人工播种或草皮移植方法植建草坪很难获得理想效果。目前较为先进的播种方法为水播法，草坪绿化喷播技术是以水为载体，用水利实现喷敷式播种的过程。在适宜的条件下，草种便会很快萌发和生长，这种将播种、施肥、浇水和养生结合在一起的草坪喷播施工方法，不但施工效率高、播种均匀，而且最大的特点是能在人工很难或无法接近的地带实现绿化施工作业。因此，其特别适用于坡陡而高、坡长可绵延数十里[①]的高速公路绿化。喷播后的混合物在土壤方向形成一层膜状结构，能有效地防止冲刷，并能在较短的时间内萌芽，长成植株，迅速覆盖地面，以达到稳固边坡和绿化美化路容之目的，比传统方式有一定的优势。

7.13.2　栽植繁育

栽植前应先进行人工整地，整地工作应沿坡面依次进行，通过挖掘和踩踏，形成一条条窄小的阶地，而且最好由下往上进行操作，这样不至于将修整过的土推至坡下。整好地以后，可用塑料薄膜覆盖住阶梯地以利于保湿，也可防止坡地良土滑落，冲走栽植物，同时防止杂草任意滋生，减小养护难度，并在塑料薄膜的上沿紧贴土的一侧刺几个洞，以利于雨水的渗进，窄小的阶地可储存水分，种植植物材料后，在每棵植株边挖一小坑，有助于将水分渗透到根部。

1. 攀缘植物的栽植方法

爬山虎、常春藤等一般栽植一年生苗木，在边坡种植的株距为 $4\sim6$ 株$/m^2$，这样可在 3 个月后基本成形（图 7-38）。运用爬山虎、络石、薜荔、凌霄等具有吸盘或气根的藤本植物，沿墙面、石壁、篱笆攀爬，不需要任何支架和牵引材料。在配置时应注意

---

① 1 里＝500m。

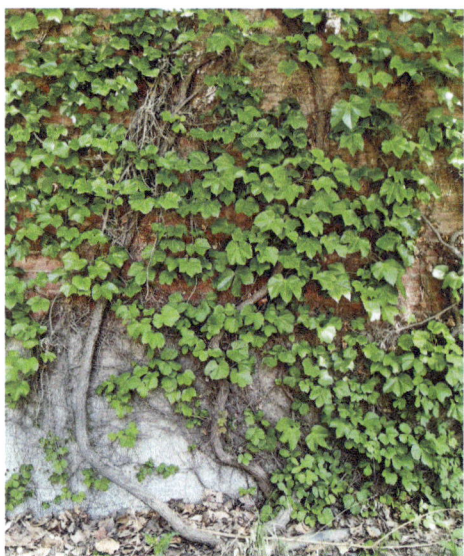

图7-38 公路攀缘植物（摄影/彭珂珊）

植物材料与挡墙周围植物的色彩、形态、质感的协调，考虑落叶与常绿、不同花期、不同叶色、不同花色的植物搭配等因素。例如，福建三明高速公路上垂直绿化攀缘植物种类主要是爬山虎、常春油麻藤，沿线零星种植三角梅、紫藤、凌霄等。垂直绿化植物种类比较单一，当地的许多乡土藤本植物未用上。三明市乡土藤本植物大约有90种，主要是爬山虎、紫藤、常春油麻藤、三角梅、薜荔、络石、炮仗藤、葡萄、木通、小果蔷薇、葛藤、月季、金银花等。

2. 灌木类植物的栽植方法

灌木株行距可根据分蘖能力及所要求的视觉效果与自然条件不同而定。例如，把女贞的枝条形成篱笆栅格，露出其长度的1/4至土外以便生长。而紫穗槐可按每50cm一组栽植。为确保成活率和覆盖率，每组可栽3～5棵，这样两年即可成形（图7-39）。常见灌木有玫瑰、杜鹃、牡丹、小檗、黄杨、沙地柏、铺地柏、连翘、迎春、月季、茉莉、沙柳。

图7-39 灌木类植物（摄影/彭珂珊）

3. 乔灌木混合栽植

可按乔中有灌的栽植方法，上层栽植柳、火炬树等树种，下层配以紫穗槐、女贞等分蘖力强的树种或选择高型开花的草本植物（王涛，2015）。某些花木一旦长成后，整体效果会显得杂乱无章，如果紫穗槐、女贞等得到适度修剪，将各种花木的层次拉开，可以彼此依托（刘治兴，2016）。当其生长成型后将多余的枝条修剪，以充分显示其优美外观，使其展现公路绿化的特有风采。

高速公路边坡绿化的形式多种多样。每一种方法有一定的优势，也有一定的局限性。因此，应根据所要绿化的边坡的实际情况来决定所选择的绿化方法，尽可能达到最佳的高速公路边坡防护效果（刘治兴，2016）。

7.14　边坡生态防护的养护

高速公路边坡的植物定居后，其群落结构仍以草本植物为主，灌木属于从属的位置，因为草本植物早期生长速度非常快，而且耐贫瘠，这样可以尽快恢复边坡的植被覆盖，控制土壤流失，美化路容（王涛2015；刘治兴，2016）。但是这样的植物群落结构非常不稳定，如果措施跟不上，草本植物过度发育，群落中的灌木很快就会因为营养、阳光、水分和其他资源不足而被草本植物"吃掉"，另外，一旦草本植物把土壤中的营养消耗到一定程度，很可能出现大面积的衰退，并且重新回到裸地的状态。这种现象已经在以往的高速公路植被恢复建设中屡见不鲜。未雨绸缪，制定合理的养护管理措施，促进植物群落向目标群落转化，是高速公路边坡绿化的重要内容，主要养护措施包括肥水管理措施、补栽措施、其他辅助管理措施等（图7-40）。

图7-40　边坡生态防护的养护设施

7.14.1　肥水管理计划措施

制定肥水管理计划，在施肥这个环节，针对植物群落的不同发育时期，采用不同的肥料配比，抑制草本的生长，促进木本植物的发育，从而达到逐步以木本植物为主的植物群落的目的；水分是植被能否存活的另一个重要因素，植物在不同的生长发育时期对水的需求量有很大差异，不同植物对水分的需求量也不同，通过对水的管理可以实现对群落演替方向的调控。其中包括喷水养护和追施肥料等措施。喷水养护分前、中、后期水分管理，前期喷灌水养护为60d；中期靠自然雨水养护，若遇干旱，每月喷水2～3次；后期养护每月喷水2次。追施肥料，为满足草本植物氮、磷、钾等营养需求，维持草苗正常生长，必须在苗高8～10cm时进行第一次追肥，追肥分春肥（3～4月）和冬肥（10～11月）两次，另外，还可依据实际情况进行叶面追肥，如用0.1%的磷酸二氢钾或0.3%的尿素液喷施。

7.14.2   人工辅助补栽措施

由于高速公路的养护资金有限，应培养稳定的群落，充分发挥自然力在其中所起的作用，逐步减少养护费用（王涛，2015）。其中一个主要措施是增加群落中的多样性。一个群落中如果有多个物种，而且各物种的数量较均匀，则该群落具有高多样性；如果一个群落中物种少，而且各物种的数量不均匀，则该群落的多样性较低。一般认为群落的结构越复杂，多样性越高，群落也越稳定；并把群落多样性作为其稳定性的一个重要尺度，在植被建植的早期，由于恶劣的立地环境，仅有少量植物可以在边坡上定居，群落的多样性指数很低，其稳定性和恢复力都很弱，需要大量的人工辅助措施才能确保群落不退化，后期随着小气候条件、土壤条件和其他条件的完善，需要在未来群落的不同发展时期适当加入一些本地的其他植物，提高群落多样性和群落的稳定性。

7.14.3   控制边坡群落管理措施

其他辅助管理措施，如修剪、间苗、疏枝及采用化学药剂等多种措施控制边坡群落的演替方向，包括防治病虫害和防除杂草等措施，防治病虫害需要在出苗后随时观察有无病虫害，不同草本植物所发生的病害和虫害是不一样的，一经发现，需及时喷洒针对性农药。防病害可用59%多菌灵可湿性粉剂1000倍液，甲基托布津800～1000倍液等；防虫害一般可用敌百虫800倍液、氧化乐果、三氯杀螨醇1000～1500倍液等高效低毒农药；防除杂草，杂草主要与主栽草类争光、争水、争肥，且有碍草坪景观，防治方法为播种前土壤使用草甘膦、卡可基酸除灭，草苗播出前使用地散灵、恶灵草、环己隆等灭除杂草种子发芽，杂草生长已高出主草丛，可采取人工拔除的方式。

7.15   高速公路边坡生态防护机理研究中的问题及展望

为有效保护高速公路边坡和生态环境，国内外专家提出了一些生态型护坡技术，20世纪60年代，生态护坡技术在许多国家被大力推广应用（王涛，2015）。在美国和欧洲一些国家较为常用的是土壤生物工程护岸技术，该技术是由原始的柴捆防护措施发展而来的，经过多年的发展完善，现已形成了一套完整的设计和施工方法（刘治兴，2016）。土壤工程边坡技术是利用植物对气候、水文、土壤的作用来保持公路稳定，其主要作用包括降雨截流、径流延滞、土壤增渗、土层固结、根系土壤的增强、土壤湿度调节、土体支撑等。常用的土壤生物护岸技术主要包括土壤生物公路边坡技术、地表加固技术和生物-工程综合保护技术，这些技术在欧美等国家已得到广泛运用。我国在研究生态防护方面起步较晚。近年来，在充分吸收国外公路边坡综合整治经验和其他领域生态护坡研究的基础上，也取得了长足进步。

7.15.1　存在的问题

1. 对边坡植被恢复目的理解不完全，重草本植物，轻乔木、灌木植物

对植物措施的意义作用认识不够，不理解植物群落与环境之间相互作用的生态关系，有的甚至认为只要裸地复绿就大功告成（周德培和张俊云，2003）。不知道生物间的相生相克关系和不同植物之间的化感作用，不清楚不同植物对土壤肥力等环境因子的需求与竞争，常常造成植物措施使用不当。只知道植物对土壤的改良，不知道一些植物在人为作用下会恶化土壤理化性质、降低土壤肥力，导致植物侵蚀或绿色沙漠。盲目引进植物物种，使得外来物种入侵，造成植物侵蚀。施工单位考虑自身的经济利益，导致边坡防护中应用植物措施时存在植物类型单一化，重视易商品化经营的外来物种，忽视乡土植物使用；重视价格低的草本植物的使用，轻视价格高的灌木、乔木的使用。

2. 植物措施设计随意、简单，达不到相应深度

对植物的绿化、美化作用的认识深度不够，而总认为种下去就成，因此，植物措施设计达不到相应深度，或者考虑不到立地条件、植物群落复合结构，使得植物设计简单、随意。在植物配置设计中，没有考虑主要树种与伴生植物之间的关系，没有考虑播种密度对生长量的影响。当然，设计的植物措施中更不会考虑到微生物对土壤理化性质的改良和推动群落正向演替的作用。

3. 重前期抚育和"立效见功"的短期效果，轻长期管理维护和潜在的生态经济价值

承接水土保持绿化工程的单位往往以能通过工程验收为目标，只注重前期抚育和"立竿见影"的短期效果，忽视水土保持植物群落的长期管理维护和潜在的生态经济价值（仓田益二郎，1989）。有的项目对处于动态开采状态的土壤侵蚀点没有做好统一规划，水土保持工作缺乏针对性和有效性，甚至出现水土保持设施"前建后埋"、边建边毁的现象。

4. 边坡植草的退化，喷播时的植物种子配比与最终植物状态，干旱对土体很薄的坡面植物构成威胁

因为人工种植草种生长较弱、品种单一，随着时间的推移，在养分、水分供应较差的边坡上都会呈现不同程度的草坡退化现象，这是一个十分突出和严重的问题。若退化得不到解决，会造成重复建设、资金浪费，起不到边坡绿化防护效果，最终可能会引起土壤侵蚀、坡面坍塌等许多不良后果。

在较短的时间内把开挖的边坡恢复到自然状态，施工者将面临：①植物种子的配比如何确定；②如何考虑当地自生优势群落的结构特点进行种子配比；③如何确定喷播时的植物配比与最终形成的植物群落之间的动态关系。只有对这些问题做详尽的调查研究分析，才能正确指导施工，否则边坡的植物生长将无法实现人工强制绿化向原始植物群落的顺利演替。

7.15.2 展望

随着我国高速公路建设的飞速发展，道路边坡防护设计与施工越来越引起人们的重视，要确保道路边坡稳定、安全、搞好环境保护，必须加强道路边坡防护的综合研究，深入了解道路边坡的种类、特点、破坏的形式与机理，针对不同工程对象的土质、水文、气候等特点，灵活采用不同的防护形式，加强设计，加强施工建设管理，建安全之路、建生态之路、优美之路。边坡生态防护技术是集岩石工程力学、生物学、土壤学、肥料学、园艺学、环境生态学等学科于一体的新技术。目前我国乃至全世界都广泛使用这项技术。边坡复绿也称喷混植生边坡复绿，通俗来说就是在一些特定的地方培植上植被以达到某种目的，其中运用到了各种各样的科学技术和科技手段。目前，我国关于高速公路边坡生态防护的研究有很多，但高速公路边坡生态防护模式的构建和管理的理论研究还远远落后于实践需要。我国高速公路边坡生态防护工程经验表明，道路路基边坡防护会向如下方向发展。

1. 边坡生态防护的范围会不断扩大

基于边坡生态防护的重要性及边坡生态绿化的实际特点和作用，在未来高速公路边坡施工过程中，边坡生态防护的范围将会进一步扩大，边坡生态防护的应用也会成为一种成熟的施工方式，在边坡施工过程中得到有效的拓展（周德培和张俊云，2003）。因此，边坡生态防护在未来的发展过程中，其覆盖范围和应用范围将会不断扩大，会对边坡施工产生重要的影响（刘治兴，2016）。为此，边坡生态防护的作用应引起足够的重视，并在高速公路边坡施工过程中做好生态绿化施工的开展，使边坡生态防护成为提高高速公路边坡施工质量和边坡美观性的重要施工措施（图7-41）。

图7-41 高速公路施工过程中边坡绿化（摄影/张展）

2. 边坡生态防护方式全面推广

高速公路边坡生态防护手段成为边坡处理中的首要手段（毛琨和杨祥军，2017）。近20年来，边坡生态防护既能保证边坡防护稳定，又能保证周围环境不受破坏，是现代土木对环境友好性的重要体现。边坡生态防护能够解决高速公路边坡土壤紧固及边坡美观的问题，且在施工过程中，还会对其他工程产生极其重要的影响。因此，边坡生态防护的施工方式会得到比较全面的推广，成为边坡施工的一个比较重要的施工方式，在实际施工过程中，其也得到了有效采用。因此，应对边坡生态防护施工方式高度重视，并作为重要的措施来看待，其在实际的边坡施工过程中得到了有效的应用。放缓坡比、支挡和加固是坡体防护技术的3大常用手段。坡面防护方式则注重于植物、工程以及复合型生态3个方面的防护技术。而在如今的工程防护技术中，护面墙、骨架护坡（图7-42）及挂网喷浆成了主要形式。

图7-42　高速公路骨架护坡（摄影/宋晓伟）

3. 边坡生态防护手段的多样化

我国幅员辽阔，不同地区水文地质状况不一，合适的边坡生态防护措施对追求高速公路与自然景观、人文景观的和谐统一有着重要作用。边坡生态防护特点及边坡植被防护所具有的重要性在未来边坡施工过程中，边坡生态防护范围也将会扩大（图7-43），而且边坡生态防护手段也会变得更加多样化，不仅种植植被，还可以利用边坡的特点及根据边坡生态防护的要求进行其他方式的生态绿化，使边坡生态防护可以产生重要的社会效益和经济效益，既提升了边坡使用寿命，又可以使边坡施工取得一定的成效。因此，未来边坡生态防护的手段会变得更加多样化。

4. 优良植被群落品种选育及组合应用

优良植被群落品种选育及组合应用包括植物种类选择、配置、种植密度，以及野

图7-43 西乡至镇巴高速公路边坡植被防护的效果（摄影/宋晓伟）

生乡土护坡植物的开发利用等研究。虽然我国已经有很多相关研究，但我国地域辽阔、气候地质地貌多样，植物选择与配置复杂，现有研究远远不能满足实际道路工程运用，仍是许多地区高速公路边坡植被恢复中尚未解决的问题。在已有的一些植被恢复中，由于植物选择的不合理，在高速公路坡面绿化中引发再次裸露的例子有很多，因此，应加快各地区适宜高速公路坡面绿化的优良植物种的选择，适地适树，科学选择及应用植物。

5. 边坡植被养护管理研究与恢复后植被群落研究

高速公路养护管理主要是质量评价、抵制杂草等，尤其是抵制侵占性强的恶性杂灌草的研究，我国在这方面的研究少见。例如，目前云南省许多路段高速公路边坡紫茎泽兰入侵导致边坡植被退化，这些问题急需解决。恢复后植被群落是否稳定是衡量植被恢复成功与否的关键，因此群落研究也是植被恢复研究的重要内容，包括不同边坡类型植被群落的抗蚀性、稳定性、多样性、演替等的研究。

6. 植被水土保持工程效应效果评估及预测预报信息系统开发

信息技术在水土保持工程植被护坡建设中的应用应以建立和完善网络运行和效果评价为突破，包括植被护坡工程效果的信息采集、处理、传输、共享技术的网络化系统；计算机控制作业技术的研究；应用遥感等监测岩石边坡植被生态环境的变化以及工程效应效果评价技术体系等。对于易出事故或重点路段的边坡，利用GPS、3D-GIS、TDR、光纤传感等监测技术实施全天候监控，可即时反映监测数据的变化，能对潜在的边坡滑坡等破坏进行预警，具有很大的应用前景。在用数值计算方法计算边坡各种潜在滑动面的致滑力和抗滑力时，在定性、定量上均能起到一定的分析作用，对边坡防护也起到一定的促进作用。现在公用的数值计算方法主要有有限元法、有限差分法、边界元法和离散元法，公认的数值计算软件主要有 ANSYS、FLAC-3D、3D-σ、UDEC 等。

7. 植被恢复新技术的研究和应用

边坡防护走以绿化为基础的道路，在边坡稳定的前提下，尽量采用生态防护方法。对一些单靠生态防护不能保证稳定的边坡，应结合水泥混凝土、砌石等工程防护方法，尽可能采取有效措施对边坡加以绿化（舒翔和杜娟，2016）。在山区、丘陵区修建高速公路时，尽量选定挖、填方数量及面积最少的路线，尽量减少对自然植被的破坏。我国关于技术方面的研究相对较多，但对荒漠化、高陡岩石边坡等特殊地理环境条件下的植被恢复技术还欠缺。当采用某一边坡防护方法难以起到固坡的效果时，可以采用多种防护方法进行综合防护，如框格防护和植草防护的结合，既能起到固坡的目的，又能起到绿化环境的效果。

参 考 文 献

仓田益二郎. 1989. 绿化工程技术. 顾保衡，译. 成都：成都科技出版社.

陈开圣，殷源. 2011. 公路边坡植物防护机理研究. 贵州大学学报（自然科学版），（3）：119-123.

陈丽华，余新晓，张东升，等. 2004. 整株林木垂向抗拉试验研究. 资源科学，26（7）：39-43.

陈燕，陆山风，雷翻宇，等. 2011. 广西南友高速公路绿化植物调查与分析. 北方园艺，（16）：130-131.

陈迎辉，罗怀斌，朱开明，等. 2004a. 用野生狗牙根草绿化湖南高速公路石方边坡的试验研究. 中南林业调查规划，（2）：53-55，57.

陈迎辉，朱开明，罗怀斌. 2004b. 攀援植物在潭邵高速公路石方边坡绿化中的应用技术. 湖南林业科技，（2）：33-34，36.

陈宇芬. 2009. 浅谈高速公路边坡绿化及后期养护. 中国新技术新产品，（11）：79.

陈振盛. 1995. 泥岩边坡植生技术研究. 水土保持研究，2（3）：68-75.

程洪，李斌. 1998. 香根草的技术应用. 江西科学，16（3）：204-210.

程鑫. 2009. 浅谈浆砌片石骨架植草护坡. 四川建筑，（4）：231-232.

崔雁鹏. 2018. 浅谈高速公路边坡绿化. 山西林业科技，47（4）：67-68.

董效斌，卫刚，杨慧珍. 2002. 利用野草稳固美化边坡. 山西建筑，（28）：11-12.

高金根. 2011. 采石边坡绿化治理模式研究与应用. 中国林副特产，（4）：75-76.

高社林. 2007. 皖南山区某高速公路红砂岩特性及其路基施工工艺研究. 地质灾害与环境保护，（3）：8-12.

高勖. 2014. 浅谈高速公路边坡人工撒播植草技术. 甘肃科技纵横，（7）：122-124.

顾小华，丁国栋，刘胜，等. 2006. 一种新型的高速公路边坡生态防护技术. 水土保持研究，13（1）：106-107.

郭碧花，张雪梅，刘金平，等. 2022. 坡度对高寒草甸公路护坡土壤性状及沙化表现的影响. 草业学报，31（11）：15-24.

郭文. 2011. 高速公路扰动土壤性质的变化规律及其对植被恢复的影响. 杨凌：西北农林科技大学.

哈斯图力古尔. 2012. 道路建设对景观格局及土壤理化性质的影响研究——以鄂尔多斯市伊金霍洛旗为例. 呼和浩特：内蒙古师范大学.

何宇翔，保琦蓓，刘建文，等. 2009. 高速公路沿线土壤理化性质研究. 武汉理工大学学报：交通科学与工程版，33（3）：499-502.

胡福强，汪浩，曹江，等. 2011. 高速公路边坡植物防护技术研究. 现代园艺，（13）：48.

胡寅，赵向荣. 2013. 绿化对公路环境保护的作用. 科技导向，22（8）：366.

华绍祖. 1993. 黄河流域水保试验与示范推广工作的回顾与评述. 人民黄河，（12）：23-26.

黄灏峰，徐洪雨，宋桂龙. 2013. 不同坡向边坡胡枝子和柴穗槐根系的生长差异. 草原与草坪，33（4）：5.

黄启堂，游水生，黄榕辉，等. 1997. 运用层次分析法评价木质藤本观赏植物资源. 福建林学院学报，17（3）：269-272.

贾春峰. 2021. 山西省典型地貌区公路边坡水土流失及水土保持效应研究. 北京：北京林业大学.

蒋必凤，李淑敏. 2016. 公路边坡生态防护的分类管理及植被的选择. 价值工程，35（32）：252-253.

蒋必凤，王海飙，李淑敏，等. 2017. 草本植物根系对土体加筋的效应. 东北林业大学学报，（7）：51-54.

蒋德松，陈昌富，赵明华，等. 2004. 岩质边坡植被抗冲刷现场试验研究. 中南公路工程，（1）：55-61.

蒋德松，苏永华，赵明华. 2008. 边坡稳定可靠性分析程序研制. 铁道科学与工程学报，（5）：41-45.

李宝建. 2017. 高性能混凝土在路面工程中的应用. 黑龙江交通科技，31（11）：57-58.

李翠英. 2021. 科学选择高速公路绿化植物品种. 中国绿色时报. 2021-10-28.

李国荣. 2007. 寒旱环境护坡植物根-土相互作用机理及其与边坡稳定性关系研究. 西宁：青海大学.

李旭光，毛文碧，徐福有，等. 1995. 日本的公路边坡绿化与防护——1994年赴日本考察报告. 公路交通科技，12（2）：59-64.

李宗禹，黄岩，刘昕，等. 2002. 高速公路路域扰动土壤及其生态管理. 公路交通科技，19（3）：155-159.

刘爱霞. 2011. 关中平原高速公路扰动土壤植被恢复研究. 杨凌：中国科学院研究生院（教育部水土保持与生态环境研究中心）.

刘朝晖，李宇峙. 1999. 高速公路边坡坡面生物防护方法研究. 路基工程，（3）：4-7.

刘桂林，史文革. 2015. 北方高速公路绿化的功能及设计原则. 河北林果研究，14（4）：32-34.

刘建培. 2005. 福泉高速公路边坡植物选择. 中国城市林业，（3）：40-42.

刘军，蒋格. 2018. 高速公路生物防护与绿化分析. 交通节能与环保，14（5）：72-74.

刘孔杰，刘龙，周存秀. 2002. 生物多样性在路域植被恢复中的应用. 交通环保，（4）：10-12.

刘平. 2005. 公路边坡植物防护种类与栽植技术. 河北林业科技，（4）：9-10.

刘强虎. 2009. 公路边坡防护安全与生态美化. 西部探矿工程，（5）：162-163.

刘书套. 2001. 高速公路环境保护与绿化. 北京：人民交通出版社.

刘秀峰，唐成斌. 2001. 高等级公路生物护坡工程模式设计. 四川草原，（1）：40-43.

刘秀峰，唐成斌，刘正书，等. 2000. 贵遵高等级公路边坡生境调查及植被演替初探. 贵州农业科学，（6）：41-44.

刘治兴. 2016. 高速公路边坡植物不同生长期防护效果研究. 北京：北京林业大学.

龙昊知，孙丽坤，刘光琇，等. 2014. 青藏公路对其邻近土壤细菌丰度影响的研究. 冰川冻土，36（1）：207-213.

卢少飞. 2006. 高速公路沿线外来入侵植物种类及分布的初步研究. 武汉：华中师范大学.

陆剑. 2006. 华南地区高速公路边坡植被的调查研究. 广州：中山大学.

陆剑, 袁剑刚, 徐国钢, 等. 2006. 工程防护边坡坡面快速植被恢复初探 // 中国草学会草坪专业委员会学术研讨会论文摘要集. 北京: 中国草学会: 357-361.

路峰, 崔兵. 2009. 边坡防护与生态美化问题研究. 中国水运, (6): 265-266.

路艳, 卜贵建, 赵树青, 等. 2007. 藤本植物在高速公路绿化中的应用. 山西建筑, 33 (24): 355-356.

罗珂, 高照良, 王凯, 等. 2015. 毛坝至陕川界高速公路边坡生态防护技术及其应用研究. 中国农业资源与区划, 36 (6): 128-135.

马克平, 黄建辉, 于顺利, 等. 1995. 北京东陵山植物群落多样性研究 (Ⅱ): 物种丰富度、均匀度和物种多样性指数. 生态学报, 15 (3): 268-277.

毛琨, 杨祥军. 2017. 探究边坡生态绿化的现状与发展. 防护工程, (32): 5.

欧阳恩德, 何惠琴, 李倩, 等. 2008b. 安徽省高速公路边坡绿化用藤本植物选择研究. 山西建筑, 34 (10): 346-347.

欧阳恩德, 何惠琴, 李倩. 2008a. AHP 法在选择公路边坡绿化植物中的应用. 科技创新导报, (13): 110, 112.

裴冰. 2013. 湖南高速公路边坡绿化施工工艺研究. 长沙: 湖南农业大学.

前掘幸彦. 1984. 植被护坡. 土木技术, 39 (2): 85-93.

乔领新, 宋桂龙, 韩烈保, 等. 2009. 高速公路岩质边坡植被恢复初期不同植物配置模式的比较研究. 北京: 全国公路生态绿化理论与技术研讨会.

屈越强, 陈爱侠, 王丹, 等. 2015. 基于 RS/GIS 的黄土地区高速公路沿线植被覆盖度变化分析——以铜黄高速为例. 四川环境, 34 (1): 30-33.

冉秀琼, 屠剑斌. 2008. 紫穗槐在公路边坡绿化中的栽培技术. 陕西林业科技, (2): 168-169.

山村和也. 1994. 边坡坡面与周边的自然环对策. 土木技术, 49 (2): 29-30.

山寺喜成. 2014. 自然生态环境修复的理念与实践技术. 魏天兴, 赵廷宁, 杨喜田, 等, 译. 北京: 中国建筑工业出版社.

山寺喜成, 安保昭, 吉田宽, 等. 1997. 恢复自然环境绿化工程概论——坡面绿化基础与模式设计. 罗晶, 张学培, 曾大林, 等, 译. 北京: 中国科学技术出版社.

山寺喜成, 李晓华. 1999. 关于水土保持绿化的建议. 水土保持科技情报, (2): 34-35.

邵明东. 2018. 高速公路边坡绿化植物配置的思考. 现代园艺, (18): 163.

邵宗强, 陈开圣. 2010. 公路边坡植物防护机理研究. 山西建筑, 36 (17): 353-355.

沈含羽, 牛迪. 2018. 新理念在公路边坡防护设计中的运用研究. 华东科技: 学术版, (1): 162.

史彦林. 2013. 高速公路路基坡面水土流失防治效果试验研究. 中国水土保持, (6): 58-59, 71.

舒安平, 成瑶, 李芮, 等. 2010. 高速公路石质边坡不同受光面土壤与植被恢复的差异性. 公路交通科技, 27 (6): 143-147.

舒翔, 杜娟. 2016. 生态工程在高速公路岩石边坡防护工程中的应用. 公路, (7): 20-22.

宋丽艳, 吴建梁, 宋桂龙. 2018. 高速公路不同功能区植物配置特点及应用效果分析——以京承高速公路为例. 河北林业科技, (4): 30-35.

谭发刚, 杨云飞, 刘章龙. 2003. 土质边坡植草防护技术. 路基工程, (3): 30-31.

田俊. 2019. 探析高速公路边坡的绿化植物配置. 黑龙江交通科技, 42 (3): 11-12.

仝晓辉, 邓晟辉, 安登奎, 等. 2012. 黄土路堑边坡打穴钻孔栽植营养钵苗生物防护技术浅析. 公路交通科技 (应用技术版), 8 (9): 135-138.

王进, 金自学. 2006. 黑河流域灰棕荒漠土种植耐旱牧草小冠花改土培肥效果的研究. 土壤通报, 37

（3）：487-489.

王俊明．2008．"退耕"草地演替过程中植被地上部分与根系的变化及其土壤响应．北京：中国科学院水土保持与生态环境研究中心．

王可钧，李焯芬．1998．植物固坡的力学简析．岩石力学与工程学报，17（6）：687-691.

王明明，谢永生，王恒俊，等．2007．潮潦河小流域鱼鳞坑内外植被群落特征与环境关系．水土保持通报，27（6）：80-84.

王涛．2015．论高速公路边坡水土保持植物防护设计．交通节能与环保，（3）：68-71.

王振．2016．高速公路建设对沿线植被资源的影响分析研究．山西交通科技，（5）：92-94.

王震洪，段昌群．2006．植物多样性与生态系统土壤保持功能关系及其生态学意义．植物生态学报，30（3）：392-403.

韦根，覃汉华．2011．谈山区高等级公路的边坡防护问题．科技资讯，（29）：71.

温涛，孟宪金．2016．高速公路边坡水土保持植物防护设计方案．黑龙江交通科技，39（2）：10-11.

吴春光．2019．边坡生态防护工程现状及可持续发展研究．资源信息与工程，34（1）：170-171.

吴东国，冷光义．2008．高速公路土质路基边坡施工期水土流失防治对策//全国山区公路环境与岩土工程学术会议论文集．北京：中国水土保持学会：332-333.

吴治玲，邹晨阳．2016．江西省高速公路边坡防护技术体系浅析．江西水利科技，42（2）：153-156.

解明曙．1990．乔灌木根系固坡力学强度的有效范围与最佳构成方式．水土保持报，（1）：17-24.

席嘉宾，杨中艺，陈宝书，等．1998．西安地区高等级公路边坡护坡绿化草种的引种栽培试验．草业科学，15（5）：53-58.

肖蓉，高照良，宋晓强，等．2009．高速公路边坡植被特征分析及护坡模式优化研究．水土保持学报，23（2）：90-94.

胥晓刚，吴彦奇，刘玲珑，等．2001．四川野生狗牙根的利用和资源．草原与草坪，（3）：32-34.

徐洪雨，王英宇，宋桂龙，等．2013．华北土石山区公路边坡常见植物根系地下分布特征．中国水土保持科学，11（2）：51-58.

杨喜田，杨晓波，苏金乐，等．2001．黄土地区高速公路边坡植物侵入状况研究．水土保持学报，（S2）：74-77.

叶涌，陈巍，李明，等．2018．植被混凝土护坡绿化技术在高速公路边坡的应用．山西建筑，44（30）：117-119.

于亚莉，汪三树，史东梅．2015．不同植被恢复年限弃渣场边坡土壤物理性质特征．亚热带水土保持，27（1）：4.

余海龙，顾卫，姜伟，等．2006．高速公路路域土壤质量退化演变的研究．水土保持学报，20（4）：195-198.

岳建东，李志强，张显国，等．2015．山区高速公路边坡生态袋防护绿化技术研究．河北林业科技，（6）：9-11.

张东辉．2017．高速公路边坡水土保持植物防护设计研究．防护工程，（27）：31.

张俊云，周德培，李绍才，等．2001．岩石边坡生态种植基试验研究．岩石力学与工程学报，20（2）：239-242.

张俊云，周德培，李绍才．2002．高速公路岩石边坡绿化方法探讨．岩石力学与工程学报，21（9）：1400-1403.

张磊，郭月玲，邵涛．2008．我国草坪草混播的研究现状及展望．草原与草坪，（1）：81-86.

张丽云．2010．浅谈公路边坡植物防护技术．魅力中国．（14）：12-13.

张世绶. 2002. 高等级公路边坡的生物防护技术. 公路，（9）：151-153.

张世绶. 2006. 盐渍土地区公路边坡的生物防护. 河北交通科技，3（1）：18-20.

张娅玲. 2014. 陕西高速公路生态护坡最优植物配置研究. 公路交通科技（应用技术版），10（4）：182-184.

张玉珍. 2004. 生物多样性在路域植被养护中的应用. 交通环保，25（2）：3.

张月. 2016. 浅谈高速公路边坡绿化养护管理. 工程技术，（5）：80-82.

章梦涛，付奇峰，吴长文. 2000. 岩质坡面喷混快速绿化新技术浅析. 水土保持研究，7（3）：65-66，75.

赵少飞，戴志广，刘鑫，等. 2018. 扰动土－结构接触面抗剪强度特性试验研究. 地下空间与工程学报，14（1）：6.

郑钧漾. 2013. 浅谈边坡水土流失危害及边坡防护措施. 现代农村科技，（21）：58-59.

周德培，张俊云. 2003. 植被护坡工程技术. 北京：人民交通出版社.

周宇，谭科. 2018. 某高速公路绿化景观方案探讨. 科学技术创新，（28）：97-98.

周跃. 2000. 植被与侵蚀控制：坡面生态工程基本原理探索. 应用生态学报，11（2）：297-300.

周跃，Watts D. 1999. 欧美坡面生态工程原理及应用的发展现状. 土壤侵蚀与水土保持学报，（1）：80-86.

周跃，张军，骆华松，徐强. 2001. 松属、青冈属乔木侧根的强度在防护林固土护坡作用中的意义. 植物生态学报，（1）：105-109.

朱剑桥，黄世武，刘朝晖，等. 2015. 高速公路边坡植物防护方法研究. 广西交通科技，23（3）：56-57.

朱小花. 2011. 铜黄高速公路路堑边坡植被恢复影响因子研究. 西安：长安大学.

朱小军. 2010. 雅泸高速公路沿线边坡植被恢复及防护方法研究. 成都：西南交通大学.

祝于华，付美兰. 2001. 机场飞行区湿法喷播植草技术研究. 草原与草坪，（3）：52-54.

祝遵崚. 2007. 高速公路边坡生态恢复及景观重建. 南京：南京林业大学.

邹群，邹国平. 2013. 高速公路生态护坡技术及其应用. 筑路机械与施工机械化，30（2）：52-54.

Andrés P, Jorba M. 2000. Mitigation strategies in some motorway embankments (Catalonia, Spain). Restoration Ecology, 8 (3): 268-275.

Bochet E, García-Fayos P. 2004. Factors controlling vegetation establishment and water erosion on motorway slopes in Valencia, Spain. Restoration Ecology, 12 (2): 166-174.

Clary R F, Slayback R D. 1984. Plant materials and establishment techniques for revegetation of California desert highways. Transportation Research Record, 969: 24-26.

Hansen J D. 1991. Native Plant Establishment Techniques and Water Requirements for Successful Roadside Revegetation. Ogden, USA: Weber State University.

Hengchaovanich D. 2003. Vetiver System for Slope Stabilization. Guangzhou: Proceedings of 3rd International Vetiver Conference.

Krogstad F. 1995. A Physiology and Ecology Based Model of Later Root Reinforcement of Unstable Hill Slopes. Seattle, USA: University of Washington.

McElroy M T, Rieke P E, McBurney S L. 1984. Utilizing plant growth regulators to develop a cost efficient management system for roadside vegetation. Retarders, (1): 1-8.

Meseley K. 2003. Vegetation Management Practices. Moscow, USA: University of Idaho.

Paschke M W, DeLeo C, Redente E F. 2000. Vegetation of road cut slopes in Mesa Verde National Park, USA.

Restoration Ecology, 8 (3): 276-282.

Rentch J S, Fortney R H, Stephenson S L, et al. 2005. Vegetation-site relationships of roadside plant communities in West Virginia, USA. Journal of Applied Ecology, 42 (1): 129-138.

Sullivan J, Amacher G S. 2009. The social costs of mineland restoration. Land Economics, 85 (4): 712-726.

Thomas A O, Lester J N. 1993. The microbial remediation of former gasworks sites: a review. Environmental Technology, 14 (1): 1-24.

Thomas D G, Tom L Richard T L, Persyn R A. 2003. Impacts of Compost Blankets on Erosion Control, Revegetation and Water Quality at Highway Construction Sites in Iowa. Ames, USA: Iowa State University.

Tyser R W, Asebrook J M, Potter R W, et al. 1998. Roadside revegetation in Glacier National Park, USA: effects of herbicide and seeding treatments. Restoration Ecology, 6 (2): 197-206.

Warren M, Bochet E, García-Fayos P. 2000. Factors controlling vegetation establishment and water erosion on motorway slopes in Valencia, Spain. Restoration Ecology, 12 (2): 166-174.

第8章
高速公路边坡植被调查及防护

　　生态环保是当今社会的发展主题之一，随着人们对生态环境重视程度的提高，公路边坡的防护设计与施工越来越引起人们的重视（刘建培，2005）。高速公路的生态防护设计应紧紧抓住设计对象的地质、水文、气候等特点，灵活采用不同的防护形式，在保证高速公路边坡稳定、安全的情况下，加大植被的绿化面积，为建设生态公路打下良好的基础，使公路主体既安全又环保（张春林，2007）。高速公路生态防护是提升公路服务功能、保证交通畅通和交通安全的重要环节（Mehrhoff，1989）。与普通高速公路绿化一样，生态防护和养护也是土地绿化的重要组成部分，也是公路建设的重要内容之一（Farmer，1993）。从微观层面来看，其主要功能是稳定路基，防止山体滑坡，保护路面，引导交通，减少灰尘等（Schmidt，1989）。从宏观层面来说，其是保护生态，发挥协调发展的作用（Lonsdale and Lane，1994）。陕西省的高速公路建设事业近年来飞速发展，成就举世瞩目。在陕北黄土高原丘陵地区，高速公路建设中大量的挖方和填方工程极大地扰动和改变了当地的景观格局，同时也产生了大量陡峭而裸露的公路边坡，如果不做适当处置，往往容易产生严重的水土流失和安全隐患。近年来，人们对于高速公路边坡的植被恢复给予了越来越多的关注。在我国，高速公路边坡的植被恢复工程中所选用的植物绝大部分都是外来种，这就造成了边坡与周边自然景观的不和谐和植被演替进程的扰动。而国内目前还没有对高速公路边坡植被这种特殊的人工受损生态系统的调查和研究。当前，人们在全国各地研究和实践了各种各样的生态护坡模式和植被组合方式，但具体到黄土高原，针对不同气候带、不同立地条件的边坡，实际施工中人们仍感到缺乏具体的、可操作性强的生态护坡模式和植被组合方式。植物防护是一种应用最普遍的边坡防护措施，除了具有保护公路路基稳定的作用，还能够起到绿化环境的目的。种草防护适用于降水少、周边无水域的环境。强降雨的地区之所以不适用，是由于强降雨会冲刷地基边坡的土壤，从而失去了种草防护的意义。为此，本章以陕西省铜川至延安高速公路为例，比较不同生态防护模式下边坡植被特征，提出生态防护模式的优化设计，以期能够为黄土高原地区高速公路边坡建设提供借鉴。结果表明：①铜延高速公路边坡植物主要是人工种植的植物种，菊科、豆科和禾本科植物占优势。②不同位置植被盖度呈现坡脚平台＞边坡＞戗台的规律。③铜延高速公路边坡干旱缺水，肥力匮乏。有机质、全氮和无机氮含量处于极缺乏等级。土壤全磷处于缺乏等级。坡向和坡位对边坡土壤理化性质影响很大。④水分是黄土高原地区高速公路边坡护坡成功与否的关键因子，提倡利用集水窖，开发路域水分集水技术措施。在植物组合方面，多采用"豆科＋禾本科""草本＋灌木"模式，充分利用"乡土树草种"，采用多种植物搭配，减弱或消除种间竞争，解决挂网喷播模式植被难以恢复的难题。如何在保证边坡稳定的前提下，快速有效地在裸露边坡上建立稳定、合理的植物群落，加速自然演替，使公路边坡的土壤侵蚀降到最低，营造一个安全、漂亮、生态合理的路域景观，是许多路域工作者不懈努力的终极目标（Greenberg et al., 1997；Trombulak and Frissell, 2000；Garcia-Miragaya et al., 1981；Clift et al., 1983）。

8.1 研究地概况

铜川至延安高速公路不仅是国家高速包头至茂名线在陕西境内的重要组成部分，也是陕西省"2637高速公路网"的组成部分，北接延安至安塞高速公路，南与西铜一级公路在黄堡主线收费站处相连，全线于2006年9月建成通车（图8-1）（吴普特等，2002）。铜川至延安高速公路途经铜川市、宜君县、黄陵县、洛川县、富县、甘泉县和延安市宝塔区。其不仅是贯通陕西省陕北、关中、陕南的一条大动脉，而且是连接我国华北、西北、西南、华南四大经济区的一条纵向大通道，对我国中西部地区及陕西的经济发展具有重要意义。该路的通车不仅可以有效地加快陕北能源重化工基地的开发和建设，拉动陕北经济发展，改变当地发展落后面貌，而且对于推动区域旅游事业的发展、改善区域投资环境，促进陕西经济全面、协调、持续、快速发展具有重要作用。

图8-1 铜川至延安高速公路

路线富县以北，梁峁基底为三叠纪—侏罗系层状基岩，上部覆盖第四纪黄土，中部夹少量第三纪较疏松土层；富县以南，黄土台塬由（T-J、N、Q）三层结构组成，残塬沟壑由马兰组黄土层及静乐组黏土组成。

公路全线位于黄土高原丘陵沟壑区，属于暖温带大陆性半干旱气候（吴淑远，2008）。气候特点是，春暖干燥，降水较少，气温回升快但不稳定，多风沙天气；夏季炎热多雨，间有伏旱；秋季凉爽较湿，气温下降快；冬季寒冷干燥，雨雪稀少。年均气温9.4℃，极端最低气温−25.4℃，极端最高气温39.9℃，年均降水量550~650mm。公路沿线土壤为黑垆土、黄绵土、冲积土、黄墡土等，土壤pH8.2~8.9。植被属于森林草原地带，路线经过的崂山、乔山林区属于暖温带落叶阔叶林区，主要树种有侧柏、山杨、油松、酸枣、荆条、狼牙刺、白桦、刺槐、小叶杨、旱柳等。草本以白羊草、铁杆蒿、黄背草、长芒草、蒲公英等为主。

公路边坡多为土质边坡，防护模式主要为穴状整地植草、挂网喷播和骨架植草。挂网喷播模式的边坡土壤为客土，掺加了肥料、种子、保水剂等物质，与其他模式的边坡土壤稍有不同，在以下分析中也有说明（Asaeda and Ca，1993；Richardson et al.，1975；Bogemans et al.，1989；Benfenati et al.，1992；Baker，1965）。植物种主要是紫苜蓿、柠条、黑麦草、小冠花、沙打旺、刺槐、紫穗槐、榆叶梅等。有专门的部门对边坡上的植被进行管护，如打茬、施肥、除虫、在干旱季节采取人工灌溉等。

8.2　技术路线与方法

8.2.1　技术路线

本节野外调查与室内分析相结合，并运用定量运算法、对比法等，对边坡植物恢复中的植物-土壤两大主要因素及其相互关系进行了研究。首先统计出铜川至延安高速公路现有植物种，评价现有护坡植物的适应性；然后结合3种生态防护模式，分析不同生态防护模式下高速公路边坡植被多样性特征、生长特征和土壤特性；最后找出影响公路边坡植被恢复的主要因子，筛选有潜力用于边坡防护的植物种，提出陕西黄土丘陵地区高速公路边坡防护优化建议。技术路线图如图8-2所示。

8.2.2　研究方法

1. 样方设置

按照典型性、代表性和科学性的原则，选择铜川至延安高速公路上应用得最多的穴状整地植草、挂网喷播植草和骨架植草3种生态防护模式为研究对象，采用GPS定位，分别设置固定样地，进行定位监测。每种模式选取6个具有代表性的土质边坡作为研究样地，样地沿公路走向方向长10m，测量并记录样地边坡所处的地理坐标、坡度、坡向和斜面长。各样地边坡的基本情况如表8-1所示。调查发现，当边坡斜面长大于10m时，坡面上植被生长状况不均匀，上、中、下3个坡位植被分层明显。因此，在坡长大

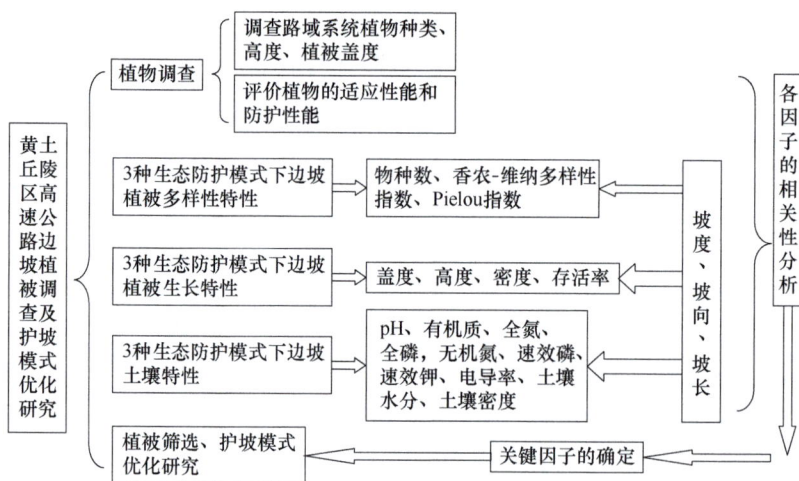

图 8-2 技术路线图

于 10m 的样地边坡上采取分上坡位、中坡位和下坡位 3 层布置 10m 长的样线，在样线上等距离、规则地设置 5 个 1m×1m（考虑到调查区内多为草本植物）的调查样方。对坡长小于 10m、植被长势均匀的样地，则在边坡中部呈"品"字形设置 3 个 1m×1m 的样方。以植物的种类、长势、坡向等为选择标准，选取具有代表性的 5 块戗台和 3 块边坡坡脚平台，设置 20m 长的样线，由于长有乔、灌木，样方大小依地块大小和植物大小而定。

表 8-1　样地边坡基本情况

模式	样地编号	地理坐标	种植植物	坡度/(°)	坡向	斜面长/m	边坡类型
穴状整地植草	1	109°02′55.5″E，35°03′56.4″N	紫苜蓿	62	阴坡	10	挖方
	2	109°28′47.0″E，36°26′25.6″N	紫苜蓿＋柠条	48	阳坡	10	挖方
	3	109°31′46.8″E，36°06′56.6″N	紫苜蓿＋柠条	63	阳坡	5	挖方
	4	109°30′58.3″E，36°05′46.4″N	紫苜蓿＋柠条	60	阳坡	5	挖方
	5	109°31′47.9″E，36°06′56.3″N	紫苜蓿＋柠条	55	阴坡	5	挖方
	6	109°32′51.2″E，36°07′37.5″N	紫苜蓿＋柠条	53	阴坡	5	挖方
挂网喷播植草	7	109°32′05.5″E，36°15′02.1″N	紫苜蓿＋黑麦草	63	阴坡	11	挖方
	8	109°31′50.4″E，36°15′17.8″N	紫苜蓿＋黑麦草	64	阳坡	10	挖方
	9	109°26′53.0″E，36°00′38.5″N	紫苜蓿＋黑麦草	63	阳坡	7	挖方
	10	109°26′49.7″E，36°00′42.3″N	紫苜蓿＋黑麦草	63	阳坡	7	挖方
	11	109°25′15.8″E，35°47′27.9″N	紫苜蓿＋黑麦草	66	阴坡	7	挖方
	12	109°25′16.3″E，35°48′23.4″N	紫苜蓿＋黑麦草	64	阴坡	8	挖方
骨架植草	13	109°32′54.8″E，36°14′30.1″N	小冠花＋柠条	30	阴坡	11	填方（拱形）
	14	109°31′05.8″E，36°23′47.7″N	小冠花＋柠条	33	阳坡	10	填方（拱形）
	15	109°03′56.5″E，35°10′42.0″N	紫苜蓿	48	阴坡	8	挖方（拱形）
	16	109°03′55.0″E，35°11′26.8″N	紫苜蓿	50	阴坡	7	挖方（拱形）
	17	109°03′57.5″E，35°11′45.9″N	小冠花＋黑麦草	31	阳坡	7	填方（六棱框）
	18	109°03′52.9″E，35°11′50.2″N	小冠花＋黑麦草	30	阳坡	6	填方（六棱框）

2. 土壤样品的采集和分析

在样方内按照"四点采样法"采集10～20cm土层土样,挂网喷播模式下的边坡由于喷附的基质层厚度只有10cm左右,且有金属网覆盖坡面,不方便取土,所以只采取表层0～10cm土样。穴状整地植草模式采样点在穴外。在坡长大于10m的样地,按坡位将5个样方中采集到的土样就地混匀编号。坡长小于10m的样地,则将3个样方中的土样混匀编号。将土样带回实验室测定土壤水分、有机质、全氮、全磷、无机氮、速效磷、速效钾含量以及pH等理化性质。土壤水分含量采用烘干法测定,其他理化性质测定方法参考《土壤农化分析》。另外,在每个样方内,用环刀采取原状土带回实验室测定土壤密度。采样时间为2008年7月(植物生长季节)。

具体的试验方法如下。

1)土壤有机质

采用$K_2Cr_2O_7$-H_2SO_4外加热法,利用外加热和浓硫酸与重铬酸钾混合热来氧化有机质,剩余的重铬酸钾由硫酸亚铁滴定,根据所消耗的重铬酸钾量计算有机碳含量。

2)土壤全氮

将土样置于消化管中,在催化剂的参与下,用浓硫酸消煮,冷却后,用KJELTEC2300全自动定氮仪测定全氮含量。

3)土壤全磷

采用$HClO_4$-H_2SO_4加热消煮,钼锑抗比色法。

4)无机氮

包括铵态氮和硝态氮,采用1mol/L KCl提取,流动分析仪测定的方法。

5)速效磷

采用$NaHCO_3$提取,钼锑抗比色法。

6)速效钾

采用NH_4OAc浸提,火焰光度法。

7)土壤pH

采用电位法测定,水土比为2:1。

3. 植被调查

植被调查时间为2008年7月,与土样采集同时进行,调查样方与土壤采集样方相同。调查内容主要包括植物种类、植物高度、植被总盖度、植物种的分盖度和植物组合种类。植被盖度用针刺法测定,即在样方的对角线上拉1个皮尺,每隔10cm间距用探针垂直向下刺,若有植物,记作1,无则记作0,然后计算盖度。

4. 数据分析

数据的相关处理和制图采用SPSS和Excel软件进行。

根据野外样地调查资料计算物种的香农-维纳多样性指数和Pielou指数。计算公式如下:

$$H = -\sum_{i=1}^{S}(P_i \ln P_i)$$

式中，H 为香农-维纳多样性指数；S 为物种数；P_i 为第 i 个物种的多度比例。

$$J = H/\ln S$$

式中，J 为 Pielou 指数；H 为香农-维纳多样性指数；S 为物种数。

8.3 结果与分析

8.3.1 铜川至延安高速公路边坡物种多样性特征

1. 边坡植被组成

在铜川至延安高速公路边坡一共设置了26块调查样地，共134个调查样方，其中5块样地位于戗台（戗堤的顶面），3块样地位于路堑边坡的坡脚平台。总共辨认并记录了39种植物，见表8-2。从表8-2和图8-3中可以看出，铜川至延安高速公路边坡植物有菊科11种，占总植物种的28%；豆科9种，占总植物种的23%；禾本科6种，占总植物种的15%；蔷薇科3种，占总植物种的8%；其他科10种，占总植物种的26%（其他科包括蓼科、松科、堇菜科、石竹科、萝藦科、败酱科、葡萄科、莎草科、车前科和旋花科。各个科目的植物种均为1种）。菊科、豆科和禾本科植物占优势。39种植物中，人工种植的物种12个，占总物种的31%；自然入侵的物种27个，占总物种的69%。自然入侵的物种数虽多，但由于蓼科、松科、石竹科等科属的物种数量仅为1种，每个样方中的株数较少，物种密度低，所以在整个边坡系统中，人工种植的物种占优势。

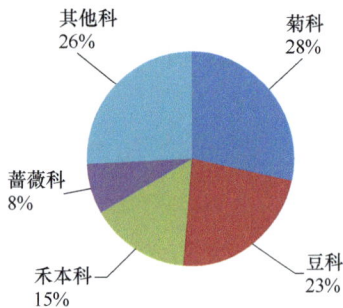

图8-3 不同科属植物比例

表8-2 样方中出现的植物种

中文名	拉丁名	科	属	生活型	出现方式
紫苜蓿	*Medicago sativa* L.	豆科	苜蓿属	多年生草本	人工种植
冰草	*Agropyron cristatum*	禾本科	冰草属	多年生草本	人工种植
铁杆蒿	*Artemisia sacrorum* Ledeb.	菊科	蒿属	多年生草本	自然入侵
胡枝子	*Lespedeza bicolor* Turcz.	豆科	胡枝子属	灌木	自然入侵
悬钩子	*Rubus corchorifolius* L.f.	蔷薇科	悬钩子属	灌木	自然入侵
柠条	*Caragana korshinskii*	豆科	锦鸡儿属	灌木	人工种植
沙打旺	*Astragalus adsurgens*	豆科	黄芪属	多年生草本	人工种植
荆三棱	*Scirpus fluviatilis*	莎草科	藨草属	多年生草本	自然入侵
车前草	*Plantago asiatica* L.	车前科	车前属	多年生宿根草本	自然入侵
凤毛菊	*Saussurea japonica*	菊科	凤毛菊属	多年生草本	自然入侵
白茅	*Imperata cylindrica*	禾本科	白茅属	多年生草本	自然入侵
细裂叶蒿	*Artemisia laciniata* Willd.	菊科	蒿属	多年生草本	自然入侵
地丁草	*Corydalis bungeana*	堇菜科	紫堇属	多年生草本	自然入侵

续表

中文名	拉丁名	科	属	生活型	出现方式
蒲公英	*Taraxacum mongolicum*	菊科	蒲公英属	多年生草本	自然入侵
细枝岩黄芪	*Hedysarum scoparium*	豆科	岩黄芪属	多年生落叶灌木	自然入侵
茭蒿	*Artemisia giraldii* Pamp.	菊科	蒿属	草本	自然入侵
榆叶梅	*Prunus triloba* L.	蔷薇科	梅属	落叶灌木	人工种植
云杉	*Picea asperata* Mast	松科	云杉属	常绿乔木	人工种植
猪毛蒿	*Artemisia scoparia*	菊科	蒿属	多年或一、二年生草本	自然入侵
黑麦草	*Lolium perenne* L.	禾本科	黑麦草属	多年生草本	人工种植
小冠花	*Coronilla varia* L.	豆科	小冠花属	多年生草本	人工种植
草木犀	*Melilotus suaveolens* L.	豆科	草木犀属	一、二年生草本	自然入侵
苦蒿	*Centaurea picris* Pall.	菊科	蒿属	多年生草本	自然入侵
龙须草	*Eulaliopsis binata*	禾本科	拟金茅属	多年生草本	人工种植
刺槐	*Robinia pseudoacacia* L.	豆科	刺槐属	落叶乔木	人工种植
早熟禾	*Poa sphondylodes*	禾本科	早熟禾科	一年生草本	人工种植
打碗花	*Calystegin hederacea* Wall.	旋花科	打碗花属	多年生草本	自然入侵
飞廉	*Carduuscrispus* L.	菊科	飞廉属	二年生草本	自然入侵
苦菜	*Sonchus oleraceus* L.	菊科	苦苣菜属	一、二年生草本	自然入侵
小蓟	*Cirsium setosum*	菊科	蓟属	多年生草本	自然入侵
杠柳	*Periploca sepium* Bunge	萝藦科	杠柳属	落叶藤本类	自然入侵
紫菀	*Aster tataricus*	菊科	紫菀属	多年生草本	自然入侵
石竹	*Dianthus chinensis* L.	石竹科	石竹属	多年生草本	自然入侵
垂穗披碱草	*Elymus nutans* Griseb.	禾本科	披碱草属	多年生草本	自然入侵
败酱	*Patrinia scabiosaefolia* Fisch.	败酱科	败酱属	多年生草本	自然入侵
山黧豆	*Lathyrus quinquenervius*	豆科	山黧豆属	一年或多年生草本	自然入侵
爬山虎	*Parthenocissus tricuspidata*	葡萄科	爬山虎属	多年生藤本	人工种植
委陵菜	*Potentilla Chinensis* Ser.	蔷薇科	委陵菜属	草本	自然入侵
皱叶酸模	*Rumex crispus* L.	蓼科	酸模属	多年生草本	自然入侵

　　另外，从图8-4中可看出，在铜川至延安高速公路边坡植物中，草本类植物有30种，占总植物种的77%，是边坡植被的主体；灌木5种，乔木2种，藤本2种，分别占总植物种的13%、5%和5%。从生物学特性来看，草本植物具有较强的分蘖能力，而且生长迅速，有效覆盖面积较大，对雨水的拦截和缓冲作用也较强，但是草本植物根系短浅，在土体中的分布范围有限，因此草本植物对边坡的稳定性方面的贡献较小。相对于草本，灌木和乔木也有茎叶，能有效降低或避免雨水对地

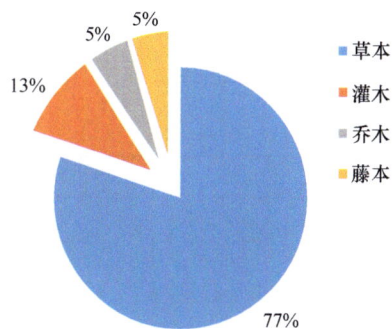

图 8-4　植被中乔、灌、藤、草的比例

面的直接溅蚀。另外，灌木和乔木具有强壮、发达的根系，能够垂直穿过坡体的浅层风化层，将其锚固到深层稳定的岩土层上，起到预锚固作用，根系自身的抗拉强度和根-土黏合力具有牵制滑移和加固土体的作用，从而增强边坡稳定性。灌木和乔木的根系对坡面雨水还起到引流作用，将一部分水通过根系的引导，输送到深层土层中，减少地表径流量，降低雨水对坡面的冲刷。藤本植物能够利用自己善攀爬的优势，快速覆盖石质、硬土质等不宜栽植植物的地方，快速遮蔽构造物，提高植被盖度和覆盖率，建构绿色生态屏障，增强防护工程的置景效果。相应地也构建了公路边坡的调温机能和固土护坡以及减缓雨水对防护工程冲刷的效能。由此可见，由于铜川至延安高速公路修建时间不长，自然植被已经侵入的物种不多，随着时间的推移入侵物种会逐步增加，这表明铜川至延安高速公路的植被能够自然恢复，但是，在恢复的初期，人工植被起着重要作用，铜川至延安高速公路人工护坡植被相对单一，不能很好地发挥不同类型植被的综合护坡功效，尤其是乔、灌、藤类植物应用太少，应开发相应的植物品种。

从表8-3中看出，在所调查的134个边坡样方中，出现频度大于0.10的物种有11种。人工栽植出现频度最高的为紫苜蓿和柠条，出现频度分别为0.66和0.34；自然入侵的物种中出现频度最高的是猪毛蒿，在46个样方中出现，频度为0.34，其次是草木犀、飞廉和铁杆蒿。在这11种植物中，豆科植物占45%，除草木犀外，其他均为人工栽植物种；菊科植物占36%，均为自然入侵物种；禾本科植物占18%，均为人工栽植物种。从以上分析可知，应用于铜川至延安高速公路边坡防护的植物主要是豆科和禾本科物种。这与禾本科和豆科植物的生理生态特征有关。禾本科植物适应性广，分布遍及全球，个体数量之多，居高等植物之冠。禾本科植物叶量丰富、根系发达，覆盖能力强，具有耐寒耐旱性，抗病虫害强，是黄土高原地区水土保持的优良品种。大多数豆科植物具有庞大的根系和很强的固氮能力，具有适生范围广、抗逆性强、耐瘠薄、易栽培、生长迅速、萌蘖力强、生物量大等优点。它们可以迅速形成覆被，枝繁叶茂，铺盖裸露地表，遮挡降雨，避免雨滴直接落到地表，特别是豆科牧草，不仅枝叶茂密，可有效阻缓径流，拦截泥沙，而且根系发达，能形成紧密的根网，既可疏松土壤，加大渗透，又可固持土壤，抵抗侵蚀。另外，豆科植物的根部具根瘤，能固定和利用大气中的游离氮素，有很强的固氮能力，可以在边坡绿化管理中不施或少施氮肥，降低绿化成本，对土壤的形成、发育和植被的建立都有重要意义，是高速公路边坡防护的理想物种。

表8-3 出现频度大于0.10的植物种

植物种	紫苜蓿	柠条	猪毛蒿	黑麦草	小冠花	草木犀	飞廉	铁杆蒿	刺槐	冰草	风毛菊
出现的样方数	88	46	46	38	25	23	23	17	17	15	15
plots频度	0.66	0.34	0.34	0.28	0.19	0.17	0.17	0.13	0.13	0.11	0.11
出现方式	人工栽植	人工栽植	自然入侵	人工栽植	人工栽植	自然入侵	自然入侵	自然入侵	人工栽植	人工栽植	自然入侵

2. 不同位置和不同防护模式对边坡物种多样性的影响

物种多样性是生物群落结构稳定性及群落抗干扰能力的1个重要指标（王铃等，2005）。人们致力于研究各种各样的边坡防护措施，并不只是简单地绿化边坡而已，而是要促进路域生态系统（包括边坡）的恢复，使其摆脱依靠人工反复栽种植物的尴尬境地，建立组织合理、结构稳定的群落是生态系统恢复的第一步（吴开贤和罗富成，2008；吴新江和徐泓，2007）。另外，植物多样性与生态系统土壤保持功能相关，植物多样性通过植物群落结构削弱降雨动能，减少地表径流，减轻土壤及营养元素的流失，以间接方式调控生态系统土壤保持功能，维持系统营养的持续性，在不同尺度上实现生态系统生产力（吴艳红，2006；伍英博，2006）。物种多样性的提高能够促进生态系统土壤保持功能的稳定性。因此，调查高速公路边坡的物种多样性尤为重要（奚成刚等，2002）。

从图8-5中可以看出，高速公路边坡坡面、戗台和坡脚平台三者比较，边坡坡面出现22个物种，物种数最丰富；其次是坡脚平台，物种数为20种；戗台物种数最少，为17种。图8-6中的数据表明，综合反映物种丰富度和均匀度的香农-维纳多样性指数最高为坡脚平台处，达到0.8；戗台的香农-维纳多样性指数最低，为0.67；边坡坡面的香农-维纳多样性指数为0.71，反映物种均匀度的Pielou指数最高，为0.66，物种丰富度和均匀度都相对较好。坡脚平台处虽然香农-维纳多样性指数最高，但Pielou指数最低，只有0.38，物种均匀度最差。从不同位置植物类型来看（图8-7），公路边坡坡面上人工栽植物种占36%，而坡脚平台处人工物种仅为25%，75%的物种都是自然入侵种。这可能因为坡脚平台处自然条件较好，水分较为充足，有利于自然植被的入侵，也有利于植被生长。

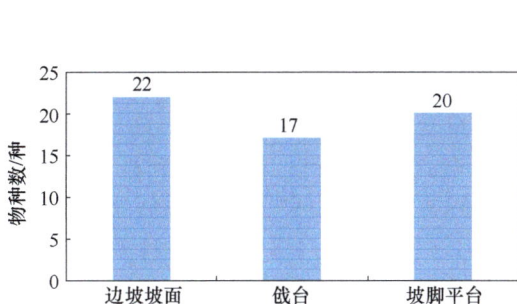

图8-5　公路不同位置物种数

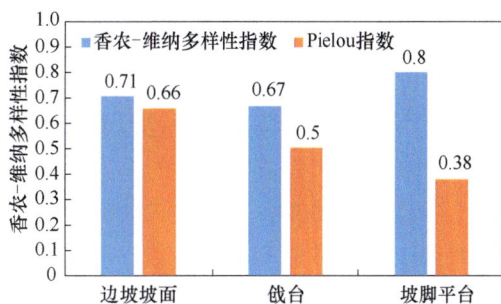

图8-6　公路不同位置物种多样性

表8-4中的数据表明，不同防护模式的边坡物种多样性存在差异。在3种不同的模式之间比较，可以发现骨架植草模式的边坡物种数有16种，香农-维纳多样性指数和Pielou指数都处于较高水平，是物种丰富度和均匀度都相对较好的一种模式。穴状整地植草模式边坡物种数最多，为17种，香农-维纳多样性指数居3种模式

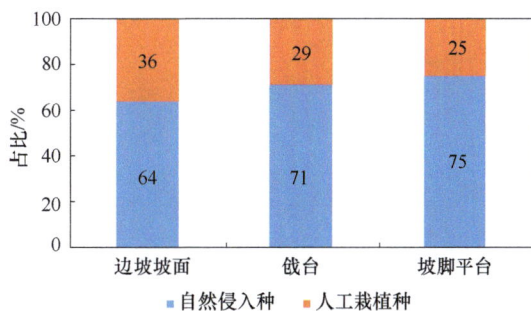

图8-7　公路不同位置植物类型

之首，但Pielou指数仅为0.58，在3种模式中排在末位。这是因为Pielou指数是群落的均匀度指数，反映了群落内各种物种对环境因子的适应状况，而且在物种数目一定的情况下，均匀度只与各物种个体数目或生物量及盖度等指标在群落中分布的均匀度有关，与物种的数目无关。穴状整地植草模式边坡群落的均匀度指数低于其他两种模式，表明穴状整地植草边坡模式的环境因子使常见种与稀少种在群落中分布格局差异扩大，能使常见种更快地占据一定的空间，从而占据较多的资源，形成优势种群落。另外，在所有挂网喷播模式的边坡上，几乎未发现除人工种植以外的植物，物种数和香农-维纳多样性指数显著低于其他两种模式（$p < 0.05$）。因此，这种模式虽然总盖度达到60%以上，但从根本上来说，生态系统恢复功能还处于极低的水平。一旦人工种植的植物死亡或枯萎，整个边坡就处于近似裸露的状态，土壤侵蚀在所难免。

表8-4　三种防护模式边坡物种多样性

模式	总盖度/%	物种数/种	香农-维纳多样性指数	Pielou指数
穴状整地植草边坡	66.30	17	0.85	0.58
挂网喷播边坡	63.70	2	0.52	0.74
骨架植草边坡	88.10	16	0.77	0.67

3. 坡向对边坡物种多样性的影响

坡向为坡面法线在水平面上的投影方向（也可以通俗理解为由高及低的方向）。坡向是高速公路边坡的重要特征因素（席嘉宾等，1998）。坡向通过改变光照、温度、水分（湿度）、土壤等生态因子而对气候、生物多样性、植物生长与发育、植被类型与生产力、土壤以及生态系统功能等产生重要影响（项卫东等，2003）。阳坡和阴坡在温度和水分条件方面的差异往往造成不同坡向上植物群落的类型和特征差别显著（肖蓉等，2009a；肖飞，2008）。图8-8和图8-9反映了公路边坡不同坡向的香农-维纳多样性指数和Pielou指数，可以看出，3种模式的边坡香农-维纳多样性指数和Pielou指数都存在坡向间的差异，骨架植草模式的边坡阴坡、阳坡差异最大，阳坡香

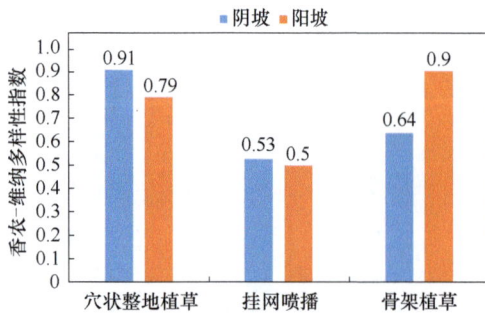

图8-8　三种防护模式不同坡向边坡香农-维纳多样性指数

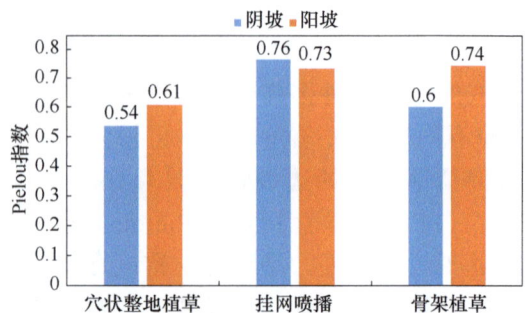

图8-9　三种防护模式不同坡向边坡Pielou指数

农 - 维纳多样性指数较阴坡高41%，阳坡 Pielou 指数较阴坡高23%。穴状整地植草模式香农 - 维纳多样性指数阳坡较阴坡低，Pielou 指数阳坡较阴坡高，说明穴状整地植草模式阴坡较阳坡更有利于形成优势种群（肖蓉等，2009a）。挂网喷播模式的边坡物种数少，物种多样性较低，香农 - 维纳多样性指数和 Pielou 指数阴、阳坡相差不明显（肖蓉等，2009a）。

4. 不同人工植被群落物种多样性特征

铜川至延安高速公路边坡人工营造的植物群落有紫苜蓿群落、紫苜蓿＋柠条群落、紫苜蓿＋黑麦草群落、小冠花＋柠条群落和小冠花＋黑麦草群落5种（肖蓉，2009）。人们选择紫苜蓿、柠条、黑麦草和小冠花4种植物作为先锋植物营造人工群落，与其生理生态特征有关。

紫苜蓿，豆科，多年生草本植物（谢玉英，2007），根为直根系，圆锥形，主根入土深3～6m，深者可达10m，根系发达，侧根大多分布在30cm以内土层中（辛春西等，2002；邢绍坤等，2006）。发达的根系通过机械穿插、代谢作用、产生分泌物等可有效疏松土壤，改善土壤的通气状况，加深活土层、固持土壤，使土壤团粒水稳性、土壤分散特性和土壤团粒结构得到明显的改善，有效控制土壤表层和浅层的不稳定性，提高土壤的抗蚀性，减少地表径流量（胥晓刚等，2005；徐炳成和山仑，2004）。紫苜蓿较耐干旱，耐瘠薄，在年降雨量为250～1000mm的地区均能生长，其对土壤要求不严，最适合中性或微碱性砂质壤土（徐国钢和赖庆旺，2002）。另外，紫苜蓿茎叶茂盛，紧贴地面，同时其凋落物较多，可有效减少土壤水分蒸发，提高土壤含水量和蓄水保水能力（杨和平和王骁，2006；杨惠林等，2006）。

柠条锦鸡儿（学名：*Caragana korshinskii* Kom.）是豆科锦鸡儿属植物，灌木，有时小乔状，高1～4m；老枝金黄色，有光泽；嫩枝被白色柔毛。羽状复叶有6～8对小叶；托叶宿存；叶轴脱落；小叶披针形或狭长圆形，先端锐尖或稍钝，有刺尖，灰绿色。花梗密被柔毛，关节在中上部；花萼管状钟形，密被伏贴短柔毛，萼齿三角形或披针状三角形；花冠旗瓣宽卵形或近圆形，稍短于瓣片，耳短小，耳极短；子房披针形，无毛。荚果扁，披针形，有时被疏柔毛。花期5月，果期6月。柠条，豆科锦鸡儿属，根系深且发达，据中国科学院水利部水土保持研究所测定，柠条出土后，主要是生长根，90d的幼苗，根长为苗高的6倍多，1年生幼苗根系深达70cm，主根发达而明显，侧根较少，3年以后，侧根迅速增加，5年生柠条，主根无明显区别，侧根均可达同一土层，根上有大量根瘤（杨世伟等，2001）。柠条冬耐严寒，夏耐酷热，也很抗风，具有旱生结构特征，茎具刺，叶细小，且两面被毛，根系发达，因此，极耐干旱，耐瘠薄土壤，是水土保持较好的树种。周玉珍（2008）对黄土丘陵区8年生柠条林对土壤物理性质、土壤肥力的影响进行研究分析，结果见表8-5。结果表明，柠条灌木林可明显降低土壤容重，提高土壤保水、持水能力，明显增加土体中水稳性团聚体的数量，提高土壤中有机质、速效氮、速效钾的含量，能使土壤的结构及营养状况得到很大改善，有利于保护生态环境；经计算，柠条林的保水率为58.34%，减蚀率为88.62%，并具有明显的保水保土效益。

表8-5 柠条对土壤理化性质的影响

地点	容重 / (g/cm³)	田间持水量/%	>0.25mm土壤 团聚体/ (g/kg)	有机质 / (mg/kg)	速效氮 / (g/kg)	速效磷 / (g/kg)	速效钾 / (g/kg)
柠条林地	1.12	28.56	730.4	9.38	51.22	2.31	121.43
对照小区	1.23	24.94	648	8.26	36.78	1.89	107.32

黑麦草（学名：*Lolium perenne* L.）多年生植物，秆高30～90cm，基部节上生根质软。叶舌长约2mm；叶片柔软，具微毛，有时具叶耳。穗形穗状花序直立或稍弯；小穗轴平滑无毛；颖披针形，边缘狭膜质；外稃长圆形，草质，平滑，顶端无芒；两脊生短纤毛。颖果长约为宽的3倍。花果期5～7月。各地普遍引种栽培的优良牧草。生于草甸草场，路旁湿地常见。广泛分布于克什米尔地区、巴基斯坦、欧洲、亚洲暖温带、非洲北部。黑麦草粗蛋白4.93%，粗脂肪1.06%，无氮浸出物4.57%，钙0.075%，磷0.07%。其中粗蛋白、粗脂肪比本地杂草含量高出3倍。边坡防护中应用的一般是多年生黑麦草，须根发达，但入土不深，主要分布在15cm以内的土层中，植株丛生，分蘖很多，在春、秋季节生长繁茂（杨惠林等，2006；杨勤业等，2002）。黑麦草喜温暖湿润土壤，不耐严寒和高温，在大部分地区不能越夏，一般寿命为3～4年。从其生理特点来看，黑麦草不适合在干旱、缺水、贫瘠的高速公路边坡上应用（杨和平和王骁，2006）。目前黄土高原地区主要是在挂网喷播模式下才使用黑麦草草种，这是看中了黑麦草具有生长迅速、生物量大、易于种植的特点。挂网喷播时，基质配制中加入了充足的水分和养分，为黑麦草的出芽准备了良好的条件。黑麦草前期生长快速，能为其他植物生长起到遮挡阳光直射的作用，可为其他草、灌木的生长提供一定的温湿条件，对坡面前期的防护和稳定发挥先锋作用。

小冠花（*Securigera varia*）是豆科小冠花属多年生草本植物，茎直立，粗壮，多分枝，疏展，高可达100cm。髓心白色，奇数羽状复叶，托叶小，膜质，披针形，叶柄短，小叶片薄纸质，椭圆形或长圆形，两面无毛；小脉不明显；小托叶小；小叶柄无毛；伞形花序腋生，花密集排列成绣球状，苞片披针形，宿存；花梗短；花萼膜质，萼齿短于萼管；花冠紫色、淡红色或白色，旗瓣近圆形，翼瓣近长圆形；龙骨瓣先端成喙状，喙紫黑色，荚果细长圆柱形，各荚节有种；种子长圆状倒卵形，6～7月开花，8～9月结果。小冠花抗寒、抗旱性强，对土壤要求不严，在贫瘠土壤中也能生长，不耐淹水（杨玉金等，2006；张春林，2007）。据陕西绥德水土保持站测定，小冠花改良土壤作用显著，小冠花地水稳性团粒结构比对照地增加了17.62%。中国科学院植物研究所测定小冠花土壤有机质比播前增加0.82%。在坡地种小冠花比黄豆地土壤流失可减少96.5%。王进等在灰棕荒漠土上种植小冠花进行改土培肥效果研究，将种植不同年限（分别为3年、2年和1年）的小冠花地与对照（荒滩）相比，结果见表8-6。可见，种植小冠花后，土壤自然含水量和储水量增加，并初步形成了团粒结构，使土壤疏松，耕层土壤容重降低，总孔度增大，土壤有机质，速效氮、速效磷、速效钾也随之增加，改土培肥效果好。将小冠花应用于高速公路边坡，能够对边坡植物恢复和边坡土壤理化性质的改善起到积极作用。

表8-6　小冠花对土壤理化性质的影响

理化性质	种植3年	种植2年	种植1年	CK
自然含水量/（g/kg）	245.46aA	207.36bB	175.13cdCD	171.53dD
储水量/（m³/hm²）	588.89aA	585.03bB	522.15cdCD	521.72dD
土壤容重/（g/cm³）	1.15aA	1.34bAB	1.42cdCD	1.44dD
总孔度/%	56.60aA	49.43bcBC	46.42cdCD	45.66dD
＞0.25mm团粒结构/%	42.68aA	36.27bB	30.82cdCD	30.52dD
有机质/（g/kg）	9.49aA	8.64abA	7.96bcA	6.48cA
速效氮/（mg/kg）	47.6aA	36.6bB	28.2cdCD	26.8dD
速效磷/（mg/kg）	9.0aA	7.1bA	5.4cA	3.4dA
速效钾/（mg/kg）	135.3aA	129.2bcBC	125.3cdCD	124.0dD

注：英语大写字母为LSR 0.01显著差异水平，小写字母为LSR 0.05显著差异水平。

可知，将这几种既抗旱、又有优良的保持水土功能的先锋植物栽植到公路边坡上，使其快速地在边坡上立足，营造人工植被群落，改善边坡微环境（张恒，2008）。然后随时间的推进，会不断有乡土物种入侵，林下物种多样性是衡量植被群落结构与功能复杂性的一个重要指标，其为生态系统功能运行和维持提供了种源基础和支撑条件（张俊云等，2002；张世俊等，2009）。林下物种多样性是评价人工植被群落成功与否的一个重要方面（张世绥，2007；张统洋等，2012）。

穴状整地植草模式边坡的人工植被群落是紫苜蓿和紫苜蓿＋柠条群落（张兴昌和邵明安，2011）。从表8-7可以看出，紫苜蓿群落下有12个入侵种，显著高于紫苜蓿＋柠条群落。前者香农－维纳多样性指数和Pielou指数也比后者高。统计得出，人工紫苜蓿草地入侵的植物有冰草、铁杆蒿、胡枝子、悬钩子、柠条、沙打旺、茭蒿、风毛菊、细裂叶蒿、地丁草、蒲公英、细枝岩黄耆。紫苜蓿＋柠条群落下入侵的植物有猪毛蒿、铁杆蒿、草木犀、白茅、细裂叶蒿。可知，紫苜蓿林下入侵种包括菊科、豆科、禾本科、堇菜科和蔷薇科，物种类型多样。紫苜蓿＋柠条林下入侵种只包括菊科、豆科和禾本科3种。综上分析，在穴状整地植草模式下，紫苜蓿群落比紫苜蓿＋柠条群落更有利于乡土物种的入侵，其林下物种丰富，生物多样性高，更易形成持续发展的稳定群落。

表8-7　穴状整地植草模式人工植被群落特征

植被群落	紫苜蓿	紫苜蓿＋柠条
香农－维纳多样性指数	1.22	0.69
Pielou指数	0.64	0.55
入侵物种数	12	5

挂网喷播模式边坡的人工植被群落全部是紫苜蓿＋黑麦草群落，调查中发现，这种群落类型的样方中几乎没有入侵物种，群落结构单一，生物多样性低，原因是多方面的。铜川至延安高速公路采用挂网喷播模式的边坡坡度都较大（≥63°），又高又陡，水分不易保存，植被在边坡上生长较为困难，自然入侵物种也难以立足。黑麦草生长

需要大量水分，高陡边坡不能满足其需要，使其生长状况不好，难以起到有效的保持水土的作用，喷附的基质会出现坍塌、掉落的现象，植被失去生长的基质，随之衰败、死亡和消失。不良的边坡条件不利于自然物种的入侵。

骨架植草模式边坡的人工植被群落有小冠花＋柠条和小冠花＋黑麦草群落2种。小冠花＋柠条群落下入侵的植物有猪毛蒿、草木犀、苦蒿3种，小冠花＋黑麦草群落下入侵的物种有风毛菊、飞廉、地丁草、胡枝子4种。表8-8和图8-10中数据表明，与小冠花＋柠条群落相比，小冠花＋黑麦草群落香农－维纳多样性指数较高，林下入侵种的组成类型较丰富，小冠花与黑麦草搭配较小冠花与柠条搭配更利于乡土物种入侵。

表8-8 骨架植草模式人工植被群落特征

植被群落	小冠花＋柠条	小冠花＋黑麦草
香农－维纳多样性指数	0.81	0.95
Pielou指数	0.81	0.56
入侵物种数/种	3	4

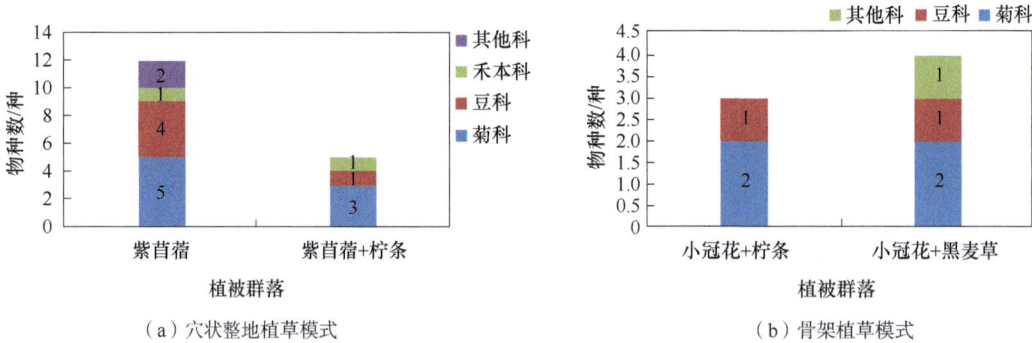

（a）穴状整地植草模式　　　　　　　　　　　　（b）骨架植草模式

图8-10　穴状整地植草模式和骨架植草模式人工植被群落下植被组成变化

综合分析穴状整地植草模式边坡的紫苜蓿＋柠条群落和骨架植草模式边坡的小冠花＋柠条群落，可以看出，这两种群落都是豆科＋豆科组合，相同种生态习性相近，对资源的需求相同，种间竞争激烈，导致林下物种多样性低。小冠花＋黑麦草群落则属于豆科＋禾本科搭配，资源利用合理，更有利于形成结构稳定的群落。

另外，边坡坡脚平台和饯台上有刺槐、小冠花和刺槐＋榆叶梅3种人工植被群落。榆叶梅作为行道树出现，每隔1m种1株，主要行使绿化和美化功能，刺槐主要行使水土保持功能。

刺槐是我国西北地区一种非常重要的绿化树种，在防风固沙，改善水土流失方面发挥着非常重要的作用。刺槐是浅根性树种，主根不明显，侧根多而发达，1～13年生水平根幅可达1.74～7.8m，多集中分布于地表5～25cm的土层内，呈放射状向四周分布，形成密集根网，其固土防蚀作用很强（张友蒧等，2003）。刺槐虽喜湿润肥厚土壤，但由于其根系庞大，分布范围广，吸收根接触面积大，可从土壤中得到较多的水分，所以也能耐干旱，耐瘠薄（张展等，2008）。刺槐对气候有较强的适应性，在年平均气温为

8～14℃，年降雨量为500～900mm的地方，刺槐生长较好；在年平均气温5℃以下，年降雨量400mm以下的地方，多长不成大树而呈灌木状（张展，2009）。刺槐的这些生理生态特征使得其成为高速公路水土保持植物（赵发章等，2006；赵剑强，2002）。在戗台或公路两边平台处，水分条件相对较好，种植刺槐既能增加公路沿线美感，又能保持水土；在公路边坡，受水分含量较少的制约，刺槐不能长成大树，而是形成灌木状，这刚好避免了大型乔木可能会带来边坡失稳的潜在危险（赵勇等，2004）。

8.3.2　铜川至延安高速公路不同生物防护模式边坡植被生长特征

1. 不同位置和不同防护模式对边坡植被盖度的影响

植被盖度指植物群落总体或各个体的地上部分的垂直投影面积与样方面积之比的百分数，它反映植被的茂密程度和植物进行光合作用面积的大小，有时盖度也称为优势度。植被盖度分投影盖度（全株盖度）和植基盖度（基部盖度），在监测中测定的植被盖度为投影盖度，植被盖度测定中不分种，采用盖度框法进行测定。植被投影盖度是指植被的垂直投影面积占地表面积的百分数。它反映植被的茂密程度，以及植被进行光合作用的面积。植被盖度是反映植被水土保持效果的一个重要指标（郑霄等，2004）。茂密的茎叶覆盖边坡能保持土壤温度和水分的相对稳定，拦截高速下落的雨滴，减少雨滴数量及飞溅的土粒，缓和雨水的冲击，减少径流量和降低流速，匍匐茎能够束缚土壤颗粒，从而能控制土粒流失（郑煜基等，2007；钟铭，2009；周玉珍，2008）。比较铜川至延安高速公路边坡坡面、坡脚平台和戗台3个位置的植被盖度可知（图8-11），坡脚平台的盖度最高，为74%；边坡坡面盖度73%，略低于坡脚平台；戗台植被盖度最低，为43%。戗台主要群落类型为刺槐群落，刺槐相对于草本来说，生长较慢，不能快速形成地被物，返回地面的枯枝落叶也较少，对土壤的改善作用较慢，而且刺槐林具有强大根系，大量耗水，土壤含水量偏低，其他物种难以生存，因此，刺槐林下入侵的自然种往往生长不好，使得刺槐林盖度偏低。另外，从不同防护模式角度来看（图8-12），3种模式下，骨架植草模式边坡的植被生长状况最好，平均盖度达到88.10%，显著高于其他两种模式（$p<0.05$）。

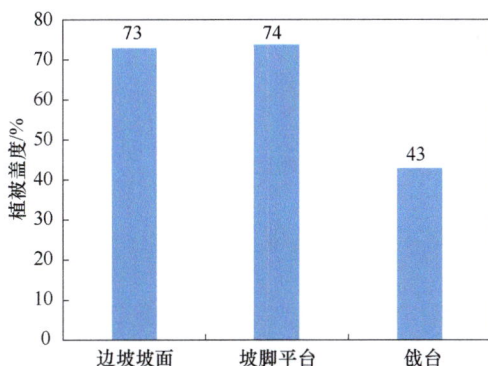

图8-11　不同位置植被盖度

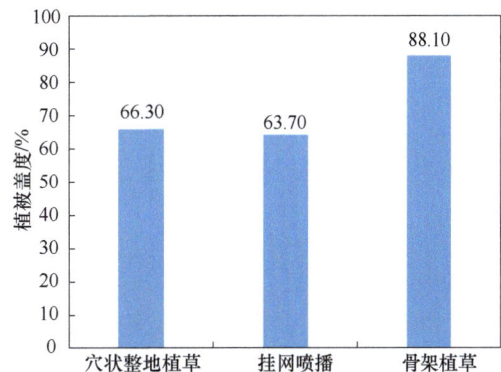

图8-12　不同模式植被盖度

2. 坡向、坡位对边坡植被生长的影响

坡向和坡位一直是坡地土壤侵蚀研究和坡地植被建设研究的重点（周跃，2000）。不同坡向对植被的影响主要是由于边坡坡向的不同对太阳辐射的遮蔽时间、遮蔽范围不同，坡面上接受的辐射量及潜在蒸散出现差异，形成不同小气候，出现不同坡向地表水热条件的差异。阳坡的太阳光线投射角大，获得的太阳辐射量通常要比平地多（朱宝龙等，2006）。阴坡不利于地面受热，日照时间较短，强度较低（朱海彪和王猛，2015；朱志芳等，2004）。因此，阳坡通常比阴坡温暖得多，气温的日变化也比阴坡大。阳坡年辐射量大、气温高，有利于土壤水分蒸发，加上气温日变化大，空气对流较阴坡强烈，水分易随空气流动而扩散出去，阳坡蒸发力可比平地高1.5～4倍（祝遵崚，2007）。阴坡较为湿润，即使是在接受太阳光照较多的夏季，较大坡度坡面的蒸发力也只有平地的70%～80%。在一次降水土壤湿度相向的情况下，阴坡可比平地维持最大蒸发2～3d。

高速公路边坡也是一种坡地，坡向对植被的生长同样具有很大的影响，在年均降雨量只有500mm，水分一直是制约植物生长的关键因子的铜川至延安高速公路所在地区尤为明显（肖蓉等，2009b）。因此，阴坡比阳坡受热少，蒸发强度小，土壤水分较多，更有利于植物生长。从图8-13中可以看出，3种模式下，阴坡植被盖度均大于阳坡植被盖度。3种模式相较，穴状整地植草模式阴坡和阳坡的植被盖度相差最大。这是因为较之挂网喷播和骨架植草两种模式，采取穴状整地植草模式的边坡一般土质较硬，土壤坚实，容重大，水分难以下渗，阳坡植被更不易获得足够的水分，其盖度只有56%，在3种模式阳坡植被盖度中最低。骨架植草模式下的拱形、人字形、六棱框等混凝土骨架将整块边坡分割成小块，从不同方向受力，保证了边坡的稳定，同时，这些骨架还起到引导和拦截坡面来水的作用，使坡面来水能够均匀流到整个边坡，边坡上水分的损失也能降到最小。因此，骨架植草模式阴坡和阳坡植被盖度均最高。

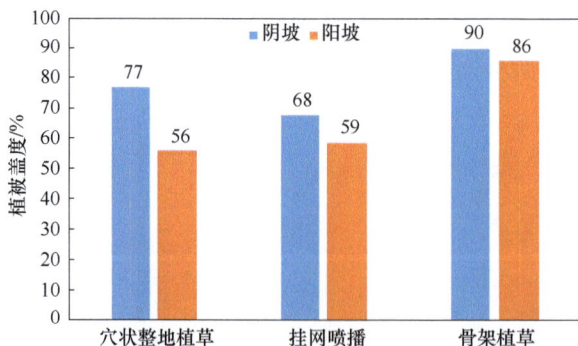

图8-13 三种防护模式在不同坡向条件下植被盖度

调查中发现，在一些坡长较大的边坡，植被生长状况呈现明显的"边际效应"，不同坡位对植被生长的影响明显。在坡长较小的边坡，"边际效应"不明显。分析发现，出现"边际效应"的临界坡长为10m（肖蓉等，2009b）。

　　图8-14是不同坡位条件下，坡长≥10m的边坡3种防护模式植被盖度变化情况表现。从图8-14中可以看出，3种模式，无论是阴坡还是阳坡，植被盖度变化曲线呈"V"字形，即边坡的下坡位植被盖度略高于上坡位，且均明显高于中坡位。不同坡位植被盖度差异最大的是挂网喷播模式，下坡位植被盖度比中坡位高69%，差距大，这与该模式边坡植物种类少、边坡坡长大、坡度陡（≥63°）、水分很难保持密切相关。穴状整地植草模式采取挖小坑的特殊整地方式，使坡面上的来水可以在小坑处保持；拱形或六棱框等混凝土骨架对边坡水分的分流、导流，同样在边坡的各个坡位形成水热条件相对较好的微环境，有利于植被的生长。因此，穴状整地植草模式和骨架植草模式下的边坡植被生长受坡位的影响较挂网喷播模式小，但仍然呈现下坡位＞上坡位＞中坡位的"V"字形曲线。

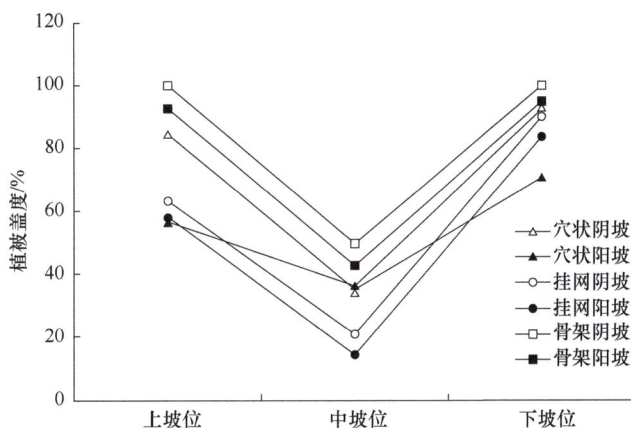

图8-14　三种防护模式在不同坡位条件下的植被盖度

3. 不同植被组合对边坡植被生长的影响

　　调查发现，用于铜川至延安高速公路边坡防护的人工栽植植物种主要有紫苜蓿、柠条、小冠花和黑麦草4种。种植的方式有单种和混播。紫苜蓿、柠条和小冠花都是耐寒、抗旱、耐瘠薄的植物，根系深且发达。柠条寿命长，可达70～80年，紫苜蓿和小冠花也是多年生草本植物（肖蓉等，2009b）。另外，其都属于豆科植物，拥有可以固氮的根瘤，能够提高土壤中氮素的含量。因此，这3种植物都是常见的水土保持植物。黑麦草为禾本科草本植物，具有建植容易、发芽速度快、成坪快的特点。将其用于挂网喷播模式，使其快速覆盖坡面，发挥保持水土的作用。调查中发现，虽然边坡植物生长受到坡向、坡位、坡度、水分等条件的影响和制约，但紫苜蓿最高130cm，柠条和小冠花最高120cm，说明在高速公路边坡，只要根据边坡的特点合理种植，适当管护，这些植物就能够生长良好。

　　铜川至延安高速公路边坡植被组合方式主要有"紫苜蓿＋柠条""紫苜蓿＋黑麦草""小冠花＋柠条""小冠花＋黑麦草"4种。"紫苜蓿＋黑麦草"和"小冠花＋黑麦草"两种组合中，豆科与禾本科搭配，根系深浅不一，地上部分形态不同，二者搭配不仅没有种间竞争，而且黑麦草的快速发芽还能弥补豆科植物早期生长时地表裸露的不足（肖蓉等，2009b）。"紫苜蓿＋柠条"和"小冠花＋柠条"这两种组合模式存在很激烈的种间竞争。调查数据（表8-9）显示，当紫苜蓿的株数多、盖度大时，柠条生长受抑制；而当柠条的株数多、盖度大时，紫苜蓿又明显受到抑制。紫苜蓿和柠条的种间竞争现象在6号样地表现得最突出：紫苜蓿株数为30株，盖度为92%，而调查样方中柠条仅有1株，几乎完全被紫苜蓿取代。出现这种情况是因为紫苜蓿和柠条都属于豆科，两者抢水分、抢光照，先立足者迅速生长，进一步夺取水分和光照，抑制另一方的生长。紫苜蓿本身具有生长较快的生物学特性，其往往先于柠条出苗，而柠条生长缓慢，又给紫苜蓿提供了生长空间。紫苜蓿的叶子宽，且为羽状三出复叶，盖度增加，将坡面覆盖，夺取了更多的光照，柠条生长更加受到抑制。小冠花和柠条也同属于豆科，二者也抢水抢光，存在种间竞争。但从表8-9中可以看出，小冠花和柠条的竞争较紫苜蓿和柠条的竞争要弱，即使小冠花的盖度达到100%，柠条的盖度也能达到50%以上，且柠条的株数和小冠花的株数相差不大，因此小冠花和柠条二者可以混播。但要注意调整混植比例，以消除或减弱种间竞争。

表8-9 不同植被组合条件下植被的生长状况

模式	样地编号	坡位	盖度/%		株数/（株/m^2）	
			紫苜蓿	柠条	紫苜蓿	柠条
穴状整地植草	2	上坡位	36	<1	10	2
		中坡位	<1	33	2	10
		下坡位	68	<1	20	3
	3		64	<1	25	4

模式	样地编号	坡位	盖度/%		株数/（株/m^2）	
			小冠花	柠条	小冠花	柠条
穴状整地植草	4		50	<1	25	2
	5		78	<1	30	5
	6		92	<1	30	1
骨架植草	13	上坡位	100	50	92	83
		中坡位	45	23	27	43
		下坡位	100	57	106	85
	14	上坡位	63	55	40	32
		中坡位	14	38	23	35
		下坡位	82	59	52	46

8.3.3 铜川至延安高速公路不同生物防护模式边坡土壤特性

1. 边坡土壤水肥分析

土壤是陆地植物生长的自然介质，是植物的基本立足点，土壤性状对植物的持续健康生长和植被的稳定及演替往往起着决定性作用，高速公路边坡上的植被盖度相比于林地、农田明显较低，枯枝落叶较少，返回土壤的碳素较低，有机质含量较低（肖蓉等，2009b）。另外，道路开挖过程中的机械因素破坏了土壤原有结构，有机质分解增强，再加上降雨造成的坡面径流对土壤的冲刷，使得坡面土壤氮素流失严重。铜川至延安高速公路边坡土壤有机质平均含量为5.77g/ kg，全氮平均含量为0.461g/ kg，无机氮含量为4.50mg/kg，根据表8-10中土壤养分分级标准（根据全国第二次土壤普查），三者处于极缺乏等级。

表8-10   土壤养分分级指标

级别	有机质/%	全氮/%	全磷/%	全钾/%	速效氮/（mg/kg）	速效磷/（mg/kg）	速效钾/（mg/kg）
1丰富	>4	>0.2	>0.20	>3.0	>150	>40	>200
2较丰富	3~4	0.15~0.2	0.16~0.20	2.40~3.0	120~150	20~40	150~200
3中等	2~3	0.1~0.15	0.12~0.16	1.8~2.4	90~120	10~20	100~150
4较缺	1~2	0.07~0.1	0.08~0.12	1.2~1.8	60~90	5~10	50~100
5缺	0.6~1	0.05~0.07	0.04~0.08	0.60~1.20	30~60	3~5	30~50
6极缺	<0.6	<0.05	<0.04	<0.60	<30	<3	<30

磷作为植物生长发育的必需元素之一，在人类赖以生存的生态系统中起着不可替代的作用，但磷素不足已成为限制目前世界农林业产量的重要因素。土壤全磷含量的高低受土壤母质、成土作用和耕作施肥的影响很大。铜川至延安高速公路边坡土壤全磷含量为0.49g/kg，处于缺乏等级。由于挂网喷播时在基质中添加了磷肥。因此整条路速效磷平均含量为16.28mg/kg，处于中等等级。如果只计算穴状整地植草模式和骨架植草模式，边坡土壤的速效磷含量只有8.47mg/kg，处于缺乏等级。

同样由于挂网喷播模式的边坡客土中施加了钾肥，速效钾含量超过了200mg/kg，达到丰富等级。在没有施加钾肥的边坡上，速效钾最低，含量为128mg/kg，达中等等级。整条路速效钾平均含量为185.9mg/kg，达到较丰富等级。另外，高速公路边坡干旱缺水，平均水分含量为10.11%，土壤平均密度值为1.30g/cm³。

2. 坡向、坡位对边坡土壤特性的影响

在坡地土壤侵蚀研究和坡地植被建设研究中，坡向和坡位是两个重要的方面。许多研究表明，坡位对土壤养分的剖面分布有着重要影响，且不同坡位土壤养分剖面分布的差异主要是由坡面土壤性质和坡面养分在降雨侵蚀过程中的再分配造成的（肖蓉，2009）。另外，土壤水分状况与收支存在坡位差异：雨季水势值上坡位总体高于下坡位，旱季则相反；各土壤层次旱雨季水势极差值上坡位大于下坡位。土壤水分在雨季上坡位平均高于下坡，旱季与雨季相反，且差异更大。全年蒸散量上坡位高于下坡位，上坡位消耗量稍高于下坡位，上坡位土壤水分盈余量全年低于下坡位。许多研究表明，不同的坡面位置的土壤化学物理性质变异明显，包括对干扰扩散的影响，对土壤侵蚀和养分流失的影响。

从表8-11中可以看出，3种防护模式边坡土壤水分含量都表现为阴坡较阳坡高。黄土丘陵沟壑地区，年均降雨量只有500mm，水分一直是制约铜川至延安高速公路边坡植物生长的关键因子。密度值阳坡较阴坡高，阳坡土壤较阴坡土壤紧实。

表8-11 三种防护模式不同坡向边坡土壤理化性质

模式		水分 /%	密度 / (g/cm³)	有机质 / (g/kg)	全氮 / (g/kg)	全磷 / (g/kg)	无机氮 / (mg/kg)	速效磷 / (mg/kg)	速效钾 / (mg/kg)
穴状整	阴	10.91a	1.35a	6.45a	0.41a	0.50a	5.07a	12.81a	176.07a
地植草	阳	10.33a	1.40a	5.08a	0.40a	0.49a	4.67a	8.42a	140.02b
挂网	阴	8.21a	1.26a	5.37a	0.52a	0.54a	6.53a	28.79a	319.15a
喷播	阳	6.72a	1.27a	4.50b	0.39b	0.49a	4.15a	24.15b	182.99a
骨架	阴	13.11a	1.25a	8.23a	0.53a	0.43a	3.88a	7.64a	167.60a
植草	阳	11.55a	1.25a	4.34b	0.41a	0.41a	2.72b	5.01b	139.78a

注：每种模式同一列中的不同字母表示差异显著（$p < 0.01$）。

水分与养分关系密切。土壤水分与可溶性盐类一起构成土壤溶液，作为向植物供给养分的介质，与养分的有效性相关。另外，只有在水分参与下，土壤有机物才能分解与合成。因此，土壤水分状况影响和制约着土壤养分情况。只有土壤水分与养分协调，植被才能良好生长。表8-11中的数据表明，阴坡有机质、全氮、全磷、无机氮、速效磷和速效钾含量均表现为阴坡高于阳坡。在穴状整地植草模式中，阴坡、阳坡速效钾含量差异显著；在挂网喷播模式中，阴坡和阳坡有机质、全氮、速效磷含量差异显著；在骨架植草模式中，阴坡、阳坡无机氮和速效磷含量差异显著。

黄土高原地区230个气象站年平均降雨量492mm，52%的降雨量集中在夏季，与同纬度地区比较，年降雨总量少，且季节分配集中。降雨量具有明显水平地带性，随纬度升高降雨量按指数率减少，随经度提高降雨量逐渐增加。年降雨量平均水平变化率为60mm/纬度和26mm/经度，不同水平地带内，降雨量愈少，降雨量的水平变化率愈大。降雨量的垂直分布，对山地降雨量与海拔高度关系多为抛物线，年最大降雨量出现的海拔高度为2300~2700m，不同山区降雨量垂直递增率差异较大。对黄土高原地区而言，降雨量与海拔高度呈负相关，海拔低于1800m的地区，降雨量随海拔升高而减少。黄土高原的径流是一种特殊的径流方式，主要是超渗径流而不是蓄满径流（肖蓉，2009）。径流在坡面传递的过程实际上是径流与坡面土壤颗粒相互作用的过程。径流在坡面形成、汇集和传递，一方面与表层土壤发生作用，这种对土体的作用表现为浸提和冲洗两种方式。在这种方式中，土壤可溶性养分因径流浸提而向径流扩散，土壤颗粒表面吸附的养分离子因径流的冲洗作用而解吸。另一方面，随径流的形成，在径流沿坡面冲刷作用下，一些土壤颗粒被径流挟带流出坡面。在这个过程中，径流首先选择性地挟带土壤细颗粒，也随之挟带多与土壤细颗粒结合的土壤有机质和全氮（主要为有机氮）。从表8-12~表8-14可以看出，从上坡位到下坡位，3种模式边坡土壤养分含量都逐渐升高，有自上而下累积的趋势。穴状整地植草模式边坡土壤有机质含量下边坡与上边坡、中边坡差异显著，速效磷含量下边坡与上边坡差异显著。骨架植草模式边坡土壤有机质含量下边坡与上边坡差异显著。其他养分含量坡位间差异不显著。另外，水分含量呈现下坡位>上坡位>中坡位规律，这是由于降落到坡面上的雨水在重力作用下沿着坡面下移，进行降水再分配，使得下坡位水分含量越来越高，同时上坡位由于有路面来水（填方边坡）或戗台拦截雨水（挖方边坡），水分含量也较丰富。挂网喷播模式和骨架植草模式边坡土壤水分含量下坡位与中坡位差异均达到显著水平。土壤密度值随坡位的变化趋势与水分含量变化一致，也呈现下坡位＞上坡位＞中坡位规律。

表8-12　穴状整地植草模式不同坡位边坡土壤理化性质

坡位	水分/%	密度/ (g/cm³)	有机质/ (g/kg)	全氮/ (g/kg)	全磷/ (g/kg)	无机氮/ (mg/kg)	速效磷/ (mg/kg)	速效钾/ (mg/kg)
上坡位	11.61a	1.36a	5.37b	0.443a	0.40a	4.18a	17.17b	153.8a
中坡位	10.83a	1.40a	6.18b	0.486a	0.44a	4.94a	21.34ab	153.5a
下坡位	12.54a	1.35a	9.19b	0.602a	0.48a	5.49a	36.80a	160.3a

注：同一列中的不同字母表示差异显著（$p<0.05$）。

表8-13　挂网喷播模式不同坡位边坡土壤理化性质

坡位	水分/%	密度/ (g/cm³)	有机质/ (g/kg)	全氮/ (g/kg)	全磷/ (g/kg)	无机氮/ (mg/kg)	速效磷/ (mg/kg)	速效钾/ (mg/kg)
上坡位	7.39ab	1.29b	4.56a	0.423a	0.44a	6.70a	23.69a	170.8a
中坡位	6.12b	1.35a	4.75a	0.432a	0.44a	6.75a	25.99a	186.9a
下坡位	8.07a	1.27b	5.05a	0.478a	7.09a	7.09a	26.97a	213.6a

注：同一列中的不同字母表示差异显著（$p<0.05$）。

表8-14　骨架植草模式不同坡位边坡土壤理化性质

坡位	水分/%	密度/ (g/cm³)	有机质/ (g/kg)	全氮/ (g/kg)	全磷/ (g/kg)	无机氮/ (mg/kg)	速效磷/ (mg/kg)	速效钾/ (mg/kg)
上坡位	9.99ab	1.34b	3.88b	0.350a	0.40a	2.62a	5.98a	130.2a
中坡位	9.26b	1.37a	3.97ab	0.366a	0.42a	2.98a	6.24a	136.3a
下坡位	12.12a	1.31c	4.21a	0.413a	0.43a	3.51a	6.99a	142.0a

注：同一列中的不同字母表示差异显著（$p<0.05$）。

3. 防护模式对边坡土壤特性的影响

土壤中水分含量反映了边坡涵养水分的能力。从图8-15和图8-16中可以看出，在骨架模式的边坡上，拱形或六棱框等混凝土骨架能截留坡面雨水，对边坡水分分流、导流，同时地表粗糙度提高，减小了坡面径流，增大了坡面来水的渗透，使得坡面土壤水分含量居3种模式之首。骨架植草模式边坡相对较好的微环境有利于植被的生长。穴状整地植草模式的边坡虽然土壤容重最大，土壤紧实度高，但孔状小坑的存在给坡面水分的保存提供了有利条件，有利于涵养水分。结合表8-1边坡基本性状可以看出，采用挂网喷播模式的边坡坡度都较大（＞60°），这是造成这种模式边坡土壤水分含量最低的原因。

在不考虑坡向的情况下，比较表8-10中表示土壤肥力特性的有机质、全氮、全磷、速效氮、速效磷和速效钾六个指标可知，穴状整地植草模式和骨架植草模式各指标值

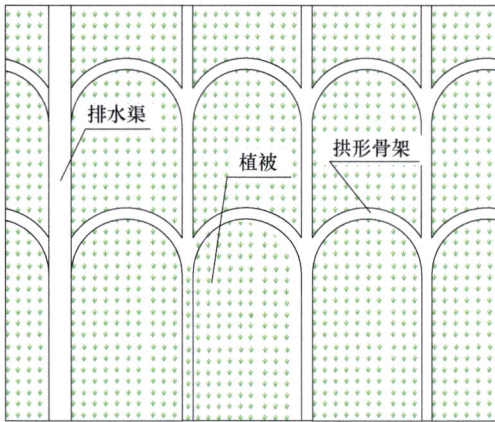

图8-15 拱形骨架植草护坡示意图

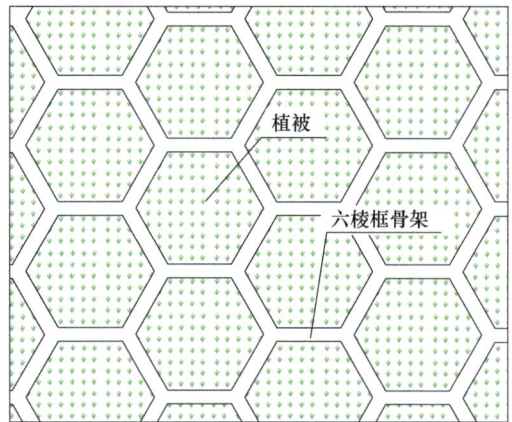

图8-16 六棱框骨架植草护坡示意图

相差不大，从土壤养分分级指标来看，其都处于同一等级。而挂网喷播模式边坡土壤有机质含量最低，速效钾含量最高。同时，挂网喷播模式边坡土壤速效磷含量为较丰富等级，比穴状整地植草和骨架植草两种防护模式下速效磷含量高1～2个等级。

4. 边坡土壤特性对植被生长的影响

土壤和植物是两个相互影响、密切联系的系统，土壤肥力条件和物理性状直接作用于在土壤上生长着的植物，而生长良好的植物又反过来促进土壤肥力提高，改善土壤的物理性状，所以坡向和坡位对边坡土壤特性的影响通过植被盖度直观地表现出来（肖蓉，2009）。从表8-15中可以看出，3种防护模式下，阴坡植被盖度均大于阳坡，且无论是阴坡还是阳坡，下坡位植被盖度均略高于上坡位，明显高于中坡位，呈现明显的分层现象。

表8-15 三种防护模式不同坡位和坡向条件下的植被盖度 （单位：%）

模式	上坡位	中坡位	下坡位	阴坡	阳坡
穴状整地植草模式	71	36	82	77	56
挂网喷播模式	61	18	87	68	59
骨架植草模式	97	47	98	90	86

8.4 结论与建议

8.4.1 结论

1. 边坡物种多样性特征

在铜川至延安高速公路边坡26块调查样地134个调查样方中总共辨认并记录了39种植物。应用于铜川至延安高速公路边坡防护的植物主要是豆科和禾本科物种。

对3种防护模式进行比较得出，穴状整地植草模式的物种数量最多，有17种。骨架植草模式的物种有16种，其物种多样性及均匀度在3种模式中最高。

在穴状整地植草模式下，紫苜蓿群落比紫苜蓿＋柠条群落更有利于乡土物种的入侵，生物多样性高；挂网喷播模式边坡的人工植被群落全部是紫苜蓿＋黑麦草群落，生物多样性低；骨架防护模式下，小冠花＋黑麦草群落比小冠花＋柠条群落更有利于边坡植物恢复。

2. 边坡植被生长特征

不同位置植被盖度呈现坡脚平台＞边坡＞戗台规律。坡向和坡位对高速公路边坡植被的生长有很大影响。从植被盖度来看，阴坡＞阳坡，下坡位＞上坡位＞中坡位，不同坡位植被呈现明显的分层现象。

综合考虑植被生长状况、物种丰富度及坡向和坡位的影响，表现最好的是骨架植草模式，其次是穴状整地植草模式，表现最差的是挂网喷播模式。植物组合以"小冠花＋柠条"为最优，以"紫苜蓿＋黑麦草"为最差。

3. 边坡土壤特性

整体来看，铜川至延安高速公路边坡干旱缺水，肥力匮乏。有机质、全氮和无机氮含量处于极缺乏等级。

3 种防护模式中，就涵养水分能力而言，骨架植草模式最强，其次是穴状整地植草模式，最后是挂网喷播模式（肖蓉，2009）。

8.4.2　建议

1. 提高保水节水意识，开发路域集水技术措施

在众多因素中，水分是黄土高原地区高速公路边坡植被生长状况的关键因子。水分含量高，则边坡植被生长茂盛，植被盖度高；反之，则植被生长受抑制或干枯，盖度低。另外，表8-16还表明，水分含量与边坡土壤有机质和全氮含量显著正相关（$p<0.01$），可见水分通过对土壤肥力进行调节，从另一个方面调控植物的生长，良好的水分状况能够从根本上促进植物健康生长。水分含量与边坡坡度呈负相关（$p<0.05$）。因此，应该提高保水节水意识，开发利用路域水分的新措施。

如果地形条件许可，可在公路相应位置实施集水工程，修建集水窖，将时段不连续、季节变异大的降水径流叠加富集，使其转变为可人为时空调节利用的水，就地将这些降水径流拦蓄起来。这样，一方面可以缓解黄土丘陵区水分先天不足的问题，另一方面蓄水池就修建在公路沿线，克服了植被管护时取水、运水和浇水困难且费工、费时的难题，就地取水，既方便又节约了管护成本。

2. 保护和利用表层土，在边坡施肥中做到合理够用

在今后的边坡防护中应该注意有机肥及氮肥的保证。在开挖边坡时就应该注意保护和收集表层土，在绿化工程中尽可能用表土覆盖坡面。另外，表层土还可以把当地的乡土植物带入边坡植被当中，有利于植被的自然演替。

相比于氮和钾来说，高速公路边坡受磷的制约更大，在确定边坡施肥比例时可适量减少氮肥和钾肥，增加磷肥。

3. 合理确定边坡坡度和坡长，增强保水保肥效果

边坡坡度和坡长对坡地的水分和养分流失影响很大。大量研究表明，随着坡度的增大，坡面水流流速呈递增趋势，坡度越大，平均流速越大（肖蓉，2009）。因此，在高速公路建设中，合理确定边坡的坡度和斜面长对边坡的保水保肥性意义重大。

高速公路路堑边坡太高，不仅影响边坡水分和养分的流失，对边坡的稳定性也有影响。这是因为斜坡中的水、结构面的不连续性、岩性分化作用和侵蚀作用、气候条件、时间因素和斜坡的渐进破坏等都是影响高速公路路堑高边坡稳定的主要因素。

在高等级公路设计的前期工作中，工程技术人员务必提高对路线地质环境认识的重要性，在技术标准允许的前提下，做好路线优化设计，尽可能降低边坡高度。当高陡边坡无法避免时，则要采取相应的削坡开级工程，避免一坡到顶。

4. 优化植被搭配模式，引导群落有序发展

应多考虑采用"豆科＋禾本科"的模式，少采用"豆科＋豆科"的模式，避免生态位重叠，以消除种间竞争。如果一定要采用"豆科＋豆科"模式，就要考虑两种植物的混合比例，缓解或规避种间竞争。

草本和灌木植物相结合建植，其茎叶具有互补作用，灌木叶片较大，茎叶较草本高，发生暴雨时，灌木上层茎叶对雨滴起到拦截、缓冲和分散作用，从而减小两次到达下层草本叶片的雨滴的体积和动能，减小雨水对地面的冲击，减缓地表径流流速，对草本也具有一定的保护作用。在表层土体中，除少量灌木侧根外，大多数根系均为草本根系，这些浅层根系在土体中密集分布，起到加筋作用，控制表层土体的移动和土壤侵蚀。而灌木根系垂直穿过坡体的浅层风化层，将其锚固到深层稳定的岩土层上。因此，灌草植物相结合护坡，能够实现浅层根系和深层根系在土体空间分布的相互补充，使灌木和草本根系交错分布，在土体中形成灌-草根系的网状结构，通过浅根加筋作用和深根锚固作用的相互弥补，增强边坡稳定性。因此，应大力在边坡防护中提倡灌草植物结合建植。

通过野外调查，并结合陕西省植物资源库，推荐以下15种适于边坡防护的植物：草本植物有龙须草、白羊草、白茅、草木犀、沙打旺；乔木有火炬树、侧柏、木槿、紫薇；灌木有枸杞、酸枣、沙棘、紫穗槐；藤本植物有牵牛花、紫藤。

多种植物搭配还能解决高耗水性抗旱植物对水分的强烈吸收导致形成的土壤干层问题。因此，如果单一地在坡面上栽植这些植物，由于考虑地上部分的覆盖度，播种密度较大，土壤中的深层水分被吸收得一干二净，而天然降雨又无法及时补充，土壤干层很快形成，不利于边坡群落的长远恢复。如果不同植物搭配，则这些高耗水性植物的播种密度降低，坡面上植被盖度却不会降低，同时还能将各种植物的护坡优势充分发挥，而不损坏边坡群落恢复的长效机制。

5. 提高植被组合多样化，解决挂网喷播模式的难题

挂网喷播实用性广，能在较短的时间内覆盖边坡，生长均匀、整齐，能快速防止土壤侵蚀。挂网喷播模式也有一些缺点，如后期养护管理困难、单一的草种易形成虫害、草本植物的浅根系难以扎进更深的土体、草本冬季枯萎后坡面裸露造成客土脱落、植被第二年返青困难等。这些缺点在黄土高原干旱地区表现得尤为突出，往往是喷播完成后第一年坡面上"郁郁葱葱"，第二年边坡上的客土被雨水冲掉，铁丝网出露，

护坡效果极不理想。图8-17是铜川至延安高速公路K190周围完成喷播不久后的边坡景象，图8-18是在K246附近拍摄的完成喷播1年后的边坡景象。4张照片均拍摄于4月底。

图8-17　挂网喷播完成不久后边坡状况

图8-18　挂网喷播完成1年后边坡状况（摄影/李雨青）

应加强挂网喷播模式的植被组合研究，采用多样化的植被组合，避免单一。可考虑用龙须草和冰草替代黑麦草，以克服黑麦草对土壤和栽培养护条件要求高的难点，同时加入灌木种子，使草本植物迅速成坪的先锋作用和灌木根系发达的后续作用相结合。以灌草植物相结合的种植方式解决短期效应和长期效应之间的矛盾，使坡面最终构成一个相对稳定的群落生态系统，进而实现长期有效的固土护坡作用，提高挂网喷播模式的护坡效果。

6. 树立"差异化"理念，建立管护基本范式

充分考虑坡向和坡位对边坡植被生长的影响，在植被组合选择及养护管理过程中区别对待（肖蓉，2009）。阴坡、阳坡的植被组合以及同一面坡上、中、下坡位的植被组合应该有所区别，管护的时间及频度也要具体情况具体分析。加大下边坡和上边坡的紫苜蓿刈割频率，促进柠条生长，降低种间竞争。虽然高速公路边坡的植被建设同园林绿化不同，不要求、也不可能实现精细化管理，但应该具有"差异化"的意识，只有有了这种意识，才会在植被建植及管护中因地制宜地规划、设计及实施；才能打破陈规陋习及旧有思路，开发出高速公路边坡防护的新方法、新工艺、新模式。

参 考 文 献

刘秉正，李光录，吴发启，等．1995．黄土高原南部土壤养分流失规律．水土保持学报，9（2）：77-86．

刘建培．2005．福泉高速公路边坡植物选择．中国城市林业，（3）：40-42．

王百群，刘国彬．1998．黄土丘陵区流失泥沙养分富集特征及其与地形的关系．水土保持学报，4（6）：42-45．

王玲，陈永安，康用权，等．2005．客土喷播在潭邵高速公路石质边坡防护中的应用．草业科学，22（7）：107-110．

吴开贤，罗富成．2008．紫花苜蓿的生态功能及应用前景分析．草业与畜牧，（4）：23-27．

吴普特，汪有科，范兴科，等．2002．黄土高原林草植被建设高效用水技术．杨凌：西北农林科技大学出版社．

吴淑远．2008．柠条林对黄土丘陵区土壤物理性质和肥力的影响分析．太原理工大学学报，39（6）：620-622．

吴新江，徐泓．2007．湖北孝襄高速公路景观绿化及生物防护状况．草业与畜牧，（3）：37-38．

吴艳红．2006．生态防护技术在边坡防护工程中的应用．广东水利水电，3：12-14．

伍英博．2006．浅谈高速公路建设的影响及保护措施．广东科技，（12）：85-86．

奚成刚，杨成永，许兆义，等．2002．铁路工程施工期路堑边坡面产流产沙规律研究．中国环境科学，22（2）：174-178．

席嘉宾，杨中艺，陈宝书，等．1998．西安地区高等级公路边坡护坡绿化草种的引种栽培试验．草业科学，15（5）：53-58．

项卫东，郭建，魏勇，等．2003．高速公路建设对区域生物多样性影响的评价．南京林业大学学报（自然科学版），27（6）：43-47．

肖飞．2008．公路水土流失类型及预测方法研究．水土保持应用技术，（6）：32-34．

肖蓉．2009．黄土丘陵区高速公路边坡植被调查及护坡模式优化研究．杨凌：西北农林科技大学．

肖蓉，高照良，宋晓强，等．2009a．高速公路边坡植被特征分析及护坡模式优化研究．水土保持学报，（2）：90-94．

肖蓉，高照良，张兴昌，等．2009b．陕北黄土丘陵沟壑区高速公路边坡不同生物防护模式的土壤特性——以铜（川）-黄（陵）-延（安）高速公路为例．中国水土保持科学，7（3）：79-85．

谢玉英．2007．豆科植物在发展生态农业中的作用．安徽农学通报，13（7）：150-151．

辛春西，杨淑平，徐丽华，等．2002．浅谈高等级公路边坡的绿化与防护．山东交通科技，（1）：74-75．

邢绍坤，张永兴，方应杰．2006．达州市某生活办公区滑坡稳定性分析与工程治理措施．重庆：重庆大学．

胥晓刚，杨冬生，胡庭兴，等．2005．公路区域生态破坏及植被恢复技术应用与研究进展．中国园林，（1）：51-54．

徐炳成，山仑．2004．半干旱黄土丘陵区沙棘和柠条水分利用与适应性特征比较．应用生态学报，15（11）：2025-2028．

徐国钢，赖庆旺．2002．中国西南部道路边坡生态治理的实践．草业科学，（1）：66-69．

杨和平，王骁．2006．鄂尔多斯高原黄土干旱地区公路边坡植物防护技术．中外公路，177（5）：

177-181.

杨惠林，李晋，杨晓华，等. 2006. 黄土边坡植被护坡的应用技术研究. 公路交通科技，（5）：50-52.

杨玉金，田耀武，郑根宝，等. 2006. 濮鹤高速公路边坡植被生态防护效果分析. 西北林学院学报，21（1）：28-32.

杨勤业，郑度，吴绍洪，等. 2002. 中国的生态地域系统研究. 自然科学进展，12（3）：287-291.

杨世伟，高照良，杨新民，等. 2001. 雨水集流工程中沉沙净化设施的配套修建. 灌溉排水，20（4）：40-42.

杨文斌，任建明，杨茂仁，等. 1995. 柠条锦鸡儿、沙柳蒸腾速率与水分关系分析. 内蒙古林业科技，（3）：1-6.

冶民生，关文彬，谭辉，等. 2004. 岷江干旱河谷灌丛α多样性分析. 生态学报，24（6）：1123-1130.

张春林. 2007. 在建高速公路土壤侵蚀及水保措施保土效益研究——以沪蓉西高速公路湖北宜长段为例. 北京：北京林业大学.

张恒. 2008. 影响高速公路路堑高边坡稳定的因素及其防护治理措施. 科技创新导报，（16）：187.

张俊云，周德培，李绍才. 2002. 高速公路岩石边坡绿化方法探讨. 岩石力学与工程学报，（9）：1400-1403.

张世俊，吴春波，凌天清，等. 2009. 膨胀土地区公路边坡绿化植物种类组合研究. 交通标准化，178（3）：178-180.

张世绥. 2007. 盐渍土地区公路边坡的生物防护. 中外公路，27（4）：308-311.

张统洋，魏中华，赵霞，等. 2012. 公路建设对野生动物生活的影响综述. 交通标准化，42（23）：31-34.

张兴昌，邵明安. 2001. 侵蚀泥沙、有机质和全氮富集规律研究. 应用生态学报，12（4）：541-544.

张友萍，刘增进，高永涛，等. 2003. 双动载源下土质边坡的失稳机理. 岩石力学与工程学报，22（9）：1489-1495.

张展. 2009. 黄延高速公路边坡防护模式对植被恢复的影响. 杨凌：西北农林科技大学.

张展，高照良，宋晓强，等. 2008. 我国高速公路建设对生态环境的影响初探. 水土保持通报，28（5）：33-38.

赵发章，凌天清，周辉，等. 2006. 边坡绿化与美化工程应用分析. 重庆交通学院学报，25（5）：119-123.

赵剑强. 2002. 公路交通与环境保护. 北京：人民交通出版社.

赵勇，吴明作，钟崇林，等. 2004. 公路建设项目对景观影响综合评价. 安全与环境学报，4（4）：38-41.

郑霄，董军，窦丽云，等. 2004. 基于可持续发展的生态公路工程略论. 西部林业科学，33（4）：93-95，99.

郑煜基，卓慕宁，李定强，等. 2007. 草灌混播在边坡绿化防护中的应用. 生态环境，16（1）：149-151.

钟铭. 2009. 浅谈公路边坡生态治理防护方案. 广东建材，（8）：43-45.

周玉珍. 2008. 高速公路植被边坡防护研究. 商品储运与养护，39（6）：58-59.

周跃. 2000. 植被与侵蚀控制：坡面生态工程基本原理探索. 应用生态学报，11（2）：297-300.

朱宝龙，胡厚田，张玉芳，等. 2006. 钢管压力注浆型抗滑挡墙在京珠高速公路K108滑坡治理中的应用. 岩石力学与工程学报，25（2）：399-406.

朱海彪，王猛. 2015. 浅谈高速公路边坡防护的综合运用. 城市建设理论研究（电子版），（18）：8355-8357.

朱志芳，陈林武，张发会，等. 2004. 紫花苜蓿蓄水保土功能与经济效益分析. 四川林业科技，25（3）：39-42.

祝遵崚. 2007. 高速公路边坡生态恢复及景观重建. 南京：南京林业大学.

卓慕宁，李定强，郑煜基，等. 2006. 京珠高速公路粤境南段边坡的生态防护. 水土保持通报，26（6）：116-119.

Andres P, Jorba M. 2000. Mitigation strategies in some motorway embankments (Catalonia, Spain). Restoration Ecology, (8): 268-275.

Asaeda T, Ca V A. 1993. The subsurface transport of heat and moisture and its effect on the environment: A numerical model. Boundary Layer Meteorology, (65): 159-179.

Baker H G. 1965. Characteristics and modes of origins of weeds//Baker H G , Stebbins G L. The Genetics of Colonizing Species. London: Academic Press.

Benfenati E, Valzacchi S, Maniani G, et al. 1992. PCDD, PCDF, PCB, PAH, cadmium and lead in roadside soil: relationship between road distance and concentration. Chemosphere, (24): 1077-1083.

Bochet E, Garcia-Fayos P. 2004. Factors controlling vegetation establishment and water erosion on motorway slopes in Valencia, Spain. Restoration Ecology, (12): 166-174.

Bochet E, Rubio J L, Poesen J. 1999. Modified top soil islands within a patchy Mediterranean vegetation in SE Spain. Catena, 38: 23-44.

Bogemans J, Nierinck L, Stassrt J M. 1989. Effect of deicing chloride salts on ion accumulation in spruce [*Picea abies* (L.) sp.]. Plant and Soil, (113): 3-11.

Burle M L, Mielniczu K J, Focchi S. 1997. Effects of cropping systems on soil chemical characteristics, with emphasis on soil acidification. Plant and Soil, (190): 309-316.

Clift D, Dickson E, Roos T, et al. 1983. Accumulation of lead beside the Mulgrave Freeway. Victoria Search, 14: 155-157.

Farmer A M. 1993. The effects of dust on vegetation—A review. Environmental Pollution, 79: 63-75.

Garcia-Miragaya J, Castro S, Paolini J. 1981. Lead and zinc levels and chemical fractionation in road-side soils of Caracas, Venezuela. Water, Air and Soil Pollution, (15): 285-297.

Gelbard J L, Belnap J. 2003. Roads as conduits for exotic plant invasions in a semiarid landscape. Conservation Biology, (17): 420-432.

Gjession E, Lygren E, Berglind L, et al. 1984. Effect of highway runoff on lake wa ter quality. Science of the Total Environment, (33): 247-257.

Greenberg C H, Crownover S H, Gordon D R. 1997. Roadside soil: A corridor for invasion of xeric scrub by non indigenous plants. Natural Areas Journal, (17): 99-109.

Harris R F, Chesters G, Allen O N. 1996. Dynamics of soil aggregation. Advance in Agronomy, (18): 107-169.

Jacky C, Simon M. 2001. Gully initiation and road-to-stream linkage in a forested catchment, southeastern Australia. Earth Surface Process and Landforms, (26): 205-217.

Joness J A, Swanson F J. 2000. Effects of roads on hydrology, geomorphology, and disturbance patches in stream networks. Conservation Biology, (14): 76-85.

Lonsdale W M, Lane L A. 1994. Tourist vehicles as vectors of weed seeds in Kakadu National Park, Northern

Australia. Biological Conservation, (69): 277-283.

Luce C H, Black T A. 1999. Sediment production from forest roads in western Oregon. Water Resources Research, (35): 2561-2570.

Mac Donald L H, Sampson R W, Anderson D M , et al. 2001. Runoff and road erosion at the plot and road segment scales St John, US Virgin. Islands Earth Surface Process and Landforms, (26): 251-272.

Mehrhoff L A. 1989. Reproductive vigor and environmental factors in populations of an endangered North American orchid, *Isotria medeoloides* (Pursh) Rafinesque. Biological Conservation, (47): 281-296.

Richardson E V, Simons B, Karaki S, et al. 1975. Highways in the River Environment: Hydraulic and Environmental Design Considerations Training and Design Manual. Washington D C: U.S. Department of Transportation, Federal Highway Administration.

Schmidt W. 1989. Plant dispersal by motor cars. Vegetatio, (80): 147-152.

Trombulak S C, Frissell C A. 2000. Review of ecological effects of roads on terrestrial and aquatic communities. Conservation Biology, (14): 18-30.

第9章

边坡人工植被恢复初期土壤和群落特征变化

高速公路的快速发展加快了技术、信息的交流，实现了资源有效配置，对提高企业竞争力、促进国民经济发展和社会进步都起到了重要的作用。但是高速公路的修筑带来了地形地貌改变、土壤结构扰乱、植物群落破坏、生物多样性的降低、土壤侵蚀危险性及地质灾害等负面影响（陈娟和甘淑，2007）。边坡人工植被恢复土壤及群落特征变化研究显得十分重要。本章以陕南高速公路植被恢复初期土壤及群落特征变化研究为例，探讨边坡植被恢复初期土壤及群落结构，揭示人工恢复植被后土壤肥力变化规律及其影响因素，为路域生态恢复与生态建设提供科学依据，为土石山区高速公路植物的选择、管护提供依据，提高边坡防护植被的稳定性和持续性。

9.1 研究区概况及研究方法

9.1.1 研究区概况

陕南指陕西南部地区，北靠秦岭、南倚巴山，汉江自西向东流过。从西至东依次是汉中、安康、商洛三地。汉中、安康自然条件方面具有明显的南方地区特征，该地区主要栽种水稻，盛产橘子、茶叶。

陕南的水能资源藏量丰富，是长江最大的支流汉江的发源地，自宁强起源流经汉中、安康地区进入湖北。陕南东部地区有汉江支流——丹江，经由商洛地区流入湖北。

1. 气候条件

汉中市地处暖温带和亚热带气候的过渡带，北依秦岭，南屏巴山，汉水横贯全境，形成汉中盆地。盆地内夏无酷暑，冬无严寒，雨量充沛，气体湿润，年降水量为800～1000mm，年均气温为14℃，生态环境良好，生物资源极为丰富。

安康市位于陕西省以及西北地区最南端，属于亚热带大陆性季风气候，具有典型的南方气候特征，四季分明，雨量充沛，无霜期长。安康是陕西省乃至整个西北地区水、热资源最为丰富的地区。全市日照时数在1495.6（镇坪）～1836.2（白河）h，年降水量在750～1100mm，无霜期210～270d，平均8个月以上。

商洛市地处陕西省东南部，受到冬夏季风和青藏高原环流的影响，加上秦岭整个山脉对南方暖湿气流的阻挡作用，所以商洛市的气候属于暖温带半湿润季风气候，呈现出四季分明，雨热同季，冬干夏湿，干湿分明的气候特征。其年平均气温为7.8~13.9℃，≥10℃积温为3931~4456℃，降水量年均710~930mm，日照1860~2130h，无霜期为210d。

2. 地形地貌条件

陕南地区地形地貌总体特点为山岭纵横、沟壑交错，地形复杂，山势峻拔雄伟，峰高谷深。该区主要由古生界变质杂岩组成，约占全省土地总面积的36%。秦岭在陕西省境内东西长400~500km，南北宽约300km，海拔1500~2000m。河谷狭窄深切，呈"V"及"U"字形，河谷阶地比较发育。该区主要有高山、中山、中低山、低山丘陵和河谷区等多种地貌单元。

3. 土壤条件

土壤主要为黄褐土、黄棕壤、水稻土等。黄褐土分布于浅山丘陵地带，气候温热湿润，土质黏重密实，通气性差，呈中性至微酸性反应，熟化层较薄，耕性差，养分含量低，产量低而不稳。黄棕壤主要分布于秦岭南部浅山区。该地区气候温热湿润，生物循环作用及风化作用强烈，土层深厚，土壤黏重，为大块状和核块状结构，通透性不良，淋溶比较强烈，呈微酸性至酸性反应，土壤侵蚀严重，土性凉，秋天多雨，作物不易成熟。水稻土是由于种植水稻长期淹水而形成的一种特殊的农业土壤，主要分布于海拔1000m以下的山间谷地，一般产量较高。淤土、潮土主要分布在河流两侧的河谷滩地上，土壤透水性和耕性良好，但保肥保水能力差，肥力低；淋溶褐土分布在秦岭北坡海拔600~1400m的浅山和山地缓坡地带；棕壤在秦岭北坡分布于1400~2200m的高山地区，而在秦岭南坡分布于1300m以上的亚高山地区。

4. 植被条件

植被类型属于暖温带落叶阔叶林带向亚热带常绿阔叶林带的过渡带，秦岭山区植被茂密，属于暖温带落叶阔叶林带，植被垂直分布特性明显，从山麓到山顶，随着海拔升高，温度降低，生长季节也相应缩短（陈迎辉和曾志新，2004；陈友光等，2008；董效斌等，2002）。在一定范围内降水量则逐渐增加，风速增大，太阳辐射增强，土壤条件也发生变化，在这些因素的综合作用下，植物也随之发生了一定的改变，从而形成了不同的植被分布带。河岸两侧坡地上植被发育，草木茂盛，自然景观好，总体植被覆盖度达到70%以上。

5. 研究区域高速公路概况

十堰至天水高速公路安康至汉中段全长189km，路线起于安康市建民镇，连接安康市汉滨、汉阴、石泉、西乡、城固、汉台六县（区），止于城固县上元观，全封闭立交，设计时速为80~100km/h。2008年9月正式开工，2010年11月建成通车。

丹凤至陕豫界高速公路经过丹凤县的商镇、龙驹寨镇、月日乡、铁峪铺镇、东岭乡、竹林关镇和商南县的冀家湾镇、梁家湾镇、太吉河镇、过凤楼镇、城关镇和富水镇等两县12个乡镇，路线全长91.44km。

西安至汉中高速公路汉中东至勉县段是国道主干线（GZ40）二连浩特至河口在陕

西境内的一段，也是西安至汉中高速公路的一部分，路线起于陕西省汉中市东，经南郑区、勉县，与已建成通车的勉县至宁强高速公路相接，全长 46.70km；全线采用四车道高速公路技术标准，路基宽度为 26m，其中山区路段路基宽度为 24.5m；设计行车速度为 100km/h，部分山区路段设计行车速度为 80km/h。工程于 2002 年 12 月开工建设，2005 年 9 月建成通车。

西安至汉中高速公路勉县至宁强段起于陕西省勉县县城南距马营汉江大桥南头约9000m 处，止于宁强县城以西约 4km 处的金家坪，全长 67.56km。公路技术等级为山岭重丘区双车道半幅高速公路，路基宽度为 12m，设计行车速度为 60km/h。工程于 2000年 11 月开工建设，2003 年 11 月建成通车，是北京至昆明高速公路（G5）在陕西境内的重要组成路段，也是陕西省"2367"高速公路网六条辐射线之一，是陕西省第一条山区高速公路。

蓝田至商州高速公路位于陕西省中部至东南部，起点位于蓝田县三里镇席家河村，向东南经蓝田县大寨乡、辋川乡、白家坪、董家岩、黄沙沟口、草坪街、铁索桥、程家院、夏家村、虎头岩、翻秦岭、过商州区林岔河乡、杨斜镇、麻池河乡、杨峪河镇、刘湾乡，止于商州区西涧乡郭涧村，与已建成的商州至丹凤高速公路相连，路线全长 92.79km。蓝商高速公路按平原微丘区和山岭重丘区高速公路标准设计，平原微丘区设计车速为 100km/h、山岭重丘区设计车速为 80km/h；路幅为双向 4 车道，路基宽度为，平原微丘区 26m 和山岭重丘区 24.5m。工程于 2005 年 12 月开工，2008年 10 月竣工。

9.1.2 实验设计与方法

1. 技术路线

通过陕南土石山区高速公路边坡不同恢复年限和不同恢复方式的人工植物群落的群落特征、结构和土壤理化性质分析及土壤种子库调查，分析路域边坡土壤理化性质的时空变化、边坡植物群落的种类组成、结构特征、物种多样性、植被的改良土壤效应以及土壤种子库现状及其与地上植被的关系等，揭示高速公路土壤理化性质的时空变化规律、人工植被对边坡植被生态恢复的影响、边坡植被恢复后物种多样性的变化、物种多样性与环境因子（地理位置、海拔、坡度、坡向、坡位、土壤、防护类型等）的关系、群落的演替趋势和特征；提出土石山区植被恢复的途径、恢复技术和适宜树草种，最终提出土石山区植被恢复的典型设计和恢复模式。具体分析过程及内容如图 9-1 所示。

2. 样地设置

本节选定不同恢复年限（0 年、2 年、5 年、7 年）高速公路边坡作为研究对象，前期对选定的高速公路进行现场查看，尽量保证在生境一致的前提下，根据不同的护坡模式和恢复年限确定采样点位置、桩号等，共设置 28 个样地，记录地理位置、边坡类型、海拔、坡度、坡向、坡位、土壤类型、防护类型、外界情况描述等。具体采样点设置及基本情况见表 9-1。

陕南土石山区高速公路边坡
土壤及植被恢复演替研究

| 土壤状况 | ⟷ | 地上植被恢复 | ⟷ | 土壤种子库 |

| 物理性质 | 养分特征 | 团聚体与养分关系 | 机械组成与养分关系 | 群落物种组成、结构 | 物种多样性 | 组成相似性 | 时空变化 | 群落物种组成、结构 | 物种多样性 | 组成相似性 | 时空变化 |

| 土壤性质对植被生长的影响 | 植被恢复土壤改良作用 | 植被恢复与环境因子的关系 | 地上植被与种子库的相似性 | 地上植被对种子库的影响 | 种子库在植被恢复中的作用 |

综合分析，揭示扰动土壤理化性质的变化趋势，植被演替规律及其与环境因子、种子库关系，找出适合土石山区扰动土地恢复的防护模式和最优群落配置

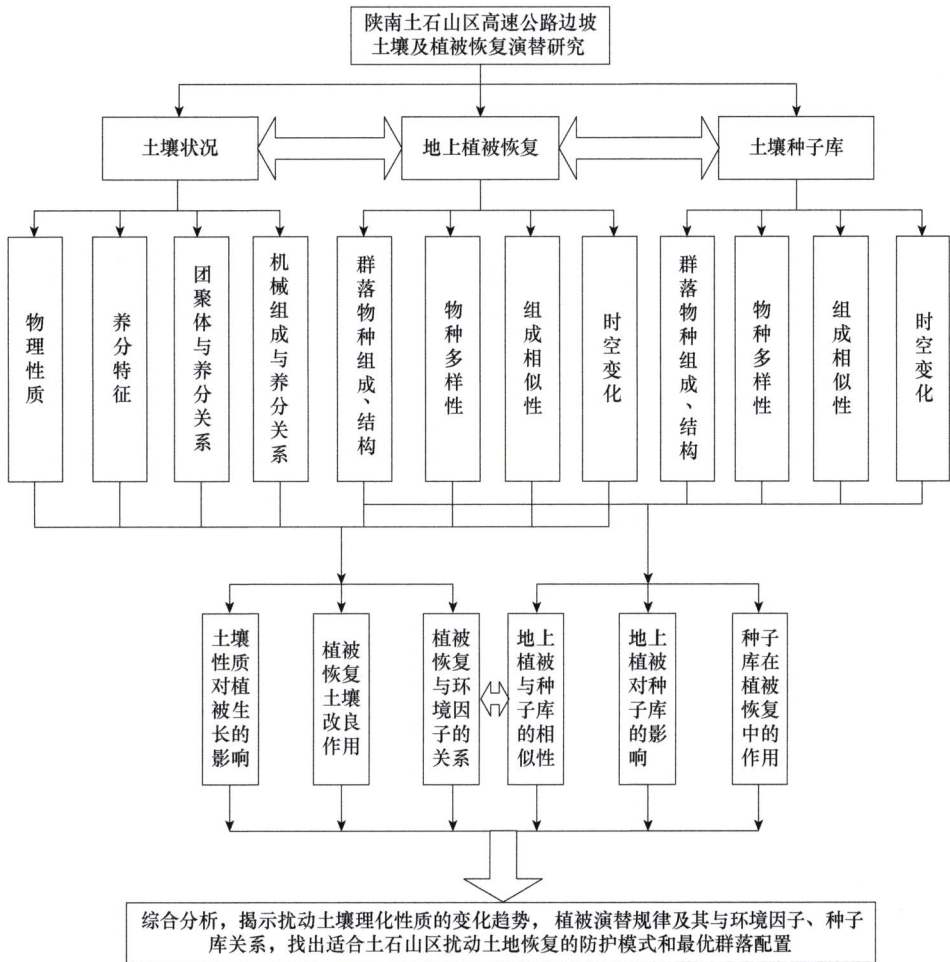

图 9-1　研究技术路线

表 9-1　样地设置情况

样地编号	高速公路	地形区	恢复年限	桩号	地理位置	路堤/堑	护坡类型	坡向	坡度/(°)	坡长/m	是否覆土	人工植被
1	汉中—安康	土石山区	0	K386+050	33°03'07.12"N, 107°13'41.23"E	路堑	挂网喷播	阴	32°	5	覆土	紫苜蓿+紫穗槐
2	汉中—安康	土石山区	0	K343+850	32°57'27.11"N, 107°38'03.41"E	路堑	挂网喷播	阳	39°	8	覆土	紫苜蓿+黑麦草
3	丹凤—陕豫界	土石山区	2	K1328+000	33°27'19.79"N, 110°34'26.43"E	路堑	挂网喷播	阴	44	5	覆土	黑麦草
4	丹凤—陕豫界	土石山区	2	K1316+950	33°26'33.68"N, 110°41'14.82"E	路堑	挂网喷播	阳	40	7.5	覆土	紫苜蓿
5	蓝田—商州	石质山区	2	K1457+500	32°56'10.86"N, 109°31'38.01"E	路堑	挂网喷播	阴	42	8	覆土	黑麦草+紫苜蓿

样地编号	高速公路	地形区	恢复年限	桩号	地理位置	路堤/堑	护坡类型	坡向	坡度/(°)	坡长/m	是否覆土	人工植被
6	蓝田—商州	石质山区	2	K1419+800	33°51′30.83″N,109°52′40.13″E	路堑	挂网喷播	阳	45	4	覆土	黑麦草+紫苜蓿
7	汉中—安康	土石山区	0	K386+050	33°03′07.12″N,107°13′41.23″E	路堑	拱形骨架+植生袋	阴	32	5	覆土	紫穗槐+黑麦草
8	汉中—安康	土石山区	0	K343+850	32°57′27.32″N,107°38′02.72″E	路堑	拱形骨架+植生袋	阳	40	9	覆土	紫穗槐+紫苜蓿
9	丹凤—陕豫界	土石山区	2	K1317+900	33°26′32.55″N,110°40′29.1″E	路堑	拱形骨架+植生袋	阴	40	8	覆土	紫穗槐
10	丹凤—陕豫界	土石山区	2	K1313+500	33°26′28.85″N,110°43′23.25″E	路堑	拱形骨架+植生袋	阳	48	11	覆土	紫穗槐
11	蓝田—商州	石质山区	2	K1454+550	33°55′24.18″N,109°33′15.37″E	路堑	拱形骨架+植生袋	阴	62	8	覆土	黑麦草+紫苜蓿
12	蓝田—商州	石质山区	2	K1420+200	33°51′33.45″N,109°52′15.31″E	路堑	拱形骨架+植生袋	阳	46	5	覆土	紫穗槐+紫苜蓿
13	丹凤—陕豫界	土石山区	2	K1355+700	33°35′09.24″N,110°23′46.18″E	路堑	骨架护坡	阴	48	9	覆土	小冠花+紫穗槐
14	丹凤—陕豫界	土石山区	2	K1320+650	33°26′33.98″N,110°38′50.60″E	路堑	骨架护坡	阳	46	6	覆土	小冠花+紫穗槐
15	汉中东—勉县	土石山区	5	K1384+000	33°04′13.70″N,106°41′50.57″E	路堑	骨架护坡	阴	40	7	覆土	小冠花
16	汉中东—勉县	土石山区	5	K1366+050	33°03′26.84″N,106°52′15.29″E	路堑	骨架护坡	阳	33	11.5	覆土	小冠花
17	勉县—宁强	土石山区	7	K1413+500	33°58′29.06″N,106°27′40.18″E	路堑	骨架护坡	阴	33	8	覆土	紫苜蓿+艾蒿
18	勉县—宁强	土石山区	7	K1413+700	32°58′27.25″N,106°27′35.31″E	路堑	骨架护坡	阳	34	8	覆土	紫苜蓿
19	汉中—安康	土石山区	0	K354+950	33°56′39.70″N,107°31′24.17″E	路堤	骨架护坡	阴	30	4	覆土	紫穗槐+紫苜蓿
20	汉中—安康	土石山区	0	K374+300	33°00′37.80″N,107°20′22.52″E	路堤	骨架护坡	阳	33	9	覆土	紫穗槐+紫苜蓿
21	丹凤—陕豫界	土石山区	2	K1326+500	33°27′03.20″N,110°35′11.54″E	路堤	骨架护坡	阴	32	5	覆土	紫穗槐
22	丹凤—陕豫界	土石山区	2	K1326+400	33°27′00.08″N,110°35′26.25″E	路堤	骨架护坡	阳	30	6	覆土	小冠花+紫穗槐
23	汉中东—勉县	土石山区	5	K1385+300	33°04′07.50″N,106°41′04.22″E	路堤	骨架护坡	阴	31	5	覆土	小冠花

续表

样地编号	高速公路	地形区	恢复年限	桩号	地理位置	路堤/堑	护坡类型	坡向	坡度/(°)	坡长/m	是否覆土	人工植被
24	汉中东一勉县	土石山区	5	K1371+200	33°03′13.04″N,106°49′00.39″E	路堤	骨架护坡	阳	30	8	覆土	小冠花
25	勉县一宁强	土石山区	7	K1419+450	32°56′00.05″N,106°26′22.67″E	路堤	骨架护坡	阴	33	4.5	覆土	黑麦草＋紫苜蓿
26	勉县一宁强	土石山区	7	K1388+900	33°3′16.92″N,106°38′34.75″E	路堤	骨架护坡	阳	32	6	覆土	小冠花
27	蓝田一商州	石质山区	2	K1419+600	33°51′33.71″N,109°52′45.87″E	路堤	骨架护坡	阴	30	5	覆土	小冠花＋紫苜蓿
28	蓝田一商州	石质山区	2	K1445+500	33°51′44.69″N,109°37′49.52″E	路堤	骨架护坡	阳	35	7	覆土	小冠花＋紫苜蓿

3. 土壤采集

根据植被恢复不同年限设立样地。土壤样品按"S"形多点取样，取样深度为 0～10cm、10～20cm，每个样点重复 3 次，各层取样混匀后带回实验室风干，然后对其进行理化性状定量分析（龚伟等，2007；郭曼等，2010；郭兆元，1992）。土壤水分、容重、孔隙度采用环刀法取样烘干称重法测定（韩芳，2008）。土壤团聚体样品采集方法是挖取土壤剖面（0～10cm，10～20cm）原状土，带回实验室待用（韩丽君等，2007）。

4. 植被调查

植被调查在 7～8 月进行，根据高速公路的人工植被分布特点，分别按不同边坡类型、不同植被恢复年限设立样地。每个样地设 3 个样方，乔木层样方大小为 5m×5m，灌木层样方大小为 2m×2m（具体可根据情况而定），草本层样方大小为 1m×1m。

记录项目包括乔灌木的种类、高度、冠幅、多度（株）、胸径等；草本的种类、生长型、高度、盖度、频度、植物株数等；群落的人工种、自然种和优势种。

5. 种子库调查

（1）土壤种子库的取样时间：取样时间安排在 2011 年 3 月初，以便研究经休眠后有活力的种子。

（2）取样方法：在典型样地内设置一样线，沿着样线，每隔 5m 设 1 个 1m×1m 小样方，每个样地取 3 个小样方，在小样方内按对角线取样的方法选取 5 个样点，自制土壤种子库采样器采集表层 0～5cm 土壤样品，取样面积为 10cm×10cm，然后把同层的土心重复 5 次混合在一起，并分层装袋，带回试验室供土壤种子萌发与鉴定试验之用。

（3）土壤种子库的萌发试验：在萌发前对土样进行筛选，除去其中的植物残余及杂物，以缩短萌发周期。在培养皿中先装上 5cm 厚的烘干土、2cm 厚的无种子细砂（置于恒温 150℃的鼓风干燥箱内烘 4h），再在细砂上面均匀地铺上土壤样品（厚 1～2cm），再用3个培养皿装满无种子细砂作为对照来监测是否有由空中传播的种子污染萌发装置。所有的萌发装置均摆放在自然光条件下的玻璃温室内（温度12～25℃），按照土壤的需水量适当浇水，以保持土壤湿润。每天观测一次种子萌发状况，对已萌发的幼苗进行种类鉴定，计数后清除，对暂时不能鉴定的幼苗进行标记后移栽至盆外，直至幼苗长到能鉴定为止。整个过程持续至盆中不再有幼苗长出，然后将土样搅拌混合，继续观测，直至土样中半个月时间不再有种子萌发，结束萌发实验。本次萌发时间为2011年3月至9月，历时6个月。

9.1.3 指标分析方法

1. 土壤性质分析

1）土壤化学性质

养分的测定采用风干土样（过0.25mm、1mm筛），有机质（OM）的测定采用重铬酸钾滴定法（油浴加热）；全氮（TN）采用凯氏定氮法；土壤无机氮（包括NH_4^+-N和NO_3^--N）采用KCl浸提法；土壤速效磷采用0.5mol/L $NaHCO_3$浸提—钼锑抗比色法；速效钾采用NH_4OAc浸取—火焰光度法。

2）土壤物理性质

（1）土壤含水量、容重、孔隙度。

土壤含水量的测定：采用烘干法，把铝盒带回实验室直接称重，后把铝盒放入105°烘箱中烘干至恒重。

$$W（\%）=（M_1-M_2）/（M_2-M_3）\times100\% \tag{9-1}$$

式中，M_1、M_2、M_3分别为烘干前铝盒及湿土样重、烘干后铝盒及干土样重、烘干铝盒重。

土壤容重采用环刀法测定，把环刀带回实验室后直接称重，则土壤容重为

$$\rho=g\times100/V\times（100+W） \tag{9-2}$$

式中，g为环刀内湿土重（g）；W为样品含水量（%）；V为环刀容积（cm^3）。

$$土壤孔隙度=（1-土壤容重/土壤密度）\times100\% \tag{9-3}$$

（2）土壤团聚体。

将土样带回实验室，沿土壤的自然结构轻轻剥开，将原状土剥成直径为10～12mm的小土块，剔除根系、石块，风干，采用湿筛法分析，筛孔径分别为5mm、2mm、1mm、0.5mm、0.25mm，振荡后称量筛子上的各级团聚体风干重，并运用分形方法分析团聚体的分形特征及稳定性。

（3）机械组成分析。

选用过1mm筛的风干土，浸泡去除其表面有机质，采用激光粒度仪测定各粒径范围（0.50～1mm、0.25～0.50mm、0.010～0.25mm、0.05～0.10mm、0.002～0.05mm）的百分含量，并运用分形方法分析其分形特征及稳定性。

（4）分形维数模型（杨培岭，1993）。

具有相似结构的多孔介质的土壤，由Katz公式，大于某一粒径d_i（$d_i>d_{i+1}$，$i=1$，2，…）的土粒构成的体积可由以下公式表示：

$$V\left(\delta>d_i\right)=A\left[1-\left(d_i/k\right)^{\delta-D}\right] \tag{9-4}$$

式中，δ 是码尺；A 和 k 是描述形状、尺度的常数；D 是分形维数。利用上述公式，忽略各粒级土粒密度的差异，推导出土壤颗粒的重量分布与平均粒径间的关系式：

$$W\left(d<\overline{d_i}\right)/W_o=\left(\overline{d_i}>\overline{d_{max}}\right)^{\delta-D} \tag{9-5}$$

上式两边取对数：

$$\left(\delta-D\right)\lg\left(\overline{d_i}/\overline{d_{max}}\right)=\lg\left[W\left(d<\overline{d_i}\right)/W_o\right] \tag{9-6}$$

式中，$\overline{d_i}$ 是两筛分粒级 d_i 与 d_{i+1} 间土粒的平均直径；$\overline{d_{max}}$ 是最大粒级土粒的平均直径；$W\left(d<\overline{d_i}\right)$ 是土粒直径小于 $\overline{d_i}$ 累积的重量；W_o 是各粒级土粒的重量和。

利用此模型，分别以 $\lg\left(\overline{d_i}/\overline{d_{max}}\right)$、$\lg\left[W\left(d<\overline{d_i}\right)/W_o\right]$ 为横坐标、纵坐标，运用回归分析法，计算出土壤团粒结构的分形维数。

同时土壤水稳性团聚体还涉及两个指标：平均重量直径（MWD）及几何平均直径（GMD），其计算公式如下：

$$\text{MWD}=\left(\sum\overline{d_i}W_i\right)/W_o \tag{9-7}$$

$$\text{GMD}=e^{\left(\sum W_i\ln\overline{d_i}\right)/W_o} \tag{9-8}$$

式中，W_i 是对应 $\overline{d_i}$ 粒级团聚体重量。

2. 地上植被、种子库群落分析

1）植被群落分析方法

（1）物种多样性的计算方法。

选用香农-维纳多样性指数、Pielou 指数（均匀度指数）、Simpson 指数（优势度指数）及 Margalef 指数（丰富度指数）等 α 多样性指数分析群落的物种多样性特征。

香农-维纳多样性指数（多样性指数）：

$$H=-\sum\left(P_i\ln P_i\right) \tag{9-9}$$

Pielou 指数：

$$E=H/\ln S \tag{9-10}$$

Simpson 指数：

$$D=1-\sum_{i=1}^{s}\left(N_i/N\right)^2 \tag{9-11}$$

Margalef 指数：

$$M=\left(S-1\right)/\ln N \tag{9-12}$$

式中，S 为样方内的物种总数；N 为样方内的植物个体数；N_i 为种 i 的个体数；P_i 为属于种 i 的个体在全部个体中的比例。

（2）样地种子库相似性用 Sorensen 指数表示。

$$\text{SC}=2w/\left(a+b\right) \tag{9-13}$$

式中，SC 为 Sorensen 指数；w 为两样地共有的植物种数目；a、b 分别为两样地各自拥有的植物种数。

2）种子库分析方法

（1）土壤种子库的密度。

$$种子密度 = \frac{种子数出苗数盆 \times 盆样品重总样品重}{取样面积} \quad （9\text{-}14）$$

（2）土壤种子库物种多样性计算方法。

种子库物种多样性分析采用 α 多样性指数（香农-维纳多样性指数、Pielou 指数、Simpson 指数及 Margalef 指数），与地上植被群落分析方法一致。

（3）土壤种子库与地上植被的相似性用 Sorensen 指数。

$$SC = 2C / （S_1 + S_2） \quad （9\text{-}15）$$

式中，SC 为 Sorensen 指数；C 为在植被与土壤种子库中都出现的物种数目；S_1 和 S_2 分别为植被和土壤种子库出现的物种数目。

（4）样地间种子库相似性用 Sorensen 指数表示［式（9-13）］。

9.1.4　数据统计分析

先在 Excel 中做初步分析与处理，再用 SPSS 进行平均数差异显著性分析（LSD 检验，$p < 0.05$）、描述性统计、多重比较分析、回归分析、相关性分析，使用 Excel 和 Origin 8.0 作图。

9.2　不同恢复年限土壤特征分析

9.2.1　土壤养分及物理性状分析

1. 不同植被恢复年限土壤养分状况评价

土壤养分是植被生长、演替的营养基础，与植被的生长状况息息相关，有机质含量作为土壤养分的重要指标之一，具有提高土壤的保水保肥能力、改良土壤性状、促进团粒结构形成、增强土壤的缓冲性等作用（李志刚等，2004）。土壤全氮主要由有机态氮构成，土壤有机态氮相对比较稳定，而且也是不断矿化供给作物利用的氮素主要来源，其含量占全氮的 92%～98%，故采用全氮含量作为土壤氮素的丰缺指标（李自强和赵学仁，2003；李宗禹等，2002；梁向峰等，2008）。

分析各护坡模式下土壤的养分状况，同时以全国第二次土壤普查养分分级标准（表 9-2）为依据对研究区土壤养分进行评价（林大仪和黄昌勇，2011）。

表9-2　全国第二次土壤普查养分分级标准

级别	有机质/%	全氮/%	碱解氮/（mg/kg）	速效磷/（mg/kg）	速效钾/（mg/kg）
1 很丰富	>4	>0.2	>150	>40	>200
2 丰富	3～4	0.15～0.2	120～150	20～40	150～200
3 中等	2～3	0.1～0.15	90～120	10～20	100～150

续表

级别	有机质/%	全氮/%	碱解氮/（mg/kg）	速效磷/（mg/kg）	速效钾/（mg/kg）
4缺乏	1～2	0.075～0.1	60～90	5～10	50～100
5很缺乏	0.6～1	0.05～0.075	30～60	3～5	30～50
6极缺乏	<0.6	<0.05	<30	<3	<30

　　不同恢复年限各防护模式下边坡土壤0～10cm和10～20cm理化性质见表9-3和表9-4。

表9-3　不同恢复年限及护坡模式下0～10cm土壤理化性质

边坡形式	恢复年限	防护模式	有机质/（g/kg）	全氮/（g/kg）	无机氮/（mg/kg）	速效磷/（mg/kg）	速效钾/（mg/kg）	含水量/%	容重/（g/cm³）	孔隙度/%
路堑	0	挂网喷播	7.62b	0.42b	17.50a	5.50a	130.33b	11.23ab	1.08a	34.40a
	2		11.20ab	0.54b	25.55a	11.19a	191.56ab	7.71b	1.03a	36.23a
	2（石质山区）		17.07a	0.92a	18.66a	8.04a	209.21a	18.25a	1.40a	47.19a
	F		5.287*	10.193**	1.54	0.885	2.902	3.151	0.657	0.629
	0	拱形骨架+植生袋	4.55b	0.31b	8.65a	2.49b	108.21b	13.35a	1.37a	48.18a
	2		11.32a	0.59a	42.31b	29.96a	208.48a	9.36a	1.40a	47.31a
	2（石质山区）		6.65b	0.37b	14.04a	14.41ab	142.77b	11.71a	1.43a	45.85a
	F		6.279*	5.517*	8.138*	4.331*	7.977*	0.59	0.214	0.194
	2	骨架	11.23b	0.60b	17.79a	7.13a	200.18b	7.90b	1.41a	46.88a
	5		25.98ab	1.44a	43.52a	3.24a	312.25a	17.41a	1.42a	46.46a
	7		30.68a	1.52a	12.04a	5.83a	197.22b	19.50a	1.30a	51.11a
	F		4.153	5.629*	0.893	1.47	6.085*	12.681**	2.78	2.693
路堤	0	骨架	5.98b	0.34b	8.15a	2.97a	71.58c	9.12b	1.46a	44.81a
	2		11.57b	0.48b	33.93a	6.62b	200.25b	13.13ab	1.45a	45.25a
	5		23.94a	1.24a	25.57a	4.39a	203.57a	15.84a	1.41a	46.64a
	7		30.75a	1.45a	34.14a	3.24b	168.22b	13.90ab	1.41a	46.68a
	2（石质山区）		25.24a	1.25a	21.01a	16.17a	264.63a	10.06b	1.38a	48.06a
	F		9.115**	9.849**	0.76	3.582*	15.141**	2.924	0.258	0.157

注：每种模式同一列中的不同字母表示差异显著（$p<0.05$）。运用LSD检验恢复年限对各指标的影响进行分析。
*表示年限对其影响显著（$p<0.05$），**表示年限对其影响极显著（$p<0.01$）。下同。

表9-4　不同恢复年限及护坡模式下10～20cm土壤理化性质

边坡形式	恢复年限	防护模式	有机质/（g/kg）	全氮/（g/kg）	无机氮/（mg/kg）	速效磷/（mg/kg）	速效钾/（mg/kg）	含水量/%	容重/（g/cm³）	孔隙度/%
路堑	0	挂网	2.37b	0.18b	63.78a	2.71b	54.77b	8.43b	1.15a	31.76a
	2		—	—	—	—	—	9.16ab	0.67a	24.53a
	2（石质山区）		8.18a	0.51a	16.33a	5.66a	138.24a	18.96a	1.49a	43.90a
	F		18.814**	19.575**	0.726	6.676*	15.077**	4.601	1.814	1.707

续表

边坡形式	恢复年限	防护模式	有机质/（g/kg）	全氮/（g/kg）	无机氮/（mg/kg）	速效磷/（mg/kg）	速效钾/（mg/kg）	含水量/%	容重/（g/cm³）	孔隙度/%
路堑	0	拱形骨架＋植生袋	2.96b	0.24b	9.94a	7.54a	103.54b	15.13a	1.51a	43.19a
	2		7.17a	0.45a	49.24a	31.12a	187.08a	9.88a	1.13a	32.54a
	2（石质山区）		4.58ab	0.24b	10.12a	13.83a	111.68b	14.83a	1.55a	41.67a
	F		9.377**	12.783**	2.030	1.855	13.588**	0.103	0.187	0.172
	2	骨架	7.72a	0.45a	13.99a	6.75a	154.52ab	12.10b	1.49a	43.87a
	5		13.76a	0.78a	22.66a	2.13a	199.75a	18.69a	1.37a	48.25a
	7		12.98a	0.76a	8.30a	2.54a	120.96b	21.57a	1.39a	47.62a
	F		1.002	1.576	1.821	2.858	6.845*	5.595*	1.268	1.243
路堤	0	骨架	4.57b	0.25b	8.56c	2.57b	54.08b	13.84a	1.53a	42.29b
	2		3.00ab	0.15ab	68.55bc	2.79ab	68.18a	9.22a	1.26b	52.50a
	5		12.15a	0.69a	18.84ab	3.49ab	161.24a	15.68a	1.30b	50.87a
	7		14.00a	0.82a	39.50a	2.30b	122.42a	11.18a	1.46ab	44.80ab
	2（石质山区）		14.93a	0.72a	10.14ab	12.11a	148.11a	12.46a	1.40ab	47.12ab
	F		5.431**	5.941**	0.744	2.272	4.065*	0.866	1.824	1.841

注：—表示该取样点土层较薄，未取样。

拱形骨架＋植生袋护坡模式下0～10cm、10～20cm土壤有机质、全氮含量均处于缺乏或显著缺乏水平，且含量表现为0～10cm高于10～20cm，速效磷、速效钾含量达到丰富水平，在各年限间差异显著。总体而言，各养分指标均以土石山区植被恢复2年的边坡为最高，并且与土石山区恢复0年、石质山区恢复2年均有显著差异，恢复年限对有机质、全氮等五项养分指标影响均显著。可见，土石山区在植被恢复中的效果已初步显现，可能是植被的枯枝落叶及根系的分泌物等使得表层土壤的养分积累较明显，土壤的养分条件得以改善。

骨架护坡模式下路堑边坡的土壤有机质和全氮含量呈现恢复7年＞恢复5年＞恢复2年，且均处于中等及丰富水平。汉中东至勉县、勉县至宁强高速公路由于恢复时间相对较长，而且植被（小冠花、紫苜蓿）长势很好，豆科植物的固氮作用使得其有机质和全氮含量增加。各恢复年限下土壤速效磷含量为缺乏水平，而速效钾含量为丰富水平，恢复年限对速效钾和含水量影响显著，各养分含量均为0～10cm＞10～20cm。路堤边坡的土壤养分含量随着恢复时间延长而增加，且恢复时间对其影响达到极显著水平（$p < 0.01$），有机质和全氮处于中等水平，速效钾为丰富水平，速效磷为缺乏水平。

通过分析3种护坡模式下的土壤养分，有机质、全氮、速效钾均为骨架＞挂网喷播＞拱形骨架＋植生袋，速效磷为拱形骨架＋植生袋＞挂网喷播＞骨架，仅速效钾含量适宜，可以提供植物生长所需。由此可见，骨架护坡土壤的养分状况优于其他两种形式下的土壤养分，并且随着恢复年限的增长，土壤的养分条件日渐改善，恢复年限对有机质等养分含量影响显著，且骨架护坡具有框梁，可以截留一部分水分，防止水分及养分流失，起到了保水保肥作用。

2. 不同植被恢复年限土壤物理性状评价

土壤物理性质作为土壤环境的一部分，直接或间接影响土壤的肥力和植物生长繁殖，对植被恢复具有极其重要的作用；土壤颗粒的不同排列构成不同的孔隙几何特征，直接影响土壤中水、热、溶质和气体运动及植物根系的生长（刘龙等，2007；刘秀峰等，2000）。植物生长不仅从土壤中获取所需的水分，而且获得营养元素，土壤的容重、孔隙度、水分等物理性状直接影响植物根系的呼吸、生长及其对养分的吸收。

在植被恢复过程中，土壤容重随着恢复时间的延长而下降（表9-3和表9-4）。$0 \sim 10cm$ 土层土壤容重在 $1.0 \sim 1.46g/cm^3$，在土壤剖面上，同一植被恢复年限下 $0 \sim 10cm$ 土层土壤容重总体低于 $10 \sim 20cm$ 土层，且恢复年限对容重的影响不显著（$p > 0.05$），各恢复年限间土壤容重没有明显的差异。随着植被演替的进程，植物根系的穿插作用和枯枝落叶积累使得表层土壤相对比较疏松，容重降低，土壤结构得到一定程度的改良。3种护坡形式中，土壤容重表现为拱形骨架＋植生袋＞骨架＞挂网喷播，施工中为防止植生袋下陷，将框架内植生袋挤压紧实，从而造成土壤的密度增大。此外，由于高速公路边坡植被恢复过程中，人为管护相对较少，土壤易产生板结。

土壤孔隙度和容重呈负相关关系，在土壤剖面上，$0 \sim 10cm$ 土层高于 $10 \sim 20cm$ 土层，表层土壤孔隙度集中在35%～50%，随着恢复时间的延长，土壤孔隙度有增大的趋势，但是恢复年限对其影响不显著（卢少飞，2006；罗国占和秦晓春，2010；骆东奇等，2003）。3种护坡模式下，土壤孔隙度表现为骨架＞拱形骨架＋植生袋＞挂网喷播，挂网喷播模式下孔隙度最小，为40%。可见，在其他立地条件相同的情况下，骨架护坡下土壤的结构、性状更有利于植被生长，植被恢复对土壤的改良效果需要长时间才能显现出来。结构理想的土壤耕层总孔隙度应为50%～56%，边坡土壤的孔隙度均偏低，一定程度上抑制种子发芽、破土、植物根系的伸展。

土壤含水量为7.5%～16%，土壤剖面上含水量表现为 $10 \sim 20cm$ 土层大于 $0 \sim 10cm$ 土层，随着恢复时间的延长，土壤含水量呈增加趋势，主要是由于地上植被生长覆盖地面减少了水分的蒸发，并且植物根系也起到了保水作用。3种护坡模式中，拱形骨架＋植生袋模式下的土壤含水量偏低，为11%，骨架护坡土壤含水量最高，达17%，表现为骨架＞挂网喷播＞拱形骨架＋植生袋，由于骨架护坡具有框梁，可以截留一部分水分，防止水分流失，起到了保水作用。但是，总体而言，土壤含水量仍偏低，必将对植物生长、种子萌发造成影响，因为植物返青时节，抗逆能力弱，需要消耗大量的土壤水分和养分以恢复和维持生长发育、萌发。

3. 不同坡向养分、物理性状差异分析

高速公路边坡坡向的不同会造成不同受光面的光、热、水等气候生态因子存在差异，构成两种不同的生态环境——阴、阳坡生境，这两种环境的差异直接影响坡面植被的生长情况及土壤的养分积累和水分条件（马祥华和焦菊英，2005；毛文碧，2003；乔领新，2010）。对不同受光面边坡土壤养分和物理性状（图9-2）分析可知，各恢复年限下有机质、全氮、速效磷、速效钾等养分的含量均表现为阴坡＞阳坡，且呈现向

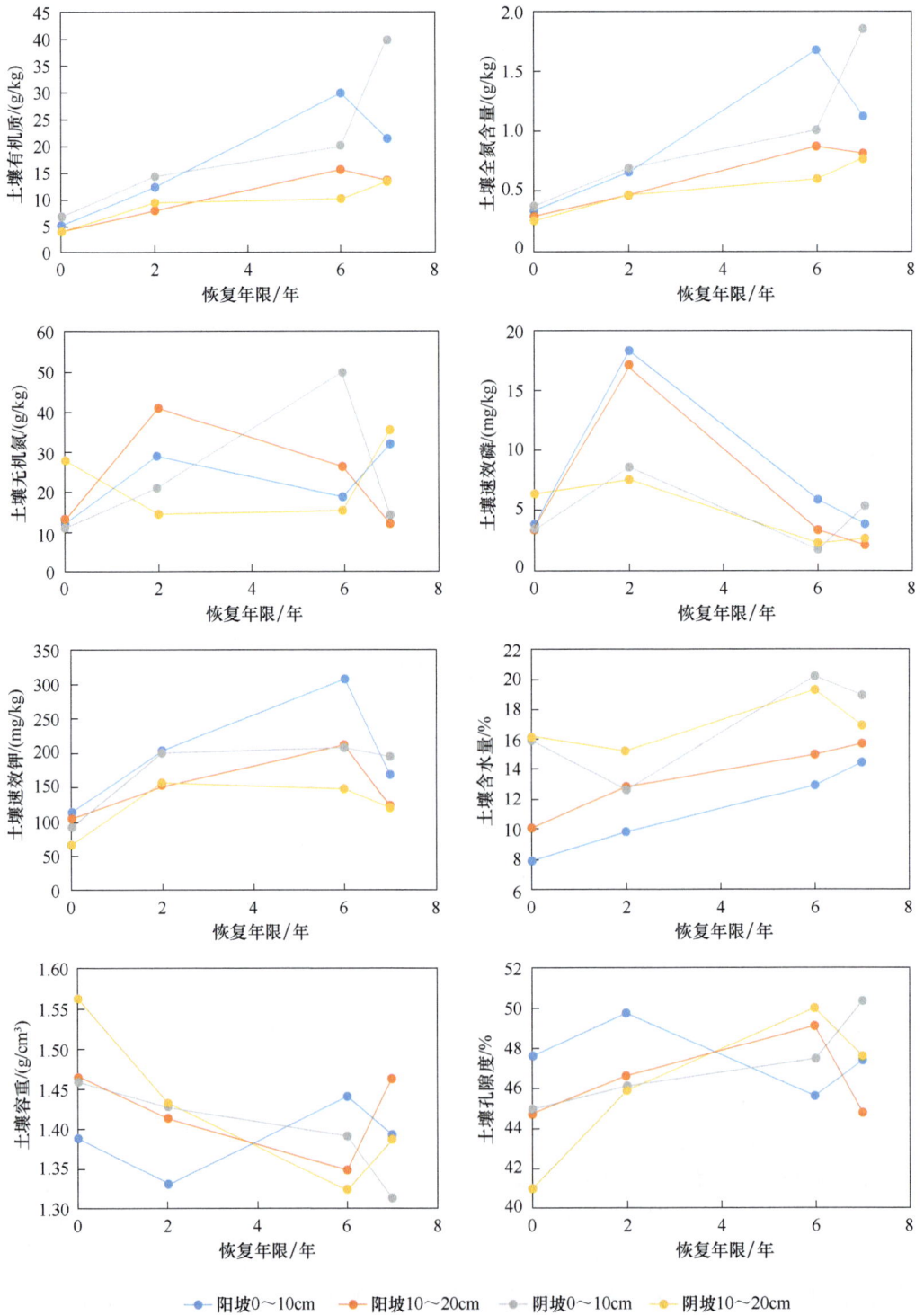

图9-2 不同恢复年限、不同坡向、不同土层深度高速公路边坡土壤理化性质状况

表层富集的趋势。有机质和全氮的变化趋势一致，随着恢复年限的延长其含量呈递增趋势，阴坡表层土壤有机质含量从 6.75g/kg 增加到 40.00g/kg，全氮含量从 0.37g/kg 增加到 1.85g/kg，阳坡表层的有机质、全氮含量变化幅度小于阴坡表层含量的变化幅度，阴坡下层土壤有机质和全氮含量呈直线增加态势，但是变化幅度最小；随着进程的恢复，速效磷和无机氮含量呈现先增加后减少的趋势，在土石山区恢复 2 年时出现最高值，阴坡表层含量分别达到了 34.80mg/kg、11.80mg/kg。土壤孔隙度表现为阴坡＞阳坡，均低于植物生长的适宜水平，影响植物的根系呼吸及其对养分的吸收；土壤含水量表现为阴坡＞阳坡，主要是因为阴坡接受的太阳辐射相对较少，且植被覆盖度相对较高，减少了土壤水分蒸发。恢复 0 年和恢复 2 年的边坡土壤容重表现为阴坡＞阳坡，恢复 5 年和恢复 7 年的土壤容重表现为阳坡＞阴坡，主要是由于随着恢复时间延长，阴坡水热及养分条件更适宜植物生长，加快植被凋落物的分解及地下根系的穿插、死亡和分解，增加了土壤有机质，致使土壤容重减小、孔隙度增大，植被的改良土壤作用渐显。

9.2.2　土壤团聚体

土壤结构是指土壤固相物质与孔隙的空间排列，决定着土壤中各种物理、化学和生物学过程，土壤结构不仅影响植物生长所需要的养分和水分的供应，而且左右着土壤中的物质交换、能量平衡、微生物活动、植物根系生长等过程，对提高土壤肥力、促进地表植物生长、调节土壤环境具有重要作用（阮琳，2008；邵明安等，2003；舒安平等，2010）。土壤结构及其稳定性在土壤侵蚀、入渗、通气、机械强度等土壤过程方面具有重要作用（舒安平等，2008）。土壤团聚体作为土壤结构的组成单元，是土壤养分的储存库，是土壤肥力的物质基础，对土壤的水、肥、气、热方面具有重要的调节作用（束文圣等，2003）。自然和人为干扰作用要求土壤必须具备一定的水稳性，即抵抗降水冲刷和破坏的能力，团聚体的水稳性对于稳定土壤入渗能力、保证土壤的结构稳定具有重要作用（苏东凯，2007；孙瑞琴和门光耀，2007；孙天聪，2007）。通过团聚体特征（分布状况、平均重量直径、几何平均直径和分形维数 D 等）判断土壤的养分条件和结构稳定性，为边坡植被恢复提供依据。

1. 团聚体含量分布情况

利用湿筛法对不同护坡模式、不同恢复年限下土壤各级团聚体组成测定结果（表 9-5）。

表 9-5　不同恢复年限下土壤团聚体含量分布

样地编号	土层	团聚体分布 /%						MWD/mm	GMD/mm	分形维数 D
		＞5mm	2～5mm	1～2mm	0.5～1mm	0.25～0.5mm	＜0.25mm			
1	A	66.85	9.93	5.42	3.40	2.85	11.55	3.82	2.65	2.69
	B	57.08	10.71	7.90	6.53	4.28	13.50	3.43	2.11	2.65
2	A	15.86	16.71	17.74	19.01	12.05	18.64	1.85	0.98	2.53
	B	53.36	11.97	8.35	7.62	4.34	14.35	3.30	1.98	2.51

续表

样地编号	土层	团聚体分布/%						MWD/mm	GMD/mm	分形维数D
		>5mm	2~5mm	1~2mm	0.5~1mm	0.25~0.5mm	<0.25mm			
3	A	36.52	16.04	10.81	9.46	8.89	18.29	2.68	1.53	2.59
	B	50.43	10.22	8.20	7.28	5.25	18.64	3.10	1.67	2.60
4	A	27.18	16.17	11.12	12.97	11.44	21.13	2.26	1.10	2.62
	B	55.44	10.89	7.96	8.27	4.95	12.51	3.37	2.08	2.48
5	A	46.39	9.05	6.20	4.73	4.49	29.16	2.82	1.46	2.81
	B	21.94	11.27	10.17	9.01	8.54	39.07	1.79	0.68	2.79
6	A	18.52	17.60	12.56	15.89	12.75	22.68	1.93	1.00	2.60
	B	15.24	35.98	9.99	9.60	8.04	21.16	2.30	1.24	2.59
7	A	31.25	13.54	10.13	10.94	8.36	25.79	2.33	1.10	2.63
	B	39.49	9.04	8.61	12.80	8.24	21.81	2.57	1.24	2.63
8	A	60.48	4.31	5.32	7.11	8.19	14.58	3.36	1.93	2.57
	B	36.75	3.27	13.99	10.71	14.39	20.89	2.32	1.09	2.62
9	A	18.34	6.03	5.94	9.27	19.95	40.46	1.41	0.51	2.79
	B	39.48	7.98	9.79	16.11	9.44	17.22	2.58	1.32	2.56
10	A	18.34	6.03	5.94	9.27	19.95	40.46	1.41	0.51	2.79
	B	40.67	10.51	10.95	13.45	11.69	12.74	2.73	1.51	2.48
11	A	19.63	9.97	8.82	10.91	14.40	36.27	1.64	0.64	2.75
	B	37.64	11.33	7.52	13.43	9.48	20.60	2.55	1.25	2.61
12	A	15.63	7.97	9.32	11.91	13.90	41.27	1.39	0.53	2.77
	B	40.20	11.68	8.55	13.35	8.74	17.48	2.70	1.41	2.57
13	A	25.07	8.51	8.41	8.99	10.09	38.92	1.83	0.70	2.76
	B	7.42	8.08	12.54	15.23	11.32	45.41	1.06	0.44	2.78
14	A	31.07	11.84	11.91	12.75	9.77	22.67	2.31	1.13	2.62
	B	39.08	10.36	10.12	10.56	9.33	20.55	2.61	1.42	2.59
15	A	67.14	10.15	4.82	4.43	2.26	11.20	3.84	2.62	2.49
	B	53.54	10.34	8.94	6.82	6.27	14.10	3.27	1.95	2.53
16	A	34.19	26.09	15.09	8.93	3.94	11.76	2.95	1.89	2.41
	B	21.64	33.46	16.95	10.14	5.47	12.33	2.62	1.65	2.41
17	A	45.63	25.47	11.55	5.62	2.29	9.44	3.41	2.42	2.37
	B	63.24	17.68	7.42	2.77	1.44	7.46	3.93	2.98	2.35
18	A	33.83	16.19	18.31	11.62	5.26	14.80	2.66	1.54	2.48
	B	28.26	18.57	11.35	12.17	6.62	23.03	2.38	1.24	2.60
19	A	14.96	25.14	28.87	12.04	6.64	12.35	2.19	1.40	2.37
	B	15.91	13.11	23.72	20.98	11.29	14.97	1.83	1.03	2.48

续表

样地编号	土层	团聚体分布/%						MWD/mm	GMD/mm	分形维数 D
		>5mm	2～5mm	1～2mm	0.5～1mm	0.25～0.5mm	<0.25mm			
20	A	19.86	23.39	26.01	11.54	5.86	13.35	2.33	1.43	2.43
	B	16.95	14.14	22.35	19.90	11.35	15.32	1.89	1.06	2.49
21	A	34.03	12.18	6.34	7.42	10.59	29.45	2.36	0.99	2.71
	B	16.25	13.28	22.49	20.26	11.25	16.47	1.83	1.01	2.50
22	A	34.03	12.18	6.34	7.42	10.59	29.45	2.36	0.99	2.71
	B	18.18	14.07	22.93	20.13	15.15	9.55	1.96	1.17	2.38
23	A	67.90	10.51	8.11	3.98	1.64	7.86	3.93	2.94	2.38
	B	63.67	13.58	6.98	3.02	1.55	11.21	3.81	2.63	2.47
24	A	54.27	16.78	10.17	5.89	3.63	9.27	3.52	2.43	2.39
	B	26.06	22.64	15.27	12.30	8.12	15.62	2.47	1.43	2.49
25	A	80.95	7.20	2.89	1.85	1.29	5.82	4.37	3.61	2.25
	B	34.72	19.21	14.11	7.94	4.94	19.09	2.72	1.51	2.56
26	A	49.10	8.89	7.86	6.55	5.48	22.11	2.98	1.98	2.61
	B	30.04	9.58	6.15	6.96	8.93	38.35	2.06	0.76	2.77
27	A	15.96	16.31	12.42	16.52	16.29	22.50	1.77	0.86	2.60
	B	19.70	23.91	16.70	11.12	7.83	20.74	2.21	1.16	2.57
28	A	11.15	19.68	21.51	16.66	11.55	19.46	1.76	0.95	2.54
	B	27.82	17.75	15.45	11.86	8.11	19.00	2.39	1.25	2.56

注：A代表0～10cm土层；B代表10～20cm土层。下同。

路堑挂网喷播模式下，土壤团聚体分布主要集中在>5mm，变化范围为15.24%～66.85%，0.25～5mm含量变化在21.60%～63.61%，各样地下各粒径团聚体的含量表现为2～5mm>1～2mm>0.5～1mm>0.25～0.5mm，不稳定大团聚体受水力作用碎裂成小颗粒的团聚体（<0.25mm），<0.25mm不稳定团聚体含量较少，变化范围在11.55%～39.07%，说明土壤团聚体相对稳定，水稳定性较好。土壤中<0.25mm不稳定团聚体含量表现为表层高于亚表层，只有石质山区恢复2年下表现为表层低于亚表层，总体而言，下层土壤团聚体稳定性优于表层，主要是表层覆土过程和人为干扰的作用使得表层土壤破碎、团聚体结构破坏。随着植被恢复时间的延长，<0.25mm不稳定团聚体呈现增加的趋势，恢复2年（17.64%）>恢复0年（14.51%），石质山区恢复2年的土壤不稳定团聚体含量最高，为28.02%，该区土壤的团聚体稳定性略差，这主要是由于该区自身土壤相对贫瘠，结构性差，边坡植被采用黑麦草和紫苜蓿，相对于恢复0年的（紫苜蓿＋紫穗槐）两种豆科植被改良土壤效果不显著。此外，新建高速公路在客土的选择上更加合理化，并且通过增施有机肥等措施加速土壤改良和植被恢复。

路堑拱形骨架＋植生袋护坡模式下，土壤团聚体分布主要集中在>5mm和<0.25mm，平均含量分别为33.16%和25.08%，其他粒径团聚体分布特征为2～5mm（8.47%）<1～

2mm（8.74%）<0.5～1mm（11.60%）<0.25～0.5mm（12.23%）。不同恢复年限下土壤团聚体变化趋势不一致，其中2～5mm、0.5～1mm、<0.25mm团聚体随恢复时间的延长呈现递增趋势，且其含量在石质山区恢复2年高于土石山区恢复2年，>5mm、1～2mm团聚体随时间的延长呈递减趋势，石质山区恢复2年时含量最低，分别为28.27%和8.55%，经过两年的植被恢复期，土壤团聚体分布更加均匀化，土壤结构日渐改善，稳定性提高，主要是植被的根系分泌物、枯枝落叶的积累和根系的穿插作用促使土壤有机质积累和团聚体胶结物形成，人为干扰少，大团聚体破坏程度轻微，加速了大粒径的水稳性团聚体向小粒径的水稳性团聚体的转化，使得较大颗粒的水稳性团聚体含量降低。土壤剖面上，表层土壤水稳性团聚体含量均低于下层土壤水稳性团聚体含量，主要是地上植被的作用使得土壤的质地改良、土质疏松，受降雨冲刷影响，团聚体结构破碎，<0.25mm的团聚体含量增加，表层土壤水稳性降低。

路堑骨架护坡模式下，土壤团聚体分布以>5mm为主，含量为37.51%，其次为<0.25mm团聚体（19.31%），其余各粒径团聚体分布呈现2～5mm（16.39%）>1～2mm（11.45%）>0.5～1mm（9.17%）>0.25～0.5mm（6.17%）。不同恢复年限团聚体含量差异较大，随着恢复时间的延长，>5mm、2～5mm、1～2mm团聚体含量呈现增加的趋势，恢复7年时达到最大，分别为42.74%、19.48%、12.16%，而其余3种粒径团聚体含量呈降低趋势，可见植被恢复过程增加了土壤有机质和胶结成分，有利于大团聚体的形成，并且植被覆盖地表，减少了土壤团聚体受降雨的冲刷、破坏，提高了土壤的稳定性。

路堤骨架护坡模式下，土壤团聚体含量以>5mm团聚体为主，含量为32.58%，<0.25mm不稳定团聚体含量次之，为17.60%。其余粒径团聚体含量呈现2～5mm（15.68%）>1～2mm（14.83%）>0.5～1mm（11.22%）>0.25～0.5mm（8.10%）。各恢复年限>5mm团聚体含量均呈现0～10mm>10～20mm，<0.25mm不稳定团聚体含量在恢复5年和7年下表现为表层低于下层，其他恢复年限下呈现表层高于下层的趋势。>5mm团聚体和2～5mm团聚体随着恢复时间的延长呈现先增加后减少的趋势，在恢复5年时达到最大值，分别为52.97%、63.51%，其余粒径团聚体含量随时间的延长呈减少趋势。

综合以上分析，各恢复年限下的土壤团聚体以大团聚体（>0.25mm）为主，各粒级团聚体分布不均匀，大团聚体含量高，集中在54.59%～92.14%，土壤的团聚性更好，随着植被恢复进程，土壤有机质和利于团聚体形成的胶结物质积累，促进团聚体的形成，并且大的团聚体逐渐破碎成小的团聚体，优化团聚体粒径分布，地表植被的覆盖可以在一定程度上减少降雨等因素对土壤的冲刷，保证良好的土壤团聚体结构，避免土壤养分的流失，为植被的恢复提供良好的物质基础。

2. 土壤团聚体平均重量直径（MWD）、几何平均直径（GMD）

MWD和GMD是反映土壤团聚体大小分布状况的常用指标。MWD值和GMD值越大，表示团聚体的平均粒径团聚度越高，稳定性越强（王华静等，2005；王辉和任继周，2004）。

表9-5表明，随着恢复时间的延长，挂网喷播模式和拱形骨架＋植生袋护坡模式下土壤团聚体MWD和GMD呈减小趋势，且石质山区恢复2年<土石山区恢复2年，说明随着恢复时间的延长，土壤的稳定性降低，且0~10cm表层土壤的MWD和GMD小于10~20cm下层土壤，这是由于可恢复初期人为的干扰破坏影响，团聚体结构破碎，加之植被恢复消耗大量养分，使得土壤有机质减少，土壤团聚度降低。而路堤和路堑骨架护坡模式下土壤团聚体MWD值和GMD值呈现先增大后减小的趋势，均在恢复5年时达到最大值，分别为3.17mm、2.03mm和3.43mm、2.36mm。0~10cm土层土壤的MWD值和GMD值排列顺序为骨架>挂网喷播>拱形骨架＋植生袋。综合各护坡模式，0~10cm、10~20cm土层土壤团聚体MWD值和GMD值均随着时间的延长而增大，土壤团聚体的稳定性增加。0~10cm表层土壤团聚体MWD值和GMD值随着恢复时间的延长而逐渐增大，直至恢复5年时高于下层，主要是由于恢复初期在覆土过程中人为和机械施工破坏原有土壤团聚体结构，使得土壤中大团聚体破碎，团聚体的团聚度降低，稳定性减弱，在长期的植被恢复过程中，增加了土壤中有机质的来源，促进了土壤有机胶结物质积累，为团聚体的形成提供物质基础，提高土壤的稳定性，恢复5年时植被改良土壤的作用凸显。

3. 团聚体分形维数特征

土壤团粒结构分形维数能够反映土壤水稳性团聚体含量、水稳性大团聚体含量和土壤团聚体的结构破坏率对土壤结构与稳定性的影响趋势，土壤水稳性团聚体和水稳性大团聚体含量越高，其分形维数越小，则土壤团聚体的结构破坏率越小，土壤的结构与稳定性越好。

通过计算不同恢复年限和护坡模式下的土壤结构体的分形维数（图9-3）可以看

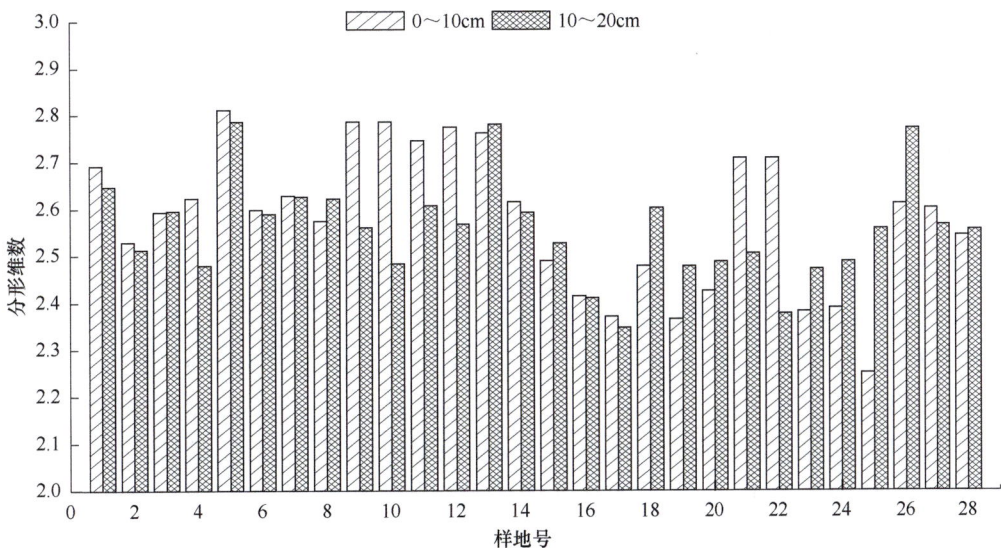

图9-3　各样地土壤团聚体分形维数

出，同一护坡模式下随着恢复时间的变化，土壤团聚体分形维数也呈现一定的差异，各护坡变化趋势不一致。

挂网喷播模式下团聚体分形维数在2.5376～2.7046，且随时间延长呈减小趋势，表层（0～10cm）团聚体分形维数大于下层（10～20cm）。拱形骨架＋植生袋模式下团聚体分形维数在2.5218～2.7853，总体大于挂网喷播模式，表层团聚体分形维数表现为恢复2年＞恢复0年，下层团聚体分形维数表现为恢复2年＜恢复0年。两种模式下表层（0～10cm）团聚体分形维数大于下层（10～20cm），主要是在施工覆土过程中为保证土体稳定、避免土体下滑及降低降雨侵蚀的作用，进行了压实处理，使得下层土体密度相对较大，而表层土壤在外界和植被根系和穿插作用下，土体变得松散，团聚度降低。

骨架护坡模式路堑边坡土壤团聚体分形维数表现为随着恢复时间的延长而减小，在恢复0年时最高，达到2.6874，在恢复7年时最低（2.4497），减幅为8.8%，说明植被的恢复作用对土壤结构分布影响较大，增加了土壤中有机质的含量，提高了土壤的稳定性。路堤边坡土壤团聚体分形维数集中在2.3857～2.7080，变化幅度较大，基本上呈现波动性增加的趋势，恢复5年时分形维数最小，说明此时土壤团聚体结构更优，水稳性大团聚体含量高，团聚体的破碎程度弱，这主要得益于地上植被（豆科植物）的分解及固氮作用加速了土壤中胶结物质积累，促进大团聚体的形成，且地表植被长势良好，覆盖度大，保证了土壤团聚体稳定。本节骨架护坡模式的应用相对较早，在年限对比研究上也能更好地说明随时间的变化，土壤结构的变化。

从阴阳坡土壤团聚体对比分析可以看出，路堑边坡土壤各层团聚体分形维数均表现为阴坡＞阳坡，说明阳坡坡面的土壤水稳性大团聚体含量高，破碎程度弱，相对稳定，而路堤边坡土壤团聚体分形维数均表现为阴坡＜阳坡，这主要是由于路堤边坡植被恢复时间相对较长，植被的改良土壤效果显现，植被土壤两者相互作用、相互促进，植被的生长环境（土壤养分、结构、水分等）得以改善，植被生长状况良好，盖度均大于0.8，在一定程度上截留降雨，减少降雨对土壤的侵蚀和团聚体破碎的作用，并且通过养分等土壤性状分析看出，阴坡的土壤明显优于阳坡，所以综合植被和土壤自身的性状，阴坡团聚体稳定性更优。

4. 土壤团聚体含量分布与大小分布关系

根据各粒径下土壤团聚体含量分布相关分析（表9-6）看出，＞5mm团聚体含量与其余各粒径下团聚体含量均呈显著或极显著的负相关关系。除＞5mm团聚体之外，各粒级团聚体含量相关性规律基本一致，即某一粒级下的团聚体含量与相邻且大于此粒级的团聚体含量呈显著的正相关关系，如＜0.25mm与0.25～0.5mm团聚体含量呈现极显著的正相关关系，而与0.5～1mm、1～2mm团聚体含量相关性不显著，这主要是在外力和植物本身的作用下，大团聚体逐级破碎为小团聚体，小粒径团聚体含量相对增加，相邻粒径的团聚体含量相关性更好。

表9-6　土壤团聚体含量分布与大小分布的关系

项目	>5mm	2~5mm	1~2mm	0.5~1mm	0.25~0.5mm	<0.25mm	MWD
2~5mm	−0.326*						
1~2mm	−0.612**	0.504**					
0.5~1mm	−0.758**	0.117	0.685**				
0.25~0.5mm	−0.718**	−0.253	0.171	0.632**			
<0.25mm	−0.529**	−0.341*	−0.243	0.117	0.614**		
MWD	0.947**	−0.017	−0.415**	−0.716**	−0.846**	−0.725**	
GMD	0.883**	0.058	−0.290*	−0.651**	−0.833**	−0.772**	0.965**

* 表示相关系数达到显著水平（$p<0.05$）；** 表示相关系数达到极显著水平（$p<0.01$）。下同。

相关分析表明，MWD值和GMD值随着>5mm团聚体含量的增加而增大，且呈极显著正相关（$p<0.01$），与2~5mm团聚体含量相关性不显著，随<2mm团聚体含量增加而显著减小（$p<0.01$），小团聚体含量高使得土壤团聚体的团聚度降低，不利于大粒径团聚体的形成、团聚体稳定性差，MWD值和GMD的相关系数为0.965，由此可见，MWD值和GMD值能够有效地反映<2mm团聚体含量的分布情况、团聚体的团聚程度及稳定性情况。

5. 土壤团聚体分形维数与团聚体分布关系

由团聚体分形维数和分布相关关系分析（表9-7）可知，团聚体分形维数随>1mm土壤团聚体含量的增加而减小，与>1mm团聚体含量呈显著负相关关系（$R=-0.331$，$p<0.05$），与2~5mm、1~2mm团聚体含量呈极显著负相关关系（R分别为−0.441、−0.391，$p<0.01$）；分形维数随<0.5mm土壤团聚体含量的增加而增大，两者呈极显著正相关关系，相关系数分别为0.514、0.893。分形维数与0.5~1mm团聚体含量没有显著相关关系。分析结果表明，随着>1mm团聚体组分所占比例增加，分形维数减小，>1mm团聚体含量决定着分形维数的大小，而分形维数越小，土壤团聚体的稳定性就越好，说明大结构团聚体含量增加，土壤团聚体的稳定性提高。

表9-7　土壤团聚体分形维数与团聚体分布的关系

土壤各级团聚体	>5mm	2~5mm	1~2mm	0.5~1mm	0.25~0.5mm	<0.25mm
相关系数（R）	−0.331*	−0.441**	−0.391**	0.016	0.514**	0.893**

通过回归分析（图9-4）可知，土壤团聚体的GMD值和MWD值均与团聚体分形维数D呈负相关关系，相关系数分别为0.4433和0.2972，在一定范围内，GMD值和MWD值越大，团聚体中大结构的团聚体含量越高，稳定性就越好，以上结果表明GMD值和MWD值和分形维数D三者从不同的方面表明了团聚体的分布情况和稳定性情况，并且从理论方面也得以验证。

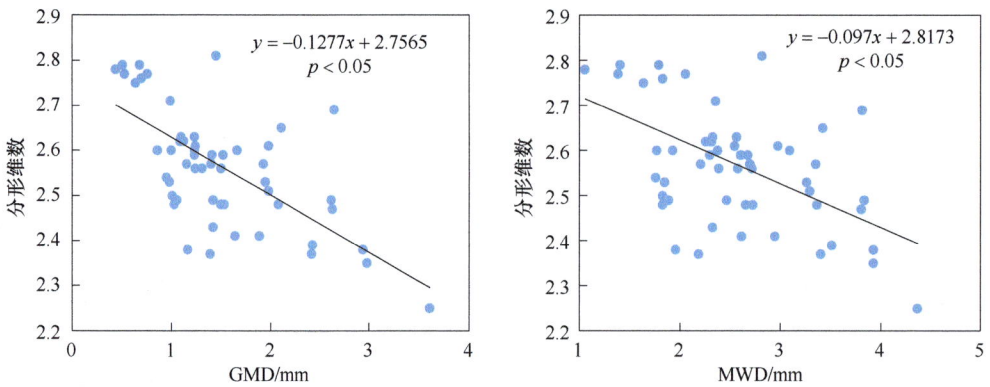

图9-4 土壤团聚体分形维数与大小特征关系

左图拟合公式：$y = -0.1277x + 2.7565$，$p < 0.05$

右图拟合公式：$y = -0.097x + 2.8173$，$p < 0.05$

6. 土壤团聚体大小分布与养分关系

相关分析表明（表9-8），土壤团聚体的GMD值和MWD值与有机质、全氮含量呈现极显著的正相关关系，与NO_3^--N含量呈极显著的负相关关系，与速效磷含量呈显著的负相关关系，有机质、全氮和速效钾三者之间存在极显著的正相关关系，说明土壤中有机质等胶结物质的积累促进了团聚体的形成，大团聚体含量增加，所以相应的团聚体GMD值和MWD值增大，土壤的稳定性增强，抗侵蚀能力提高。GMD值和MWD值与恢复时间、NH_4^+-N、速效钾没有显著相关关系，由此说明由于恢复时间短，NH_4^+-N、速效钾含量变化不显著，且对团聚体形成的贡献率不高，在改良土壤的团聚体特性方面未达到显著水平。

表9-8 土壤团聚体特征与土壤养分的关系

项目	有机质	全氮	NO_3^--N	NH_4^+-N	速效磷	速效钾	MWD	GMD	分形维数 D
年限	0.644**	0.657**	0.171	-0.027	-0.005	0.433**	0.129	0.175	-0.210
有机质		0.980**	0.182	-0.094	-0.055	0.608**	0.383**	0.471**	-0.419**
全氮			0.208	-0.104	-0.042	0.648**	0.383**	0.466**	-0.417**
NO_3^--N				-0.101	0.517**	0.601**	-0.411**	-0.388**	0.273
NH_4^+-N					0.143	0.035	0.088	0.091	-0.112
速效磷						0.261	-0.278*	-0.275*	0.179
速效钾							0.009	0.031	-0.055
MWD								0.965**	-0.545**
GMD									-0.665**

7. 土壤团聚体分形维数与养分含量关系

根据分形维数和养分的相关分析结果（表9-8、图9-5）可知，分形维数随着有机质、全氮含量的增加而减小，呈极显著的负相关关系（$p < 0.01$），相关系数分别为-0.419和-0.417，这表明随着分形维数的减小，土壤颗粒变粗，稳定性提高，土壤保肥能力增强，土壤结构体中有机质、氮元素等养分含量增加。另外，随着植被的生长，

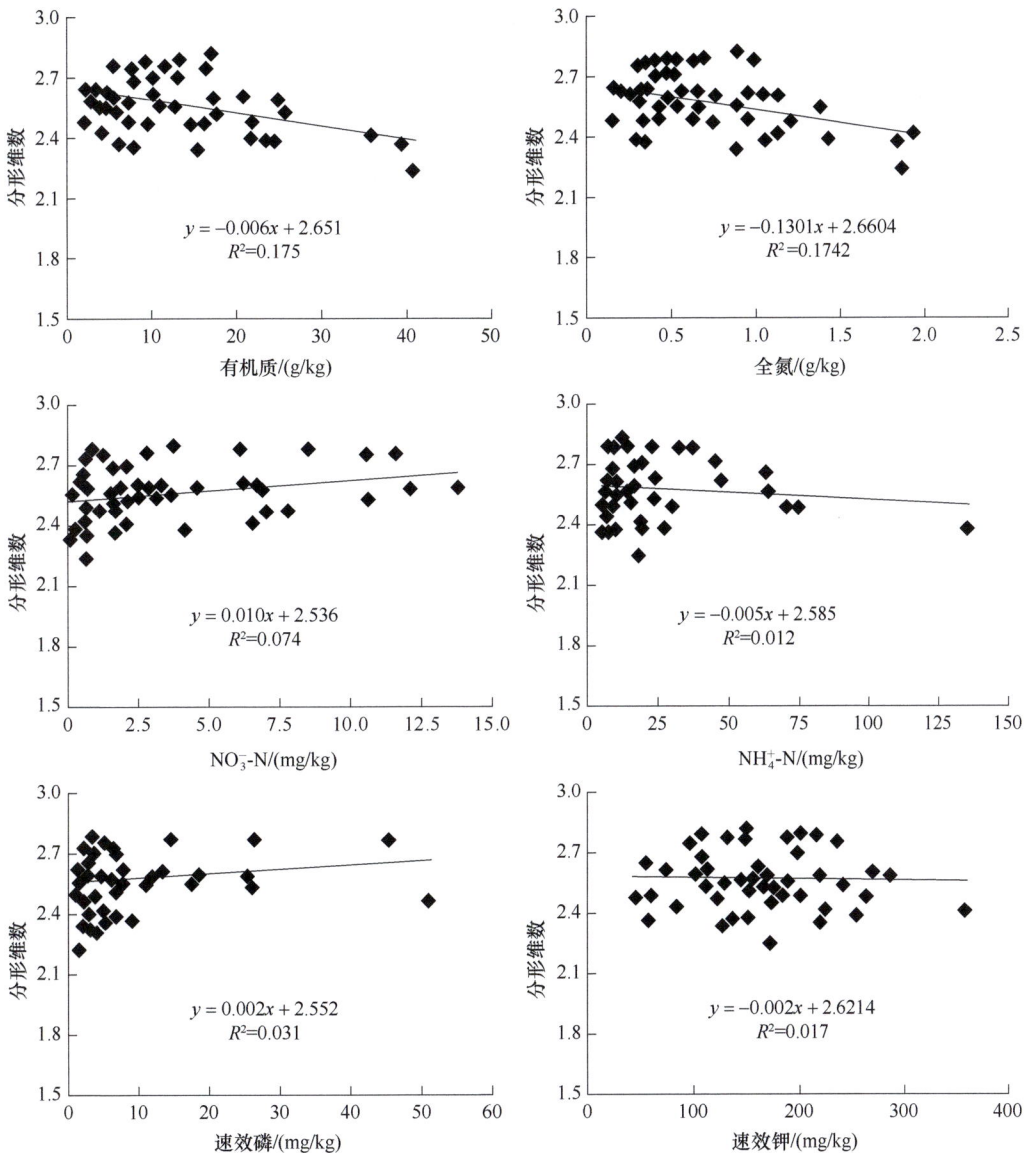

图9-5　土壤团聚体分形维数与养分关系

凋落物增多，土壤有机质等含量增加，加速了土壤团聚体的形成，团粒结构GMD值和MWD值增大，团聚体的分形维数减小，本研究结果符合一般的规律。恢复时间、铵态氮和速效钾与分形维数也呈负相关关系，但对其影响不显著。

9.2.3　土壤机械组成

土壤机械组成作为土壤质地划分的依据，是土壤稳定的自然属性之一，关系着土壤的结构、持水保水性能、通气、黏结性和供肥保肥性能等，影响着土壤的理化性质和生物学特性，调节植物生长的环境条件和养分供给（王凯博，2001；王库，2001；

王玮等，1999）。通过对土壤不同粒径颗粒含量的测定，进行土壤特性分析，了解土壤质地，为改良边坡土壤和提高抗侵蚀能力提供依据。

1. 物理性状特征

从表9-9中土壤的各粒级百分含量分布可以看出，边坡土壤的粒级组成主要集中在粒径＜0.002mm的黏粒（平均为88.30%），其次为粒径0.002～0.05mm的粉粒（4.30%）和粒径为0.5～1mm的粗砂粒（3.1%），粒径为0.1～0.25mm的细砂粒含量最少，为0.5%。

表9-9　土壤颗粒的粒度组成与分形维数

样地编号	土层	粒度组成/（g/100g）						分形维数 D
		0.5～1mm	0.25～0.5mm	0.1～0.25mm	0.05～0.1mm	0.002～0.05mm	＜0.002mm	
1	A	2.94	1.05	0.57	2.04	4.19	89.21	2.9840
	B	19.12	4.13	0.75	3.36	5.38	67.26	2.9514
2	A	3.99	0.97	0.32	0.65	2.03	92.05	2.9900
	B	10.93	4.40	1.77	4.22	6.87	71.83	2.9559
3	A	1.71	1.52	0.60	2.01	4.18	89.98	2.9845
	B	1.10	0.63	0.65	1.81	4.60	91.23	2.9862
4	A	3.20	3.54	1.48	7.36	9.04	75.38	2.9563
	B	1.33	1.12	0.61	1.48	4.21	91.26	2.9866
5	A	1.14	0.65	0.44	1.32	3.23	93.21	2.9897
	B	0.37	0.37	0.17	0.85	3.05	95.20	2.9926
6	A	1.50	0.78	0.49	1.25	3.57	92.41	2.9886
	B	0.21	0.14	0.06	0.13	2.14	97.32	2.9960
7	A	1.70	0.30	0.00	0.40	0.95	96.65	2.9959
	B	0.01	0.22	0.16	0.51	2.58	96.53	2.9946
8	A	5.69	0.53	0.17	1.31	1.81	90.49	2.9884
	B	0.02	0.95	0.22	1.31	2.96	94.55	2.9911
9	A	1.10	1.03	0.46	1.47	4.05	91.88	2.9875
	B	0.38	0.50	0.13	0.99	3.66	94.34	2.9912
10	A	1.15	0.77	0.36	2.57	5.45	89.70	2.9836
	B	0.38	0.60	0.40	2.68	5.17	90.78	2.9848
11	A	5.94	5.01	1.12	4.80	7.64	75.48	2.9599
	B	7.49	5.58	1.55	5.14	6.90	73.33	2.9562
12	A	1.89	0.68	0.45	1.69	4.75	90.54	2.9857
	B	1.57	0.70	0.29	1.07	4.32	92.06	2.9883
13	A	0.87	0.31	0.26	1.22	4.26	93.08	2.9894
	B	1.15	0.77	0.41	2.28	5.30	90.08	2.9843

续表

样地编号	土层	粒度组成/（g/100g）						分形维数 D
		0.5～1mm	0.25～0.5mm	0.1～0.25mm	0.05～0.1mm	0.002～0.05mm	<0.002mm	
14	A	1.23	0.76	0.40	1.96	4.92	90.71	2.9855
	B	2.02	0.82	0.31	1.66	3.67	91.52	2.9875
15	A	2.69	1.59	0.31	1.46	3.51	90.43	2.9863
	B	1.46	0.52	0.10	0.31	2.03	95.58	2.9941
16	A	3.71	2.76	0.64	2.24	5.00	85.64	2.9783
	B	3.56	1.58	0.27	0.96	3.24	90.39	2.9868
17	A	3.72	3.57	0.61	2.08	4.64	85.38	2.9778
	B	3.89	1.92	0.36	1.17	4.01	88.65	2.9842
18	A	2.18	1.63	0.61	1.60	3.69	90.29	2.9855
	B	0.80	0.47	0.25	0.51	2.74	95.22	2.9930
19	A	3.92	3.16	0.54	3.43	8.47	80.48	2.9676
	B	6.14	3.13	0.86	4.54	8.98	76.36	2.9620
20	A	0.29	0.81	0.05	0.65	2.12	96.08	2.9941
	B	9.96	0.85	0.09	0.37	1.57	87.15	2.9852
21	A	0.96	1.95	0.60	2.43	4.42	89.64	2.9834
	B	3.80	4.27	1.66	4.33	6.35	79.59	2.9662
22	A	1.32	1.67	0.59	2.47	4.77	89.17	2.9827
	B	3.17	3.38	1.07	3.51	5.90	82.97	2.9725
23	A	2.42	2.22	0.44	1.27	2.08	91.57	2.9880
	B	3.79	1.83	0.38	0.63	1.36	92.00	2.9898
24	A	3.39	1.32	0.27	0.94	2.65	91.43	2.9883
	B	0.80	0.59	0.16	0.29	1.86	96.31	2.9948
25	A	2.34	1.29	0.52	1.98	6.63	87.23	2.9804
	B	1.81	0.85	0.29	0.94	4.18	91.93	2.9883
26	A	1.86	1.52	0.37	1.47	4.35	90.42	2.9856
	B	0.90	0.80	0.31	1.21	4.81	91.96	2.9876
27	A	2.76	2.33	0.65	2.44	5.08	86.72	2.9795
	B	3.13	0.74	0.16	0.81	3.29	91.88	2.9891
28	A	9.06	7.00	1.31	5.40	7.76	69.47	2.9483
	B	8.45	6.67	1.19	4.30	6.14	73.25	2.9573

　　挂网喷播模式恢复0年时<0.002mm的黏粒含量为80.08%，0.05～1mm的砂粒含量为3.82%，0.002～0.05mm的粉粒含量为4.62%，且砂粒（0.05～1mm）和粉粒均表现出0～10cm<10～20cm，黏粒表现为0～10cm>10～20cm；土石山区恢复2年时黏粒含量

为86.96%，与恢复0年相比，增幅为8.60%，砂粒、黏粒均表现为0~10cm＞10~20cm，而粉粒则相反；石质山区恢复2年上下层土壤各粒级含量变化规律与土石山区恢复2年一致，黏粒含量达到94.53%，是三者中最高的。

拱形骨架＋植生袋土石山区0年、2年及石质山区2年的黏粒（＜0.002mm）含量呈递减趋势，即土石山区0年（94.55%）＞土石山区2年（91.67%）＞石质山区2年（82.85%），粉粒（0.002~0.05mm）含量变化规律与此相反，分别为2.07%、4.58%、5.90%。土壤剖面上，黏粒表现为0~10cm＜10~20cm，细小颗粒表现为向下层富集的趋势。

路堑骨架护坡模式土壤黏粒含量随着恢复时间延长呈递减趋势，即2年（91.35%）＞5年（90.51%）＞7年（89.88%），粉粒含量变化规律呈先减后增趋势，分别为4.54%、3.45%、3.77%，且从土壤不同层次看出，黏粒表现为0~10cm（89.26%）＜10~20cm（91.91%），粉粒则为0~10cm（4.34%）＞10~20cm（3.50%）。

路堤骨架护坡模式土壤黏粒含量随着恢复时间的延长呈先增后减趋势，在恢复5年达到最高值，为92.83%，石质山区2年时最小（80.33%），粉粒含量变化规律呈波动性增加趋势，在恢复5年达到最低值，为1.99%。土壤剖面上，恢复0年和恢复2年黏粒和粉粒均表现为0~10cm＜10~20cm，其余年限下两者表现为0~10cm＞10~20cm。

按照我国土壤质地的分类标准（1978年），28个样地的土壤质地均属于粉土（壤土质地组）。

2. 土壤颗粒分形特征

根据分形维数定义和计算过程进行线性回归，求出直线斜率K，由$D=3-K$，得出各样点的分形维数D。由表9-9可知，28个样地的土壤颗粒分形维数为2.9483~2.9960，平均值为2.9820，且不同样地分形维数差异极显著（$F=4.900$，$p<0.01$）。

挂网喷播模式下土壤颗粒分形维数平均值为2.9801，且10~20cm＜0~10cm，恢复2年大于恢复0年，土壤颗粒分形维数随着时间的延长而增大，且土壤颗粒中黏粒含量呈增加趋势，说明随着恢复的进程和植被的生长作用，土粒直径减小，土壤质地变细，增加了土壤内部细小空隙的比例，分形维数增大，改善土壤的通透性，增强了土壤的保水保肥能力。拱形骨架＋植生袋模式下土壤颗粒分形维数平均值为2.9839，且10~20cm＞0~10cm，恢复2年小于恢复0年，石质山区恢复2年时最小。路堑骨架护坡模式土壤颗粒分形维数平均值为2.9860，且10~20cm＞0~10cm，随着恢复时间延长，分形维数呈减小趋势，恢复7年时达到最低，为2.9851；路堤骨架护坡模式土壤颗粒分形维数平均值为2.9795，且10~20cm＜0~10cm，随着恢复时间延长，分形维数呈波动性增大趋势，恢复5年时达到最大，为2.9902，而石质山区恢复2年时分形维数最小，为2.9685。由阴阳坡面对比分析可知，挂网喷播模式土壤颗粒分形维数表现为阴坡＞阳坡，其余3种模式土壤颗粒分形维数表现为阴坡＜阳坡，分形维数变化幅度不大，说明阴阳坡面对颗粒的组成分布影响不显著。

综合3种护坡不同恢复时间下的分形维数可知，路堑骨架护坡模式土壤颗粒分形维数最大（2.9860），其次为挂网喷播＞拱形骨架＋植生袋＞骨架护坡（路堤），表层和下层土壤颗粒分形维数变化规律不一致。

3. 土壤物理性状与分形维数的关系

对边坡28个样地的土壤各粒级含量与分形维数分别用SPSS软件进行线性回归分析，结果见表9-10。结果表明，颗粒分形维数与粒径为0.002～1mm的颗粒含量均呈极显著负相关，而与粒径<0.002mm的黏粒呈极显著正相关（$R=0.993$），由此说明分形维数可以有效地表征土壤中黏粒含量，土壤分形维数与土壤颗粒的粒径大小密切相关，是反映土壤结构、机械组成的参数，在维数上表现出黏粒含量越高，其分形维数越大；土壤砂粒、粉粒含量越高，其分形维数越小。

表9-10　土壤颗粒分形维数与各粒级含量回归分析结果

粒级	粒径/mm	拟合回归方程	R^2	显著性水平p
粗砂粒	0.5～1	$D=2.991-0.003X$	0.555025	67.219[**]
中砂粒	0.25～0.5	$D=2.994-0.007X$	0.850084	305.574[**]
细砂粒	0.1～0.25	$D=2.996-0.026X$	0.770884	182.363[**]
极细砂粒	0.05～0.1	$D=2.997-0.008X$	0.850084	306.073[**]
粉粒	0.002～0.05	$D=3.005-0.005X$	0.690561	120.864[**]
黏粒	<0.002	$D=2.836+0.002X$	0.986049	0.004[**]

4. 分形维数与土壤养分关系

从分形维数与养分相关分析表（表9-11）中看出，分形维数与各指标（速效钾除外）呈负相关关系，且各养分含量与分形维数相关性均未达到显著水平，土壤各粒径机械组成分布与各养分的相关性均不显著，说明土壤养分在改良土壤颗粒组成方面效果不明显。

表9-11　土壤颗粒分形维数与土壤养分的相关关系

项目	护坡模式	恢复年限	有机质	全氮	NO_3^--N	NH_4^+-N	速效磷	速效钾
分形维数	−0.035	−0.042	−0.079	−0.021	−0.105	−0.110	−0.057	0.155

9.3　研究区植被群落特征分析

9.3.1　不同年限下地上植被群落特征分析

土壤特征影响着植被恢复进程及植物群落的发生、发育和演替，在不同的土壤条件下，植物种的侵入、生长状况、群落演替方向和速率也表现出一定的差异（王益，2001；王勇等，2008）。在植被恢复过程中，植物群落不断地调节着土壤特征，在土壤-植被系统中，植物群落与土壤这种互相影响、相互促进的作用，是植被恢复演替的动力（吴承桢和洪伟，1999；吴钦孝和李勇，1990；吴淑安和蔡强国，1999）。物种多样性可定量表征生物群落和生态系统的结构特征，物种多样性与土壤性质有着密切的关系，在一定程度上反映了土壤的条件（吴彦等，1997；杨培岭等，1993）。基于此，调查群落的组成、物种入侵、多样性等特征及其与土壤特征的关系，为高速公路的植被恢复提供依据。

1. 群落组成、密度特征分析

本节调查不同恢复时间28个样地地上植被群落的特征，共计52种植物，隶属于49属22科，以禾本科、豆科和菊科植物为主，菊科植物最多（达14种），其次为禾本科（8种）、豆科（7种）。群落构成以一年生或多年生草本植物为主，灌木少见。

路堑挂网喷播模式及不同恢复年限下植被共有12种植物，隶属于12属、5科（表9-12），豆科植物最多（4种），其次为禾本科和菊科植物（3种）。生活型分析结果表明，在所有群落中，一年生、多年生草本植物分别占42%，有灌木1种。随着恢复进程，植被密度增大较快，石质山区恢复2年时密度最大，达831株/m²。

表9-12 路堑挂网喷播模式下地上植被的组成和密度

科	种	生活型	密度/（株/m²）		
			0年	2年	2年（石质山区）
禾本科	黑麦草（*Lolium perenne*）	一年生或多年生草本	13	122	790
	狗尾草（*Setaria viridis*）	一年生草本	1	43	
	狗牙根（*Cynodon dactylon*）	多年生草本		188	
豆科	紫苜蓿（*Medicago sativa*）	多年生草本	328	30	34
	草木犀（*Melilotus officinalis*）	一年生或二年生草本	1		
	紫穗槐（*Amorpha fruticosa*）	灌木	1	1	5
	小冠花（*Coronilla varia*）	多年生草本		1	
菊科	白酒草（*Conyza japonica*）	一年生或二年生草本	2		1
	牡蒿（*Artemisia japonica*）	多年生草本	4		
	一年蓬（*Erigeron annuus*）	一年生或二年生草本			1
莎草科	扁秆藨草（*Scirpus planiculmis*）	多年生草本	1		
葡萄科	五叶地锦（*Parthenocissus quinquefolia*）	多年生藤本		1	
合计	12种		351	386	831

土石山区恢复0年下植被群落共有8种植物，豆科（37.5%）＞禾本科（25%）＝菊科（25%），一年生草本和多年生草本各占一半，紫苜蓿密度最大，为328株/m²。土石山区恢复2年植被群落有7个物种，禾本科和豆科分别有3种，共有386个个体，其中狗牙根、黑麦草分别为188株/m²、122株/m²。群落构成以草本植物为主，且多年生草本（89%）＞一年生草本（11%）。石质山区恢复2年植被群落有5个物种，共有831个个体，其中黑麦草密度为790株/m²（95%）。不同生活型比例分析，多年生草本接近100%，一年生或二年生草本只有两种。

　　该护坡模式下12个样方调查发现，高速公路边坡恢复初期均是以黑麦草和紫苜蓿为主，随着时间推移，黑麦草的长势渐好，分蘖能力强，迅速繁殖使得物种密度增大，能够更好地适应土壤环境并具有较强的竞争力，而豆科植物紫苜蓿在一定程度上竞争能力稍弱，使得植被群落结构发生变化，适应性更强的禾本科植物黑麦草逐渐占据优势。

　　路堑拱形骨架＋植生袋模式及不同恢复年限下植被共有18种植物，隶属于18属、7科（表9-13），菊科植物最多（7种），其次为豆科植物（4种）。生活型分析结果表明，在所有群落中，一年生、多年生草本植物各占50%。随着恢复进程，植被密度减小较快，土石山区恢复0年时植被密度最大，达802株/m²，恢复2年植物密度最小（85株/m²）。

表9-13　路堑拱形骨架＋植生袋模式下地上植被的组成和密度

科	种	生活型	密度/（株/m²）		
			0年	2年	2年（石质山区）
禾本科	荩草（*Arthraxon hispidus*）	一年生草本		1	
	黑麦草（*Lolium perenne*）	一年或多年生草本	763		456
	狗尾草（*Setaria viridis*）	一年生草本		41	
豆科	紫穗槐（*Amorpha fruticosa*）	灌木	21	11	6
	胡枝子（*Lespedeza bicolor*）	灌木			1
	紫苜蓿（*Medicago sativa*）	多年生草本	17		17
	小冠花（*Coronilla varia*）	多年生草本		1	
菊科	臭蒿（*Artemisia hedinii*）	一年生草本			1
	蒙古马兰（*Kalimeris mongolica*）	多年生草本	1		
	白酒草（*Conyza japonica*）	一年或二年生草本		2	
	苦苣菜（*Sonchus oleraceus*）	一年或二年生草本		2	
	野菊（*Dendranthema indicum*）	多年生草本		1	
	鬼针草（*Bidens pilosa*）	一年生草本		16	1
	一年蓬（*Erigeron annuus*）	一年或二年生草本		1	
棟科	香椿（*Toona sinensis*）	多年生乔木		0	
茜草科	茜草（*Rubia cordifolia*）	多年生草本		1	
唇形科	鼬瓣花（*Galeopsis bifida*）	一年生草本		6	
莎草科	扁秆藨草（*Scirpus planiculmis*）	多年生草本		2	
合计	18种		802	85	482

土石山区恢复0年下植被群落共有4种植物，豆科（50%）＞禾本科（25%）＝菊科（25%），一年生草本和多年生草本各占一半，黑麦草密度最大，为763株/m²（95%）。土石山区恢复2年植被群落有13个物种，禾本科和豆科分别有两种，共有54个个体，菊科植物5种、22株/m²。群落构成以草本植物为主，且一年生草本（82%）＞多年生草本（18%），外来入侵种主要有菊科、唇形科、茜草科等。石质山区恢复2年植被群落有6个物种，共有482个个体，其中黑麦草456株/m²（95%）。不同生活型构成分析，多年生草本密度比例接近100%，物种数占总物种数比例为67%。

通过不同恢复时间边坡植被密度差异显著性分析可知（图9-6），土石山区植被群落特征表现为，随着恢复时间延长，物种种类增加、群落（尤其是优势物种）密度减小，且石质山区恢复2年物种数和密度介于两者之间，群落的物种密度在不同的恢复年限间、不同地形区间均没有显著差异（$p>0.05$）。该护坡模式下对12个样方调查发现，高速公路边坡恢复初期均是以黑麦草和紫穗槐为主，由于该护坡模式的土壤结构特点，植物生长、繁殖受到一定的限制，有部分死亡，使得适应力更强的外来物种侵入，尤其是恢复2年时，外来种的物种数和比例明显增加。

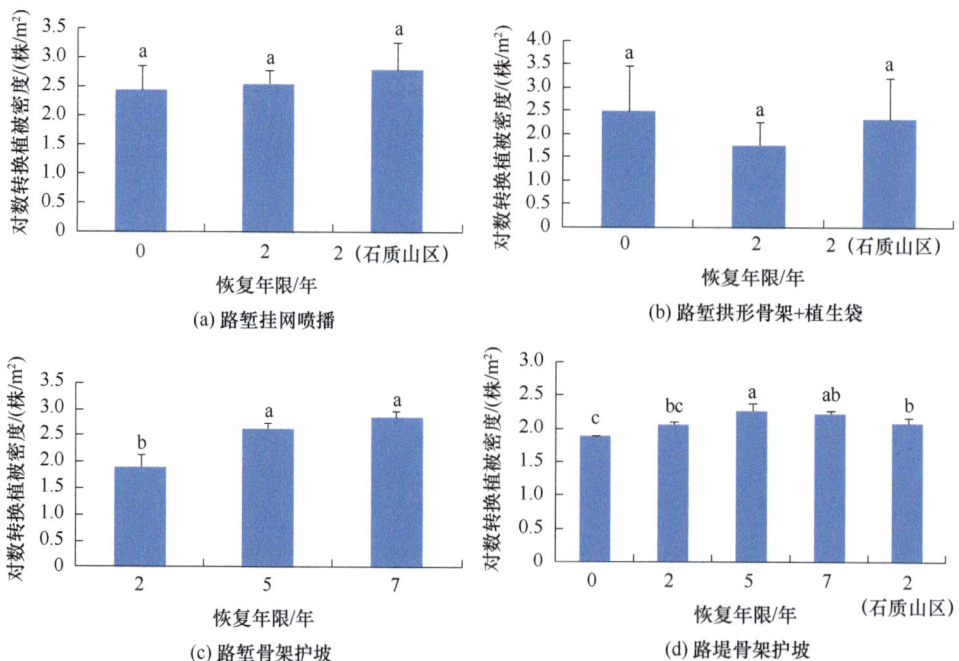

图9-6 不同恢复年限下边坡植被密度变化

不同小写字母表示差异显著（$p<0.05$）

路堑骨架护坡模式及不同恢复年限下植被共有32种植物，隶属于32属、15科（表9-14），菊科植物最多（12种），其次为豆科植物（5种）。生活型分析结果表明，在所有群落中，多年生草本植物占63%，一年生草本植物占37%。随着恢复进程，密度增加较快，土石山区恢复7年时密度最大，达720株/m²，恢复2年密度最小（90株/m²）。

表9-14　路堑骨架护坡模式下地上植被（32种植物）的组成和密度

科	种	生活型	密度/（株/m²）		
			2年	5年	7年
禾本科	野燕麦（*Avena fatua*）	一年生草本		38	2
	黑麦草（*Lolium perenne*）	一年生或多年生草本		253	
	狗尾草（*Setaria viridis*）	一年生草本	43	31	41
豆科	小冠花（*Coronilla varia*）	多年生草本	25	83	
	草木犀（*Melilotus officinalis*）	一年生或二年生草本		5	
	紫苜蓿（*Medicago sativa*）	多年生草本		15	8
	紫穗槐（*Amorpha fruticosa*）	灌木	7		
	白车轴草（*Trifolium repens*）	多年生草本			1
菊科	白酒草（*Conyza japonica*）	一年生或二年生草本	1	1	1
	千里光（*Senecio scandens*）	多年生草本		4	12
	苦荬菜（*Ixeris polycephala*）	多年生草本		3	
	婆婆针（*Bidens bipinnata*）	一年生草本		1	1
	小蓬草（*Conyza canadensis*）	一年生草本		1	
	金盏银盘（*Bidens biternata*）	一年生草本		1	
	蒲公英（*Taraxacum mongolicum*）	多年生草本	1	1	
	鬼针草（*Bidens pilosa*）	一年生草本	4		376
	一年蓬（*Erigeron annuus*）	一年生或二年生草本	2		11
	葵花大蓟（*Cirsium souliei*）	多年生草本	1		
	苦苣菜（*Sonchus oleraceus*）	一年生或二年生草本			1
	野艾蒿（*Artemisia lavandulaefolia*）	多年生草本			1
蔷薇科	蛇莓（*Duchesnea indica*）	多年生草本		1	2
天南星科	半夏（*Pinellia ternata*）	多年生草本	2		
桑科	葎草（*Humulus scandens*）	多年生茎蔓草本	1		
鸭跖草科	鸭跖草（*Commelina communis*）	一年生草本	4		
楝科	香椿（*Toona sinensis*）	多年生乔木	1		
茜草科	茜草（*Rubia cordifolia*）	多年生草本			253
柳叶菜科	柳叶菜（*Epilobium hirsutum*）	多年生草本			2
木犀科	小叶女贞（*Ligustrum quihoui*）	多年生小灌木			1
唇形科	风轮菜（*Clinopodium chinense*）	多年生草本			1
酢浆草科	红花酢浆草（*Oxalis corymbosa*）	多年生草本			4
堇菜科	紫花地丁（*Viola philippica*）	多年生草本			1
千屈菜科	紫薇（*Lagerstroemia indica*）	多年生灌木或小乔木			1
合计	32种		90	440	720

　　土石山区恢复2年下植被群落共有11种植物，菊科（45%）＞豆科（18%）＞禾本科（9%），生活型比例为多年生草本（55%）＞一年生草本（45%），原有人工种为小冠花和紫穗槐，密度分别为25株/m²、7株/m²。土石山区恢复5年植被群落有15个物种，禾本科和豆科分别有3种，共425个个体，菊科植物7种（均是外来物种）。群落构成以草本植物为主，且一年生草本（53%）＞多年生草本（47%）。土石山区恢复7年植被群落有19个物种，原有人工种优势地位减弱，外来物种占据优势地位，其密度比例达到了98%。生活型构成以多年生草本植物为主，多年生草本密度比例接近61%，物种数占总物种数的比例为68%。

　　通过不同恢复年限下边坡植被密度差异显著性分析可知（图9-6），多年生草本植物的比例逐渐增大，表明早期草本植物的生物量积累比较快，使得土壤性质改良、养分提高，为多年生草本植物的生长提供了良好的基础，使其不断地生长、繁殖，最终密度和盖度均增大。

　　路堤骨架护坡模式及不同恢复年限下植被共有27种植物，隶属于27属、14科（表9-15），菊科植物（7种）＞豆科植物（4种）＞禾本科植物（4种）。生活型分析结果表明，在所有群落中，多年生草本植物（59%）＞一年生草本植物（37%）。随着演替进程，植被密度增大较快，土石山区恢复5年时密度最大，达194株/m²，恢复0年时密度最小（78株/m²）。

表9-15　路堤骨架护坡模式下地上植被（27种植物）的组成和密度

科	种	生活型	密度/（株/m²）				
			0年	2年	5年	7年	2年（石质山区）
禾本科	硬质早熟禾（*Poa sphondylodes*）	一年生草本	3				
	狗尾草（*Setaria viridis*）	一年生草本	4	9	35	24	6
	柠檬草（*Cymbopogon citratus*）	多年生草本					8
	臭草（*Melica scabrosa*）	多年生草本					1
豆科	紫苜蓿（*Medicago sativa*）	多年生草本	46		3	6	26
	白花野大豆（*Glycine soja* var. *albiflora*）	一年生草本				4	
	小冠花（*Coronilla varia*）	多年生草本		91	141	88	61
	紫穗槐（*Amorpha fruticosa*）	多年生灌木	17	14			
菊科	鬼针草（*Bidens pilosa*）	一年生草本		1	9	2	
	白酒草（*Conyza japonica*）	一年生或二年生草本	3		1	1	
	小蓬草（*Conyza canadensis*）	一年生草本				2	
	野艾蒿（*Artemisia lavandulaefolia*）	多年生草本				5	14
	一年蓬（*Erigeron annuus*）	一年生或二年生草本	2				
	千里光（*Senecio scandens*）	多年生草本	1	1			1
	牡蒿（*Artemisia japonica*）	多年生草本					4

续表

科	种	生活型	密度/（株/m²）				
			0年	2年	5年	7年	2年 （石质山区）
蔷薇科	蛇莓（*Duchesnea indica*）	多年生草本				13	
	翻白草（*Potentilla discolor*）	多年生草本	1				
木犀科	女贞（*Ligustrum lucidum*）	多年生乔木	1		1	1	1
酢浆草科	红花酢浆草（*Oxalis corymbosa*）	多年生草本				2	
大戟科	地锦草（*Euphorbia humifusa*）	一年生草本			1		
唇形科	鼬瓣花（*Galeopsis bifida*）	一年生草本			1		
桑科	葎草（*Humulus scandens*）	多年生草本					1
苋科	苋（*Amaranthus tricolor*）	一年生草本				20	1
石竹科	鹅肠菜（*Myosoton aquaticum*）	二年生或多 年生草本				2	
堇菜科	紫花地丁（*Viola philippica*）	多年生草本				1	
莎草科	扁秆藨草（*Scirpus planiculmis*）	多年生草本			1	2	
锦葵科	木槿（*Hibiscus syriacus*）	多年生灌木 或小乔木					1
合计	27种		78	116	194	173	125

综合各恢复时间群落物种数和密度可见，物种数表现为土石山区2年（5种）＜土石山区0年（9种）＜土石山区5年（10种）＜石质山区2年（12种）＜土石山区7年（15种），密度表现为土石山区0年（78株/m²）＜土石山区2年（116株/m²）＜石质山区2年（125株/m²）＜土石山区7年（173株/m²）＜土石山区5年（194株/m²），物种数和密度呈相反的变化趋势。各恢复时间群落物种构成均以禾本科、豆科、菊科植物为主，平均占总数的93%。群落优势种为紫苜蓿和小冠花，随着恢复时间延长，群落中外来物种不断侵入。生活型构成分析表明，各恢复时间下群落一年生植物的比例为40%~50%。

通过不同恢复时间边坡植被密度差异显著性分析（图9-6）可知，土石山区植被群落特征表现为随着恢复时间延长，物种种类增加、群落密度增大，且土石山区恢复5年物种密度最大，且与0年、2年物种密度存在显著差异（$p<0.05$），可见在骨架护坡模式下，恢复时间对植被群落的密度有显著影响，植被改良土壤的同时促进了其他物种在此生长、繁衍。

2. 植被盖度分析

植被盖度是反映植被生长状况及其保持水土能力的重要指标，与植被群落类型、结构关系密切（杨世琦和杨正礼，2008；杨万勤等，2001）。不同的防护模式和恢复时间植被盖度呈现不同的变化趋势（杨喜田等，2001），如图9-7所示，路堑挂网喷播模式以豆科草本植物为主的配置模式，植物生长迅速，在恢复2年时植被盖度达到了96%，能够有效覆盖坡面。拱形骨架＋植生袋模式植被盖度随着时间呈减小趋势，变

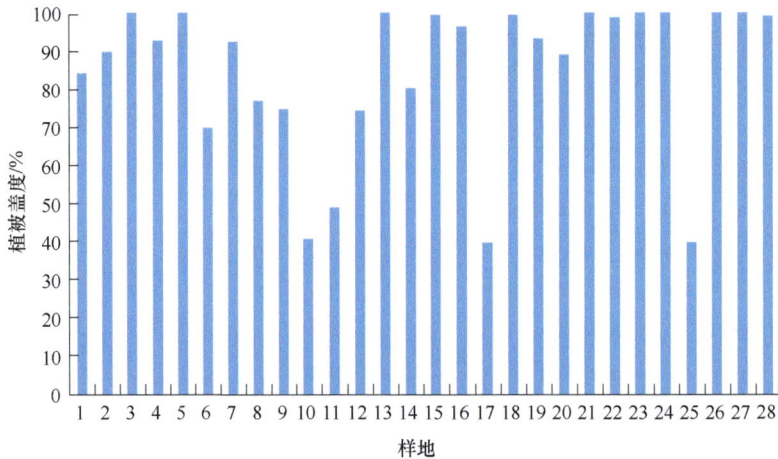

图9-7　各样地植被盖度变化

化幅度为70%～100%，由于多采用灌草结合的配置模式，早期紫穗槐适应能力强，生长较快，明显高于草本植物，土壤和生长环境的改良使得下层草本植物得以生长，形成了复层群落特征，灌木树种的优势地位减弱，而草本植物不断地进入，但是在初期灌、草交替之际，植被盖度略有减小。路堑骨架护坡模式植被盖度随着恢复时间呈增大趋势，由于所调查的边坡恢复时间在2～7年，植被组成基本稳定，主要是紫穗槐、小冠花、紫苜蓿和黑麦草组合，豆科植物地上部分生长旺盛，株高在60～90cm，能够有效覆盖坡面，另外，禾本科植物分蘖生长，使得地上部分生物量增加，分盖度增大。路堤骨架护坡植被盖度普遍在90%～100%，植被类型以人工物种小冠花和紫苜蓿为主，且生长状况良好，株高达到60～100cm。从不同坡向角度分析，植被盖度表现为阴坡＞阳坡，主要是由于阳坡水分和养分流失较快，部分植物不能长期在此生长，且种间和种内存在水分和养分的竞争，使得物种个体数减少、盖度降低。

3. 植被群落构成分析

通过对各样地地上植被物种组成比例、各样地地上植物禾本科和豆科植物比例变化及密度进行分析（图9-8～图9-10）可见，各样地人工物种的种数占总物种数比例呈现波动性变化趋势，变化范围在7%～100%，平均为42%，随着植被恢复和演替，乡土自然物种入侵，人工物种比例下降，使得群落的结构配置发生变化。从密度角度分析，各样地人工物种密度占总密度的比例变化范围为1%～100%，平均为71%，大体随着恢复时间延长，人工物种密度比例出现最低值，且石质山区2年基本与土石山区恢复0年持平。主要是在植被群落建植初期，坡面土壤养分和光照充足，人工物种（主要是豆科植物）生长迅速，随着植物生长，土壤养分受植物吸收和降雨冲刷作用逐渐减少，但是豆科植物的固氮作用在一定程度上弥补了土壤养分的流失，并且豆科植物地上部分的凋落物回归土壤，提高了土壤中有机质和氮素的含量，同时豆科植物根系发达，更好地固结土壤，保证土壤良好的结构体，为禾本科植物的生长奠定了良好的基础，由此可见，随着时间延长，禾本科植物的密度占总密度的比例逐渐增大。

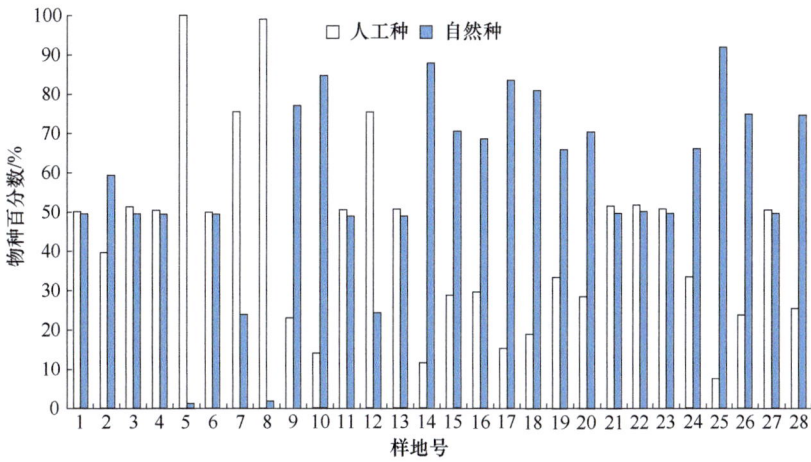

图9-8　各样地地上植被物种组成比例

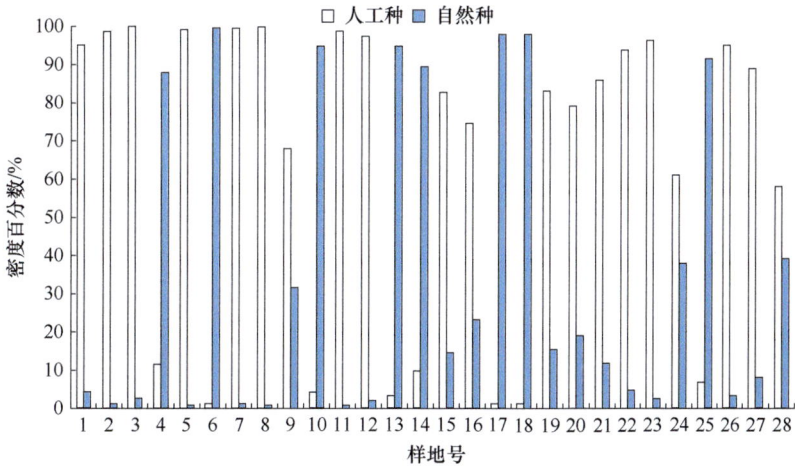

图9-9　各样地地上植物禾本科和豆科植物比例变化

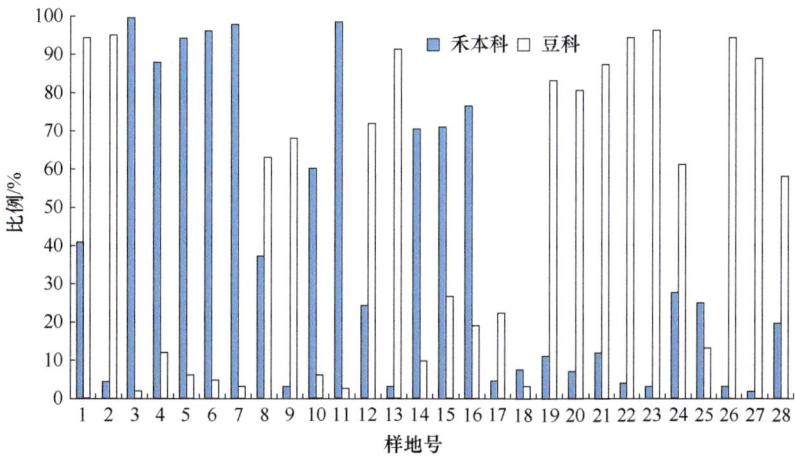

图9-10　各样地地上植物种密度比例

4. 群落多样性分析

公路边坡的植被恢复和重建重在构建合理、稳定的群落结构，促进生态恢复和控制土壤侵蚀，物种多样性是判定群落稳定性和抗干扰能力的重要指标之一（杨小波等，2002）。

由各恢复年限边坡群落物种多样性分析（图9-11）可见，随着恢复时间的延长，路堑挂网喷播模式下黑麦草＋紫苜蓿群落的物种丰富度呈现减小趋势，石质山区2年的物种数最少，而优势种的密度相对较大，所以丰富度最小（0.60），多样性、均匀度、优势度3个指数表现为随着时间延长而增大，即土石山区恢复2年时最大，分别为1.20、0.62、0.64，且石质山区恢复2年＜土石山区恢复0年，主要是恢复2年人工物种紫苜蓿不断地改良土壤养分和结构，使得适应力强、繁殖旺盛的自然种狗尾草和狗牙根等入侵，原有紫苜蓿的优势地位减弱，群落内物种组成更加多样化，物种种类增加，加之样地临近山坡，风力和水流作用等，使得周围环境（山地、农田）中其他自然物种侵入，造成多样性和均匀度增大。

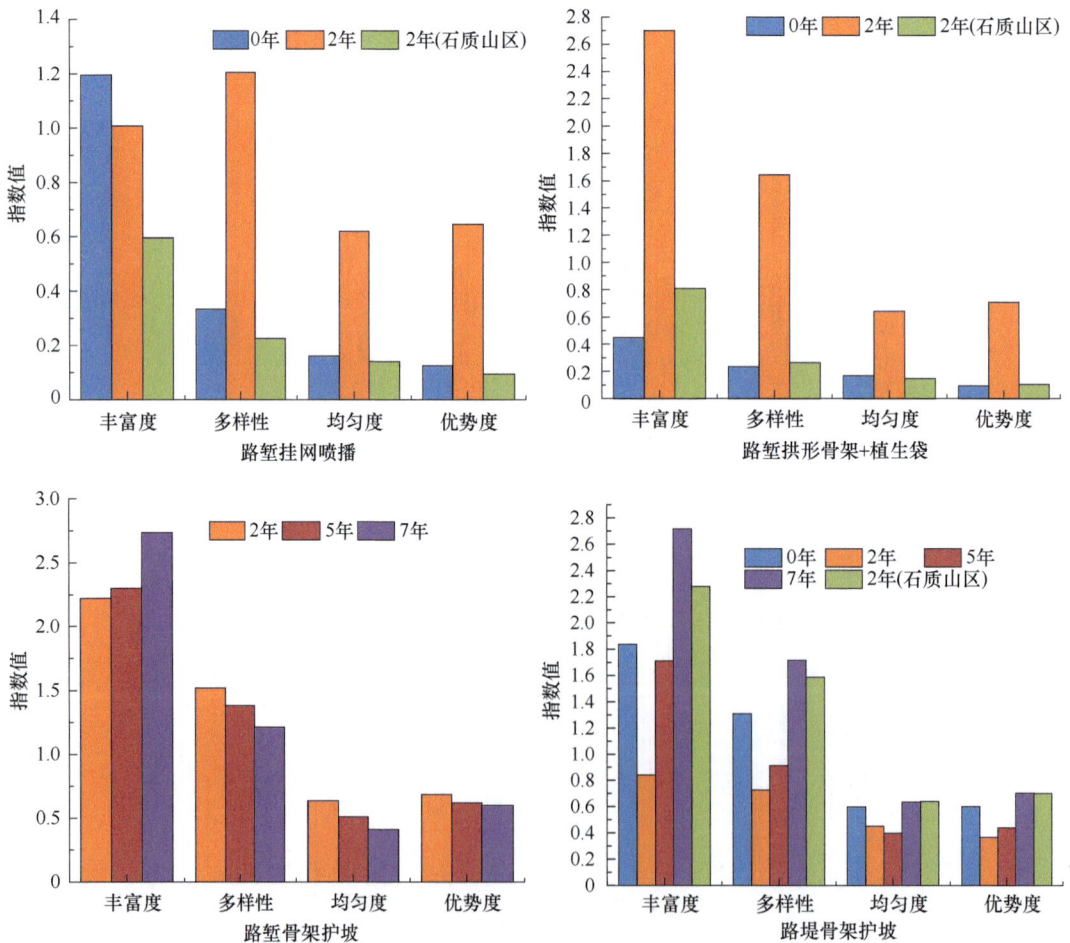

图9-11　不同恢复年限下边坡地上植被多样性

路堑拱形骨架＋植生袋模式土石山区恢复 2 年的丰富度最高，为 2.70，恢复 0 年最低（0.45），因为该护坡模式多采用人工播种灌木紫穗槐作为早期的先锋物种，恢复 2 年的植被群落相对于其他两种边坡的人工群落（紫穗槐＋紫苜蓿＋黑麦草）郁闭度偏低，底层物种的竞争小，利于其他物种的侵入和生长、繁殖。另外，紫穗槐的固氮作用和遮阳作用为外来种提供了良好的生长环境，保证了幼苗的萌发和生长，形成了上下两个群落体系。随着大量外来种的侵入，物种数增加，多样性和均匀度指数随着群落的形成和演替呈现增加的趋势，明显高于土石山区恢复 0 年，但是其密度偏低，物种优势度较高，入侵种主要是鬼针草和狗尾草等杂草。

路堑骨架护坡模式下的群落物种多样性、均匀度、优势度指数随着恢复年限延长均呈现减小的趋势，在恢复 7 年时达到最低，分别为 1.21、0.41、0.60，表明随着恢复的进程，生境日益改善，人工植被的繁殖和外来物种的侵入使得物种数（丰富度）逐渐增加，植物总密度增大，鬼针草和茜草占据优势，限于生境的不均匀性，种间竞争增强，导致部分种群变小或从群落中退出，物种均匀度下降。此外，7 年的边坡人工种植了小叶女贞等灌木，为下层物种的生长、繁殖创造了良好的条件，灌木植物发达的根系能够更好地固结表土，而草本植物地上部分生物量大，覆盖地表，在保持水土方面充分发挥两者的优势，取得更好的水土保持效果。

路堤骨架护坡模式下边坡植被群落丰富度、多样性、均匀度和优势度指数呈现先减小后增大的趋势，基本以恢复 2 年为最低。边坡恢复最初采用人工种植的方式，但是由于边坡特殊的条件，植被的生长受到一定的限制，原有的人工种受到外来种（乡土物种）的竞争压力，群落组成发生变化，人工种的优势地位减弱，而代之以自然种。随着恢复演替进程，群落的物种更加丰富，物种生态位重叠较高，各物种间共同利用资源，恢复 5 年、7 年植被群落具有较高的多样性指数和均匀度指数，种的数量比较多，结构复杂，能缓冲外界影响，具有较高的稳定性。

综合 3 种护坡模式的 α 多样性分析可见，总体上，各指数表现为骨架护坡＞拱形骨架＋植生袋＞挂网喷播，主要是由于浆砌石框架可以截留雨水，保证土壤的水分条件，适合种子萌发，另外，路堤边坡植被生长状况良好，盖度大，能够有效覆盖地表，防止土壤受降雨冲刷，种子萌发、植物生长的基质得以固定，为外来种的生长、繁衍提供良好的环境，物种分配较均匀，群落结构具有较高的稳定性。挂网喷播模式下，由于客土层较薄，人工种和自然种的生长受到了限制。植生袋内的土壤比较紧实，土壤特征在短期内不利于植物生长，成为外来种在此定居、生长的限制性因素。

5. 植被群落相似性分析

由表 9-16 可知，高速公路边坡植被相似性差异较大，相似性系数在 0.12～0.62，说明不同植被群落的物种组成存在较大差异；挂网喷播模式各恢复年限植被相似性系数范围为 0.50～0.62，且石质山区 2 年和土石山区 0 年相似性系数最高，为 0.62。拱形骨架＋植生袋护坡相似性系数在 0.12～0.60，土石山区 2 年和 0 年、石质山区 2 年的相似性系数均极低，说明土石山区 0 年和石质山区 2 年在土壤条件方面具有一定的相似性（物种相似性系数为 0.60），而与土石山区 2 年的差异显著，土壤条件的差异直接导致群落物种的差异，使得适应当地条件的耐贫瘠乡土物种得以定居、繁殖。骨架模式植被相似性系数变化幅度不大，在0.35~0.55，随着恢复时间延长，外来入侵种种数和数量增加，使得年限相差较远的地上植被间相似性系数偏小。

表9-16　不同年限下地上植被物种相似性指数

护坡模式		0年	2年	5年	7年	2年（石质山区）
路堑挂网喷播	0年	1				
	2年	0.53	1			
	2年（石质山区）	0.62	0.50			1
路堑拱形骨架＋植生袋	0年	1				
	2年	0.12	1			
	2年（石质山区）	0.60	0.21			1
路堑骨架护坡	2年		1			
	5年		0.31	1		
	7年		0.27	0.35	1	
路堤骨架护坡	0年	1				
	2年	0.43	1			
	5年	0.42	0.53	1		
	7年	0.33	0.30	0.56	1	
	2年（石质山区）	0.38	0.35	0.45	0.37	1

综上，由于边坡土壤生境和植被的异质性程度高，导致地上植被间相似性系数总体偏低，相邻年限间植被相似性最高，说明随着恢复进程，外来入侵种的进入，群落结构发生着变化，时间越长，群落的结构组成变化越大。

9.3.2　土壤植被相关性分析

1. 群落种类、密度与土壤因子关系

由表9-17可见，植物群落种类与硝态氮、铵态氮、容重、密度和盖度呈负相关关系，其中与植被盖度呈极显著的负相关关系（$p < 0.01$），因为植物物种种类越多，种间竞争就会越激烈，使得植物生长受到限制，地上部分生物量就相对减少，进而盖度也会减小。物种种类与土壤其他养分指标和物理指标均呈正相关关系，尤其与有机质、全氮和团聚体分形维数存在极显著的正相关关系（$p < 0.01$），说明土壤性状的改良对植被群落的结构和组成具有显著的影响，有利于对土壤养分、性状要求高的外来物种的入侵、定居、繁殖。植被密度和优势种密度与土壤水分存在极显著的正相关关系（$p < 0.01$），说明土壤水分在一定程度上影响着植被的生长状况。

2. 群落多样性与土壤因子关系

土壤作为植物生长的基质，影响着植物群落的结构和功能，土壤结构、养分状况对植物群落生态的恢复与维持具有决定性的作用（殷士学，1993；殷秀琴等，2007；余海龙等，2006）。在植被恢复演替过程中，物种丰富度与土壤环境因子之间存在十分密切的关系。

由群落多样性与土壤因子关系分析（表9-17）可见，物种丰富度与土壤养分均呈正相关关系，并且与土壤有机质和全氮含量呈极显著正相关关系（$p<0.01$），与速效养分存在正相关关系，说明土壤养分条件直接关系着植被的物种种类变化，不同的土壤养分状况影响植物的生物量，进而影响植物物种的组成和多样性，养分条件越好，植物的生长状况越好，同时植物的枯落物回归土壤，又起到改良土壤的效果，对土壤条件要求高、适应力差的科属植物入侵，群落物种丰富，增加了群落的稳定性。多样性指数与团聚体分形维数、含水量、容重均呈不显著的负相关关系（$p>0.05$），多样性指数、均匀度指数和优势度指数均与密度和优势种密度呈极显著的负相关关系（$p<0.01$），说明各物种分配越均匀，某物种个体占总个体的比例越小，生态优势度就越高，优势物种的密度就越小。α多样性指数间均存在极显著正相关关系，四指数综合反映群落的结构特征。

表 9-17　植被群落特征与土壤因子关系

项目	植被密度	优势种密度	植被盖度	种类	丰富度	多样性	均匀度	优势度
有机质	−0.035	−0.092	−0.165	0.681**	0.642**	0.498	0.322	0.485
全氮	0.004	−0.064	−0.110	0.697**	0.634**	0.470	0.279	0.455
硝态氮	−0.240	−0.239	0.070	−0.610	0.158	0.233	0.205	0.220
铵态氮	−0.135	−0.177	0.107	−0.045	0.327	0.388	0.379	0.366
速效磷	−0.266	−0.252	−0.328	0.026	0.212	0.247	0.248	0.229
速效钾	−0.190	−0.249	0.131	0.291	0.378	0.396	0.323	0.407
团聚体分形维数	0.108	0.168	0.019	0.594**	−0.411	−0.325	−0.237	−0.345
含水量	0.545**	0.522**	−0.045	0.198	−0.015	−0.298	−0.464	−0.278
容重	−0.097	−0.070	0.192	−0.245	−0.197	−0.068	0.015	−0.119
孔隙度	0.109	0.082	−0.191	0.245	0.223	0.091	0.005	0.142
植被密度	1.000	0.991**	0.016	−0.145	−0.525	−0.705**	−0.776**	−0.684**
优势种密度	0.991**	1.000	0.015	−0.213	−0.526	−0.706**	−0.777**	−0.685**
植被盖度	0.016	0.015	1.000	−0.423**	−0.247	−0.008	0.144	0.059
种类	−0.145	−0.213	−0.423**	1.000	0.931**	0.674**	0.469	0.657*

9.4　研究区土壤种子库群落特征分析

土壤种子库的动态变化就是种子输入与输出相互作用的过程（余海龙等，2007）。

土壤种子库中种子的输入主要来源于种子雨，而输出则是指种子的萌发、死亡或被捕食（袁宝妮等，2009）。土壤种子库的种子是植物群落的一部分，这些种子在长时间内仍具有活力，当外部条件适宜时萌发成幼苗。土壤种子库作为地上植被潜在更新的重要种源，很大程度上决定了植被演替的进度和方向，在植被自然恢复和演替过程中以及生态系统建设中起着重要作用。因此，只有把地上植被与土壤种子库这两个过程有机联系起来进行耦合研究，才能更深刻和全面地阐明植被退化过程及其受损机理，并为退化植被恢复重建寻求有效的技术途径。

虽然研究者们做了大量的研究工作，但以往的研究主要集中在种子雨对土壤种子库的贡献以及土壤种子库的组成与数量变化和空间分布特征的研究，且大部分研究涉及的对象是耕地、湿地和森林植被类型。另外，以往对土壤种子库的研究与对地上植被的研究往往是独立进行的，而把土壤种子库与地上植被有机结合起来进行耦合研究的工作很少。因此，这方面的研究有待加强，有必要对种子库长期的完整动态进行较系统的研究，为研究植被的更新与演替提供基础。

目前，针对高速公路建设扰动土地的植被恢复的研究已取得一定成果，但是未引入土壤种子库对植被恢复做系统的研究，本节的目的就是利用种子库与地上植被的演替规律，结合种子库与地上植被的相似性，探索适合当地的扰动土壤的植被恢复模式及适宜的植物群落配置。

9.4.1 不同年限下种子库群落特征分析

种子库内的种子作为潜在的植物种群，是群落过去状况的记录，也是反映群落现在和将来特点的一个重要因素。因此，对种子库中植物种子的组成、密度及动态等特征的研究，可为揭示植被演替机理提供科学依据。

"空间代替时间"是群落演替研究中的通用做法，研究区高速公路建成时间长短不同，使土壤微环境，特别是土壤养分状况差异悬殊，从而引起了土壤种子库的差异。此外，地上植被的群落演替过程变化也是影响种子库组成及多样性的又一个重要因素。

1. 群落组成、密度、盖度特征分析

本节涉及不同恢复年限3种防护模式（共计28个样地）边坡土壤种子库的特征，共计63种植物，隶属于24科，以禾本科、豆科和菊科植物为主，菊科植物最多（18种），其次为禾本科（9种）、豆科（6种）。群落构成以一年生或多年生草本植物为主，灌木少见。

路堑挂网喷播模式及不同恢复年限土壤种子库共有20种植物，隶属于11科（表9-18），禾本科植物最多（6种），其次为菊科植物（4种）。生活型分析结果表明，在所有种子库中，一年生草本植物的比例为55%，多年生草本植物为40%，有乔木种子一粒。狗尾草、马唐和柠檬草在3个恢复年限下均有出现。随着恢复进程，种子库密度增加较快，土石山区恢复2年下种子密度最大，达9204粒。

表9-18　路堑挂网喷播模式下土壤种子库的组成和种子含量

科	种	生活型	含量/（粒/m²）		
			0年	2年	2年（石质山区）
禾本科	狗尾草	一年生草本	49	7384	111
	马唐	一年生草本	25	25	37
	黑麦草	一年生或多年生草本			74
	稗	一年生草本			12
	柠檬草	多年生草本	61	442	12
	早熟禾	一年生草本	197	25	
豆科	紫苜蓿	多年生草本		1143	98
	白车轴草	多年生草本			25
菊科	白酒草	一年生或二年生草本		25	12
	一年蓬	一年生或二年生草本		61	160
	千里光	多年生草本	49		
	鬼针草	一年生草本		37	
藜科	灰绿藜	一年生草本		25	
苦木科	臭椿	多年生乔木			12
茜草科	猪殃殃	多年生草本		37	12
蓼科	尼泊尔蓼	一年生草本			98
莎草科	扁秆藨草	多年生草本			12
大戟科	铁苋菜	一年生草本			49
伞形科	柴胡	多年生草本＋灌木	12		
毛茛科	唐松草	多年生草本			12
合计	20种		393	9204	736

土石山区恢复0年种子库共有6种植物，物种组成相对比较简单，禾本科（66%）＞菊科（17%）＝伞形科（17%），一年生草本和多年生草本各占一半，早熟禾密度最大，为197粒/m²。土石山区恢复2年土壤种子库有10个物种，禾本科（40%）＞菊科（30%）＞豆科（10%）＝藜科（10%）＝茜草科（10%），共有9204个个体，其中狗尾草7384粒（80%），紫苜蓿占总个体数的12%。种子库群落构成均为草本植物，且一年生草本（50%）＞多年生草本（30%）＞一年生或2年生草本（20%）。石质山区恢复2年土壤种子库有15个物种，禾本科（33%）＞菊科（13%）＝豆科（13%）。共有737个个体，其中一年蓬160粒（22%）。不同生活型比例为多年生草本（47%）＞一年生草本（33%）＞一年生或2年生草本（13%）＞乔木（6%）。

由不同恢复年限下边坡土壤的种子库密度差异显著性分析（图9-12）可知，路堑挂网喷播模式下土石山区恢复2年的种子库密度最大，恢复0年的种子库密度最小，3种不同恢复年限的种子库密度没有显著差异（$p > 0.05$）。随着恢复时间延长，禾本科、豆科比例减少，取而代之以菊科植物。

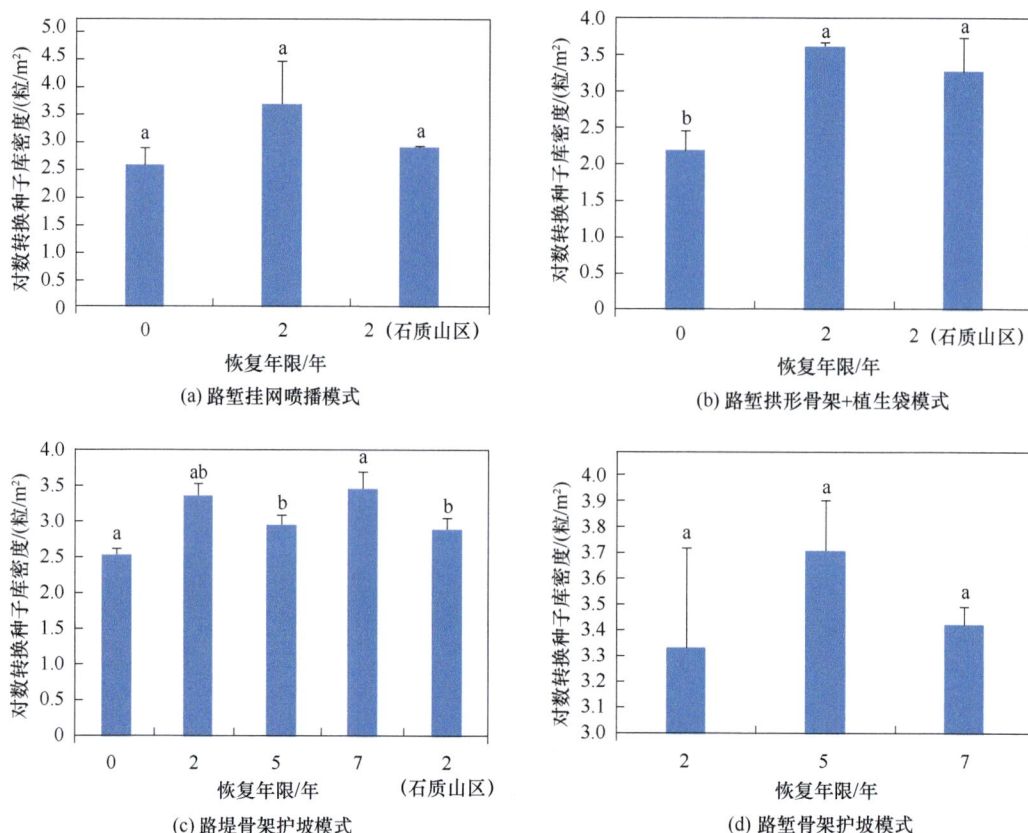

图9-12 不同恢复年限下边坡土壤种子库密度变化

路堑拱形骨架＋植生袋模式下土壤种子库共有30种植物，隶属于10科（表9-19），菊科植物最多（10种），其次为禾本科植物（8种）。生活型分析结果表明，在所有种子库中，一年生草本植物种子的比例为63%，多年生草本植物为27%，灌木种子为7%，藤本植物1株。狗尾草和猪殃殃在不同恢复年限都有出现。

表9-19 路堑拱形骨架＋植生袋模式土壤种子库的组成和种子含量

科	种	生活型	含量/（粒/m²）		
			0年	2年	2年（石质山区）
禾本科	荩草（*Arthraxon hispidus*）	一年生草本		12	
	早熟禾（*Poa annua*）	一年生草本	467		
	柠檬草（*Cymbopogon citratus*）	多年生草本	61		
	青香茅（*Cymbopogon caesius*）	多年生草本	49		
	黑麦草（*Lolium perenne*）	一年生或多年生草本			135
	狗尾草（*Setaria viridis*）	一年生草本	12	2961	123
	马唐（*Digitaria sanguinalis*）	一年生草本		61	86
	稗（*Echinochloa crusgali*）	一年生草本		12	

续表

科	种	生活型	含量/（粒/m²）		
			0年	2年	2年（石质山区）
豆科	尖叶铁扫帚（*Lespedeza juncea*）	多年生小灌木		12	
	紫穗槐（*Amorpha fruticosa*）	多年生灌木		12	
	白车轴草（*Trifolium repens*）	多年生草本		25	
菊科	臭蒿（*Artemisia hedinii*）	一年生草本			25
	野艾蒿（*Artemisia lavandulaefolia*）	多年生草本			37
	野菊（*Dendranthema indicum*）	多年生草本			61
	一年蓬（*Erigeron annuus*）	一年生或二年生草本		184	12
	茵陈蒿（*Artemisia capillaris*）	多年生草本		258	
	苦苣菜（*Sonchus oleraceus*）	1~2年生草本		12	
	山莴苣（*Lagedium sibiricum*）	一年生或二年生草本		25	
	鬼针草（*Bidens pilosa*）	一年生草本		61	
	牛尾蒿（*Artemisia dubia*）	多年生草本		12	
	小蓬草（*Conyza canadensis*）	一年生草本		49	
茜草科	猪殃殃（*Galium aparine* var. *tenerum*）	多年生草本	12	283	135
	茜草（*Rubia cordifolia*）	多年生攀缘草本		25	
	拉拉藤（*Galium aparine* var. *echinospermum*）	一年生草本	12		
十字花科	荠（*Capsella bursa-pastoris*）	越年生或一年生草本		74	
大戟科	铁苋菜（*Acalypha australis*）	一年生草本		12	
紫草科	附地菜（*Trigonotis peduncularis*）	一年生草本		12	
苋科	苋（*Amaranthus tricolor*）	一年生草本		12	
藜科	灰绿藜（*Chenopodium glaucum*）	一年生草本		49	12
玄参科	婆婆纳（*Veronica didyma*）	一年生或越年生草本		25	
合计	30种		613	4188	626

土石山区恢复0年土壤种子库有6个物种，禾本科（67%）＞茜草科（33%），一年生草本和多年生草本各占一半，共有613个个体，其中早熟禾467粒（76%）。恢复2年土壤种子库有22个物种，菊科（32%）＞禾本科（18%）＞豆科（14%），共有4190个个体，其中狗尾草2961粒（71%）。一年生草本（45%）＞多年生草本（23%）＞一年生或二年生草本（18%），出现两种灌木。石质山区恢复2年土壤种子库有9个物种，菊科（44%）＞禾本科（33%），共有627个个体，其中黑麦草和猪殃殃密度一样，均为135粒（22%），一年生草本（44%）＞多年生草本（33%）＞一年生或二年生草本（23%）。

路堑拱形骨架＋植生袋模式下土石山区恢复2年的种子库密度最大，恢复0年的种子库密度最小，且两者之间有显著差异（$p < 0.05$），但与石质山区恢复2年的种子库密度没有显著差异。恢复0年的种子库以禾本科植物为主，随着植被演替进程，菊科植物占主导地位，自然入侵较为明显，可见在土石山区菊科植物的适应性更强，尤其是恢

复2年时菊科及其他科属外来植物密度增幅较大。

路堑骨架护坡模式下土壤种子库共有34种植物，隶属于15科（表9-20），菊科植物最多（9种），其次为禾本科植物（6种），豆科植物（5种）。分析结果表明，在所有种子库中，一年生草本植物种子的比例为44%，多年生草本植物为47%，藤本植物为一株。由于边坡人工植被为紫穗槐，种子库中出现紫穗槐一株。

表9-20 路堑骨架护坡模式下土壤种子库（34种植物）的组成和种子含量

科	种	生活型	含量/（粒/m²）		
			2年	5年	7年
禾本科	求米草（*Oplismenus undulatifolius*）	一年生草本			246
	稗（*Echinochloa crusgali*）	一年生草本		160	61
	柠檬草（*Cymbopogon citratus*）	多年生草本	12		
	马唐（*Digitaria sanguinalis*）	一年生草本	49	25	111
	狗尾草（*Setaria viridis*）	一年生草本	1696	4116	504
	黑麦草（*Lolium perenne*）	一年生或多年生草本			49
豆科	紫苜蓿（*Medicago sativa*）	多年生草本	184		
	小冠花（*Coronilla varia*）	多年生草本	25	37	
	白车轴草（*Trifolium repens*）	多年生草本	25	12	
	紫穗槐（*Amorpha fruticosa*）	多年生灌木	49		25
	刺槐（*Robinia pseudoacacia*）	多年生乔木	12		
菊科	一年蓬（*Erigeron annuus*）	一年生或二年生草本	209	74	172
	茵陈蒿（*Artemisia capillaris*）	多年生草本	25		
	白酒草（*Conyza japonica*）	一年生或二年生草本	86		
	鬼针草（*Bidens pilosa*）	一年生草本	12	197	61
	苦苣菜（*Sonchus oleraceus*）	1～2年生草本	61		
	苦荬菜（*Ixeris polycephala*）	多年生草本		12	209
	千里光（*Senecio scandens*）	多年生草本		12	25
	小蓬草（*Conyza canadensis*）	一年生草本			12
	黄鹌菜（*Youngia japonica*）	一年生草本			25
堇菜科	早开堇菜（*Viola prionantha*）	多年生草本		12	
	紫花地丁（*Viola philippica*）	多年生草本	37	25	25
玄参科	婆婆纳（*Veronica didyma*）	一年生或越年生草本		61	172
	马先蒿（*Pedicularis spicata*）	多年生草本		25	74
苋科	苋（*Amaranthus tricolor*）	一年生草本	12		
大戟科	铁苋菜（*Acalypha australis*）	一年生草本		356	37
酢浆草科	红花酢浆草（*Oxalis corymbosa*）	多年生草本		135	332
紫草科	附地菜（*Trigonotis peduncularis*）	一年生草本			49
蓼科	酸模（*Rumex acetosa*）	多年生草本	12		

续表

科	种	生活型	含量/（粒/m²）		
			2年	5年	7年
藜科	灰绿藜（*Chenopodium glaucum*）	一年生草本		12	12
毛茛科	唐松草（*Thalictrum aquilegifolium* var. *sibiricum*）	多年生草本			270
石竹科	球序卷耳（*Cerastium glomeratum*）	二年生草本			49
车前科	车前（*Plantago asiatica*）	多年生草本	12		
茜草科	猪殃殃（*Galium aparine* var. *tenerum*）	多年生草本	74	86	147
合计	34种		2592	5357	2667

土石山区恢复2年土壤种子库有18个物种，菊科（28%）＝豆科（28%）＞禾本科（17%），共有2592个个体，其中狗尾草1696粒（65%）、刺槐12粒、紫穗槐（灌木）49粒。生活型为多年生草本（61%）＞一年生草本（22%）＞一年生或二年生草本（17%）。恢复5年土壤种子库有17个物种，菊科（24%）＞禾本科（18%）＞豆科（12%），共有5357个个体，其中狗尾草4116粒（77%）。生活型为多年生草本（53%）＞一年生草本（29%）。恢复7年土壤种子库有22个物种，菊科（27%）＞禾本科（23%）＞豆科（5%），共有2667个个体，其中狗尾草最多，504粒（19%），其次为红花酢浆草和唐松草。生活型为一年生草本（45%）＞多年生草本（32%），出现一种灌木。

路堑骨架护坡模式下恢复2年、5年、7年的种子库密度间没有显著差异，且表现为5年＞7年＞2年，豆科植物比例减小，禾本科植物比例增大，物种数呈增加趋势，人工物种的比例减小，自然物种的入侵较为明显，丰富了群落的物种组成及多样性，这主要是由于部分边坡临近山坡、农田，受降雨和风力的影响，适宜当地条件的自然物种不断侵入。

路堤骨架护坡模式下土壤种子库共有38种植物，隶属于18科（表9-21），菊科植物最多（11种），其次为禾本科植物（7种），豆科植物4种。生活型分析结果表明，在所有种子库中，一年生草本植物种子的比例为42%，多年生草本植物为45%。狗尾草、马唐、猪殃殃在不同年限下均有出现。

表 9-21 路堤骨架护坡模式下土壤种子库（38种植物）的组成和种子含量

科	种	生活型	含量/（粒/m²）				
			0年	2年	5年	7年	2年（石质山区）
禾本科	狗尾草（*Setaria viridis*）	一年生草本	98	1315	344	1425	356
	稗（*Echinochloa crusgali*）	一年生草本		25		12	
	马唐（*Digitaria sanguinalis*）	一年生草本	86	74	61	258	98
	早熟禾（*Poa annua*）	一年生草本		12			

续表

科	种	生活型	含量/（粒/m²）				
			0年	2年	5年	7年	2年（石质山区）
禾本科	柠檬草（*Cymbopogon citratus*）	多年生草本	12			12	
	黑麦草（*Lolium perenne*）	一年生或多年生草本					37
	野燕麦（*Avena fatua*）	一年生草本					12
豆科	紫穗槐（*Amorpha fruticosa*）	多年生灌木		356			
	小冠花（*Coronilla varia*）	多年生草本		25			25
	白车轴草（*Trifolium repens*）	多年生草本		25		12	
	紫苜蓿（*Medicago sativa*）	多年生草本					37
菊科	一年蓬（*Erigeron annuus*）	一年生或二年生草本		221	123	184	61
	小蓬草（*Conyza canadensis*）	一年生草本		12	25		25
	鬼针草（*Bidens pilosa*）	一年生草本		37	135		
	苦苣菜（*Sonchus oleraceus*）	一二年生草本		49			
	千里光（*Senecio scandens*）	多年生草本		12		12	
	白酒草（*Conyza japonica*）	一年生或二年生草本		12	37		12
	苦荬菜（*Ixeris polycephala*）	多年生草本		12		12	
	牡蒿（*Artemisia japonica*）	多年生草本				74	
	茵陈蒿（*Artemisia capillaris*）	多年生草本				12	
	野艾蒿（*Artemisia lavandulaefolia*）	多年生草本				74	
	野菊（*Dendranthema indicum*）	多年生草本				123	
石竹科	繁缕（*Stellaria media*）	一年或二年生草本					49
	球序卷耳（*Cerastium glomeratum*）	二年生草本				37	
茜草科	猪殃殃（*Galium aparine* var. *tenerum*）	多年生草本	25	86	135	184	25
十字花科	蔊菜（*Rorippa indica*）	一年生草本		12			
藜科	灰绿藜（*Chenopodium glaucum*）	一年生草本	123	49			12
毛茛科	唐松草（*Thalictrum aquilegifolium* var. *sibiricum*）	多年生草本			25		
大戟科	铁苋菜（*Acalypha australis*）	一年生草本			25	246	12

续表

科	种	生活型	含量/（粒/m²）				2年（石质山区）
			0年	2年	5年	7年	
报春花科	过路黄（*Lysimachia christinae*）	多年生草本				25	
芸香科	山麻黄（*Psilopeganum sinensis*）	多年生亚灌木				12	
酢浆草科	红花酢浆草（*Oxalis corymbosa*）	多年生草本				61	
苋科	苋（*Amaranthus tricolor*）	一年生草本				258	
蔷薇科	蛇莓（*Duchesnea indica*）	多年生草本				25	
桑科	葎草（*Humulus scandens*）	多年生茎蔓草本				12	25
玄参科	婆婆纳（*Veronica didyma*）	一年生或多年生草本				25	
紫草科	附地菜（*Trigonotis peduncularis*）	一年生草本				49	
茄科	龙葵（*Solanum nigrum*）	一年生草本					12
合计	38种		344	2334	910	3144	798

土石山区恢复0年土壤种子库有5个物种，以禾本科植物为主，占总物种数的60%。共有344个个体，其中灰绿藜（*Chenopodium glaucum*）123粒（36%）、狗尾草98粒（28%）。一年生草本（60%）＞多年生草本（40%）。恢复2年土壤种子库有17个物种，共有2334个个体，其中狗尾草1315粒（56%），紫穗槐356粒，一年生草本（47%）＞多年生草本（17%）。恢复5年土壤种子库有9个物种，以菊科和禾本科为主，共有910个个体，其中狗尾草344粒（38%）。恢复7年土壤种子库有23个物种，菊科（30%）＞禾本科（17%）＞豆科（4%），其中狗尾草最多，1425粒（45%），其次为马唐和苋，均为258粒，约占总个体数的8%。多年生草本（57%）＞一年生草本（26%），出现一种灌木。石质山区恢复2年土壤种子库有15个物种，禾本科（27%）＞菊科（20%）＞豆科（13%），共有798个个体，其中狗尾草最多，356粒（45%），白酒草、灰绿藜等5种植物密度最小，均为12粒，分别约占总个体数的2%。群落生活型以一年生草本居多，占物种数的53%。

路堤骨架护坡模式下的土壤种子库密度和物种种数随着恢复年限呈现逐年增加的趋势，主要是由于恢复时间延长，种植豆科植物使得边坡土壤养分条件有所改善，幼苗生长、发育旺盛，有利于野生物种的侵入和生长，使得密度和种类增加，促进群落结构的稳定和演替（图9-12）。

2. 群落构成分析

通过对各样地土壤种子库的调查得出，群落的构成基本以禾本科、豆科和菊科植物为主，还有其余科属植物，但是其比例相对较小。由群落3个主要科属植物的密度比例分析（图9-13）可见，群落物种构成中三者密度之和几乎占总密度的60%以上，是构成群落的主要成分，三者中以禾本科植物占优势地位，密度比例变化范围为8%～100%，平均为57%，其次为菊科植物（14%），且菊科植物都为自然种（以蒿类、白酒草、千里光等为主），而豆科植物在部分样地中未出现，物种包括人工种的紫穗槐、紫苜蓿、小冠花及自然种的白车轴草和尖叶铁扫帚等。物种的密度表现为阴坡＞阳坡，因为阴坡的水分蒸发量少、养分积累快，植被生长旺盛，其种子雨为土壤种子库提供丰富的种源。

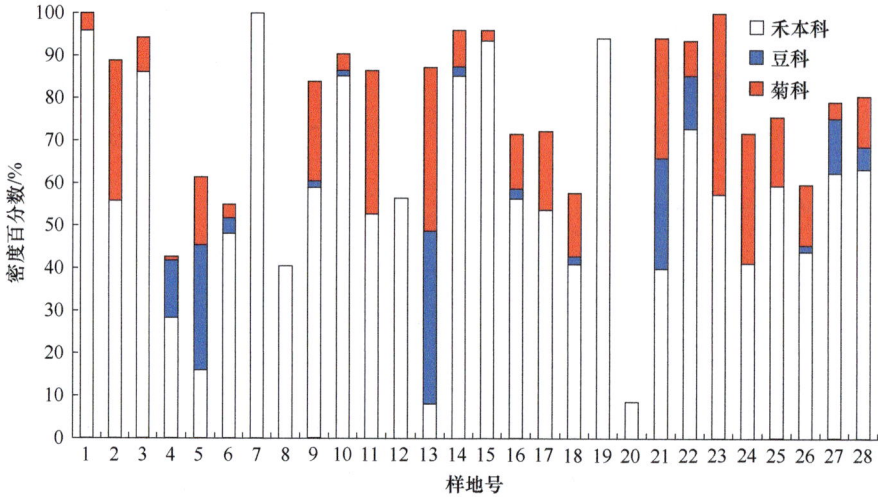

图9-13　各样地不同科属物种组成比例

由群落人工种和自然种的比例分析（图9-14和图9-15）可知，自然种的种类和密度比例呈波动性增加趋势，且变化趋势基本一致，且分别在12号、13号样地达到最低，为64%、75%。群落中自然物种数比例平均为93%、密度比例平均为92%。土壤种子库中自然种为优势种，主要是附近山坡自然植被种子雨的影响，种子在降雨和风力的作用下进入边坡土壤中，成为土壤种子库的重要组成。

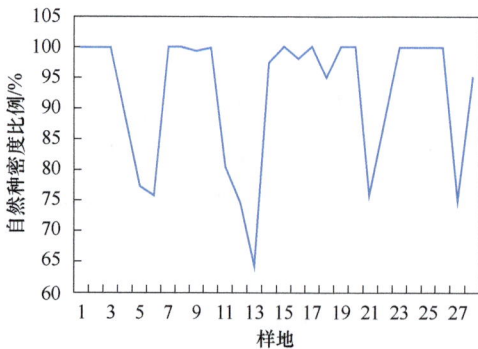

图9-14　各样地侵入的自然种密度比例

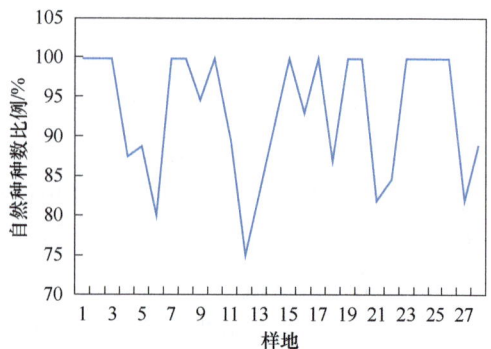

图9-15　各样地侵入的自然种种数比例

3. 群落多样性分析

物种多样性是群落的重要特征,全面衡量物种多样性要从物种的均匀度、优势度、丰富度等方面进行比较,其是反映群落结构特征的定量指标,能更好地反映群落的结构组成水平。

随着恢复时间延长,路堑挂网喷播模式下黑麦草+紫苜蓿群落的物种丰富度呈现增大趋势,石质山区恢复2年的物种数最多,丰富度最大(2.12),多样性、均匀度、优势度3个指数也明显高于其他两类边坡,在土石山区恢复2年下最低,分别为0.72、0.31、0.34,主要是由于恢复2年下的人工种紫苜蓿、自然种狗尾草等适应力强,繁殖旺盛,密度较大,并且该样地临近山坡,在风力和水流作用下,其他自然物种侵入,物种数相对增加,均匀度等降低。

路堑拱形骨架+植生袋模式下土石山区恢复2年的丰富度最高,为2.52,明显高于其他两类边坡,恢复0年最低(0.78),因为恢复2年下的人工植被群落为紫穗槐,相对于其他两种边坡的人工群落(紫穗槐+紫苜蓿+黑麦草)郁闭度偏低,底层物种的竞争小,利于其他物种的侵入和生长繁殖,另外,在紫穗槐的固氮作用和遮阳作用下,土壤的养分条件和水分条件得以改善,保证了幼苗的萌发和生长,形成了上下两个群落体系,下层群落密度最大的为狗尾草,成为先锋种,其他种密度偏小,群落均匀度偏低。多样性和优势度指数随着群落的形成和演替呈现增大的趋势,且石质山区为最高(分别为1.93、0.83),均明显高于土石山区恢复2年,但是其种子库总密度偏低,物种优势度较高,主要是黑麦草和猪殃殃。

路堑骨架护坡模式下的丰富度、多样性、均匀度、优势度等指数均呈现先降后增的趋势,在恢复5年时达到最低,分别为1.86、1.06、0.37、0.40,而且恢复7年的各指数均高于恢复2年的,表明随着恢复,生境日益改善,人工植被的繁殖和外来物种的侵入使得物种数逐渐增加,种子库总密度增大,说明此群落属于多优势种群落,结构复杂,能缓冲外界的影响,具有较高的稳定性。此外,7年的边坡人工种植了小叶女贞等灌木,为下层物种的生长、繁殖创造了良好的条件。但是恢复5年的各物种数相对偏低,种子库总密度最大,狗尾草成为优势种(占总密度的77%),人工植被中只有小冠花种子少量存活,导致均匀度等指数随之降低。

路堤骨架护坡模式下土石山区边坡恢复不同年限的丰富度、均匀度和优势度指数呈现波动性增大的趋势,其中丰富度指数以7年最高(2.73),其次是2年(2.06),均匀度和优势度指数变化趋势与丰富度相反,均匀度指数以0年和5年最高,分别为0.85、0.82,表明植被群落的物种组成相对均一,各物种密度比例均衡,多样性指数呈递增趋势,石质山区恢复2年的各指数均略高于或等于土石山区恢复2年的各指数,两者在植被恢复演替过程中没有显著差异。

综合3种护坡模式的α多样性分析可见(图9-16),各指数表现为骨架护坡>路堑挂网喷播>路堑拱形骨架+植生袋,说明骨架护坡模式保水固土作用更优,主要是由于浆砌石框架可以截留雨水,保证土壤的水分条件,适合种子萌发,另外,还可以防止土壤受降雨冲刷而迁移,种子萌发、植物生长的基质得以固定,也避免土壤中种子

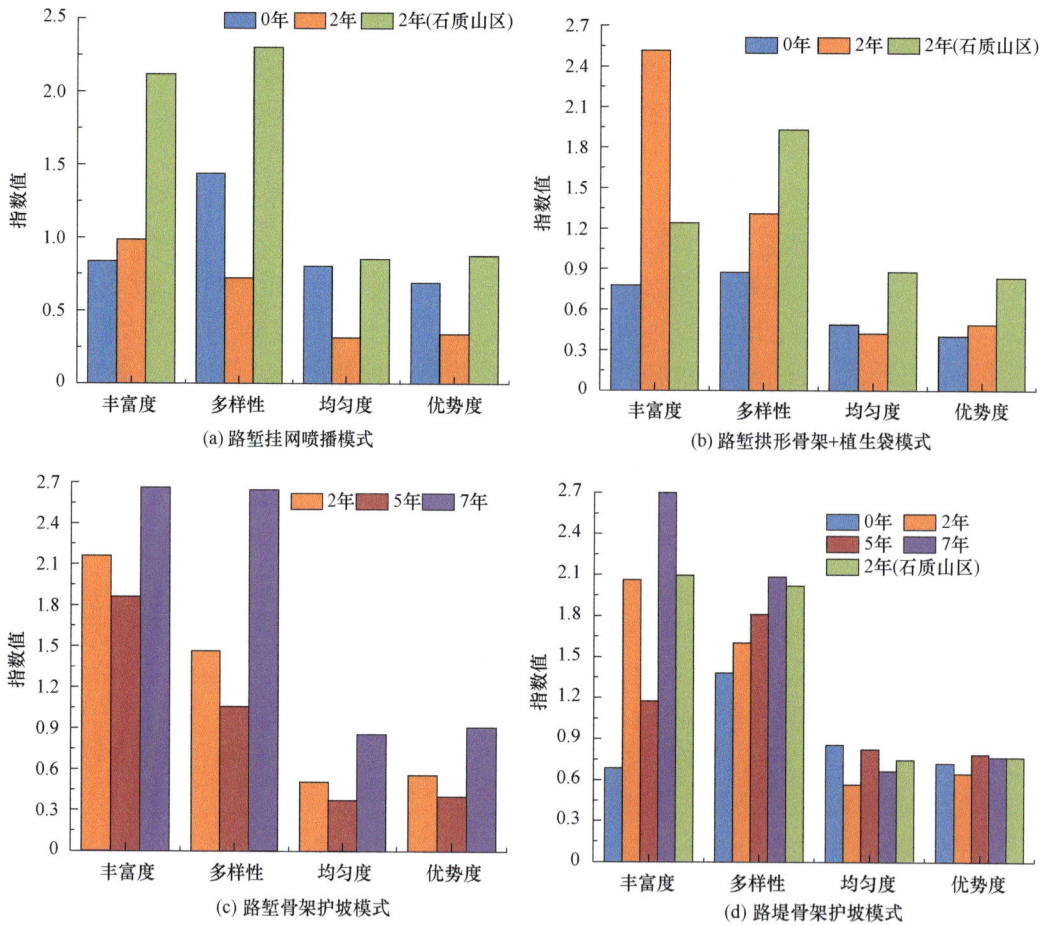

(a) 路堑挂网喷播模式

(b) 路堑拱形骨架＋植生袋模式

(c) 路堑骨架护坡模式

(d) 路堤骨架护坡模式

图9-16 不同恢复年限下边坡土壤种子库多样性

的迁移，同时，地上植被生长旺盛，为种子库提供丰富的种源。路堑挂网喷播由于土层较薄，人工种和自然种的生长受到了限制，并且种子在此定居和生长难度较大。

4. 群落相似性分析

1）种子库群落相似性分析

由表9-22可知，不同恢复年限边坡土壤种子库的相似性指数均较低，80%集中在0.20～0.50，主要是由于种子库中具有较少的相同草本种。路堑拱形骨架＋植生袋下不同年限间相似性系数最小，分别为0.21、0.27、0.32，主要是因为人工种植的物种都是多年生草本，且其种子掉落停留在植生袋内的较少，使得土壤中人工植被种子含量少，种子库中主要是植生袋内土壤本身所带有的种子，多为自然种。由路堑挂网喷播模式下不同年限间相似性指数分析可见，0年和石质山区2年的相似性指数最低，为0.29，共有种为狗尾草、马唐和柠檬草。随着恢复时间延长，路堑骨架护坡模式下种子库的相似性逐渐增高，5年和7年的相似性系数达到了0.72，主要是因为自然种的侵入，并占据一定的优势，而恢复2年下种子库多为人工种。以0年为起点，从0年到7年，路堤骨架护坡模式下种子库相似性指数呈波动性减小的趋势，石质山区恢复2年和土石山区恢复2年的相似性系数为0.50。

表9-22　不同年限下土壤种子库物种相似性指数

护坡模式		相似性指数				
		0年	2年	5年	7年	2年（石质山区）
路堑挂网喷播	0年	1				
	2年	0.50	1			
	2年（石质山区）	0.29	0.56			1
路堑拱形骨架＋植生袋	0年	1				
	2年	0.21	1			
	2年（石质山区）	0.27	0.32			1
路堑骨架护坡	2年		1			
	5年		0.46	1		
	7年		0.35	0.72	1	
路堤骨架护坡	0年	1				
	2年	0.36	1			
	5年	0.43	0.54	1		
	7年	0.29	0.35	0.31	1	
	2年（石质山区）	0.40	0.50	0.58	0.32	1

2）种子库与地上植被群落相似性分析

对不同恢复时间地上植被与种子库调查的结果显示，随着恢复年限的增加，地上植被发生了进展演替，地上植被和种子库物种数均呈增加趋势（周萍等，2008）。各护坡模式土壤种子库和地上植被物种相似性分析（表9-23）表明，恢复0年时相似性最低，为0.14，随着恢复时间延长，相似度增大，一般在恢复2年时相似性系数最高，平均为0.46，两者共有物种概率较大的是狗尾草、黑麦草、紫苜蓿、小冠花、紫穗槐及一年蓬、白酒草等部分菊科植物，特别是狗尾草，基本上出现频率为100%，入侵的自然种一般为田间杂草，繁殖能力强，生态位较宽，适应能力强，所以作为先锋物种首先进入，其种子雨的散布对土壤种子库起到了积极作用，能够定居且形成群落。地上植被和种子库物种数回归分析（图9-17）显示，两者物种数存在一定相关性（$R^2 = 0.3503$，$p > 0.05$），表明随着时间延长，地上植被种子对丰富种子库的物种有一定的贡献，同时，种子萌发、生长，促进植被群落的繁衍。从两者密度角度分析（图9-18），地上植被和种子库的密度随着年限呈波动性变化趋势，除路堑挂网喷播模式外，其他3种模式下两

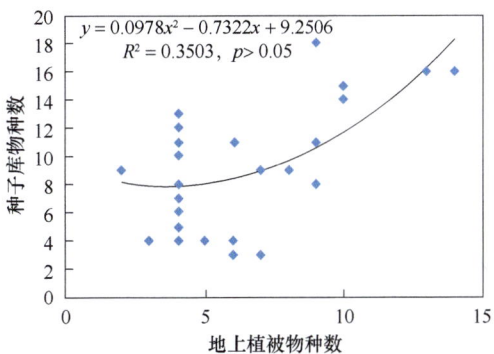

图9-17　地上植被物种数和种子库物种数回归分析

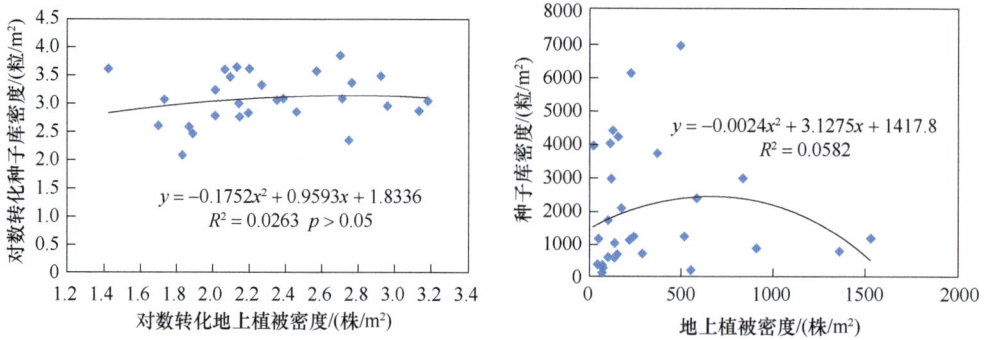

图9-18 地上植被密度和种子库密度回归分析

者的波动性变化趋势基本一致，且地上植被的密度总体呈下降趋势，而种子库密度呈增大趋势，回归分析显示，两者密度之间不存在显著相关性。

表9-23 不同恢复年限地上植被与土壤种子库群落物种相似性分析

模式	0年		2年		5年		7年		2年（石质山区）	
	相同物种数	相似性指数	相同物种数	相似性指数	相同物种数	相似性指数	相同物种数	相似性指数	相同物种数	相似性指数
路堑挂网喷播	1	0.14	4	0.47					6	0.60
路堑拱形骨架＋植生袋	0	0	6	0.34					4	0.53
路堑骨架护坡			6	0.41	4	0.25	7	0.34		
路堤骨架护坡	1	0.14	6	0.55	3	0.32	5	0.26	4	0.30

地上植被群落与土壤种子库群落α多样性回归分析（图9-19）表明，地上植被与种子库丰富度指数呈正相关关系，R^2为0.6304，可见植被和种子库在物种组成上具有较高的相似性，并且两者相互影响。种子库群落均匀度随植被群落均匀度指数增加而减小，R^2为0.1997。

9.4.2 种子库群落与土壤相关性分析

1. 群落种类与土壤因子关系

由表9-20可见，土壤种子库物种种类和密度与土壤养分特征基本呈正相关关系，尤其与土壤有机质、全氮和速效钾含量存在极显著和显著正相关关系，与土壤基本物理性状（含水量、孔隙度）也呈正相关关系（$p>0.05$），但与团聚体分形维数和土壤容重存在负相关关系（$p>0.05$）。综合分析得出，土壤养分条件直接影响着物种的侵入、定居和生长，关系着土壤种子库物种种类和密度变化，适宜的土壤水分和容重有利于种子的萌发和繁殖。物种种类和密度之间存在极显著正相关关系（$p<0.01$），可见，在一定程度上改良土壤养分、水分条件和土壤结构体等特性，有利于外来种的定居和繁衍，增加土壤种子库的物种丰富度，同时增加地上植被的物种种类和密度，提高群落的稳定性和均匀度。

2. 群落多样性与土壤因子关系

土壤种子库群落α多样性与土壤养分条件、物种种类及密度存在显著的正相关关系

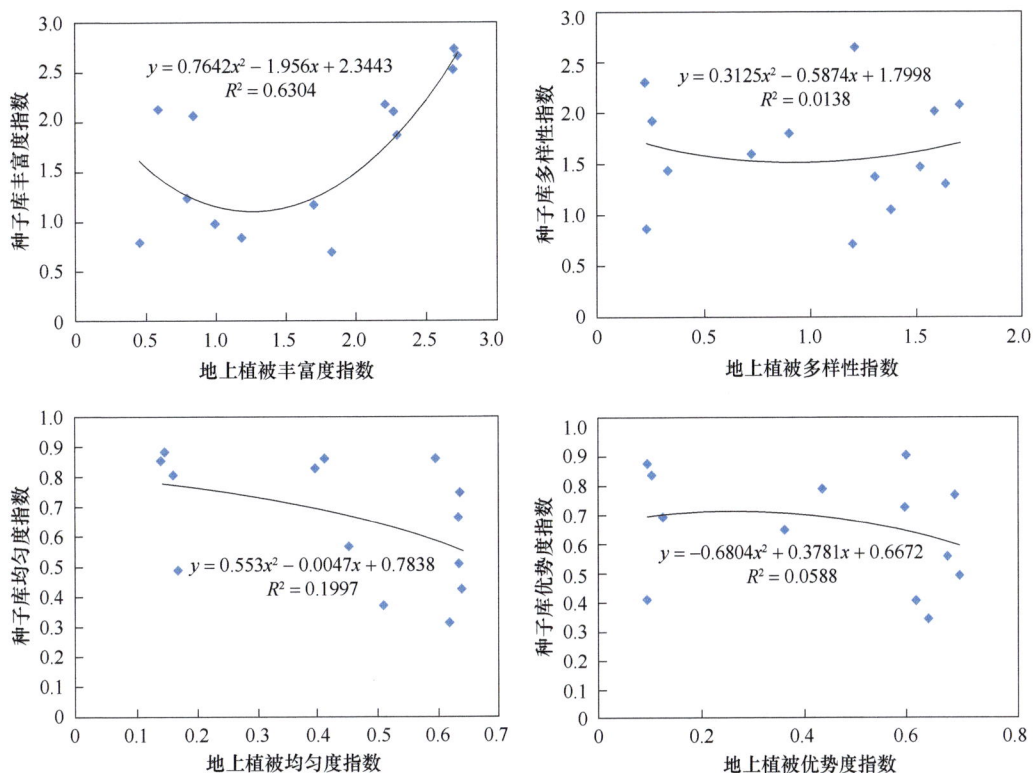

图9-19　地上植被与种子库群落多样性回归分析

（表9-24），尤其是丰富度指数和多样性指数与土壤有机质、全氮含量、植物密度呈显著正相关关系（$p<0.05$），丰富度指数与物种种类存在极显著正相关关系（$p<0.01$），均匀度指数与土壤铵态氮呈负相关关系。综合分析可见，土壤有机质和全氮对种子库的群落特征影响至关重要，在植被恢复实践中充分发挥种子库的潜在作用，势必要根据土壤实际情况改良土壤的理化性状，并且采取适当的、有效的人为干扰措施，如保证（提高）土壤的水分条件、团聚体结构等，为种子的萌发、生长奠定良好的基础。

表9-24　土壤特性与种子库群落特征相关性分析

项目	种类	密度	丰富度	多样性	均匀度	优势度
有机质	0.653**	0.464*	0.654*	0.569*	0.119	0.357
全氮	0.604**	0.450*	0.613*	0.536*	0.112	0.327
硝态氮	0.170	0.049	0.417	0.232	−0.067	0.082
铵态氮	0.209	0.528**	0.352	−0.260	−0.547*	−0.382
速效磷	−0.209	0.150	0.561*	0.116	−0.357	−0.127
速效钾	0.515**	0.474*	0.304	−0.018	−0.201	−0.100
团聚体分形维数	−0.018	−0.012	0.092	−0.150	−0.235	−0.187
含水量	0.183	0.278	0.180	0.430	0.263	0.321

项目	种类	密度	丰富度	多样性	均匀度	优势度
容重	−0.137	−0.112	−0.496	0.401	0.029	−0.145
孔隙度	0.136	0.112	0.516	0.396	−0.043	0.135
种类	1.000	0.751**	0.979**	0.427	−0.230	0.112
植被密度	0.751**	1.000	0.605*	0.045	−0.455	−0.179

9.5 结论与建议

9.5.1 结论

（1）土石山区高速公路边坡土壤长期处于缺水状态，养分匮乏。其中土壤有机质、全氮含量处于缺乏和显著缺乏水平，速效磷处于中等缺乏水平，仅速效钾含量适宜，可以提供植物生长。随着边坡植被恢复时间延长及植被演替进程推进，植被长势渐好，豆科植物的固氮作用和枯枝落叶回归土壤使得有机质和全氮含量增加，但仍处于较低水平，且表现为向表层累积的趋势。比较当前应用最普遍的3种护坡模式保水保肥效果得出：有机质、全氮、速效钾、含水量均为骨架护坡＞路堑挂网喷播＞路堑拱形骨架＋植生袋，并且地上植被和土壤种子库多样性分析结果显示骨架护坡＞路堑挂网喷播＞路堑拱形骨架＋植生袋，相对而言，骨架护坡模式保水保肥效果较好。但是骨架护坡模式在地形、边坡类型等方面有一定的局限性，其他防护模式可以弥补这一缺陷，可以通过两三种模式的组合达到最佳的防护和保水保肥效果。

（2）不同恢复年限下土壤有机质、全氮、速效磷、速效钾等养分的含量均表现为阴坡＞阳坡，土壤含水量、孔隙度等为阴坡优于阳坡，可见阴坡的水肥条件优于阳坡，应根据这种规律，因地制宜，采取适当措施对阳坡的土壤加以改良，促进植被生长，加快植被的生长演替。土壤的养分（有机质、全氮、速效磷）是边坡植被恢复和演替的限制因子，另外由于土石山区特殊的地理环境，土壤资源相对贫乏，利用当地养分含量适宜的表层土已存在困难，所以应适当采取土壤改良措施，增施有机肥和氮磷肥，改善土壤的养分条件及物理性质，为植被恢复提供良好的环境，促进植物生长，使其尽快发挥水土保持效果。

（3）不同恢复年限（0年、2年、5年、7年）下的土壤团聚体均以大团聚体（＞0.25mm）为主，并且土壤团聚体MWD值和GMD值均随着时间的延长而增大，而团聚体分形维数则相反，相关性分析表明，团聚体MWD值和GMD值与＞5mm团聚体含量呈极显著正相关关系（$p<0.01$），与团聚体分形维数呈负相关关系，团聚体分形维数与有机质、全氮含量呈极显著负相关关系（$p<0.01$）。土壤组成主要集中在粒径＜0.002mm的黏粒，土壤0～10cm与10～20cm分形维数变化不一致，除挂网喷播模式外，其余3种护坡模式土壤颗粒分形维数基本随着时间延长而呈减小趋势，土壤颗粒分形维数表现为阴坡＜阳坡。颗粒分布与分形维数存在显著或极显著相关关系，但是两者与土壤养分

性状相关关系均未达到显著水平。

（4）3种防护模式下28个样地地上植被群落共计有52种植物，隶属于49属22科，以禾本科、豆科和菊科植物为主，菊科植物最多（达14种），其次为禾本科（8种）、豆科（7种）。群落构成以一年生或多年生草本植物为主，灌木少见。初期入侵植物以一年半或二年生先锋草本植物为主，出现频率最高的入侵种为狗尾草、白酒草和一年蓬等，随着土壤条件的改良，入侵植物的生活型以多年生草本植物为主，边坡植被群落处在一年生草本植物向多年生草本植物恢复演替阶段。根据调查分析，群落类型以灌草结合为主，并且表现出优越性，边坡植被配置模式应选择草本（小冠花、紫苜蓿等）和灌木（紫穗槐等）相结合的体系，可以构建复层的群落结构，利于水分、光照、养分的利用，提高群落的稳定性。

（5）植被物种密度随着恢复时间延长而增加，植被盖度普遍在70%以上，且表现为阴坡＞阳坡。群落物种数、物种丰富度指数与土壤有机质和全氮含量呈极显著正相关关系，而与速效养分含量相关性不显著，团聚体分形维数对物种种类存在极显著影响。多样性指数与团聚体分形维数、含水量、孔隙度均呈不显著负相关关系，说明土壤养分条件直接关系着植被的物种种类变化，不同的土壤养分状况影响植物的生物量，进而影响植物物种的组成和多样性。

（6）不同恢复年限3种防护模式下（共计28个样地）边坡土壤种子库共计有63种植物，隶属于24科，以禾本科、豆科和菊科植物为主，菊科植物最多（达18种），90%以上为自然入侵种。地上植被和种子库群落物种数存在一定相关性（$R^2=0.3503$），并且随演替时间延长，两者相似性系数（相同物种数）增大，变化范围在0.14～0.60，两者丰富度指数呈正相关关系，R^2为0.6304。种子库物种数、密度、丰富度指数和多样性指数与土壤有机质和全氮含量呈极显著正相关关系（$p<0.01$）。

9.5.2　建议

（1）本章的研究内容以路堑、路堤边坡为研究对象，从时间和防护模式角度分析了土壤-植被的相互关系及变化情况，下一步研究有待引入空间环境因子（如坡度、坡位、海拔等）讨论其差异性，全面分析植物组合的演替趋势。

（2）边坡土壤养分普遍处于贫乏水平，在植被恢复过程中，应当采取适当的人为管理措施，保证植被的正常生长和繁殖，促进植被恢复和水土保持效果。

（3）由于种子库采样时间为3月，种子经历了越冬期，土壤种子库中可能有部分种子未萌发，未能全面反映土壤种子库种子含量，有待于对秋季土壤种子库进行研究，并且与经历冬眠之后的土壤种子库进行对比分析。

（4）高速公路边坡绿化普遍采用适应性强的豆科植物，但是随着植被的恢复，必然有部分乡土物种入侵，在一定程度上对原有植被构成威胁或影响景观和水土保持效果，为保证植被生长和迅速有效发挥水土保持效果，应采取人为除草等干扰措施。

（5）研究所涉及的高速公路恢复时间较短，因而不能全面、系统地揭示土壤、植被和种子库的变化，需要对其进一步深入研究，以恢复时间较长的高速公路为研究对象，对经长期植被恢复后土壤的性状、植被群落和土壤种子库特征进行分析，力求为国内外土石山区高速公路边坡植被恢复提供理论指导。

参 考 文 献

陈娟，甘淑. 2007. 滇中高原公路沿线植被特征分析及其恢复刍议——以昆明周边3条公路为例. 环境保护科学，33（3）：35-37.

陈迎辉，曾志新. 2004. 高速公路边坡喷播植草草种配比及播种量的研究. 湖南林业科技，（3）：17-19.

陈友光，陈振雄，柯玉诗，等. 2008. 广东地区高速公路边坡生态防护的土壤肥力调查与改良对策. 公路，（6）：200-203.

董效斌，卫刚，杨慧珍，等. 2002. 利用野草稳固美化边坡. 山西建筑，28（11）：148-149.

龚伟，胡庭兴，王景燕，等. 2007. 川南天然常绿阔叶林人工更新后土壤团粒结构的分形特征. 植物生态学报，31（1）：56-65.

郭曼，郑粉莉，和文祥，等. 2010. 黄土丘陵区不同退耕年限植被多样性变化及其与土壤养分和酶活性的关系. 土壤学报，47（5）：980-986.

郭逍宇，张金屯，宫辉力，等. 2005. 安太堡矿区复垦地植被恢复过程多样性变化. 生态学报，25（4）：764-770.

郭兆元. 1992. 陕西土壤. 北京：科学出版社.

韩芳. 2008. 四宝山废弃采石场山体自然恢复初期群落演替规律研究. 泰安：山东农业大学.

韩丽君，白中科，李晋川，等. 2007. 安太堡露天煤矿排土场土壤种子库. 生态学杂志，26（6）：817-821.

郝蓉，白中科，赵景逵，等. 2003. 黄土区大型露天煤矿废弃地植被恢复过程中的植被动态. 生态学报，23（8）：1470-1476.

黄欣颖，王堃，王宇通，等. 2011. 典型草原封育过程中土壤种子库的变化特征. 草地学报，19（1）：39-42.

江源，陶岩，顾卫等，等. 2007. 高速公路边坡植被恢复效果研究. 公路交通科技，24（7）：147-152.

焦菊英，马祥华，白文娟，等. 2005. 黄土丘陵沟壑区退耕地植物群落与土壤环境因子的对应分析. 土壤学报，42（5）：745-752.

李爱宗. 2007. 耕作方式对土壤有机碳库和团聚体稳定性的影响. 兰州：甘肃农业大学.

李勇，吴钦孝，朱显谟，等. 1990. 黄土高原植物根系提高土壤抗冲性能的研究——油松人工林根系对土壤抗冲性的增强效应. 水土保持学报，4（1）：1-10.

李裕元，邵明安，上官周平，等. 2006. 黄土高原北部紫花苜蓿草地退化过程与植被演替研究. 草业学报，（2）：85-92.

李志刚，陈云鹤，钱国超，等. 2004. 高速公路坡面野外模拟冲刷试验研究. 公路交通科技，21（1）：30-32.

李自强，赵学仁. 2003. 运用数学模型解决宁夏石中高速公路北段边坡环保绿化植物的选择问题. 宁夏农林科技，（3）：19-22.

李宗禹，黄岩，刘昕，等. 2002. 高速公路路域扰动土壤及其生态管理. 公路交通科技，19（3）：

155-159.

梁向峰，赵世伟，华娟，等．2008．子午岭林区典型植被下土壤结构及稳定性指标分析．水土保持通报，28（3）：12-16.

林大仪，黄昌勇．2011．土壤学．北京：中国林业出版社．

刘龙，何勇，张春华，等．2007．西宁至马场垣高速公路路域植被的演替与管护．公路交通科技，24（1）：155-158.

刘秀峰，唐成斌，刘正书，等．2000．贵遵高等级公路边坡生境调查及植被演替初探．贵州农业科学，28（6）：41-44.

卢少飞．2006．高速公路沿线外来入侵植物种类及分布的初步研究．武汉：华中师范大学．

罗国占，秦晓春．2010．土壤种子库在公路植被恢复中的潜力与应用．公路交通科技，（10）：361-363.

骆东奇，侯春霞，魏朝富，等．2003．不同母质发育紫色土团粒结构的分形特征研究．水土保持学报，17（1）：131-133.

马祥华，焦菊英．2005．黄土丘陵沟壑区退耕地自然恢复植被特征及其与土壤环境的关系．中国水土保持科学，3（2）：15-22.

毛文碧．2003．公路环保与可持续发展的回顾与展望．中国公路，（2）：52-54.

乔领新．2010．高速公路岩质边坡植被恢复初期植被和土壤研究．兰州：甘肃农业大学．

阮琳．2008．徐州云龙山植物群落与土壤理化性质相关分析．南京：南京林业大学．

邵明安，王全九，黄晓斌，等．2003．土壤物理学．北京：高等教育出版社．

舒安平，成瑶，李芮，等．2010．高速公路石质边坡不同受光面土壤与植被恢复的差异性．公路交通科技，（6）：143-147.

舒安平，苏建明，冷剑，等．2008．半干旱地区生态护坡工程中客土养分衰减特征与恢复趋势．水土保持学报，22（5）：12-16.

束文圣，蓝崇钰，黄铭洪，等．2003．采石场废弃地的早期植被与土壤种子库．生态学报，（7）：1305-1312.

苏东凯．2007．锦阜高速公路边坡植被生态恢复研究．沈阳：沈阳农业大学．

孙瑞琴，门光耀．2007．环境因素对植物硝态氮代谢的影响．阴山学报，21（1）：65-67.

孙天聪．2007．长期施肥对土壤团聚体结构及供氮能力特征影响的研究．北京：中国科学院教育部水土保持与生态环境研究中心．

王华静，吴良欢，陶勤南，等．2005．氮形态对植物生长和品质的影响及其机理．科技通报，（1）：52-57.

王辉，任继周．2004．子午岭主要森林类型土壤种子库研究．干旱区资源与环境，18（3）：130-135.

王凯博．2001．子午岭植被演替过程中物种多样性研究．杨凌：西北农林科技大学．

王库．2001．植物根系对土壤抗侵蚀能力的影响．土壤与环境，（10）：250-252.

王玮，冯治安，高建立，等．1999．高等级公路边坡综合防护系统探讨．河南交通科技，19（6）：29-33.

王益．2001．黄土高原土壤结构性状及影响因素分析．杨凌：西北农林科技大学．

王勇，宁召民，张峰，等．2008．华北地区高速公路绿化树种选择．城市绿化，6（2）：14-16.

吴承祯，洪伟．1999．不同经营模式土壤团粒结构的分形特征研究．土壤学报，36（2）：162-167.

吴钦孝，李勇．1990．黄土高原植物根系提高土壤抗冲性能的研究：Ⅱ．草本植物根系提高表层土壤抗冲刷力的实验分析．水土保持学报，（1）：11-16.

吴淑安，蔡强国. 1999. 土壤表土中植物根系影响其抗蚀性的模拟降雨试验研究. 干旱区资源与环境，13（3）：72-75.

吴彦，刘世全，王金锡，等. 1997. 植物根系对土壤抗侵蚀能力的影响. 应用与环境生物学报，3（2）：119-124.

解明曙. 1990. 林木根系固坡土力学机制研究. 水土保持学报，（3）：7-14.

杨培岭，罗远培，石元春，等. 1993. 用粒径的重量分布表征的土壤分形特征. 科学通报，（20）：1896-1899.

杨世琦，杨正礼. 2008. 黄土高原生态系统演替进程中土壤有机质和pH值变化规律. 水土保持研究，15（2）：159-163.

杨万勤，钟章成，陶建平，等. 2001. 缙云山森林土壤速效磷的分布特征及其与物种多样性的关系研究. 生态学杂志，20（4）：24-27.

杨喜田，杨晓波，苏金乐，等. 2001. 黄土地区高速公路边坡植物侵入状况研究. 水土保持学报，15（6）：74-77.

杨小波，张桃林，吴庆书，等. 2002. 海南琼北地区不同植被类型物种多样性与土壤肥力的关系. 生态学报，22（2）：190-196.

殷士学. 1993. 土壤微生物生物量及其与养分循环关系的研究进展. 土壤学进展，21（4）：1-8.

殷秀琴，宋博，邱丽丽，等. 2007. 红松阔叶混交林凋落物−土壤动物−土壤系统中N、P、K的动态特征. 生态学报，27（1）：128-134.

余海龙，顾卫，姜伟，等. 2006. 高速公路路域土壤质量退化演变的研究. 水土保持学报，（4）：195-198.

余海龙，顾卫，江源，等. 2007. 半干旱区高速公路边坡不同年代人工植被群落特征及其土壤特性研究. 中国生态农业学报，15（6）：22-25.

袁宝妮，李登武，李景侠，等. 2009. 黄土丘陵沟壑区植被自然恢复过程中土壤种子库特征. 干旱地区农业研究，27（6）：215-222.

张俊云，周德培，李绍才，等. 2002. 高速公路岩石边坡绿化方法探讨. 岩石力学与工程学报，21（9）：1400-1403.

张淑娥，王思成，兰剑等，等. 2004. 宁夏古王高速公路边坡生物防护植物选择研究 II. 草本植物抗性研究. 宁夏农学院学报，（2）：2-9.

张莹莹. 2010. 高速公路边坡植被恢复过程中群落动态变化研究. 郑州：河南农业大学.

张玉珍. 2004. 生物多样性在路域植被养护中的应用. 交通环保，25（2）：36-38.

张志权，束文圣，蓝崇钰，等. 2001. 土壤种子库与矿业废弃地植被恢复研究：定居植物对重金属的吸收和再分配. 植物生态学报，25（3）：306-311.

赵丽娅，李兆华，李锋瑞，等. 2005. 科尔沁沙地植被恢复演替进程中群落土壤种子库研究. 生态学报，25（12）：3204-3211.

周萍，刘国彬，侯喜禄，等. 2008. 黄土丘陵区侵蚀环境不同坡面及坡位土壤理化特征研究. 水土保持学报，22（1）：7-12.

第 **10** 章
公路路域边坡植被生态恢复及影响

高速公路建设对路域土壤和植被产生了严重的干扰和破坏，因此需要对路堤路堑边坡、取（弃）土场、弃渣场等进行边坡防护和植被重建恢复（Spellerberg，1998；陈辉等，2003；黄锦辉等，2002；Davide，2003）。土壤是影响植被恢复的重要因素之一，而高速公路建设对路域土壤产生了严重的影响，自然表土层被破坏殆尽，扰动土壤成了影响路域植被重建恢复的重要限制性因素（Forman et al.，2002）。但是以往的研究多单一地分析扰动土壤和植被重建恢复，缺乏对扰动土壤实际理化性质的充分认识，边坡防护技术没有足够的理论指导，造成路域绿化树（草）种和立地条件的改良缺乏理论指导，难以充分实现"适地适树"、有的放矢，影响植被重建恢复的效果（张磊，2008；卓慕宁，2008）。宝鸡至牛背高速公路是国家西部大开发十大工程之一——宝鸡至天水高速公路的陕西段，是国道主干线G045连云港至霍尔果斯的重要组成部分，同时，也是陕西省"三纵四横五放射"高速公路网规划的重要段落（江玉林和杜娟，2000；胥晓刚等，2003；刘孔杰等，2002）。为此，本章基于路域不同位置扰动土壤的性质，掌握植被重建恢复的生境"起点"，为绿化树种和立地条件改良措施选择提供参考意见，同时分析扰动土壤性质与植被恢复之间的相互关系，找出影响高速公路路域初期植被恢复的限制性生境因子，为路域植被重建恢复提供一定的技术支持。恢复和重建被破坏的路域植被是高速公路生态保护的一个关键步骤，在植被重建恢复之前，只有全面了解扰动土壤的理化性质，才能针对实际需要制定合适的立地条件改良方案。

10.1 研究区概况和研究方法

10.1.1 研究区概况

1. 宝牛高速公路自然环境概况

宝鸡至牛背高速公路地处陕西关中西部，通过位于渭河上中游之间的宝鸡峡谷，路线东起宝鸡市清姜河以西的石家营村（K176＋500），与西安至宝鸡高速公路（含宝鸡过境段）终点相连，西至陕甘交界的牛背（K217＋299.613），与牛背至天水高速公路起点相接，全长40.604km，路线整体为东西走向。

该路线跨越了秦岭中低山区和渭河河谷阶地区两个地貌单元。其中，路线东段所经地区位于渭河南岸的台原阶地属渭河河谷阶，并跨越数条渭河支流。中西部大部分地区属于秦岭山区，地形相对高差较大，山顶海拔一般在1000~1400m，为中低山、低山区地貌。研究区地势总体为西高东低，沿渭河不断降低，宝牛高速公路东部起点高程约590m，西部终点高程约750m。

2. 宝牛高速公路沿线气候概况

该区属于暖温带半湿润、半干旱大陆性季风气候区。夏短冬长，四季分明。多年平均气温为13℃，一月平均气温为−1℃，7月平均气温为26℃，极端最低气温为−16.7℃，极端最高气温为41.4℃。河谷区无霜期210d，深山区无霜期不足100d。区内年平均降雨量为701mm，降雨多集中在7~9月，是关中西部雨水较多的地区。

3. 宝牛高速公路沿线土壤条件

当地以山地黄墡土和褐土为主，土壤质地属于中壤土，偏酸性，土层薄，含沙、石量较大，土壤养分瘠薄，大量山体为岩质，对植物生长不利。沿线地形起伏多变，多涵，多桥，沿水而行。该区属于秦岭北坡低山区，土壤主要为红油土、黑油土、黄墡土、白墡土、红胶土、淤泥土等。红油土主要分布在渭北原区、秦岭北麓较平坦的塬梁，厚度一般在30~90cm，比较肥沃。黑油土主要分布在渭河川道，熟化层深厚，有机质含量较高。黄墡土在北山山前洪积扇有大面积分布，在丘陵和原坡下部平缓地带也有分布，土层厚一般1m以上。白墡土分布在秦岭北麓的黄土丘陵及渭北原地与渭河川道接壤的斜坡上，土层厚度一般10~20cm，缓坡达20~30cm。红胶土主要分布在丘陵区及西山土石山区，土层薄，不耐旱。淤泥土分布在渭河川道河谷两岸的低阶地及其他小河流冲积阶地上，土层薄，肥力较高。

4. 宝牛高速公路沿线植被情况

从宝鸡西立交到牛背段大部分山体植被茂密，沿线植被覆盖度达80%以上（余海龙，2006），其中森林覆盖率达60%左右，以栎类、桦类、云杉、落叶松等为优势种群，草本植物以狗牙根、蒿属植物为优势种群，主要农作物有小麦、玉米、高粱、谷子、豆类、薯类、油菜、麦类、油料等（周德培和张俊云，2003）。秦岭山区用材林主要树种有杨树、松树、刺槐等；经济林有漆树、柿树、苹果树、梨树等；人工草种有紫苜蓿、草木犀、沙打旺等。该区秦岭北麓海拔800m以下地区生长有侧柏林带，因为遭到严重破坏，生长不良，低矮多枝，林相残败，呈块状分布。秦岭南坡海拔1000m以下生长有常绿阔叶混交林带，多呈片状分布。秦岭北山丘陵沟壑区主要是灌木林和人工林，树种有栎类、油松、侧柏、山杨、刺槐、酸枣、山桃；人工栽培树种有杨树、核桃树、苹果树等；草甸种类有营草、雪草、爬地草等，人工草种有紫苜蓿、毛苕子等，植被略差。中部原区及川道区地势平坦，植被以农作物为主。

10.1.2　研究内容

本节通过野外样地调查、室内实验分析相结合的方法，分析宝牛高速公路建设过程中扰动土壤理化性质的变化规律及其对地上植被重建的影响，揭示高速公路路域不同地形地貌特征，不同扰动方式下土壤理化性质的差异以及对路域植被重建与演替的影响，演替初级阶段植被群落对立地条件（主要是土壤）的要求。根据高速公路路域不同植被演替阶段的土壤理化性质变化特征，找出影响高速公路植被重建恢复的限制性因子，并制定改良立地条件的具体方案，以期尽快达到群落的稳定状态，缩短演替进程，使其充分发挥生态防护效果。根据植被多样性指数、生物量变化指标，结合土壤的理化性质找出宝牛高速公路恢复效果较好的植被种类，从而有效地防止因种植不合理而导致边坡的重新裸露，引发土壤侵蚀等一系列问题。

　　根据扰动方式，可将路域土壤扰动分为挖方和填方。挖方是指施工过程中，原地貌高于所建高速公路的路面，运用机械开挖的方式将其高于地面的部分挖掉，裸露出心土、母质层的过程；填方是指原地貌低于公路路面，从别处取土将其填平，即与路面相平，由机械回填、碾压而成，其是砂石土的混合物（龚晓南，2002；徐永福，2000；魏汝龙，1986，1987；魏汝龙等，1990）。从图 10-1 和图 10-2 中即可看出这两种扰动土壤的地形变化。

图 10-1　挖方　　　　　　　　　图 10-2　填方

　　根据所处路域位置的不同，高速公路路域可以分成路堤边坡、路堑边坡、路肩和中央隔离带、弃渣场、取（弃）土场五类。另外，服务区、收费站等区域的土壤均是人工回填形成的，其土壤的基本性状同路肩基本相同，因此本次试验不做调查分析，具体可以参照路肩的土壤条件。

10.1.3　技术路线

　　本章运用生态学的研究方法，对高速公路路域扰动土壤植被重建恢复中土壤-植被两大系统进行分析对比研究，找出影响高速公路植被重建恢复的限制性土壤因子，制定适当的改良立地条件方案，筛选出生长良好的、适合本地推广的物种组合，分析路域土壤环境中影响植被演替的潜在因素，为加快物种演替、群落稳定提供有用的理论指导，具体的技术路线图如图 10-3 所示。

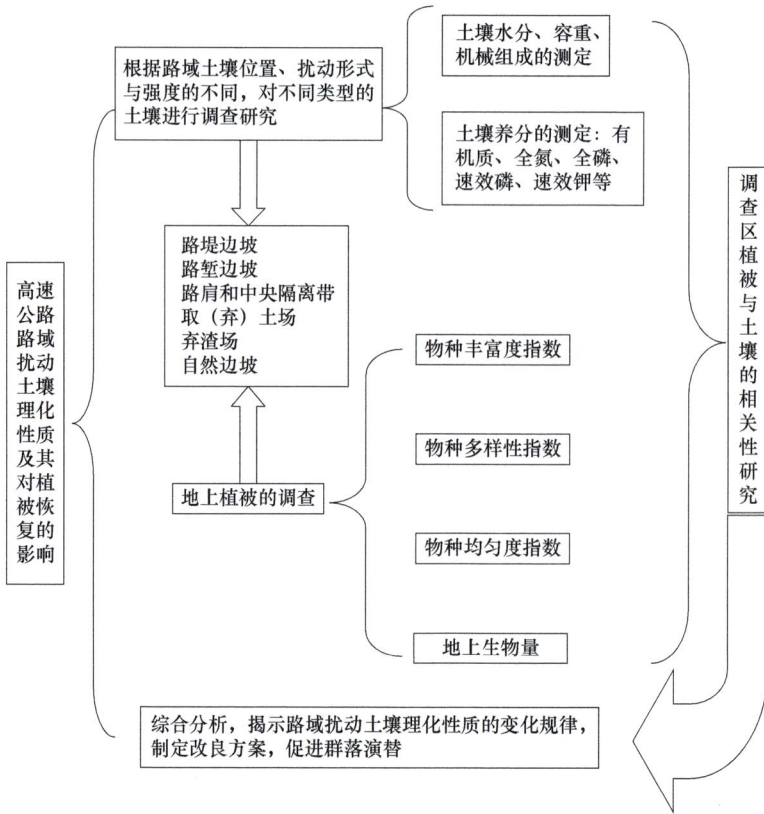

图 10-3　研究技术路线

10.1.4　研究方法

1. 路域土壤的研究方法

1）路域土壤调查方法

本次选择能代表本地群落特征的"典型"样地进行调查。这种方法的优点是简便迅速、省时省力，很适合大范围的路线调查。选择的样地大小以 $400m^2$ 左右为宜，实际宽度则根据高速公路路域的实际地形而定。

在已选定的样地内，清理地表枯枝落叶层，随机选取 6～8 个样点（混合样品的取点至少是 5 个），每个样点重复三次，取样深度分为 0～10cm、10～20cm 两个层次。采样过程中，采样器（铲子或筒形取样器）应垂直于地面，入土至 10cm 或 20cm。每个混合样品取 1kg 左右为宜，如果采样点较多从而使混合土样太多时，可用四分法淘汰，直到样重约 1kg 为止。尽量使所选样点具有典型性、代表性和一致性（地形、坡度、坡位、坡向等环境条件尽可能一致）。

测定指标包括：土壤的物理性质，如土壤的机械组成（土壤质地）、土壤水分、土壤容重；土壤的化学性质，如有机质、全氮、无机氮、全磷、速效磷、速效钾。

2）路域土壤分析方法

（1）土壤的物理性质。

土壤的机械组成采用激光粒度仪 2000 测定。

土壤含水量的测定采用烘干法。从样地取回的土壤样品，称取 10.00g 置于培养皿中，在 120℃下烘干 8h 至恒重。土壤含水量计算公式如下：

$$含水量 = \frac{w_1 + w_2 - w_3}{w_2} \times 100\%$$ （10-1）

式中，w_1 指培养皿重；w_2 指土重；w_3 指烘干后培养皿和土壤总重。

土壤容重采用环刀法测定。但是由于弃渣场的石块含量比较高，用环刀法取样明显不符合实际，本次试验采用工程中的灌水法来测定弃渣场的容重。灌水法参照《土工试验方法标准》（GB/T 50123—2019）的密度试验灌水法。

（2）土壤的化学性质。

土壤的有机质采用 $K_2Cr_2O_7$-H_2SO_4 外加热法，利用外加热和浓硫酸与重铬酸钾混合热来氧化有机质，剩余的重铬酸钾由硫酸亚铁滴定，根据所消耗的重铬酸钾量计算有机碳含量；土壤全氮的测定是将土样置于消煮管中，在催化剂的作用下，用浓硫酸消煮，冷却后，用 KJELTEC2300 全自动定氮仪测定全氮含量；土壤全磷采用 $HClO_4$-H_2SO_4 加热消煮，钼锑抗比色法；无机氮包括铵态氮和硝态氮，采用 1mol/L KCl 提取，流动分析仪测定的方法；速效磷采用 $NaHCO_3$ 提取，钼锑抗比色法；速效钾采用 NH_4OAc 浸提，火焰光度法。具体参照鲍士旦（2000）的《土壤农化分析》。

2. 路域植被研究方法

1）路域植被调查方法

植被调查于 2010 年 8 月在土壤采样点的周边进行。因为宝牛高速公路路域的植被处于恢复初期，因此人工恢复的区域，如边坡、路肩、中央隔离带等，主要为人工植被，也有少量自然植被。本次既调查人工建植物种，又调查路域自然入侵物种（如弃渣场出现的物种都是自然入侵物种）。本次调查以草本植物为主，样方大小为 1m×1m。按照常规，灌木的样方大小一般为 4m×4m，但本实验样地边坡以拱形骨架护坡为主，拱形骨架的宽度均小于 2m，所以调查灌木时就以每个拱形骨架为单元进行，主要调查样地中出现的物种、样方的总物种数等指标。对于不能现场确认种属的植被，采用数码相机拍照加袋（密封袋）采集样品的方法带回实验室，通过核对植物图谱找出植物种属及名称。

本次植被调查还包括草本植物生物量的测定，采用完全收获的方法，将地上部分的所有生物量全部收回，带回实验室烘干并测重。

2）物种的指数分析

（1）丰富度指数。

物种丰富度指一个群落或生境中物种数目的多少，即样地中各物种的数目，一般认为，如果研究的样地面积在时间和空间上是确定的或可控制的，则物种丰富度提供的信息较有用（中国科学院黄土高原综合科学考察队，1991）。常用的计算群落丰富度指数的公式如下。

$$R=S \tag{10-2}$$

Margalef指数： $$R_1=S-1/\ln N \tag{10-3}$$

Menhinick指数： $$R_2=S/\sqrt{N} \tag{10-4}$$

式中，S指出现在样地中的物种数目；N指样方中所有株数。

（2）多样性指数。

物种多样性指数反映群落结构功能的复杂性及组织化水平，能比较系统地表现群落的一些生物学特性，是一种与物种多度分布格局相独立的测度方法（郑征等，2000），目前国际上应用的群落物种多样性的测度指标有很多。（郑顺安，2006）本节采用的指标是Simpson指数、香农－维纳多样性指数和Audair指数。

Simpson指数： $$D_1=1-\sum P_i^2 \tag{10-5}$$

香农－维纳多样性指数： $$D_2=-\sum P_i \ln P_i \tag{10-6}$$

Audair指数： $$D_3=\sqrt{\sum P_i^2} \tag{10-7}$$

式中，P_i指物种的相对密度。

（3）均匀度指数。

均匀度是多样性研究中的一个十分重要的概念（张玉珍，2004），可以定义为群落中不同物种多度（生物量、盖度或其他指标）分布的均匀程度。本章运用的是Pielou指数和Alatalo指数。

基于香农－维纳多样性指数： $$E_{sw}=\left(-\sum P_i \ln P_i\right)/\ln S \tag{10-8}$$

基于Simpson指数： $$E_{si}=\left(1-\sum P_i^2\right)/(1-1/S) \tag{10-9}$$

Alatalo指数： $$E_a=\frac{\dfrac{1}{\sum\limits_{i=1}^{s} P_i^2}-1}{\exp\left(-\sum\limits_{i=1}^{s} P_i \ln P_i\right)-1} \tag{10-10}$$

3. 数据处理

本节采用Excel和SPSS 17.0软件，运用偏相关分析、主成分分析及典型相关分析对扰动土壤和植被数据进行分析处理。

10.2　高速公路路域扰动土壤理化性质分析

10.2.1　样地概况调查

本次试验调查共涉及30块样地（表10-1）。其中，路堤边坡样地7块，1、17号样地采用的模式属于路堤直接植草模式，坡度较小；9、11、20、23、24号样地采用的模式属于路堤拱形骨架植草护坡模式。路堑边坡样地9块，3、7、19、27号样地采用的模式属于路堑直接植草护坡模式；25、26号样地采用的模式属于路堑拱形骨架植草护坡模式；2、10、30号样地采用的模式属于路堑拱形骨架＋土工格室植草护坡模式。弃渣场样地6块，4号样地涉及人工恢复和自然恢复两种模式；5号弃渣场是人工恢复植被；12、14、18、21号弃渣场为自然恢复植被，其中12号样地根据覆土的多少，涉及部分覆土、完全覆土和未覆土3种自然恢复模式。8号和28号样地是路肩植草；29号样地是中央隔离带植草，扰动方式基本相同。6号和15号样地为取土场；13号样地为弃土场。16号和22号样地为对照自然边坡，两个自然边坡的土壤类型和恢复年限均不同，16号样地恢复年限比22号样地短一些（恢复时间均在20年以上），16号是黄土，22号是褐土，都有轻微的人为扰动。

表 10-1　样地基本概况

路域位置	样地编号	桩号	经纬度	扰动方式	高程/m	坡向	坡度/(°)	坡长/m	护坡模式
路堤边坡	1	K1227+800	107°06′50″E, 34°21′46″N	填方	590	阳	12	4.6	路堤植草
	17	K1243+450	106°57′23.6″E, 34°23′19.2″N	填方	692	阴	15	5	路堤植草
	9	K1242+700	106°57′41.9″E, 34°23′03.3″N	填方	710	阳	24	6.8	拱形骨架
	11	K1250+150	106°53′40.2″E, 34°23′48.3″N	填方	673	阳	34	10	拱形骨架
	20	K1256+100	106°50′11.8″E, 34°22′30.9″N	填方	696	阳	35	13	拱形骨架
	23	K1263+100	106°45′48.4″E, 34°22′00.7″N	填方	739	阴	30	4.1	拱形骨架
	24	K1256	106°50′09.3″E, 34°22′29.5″N	填方	704	阴	35	14.4	拱形骨架
路堑边坡	3	K1233+990	107°03′04″E, 34°22′14.4″N	挖方	620	阳	59	12	路堑植草
	7	K1245+260	106°56′24″E, 34°23′45″N	挖方	798	阴	50	8	路堑植草
	19	K1253+700	106°31′33.1″E, 34°23′02.2″N	挖方	719	阳	45	6.5	路堑植草
	27	K1243+50	106°57′32.7″E, 34°23′10.2″N	挖方	695	阴	56	10	路堑植草
	25	K1254+100	106°51′41.3″E, 34°22′85.6″N	挖方	718	阴	45	8	拱形骨架
	26	K1245	106°56′33″E, 34°23′44″N	挖方	696	阴	52	7	拱形骨架
	2	K1234+50	107°03′02″E, 34°22′14″N	挖方	621	阳	55	12	拱形骨架＋土工格室
	10	K1245	106°56′55.8″E, 34°23′74.5″N	挖方	696	阳	41.5	7	拱形骨架＋土工格室
	30	K1234	107°02′59.0″E, 34°22′14.2″N	挖方	626	阴	53	6.5	拱形骨架＋土工格室

路域位置	样地编号	桩号	经纬度	扰动方式	高程/m	坡向	坡度/(°)	坡长/m	护坡模式
弃渣场	4	K1240	106°59′24″E，34°22′42″N	填方	739	—	—	—	人工+自然
	5	K1241+500	106°58′96″E，34°23′06″N	填方	727	—	—	—	人工
	12	K1257	106°49′31.3″E，34°22′23.6″N	填方	757	—	—	—	自然
	14	K1244	106°57′04.5″E，34°23′31.7″N	填方	691	—	—	—	自然
	18	K1241+500	106°58′96″E，34°23′06″N	填方	727	—	—	—	自然
	21	K1264+300	106°45′09.1″E，34°21′50.8″N	填方	741	—	—	—	自然
路肩	8	K1241+900	106°58′18.2″E，34°22′97″N	填方	698	—	—	—	路肩平台
	28	K1243+50	106°57′32.7″E，34°23′10.2″N	填方	695	—	—	—	路肩平台
	29	K1242+100	106°58′03.4″E，34°22′57.1″N	填方	722	—	—	—	隔离带
取（弃）土场	6	K1241+500	106°58′49.2″E，34°22′92.7″N	挖方	742	—	—	—	取土场
	13	K1244	106°57′04.3″E，34°23′32.0″N	填方	689	阳	—	—	弃土场
	15	K1244	106°57′02.7″E，34°23′31.2″N	挖方	701	阳	—	—	取土场
自然	16	K1244	106°57′02.4″E，34°23′30.3″N	自然	704	—	—	—	自然
	22	K1266+500	106°43′51.2″E，34°21′47.7″N	自然	745	阳	50	—	自然

10.2.2 路域扰动土壤物理性质分析

1. 路域扰动土壤机械组成

土壤是由大小不同的各级土粒以各种比例自然地混为一体（许晓东，2004）。机械组成就是土壤中各级土粒所占的质量百分含量（余海龙，2006）。依据土壤的机械组成相近与否而划分的土壤组合为土壤质地，其是影响土壤松紧度、通气性能、肥力的基本因素（余作夏，1996）。本次分析的土壤机械组成的标准依据苏联卡庆斯基制土壤质地分类标准（表10-2），其中，扰动土壤属于分类标准中的草原及红黄壤类土。

表 10-2 卡庆斯基制土壤质地分类标准

质地名称		物理性黏粒（<0.01mm）含量/%			物理性黏粒（≥0.01mm）含量/%		
		灰化土	草原及红黄壤类土	柱状碱土及强碱化土类	灰化土	草原及红黄壤类土	柱状碱土及强碱化土类
砂土	松砂土	0~5	0~5	0~5	95~100	95~100	90~100
	紧砂土	5~10	5~10	5~10	90~95	90~95	90~95
壤土	砂壤土	10~20	10~20	10~15	80~90	80~90	85~90
	轻壤土	20~30	20~30	15~20	70~80	70~80	80~85
	中壤土	30~40	30~45	20~30	60~70	55~70	70~80
	重壤土	40~45	45~60	30~40	50~60	40~55	60~70
黏土	轻黏土	50~65	60~75	40~50	35~50	25~40	50~60
	中黏土	65-80	75~85	50~65	20~35	15~25	35~50
	重黏土	>80	>85	>65	<20	<15	<35

1）不同扰动方式的土壤机械组成分析

根据挖方和填方两种扰动方式对路域土壤的机械组成进行分析（表10-3），从表10-3中可看出，不同扰动方式的土壤机械组成没有什么差异，和自然土壤相比也没有什么差别，该地段的自然土壤以中壤土为主。

表10-3　不同扰动方式的土壤机械组成

扰动方式	土层深度/cm	黏粒（<0.001mm）/%	粉砂粒（0.001~0.05mm）/%	砂粒（0.05~1mm）/%	物理性黏粒（<0.01mm）/%
填方	0~10	21.1649	59.8449	18.9902	36.5311
	10~20	21.2602	58.4529	20.2870	37.2456
挖方	0~10	23.2512	66.1347	10.6141	41.3907
	10~20	22.2550	67.4438	10.3012	41.7932
自然	0~10	20.3601	57.9999	21.6400	35.7693
	10~20	24.8168	63.1215	12.0617	42.1322

2）路域不同位置扰动土壤的机械组成

路域不同位置扰动土壤和原状自然土壤的机械组成见表10-4。从表10-4中可看出，路域不同位置扰动土壤的粉砂粒含量为55%~72%，物理性黏粒含量为30%~45%，自然土壤也在这个范围内，由此推断，宝牛高速公路路域扰动土壤基本是以中壤土为主，和自然土壤没有差别。从表10-4中还能看出弃渣场的黏粒含量偏少，而砂粒含量较高。这与施工中留下的弃渣有关，弃渣场的石砾含量较高，有些石砾的直径高达十几厘米。这些石砾在弃渣场的分布很不均匀且堆积松散，石砾之间的空隙较大，表层的土壤随降雨顺着空隙渗入下层土壤，水流侵蚀带走了大部分土壤黏粒，使上层石砾完全裸露，土壤孔隙结构遭到破坏，保水保肥能力下降。

表10-4　路域不同位置土壤机械组成

路域位置	土层深度/cm	黏粒（<0.001mm）/%	粉砂粒（0.001~0.05mm）/%	砂粒（0.05~1mm）/%	物理性黏粒（<0.01mm）/%
路堤	0~10	23.9708	63.2633	12.7659	40.0508
	10~20	23.1059	61.1789	15.7152	39.2673
路堑	0~10	23.2336	63.3905	13.3759	39.8727
	10~20	21.8115	63.0978	15.0907	38.9215
弃渣场	0~10	17.8542	56.3568	25.7890	32.2662
	10~20	17.2831	56.0007	26.7162	33.1964
取土场	0~10	21.6698	59.9146	18.4157	37.2764
	10~20	23.3915	58.1790	18.4295	39.2732
路肩	0~10	23.2688	68.8788	7.8524	42.9088
	10~20	22.6984	71.7898	5.5117	44.6649
自然	0~10	20.3601	57.9999	21.6400	35.7693
	10~20	24.8168	63.1215	12.0617	42.1322

2. 路域不同位置扰动土壤的石砾含量和土层厚度分析

1）路域不同位置扰动土壤石砾含量分析

根据《林业专业调查主要技术规定》（中华人民共和国林业部，1990），土壤石砾含量<10%属于微石砾，含量在10%～30%属于轻石质，30%～50%属于中石质，50%～70%属于重石质。经调查，不同路域位置扰动土壤石砾含量不相同。路堤、路堑、取土场、路肩和自然边坡的0～20cm表层土壤石砾含量均在10%以下，弃渣场的表层石砾含量较多，12号样地部分覆土模式的石砾含量在40%左右，完全覆土模式的石砾含量在30%左右，未覆土模式的石砾含量在57%左右，18号样地的石砾含量为30%，4号样地的石砾含量为30%，这些弃渣场基本属于中石质土壤。由12号样地可见，覆土与不覆土的差别很大，覆土样地石砾含量仅是未覆土的一半。

石砾含量越高，土壤的空隙越大，保水保肥性能越差，因此表层土壤过高的石砾含量不利于地上植被重建恢复（肖志红，2001；胥晓刚等，2003）。不同位置土壤石砾含量不同的原因主要是扰动土壤的来源不同（胥晓刚，2004）。路堤边坡一般覆盖有外来土壤、路堑边坡多为黄土挖方，因此石砾含量较少。弃渣场石砾含量相对较高的原因主要是土壤中原本含有石砾，同时混有很多杂质和施工遗留废料（徐永福，2000；许木启和黄正瑶，1998）。

2）路域不同位置扰动土壤土层厚度的分析

本节调查发现，对于挖方、填方边坡以及弃渣场，高速公路路域边坡覆土厚度一般在20cm左右，但也有只覆土10cm左右的（土壤样品采集过程中，经常会挖到下层的施工石料），这种情况在路堤边坡或路堑边坡中较为常见。路肩或者中央隔离带的覆土厚一些，这是由于路肩的绿化好坏直接代表高速公路的绿化好坏，因此覆土和管护都比较好，植被的恢复程度和绿化效果都相对好一些。

弃渣场则不同，一般弃渣场都处于公路视线范围以外，地点隐蔽，基本由建筑废料和弃土弃渣等堆积而成。在调查的6个弃渣场中，5号弃渣场实施人工恢复有一定覆土，4号弃渣场实施人工恢复部分有一定覆土，自然恢复部分没有覆土，12号弃渣场均为自然恢复，涉及部分覆土、完全覆土和未覆土3种模式，14、18和21号弃渣场地表没有另外覆土。在调查的这些弃渣场中，覆土的弃渣场土层厚度都在20cm左右。

3. 扰动土壤的水分和容重分析

1）不同扰动方式的土壤水分和容重分析

由表10-5可以看到，无论是0～10cm深度还是10～20cm深度，填方土壤容重均小于挖方土壤，这是因为填方土壤基本是人工回填，结构比较松散，而挖方土壤是由机械开挖而裸露出的深层土壤（深度为几米到几十米不等，视地形而定），由于长期受到上部土壤的压力，其原本就较为紧实。与自然边坡的原状土相比，人为的扰动土壤容重都偏高。这是因为施工过程中，无论是填方土壤还是挖方土壤，都或多或少会受到机械碾压，比原状自然土壤更为紧实。所以经过人为扰动的土壤容重比原状自然土壤都高。

表 10-5　不同扰动方式土壤容重和水分

扰动方式	土层厚度 / cm	容重 / (g/cm³)	水分 /%
填方	0～10	1.4032	5.6589
	10～20	1.4564	11.0492
挖方	0～10	1.4537	7.0205
	10～20	1.5687	13.1724
自然	0～10	1.2728	7.1250
	10～20	1.4244	8.4700

研究表明，填方土壤在土层0～10cm含水量最小，原因可能是：①容重较挖方偏小；②填方土壤混有较多的杂质，保水性能差。10～20cm土层无论哪种扰动土壤的水分均大于自然土壤，这可能是因为人为扰动使土壤结构混乱，机械碾压导致上层土壤板结，下层土壤透水性差，水分难以入渗，水分积累，这从扰动土壤的上层0～10cm水分与下层10～20cm水分变化差异上就能看出。

综上所述，人为扰动打乱了土壤的原有结构，剖面层次混乱，与自然土壤相比，其无论是保水还是保肥性能都相对较差。人为干扰破坏了土壤原有的水分系统，同时通气保水性能又严重下降。因此，路域土壤恢复过程中，应注重土壤结构的改良，为其地上植被重建恢复提供良好的基础条件。

2）路域不同位置的土壤水分和容重的比较分析

路域土壤经过了很多的人为扰动，有机械碾压、混合杂质、扰乱剖面等，同原状自然土壤相比，扰动土壤的容重和水分均发生了很大的变化（吴春华，2004；肖文发等，1999）。从图10-4和图10-5中看出，从路堤、路堑到弃渣场，土壤容重和水分的变化规律是一致的，均是上层0～10cm土壤大于下层10～20cm土壤，路堑边坡属于挖方土壤，土壤容重较路堤边坡大一些，挖方工程中取土场土壤的容重最大，这是因为施工中挖走了大量的表层土壤，导致深层土壤裸露，深层土壤长期受到表层土壤的压力，紧实度也较

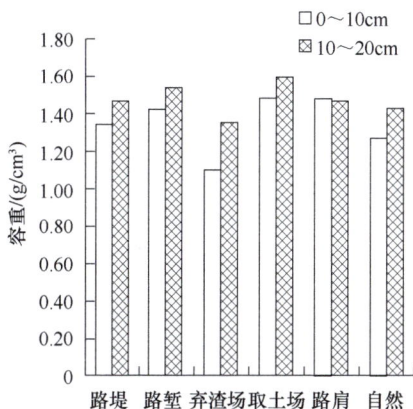

图 10-4　路域不同位置土壤容重

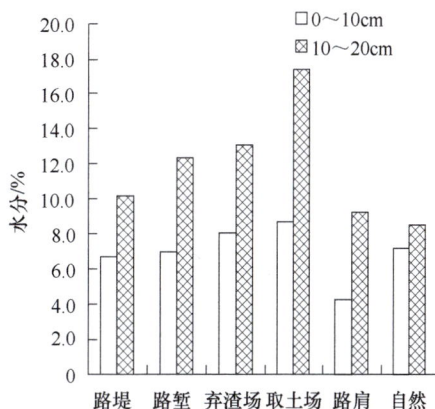

图 10-5　路域不同位置土壤水分

表层土大许多，因此容重偏大；同时这些土壤黏粒含量高，透水性差，水分含量高。对于路肩平台，由于在施工过程中已将大部分土壤混合，上层 0～10cm 和下层 10～20cm 土壤容重几乎没有大的变化。总体上看，扰动土壤上层 0～10cm 和下层 10～20cm 水分差异较大，上层 0～10cm 土壤保水性差，水分偏低，下层 10～20cm 土壤通气性差，水分较高。这说明扰动土壤的水分分配很不合理，这对植被的恢复是不利的。

10.2.3　扰动土壤的化学性质分析

1. 不同扰动方式土壤养分分析

表 10-6 是不同扰动方式土壤养分情况，从表 10-6 中可看出，扰动土壤的有机质、全氮含量变化趋势一致，上层土壤含量高于下层土壤，但差异不大，填方和挖方土壤均远低于自然土壤。无论是填方还是挖方土壤，无机氮的含量均小于自然土壤，但差异不是很大，因为无机氮只是土壤氮含量的很少一部分，而且是随着外界环境变化的，该指标仅用于参考。扰动土壤的速效磷含量都高于自然土壤，上下层变化差异不大。全磷的变化在扰动土壤和自然土壤之间都不大，填方土壤的全磷远高于挖方土壤和自然土壤。扰动土壤的速效钾含量低于自然土壤，且扰动土壤之间的含量变化差异不大。

表 10-6　不同扰动方式土壤养分含量

扰动方式	土层厚度/cm	有机质/(g/kg)	全氮/(g/kg)	无机氮/(mg/kg)	速效磷/(mg/kg)	全磷/(g/kg)	速效钾/(mg/kg)
填方	0～10	4.6180	0.4041	8.0131	26.1990	1.0684	149.8558
	10～20	3.8875	0.3089	3.9356	24.0881	1.1980	122.5500
挖方	0～10	4.2516	0.3855	7.0955	28.6386	0.6094	138.7076
	10～20	3.2077	0.3078	3.5767	27.4028	0.5942	122.0741
自然	0～10	25.0394	1.8243	10.0250	17.6750	0.6772	240.5750
	10～20	13.4789	1.0670	6.7263	9.4188	0.6731	140.0750

综上所述，扰动土壤的有机质、全氮、无机氮、速效钾含量都低于自然土壤，速效磷的含量高一些，全磷的变化也不大。原因是机械的挖掘、碾压等人为扰动破坏了土壤的养分层次，致使上下层的土壤混合，养分含量差异不大。

2. 路域不同位置土壤养分分析

扰动土壤受人为因素影响较大，施工中往往将不同层次的土壤混合，且掺入较多的杂质，在边坡、路肩等的管护过程中，会施加一些化肥和农家肥等（魏汝龙，1986，1987）。扰动土壤有机质和全氮的含量变化一致，路肩＞路堤＞路堑＞弃渣场＞取土场，路肩所用的土壤来自外来的表土覆盖，养分含量相对较高。路堤边坡由于地形的因素，养分会有部分流失，较路肩低一些。路堑属于挖方土壤，深层土壤的养分偏低。取土场最低，高速公路施工过程中，会需要大量的土，由于大量挖掘，取土场所剩的往往都是一些心土或母质，土壤肥力非常贫瘠。总之，同自然土壤相比，这些扰动土壤的有机质和全氮含量均偏低。

同自然土壤相比，路堤的全磷和速效磷含量均最高，取土场的全磷含量最低，自然土壤的速效磷含量最低（索有瑞和黄雅丽，1996；王武坤和邱媛，2008；魏汝龙等，1990）。弃渣场无机氮的含量最高，路肩最低，原状自然土壤的速效钾含量最高，路堑最低。关于速效磷，经查阅《陕西土壤》，该地段自然土壤的速效磷含量偏低，大约在 10ppm（1ppm＝10^{-6}）以下，因此本地段的自然土壤速效磷含量普遍偏低，扰动土壤中，可能人工恢复中施加的化肥使得速效磷含量相对较高。

10.2.4　高速公路路域扰动土壤质量评价

土壤质量的概念是在随着现代人类社会的高速发展，人口对土地的压力不断增大，人类对土地资源的过度利用导致土壤资源退化，并对农业可持续发展造成严重威胁的情况下提出来的。目前，国际上较为通用的定义是，土壤在生态系统范围内，维持生物的生产力、保护环境质量以及促进动植物健康的能力，即土壤肥力质量、土壤环境质量和土壤健康质量三个既相对独立又有机联系的组分之综合集成。本节对土壤的肥力质量做评价，期望能宏观地了解扰动土壤的质量等级水平，从而针对土壤实际需要制定合理的土壤恢复方案。宝牛高速公路处在黄土高原和秦岭土石山区的过渡地带，可以根据黄土高原土壤养分含量分级标准（表10-7），对30块样地的养分含量进行等级划分（表10-8）。

表10-7　黄土高原土壤养分含量分级标准

土壤养分	很低	低	中低	中	较高	高
有机质/%	<0.60	0.6~1.00	1.00~1.20	1.20~1.50	1.50~2.00	>2.00
全氮/%	<0.035	0.035~0.050	0.050~0.075	0.075~0.100	0.100~0.125	>0.125
全磷/%	<0.05	0.05~0.100		0.100~0.130	0.130~0.150	>0.150
碱解氮/（mg/kg）	<30	30~40	40~50	50~70	70~100	>100
速效磷/（mg/kg）	<3	3~7	7~10	10~15	15~20	>20
速效钾/（mg/kg）	<50	50~70	70~100	100~150	150~200	>200

表10-8　扰动土壤养分等级划分

路域位置	样地编号	有机质	全氮	速效磷	全磷	速效钾
路堤边坡	1	很低	低	高	低	较高
	17	很低	很低	高	低	中
	9	中低	中	高	低	高
	11	很低	低	中	低	中
	20	很低	低	高	较高	较高
	23	很低	低	高	高	中
	24	很低	很低	高	低	中低
路堑边坡	3	很低	低	高	低	较高
	7	很低	很低	低	很低	很低
	19	很低	低	高	低	中

路域位置	样地编号	有机质	全氮	速效磷	全磷	速效钾
路堑边坡	27	很低	低	高	低	中
	25	很低	低	高	低	中
	2	低	低	高	低	中
	10	很低	低	较高	低	中
	26	很低	很低	中	低	中低
	30	低	中低	高	低	中
弃渣场	4	很低	很低	中低	较高	中
	4	很低	很低	中低	高	中低
	5	很低	很低	高	低	较高
	12	很低	很低	高	高	较高
	12	低	中低	较高	高	中
	12	很低	低	高	高	较高
	14	很低	低	中低	很低	中
	18	很低	很低	中	低	中
	21	很低	中低	高	较高	较高
取（弃）土场	6	很低	低	高	低	较高
	13	很低	很低	中	很低	中
	15	很低	很低	高	很低	较高
路肩	8	很低	很低	较高	很低	中低
	28	低	中低	高	低	较高
	29	低	低	高	低	较高
自然	16	中	较高	较高	低	高
	22	高	高	较高	低	较高

从表10-8中看出扰动土壤有机质和全氮含量基本处于"很低"或者"低"水平；全磷含量也处于"低"水平；速效磷含量大部分比自然土壤高，个别弃渣场处于"中低"水平；速效钾基本属于"中"以上水平。可以看出扰动土壤的肥力普遍较低，有机质、全氮和无机氮的缺乏是制约扰动土壤植被重建恢复的关键，因此培肥土壤是关键，只有提高扰动土壤的肥力，才能促进地上植被的恢复。

10.2.5　土壤理化性质的相关性分析

运用偏相关性分析方法（SPSS 17.0）对扰动土壤理化性质之间的相关性进行分析（表10-9）。结果表明，有机质和全氮显著正相关（$p<0.01$），有机质和无机氮正相关（$p<0.05$），全氮和无机氮正相关（$p<0.05$），说明土壤含氮量和有机质含量有密切的联系，这也是自然土壤具有的一般规律，其原因是自然状态下土壤氮素很大程度上源于土壤有机质的矿化，有机质的多少决定着土壤含氮量的高低，无机氮是全氮的一部

分，包括硝态氮和铵态氮，土壤全氮是无机氮的基础，自然情况下土壤无机氮多由有机氮经硝化和铵化反应而生成，因此无机氮与全氮含量具有很高的正相关性。公路路域扰动土壤有机质含量基本都处于很低的水平，这就决定了全氮和无机氮的含量也处于很低的水平。另外，有机质、全氮、无机氮与速效钾都正相关，本段高速公路的速效钾含量普遍较高，基本不缺乏。无机氮和容重显著负相关（$p<0.01$），无机氮在土壤中的含量很不稳定，会随雨水顺着土壤流失。

表 10-9　扰动土壤理化性质的相关性分析

项目	有机质	全氮	无机氮	速效磷	全磷	速效钾	含水量	容重
有机质	1	0.997**	0.512*	−0.527*	−0.173	0.781**	−0.345	−0.315
全氮		1	0.522*	−0.528*	−0.222	0.791**	−0.343	−0.298
无机氮			1	−0.244	0.033	0.540*	−0.449	−0.801**
速效磷				1	0.163	−0.138	−0.042	0.241
全磷					1	−0.311	−0.062	−0.465
速效钾						1	−0.379	−0.271
含水量							1	0.426
容重								1

*指在 0.05 水平上显著相关，**指在 0.01 水平上显著相关。

10.2.6　土壤理化性质的主成分分析

影响扰动土壤质量的因素有很多，有土壤容重、含水量、有机质、全氮等，不同影响因素之间还可能存在正的或负的相互作用，使土壤质量难以准确量化，主成分分析是设法将原来众多具有一定相关性的指标（如 P 个指标），重新组合成一组新的互相无关的综合指标来代替原来的指标。运用主成分分析法可以分析影响土壤质量的主要因子（潘树林等，2005；彭燕，2001；石胜伟等，2008；孙发政等，2004）。

选取土壤的物理性质含水量和容重两个指标，化学性质包括有机质、全氮、无机氮、速效磷、全磷、速效钾 6 个指标，根据特征值>1、累计贡献率>80% 的原则，运用 SPSS 17.0 进行主成分分析，结果见表 10-10。从表 10-10 可以看出，将 8 个指标归结为 4 个主成分，其提供的信息量分别为 31.62%、23.30%、16.35%、15.23%，贡献能力逐渐降低，其中第一主成分在有机质（0.88）、全氮（0.88）、速效钾（0.62）上有较高载荷，可以看出这三个因素有很强的相关性；第二主成分在含水量（0.73）、速效磷（0.77）上有较高载荷，说明含水量和速效磷的关系很显著；第三主成分在容重（−0.62）、无机氮（0.61）上有较高载荷，说明容重越大，无机氮的含量越少，无机氮会随着容重的增加而流失；第四主成分在全磷（0.88）上有很大的载荷量，说明全磷起主要作用。

表 10-10　扰动土壤理化性质的主成分分析

因子	1	2	3	4
X_1 含水量 /%	−0.13	0.73	0.36	−0.33
X_2 容重 / (g/cm^3)	−0.54	0.38	−0.62	−0.05
X_3 有机质 / (g/kg)	0.88	0.10	−0.40	−0.12
X_4 全氮 / (g/kg)	0.88	0.24	−0.38	−0.12
X_5 无机氮 / (mg/kg)	0.50	−0.40	0.61	−0.27
X_6 速效磷 / (mg/kg)	−0.10	0.77	0.29	0.40
X_7 全磷 / (g/kg)	0.18	−0.28	−0.01	0.88
X_8 速效钾 / (mg/kg)	0.62	0.54	0.21	0.25
特征值	2.53	1.86	1.31	1.22
贡献率 /%	31.62	23.30	16.35	15.23
累计贡献率 /%	31.62	54.93	71.28	86.50

通过恰当的数学变换，使新变量主成分变为原变量的线性组合，并选取少数几个在变差信息量中比例较大的主成分来分析，主成分在变差信息量中的比例越大，在综合评价中的作用就越大，那么排名的结果就越具有代表性。根据计算的特征向量，得出主成分与标准化变量的关系，使 4 个主成分表达为原 8 个指标的加权组合：

$$Z_1 = -0.08X_1 - 0.34X_2 + 0.56X_3 + 0.55X_4 + 0.31X_5 - 0.06X_6 + 0.11X_7 + 0.39X_8$$
$$Z_2 = 0.54X_1 + 0.28X_2 + 0.07X_3 + 0.17X_4 - 0.29X_5 + 0.56X_6 - 0.21X_7 + 0.39X_8$$
$$Z_3 = 0.31X_1 - 0.54X_2 - 0.35X_3 - 0.33X_4 + 0.53X_5 + 0.26X_6 - 0.01X_7 + 0.19X_8 \quad （10\text{-}11）$$
$$Z_4 = -0.3X_1 - 0.04X_2 - 0.11X_3 - 0.11X_4 - 0.24X_5 + 0.36X_6 + 0.8X_7 + 0.23X_8$$

综合主成分的累计贡献率达到 86.5%，基本能反应原有 8 个指标的信息，但单独使用某个因子，无法对不同扰动方式的土壤的性质做出综合评价，因此，以每个主成分所对应的特征值占所提取主成分特征值之和的比例作为权重计算主成分综合模型，对提取的 4 个主成分按如下公式计算：

$$Z = \lambda_1 / \sum_{i=1}^{4} \lambda_i \times Z_1 + \lambda_2 / \sum_{i=1}^{4} \lambda_i \times Z_2 + \lambda_3 / \sum_{i=1}^{4} \lambda_i \times Z_3 + \lambda_4 / \sum_{i=1}^{4} \lambda_i \times Z_4 \quad （10\text{-}12）$$

即可得到主成分综合模型：

$$Z = 0.37Z_1 + 0.27Z_2 + 0.19Z_3 + 0.18Z_4 \quad （10\text{-}13）$$

根据主成分综合模型可计算出综合主成分值，并对其按综合主成分值进行排序，对不同扰动方式的样地土壤质量进行综合评价比较，排名靠前的说明土壤质量较好一些，结果详见表 10-11。

表 10-11　综合主成分值

样地编号	护坡模式	FAC1	FAC2	FAC3	FAC4	综合值
1	路堤植草	−0.45	0.19	2.11	−0.52	26.90
2	路堑土工格室	0.21	0.27	−0.21	−0.17	4.25
3	路堑植草	−0.15	−0.62	0.97	−0.03	2.67
4	弃渣场	−0.77	0.12	−0.91	0.57	−28.08
5	弃渣场	−0.47	−0.27	1.56	−0.25	9.66
6	挖方	−0.08	−0.82	1.28	−0.59	−2.68
7	路堑植草	−1.03	−1.56	−2.30	−0.77	−122.58
8	路肩平台	−0.48	−0.58	−0.77	−0.64	−52.41
9	路堤拱形骨架	1.35	−0.20	1.03	−0.14	52.59
10	路堑土工格室	−0.27	−0.18	−0.86	−0.59	−38.98
11	路堤拱形骨架	−0.24	0.20	−0.89	−0.47	−28.86
12	部分覆土	−0.15	1.09	0.02	2.32	57.95
12	完全覆土	0.68	0.64	−0.94	1.67	40.62
12	未覆土	0.21	−0.26	−0.61	1.75	17.06
13	弃土场	−0.52	0.31	−0.21	−1.55	−38.46
14	弃渣场	—	—	—	—	—
15	取土场	−0.33	−0.35	0.47	−0.91	−21.96
16	自然	1.77	−0.22	−0.08	−0.39	36.26
17	路堤植草	−0.83	0.23	0.41	0.03	−9.40
18	弃渣场	−0.93	4.49	−0.54	−0.58	48.10
19	路堑植草	−0.37	−0.34	1.21	−0.53	−1.11
20	路堤拱形骨架	−0.26	−0.07	0.40	1.12	18.31
21	弃渣场	—	—	—	—	—
22	自然	4.21	0.40	−0.72	−0.62	100.05
23	路堤拱形骨架	−0.30	−0.61	0.94	2.82	45.62
24	路堤拱形骨架	−0.66	−1.15	−1.52	0.27	−69.78
25	路堑拱形骨架	−0.13	0.22	0.86	−0.86	4.77
26	路堑拱形骨架	−0.47	−0.42	−1.26	−0.31	−53.61
27	路堑植草	−0.39	−0.05	0.54	−0.54	−9.90
28	路肩平台	0.38	−0.29	0.42	0.18	16.30
29	中央分车带	0.29	−0.52	−0.14	0.26	−1.64
30	路堑土工格室	0.19	0.35	−0.26	−0.53	−1.64

　　从表 10-11 中可以看出，主成分综合排名第一的是 22 号样地，与排名第 2 的 12 号弃渣场相差近一半，22 号样地为自然边坡，且物种恢复已数年，几乎没有人为的扰动和破坏，土壤的养分比较丰富。排名第二至第四的样地分别是 12 号、9 号、18 号，12号和 18 号样地均为弃渣场，9 号样地为路堤边坡，扰动方式都是填方，即土壤的表层都是外来表层土，有一定养分，对于扰动土壤初期的植被重建恢复有重要作用。从上面的数据可以看出，排名靠前的如 18 号、23 号、1 号样地等有弃渣场、路堤拱形骨架

植草、路堤植草，这些样地均属于填方土壤，每个样地的表层几乎都有外来的表土填入，土壤上层的养分没有完全流失。而排名靠后的如26号、7号、10号样地等，有路堑拱形骨架、路堑植草、路堑土工格室，都属于挖方类型，即挖去表层土壤，只剩深层土甚至心土或母质，缺乏养分。总的来说，无论是填方还是挖方，同自然样地均有很大的差别，且填方土壤的养分要远高于挖方土壤。

从这些综合值看出，不同样地的土壤质量差别很大，和22号自然样地相比，土壤质量较高的样地有9号样地路堤拱形骨架植草护坡、12号样地中部分覆土和完全覆土的弃渣场、18号样地弃渣场、23号样地路堤拱形骨架护坡，这些样地的土壤质量相对好一些，但是所有的扰动土壤都和自然土壤有很大的差别，其中差别较大的地块包括7号样地路堑植草护坡、8号样地路肩平台、13号样地弃土场、24号样地路堤拱形骨架护坡和26号样地路堑拱形骨架护坡。7号样地的土壤颜色发红，土粒较粗，有很多白色颗粒的岩石，经查阅《陕西土壤》和咨询相关专家，判断出该地块的岩石还未完全风化，主要成分是花岗岩与土的混合物，保水保肥性都很差。对于该类土壤应尽量多覆土且施肥，保证一定的养分和水分，这样会有利于初期的植被重建，加快植被对土壤的改良作用。从排名初步看出人为扰动土壤呈现出明显的不规律性，不管是填方土壤还是挖方土壤，土壤的质量和自然土壤相比都有很大的差异，恢复较好的样地扰动方式都是填方，而恢复不好的样地扰动方式有填方和挖方，因此建议在施工过后，尽量多覆表层营养土，并且适当施肥以提高土壤养分促进植被的恢复重建。

10.3 路域扰动土壤的地上植被分析

10.2节分析了扰动土壤的理化性质，发现其与自然土壤有很大的差异，虽然质地基本没有变化，人为扰动破坏了土壤原本的结构层次，扰动土壤容重、水分、有机质、全氮等指标都远差于自然土壤，这些指标决定土壤的肥力，也决定土壤供给地上植被生长的能力，至于影响地上植被生长的程度如何，则需对地上植被的生长状况做进一步的调查分析（李西，2004；梁立杰，2004；中华人民共和国林业部，1990；刘孔杰等，2002）。本节通过分析扰动土壤的地上植被重建恢复情况，研究扰动土壤与植被重建恢复之间的关系。

10.3.1 高速公路路域扰动土壤物种统计

1. 样地中出现物种的统计

宝牛高速公路30块样地出现物种（表10-12）。调查的30个样地中的植物包括38科、93属、115种。路域扰动土壤恢复初期出现的物种以草本为主，一年生草本26种，均为自然入侵物种。二年生或多年生草本67种，其中人工物种9种；乔木11种，包括人工物种5种、自然物种6种；灌木7种，其中人工物种3种、自然物种4种；藤本物种4种，其中人工物种1种、自然物种3种。从表10-12中看出，宝牛高速公路路域中自然物种的入侵较为普遍，占路域中出现物种的主要部分。公路建设完全破坏了路域植被，由于宝牛高速公路所处的位置靠近秦岭山区，自然入侵物种的来源非常丰富，在路域植被群落重建过程中，这些物种容易从自然群落向公路路域扩散，除风力、飞虫传播外，公路行驶的汽车也加速了物种的传播，增加了路域物种的丰富性。这也为扰动土壤植被的多样性提供了一定的物质条件。

表 10-12　样方中出现的植物种

科	属	种	学名	几年生
菊科	秋英属	波斯菊	*Cosmos bipinnatus*	二年生草本
	金鸡菊属	金鸡菊	*Coreopsis drummondii*	多年生草本
	白酒草属	小蓬草	*Conyza canadensis*	一年生草本
	千里光属	千里光	*Senecio scandens*	多年生草本
	蒿属	黄花蒿	*Artemisia annua*	一年生草本
	蒿属	猪毛蒿	*Artemisia scoparia*	多年生草本
	小苦荬属	苦荬	*Ixeridium chinense*	一年生草本
	菊属	野菊	*Dendranthema indicum*	多年生草本
	蒿属	茭蒿	*Artemisia giraldii*	半灌木状草本
	鬼针草属	金盏银盘	*Bidens biternata*	一年生草本
	苦苣菜属	苦苣菜	*Sonchus oleraceus*	一年、二年生草本
	蒿属	牡蒿	*Artemisia japonica*	多年生草本
	蓟属	刺儿菜	*Cirsium setosum*	多年生草本
	风毛菊属	风毛菊	*Saussurea japonica*	多年生草本
	蒿属	艾蒿	*Artemisia argyi*	多年生草本
	小苦荬属	抱茎小苦荬	*Ixeridium sonchifolium*	多年生草本
	蒿属	白莲蒿	*Artemisia sacrorum*	多年生草本
	鬼针草属	婆婆针	*Bidens bipinnata*	多年生草本
	蒿属	青蒿	*Artemisia carvifolia*	多年生草本
	蒿属	无毛牛尾蒿	*Artemisia dubia* var. *subdigitata*	多年生草本
	天人菊属	天人菊	*Gaillardia pulchella*	一年生草本
	蒲公英属	蒲公英	*Taraxacum mongolicum*	多年生草本
	黄鹌菜属	黄鹌菜	*Youngia japonica*	一年生草本
	狗娃花属	阿尔泰狗娃花	*Heteropappus altaicus*	二年、多年生草本
	飞蓬属	一年蓬	*Erigeron annuus*	一年、二年生草本
	旋覆花属	旋覆花	*Inula japonica*	多年生草本
	泽兰属	泽兰	*Eupatorium japonicum*	多年生草本
	豨莶属	豨莶	*Siegesbeckia orientalis*	一年生草本
豆科	苜蓿属	紫苜蓿	*Medicago sativa*	多年生草本
	紫穗槐属	紫穗槐	*Amorpha fruticosa*	落叶灌木
	小冠花属	小冠花	*Coronilla varia*	多年生草本

续表

科	属	种	学名	几年生
豆科	草木犀属	草木犀	*Melilotus officinalis*	一年、二年生草本
	车轴草属	白三叶	*Trifolium repens*	多年生草本
	草木犀属	白花草木犀	*Melilotus alba*	二年生草本
	锦鸡儿属	小叶锦鸡儿	*Caragana microphylia*	落叶灌木
	米口袋属	光滑米口袋	*Gueldenstaedtia maritima*	多年生草本
	胡枝子属	兴安胡枝子	*Lespedeza davurica*	落叶小灌木
	刺槐属	刺槐	*Robinia pseudoacacia*	落叶乔木
	胡枝子属	胡枝子	*Leapedeza bicolor*	落叶灌木
禾本科	狗尾草属	狗尾草	*Setaria viridis*	一年生草本
	稗属	稗草	*Echinochloa crusgalli*	一年生草本
	早熟禾属	早熟禾	*Poa annua*	一年、多年生草本
	白茅属	白茅	*Imperata cylindrica*	多年生草本
	狼尾草属	狼尾草	*Pennisetum alopecuroides*	一年、多年生草本
	马唐属	马唐	*Digitaria sanguinalis*	一年生草本
	燕麦属	燕麦	*Avena sativa*	一年生草本
	披碱草属	披碱草	*Elymus dahuricus*	多年生草本
	荩草属	荩草	*Arthraxon hispidus*	一年生草本
	䅟属	牛筋草	*Eleusine indica*	一年生草本
	大油芒属	大油芒	*Spodiopogon sibiricus*	多年生草本
唇形科	风轮菜属	风轮菜	*Clinopodium chinense*	多年生草本
	风轮菜属	邻近风轮菜	*Clinopodium confine*	多年生草本
	香茶菜属	毛叶香茶菜	*Rabdosia japonica*	多年生草本
	益母草属	益母草	*Leonurus artemisia*	一年、二年生草本
	香茶菜属	香茶菜	*Rabdosia amethystoides*	多年生草本
车前科	车前属	大车前	*Plantago major*	多年生草本
	车前属	平车前	*Plantago depressa*	多年生草本
大戟科	铁苋菜属	铁苋菜	*Acalypha australis*	一年生草本
	地锦属	地锦	*Euphorbia humifusa*	落叶藤本
	鸡眼草属	鸡眼草	*Kummerowia striata*	一年生草本
藜科	藜属	灰灰菜	*Chenopodium album*	一年生草本
	藜属	灰绿藜	*Chenopodium glaucum*	一年生草本
	地肤属	地肤	*Kochia scoparia*	一年生草本
	虫实属	毛果绳虫实	*Corispermum tylocarpum*	一年生草本
蔷薇科	李属	紫叶李	*Prunus cerasifera*	落叶小乔木
	蔷薇属	月季	*Rosa chinensis*	落叶灌木

续表

科	属	种	学名	几年生
蔷薇科	蛇莓属	蛇莓	*Duchesnea indica*	多年生草本
	委陵菜属	蛇含委陵菜	*Potentilla kleiniana*	二年、多年生草本
	蔷薇属	野蔷薇	*Rosa multiflora*	落叶灌木
毛茛科	铁线莲属	铁线莲	*Clematis florida*	多年生草本
	铁线莲属	秦岭铁线莲	*Clematis obscura*	落叶藤本
	银莲花属	野棉花	*Anemone vitifolia*	多年生草本
堇菜科	堇菜属	堇菜	*Viola verecunda*	多年生草本
	堇菜属	早开堇菜	*Viola prionantha*	多年生草本
锦葵科	蜀葵属	蜀葵	*Althaea rosea*	多年生草本
	木槿属	木槿	*Hibiscus syriacus*	灌木、小乔木
蓼科	蓼属	酸模叶蓼	*Polygonum lapathifolium*	二年生草本
	何首乌属	篱蓼	*Fallopia dumetorum*	一年生草本
马鞭草科	莸属	光果莸	*Caryopteris tangutica*	小灌木
	马鞭草属	马鞭草	*Verbena officinalis*	多年生草本
大麻科	葎草属	葎草	*Humulus scandens*	多年生草本
景天科	佛甲草属	垂盆草	*Sedum sarmentosum*	多年生草本
苦木科	臭椿属	臭椿	*Ailanthus altissima*	落叶乔木
马齿苋科	马齿苋属	马齿苋	*Portulaca oleracea*	一年生草本
牻牛儿苗科	老鹳草属	鼠掌老鹳草	*Geranium sibiricum*	多年生草本
葡萄科	爬山虎属	五叶地锦	*Parthenocissus quinquefolia*	落叶木质藤本
茄科	茄属	龙葵	*Solanum nigrum*	一年生草本
	烟草属	黄花烟草	*Nicotiana rustica*	一年、多年生草本
忍冬科	忍冬属	金银花	*Lonicera japonica*	木质藤本
伞形科	茴香属	茴香	*Foeniculum vulgare*	一年、二年生草本
桑科	构属	构树	*Broussonetia papyrifera*	落叶乔木
莎草科	莎草属	香附子	*Cyperus rotundus*	多年生草本
	薹草属	薹草	*Carex* sp.	多年生草本
十字花科	芸薹属	油菜	*Brassica rapa* var. *oleifera*	一年生草本
	蔊菜属	蔊菜	*Rorippa indica*	一年生草本
石竹科	鹅肠菜属	鹅肠菜	*Myosoton aquaticum*	二年、多年生草本
	无心菜属	无心菜	*Arenaria serpyllifolia*	一年、二年生草本
鼠李科	枣属	酸枣	*Ziziphus jujuba* var.*spinosa*	灌木、小乔木
松科	云杉属	云杉	*Picea asperata*	常绿乔木
	雪松属	雪松	*Cedrus deodara*	常绿乔木
无患子科	栾树属	栾树	*Koelreuteria paniculata*	落叶乔木

科	属	种	学名	几年生
苋科	苋属	苋菜	*Amaranthus tricolor*	一年生草本
玄参科	婆婆纳属	阿拉伯婆婆纳	*Veronica persica*	一年、二年生草本
旋花科	打碗花属	打碗花	*Calystegia hederacea*	多年生草质藤本
	打碗花属	毛打碗花	*Calystegia dahurica*	多年生草本
杨柳科	杨属	小叶杨	*Populus simonii*	落叶乔木
罂粟科	秃疮花属	秃疮花	*Dicranostigma leptopodum*	二年、多年生草本
	博落回属	博落回	*Macleaya cordata*	多年生草本
	紫堇属	紫堇	*Corydalis edulis*	一年生草本
鸢尾科	鸢尾属	马蔺	*Iris lactea* var. *chinensis*	多年生草本
	鸢尾属	鸢尾	*Iris tectorum*	多年生草本
芸香科	黄檗属	黄檗	*Phellodendron amurense*	落叶乔木
紫菜科	紫菜属	紫花地丁	*Viola philippica*	多年生草本
酢浆草科	酢浆草属	红花酢浆草	*Oxalis corymbosa*	多年生草本
	酢浆草属	酢浆草	*Oxalis corniculata*	多年生草本

2. 路域不同位置自然入侵物种统计

路域不同位置自然入侵物种具体见表10-13。其中，路堤边坡出现物种36种、12科、30属；路堑边坡出现物种41种、20科、38属；弃渣场出现物种55种、22科、47属；取（弃）土场出现物种21种、10科、18属；而自然边坡出现物种36种、17科、32属。人工种植物种18种，其中乔木4种、灌木4种、草本9种。路堤边坡的人工种植物种主要有小冠花、紫苜蓿、草木犀，自然入侵物种有33种、12科、27属。路堑边坡的人工种植物种主要有紫穗槐、草木犀、紫苜蓿、波斯菊4种，其中紫穗槐几乎为大部分路堑边坡的人工种植物种，自然入侵物种37种、19科、34属。路肩出现的物种有36种，人工物种12种，涉及7个科；自然物种24种、17科、14属。弃渣场、取（弃）土场出现的物种均是自然入侵物种。

表10-13 路域不同位置自然入侵物种所属科统计

科	路堤	路堑	弃渣场	取（弃）土场	路肩	自然边坡
豆科	2		3			1
菊科	14	14	16	10	6	15
禾本科	6	4	5	2	1	3
鸢尾科	1					1
紫堇科	1	1				
大戟科	1	1	2	2	2	1
莎草科	1		1	1		
藜科	2	2	4	1	1	
苋科	1	1	1		1	

续表

科	路堤	路堑	弃渣场	取（弃）土场	路肩	自然边坡
董菜科	2	1		1		1
马鞭草科	1		1			1
旋花科	1				2	
唇形科		2	4			1
大麻科		1	1		1	
景天科		1				
苦木科		1				
毛茛科		1				3
葡萄科		1				
蔷薇科		1				
莎草科		1				1
茄科		1	2		1	
石竹科		1	1		1	1
十字花科						
罂粟科		1	2	1	1	
车前科			2	1		
苦木科					1	
蓼科		1			1	
马齿苋科		1				
蔷薇科		1				2
杨柳科		1				
酢浆草科		1				1
玄参科		1				
忍冬科				1		
牻牛儿苗科					1	
桑科						1
鼠李科						1
芸香科						1
伞形科					1	

　　由上述统计可知，在路域扰动土壤恢复初期，同自然边坡相比，无论是填方的路堤边坡还是挖方的路堑边坡，弃渣场、取（弃）土场和路肩，自然入侵物种比较普遍，种类也比较多。这主要是由于宝牛高速公路位于秦岭山区，种源丰富，从而为物种恢复提供了较好的外部条件，同时人为扰动破坏了原有的植被群落，植被群落处于重建的动态过程中，优势种和建群种缺乏，使自然入侵成为可能。

3. 出现次数较多的自然入侵物种统计

在物种统计的基础上选出了各样地中出现次数较多的自然物种，并对其进行比较（表10-14）。从表中可以看出，狗尾草的出现次数最多，除在1号、16号和22号样地未出现之外，其余样地均有分布。小蓬草出现27次，仅次于狗尾草，该物种适于生长在旷野、荒地、田边、河谷、沟边或路旁，从其生长环境来看，基本是人为活动较频繁的地方，通过多次调查发现，小蓬草在扰动土壤中是主要入侵的自然物种之一。千里光属于本地常见自然物种，在秦岭地区有大量的分布。黄花蒿、铁苋菜、猪毛蒿、臭椿、苦菜、灰灰菜等分布广泛，对土壤环境的适应能力较强，扰动土壤恢复初期，入侵物种多为适应性强的当地常见物种，这些物种基本都是先锋物种或农田杂草。其来源可能是扰动土壤自身的种子库，也可能有飞虫、风力、汽车等的传播。这些自然物种的侵入对于改良土壤结构是很有益的，但是前面的分析已经得出扰动土壤很贫瘠，使得这种自然入侵速度非常缓慢，难以满足人们对植被快速恢复的要求。高速公路路域扰动土壤的植被重建恢复是以人工引入植被为起点的次生演替，如果停止干扰，则这些次生植物群落的演替会趋向于恢复到受干扰前的原生群落类型，人为干扰方法是将不同演替阶段的物种混合种植，加速植被的正向演替，促进植被群落达到稳定状态。

表10-14　样地出现次数较多的自然入侵物种

植物种名	科	属	出现次数/次
狗尾草	禾本科	狗尾草属	28
小蓬草	菊科	白酒草属	27
千里光	菊科	千里光属	17
黄花蒿	菊科	蒿属	16
铁苋菜	大戟科	铁苋菜	12
猪毛蒿	菊科	蒿属	12
臭椿	苦木科	臭椿属	10
苦菜	菊科	小苦荬属	9
灰灰菜	藜科	藜属	8
野菊	菊科	菊属	8
苋菜	苋科	苋属	8
鹅肠菜	石竹科	鹅肠菜属	7
茭蒿	菊科	蒿属	6
金盏银盘	菊科	鬼针草属	6
苦苣菜	菊科	苦苣菜属	6
牧蒿	菊科	蒿属	6
刺儿菜	菊科	蓟属	5
堇菜	堇菜科	堇菜属	5
风毛菊	菊科	风毛菊属	5
香附子	莎草科	莎草属	5

10.3.2　样地物种指数分析

根据调查的物种数目，参照物种的丰富度、多样性和均匀度指数计算公式，计算出所有地块的丰富度、多样性和均匀度指数，如表 10-15 所示。从丰富度指数来看，路堤边坡中路堤拱形骨架的丰富度较高，其中路堤边坡中 24 号样地路堤拱形骨架的丰富度指数最高，即该地块的物种数最高，R、Margalef 指数 R_1、Menhinick 指数 R_2 的变化都是一致的；路堑边坡中 10 号样地和 27 号样地的丰富度较高，这两个地块的丰富度基本没有大的区别；弃渣场上植被的恢复中，18 号样地的丰富度较高，在调查过程中，18 号样地附近有一个水库，该弃渣场是填平了部分水库而形成的，因此在水分上比较充裕，也就增加了物种丰富度的可能性。12 号弃渣场有 3 种恢复模式，部分覆土、完全覆土和未覆土，部分覆土和完全覆土的物种数要比未覆土的物种数丰富很多，部分覆土的土壤厚度不均匀，接近完全覆土的区域物种数较多，植被恢复好，因此从植被恢复的物种多样性角度分析，弃渣场的恢复最好采取覆土模式，因为外来表层土可为植被重建恢复提供一定的种源和植被生长所需的一些养分，这就使植被重建恢复初期的物种生长环境得到了有效的改善。路肩和中央分车带的丰富度都比较好，这基于这两个区域有很多人工种植的植被，种类丰富，表层有覆土。挖方土壤物种的丰富度就相对低一些，大量机械挖掘导致深层土壤裸露，带走了表层土壤种源和养分，不利于植被恢复。13 号弃土场中土壤原本就存有种源以及养分，且该弃土场旁边也有一个农田水渠，为植被恢复提供了较好的自然环境。15 号取土场旁边是农田，农田中的有机肥、种子传播等优势条件，使其物种的丰富度也比较好。总的来说，扰动土壤地上植被丰富度指数和自然土壤 16 号相比，差别还是比较大的，22 号样地的植被演替已经达到相对较高的水平，物种的分布有一定的分层，种类相对比较稳定。

表 10-15　各样地物种丰富度、多样性和均匀度指数

样地编号	护坡模式	丰富度			多样性			均匀度		
		R	R_1	R_2	D_1	D_2	D_3	E_a	E_{sw}	E_{si}
1	路堤植草	4	0.7611	0.5574	0.578	1.0835	0.6496	0.7006	0.7816	0.7707
17	路堤植草	13	2.6905	1.3978	0.8015	1.9558	0.4455	0.6652	0.7625	1.0004
9	路堤拱形骨架	15	2.5411	0.9544	0.8317	2.0067	0.4102	0.7676	0.741	0.9635
11	路堤拱形骨架	10	1.5111	0.509	0.2214	0.5909	0.8824	0.353	0.2566	1.1084
20	路堤拱形骨架	11	2.3459	1.3055	0.7174	1.7312	0.5316	0.5463	0.722	1.0644
23	路堤拱形骨架	15	2.6056	1.0218	0.75	1.7206	0.5	0.654	0.6353	0.8727
24	路堤拱形骨架	17	3.6258	1.8716	0.8278	2.0804	0.415	0.6859	0.7343	0.9474
3	路堑植草	8	1.5103	0.7883	0.8489	1.9545	0.3887	0.927	0.9399	1.0345
7	路堑植草	7	1.5337	0.9899	0.7678	1.6826	0.4819	0.755	0.8647	0.9224
19	路堑植草	10	1.5512	0.5496	0.6896	1.4304	0.5571	0.6985	0.6212	0.8407
27	路堑植草	16	2.9274	1.2344	0.4729	1.1628	0.726	0.4081	0.4194	0.5059
25	路堑拱形骨架	10	1.6877	0.695	0.549	1.257	0.6716	0.484	0.5459	0.6173

续表

样地编号	护坡模式	丰富度			多样性			均匀度		
		R	R_1	R_2	D_1	D_2	D_3	E_a	E_{sw}	E_{si}
2	路堑拱形骨架+土工格室	13	2.2523	0.9058	0.7977	1.8028	0.4498	0.7783	0.7029	1.0331
10	路堑拱形骨架+土工格室	16	2.8245	1.1244	0.7525	1.8192	0.4975	0.5883	0.6561	0.8979
26	路堑拱形骨架+土工格室	6	1.3135	0.8944	0.738	1.4688	0.5118	0.8425	0.8197	0.8904
30	路堑拱形骨架+土工格室	9	1.7608	0.9283	0.6532	1.3381	0.5889	0.67	0.609	0.7394
4	弃渣场人工恢复	11	2.031	0.9381	0.5881	1.2734	0.6418	0.5549	0.531	0.6546
4	弃渣场自然恢复	12	2.1162	0.8922	0.7418	1.5832	0.5081	0.7423	0.6371	0.8306
5	弃渣场人工恢复	5	0.8815	0.5171	0.411	0.8278	0.7675	0.5416	0.5144	0.515
12	部分覆土	14	2.1169	0.6496	0.2549	0.6789	0.8632	0.3521	0.2572	0.2771
12	完全覆土	13	2.0907	0.7372	0.6982	1.4612	0.5494	0.6986	0.5697	0.9339
12	未覆土	5	1.2069	0.9535	0.722	1.4256	0.5273	0.8217	0.8858	0.9835
14	弃渣场	17	3.2718	1.4741	0.8672	2.2575	0.3644	0.7631	0.7968	0.9766
18	弃渣场	24	4.9221	2.3202	0.7863	1.7693	0.4623	0.7559	0.5567	0.9044
21	弃渣场	10	1.6114	0.6126	0.5302	1.1642	0.6854	0.5123	0.5056	0.6023
8	路肩平台	14	1.9964	0.5397	0.6906	1.4433	0.5562	0.6900	0.5469	1.0769
28	路肩平台	22	3.3048	0.9175	0.6823	1.6642	0.5636	1.0053	0.5384	1.0270
29	中央隔离带	21	3.0145	0.7612	0.4985	1.0317	0.7082	0.5504	0.3389	0.5967
6	挖方	8	1.4238	0.6847	0.6770	1.4241	0.5683	0.6645	0.6848	0.7769
13	弃土场	12	2.5211	1.3544	0.7125	1.5939	0.5362	0.6317	0.6414	0.9697
15	取土场	14	2.675	1.2326	0.3720	0.7199	0.7925	0.5619	0.2728	0.4007
16	自然	32	7.2486	3.7712	0.7056	1.8550	0.5426	0.4446	0.5353	0.7591
22	自然边坡	6	0.967	0.4523	0.5435	0.9584	0.6756	0.7407	0.5349	1.0400

从物种的多样性来看，路堤边坡9号样地、路堑边坡3号样地、弃渣场14号样地、弃土场13号样地的多样性指数D_1和D_2在对应类型区域中都是最大的，而路堤边坡11号样地、路堑边坡27号样地、弃渣场12号样地部分覆土、取土场15号样地的D_1和D_2指数是最小的，但是D_3多样性指数的变化趋势则完全相反，路堤边坡的11号样地最大，9号样地最小，同样，路堑边坡27号样地、弃渣场12号样地部分覆土、取土场15号样地的D_3多样性指数都是这些区域中最大的。

从物种的均匀度来看，路堤边坡E_a指数最大的样地是9号样地，最小的为11号样地；E_{sw}指数最大的是1号样地，最小的是11号样地；E_{si}指数最大的是11号样地，最小的是1号样地。11号样地的E_a和E_{sw}指数最小，而E_{si}指数相反，11号样地最大。而在多样性指数中，11号样地的D_3多样性指数是路堤边坡中最大的，可以判断出该地块中

种的分配比较均匀。路堑边坡中三个指数变化一致，其中 3 号样地均匀度指数最大，27
号样地最小，由此说明 3 号样块的分布比较均匀。弃渣场中 12 号样地部分覆土和未覆
土之间的差别最明显，未覆土由于种类少，物种的分配均匀，而覆土不均匀的弃渣场，
土壤的养分不一致使得物种的均匀度较低，完全覆土的弃渣场则居于其中，这样从种
的均匀性上来讲，也是建议弃渣场的恢复要覆土。路肩平台和中央隔离带的物种均是
人工搭配，种的均匀度变化相对稳定。挖方、弃土场还有取土场的均匀度之间差异也
较小。总的来说，扰动土壤的均匀度指数变化范围在 0.3～1.2，路域不同位置的植被均
匀度指数差异较大，充分说明人为干扰对物种的重新分布影响很大。

1. 扰动土壤出现物种丰富度分析

物种丰富度是指一个群落或生境中种的数目的多寡（李景文，1994）。只有这个
指标才是客观的多样性指标（Pool，1974）。不同扰动方式的土壤的丰富度指数变化见
图 10-6，其中路肩和自然边坡的 R 值相等，路肩主要为人工物种，路肩的位置处在公
路的旁边，高速公路绿化的一个重要体现便是对路肩的绿化，路肩的物种相对于边坡
要丰富很多。路堤和弃渣场的 R 值均高于路堑和取土场，从扰动方式来看，路堤和弃
渣场都是回填而成，这些回填土在大多数情况下均是附近的表土，无论是养分还是土
壤内的种子库，都比挖方所产生的心土层丰富，这些养分和种子库对于初期植被重建
恢复有很大的影响，在高速公路路域植被的恢复初期，当地野生物种的入侵很多是源
于这部分表土以及风力传播、飞虫、汽车行驶等带来的种源。可初步认为，回填表土
无论是养分还是物种的种类平均都要高于挖方形成的心土层。R 值的变化比较明显。除
了路肩之外，不论是填方上壤路堤还是挖方土壤路堑、取土场，R_1 都没有显著差异，
所以该段路域扰动土壤的 Margalef 指数变化不大。从 R_2 可以看出，路肩和路堑同自然
土壤的差异较大，路堤、弃渣场和取土场与自然土壤差异较小。

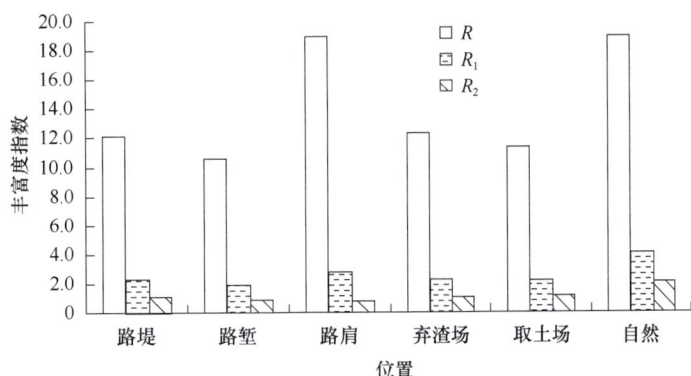

图 10-6　路域不同位置植被的丰富度指数

2. 扰动土壤出现物种多样性分析

物种多样性是指物种水平的生物多样性及其变化，包括一定区域内生物区系的状
况（如受威胁状况和特有型等）、形成、演化、分布格局及其维持机制等，是生物多样

性在物种水平上的表现形式（江玉林和杜娟，2000；孔德秀，2008）。根据植被的调查结果，选用Simpson指数D_1、香农-维纳多样性指数D_2和Audair指数D_3对路域物种的多样性进行分析（图10-7），路堤、路堑的D_1均高于自然土壤，弃渣场和路肩都高于取土场。各个扰动土壤的D_2变化同D_1也基本一致。D_3的变化正好相反，路堤边坡和路堑边坡的D_3都明显低于自然植被，取土场的D_3指数也高于弃渣场和路肩。从图10-7中看出，扰动土壤之间的物种多样性以及与自然植被相比，变化都不是很大，因此物种多样性之间的差异不大。

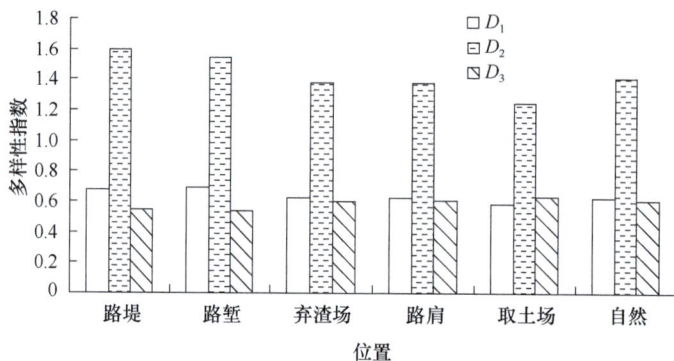

图10-7　路域不同位置植被的多样性指数

3. 扰动土壤出现物种均匀度分析

物种均匀度是指一个群落或生境中全部物种个体数目的分布情况，反映种属组成的均匀程度。均匀度分析降低了种的数目的重要性，而强调了个体数目的重要性。路域植被的均匀度分析中（图10-8），E_a指数排序为路肩＞路堑＞弃渣场＞路堤＞取土场＞自然，E_{sw}指数排序为路堑＞路堤＞弃渣场＞自然＞取土场＞路肩，E_{si}指数排序为路堤＞路肩＞自然＞路堑＞弃渣场＞取土场，其中，E_a指数变化范围在0.6～0.75，差异较小。E_{sw}指数和E_{si}指数变化范围分别是0.5～0.7和0.75～0.95，可以看出路域植被之间以及和自然植被之间的均匀度变化都不显著，差异较小。

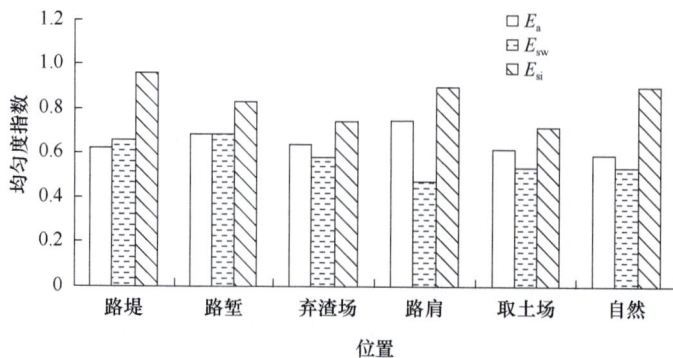

图10-8　路域不同位置植被的均匀度指数

10.3.3 路域植被生物量的分析

生物量是指在一定时间内单位面积内实存生活的有机物质（干重）的总量，在植物群落中，其是反映土地生产力的常用指标（郭兆元等，1992），近20年来我国对生物量的研究有很多，并且取得了一些重要的成果（冯宗炜等，1999；肖文发等，1999；郑征等，2000）。根据高速公路路域植被的生物量研究，生物量与种间协调性、水分以及物种本身的特性都有关系，其中物种本身的特性是最主要的因子，但是在高速公路边坡，由于其水分缺乏，水分压力就成了主要因子（何宇翔，2009）。从前面的土壤分析结果可以看出，在经过人为扰动之后，路域土壤的肥力有了很大的变化，有机质、全氮等决定土壤肥力的重要指标都相对缺乏，那么扰动土地的生产力到底达到了什么程度，还需要利用一个比较宏观的指标——地上生物量来做更深入的分析（黄锦辉等，2002），本书通过分析扰动土壤植被重建恢复初期物种群落的生物量，以揭示扰动土壤的土地生产力状况和植被的关系。

10.3.4 路堤边坡的生物量分析

路堤边坡共有9块样地，从图10-9看出24号样地的总生物量最高，总量达358.97g/m²，高于自然样地16号和22号，24号样地的主要物种是小冠花和猪毛蒿，小冠花的生物量为219.39g/m²，小冠花为人工种植物种，可以看出小冠花是该样地的优势物种，具有主导地位，自然物种猪毛蒿的生物量为109.93g/m²，在未来的几年内小冠花和自然入侵物种猪毛蒿的种间竞争会比较激烈。另外，1号样地和11号样地的总生物量分别是237.34g/m²和263.56g/m²，1号样地紫苜蓿的生物量是211.02g/m²，11号样地紫苜蓿的生物量是172.56g/m²，紫苜蓿是人工种植的，紫苜蓿的生物量在这两个样地占有绝对优势，在一定时期内处于优势地位。9号样地和20号样地的优势种在总生物量中的比例不是很大，9号样地的主要物种是紫苜蓿、艾蒿和千里光，紫苜蓿的生物量为23.39g/m²，与艾蒿的88.43g/m²和千里光的51.12g/m²相比，人工种植的紫苜蓿落后于本地物种千里光和艾蒿。20号样地的主要物种是猪毛蒿和小冠花，这两个物种的生物量都在85g/m²

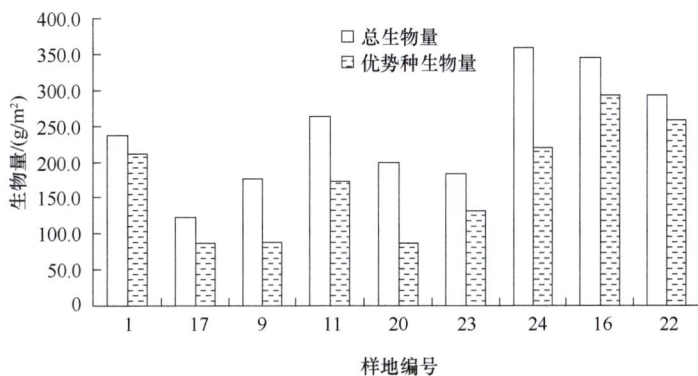

图10-9 路堤边坡的生物量

左右，同24号样地相似，小冠花和猪毛蒿的种间竞争可能会很强。总的来说，路堤边坡生物量低于自然土壤，这和土壤养分有很大关系，土壤有机质、全氮都偏低，制约着地上植被的生物量。

10.3.5 路堑边坡的生物量分析

路堑边坡都种植灌木紫穗槐，生物量的采集只是针对草本植物，因此数值上和自然边坡的生物量会有很大差异（图10-10）。在路堑边坡，3、7、19、10、30号样地的生物量都是优势种占主导，优势种分别是紫苜蓿、野菊、飞蓬、牡蒿、紫苜蓿，其中紫苜蓿是人工种植物种。27号样地的生物量很小，只有4.59g/m^2，说明该样地的草本植被生长不良。总之，路堑边坡的草本生物量均偏低，这和地上生长的灌木紫穗槐有很大关系。

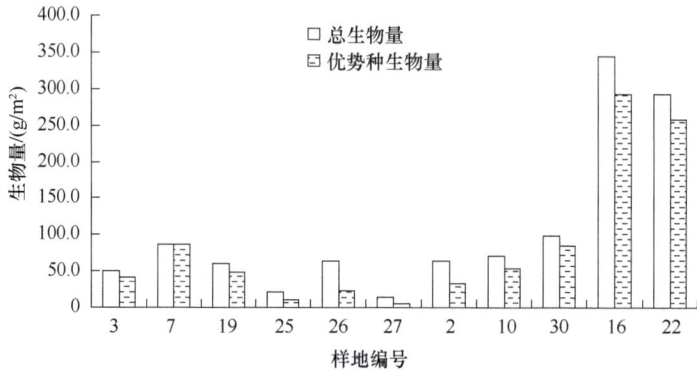

图10-10 路堑边坡的生物量

10.3.6 弃渣场的生物量分析

弃渣场的生物量变化如图10-11所示，18号样地生物量最大，为528.89g/m^2，其中优势种地肤为477.69g/m^2，占有绝对优势，18号弃渣场在水库旁边，植物生长的水分条件比较充足。14号样地生物量为353.48g/m^2，优势种的生物量为329.9g/m^2，处于优势地位，这也和14号样地所处的位置有很大关系，因为14号样地在农田的旁边，农田的肥力等会部分迁移到旁边的弃渣场，这也给其生物量的偏高提供了一定的优势。对于覆土情况不同的12号弃渣场来说，完全覆土的12b高于未覆土的12c和部分覆土的12a，从生物量角度说，建议弃渣场的恢复要覆土，为植被重建恢复提供较好的客观基础。4a和5号样地是人工恢复物种，种植紫苜蓿，其盖度较高且均匀一致，可以看出紫苜蓿生长良好，适合在宝牛高速公路段播种。其余的弃渣场都是自然恢复，恢复的物种基本都是当地广泛分布的物种，如狗尾草、飞蓬、猪毛蒿等，恢复初期这些物种基本都是主要物种。

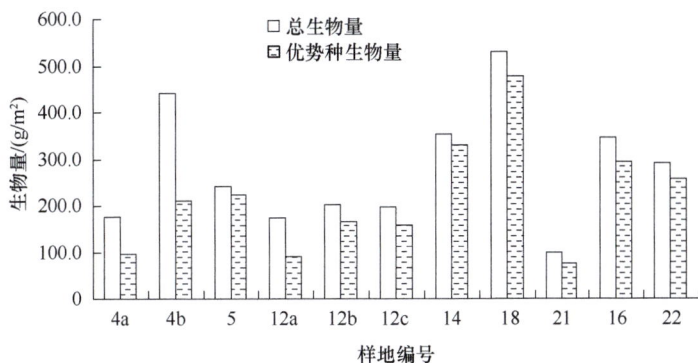

图 10-11　弃渣场的生物量

4a指人工恢复；4b指自然恢复；12a指部分覆土；12b指完全覆土；12c指未覆土

10.4　土壤理化性质与物种指数的相关性分析

10.4.1　扰动土壤的理化性质与物种指数的典型相关分析

典型相关分析是研究两类变量集合间相互关系的主要方法，涉及多因素对多因素集合间的统计分析。本节将土壤理化性质与地上植被指数（丰富度、多样性、均匀度）以及地上生物量进行典型相关分析，计算出各组典型变量及其相关关系，找出土壤质量和地上物种的相关性。丰富度、生物量、多样性指数（Simpson指数D_1和香农-维纳多样性指数D_2）、均匀度指数E_{sw}（基于香农-维纳多样性指数）和E_{si}（基于Simpson指数）分别用$Y_1 \sim Y_6$表示，土壤理化性质继续沿用上个分析中的$X_1 \sim X_8$，分析结果如表10-16所示。

表 10-16　扰动土壤理化性质与物种指数的典型相关分析

典型变量	典型相关系数	特征值	累计贡献率	F统计量	显著性p
1	0.7811	1.5651	50.4742	2.6426	0.000
2	0.6732	0.8288	77.2028	1.9169	0.003
3	0.5515	0.4372	91.3013	1.3486	0.140
4	0.4121	0.2045	97.8971	0.8564	0.614
5	0.2302	0.0559	99.7008	0.4043	0.916
6	0.0959	0.0093	100.0000	0.1577	0.924

从表10-16中可以看出，六组典型变量的F统计量，只有前两组通过检验（$p<0.05$），且均达到极显著水平。前两组典型变量的累计贡献率接近80%，因此只取第一、二组进行分析。

两组典型变量如下：

$$V_1 = 0.1176X_1 - 0.3458X_2 + 0.9325X_3 + 1.0442X_4 + 0.2057X_5 - 0.6678X_6$$
$$- 0.0462X_7 + 0.7097X_8 \tag{10-14}$$

$$U_1=0.4779Y_1+0.6395Y_2+1.3535Y_3-1.3715Y_4-0.5682Y_5+0.0601Y_6 \qquad (10\text{-}15)$$

$$V_2=0.0788X_1+0.4529X_2+0.7444X_3+0.0064X_4+0.9254X_5+0.4677X_6+0.2433X_7$$
$$-1.0230X_8 \qquad (10\text{-}16)$$

$$U_2=-0.6160Y_1+0.4641Y_2+1.4378Y_3-0.4624Y_4-0.6662Y_5+0.4526Y_6 \qquad (10\text{-}17)$$

土壤性质 V，第一对典型变量主要反映有机质（X_3）、全氮（X_4），第二对典型变量主要反映无机氮（X_5）、速效钾（X_8）。物种指数中，第一对典型变量主要反映生物量（Y_2）、Simpson 指数（Y_3）和香农－维纳多样性指数（Y_4），第二对典型变量主要反映丰富度（Y_1）、Simpson 指数（Y_3）和 E_{sw}（Y_5）。

每对典型变量系数的绝对值越大，说明其权重越大，系数的正负表明是正相关还是负相关。第一对典型变量 V_1 中 X_3 和 X_4 的系数较大，表明有机质和全氮在土壤质量中占的权重大，第一对典型变量 U_1 中 Y_2 和 Y_3 的系数较大，且都为正，表明有机质、全氮同生物量和 Simpson 指数显著正相关，有机质和全氮是引起地上植被生物量和物种多样性的主要因子。第二对典型变量 V_2 中 X_5 的系数为正，X_8 的系数为负，第二对典型变量 U_2 中 Y_3 的系数为正，说明无机氮和 Simpson 指数有一定的正相关性，速效钾和 Simpson 指数负相关，无机氮和速效钾的含量都影响物种多样性。

从典型相关分析的结果得出，土壤养分含量，特别是有机质和全氮对物种的生物量和多样性有很显著的影响，有机质和全氮的多少决定了土壤的质量，是判断土壤肥力条件的标准（董世魁等，2008；董效斌等，2002）。路域土壤经过了人为扰动，土壤团粒结构遭到了破坏，导致养分大量流失，因此人为扰动的路域土壤恢复一个重要的限制条件就是有机质和全氮的缺失，这两个因子约束着地上植被的生物量和物种多样性，增加了路域植被重建和恢复的工作难度（冯宗炜等，1999）。

10.4.2 路域植被不同恢复模式对比分析

1. 路堤边坡不同恢复模式效果分析

路堤边坡有两种恢复模式，根据坡度的大小，分为直接植草模式和拱形骨架植草模式（陈跃，2003）。其中，1 号和 17 号样地的坡度较小，在 10° 左右，因此采用直接植草模式恢复，样地本身土壤来源的差异致使有机质和全氮含量不同，恢复效果也有差异。两个样地人工植被都是紫苜蓿和草木犀，1 号样地土壤有机质含量为 3.28g/kg，高于 17 号样地土壤有机质含量（1.95g/kg），物种的生物量也较高。从物种种类来看，1 号样地主要是人工物种紫苜蓿和草木犀，只有少量自然物种马唐，17 号样地除紫苜蓿和草木犀外，自然物种包括灰绿藜、青蒿、铁苋菜、苋菜、狗尾草等，种类明显多于 1 号样地，虽然人工物种处于优势地位，但是自然物种的入侵增加了种间竞争，这是因为该样地养分含量偏低导致人工物种紫苜蓿和草木犀生长不良，因此对 17 号样地应加强人工管护，有效提高紫苜蓿的竞争优势。

拱形骨架植草模式中，20 号和 24 号样地所处位置接近，护坡模式相同。20 号样地以人工物种小冠花、紫苜蓿和自然物种猪毛蒿为主，其中猪毛蒿占主导地位；24 号样地则以人工物种小冠花和小叶锦鸡儿为主。从生物量来看，20 号样地的生物量

（199.23g/m²）小于 24 号的 358.97g/m²，表明小冠花和小叶锦鸡儿组合更适合该类边坡，同时能抵御外来物种的大量入侵。因此，路堤边坡种植小叶锦鸡儿和紫苜蓿的恢复效果较好。

2. 路堑边坡恢复效果分析

路堑边坡共包括 9 块样地，护坡模式包括路堑植草、路堑拱形骨架植草和路堑拱形骨架＋土工格室植草 3 种模式。

1）不同护坡模式的对比分析

2 号样地属于路堑拱形骨架＋土工格室植草护坡模式，3 号样地属于路堑植草模式，两个样地的位置接近，不同的护坡模式恢复效果也有差别。2 号样地的有机质和全氮含量及生物量都高于 3 号样地。两块样地的人工物种都是紫穗槐，2 号样地紫穗槐的平均高度为 180cm，最大高度为 290cm；而 3 号样地紫穗槐的平均高度为 130cm，最大高度为 150cm；2 号样地出现物种数为 13 种，3 号样地为 8 种。这些指标表明，2 号样地的立地条件优于 3 号样地，也就是说 2 号样地路堑拱形骨架植草护坡模式明显优于纯植草护坡。

纯植草护坡有其局限性，植物护坡虽然能防止边坡表层土的冲刷，起到加固表层土的作用，但是对边坡深层的加固作用不大，工程措施则能有效地加固可能失稳的边坡（陈迎辉等，2004a），但是工程防护会使被破坏的环境得不到恢复，因此工程措施与植物措施的结合是取其优点，使边坡防护的整体效益最大（陈迎辉等，2004b）。因此建议将工程护坡和植物护坡结合起来，不仅初期的植被恢复效果好，也有益于边坡长期的稳定。

2）紫穗槐的生长情况分析

宝牛高速公路边坡恢复中，人工种植的灌木物种主要是紫穗槐。路堤边坡 9 号样地和路堑边坡 19 号样地都种植紫穗槐（表 10-17）。2 号样地紫穗槐的高度最大，10 号、25 号、26 号、30 号和 9 号样地的高度也相对较高，其中 2 号、10 号、26 号和 30 号的边坡防护都是土工格室，可以看出土工格室护坡的物种生长良好。3 号、7 号、19 号和 27 号的紫穗槐高度偏小，这些边坡都是纯植草护坡模式，表明工程措施和植物措施相结合，无论是当前的恢复效果，还是后期的边坡防护都明显优于纯植草护坡。7 号样地的紫穗槐生长最弱，该样地的土壤呈现砖红色，地表层有很多未完全风化的岩石，土壤的有机质全氮含量都很低，紫穗槐在该处的生长基本被自然物种野菊替代，前面的主成分结果排名靠后的样地包括 7 号样地，这些都说明 7 号样地自然条件很差，需要人工覆土、施加复合肥等改良土壤的措施。

表 10-17　种植紫穗槐的边坡恢复情况

样地编号	有机质	紫穗槐密度/（株/m²）	草本数/种	总盖度	紫穗槐	
					平均高度/m	最大高度/m
2	6.28	8.75	12	0.65	180	290
3	4.26	3.50	7	0.5	130	150
7	0.78	7.00	6	0.35	100	130
10	3.60	12.00	15	0.5	200	270
19	3.55	10.50	9	0.75	170	200

续表

样地编号	有机质	紫穗槐密度/ （株/m²）	草本数/种	总盖度	紫穗槐	
					平均高度/m	最大高度/m
25	6.04	6.15	9	0.65	200	260
26	4.40	13.50	5	1	180	240
27	5.24	4.25	15	0.3	120	150
30	6.67	9.38	8	0.4	190	230
9	10.96	12.63	14	0.6	200	250

灌草结合不仅能形成稳定的群落层，而且可以有效防止雨水冲刷边坡，起到水土保持的效果（陈铁林等，2004）。紫穗槐密度过大会阻碍地上草本物种的生长，适当的密度不仅没有影响盖度，反而给草本物种的生长提供一定的空间，形成双层稳定结构。从表10-17中看出边坡总盖度随着紫穗槐的种植密度的增大呈现曲折变化趋势，即紫穗槐的密度达到一定数值之后总盖度会随着株数的增多而减小。19号边坡的总盖度最大，为0.75，其紫穗槐的密度为10.50株/m²，地上出现的草本数为9种；2号和25号样地的有机质含量相近，紫穗槐的密度分别是8.75株/m²和6.15株/m²，总盖度都是0.65，但是出现的草本数分别是12种和9种；10号样地紫穗槐虽然具有较大的密度，但是总盖度为0.5，偏低，不利于拦截雨水。初步看出密度比较合适的是2号样地，其盖度为0.65，这样的植被密度既不影响边坡盖度，也为自然物种的入侵留有空间，有助于形成活地被层。

3. 弃渣场的植被重建恢复效果分析

1）人工恢复和自然恢复的效果分析

根据是否人工种植物种，将弃渣场的恢复分成人工恢复和自然恢复两种模式（陈济丁，2002）。人工恢复的弃渣场土壤有机质和全氮都高于自然恢复，植被的盖度高且均匀一致，而自然恢复的弃渣场物种盖度呈斑块状，基本不足0.4。人工恢复的弃渣场植被主要是紫苜蓿，也有部分自然物种小蓬草、狗尾草以及少量的苦菜、千里光。人工种植紫苜蓿的生物量则低于自然恢复物种小蓬草。初步判断，人工物种紫苜蓿的生长竞争不过自然物种飞蓬，自然物种小蓬草、狗尾草等更适合在弃渣场生长。但是弃渣场土壤由于杂质等侵入，有机质和全氮等决定土壤肥力的指标都偏低，小蓬草虽然生长很快，但对土壤的改良作用缓慢，而紫苜蓿属于豆科植物，有固氮作用，从长远角度考虑，种植紫苜蓿能提高土壤肥力，为周边自然物种的侵入提供良好的土壤环境，有利于乡土物种的侵入，逐步演变到与周围景观协调的自然群落。

2）弃渣场的自然恢复效果分析

根据覆土的多少弃渣场的自然恢复分3种模式，即部分覆土、完全覆土和未覆土。12号弃渣场包括这3种模式，有机质、全氮以及生物量的排名都是完全覆土＞部分覆土＞未覆土，其中部分覆土和完全覆土的主要优势种是小蓬草，而未覆土的优势种是猪毛蒿。不同恢复模式出现的物种分别是，部分覆土出现物种小蓬草、狗尾草等13种；完全覆土出现物种小蓬草、狗尾草等10种；未覆土出现猪毛蒿、黄花蒿等5种。小蓬草、狗尾草、黄花蒿、千里光、猪毛蒿、苦菜、金盏银盘这些都属于本地常见种。部分覆土中可能由于表土分布不均匀而出现了一些偶见种，如鸡眼草、光滑米口袋和益母草，这些物种仅在弃渣场中出现，其经过飞虫传播的可能性很小，因此来自表土层种源的可能性很大，这些偶见种可以增加弃渣场恢复物种的种类。自然恢复的弃渣场盖度不均匀且很低，石砾含量超过50%的弃渣场盖度在0.2以下，甚至没有植被生长。路域的植被重建恢复是以人工引入为起点的次生演替，后期如果没有人为干扰，那么物种的演替会恢复到破坏前的状态，而适当的管护可以加速物种向更稳定的方向演替。因此，建议弃渣场的恢复要覆土，外来的表层土壤不仅能带来一定的养分，也增加了物种恢复的多样性。

4. 取（弃）土场的植被重建恢复效果分析

宝牛高速公路有两处取土场和一处弃土场，分别是6号和15号取土场以及13号弃土场，均为自然恢复。其中，其有机质和全氮含量排序是6号＞13号＞15号，生物量排序是13号＞15号＞6号。6号样地出现的物种主要有小蓬草、猪毛蒿等8种，13号样地出现的物种主要有小蓬草、野菊等11种，15号样地出现的物种主要有金盏银盘、秃疮花等5种。分析出现物种数可以看出，取土场（6号、15号）出现的物种数少于弃土场（13号），因为大量的挖方作业将表层富含养分的土壤全部挖走，剩下的心土层或母质几乎没有多少种源，而自然恢复需要依靠外来种的侵入。弃土场则不然，虽然养分和物种数都有所下降，但还是保留了原来土壤的一些成分，基础条件要好于挖方土壤。

6号和15号的植被恢复不同可能的原因是，15号样地属于机械大挖方，土壤的颜色发红，从高度上判断，其属于土壤内层十几米的深度，养分和种源匮乏，因此恢复效果最差。建议取土场的恢复尽量覆表层土，或者增施复合肥等增加土壤养分含量。

5. 路肩平台和中央隔离带的植被重建恢复效果分析

本次调查的样地包括两块路肩平台样地（8号、28号）和一块中央隔离带样地（29号）。路肩平台和中央隔离带的恢复效果不仅关系到路域植被的重建，而且对高速公路的景观效果的好坏也有重大作用。在调查过程中，8号路肩平台出现的自然物种主要有狗尾草、小蓬草、猪毛蒿、黄花蒿和小叶杨，28号路肩平台出现了狗尾草、千里光等10种自然物种，29号中央隔离带出现了小蓬草、狗尾草等9种自然入侵物种，由于路肩平台和中央隔离带均是人工恢复，无论是有机质还是全氮以及表层土的厚度，都优于其他扰动土壤，土壤条件较好，当地的自然物种很快就会侵入进来，并同人工物种竞争生存空间，因此基于景观原因要加强管理。

10.5　结论和建议

10.5.1　结论

（1）紫穗槐是宝牛高速公路边坡应用最多的灌木种，成活率高且生长良好。边坡总盖度随着紫穗槐的种植密度呈现曲折变化，即紫穗槐的密度达到一定数值之后会随着株数的增多而减小。紫穗槐生长较好的护坡模式是拱形骨架＋土工格室护坡，实现了工程措施和植物措施的综合防护效能。紫穗槐灌丛中均有乡土物种侵入，可以形成活地被层，灌草结合群落结构要比单纯灌木或单纯草本结构具有更好的水土保持效果，结构也更稳定。

（2）弃渣场土壤石砾含量在30%～60%之间，其中石砾含量低于30%的地方植被人工恢复较好，盖度在1左右，自然恢复的盖度基本不足0.4；石砾含量高于50%的地方植被自然恢复很差，盖度在0.2以下甚至没有植被生长。

（3）宝牛高速公路路域共出现的自然物种种类丰富，达到99种，这给扰动土壤的自然恢复提供了坚实的种源基础。

（4）弃渣场土壤有机质和全氮等养分含量非常缺乏，弃渣场覆土与未覆土的自然恢复差别较大，石砾含量超过30%以上的弃渣场覆土后恢复效果比未覆土更明显。

10.5.2　建议

（1）控制紫穗槐栽植密度（0.6），混播紫苜蓿等豆科草本，确保在快速提高土壤肥力的同时也能促进当地草本物种的入侵，以建立稳定群落结构。

（2）综合扰动土壤的质量和生物量指标得出，与自然样地相比，扰动土壤的质量与自然土壤相比差距较大，建议采取有效的人工措施，改善土壤加速植被的重建恢复。

（3）扰动土壤质量普遍偏低，有机质和全氮等养分含量基本都处于“很低”或“低”水平，土壤有机质是土壤氮素的来源，增加土壤有机质是提高土壤质量的关键，也是确保路域植被重建成功的关键措施。建议通过种植豆科物种、增施复合肥等人工措施提升土壤肥力，最终提高植被重建效果。

（4）弃渣场植被自然恢复盖度多成斑块状，而人工恢复种植的紫苜蓿不仅盖度高且均匀一致，能改良土壤并为自然入侵物种提供较好的生长环境（提高土壤肥力）。建议土壤石砾含量超过30%以上的弃渣场要实施覆土，同时结合种植豆科牧草和灌木。

（5）工程措施和植物措施结合不但能有效提升边坡的防护性能，而且能促进植被的良好生长。建议路堤和路堑边坡实施工程和植物措施结合的综合防治措施，植物物种以小冠花和小叶锦鸡儿搭配种植；路肩和隔离带应加强管护，保证植被的正常生长；必须考虑边坡的稳定性和安全性，植被的选择要与周围大环境相协调一致，并考虑植物的生态性、形态性、地域性。

参 考 文 献

鲍士旦. 2000. 土壤农化分析. 3版. 北京：中国农业出版社.

蔡向阳. 2009. 汝郴高速公路沿线土壤理化性状的研究. 中外公路，9（2）：11-13.

陈辉，李双成，郑度，等. 2003. 青藏公路铁路沿线生态系统特征及道路修建对其影响. 山地学报，21（5）：559-567.

陈济丁. 2002. 公路绿化综述. 交通环保，（9）：12-13.

陈铁林, 周成, 沈珠江. 2004. 结构性黏土压缩和剪切特性试验研究. 岩土工程学报, 1（26）: 31-35.

陈迎辉, 罗怀斌, 朱开明. 2004a. 用野生狗牙根草绿化湖南高速公路石方边坡的试验研究. 中南林业调查规划, 23（2）: 53-56.

陈迎辉, 朱开明, 罗怀斌. 2004b. 攀援植物在潭邵高速公路石方边坡绿化中的应用技术. 湖南林业科技, 31（2）: 33-35.

陈跃. 2003. 高原山区高速公路建设与生态环境的可持续发展——问题与对策探讨. 昆明理工大学学报（理工版）, 28（2）: 127-131.

董世魁, 崔保山, 丁宗凯, 等. 2008. 大保高速公路老营段路域植被生态恢复. 生态学报, 28（4）: 1483-1490.

董效斌, 卫刚, 杨慧珍, 等. 2002. 利用野草稳固美化边坡. 山西建筑, 28（11）: 148-149.

冯宗炜, 王效科, 吴刚. 1999. 中国森林生态系统的生物量和生产力. 北京: 科学出版社.

龚晓南. 2002. 土力学. 北京: 中国建筑工业出版社.

顾文兴. 1989. 汽车废气对土壤及蔬菜铅污染的调查. 上海环境科学, 8（2）: 33-34.

郭兆元, 黄自立, 冯立孝. 1992. 陕西土壤. 北京: 科学出版社.

何宇翔. 2009. 高速公路沿线土壤理化性质研究. 武汉理工大学学报（交通科学与工程版）, 33（3）: 499-502.

黄锦辉, 李群, 刘晓丽, 等. 2002. 河南周口至省界段高速公路建设对生态环境的影响. 生态学杂志, 1（1）: 74-79.

江玉林, 杜娟. 2000. 高等级公路生态环境保护问题与对策. 公路,（8）: 68-72.

孔德秀. 2008. 衡枣高速公路运营对路侧土壤的影响. 环境监测管理与技术, 20（4）: 20-24.

李景文. 1994. 森林生态学. 3版. 北京: 中国林业出版社.

李西. 2004. 应用于植被护坡两种岩生植物土壤植被系统（SVS）研究. 雅安: 四川农业大学.

梁立杰. 2004. 生态公路理念及其评价体系研究. 西安: 长安大学.

刘孔杰, 刘龙, 周存秀. 2002. 生物多样性在路域植被恢复中的应用. 交通环保, 23（4）: 10-12.

潘树林, 王丽, 辜彬. 2005. 论边坡的生态恢复. 生态学杂志, 24（2）: 217-221.

彭燕. 2001. 高速公路草坪建植初探. 中国草地, 23（5）: 52-55.

石胜伟, 陈喜昌, 周文龙. 2008. 成雅高速公路K51路段高陡岩质边坡绿色生态防护体系. 预应力技术,（4）: 32-35.

孙发政, 胡荣, 张艺东, 等. 2004. 类芦在岩壁上生长的机理及其应用评价. 中国水土保持,（7）: 18-20.

索有瑞, 黄雅丽. 1996. 西宁地区公路两侧土壤和植物中铅含量及其评价. 环境科学,（2）: 74-76.

王武坤, 邱媛. 2008. 高速公路建设项目的边坡绿化和生态防护措施探讨. 环境科学,（25）: 127-128.

魏汝龙. 1986. 软黏土土样扰动及其影响. 水利水运工程学报,（2）: 25-29.

魏汝龙. 1987. 软黏土的强度和变形. 北京: 人民交通出版社.

魏汝龙, 王年香, 孙斌. 1990. 软土取土技术的对比研究. 水运工程,（3）: 1-8.

吴春华. 2004. 植物多样性对铅污染土壤的响应及其生态学效应. 杭州: 浙江大学.

肖文发, 聂道平, 张家诚. 1999. 我国杉木林生物量与能量利用率的研究. 林业科学研究, 12（3）: 237-243.

肖志红. 2001. 土壤质量演变规律确保土壤资源持续利用. 世界科技研究与发展, 23（3）: 28-32.

胥晓刚. 2004. 高速公路路域生态恢复研究. 雅安: 四川农业大学.

胥晓刚, 王锦平, 杨冬升, 等. 2003. 弯叶画眉草在风化岩石边坡种植的适应性研究. 公路,（11）:

106-108.

徐永福. 2000. 土体受施工扰动影响程度的定量化识别. 大坝观测与土工测试, (24): 8-10.

许木启, 黄正瑶. 1998. 受损水域生态系统恢复与重建研究. 生态学报, 18 (5): 547-558.

许晓东. 2004. 边坡治理中植物护坡的选择与验收指标. 人民珠江, (4): 46-48.

余海龙. 2006. 高速公路路域土壤质量退化演变的研究. 水土保持学报, 20 (4): 195-198.

余作岳. 1996. 热带亚热带退化生态系统恢复和重建的生态学理论. 广州: 广东科技出版社.

张健, 刘国斌, 许名祥, 等. 2009. 黄土丘陵区植被此生演替灌木初期的土壤养分特征. 西北林学院学报, 24 (1): 53-57.

张磊. 2008. 黄塔 (桃) 高速公路边坡土壤营养元素分布特征. 四川理工学院学报 (自然科学版), 21 (6): 117-120.

张玉珍. 2004. 生物多样性在路域植被养护中的应用. 交通环保, 25 (2): 36-38.

郑征, 冯志立, 曹敏, 等. 2000. 西双版纳原始热带湿性季节雨林生物量及净初级生产. 植物生态学报, 24 (2): 197-203.

郑顺安. 2006. 渭北黄土高原植被恢复过程中的土壤质量演变. 西安: 西北农林科技大学.

中华人民共和国林业部. 1990. 林业专业调查主要技术规定. 北京: 中国林业出版社.

中国科学院黄土高原综合科学考察队. 1991. 黄土高原地区土壤资源及其合理利用. 北京: 中国科学技术出版社.

周德培, 张俊云. 2003. 植被防护工程技术. 北京: 人民交通出版社.

卓慕宁. 2008. 城乡结合部开发建设扰动土壤质量变化特征. 土壤, 40 (1): 61-65.

Davide G. 2003. Biodiversity impact assessment of roads: An approach based on ecosystem rarity. Environmental Impact Assessment Review, 23: 343-365.

Forman R T T, Sperling D, Bissonette J A, et al. 2002. Road Ecology: Science and Solutions. Washington DC: Inland Press.

Pool R W. 1974. An Introduction to Quantitative Ecology. New York: McGrawHill.

Spellerberg I F. 1998. Ecological effects of road and traffic. Global Ecology and Biography Letters, 7: 317-333.